"大国三农"系列规划教材

农药分析化学

Pesticide
Analytical
Chemistry

潘灿平　韩丽君　主编

化学工业出版社
· 北京 ·

内 容 简 介

本书在讲述农药常量分析与农药残留分析所涉及的样品采集与储藏、样品前处理方法和检测技术等内容基础上，介绍了农药理化性质分析、农药残留快速检测、农药标准、分析方法确认与农药分析实验室的质量控制，阐述了国内外农药登记管理、农药登记中的资料要求、农产品技术性贸易措施、农药残留限量标准的制定与应用以及农药残留风险评估等内容，力图涵盖农药质量分析与残留分析的基本理论、方法技术及最新进展。

本书可作为高等院校农药学、农产品安全、食品科学和环境安全等专业本科生、研究生课程教材，也可供农药生产企业、分析测试和科研与管理人员参考。

图书在版编目（CIP）数据

农药分析化学/潘灿平，韩丽君主编. —北京：化学
工业出版社，2022.5
ISBN 978-7-122-40832-7

Ⅰ.①农… Ⅱ.①潘… ②韩… Ⅲ.①农药-分析
化学 Ⅳ.①TQ450.1

中国版本图书馆 CIP 数据核字（2022）第 028967 号

责任编辑：刘 军 孙高洁　　　　　　文字编辑：李娇娇
责任校对：宋 夏　　　　　　　　　　装帧设计：王晓宇

出版发行：化学工业出版社（北京市东城区青年湖南街 13 号　邮政编码 100011）
印　　装：三河市延风印装有限公司
787mm×1092mm　1/16　印张 29¼　字数 741 千字　2022 年 6 月北京第 1 版第 1 次印刷

购书咨询：010-64518888　　　　　　售后服务：010-64518899
网　　址：http://www.cip.com.cn
凡购买本书，如有缺损质量问题，本社销售中心负责调换。

定　　价：98.00 元

"大国三农"农药学系列规划教材编写指导委员会

顾　问：**陈万义**　中国农业大学
　　　　陈馥衡　中国农业大学
　　　　钱传范　中国农业大学
　　　　钱旭红　华东师范大学
　　　　宋宝安　贵州大学
　　　　吴文君　西北农林科技大学
　　　　江树人　中国农业大学
　　　　张文吉　中国农业大学
　　　　王道全　中国农业大学
　　　　陈年春　中国农业大学

主　任：**王　鹏**　中国农业大学
　　　　黄修柱　农业农村部农药检定所
　　　　张友军　中国农业科学院蔬菜花卉研究所

委　员：（按姓名汉语拼音排序）
　　　　丁　伟　西南大学
　　　　高希武　中国农业大学
　　　　郝格非　贵州大学
　　　　何雄奎　中国农业大学
　　　　黄修柱　农业农村部农药检定所
　　　　李建洪　华中农业大学
　　　　李　忠　华东理工大学
　　　　刘尚钟　中国农业大学
　　　　刘西莉　中国农业大学
　　　　潘灿平　中国农业大学
　　　　邱立红　中国农业大学
　　　　陶传江　农业农村部农药检定所
　　　　王成菊　中国农业大学
　　　　王鸣华　南京农业大学
　　　　王　鹏　中国农业大学
　　　　吴学民　中国农业大学
　　　　席　真　南开大学
　　　　向文胜　东北农业大学
　　　　徐汉虹　华南农业大学
　　　　杨光富　华中师范大学
　　　　杨　松　贵州大学
　　　　杨新玲　中国农业大学
　　　　张　莉　中国农业大学
　　　　张友军　中国农业科学院蔬菜花卉研究所
　　　　郑永权　中国农业科学院植物保护研究所
　　　　周志强　中国农业大学

本书编写人员名单

主　　编：潘灿平　韩丽君

副 主 编：操海群　华修德　李雪生　慕 卫　赵鹏跃

编写人员：（按姓名汉语拼音排序）

操海群	安徽农业大学
邓凯琳	中国农业科学院
方庆奎	安徽农业大学
冯晓晓	河北农业大学
韩丽君	中国农业大学
何 顺	华中农业大学
侯 帆	南京师范大学
华修德	南京农业大学
李广领	河南科技学院
李雪生	广西大学
李艳杰	浙江省农业科学院
刘 丹	中国农业大学
刘东晖	中国农业大学
刘丰茂	中国农业大学
刘雪科	中国农业大学
刘颖超	河北农业大学
慕 卫	山东农业大学
潘灿平	中国农业大学
宋 乐	北京市农林科学院
王正全	上海海洋大学
徐 军	中国农业科学院
薛佳莹	安徽农业大学
杨晓云	华南农业大学
姚 炜	北京农业职业学院
赵会薇	国家半干旱农业工程技术研究中心
赵鹏跃	中国农业科学院
钟 建	上海海洋大学
周 利	中国农业科学院
邹 楠	山东农业大学

序　言

粮食安全、食品安全和重要农产品有效供给是我国的立国之本，是国家稳定和繁荣发展的基石。农药是保证粮食供给与食品安全的重要物资，是有效控制危害农林业及公共卫生方面病、虫、草、鼠等有害生物的重要生产资料和保障物资。农药学是一门理论与实际密切结合的学科，涉及化学、农学、生物学、环境科学、毒理学及化学工程等多门学科。中国农业大学等高校开设了农药学学科及相关专业，为农药科研、教学、行政管理、生产、国内外贸易等行业培养人才，为我国农药事业持续发展做出了重要贡献。基于新时期我国农业实践和农药科学的飞速发展，急需针对农药及相关专业课程出版一批高质量的专业教材。

中国农业大学从事农药学教学与科研的老师们组织国内同行专家，在总结多年教学经验的基础上结合科研成果，编写了"'大国三农'系列规划教材"中的"'大国三农'农药学系列规划教材"，具有新时代特色，反映了农药学专业的高水平。该系列教材包括：农药学概论、农药信息学、农药专业英语、简明农药分子设计、农药合成化学、农药分析化学、农药生物测定原理与方法、农药制剂学和农药使用机械与施药技术等。系列教材注重分册之间内容的传承性和协调性，确保教材内容的深度和广度。编委们重视基础理论知识和最新研究成果结合，采用了诸多国内外最新研究案例，以提升学生的理论与实践结合能力。通过普及系统化的专业系列教材，可培养具有先进理念、牢固化学基础知识、良好农业理论与实践技能、宽广国际视野的综合性"知农爱农"人才。

这套丛书传承了诸多农药学老前辈的思想，凝聚了作者、审稿专家和编辑们的辛勤劳动成果。化学工业出版社长期以来大力支持农药学学科教材、专著和参考书的出版。丛书的出版得到了中国农业大学"大国三农"系列规划教材建设立项支持。该农药学系列教材丛书的出版可为我国高等院校植物保护和食品安全等相关学科的本科生、硕士研究生与博士研究生教学提供权威的参考。

"大国三农"农药学系列规划教材编写指导委员会

2021 年 12 月

前言

　　农药分析属于农药学、分析化学、植物保护、生物、食品和环境化学等学科的交叉领域，它围绕社会普遍关注的农药原药分析、制剂质量评价、农产品和食品以及环境中农药残留分析开展。广义的农药分析包括农药产品及其理化性质分析，农药在农产品、食品和环境中的残留分析等内容。中国农业大学等多所高等学校农药学及相关学科开设了农药质量检测与残留分析相关的本科生及研究生专业课。

　　在20世纪80~90年代，我国著名农药学与农药残留分析专家钱传范教授主编了《农药分析》，我国著名农药残留与环境毒理学专家樊德方教授主编了《农药残留量分析与检测》，在当时这两本书成为了我国农药分析教学研究中最重要的参考书。其后随着农药工业及农药学科的不断发展，农药分析方法与技术得到了很大的发展和进步，由张百臻、岳永德等著名农药学科专家学者陆续编写了一些农药分析及残留分析相关的教材及参考书。钱传范教授等主编的《农药残留分析原理与方法》一书，全面介绍了农药残留分析方面的基本方法原理、新方法、新技术以及农药残留管理法规等内容。当前，全面介绍农药常量分析与残留分析的原理、方法及管理理念方面的教材或参考书仍十分缺乏。

　　近年来，随着我国农药工业的快速发展以及农药和农产品进出口贸易的规模化和国际化，农产品中农药残留的控制与分析检测受到了前所未有的要求和重视，农药原药分析、农药制剂质量评价以及理化性质分析也成为农药登记和农药管理中不可或缺的组成部分，世界各国也对农药原药及制剂的质量分析及实验室数据质量控制方面提出了更新更高的要求。面对农药行业这种全新的发展形势，我国亟需培养掌握农药分析及农药管理方面新趋势和新技术的专业人才，相关学科和高等院校在教学和科研工作中，也亟需一部集农药常量分析、农药残留分析及农药管理方面的技术、方法及农药管理理念于一体的农药分析化学教材。本教材在筹划和编写过程中得到了中国农业大学、山东农业大学、安徽农业大学、中国农业科学院植物保护研究所、中国农业科学院质量标准研究所和农业农村部农药检定所等单位同行的参与和支持。

　　本书定位于农药分析化学相关的教学教材及科研参考书，旨在为相关专业的高校师生及科研学者们提供一本完整的集农药分析化学相关原理、方法与管理体系为一体的参考书。全书内容包括农药原药和制剂质量分析的发展、原理、方法；农药残留分析的田间登记试验设计、采样、提取、净化、浓缩、检测分析；农药产品和残留限量标准制定；农药分析相关的实验室管理规范、实验室质量控制等内容。本教材结合农药分析领域出现的新动向、新方法与新技术进行介绍，编写中注意吸取农药学最新研究成果，并结合科研实例进行了若干具体实例分析。

本教材是在中国农业大学等高校多年农药分析化学教学和科研的基础上，由承担农药分析课程教学与科研的国内同行共同完成的，全书共十三章。第一章由刘丰茂、侯帆、慕卫、薛佳莹撰写，刘丰茂统稿；第二章由刘丹、冯晓晓撰写，刘丹统稿；第三章由潘灿平、李艳杰撰写，潘灿平统稿；第四章由李雪生、何顺、宋乐撰写，李雪生统稿；第五章由徐军、李雪生、李艳杰、周利撰写，徐军统稿；第六章由杨晓云撰写并统稿；第七章由操海群、宋乐、赵鹏跃、方庆奎、薛佳莹撰写，操海群统稿；第八章由韩丽君撰写并统稿；第九章由慕卫、刘丹、邹楠、冯晓晓撰写，慕卫统稿；第十章由韩丽君、姚炜、冯晓晓、赵会薇、邓凯琳、王正全、钟建、周利撰写，韩丽君统稿；第十一章由刘东晖、刘雪科撰写，刘东晖统稿；第十二章由华修德、李广领、邹楠撰写，华修德统稿；第十三章由刘颖超、薛佳莹撰写，刘颖超统稿；附录由韩丽君整理。全书由潘灿平、韩丽君修改定稿，操海群、华修德、李雪生、慕卫、赵鹏跃参加审稿；农业农村部农药检定所叶贵标、李富根、朱光艳、吴进龙等对全书内容进行审阅并提出了修改意见，曾文波、席婉婷等参加了全书的文字格式编排工作，在此一并表示感谢。

在本书编写和审校过程中，广西大学李红红和张翠芳，华中农业大学刘宇，华南农业大学朱思琦，中国农业大学李芇熹、王柔、南芳、翟王晶、王宝龙，河北农业大学周璐祺、程思锐、刘倩宇等在校研究生或本科生参与了部分资料的收集、文档的排版及校对工作。在此，我们非常感谢全体编写人员和参与审核的专家学者与同行，感谢大家对全书进行了细致的编写和审校工作。

本书可作为各高等院校农药学和有关专业的教材，也可供农业科研单位及农业、食品、卫生、质检、商检和环境等部门的农药分析工作者使用和参阅。本书涉及了农药分析化学领域的各个方面，在全书编写过程中难免有遗漏与不足，欢迎指正。

编者

2021 年 11 月

目录

第一章
农药分析化学概述

第一节　农药分析化学的发展历史及趋势

　　广义的农药分析（pesticide analysis）可分为农药常量分析（农药原药和制剂分析）和农药残留分析。前者是对含有较高含量有效成分的原药和制剂进行分析；后者是对农作物、农产品、食品和环境样品中的痕量农药残留进行分析。

一、农药常量分析

　　农药常量分析通常指针对农药原药和制剂的分析，其发展与农药发展史及分析化学学科进展有着密切的关系。在使用无机农药时期，分析方法主要采用化学分析法（如重量法和滴定法）对农药有效成分、含量和理化性质进行测定。常规化学分析无须特殊仪器，试验费用低、易于推广，在 20 世纪 40～50 年代占据重要位置。随着化学分析的发展，根据农药的特殊理化性质进行分析占据了主导地位。20 世纪 50 年代末至 60 年代初，比色法成为有机磷农药分析的重要手段；同时期，紫外分光光度法、红外分光光度法开始应用于芳香族农药化合物及其衍生物的分析。20 世纪 60 年代后期，薄层色谱法开始广泛应用于农药分析中，该方法可以减少杂质的干扰，从而准确测定农药有效成分，可同时分析多种农药；同时期，填充柱气相色谱法和后续发展的毛细管柱气相色谱法在农药分析上开始应用，它具有高选择性、高分离效能、高灵敏度、高分辨率、分析速度快、应用范围广等特点，逐步成为农药分析检测最常用的方法之一。20 世纪 80 年代后期，高效液相色谱法开始在农药分析中占据重要的位置，实现了在线检测和自动化操作，有效弥补了气相色谱法不宜测定难挥发、热稳定性差物质的缺陷。总的来看，化学分析、比色、分光光度、薄层色谱等方法目前应用较少，气相色谱法和液相色谱法是主流分析方法。在涉及痕量组分的定性定量测定时，气相色谱-质谱联用、液相色谱-质谱联用、气相色谱-串联质谱、液相色谱-串联质谱等发挥了重要作用。在定性技术方面，紫外分光光度法、红外分光光度法、质谱和核磁共振法仍然是主流方法。

　　近年来，农药产品的开发更趋向于高效、安全、绿色，其中对于安全尤其关注。农药常量分析除了对农药的有效成分进行定性、定量分析，还需要对原药和制剂中痕量相关杂质进行定性、定量分析以保证产品质量。同时，开发出的农药新剂型在产品质量指标、理化指标等方面都有新的要求，这些指标的测试或测定，也是农药常量分析的范畴，是对产品质量和安全的重要保证。

　　就总体趋势而言，新的农药分析技术要求快速、准确、高效、绿色环保。一方面要求尽量减少分析过程中所花费的时间；另一方面要实现操作自动化，提高样本测定效率，减少溶剂使用量，减少对环境的排放，从而减轻污染。

二、农药残留分析

农药残留分析在农药登记与农产品市场监测监管，农产品、食品和环境安全评价中具有重要的作用。蕾切尔·卡逊在 1962 年写了《寂静的春天》一书，极大地引发了人们对于农药使用后环境安全及农药残留问题的关注。

农药残留分析是研究农药安全影响的重要手段。20 世纪 50 年代，主要是无机农药与有机氯农药使用时期，该时期开发的农药残留分析方法局限于化学分析法、比色法和生物测定法。这些检测方法缺乏专一性，一般灵敏度不高，仅能检测到毫克级（mg/kg）水平。20 世纪 50 年代末，根据有机磷和氨基甲酸酯类农药的毒杀作用机制，采用胆碱酯酶抑制法分析该类农药残留，该方法灵敏度高，适应性广，但仅可对这两类农药进行半定性分析。1960 年起，色谱技术成为一种非常重要的分离、分析，定性、定量的技术。薄层色谱法在农药残留分析中首先得到应用，并逐步从薄层板上原位斑点目测定量法发展为原位斑点扫描仪定量法，灵敏度和准确度均有所提高。随后，气相色谱法在痕量农药残留分析中使用越来越普遍，配备高灵敏度且专一性强的检测器，可有效地将各组分或杂质分离、检测，解决了早期检测不到微量农药、代谢物和降解产物的难题，但存在不宜分析难挥发、热稳定性差物质的缺陷。20世纪 80 年代后，高效液相色谱在室温和较低温度条件下的应用与气相色谱互补，开始在农药残留分析中发挥越来越重要的作用，但常规检测器（如紫外检测器、二极管阵列检测器等）定性能力有限，在复杂样品痕量分析时的化学干扰常影响测定的准确性，从而限定了其在多残留超痕量分析中的应用。随着对色谱理论与技术的深入研究，适用于气相色谱及高效液相色谱的现代色谱柱填料及检测器等材料和设备日臻完善。自 20 世纪 80 年代末大气压电离质谱成功与高效液相色谱联用以来，色谱-质谱技术联用已开始在农药残留分析中占据重要地位，成为农药残留分析最有效的工具之一，是目前进行农药多残留定性定量分析，农药代谢物、降解物检测的重要手段。色谱-质谱联用技术结合了色谱、质谱二者的优点，将色谱的高分离性能和质谱的高选择性、高灵敏度、极强的专属性特点结合起来，提高了农药残留检测的定性定量能力和检测覆盖范围；随着自动化水平不断提高，自动进样器改进了进样的精密度，使用先进计算机技术控制仪器，从检测器多组分色谱中获得数据并进行处理，实验室工作效率显著提高。

农药残留前处理技术是农药残留分析中重要的组成部分。现阶段，固相萃取、固相微萃取、超声波萃取、液相微萃取、基质固相分散、分散固相萃取等前处理方法的引入，使农药残留检测技术操作更加简便，降低了试剂使用量，同时提高了分析效率。在不断要求控制食品及农产品中农药残留和减少化学废弃物的背景下，随着现代分析技术在农药残留分析领域的广泛应用，许多简化、自动化和小型化方面的样品制备技术得以研发应用。

在检测设备和技术方面，更加灵敏和稳定的分析技术在农药残留检测与确证方面将发挥重要作用，不仅要求检测仪器上具有更高程度的灵敏度和选择性，而且对配套的样品前处理技术提出更高的要求。建立快速化、精确化、环保化，以及高度自动智能化的样品前处理技术，最大程度减少样品转移的损失和人为因素导致的误差，同时开发灵敏、稳定、多组分同时定量检测、数据处理智能化的色谱-质谱联用技术是农药残留分析的发展趋势。

第二节　农药原药和制剂分析

农药原药和制剂分析是针对农药原药产品和制剂产品进行的定性、定量分析。针对农药原药的分析，可以分为原药全组分分析、农药原药的质量分析、农药原药的理化性质分析三个方面。农药制剂的分析，一般是指农药制剂的质量分析和农药制剂的理化性质分析。

一、农药原药全组分分析

原药全组分分析（batch analysis of technical material），是目前农药生产与环境安全的双重需要。在生产中，进行农药原药的全组分分析有助于提高生产效率、降低生产成本、提高产品纯度，同时还有助于农药生产及施用后，控制环境污染物和可对人畜健康存在显著风险的物质。通过全组分分析，一方面可以检验产品中有害物质含量是否超标，另一方面，可以通过了解有害物质的结构及含量，为改善生产工艺、控制产品质量提供保证。

（一）农药原药中的杂质

原药（technical material）是在制造过程中得到的由有效成分及杂质组成的最终产品，不能含有可见的外来物质和任何添加物，必要时可加入少量的稳定剂。在原药中，除了有效成分外，还会有少量其他杂质成分。这些杂质可能来源于原料，也可能来源于反应副产物，还可能是储存、运输过程中的转化产物。通常根据杂质的危害将其区分为相关杂质（relevant impurity）和其他杂质。

相关杂质是指与农药有效成分相比，农药产品在生产或储存过程中所含有或产生的对人类和环境具有明显的毒害，或对适用作物产生药害，或引起农产品污染，或影响农药产品质量稳定性，或引起其他不良影响的成分。例如有些有机磷农药原药中含有一些三烷基硫代硫酸酯，可以使接触者产生迟发性肺水肿和呼吸衰竭，包括 O,O,S-三甲基硫代磷酸酯，O,O,S-三甲基二硫代磷酸酯，O,O,O-三甲基硫代磷酸酯，O,O,S-三乙基二硫代磷酸酯，O,O,S-三乙基硫代磷酸酯等。治螟磷（O,O,O',O'-四乙基二硫代焦磷酸酯）是毒死蜱和三唑磷原药中可能出现的杂质。硫特普是存在于二嗪磷中的高毒杂质，在蝇毒磷、毒死蜱、对硫磷、内吸磷、乙拌磷、线虫磷、伏杀硫磷和特丁硫磷中也可检测到。联合国粮食及农业组织（FAO）规定了部分农药原药中相关杂质的限量，例如印楝素中的黄曲霉毒素（0.3mg/kg）、氟乐灵中的亚硝胺（1mg/kg）、2,4,5-涕丙酸中的 2,3,7,8-四氯二苯并对二噁英（0.01μg/kg），这些相关杂质含量很低，要求相关杂质的分析方法要有比较高的灵敏度。

除了相关杂质，还有一些其他杂质，是指存在于原药产品中，但并不属于相关杂质的痕量组分。进行农药原药全组分分析时，主要对有效成分和相关杂质进行定性、定量分析，如果非相关杂质（或称其他杂质）含量较高时（≥0.1%），也应该进行分析。

还有一些特殊的相关杂质，如莠去津、扑草净等原药中的氯化钠（限量为 2%），消螨通中的氯化钾（限量为 2%），由于其测定方法不同于原药，在全组分分析中应特别关注不能漏检。

(二) 定性分析

定性分析（qualitative analysis）是对农药原药中各组分进行的鉴定分析，主要方法有红外光谱（IR）、紫外光谱（UV）、核磁共振（NMR）、质谱（MS），有时也结合熔点、沸点测定法等。

对于原药中有效成分的定性分析，应提供原药紫外光谱、红外光谱、核磁共振谱和质谱的试验方法、解析过程、结构式及相关谱图。对于原药中杂质，应提供紫外光谱、红外光谱、核磁共振谱和质谱中至少一种定性试验方法及色谱保留时间、解析过程、结构式、通用名称或化学名称及相关谱图。还应该从化学理论、原材料、生产工艺等方面对分析检测到的和推测可能存在的杂质的形成原因进行剖析。

(三) 定量分析

定量分析（quantitative analysis）是对农药原药中各组分含量的测定分析，主要测定方法是气相色谱法和高效液相色谱法，有时也采用化学分析法、比色法和光谱法、薄层色谱法等其他方法。应采用标准品对照定量法，测定 5 批次原药中有效成分、相关杂质和含量≥0.1%的其他杂质的质量分数，分析方法应进行确证。原药中水分等其他指标的含量测定也属于定量分析内容。有时还会涉及酸碱度、干燥减量、丙酮不溶物等参数的测定。

通常情况下，当使用这些方法测得的各种组分含量总和不足 98%时，应采用其他可能的方法进一步鉴定分析；当各种组分含量总和超过 102%时，应分析原因并进行解释。

根据全组分分析的结果，可以规定原药产品的最低含量、母药的标明含量和杂质的最高含量。

二、农药原药和制剂质量分析

我国在《农药登记资料要求》中对化学农药原药和制剂的产品质量规格进行了规定，二者均包括外观、有效成分含量、相关杂质含量、其他限制性组分含量，原药还包括酸度、碱度或 pH 范围、不溶物、水分或加热减量等指标，制剂则需测定其他与剂型相关的控制项目及指标。最近几年，制剂中隐性成分或助剂的检测也是热点。

这里重点介绍有效成分和相关杂质的方法确认、不同剂型对应的质量参数以及隐性成分或助剂的检测等几个方面。

(一) 方法确认

方法确认（method validation）指通过对方法特异性、线性相关性、精密度、准确度和灵敏度等性能参数进行考察，从而证实某方法是否适用于特定的分析目的（fit for purpose）。在进行原药和制剂中有效成分及杂质测定时，对方法确认时的参数要求也有所不同，见表 1-1（参考 NY/T 2887—2016）。

表 1-1　方法确认参数的不同要求

参数	原药中有效成分	原药中杂质	制剂中有效成分	制剂中相关杂质
特异性	√	√	√	√
线性相关性	√	√	√	√

参数	原药中有效成分	原药中杂质	制剂中有效成分	制剂中相关杂质
精密度	√	√	√	√
准确度		√	√	√
灵敏度		√		√
非分析物质的干扰			√	

（二）不同剂型对应的质量参数

农药剂型种类很多，我国 GB/T 19378—2017《农药剂型名称及代码》中列出了农药产品涉及的剂型，总计包括五类，即原药和母药、固体制剂、液体制剂、种子处理制剂、其他制剂。

不同剂型在进行质量评价时需要根据产品特点选择不同的参数，但基本都包括外观、有效成分、相关杂质、其他限制性组分（渗透剂、安全剂等）、储存稳定性等指标。除此之外，根据剂型的差异，可涉及以下指标的测定：

①水分；②酸/碱度（以 H_2SO_4 或 NaOH 计）或 pH 范围；③干筛试验/湿筛试验；④崩解时间；⑤湿润时间/润湿时间；⑥悬浮率；⑦持久起泡性；⑧片完整性；⑨磨损率、耐磨性；⑩密度、堆密度；⑪粒度范围；⑫粉尘；⑬包装袋的溶解性；⑭溶解程度和溶液稳定性；⑮分散稳定性；⑯稀释稳定性；⑰乳液稳定性；⑱黏度；⑲倾倒性；⑳自发分散性；㉑与烃类油相混性；㉒成膜时间；㉓包衣均匀度；㉔包衣脱落率；㉕附着性；㉖有效成分保留指数或释放指数；㉗增效剂保留指数或释放指数；㉘网孔大小；㉙缩水率；㉚破裂强度；㉛可燃性；㉜织物重量；㉝拉伸强度；㉞挥发速率；㉟最低持效期；㊱内压力；㊲净含量；㊳雾化率；㊴喷出速率；㊵盘平均质量；㊶双盘分离度；㊷连续燃点时间；㊸抗折力或盘强度；㊹成烟率；㊺自燃温度；㊻发烟时间。

农药产品的质量控制指标详见第四章。

（三）助剂分析

农药制剂是由农药原药（母药）和适宜的助剂加工成的，或由生物发酵、植物提取等方法加工而成的状态稳定的产品。农药产品的质量或安全评价，除了有效成分，助剂也可能会带来潜在风险；对于助剂安全性的评价，近年来也受到了广泛关注。这里以乳油中有害溶剂及其替代为例进行介绍。

乳油是农药传统剂型之一，为了提高农药在制剂中的含量，乳油中往往需要添加苯、甲苯、二甲苯等芳烃类有机溶剂，以及甲醇、N,N-二甲基甲酰胺（DMF）等极性有机溶剂，这些溶剂闪点低、挥发性强、毒性高、易燃易爆，不仅在运输、贮存和使用中具有危险性，还可能对土壤、水体环境造成污染，对哺乳动物、水生生物和非靶标生物也存在危害。

美国、欧盟等发达地区禁止在乳油中使用甲苯、二甲苯、DMF 等有害有机溶剂，日本、西班牙、德国等也提出了农药产品中禁、限用的助剂及相关有害物质的限量名单。我国制定的 HG/T 4576—2013《农药乳油中有害溶剂限量》标准，对苯（≤1%）、甲苯（≤1%）、二甲苯（≤10%）、乙苯（≤2%）、甲醇（≤5%）、DMF（≤2%）和萘（≤1%）等 7 种溶剂作了限量要求。

针对这些溶剂的替代研究也比较多，主要提出的替代产品有生物源溶剂（植物油类溶剂、植物精油类溶剂和松树油类溶剂)、矿物源溶剂（矿物油、磺化煤油及溶剂油等）、人工合成溶剂（乙酸仲丁酯、乙二醇二乙酸酯），也有学者采用低共熔溶剂离子液体来进行有害溶剂的替代研究。

关于有害溶剂的分析方法，通常是采用无测定干扰的其他溶剂来溶解后进行气相色谱测定，或利用多数溶剂挥发性较好的特点，采用顶空气相色谱法（HS-GC）进行测定。

（四）隐性成分分析

农药隐性成分，一般是指农药制剂中人为添加标称有效成分以外的农药，有时也指标称有效成分和助剂之外的杂质和助剂；除了人为添加，也可能是生产工艺过程中由于原料、副反应、降解产物或不同农药使用同一生产线而引入的杂质。

近年来出现的违规添加禁用成分，主要存在以下三种情况，一是在低毒农药制剂产品中加入高毒农药或国家明文禁止生产和使用的农药，二是在产品中加入与登记产品本身不相符的其他农药成分，三是在植物或微生物农药制剂中添加化学农药成分。

违法添加的隐性成分比较复杂，据报道，氟虫腈、氯虫苯甲酰胺、溴虫腈、哒螨灵、呋虫胺、吡蚜酮等隐性成分都有可能出现，添加量也从 0.1%到 23.8%不等。生物农药成"重灾区"，例如在苏云金杆菌中检出阿维菌素、棉铃虫核型多角体病毒、甲氨基阿维菌素、苦参碱、木霉菌等，还有氟虫腈、克百威等禁限用农药。

隐性成分的添加是一种违规违法行为，可能会严重干扰农业重大生物灾害的防控行动，破坏生态环境，加速害虫抗性的发生，造成害虫再猖獗，也可能会造成农产品中农药残留超标，危害人体健康，同时也不利于企业良性发展，不利于行业监管。

近年来各级检测部门加大了对农药制剂隐性成分添加的检测。但由于隐性成分的未知性，其检测难度通常比较大，一般采用 GC-MS、GC-MS/MS、LC-MS/MS 的方法进行研究，也有采用傅里叶变换红外光谱法（FTIR）快速分析技术比对抽检样品与谱库样品谱图的方式来判断是否有隐性添加。我国也颁布了一些标准方法，如 NY/T 2990—2016《禁限用农药定性定量分析方法》、T/QDAS 039—2020《农药中隐性成分的测定 气相色谱-质谱法》等。

三、农药原药和制剂理化性质分析

（一）理化性质分析的意义

对农药原药和制剂进行理化性质分析，具有以下意义：

① 是农药产品定性鉴定的判定依据。参考参数：熔沸点、外观、pH、密度、水溶解度等。FAO/WHO 认为对于农药有效成分，不同来源的熔点数据应该相同，是农药定性鉴定的重要数据。

② 是农药产品环境行为综合评价的重要基础。农药的理化参数可以预测农药对环境系统哪一部分产生影响（水、大气、土壤），同时也能表明化学物质可能存在的形式，相关参数有：物理状态、蒸气压、水溶解度、密度、粒径。农药在环境介质（空气，水，土壤）中的分布行为与在介质中的转移行为共同决定了农药的移动性，相关参数有：蒸气压、水溶解度、表面张力、密度、粒径、液体黏度。另外，影响农药降解和蓄积的相关理化参数有：水中溶解度、正辛醇/水分配系数、水解速率、光解速率。

③ 是农药产品物理危害性分类的重要依据。农药在运输、贮存、使用过程中有可能发生爆炸、燃烧等危害。GHS 将物理危害性分为 16 类，其相关的理化参数有：爆炸性、液体燃烧性（闪点）、固体燃烧性、氧化性、腐蚀性、自燃点、分解温度。

④ 是农药风险评估及控制的重要保证。从农药理化测试数据分析看，爆炸性、腐蚀性对安全性的影响较小，影响农药产品安全性的因素主要是易燃液体农药，不仅是乳油，其他剂型如水乳剂、微乳剂、可溶液剂及使用了有机溶剂的产品，都存在易燃的问题，因为我国农药制剂产品使用含苯类、甲醇等溶剂，这类溶剂不仅闪点低易燃，对作物和食品也有害，因此有必要控制液体农药产品中闪点等指标，这不仅能提高农药产品的物理安全性，同时又能控制低闪点的苯、甲苯、二甲苯和甲醇等有害溶剂的加入量，多方面提升农药产品安全性。

（二）理化性质分析的参数

农药产品的安全性包含物理安全性、健康安全性、环境安全性以及对作物的安全性等。农药理化性质是判定农药产品物理安全性的重要指标。农药产品的安全性关系到农药生产、贮存、运输等多方面。将农药原药和制剂产品按照物理形态分固、液、气三类，其中具有较大影响的理化性质包括闪点、爆炸性、腐蚀性、易燃性、饱和蒸气压、水溶性、分配系数和化学稳定性等指标。固体制剂的理化性质分析涉及下列参数：外观、密度（堆密度）、固体可燃性、对包装材料腐蚀性、爆炸性（热敏感性、撞击敏感性、摩擦敏感性）、氧化/还原性等。液体制剂的理化性质分析涉及下列参数：外观、密度、黏度、闪点、对包装材料腐蚀性、爆炸性（热敏感性、撞击敏感性）、氧化/还原和化学不相容性等。

我国在农药登记资料中规定了化学农药原药的理化性质，主要包括有效成分理化性质和原药（母药）理化性质。农药制剂的理化性质除与制剂中使用的原药有关外，还与助剂（如溶剂、助剂、乳化剂等）有着密切的关系。

（三）理化性质分析的方法

目前可参考的农药理化性质试验导则主要有 OECD（Guideline No.101～123）、美国 EPA（OPPTS 830 series）、欧盟（A.1～A.21）的试验导则以及 CIPAC 方法。国外常用的导则还有 ASTM guidelines、ISO series、UN - Manual of Tests。国内主要参考《农药理化性质测定试验导则》（NY/T 1860—2016）（第 1～38 部分）。

OECD、EPA、欧盟导则与 CIPAC 方法的主要区别如下：OECD 试验导则主要针对化学品，当农药有相同理化参数测定时，采用同一试验导则，未涉及物理危害性试验导则。EPA 试验导则主要针对农药，对农药外观、腐蚀性、贮存稳定性都制定了相关的试验导则，而其他与 OECD 相同的试验项目，都采用了 OECD 的试验方法；EPA 试验导则中对农药的爆炸性和燃烧性制定了相关试验导则，试验内容与欧盟试验导则相同。欧盟试验导则中主要对化学品及农药的物理危害性制订了相关的试验导则。CIPAC 方法主要针对农药，不仅有原药（母药）的理化性质测试方法，还有各种制剂的理化性质测试方法，方法种类非常多，共 200 多项。

我国制定的 NY/T 1860—2016 中，给出了 38 项具体参数的测定方法。这些参数以及相关测定方法详见第十三章。

第三节 农药残留分析

一、农药残留分析的意义

在现代农业生产过程中，农药是不可或缺的生产资料，在防治病虫草害、提高农作物产量和品质方面具有重要作用。然而，农药残留问题也一直是公众关注的焦点。加强农药残留分析技术的实用性，明确农药残留分析工作的具体内容，细化监管部门及人员的职责，对于国内外民生安全及保障人类健康具有重要意义。

由于农产品中残留的部分农药可能具有高毒性，或者通过食物链在人体中富集，对人体特别是胎儿、婴幼儿的健康产生显著的负面影响，高毒高蓄积性农药的禁用和淘汰也就成为必然。我国对高风险农药进行严格管理，2019年11月29日，我国农业农村部梳理了禁止（停止）使用的农药，列出了禁止（停止）使用的农药（46种），包括六六六、滴滴涕、毒杀芬、二溴氯丙烷、杀虫脒、二溴乙烷、除草醚、艾氏剂、狄氏剂、汞制剂、砷类、铅类、敌枯双、氟乙酰胺、甘氟、毒鼠强、氟乙酸钠、毒鼠硅、甲胺磷、对硫磷、甲基对硫磷、久效磷、磷胺、苯线磷、地虫硫磷、甲基硫环磷、磷化钙、磷化镁、磷化锌、硫线磷、蝇毒磷、治螟磷、特丁硫磷、氯磺隆、胺苯磺隆、甲磺隆、福美肿、福美甲肿、三氯杀螨醇、林丹、硫丹、溴甲烷、氟虫胺、杀扑磷、百草枯、2,4-滴丁酯。同时还给出了20种限用农药名单（即部分范围禁止使用的农药），见表1-2。

表1-2 我国部分范围禁止使用的农药

农药名称	禁用范围
甲拌磷、甲基异柳磷、克百威、水胺硫磷、氧乐果、灭多威、涕灭威、灭线磷	禁止在蔬菜、瓜果、茶叶、菌类、中草药材上使用，禁止用于防治卫生害虫，禁止用于水生植物的病虫害防治
甲拌磷、甲基异柳磷、克百威	禁止在甘蔗作物上使用
内吸磷、硫环磷、氯唑磷	禁止在蔬菜、瓜果、茶叶、中草药材上使用
乙酰甲胺磷、丁硫克百威、乐果	禁止在蔬菜、瓜果、茶叶、菌类和中草药材上使用
毒死蜱、三唑磷	禁止在蔬菜上使用
丁酰肼	禁止在花生上使用
氰戊菊酯	禁止在茶叶上使用
氟虫腈	禁止在所有农作物上使用（玉米等部分旱田种子包衣除外）
氟苯虫酰胺	禁止在水稻上使用

在国际上，联合国环境规划署（UNEP）和联合国粮农组织（FAO）制定的《鹿特丹公约》（PIC），全称为《关于在国际贸易中对某些危险化学品和农药采用事先知情同意程序的鹿特丹公约》，于2004年2月24日生效。公约适用范围是禁用或严格限用的化学品、极为危险的农药制剂，涉及的农药种类有2,4,5-涕、艾氏剂、狄氏剂、敌菌丹、氯丹、六六六、滴滴涕、林丹、七氯、六氯苯、地乐酚（地乐酚盐）、环氧乙烷、二溴乙烷、杀虫脒、乙酯杀螨醇、氟乙酰胺、五氯苯酚、毒杀芬、汞化合物（无机汞化合物、烷基汞化合物和烷氧烷基及芳基汞化合物）、久效磷、甲胺磷、磷胺、对硫磷、甲基对硫磷等。

有些农药具有持久性，属于持久性有机污染物（简称POPs）。《关于持久性有机污染物的斯德哥尔摩公约》（即 POPs 公约）于 2001 年 5 月 23 日在瑞典斯德哥尔摩举行的全权代表大会上通过，并于 2004 年 5 月 17 日正式在全球生效。首批公布的化合物共有 12 种，包括有机氯农药艾氏剂、狄氏剂、异狄氏剂、滴滴涕、六氯苯、七氯、氯丹、灭蚁灵、毒杀芬，以及环境常见污染物六氯苯、多氯联苯、二噁英类物质。2009 年 5 月 4~8 日，POPs 公约第四次缔约方大会召开，将公约禁止生产和使用的化学物质增至 21 种。新增的 9 类有机污染物分别是：α-六六六和 β-六六六、六溴联苯醚和七溴联苯醚、四溴联苯醚和五溴联苯醚、十氯酮、六溴联苯、林丹、五氯苯、全氟辛烷磺酸、全氟辛烷磺酸盐和全氟辛基磺酰氟。近几年的缔约方大会上，进一步在名单上新增了硫丹、氯化萘、六氯丁二烯、十溴二苯醚、短链氯化石蜡、三氯杀螨醇、全氟辛酸及其盐类相关化合物、全氟己基磺酸等污染物。上述物质将在规定的期限内逐步退出市场。

这些公约在某种程度上可以控制高风险农药的潜在风险，也推动了这些农药在全球范围的禁用。

二、农药残留基本概念

农药残留（pesticide residue）是指农药使用后残存于生物体、农副产品和环境中的微量农药原体、有毒代谢物、有毒理学意义的降解产物和反应杂质的总称。残存的数量称残留量，以每千克样品中有多少毫克（或微克、纳克）表示（mg/kg，μg/kg，ng/kg）。

农药残留毒性（pesticide residue toxicity）是指因摄入或长时间重复暴露农药残留而导致人、畜以及有益生物产生的急性中毒或慢性毒害。

农药最大残留限量（maximum residue limit，MRL）是指食物、农畜产品或饲料中所含的法律上允许的、可以接受的农药残留的最大浓度，又称最高残留限量，以每千克农畜产品中农药残留的质量（mg/kg）表示。

每日允许摄入量（acceptable daily intake，ADI）是评价农药慢性毒性及制定食物中农药最大残留限量的毒理学依据，指人体终生每日摄入某种农药，对健康不引起可察觉有害作用的剂量，以每千克体重允许摄入药物的质量（mg）表示，单位为 mg/(kg·d)。

急性参考剂量（acute reference dose，ARfD）是用于评价短期摄入的风险，是指人类在 24h 或更短时间内，通过膳食或饮用水摄入某物质，而不产生可检测到的危害健康的估计值，以每千克体重可摄入的量表示，单位为 mg/kg bw。

国际上制定农产品及食品中农药最大残留限量的一般程序是根据农药的毒理学和残留化学实验结果，结合居民膳食结构和消费量，对因膳食摄入农药残留产生风险的可能性及程度进行量化评价。

三、农药残留分析的特点

农药残留分析，主要是对农产品、食品和环境等样品中的农药残留进行定性和定量分析，包含已知农药残留分析和未知农药残留分析两方面的内容。农药残留分析的主要特点如下：

（1）样品中农药的含量很少。每千克样品中仅有毫克（mg/kg）、微克（μg/kg）、纳克（ng/kg）量级的农药。在大气和地表水中农药含量更少，每千克仅有皮克（pg/kg）、飞克（fg/kg）量级。因此农药残留分析方法对灵敏度的要求很高。

（2）农药品种繁多。目前在我国登记使用的农药品种超过六百个，各类农药的性质差异很大，有些还需要检测有毒理学意义的降解物、代谢物或者杂质，残留分析方法要根据各类农药目标物的特点而定。

（3）样品种类复杂多样，各种农畜产品、土壤、大气、水样等样品中所含的干扰物质脂肪、糖、淀粉、蛋白质、色素和无机盐成分含量各异，因此样品提取和净化前处理方法差异较大。

基于以上特点，农药残留分析对方法的正确度和精密度要求不高，而要求方法灵敏度要高、特异性要好，并能检出样品中的特定微量农药。

农药残留分析的过程可以分为：采样、样品预处理、提取、净化、浓缩、定性和定量分析、结果报告。有时也将样品的提取、净化、浓缩等环节统称为样品前处理。残留分析过程中，也涉及样品的运输和储藏等过程。农药残留分析实验室应有日常的数据质量控制与质量保证（QC/QA）措施，采用的分析方法应进行方法确认。

四、农药残留分析方法确认

农药残留分析方法确认（method validation）是指为了证实一个分析方法能被其他测试者按照预定的步骤进行，而且使用该方法测得的结果能达到要求的准确度和精密度而采取的措施。方法确认包括建立方法的性能特征、测定对方法的影响因素及证明该方法与其要求目的任务是否一致。经过确认的方法才能被可靠地使用。

确认农药残留分析方法必须提供方法的正确度、精密度、灵敏度、专一性、线性范围等参数的确认结果。

第四节　农药标准品

一、农药标准品的概念与分类

农药标准品是在农药分析中用以评价分析方法或确定该同一农药量值的高纯度物质，足够均匀且有特性值。农药标准物质（reference material）是指具有分析证书（certificate of analysis，COA）的有证标准品。

1988 年国际农药分析协作委员会（CIPAC）正式发布了《农药产品分析中参比物质的定义、制备和纯度测定准则》，准则中把标准品分成了基准参比物和工作标样两类：

（1）基准参比物（primary reference standard），是高度纯化的且各项特性描述得很详细的检验合格参比物。一般用于标定工作标样、测定物理性质及其他分析目的。

（2）工作标样（working standard），是用于日常分析工作的一般纯度的参比物。工作标样的性质，特别是纯度，一般是通过与基准参比物在相同条件下测试比较而确定的。根据不同的目的和要求，工作标样分为不同类型，包括用于生产控制、用于残留分析和用于稳定性实验等的不同类型的工作标样。我国把标准物质分为一级和二级。一级品是有国家权威机构审定的标准物质。二级品应采用与一级标准物质进行比较测量的方法或相同的定值方法进行定值。该做法与 CIPAC 类似。我国提出的一级标准物质相当于 CIPAC 提出的基准参比物，二级标准物质类似于 CIPAC 提出的工作标样。二级标准物质应由国家计量行政部门批准、颁布并授权生产。

过去在农药分析中多使用重量法或滴定分析法，这些方法是利用农药有效成分中某原子团或原子与相应试剂的化学反应作为计算有效成分含量的依据，不需使用农药标准品。然而应用仪器分析方法测定农药时，如比色法、紫外分光光度法、红外分光光度法、气相色谱法、液相色谱法、薄层-紫外分光光度法等，必须使用标准品参照定值，样品中农药的含量是与标准品相比较溯源而得的。仪器分析方法结果的准确性，与所使用的农药标准品有很大的关系，使用纯度不准确的标准品会导致样本的分析结果错误，所以测试中应使用合格的农药标准品。

二、标准品的证书与标签

（1）基准参比物　每批样品的重要数据都应记载在合格证书上。合格证书上须标明名称、分子式、一些物理性质、样品编号、签发日期、审查后的纯度值（基准参比物的纯度值取三位有效数字）、不确定度等资料，除此之外，还应写明相应注意事项、贮存要求和纯度值的有效期限。贮存容器上的标签则应写明物质名称、基准参比物的标志及样品标号、纯度、提供单位和有效期限。如果需要，还可要求提供单位给出物理性质测定值、定性鉴定图谱、定量测定方法、光谱图、色谱图、滴定曲线、计算过程等其他详细的原始资料。

（2）工作标样　工作标样的合格证书上须有与预定用途有关的资料。容器标签上则须写明物质名称、纯度、提供单位、有效日期、样品编号、工作标样的标签以及预定用途。

三、标准品的制备

用于制备参比物质的起始物质，可由纯度较高的工业品原药纯化制得，或可在实验室使用纯化过的原料和中间体合成制备原药。制备的基准参比物须再进一步纯化；若是工作标样，则根据使用目的和分析测定的结果来决定纯化的程度和步骤。纯化技术是利用农药和杂质的不同物理性质进行的，主要有重结晶法、蒸馏法、萃取法及色谱法等，这些纯化技术可单用也可组合使用。

（1）重结晶法　利用固体农药和杂质在溶剂中的溶解度不同而进行纯化的方法，农药样品在适宜的溶剂中加热回流，趁热将不溶解的杂质滤去，滤液在室温或低温下冷却，析出的结晶经洗涤、干燥即可。样品中的有色杂质可在溶剂中加入 1%～10%活性炭回流除去。必要时可使用不同的溶剂。重结晶时选用的溶剂应符合以下条件：①与农药不发生化学反应；②农药与杂质在该溶剂中的溶解度差异大；③农药在高温时溶解度大，低温时溶解度小；④不易挥发，沸点范围应在 40～150℃，在 100℃以下最为适宜；⑤无毒、价廉。重结晶法适于固体农药的纯化。

（2）蒸馏法　利用农药和杂质沸点不同而进行纯化的方法，两者沸点相差较大，可用一般蒸馏法，否则需使用效率较高的分馏柱进行分馏。多数农药沸点较高，在常压下蒸馏易分解，需在减压下进行蒸馏。蒸馏法适于液体农药的纯化。

（3）萃取法　利用农药和杂质在互不相溶的两种溶剂中溶解度不同，在分液漏斗中进行纯化的方法，要求萃取所用的两种溶剂对农药和杂质具有选择性的溶解能力，热稳定性和化学稳定性好。常用的溶剂有乙醚、异丙醚、四氯化碳、氯仿、二氯甲烷、石油醚和苯等。

（4）色谱法　利用农药和杂质在固定相和流动相之间多次吸附、解吸附或平衡分配而进行分离纯化的方法。常用的方法有常规柱层析法，以硅胶或氧化铝等装柱，用适当的溶剂淋洗，亦可使用薄层色谱法或高效液相色谱法。

四、标准品纯度的确定

（一）基准参比物的纯度确定

参比物质的化学定性必须准确。经分离纯化制得的农药标准品，需对其纯度进行测定。基准参比物在确定其纯度之前，需先进行定性的适用性检查，检查至少应含有一种物理-化学方法和一种色谱法，然后再进行定量测定。

（1）定性　包括：①测定熔点、沸点、相对密度等物理常数，其数值应与文献记载的相同；②用紫外光谱、红外光谱、核磁波谱法测定，此参比物质的谱图应与标准农药谱图完全一致，且无杂峰；③气-质（液-质）联用法，与农药标准谱库中谱图对比应一致，或对谱图解析，参比物质的最大质荷比等于分子离子峰的质荷比；④通过元素分析，测得的碳、氢、氮、氧的含量与理论含量需基本吻合；⑤使用色谱法鉴定，如薄层色谱法应只呈现一个斑点，气相色谱法和液相色谱法应只有 1 个峰（有多个异构体的应分离），其保留时间与标准样品保留时间要在一定程度上吻合。上述每一类型方法中至少应选择两种方法来进行定性确证。

（2）定量　常用的定量测定方法有：滴定分析法、官能团测定法、元素分析法、重量分析法、气相色谱法、高效液相色谱法、差示扫描量热法、相溶解度分析法等，可以根据具体条件选用。如果被测物质含有微量未知杂质，则单独使用上述任何一种方法都不能测出纯度的绝对值。需使用气-质联用或液-质联用等技术对杂质进行定性，并在色谱仪上用外标法或归一化法测定其含量，再采用上述多种方法来测定其纯度，并且对同一方法进行不同条件操作，重复多次以计算结果的精密度。但用不同方法测得的结果往往有较大差异，必须对数据作科学判断，评价数据并决定其取舍，最后用常规统计法计算出总平均值和不确定区域的情况。农药的含量值一般用 g/kg（或质量百分比，%）表示。基准参比物的纯度值取三位有效数字。

（二）工作标样的纯度确定

通常高纯度含量的样品可作为工作标样，需要纯化的程度和分析的范围取决于拟定的用途。大多数工作标样用于生产控制中气相色谱和高效液相色谱分析方法的校准。工作标样的纯度测定可使用气相色谱法或高效液相色谱法，用农药标准品进行定量标定。

五、标准品的贮存与稳定性

农药标准品宜批量制备（至少保证一年的使用），并进行均匀性和稳定性检验。农药标准样品的正确贮存是至关重要的。液体样品通常最适宜的贮存方法是装入充惰性气体的密封安培瓶中，装瓶时农药必须不沾瓶口，否则用火密封时会污染瓶口以至整瓶标准品，开瓶时亦需防止玻璃碎片的污染；标准品亦可装入可密封的玻璃小瓶。对于光敏性物质，应装于棕色玻璃瓶中。参比物质在贮存中应避免光照、空气和潮气，应贮存于低温（4～5℃）条件下，并定期检查其含量。有的须在-15℃或更低的温度下贮存。取用参比物质时，必须避免暴露于潮气中。

在高纯度下，农药有效成分一般比原药及制剂更为稳定。许多农药的稳定性数据是已知的，能够规定期限对它们进行复查。若基准参比物的复查数据与原数据差异大，则应制备新的合格参比物以取代原有的，或者向所有使用者通告新测定结果。如果基准参比物的性质发生明显变化，则应用新物质重新进行制备。

参考文献

[1] CAC. List of maximum residue limits for pesticides in food and animal feeds. CX/PR 10/42/3, 2010, Part 1.
[2] FAO/IAEA Training and Reference Centre for Food and Pesticide Control. Recommendation methods of sampling for the determination of pesticide residues for compliance with MRLs. Principles and practice of sampling, 2003, Appendix 2.
[3] 董见南, 王素利, 刘丰茂, 等. 农药乳油中 7 种助剂的顶空气相色谱测定方法. 农药学学报, 2012, 14(2): 208-213.
[4] 郭洋洋, 刘丰茂, 王娟, 等. 农药乳油中有害有机溶剂替代的研究进展. 农药学学报, 2020, 22(6): 925-932.
[5] 国际农药分析协作委员会(CIPAC). 农药产品分析中参比物质的定义、制备和纯度测定准则. 农药科学与管理, 1990(3): 6-10.
[6] 韩熹莱. 中国农业百科全书: 农药卷. 北京: 农业出版社, 1993.
[7] 冷杨, 张继辉, 束放, 等. 我国出口茶叶农药残留超标风险控制对策研究. 中国植保导刊, 2020, 40(335): 81-84.
[8] 刘丰茂. 农药质量与残留实用检测技术. 北京: 化学工业出版社, 2011.
[9] 刘菁, 邵华. 色谱技术在农药分析中的应用研究. 中国卫生检验杂志, 2009, 19(10): 2456-2458.
[10] 马康凌, 杨绍林, 刀静梅. 中国农产品检测技术现状与展望. 云南农业科技, 2019(2): 60-63.
[11] 农业部农药检定所. 农药成分监测技术指南. 北京: 中国农业大学出版社, 2013.
[12] 农业部. 农药登记资料要求. 中华人民共和国农业部公告 第 2569 号, 2017 年 9 月 13 日公布, 2017 年 11 月 1 日起施行.
[13] 彭崇慧, 冯建章, 张锡瑜, 等. 定量化学分析简明教程. 2 版. 北京: 北京大学出版社, 2002.
[14] 钱传范. 农药残留分析原理与方法. 北京: 化学工业出版社, 2010.
[15] 钱传范. 农药分析. 北京: 北京农业大学出版社, 1992.
[16] 王惠, 吴文君. 农药分析与残留分析. 北京: 化学工业出版社, 2007.
[17] 王素利, 董见南, 吴厚斌, 等. 甲苯和二甲苯农药溶剂助剂分析. 农药, 2009, 48(12): 894-895.
[18] 王秀菊. 食品中农药残留分析的样品前处理技术进展综述. 现代食品, 2020(9): 117-118.
[19] 王燕, 皇甫慧君, 曲春浩, 等. 农药分析研究进展. 应用化工, 2010, 39(7): 1084-1086.
[20] 王义生, 刘洪涛. 农药分析方法的现状及展望. 吉林农业科学, 2000, 25(6): 29-31.
[21] 武汉大学. 分析化学. 4 版. 北京: 高等教育出版社, 2002.
[22] 杨洋, 韩世鹤, 尹昱, 等. 2018 年欧盟食品中农药残留情况分析及启示. 食品安全质量检测学报, 2020, 11(23): 8983-8988.
[23] 岳永德. 农药残留分析. 北京: 中国农业出版社, 2014.

[24] 张寒, 黄晓华, 徐永. 农药隐性成分现状分析及对策. 农药科学与管理, 2017, 38(5): 6-10+20.
[25] 张冷思, 裔群英, 侯莉莉, 等. 农药残留检测前处理技术的应用与展望. 农业科技与信息, 2019(19): 76-77+79.
[26] 章强华, 程家安. 应关注农药中掺加隐性成分问题. 农药市场信息, 2008(2): 40.
[27] 周兆亭, 董彦梓. 农药残留检测现状与未来分析. 产业与科技论坛, 2018, 17(15): 44-45.

❓ 思考题

1.一般来讲，农药分析包括哪些内容？请思考它们之间有什么关联。

2.简述农药残留分析与常量分析的区别。

3.对农药原药中相关杂质进行定性、定量分析有何意义？

4.农产品农药残留分析包括哪些基本过程？

第二章
农药登记管理中的产品化学与残留化学

第一节 农药登记与管理概述

根据联合国粮农组织（FAO）发布的数据，全世界每年由于病虫草害导致的粮食减产率在 20%～40%之间。农药作为重要的农业生产资料，在农业生产防治病虫草害，提高作物和粮食产量，保证粮食安全，实现零饥饿目标方面发挥重要作用。然而，化学农药的广泛使用也对人畜健康和生态环境造成潜在的风险。因此，我国及各国政府都对农药的生产、销售和使用实行严格的管理，从而减少对人类和环境的安全风险。

一、世界农药管理现状

为实现农药的良好管理，世界各国或地区先后制定了农药管理法规和农药登记制度。最早制定农药管理法规的是法国（1905 年），之后是美国（1910 年）、加拿大（1927 年）、德国（1937 年）、澳大利亚（1945 年）、日本（1948 年）、英国（1952 年）、瑞士（1955 年）、韩国（1955 年）、印度（1971 年）、印度尼西亚（1973 年）、马来西亚（1974 年）等。中国于1982 年建立了农药登记制度，1997 年 5 月 8 日颁布《农药管理条例》，2001 年 11 月 29 日发布中华人民共和国国务院 326 号令对其进行修订。1999 年颁布的《农药管理条例实施办法》经 2007 年修订后于 2008 年 1 月 8 日起开始执行。2017 年 3 月 16 日，国务院发布了第 677号令，公布修订后的《农药管理条例》于 2017 年 6 月 1 日起施行。《农药管理条例》规定，农药生产应取得农药登记证和生产许可证，农药经营应取得经营许可证，农药使用应按照标签规定的适用范围及安全间隔期用药，不得超范围用药。剧毒、高毒农药不得用于防治卫生害虫，不得用于蔬菜、瓜果、茶叶、菌类及中草药材的生产，不得用于水生植物的病虫害防治。此条例通过取消农药临时登记，设立农药经营许可，实施召回制度，强化限制使用农药的使用管理，明确农药废弃物管理等措施，进一步加强农药科学管理。

世界农药管理由国际组织和机构广泛参与。国际组织间化学品良效管理机制（The Inter-Organization Programme for the Sound Management of Chemicals ,IOMC）是在联合国有关机构间达成的化学品管理的一项合作协议，全面执行国际化学品管理战略（Strategic Approach to International Chemicals Management，SAICM），其组织成员包括联合国粮农组织（FAO）、国际劳工组织（ILO）、经济合作与发展组织（OECD）、联合国环境规划署（UNEP）、联合国工业发展组织（UNIDO）、联合国训练研究所（UNITAR）、世界卫生组织（WHO）、世界银行（World Bank）和联合国开发计划署（UNDP）。农药管理是 IOMC 的重要工作之一，参与全球农药管理的国际组织和机构主要有：FAO、WHO、UNEP 和 OECD，这 4 个组织的工作各有侧重点，协同帮助各国农药管理部门对全球农药进行管理。

FAO 于 1963 年 7 月 25 日成立农药行政管理工作委员会。农药管理在 FAO 内部由植物生产及植物保护司（Plant Production and Protection Division，AGP）负责，在其关注的强化可持续生产及降低农药风险领域，在保护作物的同时把减少对农药的依赖作为一项重要工作原则。AGP 在农药管理的工作内容主要包括制修订《国际农药管理行为守则》（原《国际农药供销与使用行为准则》）；制定相关农药管理和技术准则；制定农药残留限量和产品标准；帮助发展中国家加强农药管理能力建设；指导各国农药登记，协调地区合作和区域发展；制定高危害农药管理及使用削减相关政策等。

WHO 与农药有关的主要领域为卫生用农药，主要工作内容包括化学品安全、农药评估、中毒急救中心建设和自杀预防，推荐农药危害等级、农药中毒预防以及农药暴露数据采集工具等。

FAO 和 WHO 联合开展的工作主要包括共同召开 FAO/WHO 农药管理联席会议（JMPM）、FAO/WHO 农药残留专家联席会议（JMPR）和 FAO/WHO 农药标准联席会议（JMPS）。JMPM 主要负责起草、修改、审议农药管理相关的标准和技术准则，讨论国际层面上农药管理出现的新问题并提出建议。JMPR 主要负责开展农药残留评估工作，提出全球一致的与农药残留有关的建议，包括最大残留限量（MRL）、每日允许摄入量（ADI）和急性参考剂量（ARfD）等。JMPS 负责审议制定所有农药原药标准和制剂标准，由 FAO 和 WHO 颁布实施，为各国农药管理和控制农药产品质量提供参考。

UNEP 与农药相关的工作主要是制定全球化学品与农药环境评价和管理相关准则，风险降低及管理措施等。UNEP 单独为《巴塞尔公约》和《关于持久性有机污染物的斯德哥尔摩公约》提供秘书处，和 FAO 共同为《鹿特丹公约》（PIC）提供秘书处，分别负责化学品和农药领域。

OECD 成立于 1961 年（前身是欧洲经济合作组织），1992 年 OECD 开始农药登记协调工作，主要工作包括制定农药登记资料要求，制定试验指导，指导毒害评价，重新登记和降低农药风险等。

二、《国际农药管理行为守则》与农药管理

《国际农药管理行为守则》(International Code of Conduction Pesticides Management) (2015) 中对农药管理的定义是全生命周期的管理方式，包括农药的开发、登记、生产、贸易、包装、标签、供销、储存、运输、处理、施用、处置和监测等各个方面，包括农药生产（制造和加工），农药产品和农药残留的监测，农药废弃物和农药容器的管理等。旨在确保农药的安全性和有效性，同时尽量减少对人体和环境的不利影响及对人畜的暴露量。从定义可见，农药管理的目的包括：①保证产品质量；②保证人和有益动物的健康；③保证环境和生态安全，实现农业可持续发展。

(一)《国际农药管理行为守则》的相关要求

《国际农药管理行为守则》第三条要求在农药管理方面应遵守以下内容：
①只供应质量合格、包装和标签适合各个特定市场的农药；②严格遵守联合国粮农组织

和世界卫生组织采购和招标程序准则的相关规定；③特别注意农药剂型的选择和介绍、包装及标签，以尽量减少给用户、公众和环境带来的风险；④农药产品均应充分提供以一种或多种官方语言写的信息和说明，确保农药得到有效使用，并尽量减少给非用户、公众和环境带来的风险；⑤能够提供有效的技术支持，并辅以终端用户层面的全面产品管理，包括建立并实施为使用农药、过期农药和空置农药容器的有效管理机制；⑥持续积极关注产品的生命周期，不断跟踪主要用途及因产品使用出现的任何问题，以此为据来确定是否需要修改标签、使用说明、包装、剂型或产品供应。

《国际农药管理行为守则》第六条农药管理监管与技术要求包括以下内容：

①对每种产品提供客观的评价资料和必要的支持性数据，包括支持风险评估及风险管理决定所需参考的充足资料；②一旦获悉，即尽快向国家监管部门提供可能改变农药监管状况的任何新的或最新的信息；③确保在市场上销售农药产品的有效成分及辅料的特性、质量、纯度和组成与在检测、评价并在毒性及环境可接受方面获得批准的登记农药成分相符；④确保技术等级与配制农药产品符合国家标准或联合国粮农组织推荐的农业农药标准，以及世卫组织对于公共健康用途农药的推荐标准；⑤核实供出售农药的质量和纯度；⑥在出现问题时，自愿采取纠正措施，当有关国家政府提出要求时，协助找到解决问题的办法；⑦向各自国家的政府提供有关农药进口、出口、制造、剂型、质量和数量的清楚简明数据。

《国际农药管理行为守则》第十条对标签、包装、储存及处置的要求包括：

①符合登记要求并含有与农药主管部门批准的登记信息；②除以一种或几种适当语言表达的书面说明、警告及注意事项外，尽可能包括适当的标记和图像，以及标志性词汇，比如"危害、风险"；③符合国内的标签要求，或者如果缺乏较为具体的国内标准，则要遵守《全球化学品统一分类和标签制度》、FAO/WHO 的农药标签准则以及其他的相关国际标签要求；④以一种或几种适当的语言列入关于不得重复使用容器的警告以及关于已使用容器安全处置或消毒的说明；⑤以任何人无需借助其他代码参考即可理解的数字及字母标识每一批产品；⑥清楚标明该批产品的发放日期（月份和年度）和有效期，并包含关于产品储存稳定性的有关信息。

农药业界应与政府合作，确保：①农药的包装、储存及处置原则上符合联合国粮农组织、联合国环境规划署、世卫组织的有关准则或条例或其他使用的国际准则；②只能在满足安全标准的许可场所进行农药包装或改装，主管部门应确保这些场所的工作人员得到充分的保护以防止被毒害，并采取适当的措施以避免环境污染；另外，最终产品须得到适当包装并加有适当的标签，所装的农药必须符合有关的质量标准。

《国际农药管理守则》强调各国政府在管理农药时，应充分考虑当地的需求和社会及经济条件等因素，且由于各国农药生产和使用、管理历史、技术和资源等的差异，各国所采用的农药管理制度有所不同，概括起来可以分成 3 种类型：第一种是以欧美发达国家为代表的管理制度，其特点是制度健全，全程管理，并以安全风险防控为核心，属于世界农药管理框架及基础准则的搭建者、新技术的引领者和农药管理风向标，可以对世界其他国家的农药管理政策产生很大影响；第二种以巴西和中国等经济转型国家为代表的管理制度，其特点是制度相对健全，但不完整，对各种农药风险和违法行为还不能进行全程管理，在基础标准制定领域尚处跟随者地位；第三种是其他发展中国家的管理制度，由于受管理资源和能力限制，管理制度相对简单，以农药登记为核心。

(二)　国际公认的农药管理相关法律、技术及评审准则

目前国际社会广泛认可的农药管理相关法律法规、技术及评审准则列于表 2-1，此外，美国环保署和欧盟制定的试验方法及技术准则也被世界上大多数国家登记机关接受认可。

表 2-1　国际社会广泛认可的农药管理相关法律、技术及评审准则

领域	相关法律、技术及评审准则	备注及相关网址
立法及农药全生命周期管理	① FAOLEX ② 《国际农药管理行为守则》（COC）+34 个技术准则 ③ WHO 公共卫生用农药管理准则	① 各国农药登记相关法律法规检索平台：https://www. fao.org /faolex/country-profiles/general-profile/en ② 涵盖农药全生命周期管理的各个方面：http://www.fao.org /agriculture/crops/thematic-sitemap/theme/pests/code/list-guide new/en/
农药登记要求	① FAO 农药登记工具包 ② FAO《农药登记准则》等 6 个与登记相关的技术准则 ③ WHO 和 GHS 毒理分级	① 为发展中国家农药评审人员提供登记决定支持的工具包，可被视为基于网络平台的日用登记手册：http://www.fao.org/ pesticide-registration-toolkit/en/ ② WHO 毒性分级：https://www.who.int/ipcs/publications/ pesticides hazard 2009. pdf 和 GHS 毒性分级：https://www. chemsafetypro.com /Topics/GHS /GHS for pesticides. html
登记评审准则	① WHO《室内滞留喷洒杀虫剂通用风险评估模型》等 13 个评价准则 ② OECD 统一的报告（对申请者）和评价报告（对评审人员）模板	① https://www.who.int/publications/who-guidelines ② http://www.oecd.org/ehs/templates/
试验准则及方法	① WHO《家用杀虫剂药效试验准则》等 9 个与公共卫生用农药相关的试验准则 ② OECD 化学品试验准则 ③ CIPAC 方法	① https://www.who.int/publications/who-guidelines ② http://www.oecd.org/chemicalsafety/testing/ ③ https://www.cipac.org/
产品标准	FAO/WHO JMPS 农药产品标准	http://www.fao.org/agriculture /crops/thematic-sitemap/theme/ pests/jmps/en/
残留标准	CAC 农药残留限量标准	共通过近 5000 项农药残留限量标准：http://www.fao.org/ fao-who-codexalimentarius/codex- texts/dbs/pestres/en/
实验室管理及资料互认	ISO 17025 OECD 良好实验室规范（GLP）及资料互认体系	除 OECD 成员国外，参与 MAD 体系资料互认的国家还包括阿根廷、巴西、印度、马来西亚、新加坡和南非

三、农药登记制度

农药登记是指政府部门对农药的安全性和有效性资料的评审和批准的过程。登记环节中评审过程是最重要的。为使农药能够通过评审，生产者必须提供农药各方面的科学资料，特别是农药性质和试验结果。农药登记的目的就是确保农药根据登记批准的标签正确使用从而能够达到安全有效的目的。正确地使用农药，可以在粮食和饲料生产中成为有力的保护措施。

农药登记制度是农药管理的核心。1982 年，FAO 调查的 33 个国家中有 30 个实施了登记制度。1989 年，亚太地区 22 个国家中有 17 个实行了农药登记制度。目前世界上大多数国家已实行登记制度。农药登记制度是一种在农药进入市场前，由国家主管部门对其按法定程序和标准进行规定项目的审查，对符合要求的给予登记，批准其生产、流通和使用的市场准入制度。农药登记制度不仅管理本国的农药生产、销售和使用，还涉及农药以及农产品的国际

贸易。

农药登记主要包括新农药登记（新化合物）和相同产品登记（老化合物登记）。各国对技术资料的要求大同小异。新农药登记依据其特性不同，要求提交全套登记资料并且以实验室或田间试验报告为主。老产品或相同产品登记资料必须是拟登记产品的试验报告，有些资料可以引用先前登记者的资料或公开发表的资料，也可以减免部分资料。哪些资料可以减免，不同国家差别很大。减免资料越多登记就相对越容易。亚洲、非洲及拉丁美洲的多数发展中国家农药登记相对容易，而发达地区，比如美国、欧盟、加拿大、日本、韩国等要求相对很高。中国农药登记资料要求主要包括产品技术资料、与产品或生产者有关的法律文书以及产品样品等，概括见表 2-2。以下分别介绍发达地区（美国、日本、欧盟）农药登记以及中国农药登记与资料的要求。

表 2-2　中国农药登记资料的一般要求

项目	资料要求
技术资料	① 资料真实性和不侵犯他人知识产权的声明 ② 省级农药检定所的初审意见（境外申请人可以不提供） ③ 申请资料（按农业农村部农药检定所涉及的相应申请表填写） ④ 产品摘要资料 ⑤ 产品化学资料 ⑥ 毒理学资料（制剂要求急性毒性，原药要求全套资料，但相同原药或过保护期原药除外） ⑦ 药效资料（原药不要求） ⑧ 残留资料（原药不要求） ⑨ 环境影响资料（制剂、原药一般均要求） ⑩ 相同农药产品证明材料 ⑪ 技术鉴定资料和有关证明材料（必要时） ⑫ 标签或者所附具的说明书 ⑬ 制剂所用的原药来源和登记情况说明（对制剂产品） ⑭ 其他包括企业简介、工商营业执照、产品专利、上标说明等
法律文书	由公司或登记申请者提供的支持文件： ① 分析合格证（certificate of analysis） ② 产地证明（certificate of origin） ③ 制造证明（certificate of manufacturing） ④ 法人资格证明复印件，或者法人授权书（authorization letter） ⑤ 中国农药登记证或自由销售证明（农业农村部农药检定所） 备注：支持文件需要经出口人所在地公证机关公证，并由拟登记产品的国家驻中国大使馆认证
产品样品	有效成分标准品，主要代谢物和相关杂质标准品，原药（母药）样品，制剂品

第二节　国外农药登记与资料要求

为控制农药使用对人体健康和环境的潜在危害，许多发达地区都建立了各自的农药管理法规，对农药的安全性提出了明确要求，并建立了专门的机构对其进行严格管理，本节重点介绍美国、日本和欧盟农药登记概况。

一、美国农药登记

为保护公众健康与环境，美国联邦与各州政府制定了严格的法规，用来管控农药的登记、销售与使用。美国现有三部重要农药法规，分别是《联邦杀虫剂、杀菌剂及灭鼠剂法》(FIFRA)、《联邦食品、药品和化妆品法》(FFDCA) 以及《食品质量保护法》(FQPA)，规定农药分别受美国环境保护署（US EPA）、食品与药品管理局（FDA）以及美国农业部（USDA）的分工管理。除此之外，农药管理还受到《濒危物种法案》(ESA) 以及《农药登记改进法案》(PRIA) 的管理。

（一）FIFRA

FIFRA 是美国最重要的联邦农药管理法，于 1947 年生效，起源于 1910 年生效的《联邦杀虫剂法》，经过数次修订。FIFRA 由美国环保署负责实施，该法案提供了农药管理的法规基础，包括对农药的登记、销售、运输与使用的管理，以及对用于特殊用途的农药进行审查与登记、暂停或取消某种具风险农药的登记。

FIFRA 法案的主要内容包括：

(1) 规范农药登记要求。该法案规定了农药产品登记的具体资料要求，以及登记产品在食品中的残留信息、检测方法、残留标准要求等。美国环保署组成的专家团队对登记资料进行评审，如果申请登记的产品满足要求，使用目的符合法律规定，则批准登记。美国农药产品登记有效期通常为 15 年，但在登记后如果发现未预估到的负面风险等，环保署有权取消登记。

(2) 规定农药分类与使用许可要求。FIFRA 将农药分为普通用途农药和限制使用农药两类。普通用途农药是指对使用者或环境风险较低的一类农药，只要施用者仔细按照产品标签说明操作即可，包括卫生杀虫剂等产品。限制使用农药是指对人类或其他有益类动物具有异常毒性，或已知对环境有显著影响的农药产品。使用限制类农药的人必须要通过资格考核认证获得许可。

(3) 农药毒性分类。FIFRA 按照经口 LD_{50} 值将农药产品毒性分为高毒、中等毒、低毒与微毒四类。

(4) 其他规定。FIFRA 规定，要进行新农药的登记试验，必须申请并取得实验用途许可，才可以开展大田试验；一般农药登记 15 年后，需要进行再评价，如果新的数据表明产品有未曾发现的负面作用，环保署可对有效期内的登记加以取消，或改变其分类类别。农药生产者有义务向环保署报告任何新发现的副作用信息，存在严重缺陷的产品，如艾氏剂、氯丹、DDT、狄氏剂以及七氯等，被取消或终止登记，不再使用；FIFRA 还规定了环保署所获取的农药产品相关信息处置权，对制售假劣农药和非法使用农药行为的处罚规定等；同时，FIFRA 保护农药产品首个登记者的数据使用权；此外，对拟取消登记的产品进行特别审查，允许社会公众参与讨论或提交相关意见与证据。

（二）FFDCA

FFDCA 主要用于规定农药允许量，授权环保署设定食品或动物饲料中使用的农药的最大残留限量（MRL）或允许量（tolerances）标准，农药在水果、蔬菜以及海产品等食品中的残留监测以及允许量水平由美国食品与药品管理局加以执行，如果涉及肉类、奶制品、禽蛋类以及水产品等，则由美国农业部负责监管实施。法案要求设定食品或饲料中农药的 MRL；具有免除对某种农药允许量要求的权力；规范允许量或进行豁免的规则制定过程；决定农药产品在授予可用于食品的登记前是否需要设定允许量或豁免；强制执行基于健康标准的允许量水平以确保安全，该法案还要求实施强制性措施以保护婴儿和儿童。《联邦食品、药品和化妆品法》要求对于有毒的化学品，必须设立其在食品原料及加工产品中统一的残留允许值。EPA 成立后，规定了 EPA 负责制定农药在食品和饲料中的最大残留限量，食品与药品管理局（Food and Drug Administration，FDA）负责监督检查本国和进口食品（除了肉和禽肉）的监测与安全，农业部的食品安全检验局（Food Safety and Inspection Service，FSIS）负责监督检查肉和禽肉的安全，以保证食品中农药残留量不超过 MRL。

（三）FQPA

FQPA 于 1996 年通过，对食品中农药残留限量提出更高的标准，要求 EPA 在十年内根据新的标准对已登记农药的 MRL 值进行重新评估或制定，并根据评审结果，进行再登记，限制一些农药的使用范围、时间、次数，改进使用方法和注意事项等，以确保食品安全。美国环保署负责制定的 MRL 标准，共涉及 380 多种农药约 11000 项，大部分为在全美登记的农药根据《联邦法典法规》（Code of Federal Regulation，CFR）制定的 MRL，其余为农药在各地区登记时制定的 MRL、有时限或临时的 MRL、进口农产品和食品的 MRL 和间接残留的 MRL 等，还列出了豁免和无需 MRL 的清单。

FQPA 出台前，EPA 在制定应用于食品和农产品中农药残留允许量时，完全以针对单一摄入途径和单一农药作用模式的评估结论为基础。但实际上，真实风险来源于所有不同年龄、不同特质的人群，通过包括膳食（饮用水）摄入、吸入、职业和非职业皮肤接触等多种暴露途径，且同时摄入不同毒性机制、不同剂量和不同剂型的农药残留。《食品质量保护法》在制定残留允许限量时首次考虑了该情况，同时 EPA 使用了"风险杯"的概念（见图 2-1）来描述，并定义为蓄积性（aggregate exposure，多途径摄入单一农药）和累积性（cumulative exposure，单一途径摄入具有相同毒性机制的多种农药）风险。"风险杯"最大溢出阈值为人体每日通过多途径接触多种农药残留，在 70 年内刚好发生重大健康问题的总量。当"风险杯"可能溢出时，必须采取措施，如减少某种农药施用率、改变施药方式和安全间隔期（PHI），甚至停止某种农药使用等，以此规避风险。对于蓄积性评估，EPA 考虑了膳食、饮用水、农药残留等方面，及膳食摄入、皮肤接触、吸入等途径来研究。对于累积性评估，首先考虑了有机磷类（OPs）、氨基甲酸酯类以及归类为 B2 致癌物的三嗪类和氯乙酰苯胺类农药，这 4 类农药都具有累积性特征，但选定前两者主要是由于 EPA 具有在急性毒性研究方面的经验和成果，后两者主要由于该两类农药具有致癌效应。

蓄积性和累积性风险评估原理解释非常简单，但要真正解决该问题却极为困难，首先是当前共同毒性机制研究进展并不具备完全支持开展蓄积性评估的科学基础。EPA 于 1998 年对共同毒性机制作了定义，但该定义引起全球其他科学界很多质疑，虽然 FQPA 也未能很好解决该问题，但受到广泛认同的定量结构-活性关系（QSAR）和化学物共同效应机制研究成果等毒理学方法和化学物数据库等极大地支持了该项工作。EPA 的基本做法是将具有共同毒性机制（胆碱酯酶对神经系统作用等）、毒性终点（神经毒性、生育毒性及致癌性等）等农药纳入一类，然后评估该类农药是否具有同时暴露的可能。如果同时暴露可能性存在，则进行蓄积性和累积性评估。蓄积性和累积性风险评估方法是当前及未来探寻化学污染物对人体和生态风险的必然手段，也是未来化学物风险评估技术发展的趋势。

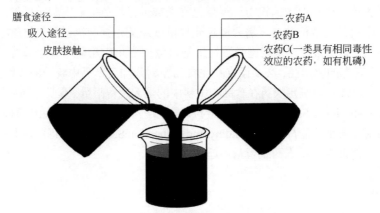

图 2-1 蓄积性和累积性风险与"风险杯"

二、日本农药登记

（一）日本农药登记法规与残留管理

日本自 1948 年 7 月 1 日《农药取缔法》（Agricultural Chemicals Regulation Law）颁布实施开始进行农药登记管理，在该法的基础上于 1992 年颁布了日本国《农药取缔法》和实施令，至 2014 年该项法律共进行了 21 次大小修订。为了确保《农药取缔法》的实施，在该法的基础上又制定了《农药取缔法实施细则》。日本对农药实施管理的部门主要是农林水产省（Ministry of Agriculture Forestry and Fisheries, MAFF）和环境省（Ministry of Environment，MOE）。

MAFF 负责日本农药登记，接收申请并组织登记检查，并将申请资料分别交给环境省和厚生劳动省（Ministry of Health Labor and Welfare，MHLW）。农林水产省的农药检查所（Agricultural Chemicals Inspection Station，ACIS）负责给农药生产商、进口商、经销商和防治者进行农药登记，并发给申请者农药登记证，同时负责接受使用者的申报，制定农药原药及制剂的法定标准，必要时每年就农药的使用时间、使用方法等事项制定使用者应该遵守的安全使用条例，以及委派人员对农药生产者、进口商、经销商和农药使用者的各个环节进行检查。

日本环境省根据农药生产者、进口商、经销商和使用者提供的有关业务和农药使用的报告，负责对农作物、土壤、水域及水生动植物中的残留数据进行评价；由环境省、农林水产省制定、修改或废除作物残留性农药、土壤残留性农药或水质污染性农药的法定标准。除了农林水产省、日本环境省外，都道府也具有部分上述管理能力。

日本厚生劳动省负责评价毒理学数据，评价结果将作为建立安全使用指导的依据之一，厚生劳动省将从农林水产省获得的文件分别交给内阁府和食品安全委员会（FSC），由食品安全委员会进行农药的风险评估和公众评审，随后建立每日允许摄入量（ADI）值，提交内阁府商讨通告世界贸易组织（WTO）并进行公众讨论。将讨论结果交给食品安全委员会，确定后由厚生劳动省宣布该农药的 MRL 值，再经环境省确认申请后，依据确定的 MRL 值登记为残留限量标准，协助农林水产省做该农药的登记审查，最后确认登记，批准该农药在日本国内的销售和使用，并依据相关法律强制执行。

由于农药、兽药等化学品残留引起的食品安全问题突出，日本于 2003 年 5 月修订了《食品卫生法》，并于 2006 年 5 月 29 日正式实施肯定列表制度（positive list system），执行食品和农产品中农业化学品新的残留限量标准。肯定列表制度涉及对农药、兽药和添加剂等 791 种农用化学品的管理，是当时世界上制定残留限量标准最多、涵盖农药和食品品种最全的管理制度。该制度几乎对所有用于食品和食用农产品上的农用化学品制定了残留限量标准，包括"临时标准""一律标准""沿用现行限量标准"和"豁免物质"以及"不得检出"等 5 个类型，共有限量标准 57000 多项，其中农药 579 种，农药 MRL 有 51600 多项。

日本共制定了多项"临时标准"，涉及 264 种（类）食品和农产品、515 种农药（注：具体标准数目因更新及修订而不断变化）。制定"临时标准"主要需考虑以下几个因素：①CAC 的 MRL；②日本《农药取缔法》规定的国内登记许可标准，即沿用现行限量标准；③根据（联合国粮农组织/世界卫生组织）农药残留专家联席会议（JMPR）所要求的进行过科学的毒性评价的其他地区（欧盟、美国、加拿大、澳大利亚、新西兰）的 MRL，采用 5 地的平均值作为其临时 MRL；④当由于致癌性或其他原因不能确定农药的 ADI 标准时，应根据目前的习惯做法，在制定"临时标准"时以"不得检出"表示。根据规定，"临时标准"在其制定后每 5 年需重新评估一次。

"一律标准"指的是日本政府确定的对身体健康不会产生负面影响的限量值，以 1.5μg/（人·d）的毒理学阈值作为计算基准，确定的限量值为 0.01mg/kg。该标准适用于肯定列表制度中未制定 MRL 的农用化学品/食品组合。

（二）日本农药登记资料要求

日本农药登记资料要求主要包括：药效和药害资料、产品化学资料、毒理学资料、对水生和其他有益生物影响的资料、环境归宿、残留资料等。

必要的试验项目有：①药效试验。②药害试验。③毒性试验：包括人、家畜等毒理学安全性相关试验（短期和长期毒性等 32 个项目）；体内分解相关试验（动物、植物、土壤、水）；水生动植物影响试验（鱼类、虾类、藻类等 10 个项目）；水生动植物以外的有益生物影响试验（蚕、蜜蜂、天敌等）；有效成分的性状、稳定性、分解性等（17 个项目）；环境影响相关试验（6 个项目）；④残留性试验，包括农作物残留和土壤残留。

对于农药保护制度，2000 年 11 月 24 日之前，日本实行登记资料永久保护的制度。2000 年 11 月 24 日，农林水产省发布通知，实行相同产品登记制度，随后该通知于 2001 年 6 月 26 日再次被修订。按有关条款规定，首家登记申请者的登记资料至少被保护 15 年。15 年之内，申请相同产品登记的可以争取首家登记者的授权，使用其登记资料（首家有权拒绝出具授权书）。15 年之后，同产品登记申请者可参考首家登记的部分资料如急性经口、经皮和吸入毒性资料，以及在动物、植物、土壤、水中代谢资料和残留资料。其他关于原药和制剂的急性毒性、亚慢性、慢性、致癌、致突变和致畸研究资料和环境毒理资料等都需要申请者自己提供研究报告。

三、欧盟农药登记

欧洲联盟（简称欧盟，European Union，EU）是由欧洲共同体（European Community）发展而来的，是一个集政治实体和经济实体于一身、在世界上具有重要影响的区域一体化组织。欧盟的农药登记制度为欧盟成员共同统一的标准。为了提高农药评审、登记的效率，于1993年开始实施审议制度。该制度适用于新农药的评价、登记，但主要对已登记的农药，根据新的制度进行再审议，这是一项庞大的工作。主要包括在欧盟内对农药有效成分及制剂从各个过程进行评价、审查，再根据结构予以认可并确定是否登记。也就是说，要使农药在欧盟各国中使用，首先由欧盟对有效成分进行登记、评审以确定是否认可。随后，向各使用国对农药制剂进行申请登记，接受该国评价并取得登记。

欧盟农药登记分2个阶段，即有效成分在欧盟欧洲委员会获得登记，然后是制剂在各成员国的登记。欧盟对农药的评审工作以1993年7月25日作为"分水岭"，分为2种情况：该日期当日或之前上市的品种为"现有的"（existing）有效成分；该日期之后的品种是"新的"（new）有效成分。尽量先对现有的有效成分进行评价。

1991年7月15日欧共体各成员国都先后采纳了欧共体理事会指令（Council Directive 91/414/EEC）。该法令适用于农药登记、评价，包含24个条款和6个附件。内容涉及范围、定义、总规定、允许或撤回规定、潜在危害信息、农药许可的申请手续、包装和标签的要求、控制和管理方面的规定等。理事会指令91/414/EEC颁布之后，有些内容又经过多次修改，如96/12/EC（1996）有关分析方法、96/46/EC有关残留、98/68/EC有关残留和代谢等。

从2011年6月14日开始，欧盟全面实行新的登记法规（No 1107/2009），该法规较91/414/EEC更为详尽，适用于农药登记管理的多个方面，包含有11章84个条款和5个附件，内容涉及目的、范围、定义、总规定、有效成分、安全剂、增效剂和佐剂、重审、撤回和废除规定、农药许可的标准和申请程序、包装、标签和广告的要求、申请费用、控制和管理方面的规定等。其中第4条规定了有效成分获得许可的标准，第7和第8条分别规定了有效成分申请程序和需要提供的审批材料。其附录Ⅰ详细列出了第3条涉及的欧盟区域划分；附录Ⅱ规定了有效成分、安全剂和增效剂登记的程序和要求（见表2-3）；附录Ⅲ收录了不能作为植物保护产品的佐剂名单；附录Ⅳ列出了一种新的农药有效成分替代原有产品需要进行比较评估的内容；附录Ⅴ为修订或废除的指令及其时间。1107/2009对新的有效成分的审批确立了明确的规程，如确定截止日期，该如何处理所积压的事项，以及审批程序出现变更时如何实现平稳过渡。而且，新法规在数据保护方面有了新的规定，对第一个申请者提交的数据提供10年的保护期，或者对低风险的有效成分提供13年的保护期。首次登记者和后续登记者之间必须经过合理协商最后达成协议，后续申请人只需对首次登记者的研究费用进行一定的补偿，不必再重复提交试验数据，而补偿金必须合理透明且公正。对于脊椎动物试验，如果双方不能达成协议，可以强制裁决来解决问题。但是新法规也存在不足，如未限定协商的时间和赔偿金标准等。

表2-3 欧盟关于有效成分登记资料的要求

项目	资料要求
有效成分资料档案	ADI，AOEL（acceptable operator exposure level），ARfD，有效成分用于饲料或食物作物或可残留于饲料或食物的需提供残留量、最大残留量、对环境和非靶标生物的影响
有效性	有效成分单独使用或与安全剂（或增效剂）共同使用时，应比较该有效成分与其他已登记成分的有效性差异，并提供相关的证明资料

项目	资料要求
代谢物	代谢物的毒性,生态环境毒性
有效成分、安全剂和增效剂的成分	纯度,不纯物质的名称、最大含量、物理和化学特性、毒性、生态环境毒性
分析方法	
对人体健康的影响	ADI，AOEL，ARfD 急性毒性，短期毒性，长期毒性和致癌性，遗传毒性，生殖发育毒性，哺乳动物体内代谢研究，神经毒性研究，对家畜和宠物的毒性，医学数据（医学监护、直接观察、工业和农业应用方面的健康记录、普通人群暴露的监测、流行病学研究、中毒的诊断、对致敏/过敏原性的观察及处理办法）
环境	非持久性有机污染物的证明资料（持久性、生物蓄积、潜在环境迁移）； 非持久性生物蓄积毒性物质的证明资料（持久性、生物蓄积、毒性）； 非持久性蓄积性物质的证明资料（持久性、生物蓄积）
生态毒性	对鸟类的影响（急性经口毒性、短期 8d 毒性、繁殖毒性），对水生生物的影响（对鱼的急性毒性、对鱼的慢性毒性、对鱼繁殖和生长率的影响；对大型水蚤的急性毒性、对大型水蚤的繁殖和生长率的影响；对藻类生长的影响），对其他非靶标生物的影响（对蜜蜂和其他有益节肢动物的急性毒性；对蚯蚓和其他土壤非靶标大型生物的毒性；对土壤非靶标微生物的影响；对其他非靶标生物的影响；对污水生物处理方法的影响）
残留物	
在环境中的行为和归宿	在土壤中的行为和归宿（90%的物质降解的速率和途径、吸收和解吸、结合残留物的迁移率、结合残留的程度和结合残留物的性质），在地下水的行为和归宿（在水中降解率和降解途径、水解、光解、吸收和解吸），在空气的行为和归宿（在空气中的降解率和降解途径）

　　欧盟统一的农药 MRL 由欧盟食品安全局（EFSA）负责制定，有较严谨的食品安全法律体系。2002 年发布欧盟新食品法，即欧盟议会与理事会 178/2002 法规。该法规是欧盟迄今出台的最重要的食品法，填补了在欧盟层面缺少总的食品法规的空白，是对以往欧盟食品质量与安全法规的提升与创新，具有很强的时代特征。2005 年 2 月 23 日欧盟又颁布了 396/2005 法规，该法规规定了欧盟统一的食品和农产品中农药的 MRL，同时补充了 91/414/EEC 指令，此指令是目前在欧盟农药政策框架内，用于规范市场上的植保产品的重要法规。396/2005 法规还整合了以往的 4 个指令，共包括欧盟的 245 个农药的 MRL 以及约 850 个成员国各自的农药 MRL。396/2005 法规共包含 7 个附录，其中附录 I 为食品和农产品清单，附录 II 为欧盟现有的 MRL，附录 III 为临时性的 MRL，附录 IV 为豁免最大残留限量的物质清单，附录 V 为一律标准，附录 VI 为加工产品的 MRL，附录 VII 为收获后使用的熏蒸剂名单。附录 I～IV 是核心内容，涉及 471 种农药在 315 种食品和农产品共 145000 个 MRL。

第三节　中国农药登记与资料要求

　　在中国境内生产、经营、使用的农药，应当取得农药登记。未依法取得农药登记证的农药，按照假农药处理。农药登记应当遵循科学、公平、公正、高效和便民的原则。鼓励和支持登记安全、高效、经济的农药，加快淘汰对农业、林业、人畜安全、农产品质量安全和生态环境等风险高的农药。本节主要介绍中国农药登记与资料要求概况，并对产品化学和残留化学予以重点介绍。

一、中国农药登记管理

我国农药登记管理起步较晚，根据国务院《关于加强农药管理工作的报告》(国发 [1978] 230 号)，1982 年 4 月 10 日，农业部等 6 部委联合发布《农药登记规定》([82] 农业保字第 10 号)，首次提出农药实施登记管理。1997 年 5 月 8 日，《农药管理条例》发布实施，2001 年 11 月第一次修订，2017 年第二次修订。2017 年 2 月 8 日，国务院常务会议通过《农药管理条例（修订草案）》，6 月 1 日起实施。《农药管理条例》是中国农药管理的基本法规，涵盖从农药试验、登记、生产、经营、使用至使用后监测与评价全过程的管理。条例修订过程中，参考了一些发达国家的农药管理经验做法，力求解决当前问题，提供更加合理有效的体制和制度保护。

(一) 农药登记程序

(1) 申请与受理　申请人应当是农药生产企业、向中国出口农药的企业或者新农药研制者。境内申请人向所在地省级农业部门提出农药登记申请，境外企业向农业农村部提出农药登记申请。农药生产企业，是指已经取得农药生产许可证的境内企业。向中国出口农药的企业，是指将在境外生产的农药向中国出口的企业。新农药研制者，是指在我国境内研制开发新农药的中国公民、法人或者其他组织。多个主体联合研制的新农药，应当明确其中一个主体作为申请人，并说明其他合作研制机构，以及相关试验样品同质性的证明材料。其他主体不得重复申请。

申请人应当提交产品化学、毒理学、药效、残留、环境影响等试验报告、风险评估报告、标签或者说明书样张、产品安全数据单、相关文献资料、申请表、申请人资质证明、资料真实性声明等申请资料。登记试验报告应当由农业农村部认定的登记试验单位出具，也可以由与中国政府有关部门签署互认协定的境外相关实验室出具；但药效、残留、环境影响等与环境条件密切相关的试验以及中国特有生物物种的登记试验应当在中国境内完成。

申请新农药登记的，应当同时提交新农药原药和新农药制剂登记申请，并提供农药标准品。自新农药登记之日起 6 年内，其他申请人提交其自己所取得的或者新农药登记证持有人授权同意的数据申请登记的，按照新农药登记申请。

(2) 审查与决定　省级农业部门应当自受理申请之日起 20 个工作日内对申请人提交的资料进行初审，提出初审意见，并报送农业农村部。初审不通过的，可以根据申请人意愿，书面通知申请人并说明理由。

农业农村部自受理申请或者收到省级农业部门报送的申请资料和初审意见后，应当在 9 个月内完成产品化学、毒理学、药效、残留、环境影响、标签样张等的技术审查工作，并将审查意见提交农药登记评审委员会评审。农药登记评审委员会在收到技术审查意见后，按照农药登记评审规则提出评审意见。

农业农村部根据农药登记评审委员会意见，可以要求申请人补充资料。农业农村部自收到评审意见之日起 20 个工作日内做出审批决定。符合条件的，核发农药登记证；不符合条件的，书面通知申请人并说明理由。

（3）变更与延续　农药登记证有效期为 5 年。农药登记证有效期内有下列情形之一的，农药登记证持有人应当向农业农村部申请变更：①改变农药使用范围、使用方法或者使用剂量的；②改变农药有效成分以外组成成分的；③改变产品毒性级别的；④原药产品有效成分含量发生改变的；⑤产品质量标准发生变化的；⑥农业农村部规定的其他情形。

有效期届满，需要继续生产农药或者向中国出口农药的，应当在有效期届满 90 日前申请延续。逾期未申请延续的，应当重新申请登记。申请变更或者延续的，由农药登记证持有人向农业农村部提出，填写申请表并提交相关资料。农业农村部应当在 6 个月内完成登记变更审查，形成审查意见，提交农药登记评审委员会评审，并自收到评审意见之日起 20 个工作日内作出审批决定。符合条件的，准予登记变更，登记证号及有效期不变；不符合条件的，书面通知申请人并说明理由。

（二）农药登记的风险监测与评价

省级以上农业部门应当建立农药安全风险监测制度。监测内容包括农药对农业、林业、人畜安全、农产品质量安全、生态环境等的影响。有下列情形之一的，应当组织开展评价：①发生多起农作物药害事故的；②靶标生物抗性大幅升高的；③农产品农药残留多次超标的；④出现多起对蜜蜂、鸟、鱼、蚕、虾、蟹等非靶标生物、天敌生物危害事件的；⑤对地下水、地表水和土壤等产生不利影响的；⑥对农药使用者或者接触人群、畜禽等产生健康危害的。

对登记 15 年以上的农药品种，农业农村部根据生产使用和产业政策变化情况，组织开展周期性评价。发现已登记农药对农业、林业、人畜安全、农产品质量安全、生态环境等有严重危害或者较大风险的，农业农村部应当组织农药登记评审委员会进行评审，根据评审结果撤销或者变更相应农药登记证，必要时决定禁用或者限制使用并予以公告。

（三）农药登记的监督管理

有下列情形之一的，农业农村部或者省级农业部门不予受理农药登记申请；已经受理的，不予批准：①申请资料的真实性、完整性或者规范性不符合要求；②申请人不符合主体资格要求；③申请人被列入国家有关部门规定的严重失信单位名单并限制其取得行政许可；④申请登记农药属于国家有关部门明令禁止生产、经营、使用或者农业农村部依法不再新增登记的农药；⑤登记试验不符合《农药管理条例》第 9 条第 3 款第 10 条规定；⑥应当不予受理或者批准的其他情形。

有下列情形之一的，农业农村部注销农药登记证，并予以公布：①有效期届满未延续的；②农药登记证持有人依法终止或者不具备农药登记申请人资格的；③农药登记资料已经依法转让的；④应当注销农药登记证的其他情形。

二、农药登记资料总体要求

为科学评价申请登记的农药产品，规范农药登记申请资料，根据《农药管理条例》和《农药登记管理办法》，农业部制定了《农药登记资料要求》，该要求于 2017 年 11 月 1 日起施行。

农药登记申请资料包括登记试验资料及评估报告、农药产品质量标准及其检测方法、标签和说明书样张、综述报告、与登记相关的其他证明文件、产品安全数据单、申请表、申请人证明文件、申请人声明、参考文献等。

登记试验资料包括产品化学、毒理学、药效、残留和环境影响等试验报告及评估报告。因安全性、稳定性等原因在使用时添加指定助剂的农药产品，应当提交添加该助剂的农药样品完成的登记试验资料。

农药原药（母药）、制剂、卫生用农药、杀鼠剂、登记变更和用于特色小宗作物的农药等登记资料要求按照《农药登记资料要求》附件 1～6；药效试验区域选择应当符合附件 7 的有关规定；残留试验的作物分类和试验点数应当符合附件 8 和附件 9 的有关规定；申请相同农药登记应进行相同农药认定，相同农药认定规范应当符合附件 10；农药名称应当使用中文通用名或简化通用名，不得使用商品名称，新农药登记应当提供有效成分中文通用名称命名依据，农药名称命名原则见附件 11；农药产品有效成分含量和剂型的设定应当符合提高产品质量、保护环境、方便质量检测和有效使用的原则，农药产品有效成分含量设定原则应当符合附件 12；农药制剂不同剂型产品质量规格及其理化性质项目见附件 13，国家标准中未规定的剂型，应当提交剂型确定依据或说明；农药产品毒性按急性毒性分级，农药产品毒性分级标准符合附件 14（表 2-4）。

表 2-4　农药产品毒性分级标准

毒性分级	经口半数致死量/（mg/kg）	经皮半数致死量/（mg/kg）	吸入半数致死浓度/（mg/m³）
剧毒	≤5	≤20	≤20
高毒	>5～50	>20～200	>20～200
中等毒	>50～500	>200～2000	>200～2000
低毒	>500～5000	>2000～5000	>2000～5000
微毒	>5000	>5000	>5000

农药登记资料由农业农村部所属的负责农药检定工作的机构保存。农业农村部批准登记的新农药登记资料永久保存；其他产品的登记资料应当保存至农药退市后 5 年，退市后申请人可以申请取回，未取回的予以销毁。农业农村部未批准登记的登记资料，自做出不予批准决定之日起保存 5 年，期满后 1 年内可申请取回，未取回的予以销毁。申请人在 5 年内重新申请登记的，登记试验报告可使用副本。农药登记申请的审查和评审意见与相应登记资料保存期限相同。

（一）农药登记中的术语及定义

新农药：含有有效成分尚未在中国批准登记的农药，包括新农药原药（母药）和新农药制剂。

有效成分：农药产品中具有生物活性的特定化学结构成分或生物体。

原药：在生产过程中得到的由有效成分及有关杂质组成的产品，必要时可加入少量的添加剂。

母药：在生产过程中得到的由有效成分及有关杂质组成的产品，可含有少量必需的添加剂和适当的稀释剂。

制剂：由农药原药（母药）和适宜的助剂加工成的，或者由生物发酵、植物提取等方法加工而成的状态稳定的农药产品。

助剂：除有效成分之外，任何被添加在农药产品中，本身不具有农药活性和有效成分功能，但能够或者有助于提高、改善农药产品理化性能的单一组分或者多个组分的物质。

杂质和相关杂质：杂质是指农药在生产和储存过程中产生的副产物；相关杂质是指与农药有效成分相比，农药在生产和储存过程中所含有或产生的对人类和环境具有明显毒害、对使用作物产生药害、引起农产品污染、影响农药产品质量稳定性或引起其他不良影响的杂质。

相同原药：申请登记的原药与已取得登记的原药相比，有效成分含量和其他主要质量规格不低于已登记的原药，且含有的杂质产生的不良影响与已登记的原药基本一致或小于已登记的原药。

相同制剂：申请登记的制剂与已取得登记的制剂相比，产品中有效成分含量、其他限制性组分的种类和含量、产品剂型与登记产品相同，其他助剂未显著增加产品毒性和环境风险，主要质量规格不低于已登记产品，且所使用的原药为相同原药的制剂。

相似制剂：申请登记的制剂与已取得登记的制剂相比，有效成分、含量和剂型相同，其他组成成分不同的制剂。

新剂型制剂：含有的有效成分与已登记过的有效成分相同，而剂型尚未登记的制剂。

新含量制剂：含有的有效成分和剂型与已登记过的相同，而含量（混配制剂配比不变）尚未登记的制剂。

新混配制剂：含有的有效成分和剂型与已登记过的相同，而首次混配两种以上农药有效成分的制剂，或虽已有相同有效成分混配产品登记，但配比不同的制剂。

新使用范围：含有的有效成分与已登记过的相同，而使用范围尚未登记过的。

新使用方法：含有的有效成分和使用范围与已登记过的相同，而使用方法尚未登记过的。

化学农药：利用化学物质人工合成的农药。

生物化学农药：同时满足下列两个条件的农药：一是对防治对象没有直接毒性，而只有调节生长、干扰交配或引诱等特殊作用；二是天然化合物，如果是人工合成的，其结构应与天然化合物相同（允许异构体比例的差异）。主要包括以下五个类别：

① 化学信息物质：由动植物分泌的，能改变同种或不同种受体生物行为的化学物质。

② 天然植物生长调节剂：由植物或微生物产生的，对同种或不同种植物的生长发育（包括萌发、生长、开花、受精、坐果、成熟及脱落的过程）具有抑制、刺激等作用或调节植物抗逆境能力（寒、热、旱、湿、风、病虫害）的化学物质。

③ 天然昆虫生长调节剂：由昆虫产生的对昆虫生长过程具有抑制、刺激等作用的化学物质。

④ 天然植物诱抗剂：能够诱导植物对有害生物侵染产生防卫反应，提高其抗性的天然源物质。

⑤ 其他生物化学农药是指除上述以外的其他满足生物化学农药定义的物质。

微生物农药：以细菌、真菌、病毒和原生动物或基因修饰的微生物等活体为有效成分的农药。

植物源农药：有效成分直接来源于植物体的农药。

卫生用农药：用于预防、控制人生活环境和农林业中养殖业动物生活环境的蚊、蝇、蜚蠊、蚂蚁和其他有害生物的农药。按其使用场所和使用方式分为家用卫生杀虫剂和环境卫生杀虫剂两类：家用卫生杀虫剂主要是指使用者不需要做稀释等处理在居室直接使用的卫生用农药；环境卫生杀虫剂主要是指经稀释等处理在室内外环境中使用的卫生用农药。

杀鼠剂：用于预防、控制鼠类等有害啮齿类动物的农药。

农药主要代谢物：农药使用后，在作物中、动物体内、环境（土壤、水和沉积物）中的，代谢试验中摩尔分数或放射性强度比例大于 10%的代谢物。

（二）化学农药登记试验资料要求

《农药登记资料要求》（中华人民共和国农业部公告第 2569 号）中明确了化学农药、生物化学农药、微生物农药、植物源农药、卫生用农药的登记试验资料要求，本节主要介绍化学农药的登记试验资料要求，其余农药可具体参照《农药登记资料要求》进行登记。

1. 化学农药原药（母药）

化学农药原药（母药）登记包括提供产品化学、毒理学和环境影响三部分数据，产品化学登记资料详见本节三、农药产品化学资料要求，本节主要介绍毒理学和环境影响这两部分登记资料要求。

（1）毒理学资料　包括：

急性毒性实验：急性经口毒性试验、急性经皮毒性试验、急性吸入毒性试验、眼睛刺激性试验、皮肤刺激性试验、皮肤致敏性试验；

急性神经毒性试验；

迟发性神经毒性试验：适用于有机磷类农药，或化学结构与迟发性神经毒性阳性物质结构相似的农药；

亚慢（急）性毒性试验：包括亚慢性经口毒性试验、亚慢（急）性经皮毒性试验、亚慢（急）性吸入毒性试验；

致突发性试验；

生殖毒性试验；

致畸性试验；

慢性毒性和致癌性试验；

代谢和毒物动力学试验；

内分泌干扰作用试验：如亚慢性毒性、生殖毒性试验等表明产品对内分泌系统有毒性，则需提交内分泌干扰作用试验报告；

人群接触情况调查资料；

相关杂质和主要代谢或降解物毒性资料；

每日允许摄入量（ADI）和急性参考剂量（ARfD）资料；

中毒症状、急救及治疗措施资料。

（2）环境影响资料　包括：

水解试验：有效成分的放射性标记物或原药在 25℃，pH 值 4、7、9 缓冲溶液中的水解试验；

水中光解试验：有效成分的放射性标记物或原药在纯水或缓冲溶液中的光解试验；

土壤表面光解试验：有效成分的放射性标记物或原药在至少 1 种土壤的表面光解试验；

土壤好氧代谢试验：有效成分的放射性标记物在至少 4 种不同代表性土壤中的好氧代谢试验；

土壤厌氧代谢试验：有效成分的放射性标记物在至少 1 种土壤中的厌氧代谢试验；

水-沉积物系统好氧代谢试验：有效成分的放射性标记物在至少 2 种不同代表性水-沉积物系统中的好氧代谢试验；

土壤吸附（淋溶）试验：优先提供原药和主要代谢物或有效成分和主要代谢物的放射性标记物的土壤吸附（批平衡法）的试验资料，当农药母体或其主要代谢物无法以批平衡法进行土壤吸附试验时，进行该土壤的柱淋溶试验；

在水中的分析方法及验证：提供有效成分和主要代谢物在水中的分析方法及方法验证报告；

在土壤中的分析方法及验证：提供有效成分和主要代谢物在土壤中的分析方法及方法验证报告；

鸟类急性经口毒性试验：对某种鸟类高毒或剧毒的 [$LD_{50} \leqslant 50mg$（a.i.）/kg 体重]，还需再以另一种鸟类进行试验；

鸟类短期饲喂毒性试验：对某种鸟类高毒或剧毒的 [$LC_{50} \leqslant 500mg$（a.i.）/kg 饲料或 $LD_{50} \leqslant 50mg$（a.i.）/kg 体重]，还需再以另一种鸟类进行试验。试验应提供鸟类每日摄食量，试验结果应同时以 LC_{50} 和 LD_{50} 表示；

鸟类繁殖试验：试验中使用的鸟类应是急性经口毒性试验或短期饲喂毒性试验中较敏感的物种；

鱼类急性毒性试验：原药及主要代谢物的鱼类急性毒性试验；

鱼类早期阶段毒性试验；

鱼类生命周期试验；

大型溞急性活动抑制试验：原药及主要代谢物的大型溞急性活动抑制试验；

大型溞繁殖试验；

绿藻生长抑制试验：原药及主要代谢物的绿藻生长抑制试验；

水生植物毒性试验：仅适用于除草剂，对双子叶植物有效的除草剂应进行穗状狐尾藻毒性试验，对单子叶植物有效的除草剂应进行浮萍生长抑制试验；

鱼类生物富集试验；

水生生态模拟系统（中宇宙）试验：当风险评估表明农药对水生生态系统的风险不可接受时，应提供代表性制剂的水生生态模拟系统（中宇宙）试验；

蜜蜂急性经口毒性试验；

蜜蜂急性接触毒性试验；

蜜蜂幼虫发育毒性试验：仅适用于昆虫生长调节剂；

蜜蜂半田间试验：当初级风险评估结果表明该农药对蜜蜂的风险不可接受时，应提供代表性制剂的蜜蜂半田间试验；

家蚕急性毒性试验；

家蚕慢性毒性试验：仅适用于昆虫生长调节剂；

寄生性天敌急性毒性试验：至少 1 种寄生性天敌急性毒性试验；

捕食性天敌急性毒性试验：至少 1 种捕食性天敌急性毒性试验；

蚯蚓急性毒性试验；

蚯蚓繁殖毒性试验：满足下列条件之一的，应提供原药或代表性制剂的蚯蚓繁殖毒性试验资料：①预测环境浓度（PEC）＞0.1×蚯蚓急性 LC_{50}，②其他资料表明对蚯蚓存在潜在慢性毒性风险；

土壤微生物影响（氮转化法）试验：原药或代表性制剂在至少一种土壤中的土壤微生物影响（氮转化法）试验；

肉食性动物二次中毒资料：对于可能导致食肉动物二次中毒的杀鼠剂，提供原药或代表性制剂的二次中毒资料；

内分泌干扰作用资料：慢性毒性试验等表明产品对环境生物内分泌系统有影响时，需提交对相关环境生物内分泌干扰作用资料；

环境风险评估需要的其他高级阶段试验：经初级环境风险评估表明农药对某一保护目标的风险不可接受时，应提供相应的高级阶段试验资料。

2. 化学农药制剂

化学农药制剂登记包括产品化学、毒理学、药效、残留和环境影响 5 部分数据资料，产品化学和残留化学资料详见本节三、农药产品化学资料要求和四、农药残留化学资料要求，本节主要介绍其余 3 部分数据资料。

（1）毒理学资料　包括：

急性经口毒性试验；

急性经皮毒性试验；

急性吸入毒性试验：符合下列条件之一的产品应提供急性吸入毒性试验资料，①气体或者液化气体；②发烟制剂或者熏蒸制剂；③用雾化设备施药的制剂；④蒸汽释放制剂；⑤气雾剂；⑥含有直径<50μm 的粒子占相当大比例（按重量计>1%）的制剂；⑦用飞机施药可能产生吸入接触的制剂；⑧含有的活性成分的蒸气压>1×10^{-2}Pa，并且可能用于仓库或者温室等密闭空间的制剂；⑨根据使用方式，能产生直径<50μm 的粒子或小滴的占相当大比例（按重量计>1%）的制剂；

眼睛刺激性试验资料；

皮肤刺激性试验资料；

皮肤致敏性试验资料；

健康风险评估需要的高级阶段试验资料：经初级健康风险评估表明农药对人体的健康风险不可接受时，可提供相应的高级阶段试验资料（包括但不局限于施药者田间暴露量试验）；

健康风险评估报告：提交施药者健康风险评估报告。

（2）药效资料　包括：

效益分析：包括申请登记作物及靶标生物概况、可替代性分析及效益分析报告；

药效试验：包括室内生物活性试验、室内作物安全性试验、田间小区药效试验；

抗性风险评估：包括室内抗性风险试验资料和田间抗性风险监测方法；

其他资料：视需要提供田间小区试验选点说明（对《农药登记田间药效试验区域指南》中未包含的需说明）；对田间主要捕食性和寄生性天敌的影响；对邻近作物的影响；境外在该作物或防治对象的登记使用情况（对新使用范围的产品）；产品特点和使用注意事项；其他与该农药品种和使用范围有关的资料等；

综合评估报告：对全部药效资料的摘要性总结。

（3）环境影响资料　包括：

原药（母药）环境资料摘要；

鸟类急性经口毒性试验；

鱼类急性毒性试验；

大型溞急性活动抑制试验；

绿藻生长抑制试验；

蜜蜂急性经口毒性试验；

蜜蜂急性接触毒性试验；

家蚕急性毒性试验；

家蚕慢性毒性试验：仅适用于直接用于桑树的制剂（用于冬季清园的农药除外），提供原药或制剂的家蚕慢性毒性试验；

桑叶最终残留试验：仅适用于直接用于桑树的制剂（用于冬季清园的农药除外），提供至少3个试验点在桑叶上的最终残留试验；

寄主性天敌急性毒性试验；

捕食性天敌急性毒性试验；

蚯蚓急性毒性试验；

环境风险评估需要的其他高级阶段试验资料：经初级环境风险评估表明农药对某一保护目标的风险不可接受时，可提供相应的高级阶段试验资料；

环境风险评估报告：按照推荐 GAP 使用时，对可能产生的环境风险进行评估。

农药产品在登记时，通常需要生产者提供农药产品化学、毒理学、药效、残留和环境影响等方面的实验资料。其中农药产品化学和残留化学方面的资料，与农药分析和残留分析紧密相关。

三、农药产品化学资料要求

农药产品化学是农药登记需要提交的技术资料的重要内容，农药产品化学资料可以说是拟申请登记的农药产品的必要身份证明。农药产品化学资料通常要求三部分：有效成分的化学资料、原药化学资料以及制剂化学资料。有些国家的登记资料要求中不单独要求有效成分的化学资料，而只要求原药和制剂的化学资料。有效成分的化学资料应该提交相当于纯物质（有效物含量足够高，远高于原药中有效物含量）的资料。这些资料一般可从文献中查询。目前比较权威的资料来源有英国作物保护委员会（BCPC）编写的《农药手册》(The Pesticide Manual) 等。这些文献中原药和制剂的化学资料来自生产厂家。因为每家工厂生产的同一种原药由于工艺路线不同和操作不同等会有所差别，制剂则由于原药来源不同，配方不同或加工工艺不同而差别很大，更需要厂家提供其化学资料。BCPC 的《农药手册》除了提供有效成分的化学资料以外，有时也提供某些产品的原药化学资料。

农药产品化学试验包括（全）组分分析试验、理化性质测定试验及产品质量检测/储存稳定性试验等。农药全组分分析（简称为全分析）资料是申请农药登记时需要提供的产品化学资料中最重要的内容之一。农药全分析的目的就是要全面了解农药原药、制剂中各种成分的化学本质和实际含量范围，尤其是了解一些具有毒理学意义的有害杂质是否存在。例如农药原药中部分杂质的药害危害；农药制剂中溶剂和表面活性剂的危害风险；农药制剂中增效剂的危害风险等，为原药和制剂的安全性评价提供参考依据。对新农药而言，农药全分析报告是进一步对其安全性进行评价的重要化学依据。对于老产品，原药全分析是认定其是否与已登记原药"等同"的重要依据。无论新化合物还是老产品，原药全分析都是必不可少的。对于中国农药出口登记要求对原药进行 5 批次全组分分析报告，其主要目的是便于证明中国的原药产品与目前已经登记的产品是"相同产品"。目前所有发达地区的农药登记（如美国、欧盟、澳大利亚、日本、韩国）都需要提供原药全分析报告，甚至要求 GLP 实验室提供全分析报告。有关农药产品的质量标准及分析方法详见第四章。我国关于农药产品化学的相关标准见表2-5。

表2-5　我国关于农药产品化学的相关标准

标准编号	标准名称
NY/T 1427—2016	《农药常温储存稳定性试验通则》
NY/T 1860—2016 系列标准	《农药理化性质测定试验导则》
NY/T 2886—2016	《农药登记原药全组分分析试验指南》
NY/T 2887—2016	《农药产品质量分析方法确认指南》
NY/T 2989—2016	《农药登记产品规格制定规范》

下面以化学农药中的新农药原药（母药）和新制剂的登记要求为例进行介绍。

(一) 农药原药（母药）

(1) 有效成分和安全剂、稳定剂、增效剂等其他限制性组分的识别。

(2) 生产工艺　要求描述生产工艺路线，包括主要的原材料、反应条件与副反应等。

(3) 理化性质

① 有效成分理化性质　包括：外观（颜色、物态、气味）、熔点/熔程、沸点、水中溶解度、有机溶剂（极性、非极性、芳香族）中溶解度、密度、正辛醇/水分配系数（适用非极性有机物）、饱和蒸气压（不适用盐类化合物）、水中电离常数（适用弱酸、弱碱化合物）、水解、水中光解、紫外/可见光吸收、比旋光度等；测定理化性质所用样品有效成分的含量一般不低于98%。

② 原药（母药）理化性质　包括：外观（颜色、物态、气味）、熔点/熔程、沸点、稳定性（热、金属和金属离子）、爆炸性、燃烧性、氧化/还原性、对包装材料腐蚀性、比旋光度等；如原药含量不低于98%，可引用有效成分理化性质数据。

(4) 全组分分析

① 全组分分析试验报告　全组分分析试验的开展应按照《农药登记原药全组分分析试验指南》规定执行。根据生产工艺情况推断，目前主要的原药（母药）中可能存在的杂质包括但不限于：苯胺和取代苯胺类、硫酸二甲酯类、二氯联苯三氯乙烷（DDT）类、亚乙基硫脲（ETU）和亚丙基硫脲（PTU）类、卤代二苯并二噁英类、卤代二苯并呋喃类、肼和取代肼类、亚硝胺类、有机磷酸酯氧化物类、四乙基硫代二磷酸盐（治螟磷）类、有机磷酸酯和氨基甲酸酯的亚砜和砜化物类、氯化偶氮苯类、甲基异氰酸酯类、多氯代联苯（PCBs）和六氯苯（HCB）类、苯酚类等。全组分分析试验应对可能存在的这些杂质进行定性定量分析。

② 杂质形成分析　从化学理论、原材料、生产工艺等方面对分析检测到的和推测可能存在的杂质的形成原因进行分析。

③ 有效成分含量及杂质限量　规定原药的最低含量、母药的标明含量和杂质的最高含量。对限量的建立依据需提供统计学说明。

(5) 产品质量规格　产品质量规格包括：外观、有效成分含量、相关杂质含量、其他限制性组分含量、酸碱度或pH范围、不溶物、水分或加热减量等。

(6) 与产品质量控制项目相对应的检测方法和方法确认

① 产品中有效成分的鉴别试验方法　至少应用一种试验方法对有效成分进行鉴别。采用化学法鉴别时，至少应提供2种鉴别试验方法。当有效成分以某种盐的形式存在，鉴别试验方法应能鉴别盐的种类。通常采用色谱和光谱等方法开展鉴别实验，可与常规测试结合进行。

② 有效成分、相关杂质和安全剂、稳定剂、增效剂等其他限制性组分的检测方法和方法确认。

③ 其他技术指标检测方法　按照《农药产品质量分析方法确认指南》规定执行。

（7）产品质量规格确定说明。

（8）产品质量检测报告与检测方法验证报告。

① 产品质量检测报告应包括产品质量规格中规定的所有项目；

② 有效成分、相关杂质和安全剂、稳定剂、增效剂等其他限制性组分含量的检测方法，应由出具产品质量检测报告的登记试验单位进行验证，并出具检测方法验证报告，其他控制项目的检测方法可不进行方法验证；

③ 检测方法验证报告包括：委托方提供的试验条件、登记试验单位采用的试验条件（如色谱条件、样品制备等）及改变情况的说明，平行测定的所有结果及标准偏差、典型图谱（包括标样和样品），并对方法可行性进行评价。

（9）包装（材料、形状、尺寸、净含量）、储运（运输和储存）、安全警示等。

（二）农药制剂

（1）有效成分和安全剂、稳定剂、增效剂等其他限制性组分的识别。

（2）原药（母药）基本信息。

（3）产品组成。

（4）加工方法描述。

（5）理化性质　包括：外观（颜色、物态、气味）、密度、黏度、氧化/还原性、对包装材料的腐蚀性、与非极性有机溶剂混溶性（适用于用有机溶剂稀释使用的剂型）、爆炸性、燃烧性等；使用时需要添加指定助剂的产品，须提交产品和指定助剂相混性的资料；如特定参数不适用具体产品时，应提供说明。

（6）产品质量规格　包括：外观、有效成分含量、相关杂质含量、其他限制性组分含量、其他与剂型相关的控制项目及指标。不同剂型需要设置与其特点相符合的技术指标；创新剂型的控制项目可根据有效成分的特点、施用方法、安全性等多方面综合考虑制定，应同时提交剂型鉴定试验资料。

（7）与产品质量控制项目相对应的检测方法和方法确认

① 产品中有效成分的鉴别试验方法。

② 有效成分、相关杂质和安全剂、稳定剂、增效剂等其他限制性组分的检测方法和方法确认。

③ 其他技术指标检测方法。

（8）产品质量规格确定说明。

（9）常温储存稳定性试验资料　应提供至少1批次样品的常温储存稳定性试验资料；不同材质包装的同一产品应分别进行常温储存稳定性试验；常温储存稳定性试验一般要求样品在选定的条件下储存2年。

（10）产品质量检测报告与检测方法验证报告

① 产品质量检测报告应包括产品质量规格中规定的所有项目；

② 有效成分、相关杂质和安全剂、稳定剂、增效剂等其他限制性组分含量的检测方法，应由出具产品质量检测报告的登记试验单位进行验证，并出具检测方法验证报告，其他控制项目的检测方法可不进行方法验证；

③ 检测方法验证报告包括：委托方提供的试验条件、登记试验单位采用的试验条件（如

色谱条件、样品制备等）及改变情况的说明，平行测定的所有结果及标准偏差、典型图谱（包括标样和样品），并对方法可行性进行评价。

（11）包装（材料、形状、尺寸、净含量）、储运（运输和储存）、安全警示、质量保证期等。

上述我国化学农药原药（母药）和制剂登记需提供的基本资料一览见表2-6。

表2-6 我国化学农药原药（母药）和制剂提供的登记资料

序号	化学农药原药（母药）	化学农药制剂
1	有效成分和安全剂、稳定剂、增效剂等其他限制性组分的识别	
2	生产工艺：原材料描述，化学反应方程式生产工艺说明，生产工艺流程图，生产装置工艺流程图及描述和生产过程中质量控制措施描述	原药（母药）基本信息
3	理化性质：有效成分理化性质，原药（母药）理化性质	产品组成
4	全组分分析：全组分分析实验报告，杂质形成分析，有效成分含量及杂质限量	加工方法描述：工艺流程图，各组分加入的量和顺序，主要设备和操作条件，生产过程中质量控制措施描述
5	产品质量规格：外观，有效成分含量，相关杂质含量，其他限制性组分含量，酸碱度或pH范围，不溶物，水分或加热减量	理化性质
		产品质量规格：外观，有效成分含量，相关杂质含量，其他限制性组分含量，其他与剂型相关的控制项目及指标
6	与产品质量控制项目相对应的检测方法和方法确认：产品中有效成分的鉴别试验方法，有效成分、相关杂质和安全剂、稳定剂、增效剂等其他限制组分的检测方法和方法确认，其他技术指标检测方法	
7	产品质量规格确定说明	产品质量规格确定说明
		常温储存稳定性试验资料
8	产品质量检测报告与检测方法验证报告	
9	包装（材料、形状、尺寸、净含量）、储运（运输和储存）、安全警示等	包装（材料、形状、尺寸、净含量）、储运（运输和储存）、安全警示、质量保证期等

四、农药残留化学资料要求

《农药登记资料要求》（农业部公告第2569号）明确规定了农药残留登记资料要求（生物）化学农药制剂需提供：①植物中代谢试验资料；②动物中代谢试验资料；③环境中代谢试验资料；④农药残留储藏稳定性试验资料；⑤残留分析方法；⑥农作物中农药残留试验资料；⑦加工农产品中农药残留试验资料；⑧其他国家登记作物及残留限量资料；⑨膳食风险评估报告。微生物农药制剂和植物源农药制剂经毒理学测定表明存在毒理学意义的，应根据农药登记评审会要求，提交农业产品中该类物质的残留资料。下面以化学农药中的新农药原药（母药）和新制剂的登记要求为例进行介绍。

（一）农药原药（母药）

原药（母药）不需要提交残留资料。

（二）农药制剂

（1）植物中代谢试验资料 从根茎类、叶类、果实类、油料类、谷类等5类作物中各选至少1种作物进行代谢试验，如数据表明，该农药在3类作物中代谢途径一致，则不需进行其他代谢试验，否则应提交所有 5 类作物上代谢试验资料；如农药仅能在某类作物上使用，则需说明原因并提交该类作物上代谢试验资料。

（2）动物中代谢试验资料　放射性标记农药在畜禽类动物中代谢试验资料。

（3）环境中代谢试验资料　农药在环境中的代谢试验资料。

（4）农药残留储藏稳定性试验资料　提交有效成分母体及有毒理学意义的代谢产物在相应基质中储藏稳定性试验资料；数据应涵盖从采样至样品检测时期。

（5）残留分析方法　有效成分母体及有毒理学意义的代谢产物在相应基质中残留量检测方法。

（6）农作物中农药残留试验资料　有效成分母体及有毒理学意义的代谢产物在申请登记作物上残留试验资料。

（7）加工农产品中农药残留试验资料　仅限于经加工后可能导致农药残留量增加的农产品，如代表作物油料（大豆、花生、油菜籽等）、水果（柑橘、苹果等）；须提供有效成分母体及有毒理学意义的代谢产物在农产品加工过程中变化的数据；如有查询资料，应注明出处，并提交与我国农产品加工工艺的比较资料。

（8）其他国家登记作物及残留限量资料　在其他国家登记作物以及农药最大残留限量制定情况。

（9）膳食风险评估报告　该有效成分在登记作物及申请登记作物上膳食风险评估报告。

表 2-7 为农药残留具体登记资料要求相关文件列表。

表 2-7　农药残留具体登记资料要求相关文件列表

文件来源	农药残留具体登记资料要求名称
农业部公告第 2569 号 附件 8	《农药登记残留试验作物分类》
农业部公告第 2569 号 附件 9	《农药登记残留试验点数要求》
NY/T 3094—2017	《植物源性农产品中农药残留储藏稳定性试验准则》 附录 A 用于农药残留储藏稳定性试验的作物分类 附录 B 某药在某基质中储藏稳定性数据结果 附录 C 农药残留储藏稳定性试验报告要求
NY/T 3095—2017	《加工农产品中农药残留试验准则》 附录 A 加工农产品外推表
NY/T 3096—2017	《农作物中农药代谢试验准则》
NY/T 788—2018	《农作物中农药残留试验准则》 附录 A 田间采样部位、检测部分和采样量要求 附录 B 农作物中农药残留试验报告要求 附录 C 农药残留检测方法报告要求
农药检（残留）[2018]18 号	《农药登记残留试验区域指南》
农业部公告第 2308 号	《食品中农药残留风险评估指南》和《食品中农药最大残留限量制定指南》
GB 2763—2021	《食品安全国家标准　食品中农药最大残留限量》 附录 A 食品类别及测定部位 附录 B 豁免制定食品中最大残留限量的农药名单

需要注意下列农药一般不要求进行残留试验：①用于非食用作物（饲料作物除外）的农药；②低毒或微毒种子处理制剂，包括拌种剂、种衣剂、浸种用的制剂等；③用于非耕地的农药（畜牧业操场除外）；④其他类，如用于多种作物的农药，可以按作物的分类，选 1 种以上做残留试验。

对于农药残留领域，目前我国纳入规范化管理的主要包括农作物残留试验（田间与试验室检测）、动物代谢、植物代谢、加工试验等内容，从事这些登记试验的单位均需按照农业部 2636 号公告申请试验单位资质认定，只有通过资质认定的试验单位才能开展相关的残留试验，目的是严格控制农药安全性评价试验的各个环节，确保试验结果的准确性，促进试验质量的提高，提高等级、许可评审的科学性、正确性和公正性，促进我国农药登记试验数据走出国门，消除贸易技术壁垒，更好地保护人类健康和环境安全。

参考文献

[1] EC(the European Communities). Regulation of the European Parliament and the Council concerning the placing of plant protection products on the market and repealing Council Directives. 79 /117 / EEC and 91 /414 /EEC(No. 1107/2009), 2009.

[2] EEC(the Council of the European Communities). Council Directive concerning the placing of plant protection products on the market. (91/414/EEC), 1991.

[3] 国务院. 农药管理条例. 中华人民共和国国务院令 第 677 号, 2017 年 3 月 16 日发布, 2017 年 6 月 1 日起施行.

[4] 李富根, 朴秀英, 廖先骏, 等. 2019 版食品中农药最大残留限量标准解析. 农药科学与管理, 2019, 40(9): 19-25.

[5] 陆剑飞. 农药管理制度的创新与发展. 农药科学与管理, 2013, 34(10): 1-6.

[6] 农业部. 农药登记资料要求. 中华人民共和国农业部公告 第 2569 号, 2017 年 9 月 13 日公布, 2017 年 11 月 1 日起施行.

[7] 朴秀英, 嵇莉莉, 吕宁, 等. 美国农药登记再评价及其启示. 农药科学与管理, 2013, 34(8): 11-15.

[8] 申继忠, 杨田甜. 国际农药管理热点概览. 农化市场十日讯, 2018, 844(6): 44-47.

[9] 申继忠. 农药出口登记实用指南. 北京: 化学工业出版社, 2011.

[10] 申继忠. 农药国际贸易与质量管理. 北京: 化学工业出版社, 2014.

[11] 宋俊华, 顾宝根. 国际农药管理的现状及趋势(上). 农药科学与管理, 2019, 40(12): 9-14.

[12] 宋俊华, 顾宝根. 国际农药管理的现状及趋势(下). 农药科学与管理, 2020, 41(1): 8-13.

[13] 宋雁, 贾旭东, 李宁. 国内外农药登记管理体系. 毒理学杂志, 2012, 26(4): 310-314.

[14] 张宏军, 马凌, 吴进龙, 等. 日本农药登记及应用状况分析. 农药科学与管理, 2017, 38(7): 7-16.

[15] 张翼翾, 张一宾. 欧盟的农药登记制度. 农药科学与管理, 2010, 31(10): 7-15.

[16] 朱光艳, 李富根, 付启明.《农药登记试验质量管理规范》在农药登记残留试验中应用时应注意的问题. 农药科学与管理, 2020, 41(9): 22-30.

？ 思考题

1. 参与全球农药管理的国际组织和机构主要有哪些？分别简述他们农药管理工作的侧重点。

2. 《国际农药管理行为守则》中对农药管理的定义是什么？

3. 简述美国农药管理过程中"风险杯"的概念和涵义。

4. 日本农药登记管理的主要部门有哪些？日本农药标准体系有何特色？

5. 在中国新农药登记需要提供哪些方面的资料？

6. 化学农药原药（母药）和化学农药制剂登记资料要求有何异同？

7. 在农药登记中，农药产品化学和农药残留化学分别包括哪些方面的资料？

第三章
农药分析实验室质量管理

第一节 良好实验室规范（GLP）简介

良好实验室规范（good laboratory practice，GLP），是一整套用于规范非临床安全性研究的实验室质量管理体系。1997 年，经济合作与发展组织（Organization for Economic Cooperation and Development，OECD）明确给出了 GLP 的定义：GLP 是一种关于非临床人类健康和环境安全试验的设计、实施、监督、记录、归档和报告等的组织过程和条件的质量体系。进行 GLP 管理的目的是提高试验数据质量，确保试验结果的真实性、可靠性和可追溯性，促进试验数据的国际互认，避免重复性实验，减少资源浪费。

一、良好实验室规范（GLP）的起源

20 世纪，科学技术迅猛发展，新药研究突飞猛进，随之而来的药害事件层出不穷，如美国的"磺胺酏剂"事件、法国的"有机锡"事件等，而直接导致新药监管立法的是著名的"反应停"事件。20 世纪 60 年代前后，由于镇静剂药物沙利度胺（反应停）在销售之前未经过严格的临床药理实验，欧洲大量孕妇服用"反应停"后导致近万名胎儿出生时短肢畸形，被称为"海豹肢畸形"。"反应停"事件促使美国国会通过了《Kefaucer-Harris 修正案》。该修正案第一次明确要求新药申请上市前必须通过临床前动物毒理学试验和临床安全性评价，为 GLP 的产生奠定了基础。

1972 年 10 月，新西兰颁布了《新西兰检测实验室法案》（New Zealand Testing Laboratory Act），最先对 GLP 进行了立法。1973 年 3 月，丹麦提出了《国家实验室理事会法案》。美国 GLP 法规的颁布推动了 GLP 在世界范围内的实施和发展。"反应停"事件之后，许多国家管理部门都提高了药品安全性测试的门槛，化学测试的需求也随之提高，为新产品提供安全性评价服务的测试机构也如雨后春笋般涌现。这些测试机构能力参差不齐，为了追求商业利益，在试验过程中有意或无意地隐瞒甚至篡改试验结果。1974 年，美国参议院保健委员会组成了检查小组，对美国食品与药品管理局（FDA）1974 年的新药评审情况进行了检查，发现有两家测试机构的资料存在问题。1975 年，FDA 对有问题的测试机构进行了"有因（for cause）检查"，随后对美国境内 40 多家从事药物毒理学研究的测试机构进行了调查，结果发现很多测试机构都存在问题：如人员培训不到位；实验设计不合理，没有按照实验方案实施；原始数据不完整，无法追溯；实验结论不严谨，修改报告结论，甚至篡改原始数据等。

其中，最著名的就是美国工业生物测试实验室（Industrial Bio-Test Laboratories，IBT）的

"IBT 实验室造假事件"。IBT 是一家主要从事化学品和农药的毒理学测试机构，成立于 1953 年，是美国当时规模最大的毒理学测试机构，每年承担了美国本土 35%~40% 的毒理学测试项目。1976 年，FDA 对 IBT 进行了全面检查，发现其存在严重问题，包括掩盖或篡改实验结果，甚至在实验过程中用未给药的动物替换给药死亡的动物以弥补数据缺陷。此事件最终有 3 名 IBT 人员因犯欺诈罪而判刑。因此，药品的安全性评价问题受到了社会各界和舆论的广泛关注，也直接推动了美国 FDA GLP 的立法。

1976 年 11 月 19 日，FDA 在联邦政府公报上发布了针对非临床安全评价试验的 GLP 法规草案，并根据 GLP 法规草案对各实验室进行了监督检查。通过检查并在征求社会各界意见的基础上，FDA 于 1978 年 12 月 22 日正式颁布 GLP 法规（简称 21CFR 58 法规），并于 1979 年 6 月 20 日生效。在此之后，FDA 分别于 1984 年和 1987 年对 GLP 法规进行了修改，最终的 GLP 法规于 1987 年 9 月 4 日颁布实施。FDA GLP 法规适用于医药品、生物制剂、食品添加剂、医疗器械以及兽药等药物的非临床安全性评价，为药物非临床安全性评价研究的方案、实施和报告提供了一个最低的标准，法规还强制规定：对不符合 GLP 标准的非临床安全性评价资料，FDA 将不予接受或承认。

美国 FDA GLP 和欧盟 GLP 的颁布实施，提高了药物非临床安全性评价研究的质量，同时也带动了其他国家对药物非临床安全性研究的管理，其他国家也陆续在 20 世纪 70 年代后期至 80 年代初期开始推行本国的 GLP 法规。

二、良好实验室规范（GLP）的发展

1. 美国

在 FDA 实施 GLP 法规之后，美国环境保护署（Environmental Protection Agency，EPA）分别在《联邦杀虫、杀菌、灭鼠剂法》（Federal Insecticide, Fungicide and Rodenticide Act，FIFRA）和《有毒物质控制法》（Toxic Substances Control Act，TSCA）两个法规中加入了 GLP 的规定，经过几次修订后于 1983 年正式颁布了农药 GLP 法规（简称 40 CFR 160 法规）和工业化学品 GLP 法规（简称 40 CFR 792 法规）。1989 年 EPA 又对其做了修订，出版了针对两个法规的具体实施细则。虽然 EPA 的两个 GLP 规范针对的专业领域有所不同，但其内容基本相似。

2. 日本

日本是亚洲实施 GLP 较早的国家，也是制定 GLP 法规最多的国家。针对药品、兽药、饲料添加物、农药及一些化学物质等，日本厚生省、农林水产省和劳动省先后共颁布了六部 GLP 法规，其中影响最大的是厚生省制定的 GLP 法规。1978 年，厚生省组织 11 名专家成立了 GLP 研究会，开始起草药品、化学品 GLP。1982 年厚生省发布了 GLP 规范《医药品安全性试验实施基准》，于 1983 年 4 月 1 日开始实施。1988 年，厚生省根据 GLP 检查的实际情况，对 GLP 规范进行了修订。之后，为了适应 GLP 的发展和国际间的要求，每隔 2～3 年对 GLP 规范进行一次修订。为了开拓国际市场，1980~1990 年间，日本政府牵头，先后与瑞士、英国、荷兰和瑞典等国家签订了 GLP 双边协定，相互认可不同国家 GLP 条件下出具的非临床安全性评价研究数据。

3. 欧洲

在美国 FDA 颁布 GLP 法规后不久，OECD 也启动了 GLP 准则的国际协调和互认工作。为了防止贸易非关税壁垒，避免重复试验给各国政府及企业带来的不必要浪费，推动非临床安全性评价数据的互认，1978 年 OECD 成立了 GLP 专家组，以 1976 年美国 FDA GLP 法规为基础开始编写 OECD GLP 准则。工作组以美国为首，参加的成员包括澳大利亚、奥地利、比利时、加拿大、丹麦、法国、联邦德国、希腊、意大利、日本、荷兰、新西兰、挪威、瑞典、瑞士、英国、美国，以及欧盟、世界卫生组织（WHO）、国际标准化组织（ISO）等国际和地区组织。

1981 年，OECD 发布了理事会关于化学品评价数据相互认可（Mutual Acceptance of Data, MAD）决议［C（81）30（Final）］，决议要求 "OECD 成员国中按照 OECD 化学品试验准则（OECD test guidelines）和 OECD GLP 准则进行化学品测试获得的数据，应得到其他成员国的认可"。OECD GLP 准则作为该决议中的一部分（附件 Ⅱ）同时在 OECD 成员国中正式实施。OECD GLP 准则规定："凡是需要登记和认可管理的医药、农药、食品和饲料添加剂、兽药和类似产品，以及工业化学品，在进行非临床人类健康和环境安全试验时，都应当遵循 GLP 准则。"其应用范围主要包括以获得登记、许可及满足管理法规需要为目的的非临床人类健康和环境安全试验，涵盖了药物、农药、生物杀菌剂、兽药、工业化学品、食品与饲料添加剂等方面。

英国（1982 年）、法国（1983 年）、德国（1983 年）、瑞典（1985 年）、意大利（1986 年）、荷兰（1987 年）、比利时（1988 年）等欧洲各国陆续以 OECD GLP 准则为基础，发布了符合本国国情的 GLP。1989 年 OECD 通过了理事会关于 GLP 合规监管的决议［C（89）87（Final）］，决议规定："各成员国必须建立自己的执行监管体系。"随着 GLP 的实践和安全性评价试验的发展，1995 年 OECD 成立了以德国为首的专家工作组，开始重新修订 GLP 准则。1997 年 11 月 26 日，OECD 正式通过了修订版的 "GLP 准则"［C（97）186/Final］，替代了 1981 年 GLP 准则，逐渐成为目前国际上被广泛接受的 GLP 法规。

OECD 的 MAD 体系是一个多边协议，加入 MAD 体系的国家在评估化学品及其各类产品时，可以共享有关非临床安全评价的测试数据。目前 OECD 成员国分别是澳大利亚、奥地利、比利时、加拿大、捷克、丹麦、芬兰、法国、德国、希腊、匈牙利、冰岛、爱尔兰、意大利、日本、韩国、卢森堡、墨西哥、荷兰、新西兰、挪威、波兰、葡萄牙、斯洛伐克、西班牙、瑞典、瑞士、土耳其、英国、美国、智利、爱沙尼亚、以色列、斯洛文尼亚、拉脱维亚、立陶宛和哥伦比亚，各成员国之间的医药、农药和化学品登记安全性评价资料都已实行互认。据统计，通过资料互认减少重复试验，MAD 体系为政府和行业每年节约近 3.09 亿欧元，并大量减少了试验动物的数量。由于这种资料互认具有互惠互利的优越性，非 OECD 成员国要求参加资料互认的兴趣日益增强。OECD 在 1997 年 11 月 26 日同时发布了理事会关于非成员国加入数据互认的决议［C（97）114/Final］。此决议为非 OECD 成员国加入 MAD 体系提供了可能。2003 年南非作为第一个非成员国与 OECD 成员实现了资料互认。继南非之后，新加坡（2010 年）、印度（2011 年）、巴西（2011 年）、阿根廷（2011 年）、马来西亚（2013 年）和泰国（2020 年）相继加入了 OECD MAD 体系，成为 MAD 的正式成员。目前，我国作为临时观察员国家，正在努力申请加入 OECD MAD 体系。

4. 中国

中国 GLP 起步较晚，最先开展 GLP 工作的是医药行业。1991 年，国家科委牵头成立了专家组，开始起草 GLP。同时，国家科委组织专家先后考察了美国、日本和欧洲的多个 GLP 实验室。1993 年 12 月 11 日国家科委发布了《药品非临床研究质量管理规定（试行）》，1994 年 1 月 1 日开始实施。1996 年国家科委又发布了《药品非临床研究质量管理规定（试行）》实施指南（试行）和《药品非临床研究质量管理规定（试行）》执行情况验收检查指南（试行）。当时中国的 GLP 还处于推行和推荐阶段，并没有强制执行，缺少监督检查。

1998 年国家药品监督管理体制改革，国家药品监督管理部门挂牌成立，GLP 也调整为由国家药品监督管理部门主管。1998 年 8 月，国家药品监督管理部门组织召开了 GLP 专家座谈会，10 月启动了 GLP 修订工作。1999 年 10 月 14 日国家药品监督管理部门发布第 14 号令《药品非临床研究质量管理规范（试行）》，1999 年 11 月 1 日起试行。该规范明确了各相关人员的职责、质量保证部门的职责，明确了 GLP 的监督、检查及认证部门。

2003 年 3 月，根据《国务院关于机构设置的通知》（国发〔2003〕8 号），在国家药品监督管理局基础上组建国家食品药品监督管理局（SFDA），为国务院直属机构，继续行使国家药品监督管理部门职能，负责对食品、保健品、化妆品安全管理的综合监督和组织协调，依法组织开展对重大事故的查处。2003 年 5 月 22 日，SFDA 公告了首批四家符合 GLP 要求的非临床研究机构名单。这是我国第一批具有法律意义的 GLP 实验室，由此开启了中国 GLP 认证的道路。

2003 年 8 月 6 日，SFDA 正式颁布了《药物非临床研究质量管理规范》（局令第 2 号），2003 年 9 月 1 日起施行。同时，SFDA 印发了《药物非临床研究质量管理规范检查办法（试行）》，自 2003 年 10 月 1 日起依照此文件对药物非临床安全性评价研究机构实施 GLP 检查。2006 年 11 月 20 日，SFDA 在官方网站发布"关于推进实施《药物非临床研究质量管理规范》的通知"，通知规定：从 2007 年 1 月 1 日起，所有的新药安全性评价研究必须在经过 GLP 认证的实验室进行。这从根本上推动了中国 GLP 认证，保障了 GLP 规范的顺利实施。2007 年 4 月 16 日，SFDA 正式颁布了《药物非临床研究质量管理规范认证管理办法》。

经过 20 多年的努力，中国 GLP 从起草、试行到正式实施，GLP 体系建设也从药品领域拓展到了农药和化学品等领域，中国的 GLP 也将逐步迈向正规化、国际化。

第二节　中国农药登记实验室 GLP 实践

我国是农业大国，也是农药生产和出口大国。农药给我们带来极大便利的同时，也带来了不容忽视的环境污染和毒害等问题。出于保护人类健康和生态环境的需求，我国对农药安全评价试验的要求日趋严格。将 GLP 规范作为农药安全评价试验的基本准则，进一步提高了农药安全评价数据的真实性和可追溯性，从而全面推动了我国农药产品研发和安全评价试验质量的同步提升。

一、我国农药安全评价试验方法体系构建

试验方法体系的构建是推行 GLP 规范的基础。早在 19 世纪 80 年代初,我国已与国外的农药研究机构和 GLP 体系机构进行了初步的接触,并率先推进了农药安全评价试验方法标准的研究制定工作。1989 年国家环境保护总局发布了《化学农药环境安全评价试验准则》,1995 年国家标准《农药登记毒理学试验方法》(GB 15670—1995) 首次颁布。依据我国农药登记资料规定并参考 OECD、美国环境保护署等国际先进试验方法,我国农药安全评价试验方法进行了修订和补充完善,制定或修订了一系列的国家标准/农业行业标准。《化学农药环境安全评价试验准则》(GB/T 31270 系列标准) 于 2014 年颁布,《农药理化性质测定试验导则》(NY/T 1860 系列标准)、《农药登记毒理学试验方法》(GB 15670 系列标准) 修订后分别于 2016 年、2018 年实施。我国农药登记药效试验准则国家标准或农业行业标准不断得以制定,并由于农业生产实践中种植结构、栽培模式、施药方式等发展变化以及试验技术发展、标准制定要求提高等原因陆续启动了制修订工作。农药残留、风险评估以及化学农药高级阶段试验方法等农业行业标准也陆续进行制修订,全方面构建了农药安全评价试验的方法体系。

二、我国农药 GLP 体系建设发展进程

早在 1981 年,我国派遣代表团赴德国、日本、英国专项调查国外的农药研究和 GLP 情况,并在联合国计划开发团和工业发展组织联合资助下建立了第一个农药安全性评价中心,启动农药安全性评价机构的 GLP 建设。2002~2003 年,农业部农药检定所和沈阳化工研究院通过对“十五”国家重大科技攻关项目“新农药创制研究及产业化关键技术开发”子项目“农药安全性评价 GLP/SOP 体制的建立和完善”的实施,于 2003 年制定和颁布了行业标准《农药毒理学安全性评价良好实验室规范》(NY/T 718—2003),使农药有了第一个 GLP 管理的专门标准。从 2004 年起,我国多次派专家和代表去 OECD 总部和欧美国家的 GLP 认证机构及 GLP 实验室进行了现场考察,积极参加国际 GLP 检查员培训班,对其 GLP 准则和认证体系有了较全面的了解,为建立与国际接轨的农药 GLP 体系以及实现资料互认打下了初步基础。此外还邀请了美国、德国等 GLP 检查专家在国内举办农药 GLP 检查员、管理和技术人员培训班。在这基础之上,对农药试验资质单位进行持续的 GLP 培训,为 GLP 实验室建设以及符合性考核储备管理和技术人才。后续陆续制定了农业行业标准《农药理化分析良好实验室规范准则》(NY/T 1386—2007)、《农药残留试验良好实验室规范》(NY/T 1493—2007)、《农药环境评价良好实验室规范》(NY/T 1906—2010) 和《农药登记田间药效试验质量管理规范》(NY/T 2885—2016),规定了农药登记试验各试验范围应遵循的良好实验室规范的基本要求。此外,农业部关于农药良好实验室考核相关配套规章及措施也陆续发布,包括 2006 年颁布的《农药良好实验室考核管理办法 (试行)》(第 739 号公告)、《关于开展农药良好实验室规范符合性考核工作的通知》(2008 年 6 月)、《关于印发〈农药良好实验室考核专家管理办法〉和〈农药良好实验室规范符合性考核评价表〉的通知》(农办农 [2008] 129 号,2008 年 8 月)。

至此我国农药 GLP 体系建设的标准和相关法规基本完成,结合农药安全评价试验的技术标准,农业部开展了农药 GLP 实验室的认证工作。2010 年沈阳化工研究院安全评价中心、国家农药质量监督检验中心 (北京)、北京颖泰嘉和科技股份有限公司检测实验室、富美实 (上

海）化学技术咨询有限公司、兴农药业（上海）有限公司检测中心、浙江德恒生化检测科技有限公司 6 家农药试验单位第一批取得了农药良好实验室规范（GLP）资质（中华人民共和国农业部第 1386 号公告），其中除沈阳化工研究院安全评价中心试验领域为农药残留（室内）、毒理学、环境毒理及环境行为试验外，其他 5 家试验领域均为物理和化学试验。2016 年新认定了中国农业大学应用化学系农药综合分析室、浙江省农业科学院农产品质量标准研究所等 20 家农药 GLP 实验室（中华人民共和国农业部第 2443 号公告）。同时国内试验单位还申请国际 GLP 认证，沈阳化工研究院安全评价中心等 16 家单位陆续通过 OECD GLP 认证。

为加强农药管理，保证农药质量，更好地保障农产品质量和人畜安全，保护生态环境，2017 年我国第三次修订了《农药管理条例》，并发布了《农药登记试验管理办法》等 5 个管理办法，《农药登记资料要求》《农药登记试验单位评审规则》《农药登记试验质量管理规范》等 6 个公告。随着这些文件的发布，我国农药领域的试验管理进入崭新的阶段，对登记试验报告的质量、整个试验过程的全链条管理以及登记试验单位的管理提出了更高的、规范化的要求。《农药登记试验质量管理规范》借鉴 GLP 的理念，适用于所有为申请农药登记提供数据而进行的试验，包括产品化学、药效、毒理学、残留和环境影响等试验，规定了从组织和人员、质量保证、试验设施、仪器和材料及试剂、试验体系、被试物和对照物、标准操作规程、试验项目实施、试验报告、归档和保存十大要素，涵盖了每个试验项目从计划、实施、监督、记录、报告和存档等全过程，是我国农药登记领域的 GLP 准则。农业农村部具体负责对农药登记试验单位的认定工作。截至 2021 年 4 月，农业农村部已颁布多个公告，批准了 180 多家试验单位，涵盖产品化学、药效、残留、毒理学、环境影响等试验范围资质。

随着我国农药国际地位的不断提升，我国农药登记试验数据获得其他国家认可的必要性日益迫切。因而建立符合 GLP 标准的实验室，开展规范的 GLP 实验室检测认证，推进我国农药安全性 GLP 的国际互认，将是我们后期发展的方向。

第三节　农药分析实验室质量管理规范

做好农药分析实验室的质量管理和质量控制是产生准确、可靠的农药分析数据的重要前提和保证。实验室质量管理规范主要包括组织管理体系、质量保证体系、试验设施的管理、仪器设备及试验材料的管理、标准操作规程、试验项目实施、试验报告、资料档案的管理等内容。

一、组织管理体系

农药分析实验室应建立完善的组织管理体系，配备试验单位负责人、试验项目负责人、试验分项负责人、质量保证人员、试验人员、档案管理员、样品管理员等。

（一）试验单位负责人

试验单位负责人指对试验单位的组织和职能具有管理权的人员。试验单位负责人应当为法定代表人或者取得法人授权的人员，主要职责包括以下方面：

（1）全面负责试验单位的建设和组织管理，确保试验单位能够履行本规范；配备相应的设施、仪器设备、材料和人员，确保项目及时正常开展；建立计算机系统，并按照本规范要求进行系统验证、运转和维护；提供良好的安全防护措施。

（2）建立档案管理制度，指定专人负责档案管理，留存每位工作人员的任职资格、培训情况、经历和工作职责的记录。

（3）明确工作人员岗位职责，加强业务培训；设立质量保证部门，任命质量保证人员，并确保其履行职责；确保试验项目负责人、试验分项负责人、质量保证人员和试验人员之间信息交流通畅；监督试验项目负责人书面批准试验计划，并提供给质量保证人员。

（4）组织制修订标准操作规程，保存所有版本及修订记录，确保按最新版本执行。

（5）制定并及时更新试验主计划表，掌握各试验项目的进展，每个试验项目启动前任命试验项目负责人，在多场所试验中根据需要任命试验分项负责人。

（6）与委托方签订委托协议或合同，明确试验计划、完成期限等。

（二）试验项目负责人

试验项目负责人是对试验项目的实施和管理负全面责任的人员。试验项目负责人应当对试验全过程和最终试验报告负责，主要职责包括以下方面：

（1）批准试验计划，确保试验计划满足委托方的技术要求；核查试验条件，确保满足试验要求；及时向质量保证人员提交试验计划副本，在试验过程中与质量保证人员保持有效沟通。

（2）确保试验人员可随时获取试验计划，并按照相应的标准操作规程或试验准则开展试验，确保安全防护措施执行到位；及时了解试验偏离的情况，审批任何可能影响试验质量和完整性的行为，评估任何偏离的影响，必要时采取适当的纠正措施；确保在用仪器设备、计算机系统得到校准或验证，原始数据记录真实、可靠。

（3）批准最终试验报告，确保试验报告完整、真实、准确地反映试验过程和结果；试验完成（包括试验终止）后，确保试验计划、最终试验报告、原始数据和相关材料及时归档；对于多场所试验，试验计划和最终试验报告中应当明确描述试验所涉及的各试验场所及试验分项负责人的作用。

（三）试验分项负责人

试验分项负责人是指在多场所试验中，代表试验项目负责人专门负责该试验中部分试验内容或阶段的人员。试验分项负责人主要职责包括以下方面：

（1）负责试验项目负责人委托的某项试验或某阶段的试验，依据试验计划和本规范要求实施所承担的试验。

（2）在试验过程中，书面记录试验计划或试验标准操作规程的偏离情况，及时向试验项目负责人报告。

（3）向试验项目负责人提交最终试验报告的分报告。

（4）及时向试验项目负责人转交或存档所承担试验的资料和样本。如果存档，应当向试验项目负责人说明资料和样本的存档场所及存档时间。未经试验项目负责人书面同意，不得处置任何资料和样本。

（四）质量保证人员

质量保证人员主要职责包括以下方面：

（1）了解试验进程，持有全部已批准或修订的试验计划、现行有效的标准操作规程副本，以及最新的主计划表。

（2）审核标准操作规程，判断是否符合质量管理规范要求。

（3）审查试验计划是否包含本规范要求的内容，并将审查情况形成书面文件。

（4）检查所有的试验项目是否按照本规范实施，试验人员是否能方便获取、熟悉并遵守试验计划和相关的标准操作规程或试验准则。

（5）审核最终试验报告，确认是否全面、准确地记录试验方法、试验步骤和试验现象，试验结果是否正确、完整地反映原始数据；在最终试验报告中签署质量保证声明，描述检查情况、检查结果通报情况。

（6）以书面形式及时向试验单位负责人、试验项目负责人、试验分项负责人以及其他相关管理者通报检查结果。

（五）试验人员

试验人员主要职责包括以下方面：

（1）掌握与其承担试验相关的质量管理规范要求。

（2）熟悉试验计划及相关标准操作规程或试验准则，并按要求进行试验。

（3）及时、准确地记录原始数据，对数据的真实性负责；书面记录试验中的任何偏离，并直接报告给试验项目负责人或试验分项负责人。

（4）遵守安全防护措施，降低试验可能对自身产生的危害，及时向有关人员报告自身健康状况。

（六）档案管理员

档案管理员主要职责包括以下方面：

（1）按照档案管理和标准操作规程要求实施档案管理，防止档案资料损坏、变质和丢失。

（2）对移交的文件、资料、标本、原始数据、最终的报告等进行验收、分类和存档，确保档案资料有序存放、方便检索。

（3）如实记录存档文件、资料、标本及原始数据的借阅、归还情况。

（七）样品管理员

样品管理员主要职责包括以下方面：

（1）按照标准操作规程管理样品，控制样品储藏设施条件。

（2）准确记录样品接收信息，清楚标识样品，按照每个样品的贮存要求贮存样品。

（3）负责试验期间样品流转、保存的管理。

(4) 及时归档和处理样品。

二、质量保证体系

农药分析实验室应当有书面的质量保证计划,确保所承担的试验项目遵循本实验室的质量管理规范。试验单位负责人应当任命熟悉试验程序的人员作为质量保证人员,负责质量保证工作。质量保证人员直接对试验单位负责人负责。质量保证人员不得参与所负责质量保证试验项目的具体试验。对于多场所试验项目,应当确保试验全过程和各场所遵从本实验室的质量管理规范。

(一) 试验项目的检查

试验计划检查,主要检查试验计划是否符合试验准则和 SOP 的要求,试验方法和操作是否符合相关 SOP 的规定,试验操作日期是否具体,部分试验向外部委托时的记载事项是否合适等。

试验过程检查,主要检查试验操作是否符合试验计划和相关 SOP 的要求;试验记录要及时、直接、准确、清楚和不易消除,并应注明记录日期,记录者签名。

试验报告和原始记录检查,主要审核最终试验报告,确认是否全面、准确地记录试验方法、试验步骤和试验现象,试验结果是否正确、完整地反映原始数据;在最终试验报告中签署质量保证声明,描述检查情况、检查结果通报情况。

(二) 设施检查

根据相关 SOP 规定,定期开展整体的设施检查。设施检查的主要内容包括:试验设施及供试生物管理;仪器设备维护、校准;被试物、参照物等管理;原始数据、文件档案及样本的管理;SOP 的制订、修改;组织机构、人员档案、培训记录及管理;计算机系统的检查;以及其他事项等。

三、试验设施的管理

试验场所要有足够的面积,布局合理,相互影响的区域有效隔离、互不干扰;电气管路、照明系统等设施设计,有利于开展试验,符合安全要求;环境条件应当符合试验要求,对试验结果有明显影响的环境要素应当监测、控制和记录;有良好的消防、安全防护、废弃物收集处理设施,保证试验场所安全和人员健康;重要试验场所应当有专人管理。

被试物、对照物、样本应当分别具有独立的接收、储存的房间或区域,确保性状、浓度、纯度和稳定性不发生改变;化学试剂和危险物质应当安全储存,符合国家相关要求。

档案设施要具有足够的空间存放档案资料(包括试验计划、原始数据、最终试验报告及标本等);设施设计和环境条件满足所存资料长期安全保存的要求;建立档案管理系统,便于分类、检索和查阅。

废弃物处置及设施要具有专门的废弃物分类、收集、储存设施;废弃物处置不得影响试验项目完整性;遵守有关废弃物收集、储存、处理净化和运输规定。

四、仪器设备及试验材料的管理

（一）仪器设备

配备满足试验以及环境要求的仪器设备。各类仪器设备（包括计算机系统和环境控制设备）都应当有足够的空间妥善放置。用于试验的仪器和材料不应对试验体系产生干扰。应按照标准操作规程对仪器设备进行安装、操作和性能验证，并定期检查、清洗、维护、检定、校准，形成记录予以保存。检定/校准应尽量溯源至国家标准。

（二）试验材料

被试物、参照物、试剂和溶液应当有标识，标注有效期、储存要求、来源、配制时间和稳定性等信息。

被试物、对照物和样本接收、领取、储存和处理要求：

（1）有被试物、对照物和样本的性状描述、接收时间、有效期、接收数量和试验已用量等的记录；

（2）建立被试物、对照物和样本的接收、领取和储存程序，保证均匀性和稳定性，防止污染或混淆；

（3）储存容器上标明识别信息、有效期和特殊储存要求；

（4）建立被试物和样本的处理程序，有处理记录。

被试物、对照物和样本特征特性要求：

（1）试验单位应当及时与委托方核实被试物性状；了解被试物和对照物在储存和试验条件下的稳定性；

（2）被试物、对照物和样本都应当有明确的标识；

（3）对每个试验项目，应当掌握每批被试物和对照物的性状，包括批号、纯度、组成成分、浓度或其他特性等；

（4）如果给药或施用被试物时需用助溶剂或溶媒，应当测定其在助溶剂或溶媒中的浓度、均匀性和稳定性；

（5）除短期试验以外，所有试验的每批被试物均应当保留用于分析的样品。

五、标准操作规程

农药分析实验室应当制定标准操作规程书面文件。标准操作规程的制定和修订应当经试验单位负责人批准。标准操作规程的制定、修订、分发、收回和销毁都应记录并归档。农药分析实验室所属的各个部门应当能及时获得与其有关的最新版本标准操作规程。相关人员应当及时学习掌握新制定或修订的标准操作规程。公开出版的标准、教科书、分析方法、论文和手册都可作为标准操作规程的补充材料。试验中偏离标准操作规程的情况应当由试验项目负责人、试验分项负责人确认并书面记录。

（一）标准操作规程（SOP）的内容

标准操作规程应当包括以下方面：

(1) 标准操作规程的制定、修订和管理；

(2) 人员的任命、选用、变更和培训；

(3) 试验计划的编制和修订；

(4) 试验及试验计划的偏离；

(5) 质量保证人员应当开展的检查项目，检查计划的制定及实施，检查记录和报告；

(6) 被试物、对照物及样本的接收、识别、标记、领取、储存和处置；

(7) 仪器的购置、验收、使用、维护、检定/校准；

(8) 计算机系统的购置、验收、验证、操作、维护、安全、变更管理和备份；

(9) 材料和试剂的购置、验收、配制、标识、储存和处置；

(10) 记录、报告的生成、检索和储存：试验数据采集与分析（包括计算机系统的使用）、报告编写规则和存档办法、试验项目代码与索引系统的组成和使用；

(11) 试验体系房间的条件准备和环境要求；

(12) 试验体系的接收、转移、存放、特征特性、识别、分组和饲育培养管理程序；

(13) 试验小区中试验体系的定位和布置；

(14) 试验前期准备、试验过程观察和记录，异常、濒死或已死亡试验生物体的处理；

(15) 样本的采集、识别和处置；

(16) 其他需要制定的标准操作规程。

(二) 标准操作规程（SOP）的管理

标准操作规程 SOP 应有规范的起草、制定、修订、日常运行等管理的规定。通常实验室的第一个 SOP 是关于 SOP 管理的 SOP（SOP for SOP）。下面以某实验室 SOP 的管理为例予以说明。

1. SOP 的新增、修订和作废

新增 SOP 时，需填写《SOP 新增申请表》，试验单位负责人批准后，由 SOP 管理员填写 SOP 编号。修订 SOP 时，需填写《SOP 修订申请表》，试验单位负责人批准后，可以向 SOP 管理员索取要修订的 SOP 电子版。若需更改 SOP 类别，向 SOP 管理员索取 SOP 编号和版本号。若某 SOP 不再适用时，SOP 编写人应及时作废 SOP 并填写《SOP 作废申请表》，SOP 作废需质量保证负责人、试验单位负责人签字审核批准。各类申请表经签字批准后及时递交给 SOP 管理员，SOP 管理员存档并及时更新《SOP 总目录》。

2. SOP 的审核、批准与生效

SOP 申请新增或修订经批准后，编写人编写 SOP。编写人将 SOP 草稿发送相关人员进行校核，校核完成后，编写人根据校核意见进行必要修改。完成后，SOP 编写人在封面上签字并注明送审时间，发送质量保证部门进行审核。质量保证部门审核后也需在 SOP 上签字并注明审核日期。编写人根据审核意见再次进行必要修改，修改后的 SOP 连同前稿一起发送质量保证部门再审核，最终达成一致意见。

SOP 定稿后，编写人将 SOP 及其相应表格的电子版发送给对应审核的 QA 人员，由 QA 人员发送给 SOP 管理员。SOP 管理员打印 SOP，交编写人、对应审核 QA 人员和试验单位负责人签字授权。经授权的 SOP 需培训后生效，通常由 SOP 编写人组织相关人员进行培训，SOP 管理员在确认相关培训记录后，填写生效日期。

3. SOP 原件

SOP 生效后，首页应盖"SOP"印章。原件进行扫描，SOP 管理员负责 SOP 原件的归档和电子版的管理。如果 SOP 改版或作废，SOP 管理员应通知档案管理员，档案管理员应将旧版或作废的 SOP 原件盖上"作废"印章并另行存放。

4. SOP 的复印

SOP 管理员负责复印 SOP，并在其首页填写受控号。SOP 复印件的首页应盖"COPY"印章。本单位原版 SOP 首页不填写受控号，受控号默认为"01"；受控号为"02""03"的 SOP 复印件，发放至质量保证部门；受控号为"04"的 SOP 复印件，发放至试验单位负责人；其他场所则按顺序生成受控号。复印件可以用原件扫描件打印。

5. SOP 的发放和回收

SOP 按需发放至每一个房间和人员，试验项目负责人至少应持有所承担试验项目的试验类 SOP。试验人员也可按需申请 SOP。原则上不能申请发放与岗位无关的 SOP。

发放和回收的基本流程如下：

（1）SOP 管理员打印 SOP，交编写人、对应审核 QA 人员和试验单位负责人签字授权。批准稿扫描后，发送给 SOP 编写人。

（2）SOP 编写人或试验单位负责人指定其他相关人员进行 SOP 生效前培训，并做培训评价。

（3）SOP 管理员确认培训记录后，询问 SOP 编写人即将生效时间，通知相关人员将生效 SOP 的名称及生效日期。

（4）SOP 协调员统计需回收 SOP 及申请将新生效的 SOP，填写《SOP 申请/发放记录表》后，最迟在将生效日期 2 个工作日之前，交 SOP 管理员。

（5）SOP 管理员根据申请情况复印 SOP，并在《SOP 申请/发放记录表》上填写受控号。

（6）生效当天，SOP 协调员将旧版 SOP 和《SOP 回收记录表》交给 SOP 管理员。SOP 管理员核实旧版 SOP 全部回收后，在《SOP 回收记录表》上确认签字，并发放新版 SOP。

（7）SOP 协调员领用时先核实受控号和复印件份数，确认无误后在《SOP 申请/发放记录表》上签字。SOP 协调员根据《SOP 申请/发放记录表》将 SOP 复印件发放到位，由各 SOP 使用人更新《SOP 目录》。

（8）SOP 管理员销毁回收的 SOP 复印件，并登记在《SOP 管理记录》中，同时受控号作废。如果放置 SOP 复印件的场所需要变更，SOP 协调员需填写《SOP 场所变更申请表》并交给 SOP 管理员。SOP 管理员将相关信息登记在《SOP 管理记录》后，通知 SOP 协调员转发 SOP。

6. SOP 的使用

SOP 的复印件必须放在易拿取、清洁、干燥和安全的地方。如果 SOP 复印件破损或丢失，使用人应填写《SOP 损坏/丢失记录表》并交给 SOP 管理员，再根据上述程序重新申请 SOP。SOP 管理员同时登记《SOP 管理记录》。若被丢失的 SOP 再次发现时，需交给 SOP 管理员销毁，同时受控号作废。

7. SOP 的勘误

如果相关人员发现 SOP 存在不影响试验操作的错误或 SOP 需进行不影响流程的更改时，

应及时通知相应 SOP 编写人。SOP 编写人填写《SOP 勘误表》，并经质量保证部门审核，试验单位负责人确认后，递交给 SOP 管理员。SOP 管理员根据相应 SOP 发放情况，发放《SOP 勘误表》给 SOP 协调员。SOP 协调员负责将《SOP 勘误表》发放给各使用人。《SOP 勘误表》放置在相应 SOP 的前面。在 SOP 修订时，修订者需查阅《SOP 勘误表》并一并更正。

8. SOP 的复审

所有 SOP 具有一定的有效期。在失效前两个月，SOP 管理员通知试验单位负责人和编写人对需复审的 SOP 进行复审，通常由 SOP 编写人复审 SOP，也可由试验单位负责人指定其他相关人员对 SOP 进行复审。在 SOP 失效日期之前，复审人完成 SOP 的复审，填写《SOP 复审记录表》并交给 SOP 管理员。若 SOP 仍然适用，复审后有效期顺延两年；若需要修订 SOP，具体参照 SOP 修订流程。若在复审时发现此 SOP 存在勘误表或有新增表格，则必须对此 SOP 进行修订。SOP 管理员根据《SOP 复审记录表》将复审情况登记在《SOP 历史记录》中。

9. SOP 的登记

《SOP 管理记录》《SOP 历史记录》存放在 SOP 管理员处，SOP 管理员及时填写记录。若《SOP 管理记录》表格修改，回收记录继续填写在原表格中，新发放情况填写在新生效的表格中。

10. SOP 的归档

《SOP 新增申请表》《SOP 修订申请表》等记录，由 SOP 管理员定期归档一次。授权后的原版 SOP 及时归档，永久保管在本单位档案室中。

六、试验项目实施

试验项目启动之前，应当制定书面的试验计划；试验计划应当经质量保证人员审查，由试验项目负责人签名批准并注明日期，必要时还需得到试验单位负责人和委托方的认可；试验计划的修订要有明确的理由，由试验项目负责人签名批准并注明日期，必要时应当经委托方认可，修订后的试验计划与原计划一起保存；试验项目负责人或试验分项负责人应当记录试验计划偏离情况，签名并注明日期和原始数据一并保存，并视偏离程度通知委托方；短期试验可使用通用的试验计划，并附上每个试验的具体要求。

(一) 试验计划包括的内容

(1) 试验项目基本内容　试验项目名称；试验性质和目的；被试物名称和编码等基本信息；拟使用的对照物及来源。

(2) 试验委托方和试验单位情况　委托方单位名称或委托人姓名和地址；试验单位和涉及的试验场所名称和地址；试验项目负责人的姓名；试验分项负责人的姓名和所负责的试验阶段和责任。

(3) 日期　试验项目负责人、试验单位负责人、委托方批准/确认试验计划并签名的日期；预计试验开始和完成时间。

(4) 试验方法　拟采用的方法，包括国家标准、行业标准、其他公认的国际组织试验准则和方法等。

（5）其他事项　选择试验体系的理由；试验体系的特征，包括种类、品系（亚品系）、来源、数量、体重、性别、年龄及其他有关信息；给药或施用方法及其理由；给药或施用的剂量/浓度、次数和期限；试验设计的详细资料，包括试验的时间进程表、方法、材料和条件，需要测量、观察和检测的指标及频次，对不同指标拟采用的统计分析方法。

（6）记录　应当保存的记录清单。

（二）试验实施要求

（1）每个试验项目应设定唯一性编号，通过编号可追溯被试物、样本、标本、试验结果等档案材料。

（2）按照试验计划开展试验。

（3）试验中生成的所有数据应当直接、及时、准确、字迹清楚地记录，并有记录人员签署姓名和日期。

（4）更改任何原始数据应当按规定方式修改，注明更改理由，不得涂改、掩盖先前的记录，并由更改数据人员签署姓名和日期。

（5）直接输入计算机的数据应当有输入人员的确认，计算机系统应能够显示全部数据修改、核查痕迹，不得覆盖原始数据，数据修改时应明确修改理由和日期。

（三）试验项目的实施流程

试验项目的实施流程见图 3-1，具体包括：

（1）试验单位负责人任命试验项目负责人。

（2）试验项目负责人接到任命书后，查阅资料，起草试验计划。试验计划应提供足够的试验信息供相关试验人员实施。如果通用试验准则不适用，试验计划可以详述采用的方法，并说明理由。试验计划应描述试验过程中的重要环节和参数要求，并确定时间进程表。

试验计划起草后，交质量保证人员审核。质量保证人员根据试验准则和相关 SOP 审核试验计划；并将审核结果反馈给试验项目负责人。试验项目负责人根据审核意见修改试验计划，修改后的试验计划需要经质量保证人员确认。

（3）审核通过的试验计划经试验项目负责人批准后，方可生效。

（4）试验项目负责人将生效后的试验计划复印件分发给相关试验人员和主计划表管理员。

（5）试验前，试验项目负责人应确保有足够的、经过培训的试验人员，且掌握试验计划中具体要求和相关 SOP；仪器设备足够、完好，有效组织数据采集，例如在试验开始前确定记录表格等。

（6）试验人员按照试验计划和相关 SOP 开展试验。在试验实施过程中，质量保证人员进行试验过程的检查。依据试验计划和相关 SOP，质量保证人员检查试验什么时候开始，做什么，用什么仪器、什么方法，获得什么结果；试验是否偏离试验计划和 SOP。

（7）试验结束后，试验项目负责人或试验人员起草试验报告。试验报告草稿和原始记录交质量保证人员审核。审核后，质量保证人员出具审核报告，并交试验项目负责人确认签字。根据审核意见，试验项目负责人修改试验报告，经质量保证人员确认后，形成试验报告正式稿。

（8）打印试验报告正式稿，签字盖章，对试验报告和原始记录进行归档。

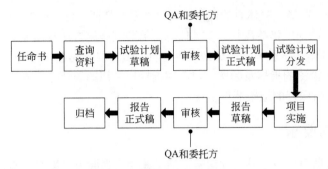

图 3-1　试验项目的实施流程

七、试验报告

1. 试验报告基本要求

每个试验项目均应当有一份最终试验报告，短期试验的最终试验报告可由标准化的报告附加该试验特有的报告组成；试验项目中由试验分项负责人或试验人员完成编写的报告，应在报告中说明；试验项目负责人应在最终试验报告上签署姓名和日期，对数据有效性、真实性和完整性负责，同时说明遵从本规范和试验计划的程度，以及偏离对试验结果的影响；试验报告修订应明确说明修改或补充的理由，并由试验项目负责人签署姓名和日期；按照农药登记资料要求，需对试验报告格式进行重排调整的，不得对报告内容进行修正、增加或增补；根据委托方要求，试验单位可以出具最终试验报告副本，但应当与正本保持一致。

2. 试验报告包括的内容

（1）试验项目基本情况　试验单位资质证明文件（试验单位证书复印件）；登记试验委托协议/合同复印件；试验项目名称及编号；备案信息及新农药登记试验批准证书编号；被试物封样编号；有效成分基本信息，包括中英文通用名称、美国化学文摘号（CAS 号）、化学名称、分子式、结构式、分子量、外观、溶解度、稳定性、生物活性等内容，并注明出处；被试物基本信息，包括名称、标称值、剂型、样品批号、外观、重量、生产日期、有效日期、来样日期、生产企业、生产企业地址、储存条件等；对照物基本信息，包括通用名称、化学名称、外观、纯度、来源、批号、生产日期、有效日期、接收日期、储存条件、定值方法等。

（2）委托方和试验单位的情况　委托方名称和地址；所有涉及的试验单位和试验场所的名称和地址；试验项目负责人的姓名；试验分项负责人姓名及其所承担的试验；其他相关人员的姓名。

（3）试验开始时间和完成时间。

（4）质量保证声明　列出检查类型、检查内容、检查结果，以及将检查结果报告给试验单位负责人、试验项目负责人、试验分项负责人的日期，同时确认最终试验报告反映原始数据的程度。

（5）仪器、试剂、材料和方法　所用的仪器、试剂、材料与方法；参考的国家标准、行业标准和公认的国际组织试验准则和方法等。

（6）试验结果　摘要；试验计划中要求的所有信息和数据；使用的统计软件、统计方法及统计分析结果；对试验结果的生物学意义和试验计划偏离的影响进行详细讨论，依照现行标准给出关键因子和关键数据，做出评价结论。

（7）归档　归档材料应包括试验计划、被试物、对照物、标本、样本、原始数据、最终试验报告等，并说明保存场所。

八、资料档案的管理

归档保存的材料包括：

（1）试验计划、原始数据、被试物、对照物、样本和标本的相关信息、最终试验报告以及主计划表。

（2）质量保证人员所有的检查记录。

（3）人员的资格、培训、经历和工作职责的记录，任命文件。

（4）仪器档案，包括购置、验收、维护、使用、检定/校准的记录与报告等。

（5）计算机系统的有效确认文件。

（6）所有版本标准操作规程及修订记录。

（7）环境监测记录。

（8）其他需要归档保存的资料。

任何试验材料的最后处理应有书面记录文件。被试物、对照物、标本及样本未到规定保存期而因某种原因需要处理时，应说明处理理由，并有书面记录文件。

归档材料应当分类存储，以便于按顺序检索和查找。任何归档材料的最后处理应有书面记录文件。

只有试验单位负责人授权的人员才能进入档案室，归档材料接收和借阅都应有记录。

如果试验单位或归档合同机构破产，且没有合法的继承人，则这些档案应当并入试验委托方的档案。

第四节　农药分析质量控制

推行 GLP 准则的目的是促进试验数据质量的提高，而试验数据质量的可比性也是各国之间数据相互认可的基础。如果一个国家完全认可和信赖其他国家获得的试验数据，就可以避免进行重复试验，节省时间和资源。因此，实施 GLP 准则将有助于消除贸易技术壁垒，进而更好地保护人类健康和环境安全。

做好农药分析实验室的质量控制是产生准确、可靠的农药分析数据的重要前提和保证。实验室是获得农药分析结果的关键场所，要使农药分析质量达到规定水平，必须有合格的实验室、合格的分析操作人员及合格的实验操作三大要素。下面分别从分析工作者、实验室资源和分析测试这三个相互关联的部分来加以说明。

一、分析工作者

农药分析包括取样或采样、制备样本、提取、净化、仪器分析、定性定量分析、结果报告等一系列的操作过程。实验人员要掌握这些操作，要具备分析化学的基本素质并且要经过一定的培训。实验人员应该有一定的专业知识结构和实验经验，要经过专门的培训课程使之掌握良好的实验技能并能熟练而正确地使用或操作分析仪器。实验人员必须懂得农药质量分析或残留分析的基本原则和分析质量保证系统的要求，必须了解分析方法每一步骤的目的并按照规定的方法操作，同时应特别注意任何可能对实验结果产生偏离的因素。此外在数据处理和结果表述方面要进行专门训练。所有成员的工作经历和培训情况都必须存档备案。

当建立一个新的农药分析实验室时，骨干人员应该到权威实验室参加培训实习。如果涉及的分析范围较广，到多个已认证的权威实验室培训是必要的。

二、实验室资源

实验室和相关分析设备必须设置在规定的地方，保证安全并且样品被污染的可能性最小。用来接收、储存、制备、提取和测定样品的房间最好相对独立，用于提取和纯化样品的地方必须满足溶剂实验室（solvent laboratory）的条件，并且通风设备良好。如果需要，接收、储存样品的制备可以在一个房间中进行。农药分析的最低要求是维持样品的稳定和提供足够的人身安全保证。

1. 实验室安全

实验室必须制定明确的安全条例，具体条款需根据实际条件和必要性加以考虑，使之便于遵守和执行。例如，实验室应该配备足够的护目镜、手套、防护服等防护用品，实验室还应该有足够的消防设施、紧急清洗设施和处理泄漏的设备。工作区只能存放一少部分溶剂，并且装溶剂的瓶子应该分开存放，远离主要工作区。应该尽可能减少高毒或慢性毒性的溶剂和试剂，且所有的废溶剂应该安全储存并且进行适当环保处理。所有的设备如灯、浸泡软化机、冰箱应该是"无火花"或"防爆的"。提取纯化和浓缩步骤应该在一个通风良好的地方，最好在通风橱中进行。当玻璃器皿在真空或压力下使用时应该使用安全屏。

2. 设备和辅助设施

实验室需要配备可靠的供水、供电和供应保证质量的各种气体设备，并储备充足的试剂、溶剂、玻璃器皿、色谱材料等的实验耗材。色谱、天平、光谱等仪器设备必须定期检定，并且它们的使用情况必须定期检查，所有的使用和维修记录必须备案。用来进行绝对量测量的仪器必须定期校正，并且所有的校正记录应该备案。

实验室需要足够范围的高纯度的含量已知的标准参考物质。标准参考物质的种类范围应该覆盖实验室经常监测的目标化合物和一些代谢物标准品。农药标准参考物质，应该在隔离于主要分析实验室的房间里，在适当的温度下储存。

三、分析测试

1. 避免污染

农药残留分析和常量分析中都应该注意操作过程中的污染问题，残留分析和制剂分析必须完全分开，并且由分开的实验人员来做每一项工作。为了防止交叉污染，样品的制备要与分析实验室分开，用作残留分析与常量分析的玻璃器皿也应该分开保存。因为痕量污染物在最终用于测定的进样样品溶液中可能对测试产生干扰，例如结果的正偏差或者灵敏度降低，使得残留物不能被检出。

由于污染物可能产生于建筑材料、试剂、实验室环境、分析过程或上述情况的加合，因此所有的玻璃器皿、试剂、有机溶剂和水在使用以前应该用空白实验来检验，避免产生可能的干扰。洗涤玻璃器皿所用的洗涤剂中可能含有抑菌成分，这可能引起干扰，尤其是当用电子捕获检测器时特别明显，需要特别留意。润滑剂、密封胶、塑料、天然和合成橡胶、保护手套、来自空气压缩机的油和工业上制造的套管、滤纸和棉花都可能在最后测定中引起污染。此外，含有塑料的设备或材料也应谨慎使用，其他含有可塑剂的材料也可能产生污染，但是聚四氟乙烯（PTFE）材料通常是可接受的。

污染的存在与否及其重要性会根据所采用的测定技术和待测农药的含量水平而有所不同。例如当一种污染物在采用气相色谱法和高效液相色谱法时是重要的污染物，而在采用光谱测定时可能就不是很重要，反之亦然。对于相对高的残留水平来说，来自溶剂和其他物质的相对低残留水平的背景干扰是不重要的。此外，有许多干扰物的问题能够通过使用特殊的检测器来解决，如果污染物不干扰测定，它的存在是可以接受的。

2. 接收和储存样品

实验室接收的每一个样品都应该带有分析要求方面的信息和要求的储存条件，以及处理这些样品时的潜在的危险的信息。接收样品时必须立即给样品一个唯一的样品代码，这个代码将跟随样品进行所有的分析过程直到报告结果，样品应当提交到一个适当的复检系统，并且保存其结果。

样品的处理和再取样应该在已经证实了的对残留量的富集没有影响的过程中进行。在理想情况下，样品应该远离阳光直射，并且在几天内分析完。然而在很多情况下，样品在分析前可能需要储存超过一年的时间，储存残留样品的温度应该在-20℃左右。在这种温度下，残留的农药被酶分解的量是很低的。如果有任何可疑结果，应该在同样的条件下，储存同样时间的样品来检验。

3. 标准操作规程（SOP）

所有的例行操作都应该有一个标准操作规程，一个标准操作规程应该包括所有的实验细节、应用信息、工作情况、可获得的测定限和计算结果的方法。它还应该包括关于任何来自方法、标准物质和试剂的危险。任何偏离标准操作规程的操作必须记录，并且经分析主管人授权。

4. 方法的确认

进行方法确认所做的要求依不同的方法而异，一般根据最大残留限量和国家标准进行监测的常规实验室在很多情况下使用标准分析方法。必要时可对方法的各项参数进行验证，并且经常进行周期性的检查。

若一个实验室建立和修改了分析方法，应对方法的适用性和可靠性进行确证，并对影响其分析的因素进行考察。分析方法在开发使用中应该根据方法的适用性参照相关标准进行检验。例如，方法的准确度（或正确度）、重现性和重复性必须通过对空白样本进行适合的添加回收，或者可靠的基准物质，或者已知残留量的样本来确定。

5. 总体分析质量的控制

应该按照本章所描述的程序来评估方法的使用情况，空白和样本在可接受水平和定量限水平都要进行评估。建议对已知的无农药残留的基质进行定期分析，以确认没有发生污染。试剂或者溶剂等的来源也需要进行定期的检查。在储存和浓缩过程中，必须小心使农药的有效成分不被光和热分解。应对标准溶液定期进样分析，以保证在色谱分析中的稳定性。

6. 结果表述

对于一般常规目的的分析而言，残留检出时必须进行结果的验证。"0"残留量应该报告为小于分析的定量限，而不是小于根据外推法计算出来的值。在复检过程中不得更改以前的测试结果。当通过测定几个样品或几次重复测定得到测试数值时，应该对结果进行科学评价并予以报告。

当结果有相等的可信度时，应该报告数值的算术平均值。通常对于常规目的的分析来说，小于 1mg/kg 的结果，应该近似为一位有效数字；从 1mg/kg 到 10mg/kg 的结果应该近似为两位有效数字；超过 10mg/kg 的结果应该近似为最接近的整数。

第五节　农药分析中的误差与不确定度

与其他分析过程类似，农药分析中存在测量误差。测量误差一般可分为三类：随机误差、系统误差、过失误差。

随机误差是由于分析测试人员、设备、环境条件等的变化引起的，出现在整个测量过程中，使得重复测定的数据分布于平均值的两侧。测量的随机误差是不可抵消的，可通过增加测量次数与培训分析人员来减少其对分析结果质量的影响。

系统误差，是指一种非随机性误差，如违反随机原则的偏向性误差，在抽样中由登记记录造成的误差等，它使总体特征值在样本中变得过高或过低。在测试中，所有系统误差之和称为偏离或偏倚（bias）。分析中的系统误差可通过下述方法识别：测试中使用参照物质、样品由其他分析人员或由其他实验室对比分析，或采用另外的分析方法对同一样品进行再分析。

过失误差则是分析过程中产生的无意或非预期误差，主要是由于测量者的疏忽造成的，例如读数错误、记录错误、测量时发生未察觉的异常情况、不按操作规程办事等原因造成的等，这种误差是可以避免的。

测量时由于误差的存在，测定值是以一定概率分散在某个区域内的，不确定度即是表征被测量的真值所处的量值范围。根据 IUPAC《测量不确定度评定和表示指南》（guide to the evaluation and expression of uncertainty in measurement，GUM）的术语定义，不确定度是"表征被测量值分散性的非负参数"。不确定度（uncertainty）是与测量结果相关联的参数，它表征的是被测定值的分散程度。不确定度的评价应包含测量的主要误差来源，包括随机误差、系统误差和过失误差。在实际分析工作中，不确定度的典型来源可能包括：①对样品的定义不完整或不完善；②分析方法不理想；③取样的代表性不够；④对分析过程中环境影响的认识或控制不完善；⑤对仪器的读数存在偏差；⑥分析仪器计量性能（灵敏度、分辨力、稳定性等）上的局限性；⑦标准物质的标准值不准确；⑧引进的数据或其他参量的不确定度；⑨分析方法本身和分析程序有关的系统误差；⑩完全相同的条件下，分析时重复观测值的变化等。

一、不确定度的内涵与用途

测量的不确定度是对测量结果好坏的评估，是测量质量的指标。不确定度的内涵包含两方面：一个是区间的宽度，如±U；另一个是该区间对应的置信概率，说明该区间包含真值的可能性有多大。不确定度的"区间宽度"与"置信概率"紧密相关，不可分割。设测量值为 x，其测量标准不确定度为 U，若服从正态分布规律，则真值落在量值（$x-U$，$x+U$）范围中的可能性为 68.3%。真值落在量值（$x-2U$，$x+2U$）范围中的可能性为 95.4%。以上的统计学可解读为：若每 n 次测量得到一个区间（结果和不确定度），共测量了 m 组（也就是说每组测 n 次），共得到 m 个区间；当 m 足够多时，大约有 95.4%的 m 个区间可包括真值。

不确定度以一个范围或区间的形式表示，更能全面反映结果的分散性。误差为单个测量结果与被测量的真值之差，是单一值，其大小反映测量结果偏离真值的程度。误差可能为正值，可能为负值，也可能十分接近于 0，而不确定度总是不为 0 的正值。不确定度是可以具体评定的，而误差是测定结果减去被测量的真值，一般由于真值未知而不能准确评估。

不确定度的主要用途是证明分析结果的精密度和可靠性，也可用于比较两个测试结果的差别，或对分析方法进行全面评定。在农药残留分析中，只有明确了不确定度范围的测试结果方可准确用于限量标准的符合性判定。为提高农药残留样品检测质量，减少国际和国内贸易中对超标农产品的争议，使分析结果更加可靠且具有可比性，在报告农药残留检测结果时应该评估测试结果的不确定度。对测试结果而言，没有不确定度范围的数据是不完整的。

二、不确定度的评定方法

不确定度的评定是检测实验室进行中国合格评定国家认可委员会（China National Accreditation Service for Conformity Assessment，CNAS）认证的基本要求。依据 CNAS-CL01：2018《检测和校准实验室能力认可准则》的要求，开展检测的实验室应评定测量不确定度。当由于检测方法的原因难以严格评定测量不确定度时，实验室应基于对理论原理的理解或使用该方法的实践经验进行评估。

我国在不确定度评定标准方面，可参考的文件有：CNAS-GL006:2019《化学分析中不确定度的评估指南》、GB/T 27411—2012《检测实验室中常用不确定度评定方法与表示》、JJF 1059.1—2012《测量不确定度评定与表示》、RB/T 141—2018《化学检测领域测量不确定度评定 利用质量控制和方法确认数据评定不确定度》、RB/T 030—2020《化学分析中测量不确定度评估指南》、GB/Z 22553—2010《利用重复性、再现性和正确度的估计值评估测量不确定度的指南》和 JJF 1135-2005《化学分析测量不确定度评定》等。

按照 IUPAC 和 CAC 的有关指南，实验室评估测量不确定度的程序有"自下向上（bottom up）"与"自上向下（top down）"方法。

(一)"自下向上"法

该法也称作逐个组分法（component-by-component），是对分析测试的各个单元操作予以逐一评价并整合的过程，该法是 IUPAC 测量不确定度指南 GUM 的方法。采用该法评估时，分析者需拆分所有的分析操作至各初级单元，从而估计每个步骤如称量、定容等单元操作中的系统误差和随机误差的贡献，进而得到测量过程的组合不确定度值。"自下向上"法比较费时费力，并要求对整个分析过程具有详细的了解。通过该方法评估，可了解对所测量的不确定度有主要贡献的分析单元，因此，在实际应用中可对一些关键控制点予以控制和改善，以便减少或管理所测量的不确定度。"自下向上"法的基本流程（图 3-2）包括：分析测试结果的组成分析、剖析各变量相关单元操作及其主要影响因素、计算各单元操作的标准不确定度、评估组合不确定度、计算总体不确定度和结果表述。

图 3-2 用 GUM 法评定测量不确定度的一般流程

标准不确定度 $u(y)$ 是以标准偏差表示测量结果 x_i 的分散程度。u 表示标准不确定度，i 表示是若干个中的某一个，而 $u(y)$ 表示的是某一个量值 y 的标准不确定度。在不确定度合成前，所有不确定度分量须以标准不确定度表示。当不确定度分量是通过实验方法用重复测量的分散性得出时，可用标准偏差表示。对于单次测量的不确定度分量，标准不确定度就是所观测的标准偏差；多次测量求得平均值时，使用平均值的标准偏差表示。

合成标准不确定度 $u_c(y)$ 是指当测量结果 y 是由若干个其他量的值求得时，按其他各量的方差或协方差合成算得的标准不确定度之和，又称组合标准不确定度。评估了单个的或成组的不确定度分量，并将其表示为标准不确定度后计算合成标准不确定度。数值 y 的 $u_c(y)$ 与其所依赖的独立参数的不确定度有关。合成标准不确定度需按照误差的传递规律进行计算，如 $y=(p+q+r+\cdots)$，则 $u_c(y)=\{u(p)^2+u(q)^2+u(r)^2\cdots\}^{1/2}$。若量的表达式为 $q=x_1+x_2+x_3+x_4$，则 $\delta q=\{(\delta x_1)^2+(\delta x_2)^2+(\delta x_3)^2+(\delta x_4)^2\}^{1/2}$，$\delta$ 为整合值（pooled value）。

扩展不确定度 U 是指被测量的值以一个较高的置信水平存在的区间宽度，由合成标准不确定度（u_c）和包含因子 k 相乘得到。扩展不确定度需要给出一个期望区间，合理地赋予被测量的数值分布的大部分会落在此区间内。在选择包含因子 k 的数值时，应考虑所需的置信水平、分布类型，以及评估随机影响所用的数值的个数。大多数情况下，推荐 k 为 2。

在证书/报告中报告测量不确定度时，应使用"$y\pm U$（y 和 U 的单位）"或类似的表述方式，测量结果也可以用表格表示，即将测量结果的数值与其测量不确定度在表中对应列出。

(二)"自上向下"法

该法基于分析方法验证参数、已发表的文献数据或实验室间的协作实验、能力验证等经验数据进行评估。国际食品法典农药残留委员会（Codex Committee on Pesticide Residues，CCPR）提出了简洁的"自上向下"评估方法（CAC GL-59 Annex）。ISO/TS 21748-2017 提出了协作实验重现性的标准偏差作为评估不确定度的有效依据，以测定值为中心评估其可以接受或不能接受的区域。可将以下要素适当地组合形成合成不确定度：协作实验的重复性、重现性和偏差，达到协作实验要求的实验室内的偏差和精密度、在控制条件下的实验室的偏差和精密度等。方法确认的数据、重复性、复现性和能力验证实验方案的结果均可用于食品质量控制实验室来简化不确定度的评估。

下面以国际食品法典不确定度评估指南（CAC/GL 59-2006 ANNEX）为依据介绍几种"自上向下"的不确定度评估方法。

1. 使用默认值对食品中农药残留不确定度进行评估

欧盟成员国对于欧盟食品中农药残留分析的测量不确定的默认值为 50%（扩展不确定度）。该默认值是基于多次能力验证研究实验室的农药多残留方法评价统计的结果。多次能力验证结果表明，残留分析的组合实验室间平均相对标准偏差介于 20%～25%之间，因此可推断大多数测量的扩展不确定度为 50%左右。

在缺乏其他统计数据时，实验室检测结果可采用扩展不确定度默认值。使用该默认值的前提是，实验室的分析方法应经过确认和验证，并参加实验室间能力验证表明实验室的分析能力在统计控制范围。

2. 使用 Horwitz 方程进行大致的评估

如果分析方法缺少实验室间比对和重现性标准偏差等数据，测量不确定度可考虑采用 Horwitz 方程做大致的评价。Horwitz 方程表示的是分析物浓度的重复性标准偏差。

$$u'=2^{1-0.5\lg c}$$

式中，u'为重复性相对标准偏差；c 为分析物质量浓度，g/g。

该方程表明，测试的精密度（变异系数 CV）与分析物质量浓度有关。且测试结果表明精密度和分析物质量浓度的关系是基于大量协作研究得到的经验规律。

相对扩展不确定度 U'（95%置信水平）由下式计算：

$$U'=f\times u'\quad(f=2)$$

由于 Horwitz 方程是分析物质量浓度的函数，它可提供一系列取决于农药质量浓度的不确定度值，如表 3-1 所示：

表 3-1 不同农药质量浓度所对应的不确定值

质量浓度/（mg/kg）	u'/%	U'/%
1.0	16	32
0.1	22.6	45
0.01	32	64

如果缺少足够的数据支持，根据 Horwitz 方程仅可进行大致的评价，应谨慎使用不确定度结果。随着分析方法的进步，特别是现代色谱分析仪器可以在非常低的检测水平较准确开展定量，实际中可以提供比 Horwitz 方程更小的不确定度结果。Thompson 和 Lowthian 建议采用仪器分析样品时，在低残留浓度范围不建议采用 Horwitz 方程评估不确定度。Thompson 等建议在样品中质量浓度低于 0.1mg/kg 时，u'的最大值采用 22%。

3. 基于实验室间协作研究和实验室能力验证结果进行评估

分析方法的实验室间研究通常包括多个实验室间协作研究（collaborative studies）和参加能力验证（proficiency test，PT）考核。实验室间的测试结果反映了分析方法受到的精密度和偏差影响程度。如果这些实验室间研究涉及足够数量的实验室，并涵盖实际测试条件（分析物和基质的范围），获得的重复性标准偏差可反映实际测试的情况。因此，实验室间研究的数据可用于评估测试的不确定度。

使用实验室参加能力验证的理论值或最佳评估值（理想值）进行评估时可使用公式 $U'=2u'$，其中 U' 为相对扩展不确定度，u' 为相对合成标准不确定度，其计算公式为：

$$u' = \sqrt{u'(R_w)^2 + u'(\text{bias})^2}$$

式中，$u'(R_w)$ 为实验室间相对标准不确定度，即实验室间重复性相对标准偏差；$u'(\text{bias})$ 为由偏差引起的相对标准不确定度。

4. 使用实验室内部确证和质量控制数据进行不确定度评估

分析过程中不确定度评价的最佳方式，是采用实验室的方法确认和验证研究及长期质量控制数据进行评价。当然这是要基于实验室长期采取了适当的质量控制（QC）样本、农药有证标准品（CRM）或基质添加样品进行了确认和验证研究。

农药有证标准品是宝贵的资源，是在实验室内部质量控制中可用于样品添加或其他适当的特征样品。通过分析自然残留样品、能力验证的留样或添加回收样品等基质匹配的质控样品，可提供包括偏差和精密度的实验室方法性能评价。针对以上数据统计得到的质量控制图是评估长期精密度和监测统计分析过程的有力工具。

在评估测量不确定度时，方法的偏差较为显著时应予以考虑。方法的偏差最好是通过与有证标准品比较予以评价。然而考虑到食品中的农药多残留分析中涉及大量的目标物农药，购买大量的有证标准品是不现实的，一般可通过基质添加样本的回收率来评价方法的偏差。

能力验证评价通常由多达数十个实验室参加。能力验证评价报告可提供单个实验室在能力验证中采用某分析方法与参考值（通常是添加的理论值或最佳评估值）之间的偏差。在使用能力验证评估结果应用于不确定度评价时，建议使用经过确证的多个能力验证的评估数据。

三、农药残留分析的不确定度来源

农药残留分析不确定度来源有三个方面，也是得到残留分析数据的三个基本步骤——取样（sampling）（S_s）、样本处理（sample preparation）（S_{sp}）、分析（analysis）（S_a）。如果样品仅对来样负责，则不确定度来源可不包括取样过程。

合成标准不确定度（S_{res}）和相对标准不确定度（CV_{res}）可以按照误差传递定律计算：

$$S_{res} = \sqrt{S_s^2 + (S_{sp}^2 + S_a^2)}$$

式中，$\sqrt{S_{sp}^2 + S_a^2} = S_L$ 为实验室分析过程中的标准偏差。

如果测定了全部样品，且平均残留水平保持不变，上式可以用变异系数表示：

$$CV_{res} = \sqrt{CV_s^2 + (CV_{sp}^2 + CV_a^2)}$$

式中，$\sqrt{CV_{sp}^2 + CV_a^2} = CV_L$ 为实验室分析过程中的相对标准不确定度。

如果采样不属于实验室管理范畴，也即测试"只对来样负责"，只需评估实验分析过程中引入的不确定度。要注意的是，在不确定度估计中，不是所有提及的误差来源都必须被评估。总的不确定度评估应考虑主要的误差来源，而另一些次要的要素则可能被忽略而不予考虑。在考虑忽略前，要先识别与评估所有的误差来源。表 3-2 和表 3-3 列出了农药残留分析中样品制备和实验室内测试的主要误差来源。

表 3-2　农药残留测试样本制备过程中的误差主要来源

项目	系统误差来源	随机误差来源
样本制备（S_s）	样本分析部位的不正确选择	分析样本与其他样本接触造成的污染
		淋洗、冲刷程度不同所造成的去除程度不同
样本处理（S_{sp}）	样本制作过程中分析物的分解，样本的交叉污染	分析样本间的不均匀性
		分析样本混匀和粉碎的不均匀性
		样本均质过程中温度的变化
		植物的成熟度对均质效果的影响

表 3-3　农药残留实验室内测试中误差的主要来源

项目	系统误差来源	随机误差来源
提取/净化	分析物回收不完全	样本组成（如水、脂肪及糖分的含量）变化
	共提取物的干扰（包括吸附剂的过载）	样本基质及溶剂的组成和温度
定量分析	共提取物的干扰	仪器参数在允许范围内的变化
	分析用标准品纯度不准确	天平的精确度与线性
	质量/体积测量偏差	衍生化反应的不完整和可变性
	操作人员读取仪器、设备的偏差	分析过程中实验室环境条件的改变
	被测物不来源于样本（如被包装材料污染）	进样、色谱及检测条件的变化（基质效应、系统惰性、检测器响应、信噪比等）
	残留物定义的不同	操作者影响
	偏差校正	设备与仪器的校准

农药残留分析中的系统误差可分为两大类：

第一类系统误差不易察觉且在分析结束后无法校正，如取样问题、错误的标样、分析部位不准确、待分析目标化合物或代谢物与标准不匹配等。为获得可比较性结果，应采用国际公认的取样程序和定义。此外，避免此类系统误差的关键是人员培训，要增强操作者的责任心，使其熟悉分析研究的目的和过程，同时对可能产生系统误差的因素做到心中有数。

第二类指易于发现并尽可能避免的一些因素，如样本制备等环节的损失、基质和多组分对测定的影响等。这类误差可以通过添加回收试验和改变色谱条件等方法相应减少到较低程度。例如，理想的分析操作其回收率应接近100%，如果统计分析判断回收率与100%有显著不同，可对结果进行校正。是否校正应视具体情况而定，目前尚未有定论。结果校正与否在报告中应明确指出。

偶然误差存在于各个步骤之中，用不确定度表示。根据文献中的大量田间试验结果（表3-4），残留数据不确定度的主要来源是残留量在田间施药点之间分布的差异性，占70%～100%；其次是施药点田间残留量分布的差异性，占30%～40%；最后是样本实验室制备（占20%～30%）和分析方法不确定度（占10%～20%）。从同一田间取样并分析的植物样本，其残留结果的组合不确定度包括取样、样本制备和分析，通常至少在33%～44%之间。由于田间与田间、田间内残留分布差异性通常是实验室分析不确定度的数倍，占分析结果组合不确定度的主要部分，评价残留数据时应引起足够重视。同时应尽量避免从不同田间取样得到混合样本。出口农产品中应清晰地注明独立的批次。从小容量样本（小于100）而得到的衡量某一作物取样时差异的测定是不精确的。一般要采用从大容量样本、多种作物中得到的典型变异系数作为依据。根据大量经验和统计表明，对中等大小的水果和蔬菜（取样的样本容量为 10）取样的最小不确定度为 30%以上，对大个体样本（样本容量为 5），估计取样的不确定度至少为 40%。

一般情况下，残留分布不应受农药、剂量、安全间隔期和取样的影响，因此可以设计协作试验，评价诸如对谷类作物和大体积个体作物如西瓜、白菜等的取样不确定度。样本制备不确定度（CV_{sp}）可显著影响分析结果，一般比实验室仪器分析的不确定度（CV_a）大。分析样本量在 10g 以下时必须事先掌握制备过程的不确定度。样本制备过程一般不与残留物性质、提取和测定相关，因此一旦对某一作物的样本制备过程进行了验证并保证目标化合物稳定性，其不确定度结果可应用于大多数分析物和类似作物。取样系数（K_s）是非常有用的工具（$K_s = m \times CV^2$，K_s 对固定处理样本和样本处理容器及方法应为常数，相当于为使其达到 CV=1%时所需要采用的理论取样质量；取样质量越大，CV 越小），实验室应评价自身用于残留前处理的主要切碎、混合设备的 K_s 值与范围，而不能从文献引用。

方法验证中应进行分析步骤的不确定度测定。分析结果可接受性可采用 Horwitz 公式。对样本容量为 10 和 5 的田间样本的农药残留分析，其组合不确定度在 33%～44%之间。在考察实验室之间数据比较或者进行法规判定时应充分考虑到分析结果不确定度较大的事实，并依据统计分析作出合理判断。

评估多残留的不确定度时，实验室可选择合适的分析物与样本基质，以代表这些残留物和被分析样本（根据农药残留分析 GLP 规范选择具有代表性物理、化学性质的成分），而对每个方法（或分析物、基质）组合开展不确定度评估是非常费时的。关于分析物与基质的代表性范围的选择所提供的不确定度评估，应有验证数据和选择基质（或分析物）的研究报告作依据。

四、农药残留数据不确定度的应用

农药残留测定结果常用作判断农产品是否符合最大残留限量（MRL）要求的依据。在国际贸易中要遵守世界贸易组织（WTO）的协定，如采用 FAO 法规标准的卫生与植物卫生措施协定（Agreement on the Application of Sanitary and Phytosanitary Measures，SPS）。此外，交易双方也经常采用基于某一国 MRL 标准的双边协议。为使分析结果具有可靠性和可比性，分析实验室必须进行认证。分析实验室应该参加国际实验室协作、能力测试以及建立具有有效的质量保证和质量控制（QA/QC）的实验室管理系统。测定和定期检查分析的不确定度是 QA/QC 的重要内容之一。分析结果的不确定度（uncertainty）可应用于残留监测和调查项目中的实验设计以及执法判断等多个方面。

开发、验证和应用某一分析方法时应考察取样、样本处理和分析的误差分布，合理减少各步的不确定度，做到方法真正适合分析的目的（fit for purpose）而且经济可靠（参见表 3-4）。有时单方面追求仪器分析的精密度 CV_a，而忽略 CV_s 和 CV_{sp} 占总不确定度比重较大的事实，造成增加分析费用、延长分析时间且整个分析方法不协调。

判断某一产品是否符合 MRL 的依据应该基于：样本中农药残留量应在一定概率水平显著低于 MRL 值。如果 MRL 为 1mg/kg，分析的 CV_L 为 14%，可置信水平为 99%，则从某一批样本中分析得到的平均残留值应小于 1.4mg/kg。

要准确判断某一批次产品是否符合 MRL 时必须分析一定较大数目的样本。在实际工作

表 3-4　残留分析的组合不确定度（CV_R%）组成

样本	作物	CV_s/%	CV_{sp}/%	CV_a/%	CV_R/%
不同田间样本	中小型作物	94	56	25	112
		71	23	10	75
		81	10	25	85
		81	10	10	82
单点或不同批次	大型作物	40	56	25	73
		40	23	25	52
		40	8	16	44
		40	10	10	42
		40	5	10	42
	中小型作物	30	56	25	68
		30	23	10	39
		30	10	15	35
		30	10	10	33
		30	5	10	32
		30	5	5	31
		30	3	5	31

中如何经济而可靠地分析而得出结论，可以基于一些前提条件依据 3 次独立测定（样本容量应较大）的平均残留含量（R_m）的结果进行统计分析。对样本容量为 10 的情况，95%概率和 95%可置信水平下 MRL 应大于 2 倍 R_m，也即 MRL≥$2R_m$。如果在 99%概率和 99%可置信水平下 MRL 则应大于 3.8 倍 R_m。如果不能避免分析样本来自混合点（例如要判断某一地区某一作物上农药残留是否超过了 MRL），假设在良好农业措施（GAP）控制下，根据表 3-5 统计结果，一定统计条件下 95%的农药残留分布将处于 5 倍残留中值（median）以下。因此，95%概率和 90%可置信水平下 MRL 应大于 5 倍 R_m，即 MRL≥$5R_m$，才可以保证一定程度上该地区此农产品不超标。

表 3-5　农药残留在不同田间的分布规律

作物	测定农药数	测定总样本数	测定值范围/(mg/kg) 残留平均值	残留中值	平均变异系数/%	Ri/% $1≤Ri<3$	$3<Ri<4$	$4<Ri<5$	$5<Ri<6$	$6<Ri<7$	$Ri>7$
苹果	29	805	0.037~2.53	0.01~2.4	83	72.99	9.98	9.00	2.19	1.22	4.62
梨	18	279	0.028~14.3	0.015~14.5	82	72.03	14.69	4.90	1.40	0.70	6.29
仁果	7	357	0.25~2.43	0.17~1.9	71	72.73	14.77	6.25	0.57	2.84	2.84
柑橘	27	389	0.053~4.26	0.02~3.4	80	79.40	5.03	7.04	1.51	2.51	4.02
核果	20	351	0.029~4.96	0.02~2.9	91	72.47	9.55	5.62	2.81	2.81	6.74
樱桃	10	129	0.17~3.3	0.75~2.6	81	72.06	16.18	1.47	4.41	4.41	1.47
葡萄	22	583	0.025~3.16	0.02~2.85	94	72.20	11.53	3.39	4.75	1.36	6.78
浆果	14	288	0.05~7.99	0.06~6.15	71	86.90	6.90	2.76	2.76	0.00	0.69

注：Ri 表示样本中各个残留量与残留中值之比占总残留样品数量的百分数%。

参考文献

[1] CAC. Guidelines on good laboratory practice in residue analysis (Rev.1). CAC/GL 40-1993, 2003.

[2] CAC. Guidelines on performance criteria for methods of analysis for the determination of pesticide residues in food and feed. CAC/GL 90-2017.

[3] CAC. Guidelines on estimation of uncertainty of results. CAC/GL 59-2006.

[4] CNAS-GL006: 2019. 化学分析中不确定度的评估指南.

[5] CNAS-TRL-010-2019. 测量不确定度在符合性判定中的应用.

[6] NY/T 2887—2016. 农药产品质量分析方法确认指南.

[7] OECD. Decision of the council concerning the mutual acceptance of data in the assessment of chemicals. C(81)30/FINAL, 1981.

[8] OECD. Decision-recommendation of the council on compliance with principles of good laboratory practice. C(89)87/FINAL, 1989.

[9] OECD. Council decision concerning the adherence of non-member countries to the council acts related to the mutual acceptance of data in the assessment of chemicals. [C(81)30/FINAL and C (89)87/FINAL] [C(97)114/Final], 1997.

[10] OECD. Principles of good laboratory practice. ENV/MC/CHEM(98)17, 1998.

[11] RB/T 141—2018. 化学检测领域测量不确定度评定 利用质量控制和方法确认数据评定不确定度.

[12] RB/T 030—2020. 化学分析中测量不确定度评估指南.

[13] 陈福君. 日本 GLP 法规的修订与 OECD-GLP 制度的国际化潮流. 中国药事, 2008, 22(12): 1126-1130.

[14] 陈铁春, 周蔚. 我国农药 GLP 建设管理与发展. 农药科学与管理, 2009, 30(6): 14-16.

[15] 陈铁春, 蔡磊明. 经济合作与发展组织良好实验室规范准则与管理系列(修订版). 第 2 版. 北京: 化学工业出版社, 2008.

[16] 丁季春. GLP 的历史、现状及发展. 重庆中草药研究, 2005, 52(2): 36-41.

[17] 冯真真, 于晓, 张少岩, 等. GLP 在美国、日本及欧盟的实施概况. 2010, 20(5): 38-40.

[18] 韩轶. 我国GLP质量体系建设的现状、问题与对策. 北京: 军事医学科学院毒物药物研究所, 2006.

[19] 季颖, 杨永珍. GLP 概况与中国农药 GLP 进展. 农药科学与管理, 2005, 26(4): 37-38.

[20] 李琳, 吕琳, 陈金香, 等. 我国 GLP 规范与国际互认. 中国药事, 2008, 22(7): 531-533+554.

[21] 林玵, 张卫光, 王庆佶, 等. 农药 GLP 实验室的建设与管理. 实验科学与技术, 2016, 14(4): 211-215.

[22] 刘丰茂, 潘灿平, 钱传范. 农药残留分析原理与方法. 第 2 版. 北京: 化学工业出版社, 2021.

[23] 农业农村部. 农药登记试验质量管理规范. 中华人民共和国农业部公告 第 2570 号, 2017 年 9 月 3 日发布, 2017 年 10 月 10 日起施行.

[24] 潘灿平, 钱传范, 江树人. 农药残留分析不确定度的评价及其应用. 现代农药, 2002, 1(2): 12-14+37.

[25] 万红平, 焦岫卿. OECD"GLP 原则"与中国"GLP 规范"的比较. 中国药事, 2006, 20(5): 259-261.

[26] 张久琴. OECD 的 GLP/MAD 体系分析及相关问题探讨. 国际经济合作, 2016, 10: 9-12.

[27] 张伟. 中国药物 GLP 理论与实践. 北京: 中国医药科技出版社, 2013.

[28] 陈铁春. 经济合作与发展组织良好实验室规范准则与管理系列. 第 2 版. 北京: 化学工业出版社, 2008.

[29] 周云龙. 良好实验室规范在农业转基因生物安全性评价中的应用. 北京: 中国农业出版社, 2014.

[30] 朱光艳, 李富根, 付启明. 《农药登记试验质量管理规范》在农药登记残留试验中应用时应注意的问题. 农药科学与管理, 2020, 41(9): 22-30.

？ 思考题

1. GLP 在非临床人类健康和环境安全试验实施过程中有何作用？
2. 简要描述中国 GLP 从起草、试运行到正式实施的发展历程。
3. 针对研究计划和标准操作规程（SOP），请思考在 GLP 实践中如何保持运行的协调性。
4. 结合质量保证人员的审核和检查，简述试验项目的实施流程。
5. 农药分析实验室的质量控制的三大要素是什么？
6. 农药分析结果的有效数字保留应遵守哪些规则？
7. 不确定度和误差有何关联与不同？
8. 评定农药残留分析结果的不确定度有何意义？有哪些实际应用价值？
9. top down 法和 bottom up 法评估不确定度各有何优缺点？

第四章
农药产品标准与分析方法

第一节　FAO/WHO 农药产品标准与分析方法

一、FAO/WHO 农药标准联席会议

为了协调各个国家和地区之间的农药及农产品进出口贸易，联合国粮农组织（FAO）与世界卫生组织（WHO）联合开展农药管理、农药残留及农药产品标准方面的制定和协调工作。FAO/WHO 联合开展的工作包括：共同召开 FAO/WHO 农药管理联席会议（JMPM）、FAO/WHO 农药残留专家联席会议（JMPR）和 FAO/WHO 农药标准联席会议（JMPS）。JMPM 负责起草、修改、审议农药管理相关的法规和技术准则、讨论国际层面上农药管理出现的新问题并提出建议。JMPR 负责开展农药残留评估工作，提出全球一致的与农药残留有关的建议，包括农药最大残留限量（MRL）、每日允许摄入量（ADI）和急性参考剂量（ARfD）等。JMPS 负责审议制定所有农药原药标准和制剂标准，由 FAO 和 WHO 颁布实施。FAO/WHO 已经为 300 多个农药品种制定产品标准 3000 多个，为各国农药管理、农产品安全和控制农药产品质量提供依据。

FAO/WHO 农药标准联席会议（JMPS）成立于 2002 年。在 1999 年之前，FAO 与 WHO 按照各自要求，分别为农业用农药和卫生用农药制定产品标准。1999 年，《FAO 农药标准手册》第五版发布了农药产品标准制定新程序，即为单个厂家的原药和制剂产品建立参考标准规格，类似产品经过与产品组成和安全性相关的等效性认定后，确认为相同产品；否则建立不同的规格标准。随后，为了推进农药标准制定工作的协调发展，2002 年 FAO 和 WHO 农药专家委员会共同成立了 FAO/WHO 农药标准联席会议（JMPS）并召开了第一次会议。自此，所有农药原药标准和大多数制剂标准都采用新程序，由 JMPS 审议制定。

二、FAO/WHO 建立农药产品标准的程序

按照 2002 年以来的新程序，FAO/WHO 建立农药产品标准的基本流程和时间如下：每年 1 月 FAO 和 WHO 在其网站上公布 JMPS 在未来 3 年的标准制定计划，有意向的申请人可以向 FAO 和（或）WHO 要求将新的标准制订、修订项目加入 JMPS 工作计划表中，提出建立新的或修改产品标准的建议，JMPS 小组成员被指派负责对该标准进行评审；建议人提交标准草案及相关支持材料给评审员和 FAO，进行初审；FAO 会与该农药已经登记的国家的登记管理部门联系，以进行比较；评审员要保证所有的支持材料符合评审组进行全面评估的要求；

杂质、毒理和环境毒性资料会根据 JMPR、WHO/IPCS 或国家登记资料要求进行审核；专家小组年度评审会对标准进行批准或否决；被批准的标准将与评审意见一同公布（申请至批准历时 15～18 个月）。

值得注意的是，FAO/WHO 农药产品标准制定新旧程序具有显著的差别，表 4-1 从适用范围、资料要求和评审、标准的使用、相同产品认定和发布等方面予以说明。根据新程序制定的 FAO/WHO 规范不一定适用于其他制造商名义上的类似产品，也不适用于活性成分由其他生产途径生产的产品。FAO/WHO 有可能将规范的范围扩大到相似产品，但必须经 JMPS 对该产品开展等同或等效性认定并通过。

表 4-1　FAO/WHO 农药产品标准制定新、旧程序的差别

类别	老程序	新程序
适用范围	标准一经发布，适用于所有产品，没有限制	仅适用于其资料已经经过 FAO/WHO 评估过的申请者产品，有限制
资料要求和评审	资料要求相对较少；标准的制定仅基于对一个申请者所提交资料的评审	需要提供比较详细的理化性质、毒理和环境毒理学资料；其有效成分和相关杂质的分析方法须经过验证；标准制定也可基于对多个申请者提交的资料的评审
标准的使用	部分产品所存在的不可预见性危险或危害可能被漏审。标准所定条款不能作为农药使用风险管理的基础	标准条目更清楚，程序更透明，确保对所有相关资料和信息都进行了评审，降低产品的风险或危害，有助于对农药使用的风险管理
相同产品认定	未设立	通过相同产品认定，所制定的标准可扩展适用于其他申请者的产品
发布	仅发布标准，不发布申请和支持标准制定申请者的有关信息	除标准外，评审报告也同时予以发布，包括所有相关理化性质等资料的摘要和支持标准制定的申请者以及有关建议和意见等

三、CIPAC 分析方法

WHO 建立的卫生用药产品标准中，一般同时发布评估通过的配套分析方法。FAO 建立的农药产品标准中，只规定产品质量控制指标和对应的分析方法编号，具体的分析方法由国际农药分析协作委员会（CIPAC）组织多个实验室协同验证后发布。

(一) CIPAC 简介

国际农药分析协作委员会（Collaborative International Pesticides Analytical Council，CIPAC），其前身为 CPAC，即欧洲农药分析协作委员会（1957）。1970 年更名为 CIPAC，成为世界性组织并出版《CIPAC 手册》第一版；1971 年在英国正式登记。CIPAC 是一个非营利性质的非政府国际组织，其主要职责是组织制定农药原药和制剂（包括剂型拓展）的分析方法及理化参数测定方法，促进具有可适用性、可靠性和可操作性的农药质量分析方法在国际间协调一致，为 FAO、WHO 等国际组织和国家农药产品标准提供方法支持，也是国际农药贸易发生争议时常用的仲裁方法。CIPAC 的正式会员一般为每个国家一个，此外，吸收企业和科研单位为通讯员、观察员。会员组成的特点是保持与政府部门相对独立，企业界专家参与协作或研究讨论。

(二) CIPAC 方法的提出与验证程序

CIPAC 方法一般由其成员国或生产企业提出，世界各地实验室自愿参加协同验证。验证结果经评审并采用后，其方法在《CIPAC 手册》中发布。CIPAC 方法的提出与验证程序一般包括以下几个步骤：

(1) 组织者提出建立有关分析方法的任务，CIPAC 将任务指派给某区域的 PAC。
(2) 组织者将详细分析方法和资料交 PAC，确定试验方案。
(3) 少数实验室进行小规模试验，由组织者评估其作为进一步协作研究的可能问题。
(4) 交 CIPAC 讨论是否作为国际间协作，必要时对数据进行更细致查看。
(5) CIPAC 秘书处确定协作实验室和分发样品、资料。
(6) 国际协作结果交 PAC 讨论，通过后交 CIPAC。
(7) 方法连同实验数据公布；方法通过或修订。

(三)《CIPAC 手册》颁布的分析方法

《CIPAC 手册》颁布的分析方法有以下几种类型：CIPAC 方法（F）：为获得全体成员国可以接受结果的方法。CIPAC 暂定方法（P）：候选的 CIPAC 方法，预期经过阶段性试验可以成为 CIPAC 方法，或者是具有最小缺陷的然而却是目前所能获得的最好方法。 CIPAC 暂行方法（T）：由于技术上或其他原因尚不能在整个国际范围内进行协作研究然而却满足了某些特殊需要的方法。此外，《CIPAC 手册》中涉及的一些非正式出版发布的方法或者方法的某个部分可以通过 CIPAC 秘书处索取。目前《CIPAC 手册》已出版 1A、1B、1C、D、E、F、G、H、J、K、L、M、N、O 册，已制定了 400 多个农药有效成分、杂质的分析方法和近 200个通用理化性能测定方法。

(四) CIPAC 方法应用

国际农药分析协作委员会（CIPAC）主要负责协调统一国际间的农药产品分析方法和制剂理化性质测定方法。CIPAC 颁布的标准化分析方法，可作为国际农药贸易争议的仲裁方法。进行农药制剂理化性质测定时，可参考 CIPAC 的相关标准方法。CIPAC 鼓励组织者在通用的体系上建立标准并反映分析技术的进展，CIPAC 也鼓励建立仪器分析方法，对物理化学性质作更客观的测试。

第二节 农药产品标准及质量控制指标

农药产品标准是产品质量、生物学防效和安全性的保证，它不仅关系到生产和使用者的安全，还关系到对作物和环境、生态的影响。科学的产品标准可以保障农药对使用者、食品消费者及环境无预料外的风险，是良好药效的保证。为了保证农药产品质量，需要建立一些技术指标对农药产品的标准或规格进行表征，而这些技术指标需要根据其目的、作用、适用范围和要求进行设定。

　　不同的组织和国家有具体的农药产品标准制定及管理监督机构。根据 FAO 的定义，产品标准是一系列参数和准则的清单，能够用来鉴别、区分同类产品中的优质和劣质，但产品标准不涉及有效成分的药效，产品标准不会以帮助使用者挑选农药为目的。农药产品标准中无需详细说明有效成分的性质，每个产品标准或规格中都应制定相关的技术指标，这些技术指标是产品质量的基本保证。不同剂型的产品要求的技术指标项目不同，而它们都是围绕有效成分而确定的。因此制定的标准不仅要满足单一的组分，还要适用两个或两个以上有效成分的混合制剂。

一、农药产品质量控制指标的确定

1. 农药产品基本信息确认

　　农药产品标准制定一般应由专人负责，产品研发主要人员应共同参与农药产品标准的制定。制定负责人应充分了解农药产品的研发背景、市场定位、配方组成、生产工艺、使用技术等基本信息，分析产品质量控制关键点、生产质量中控技术水平、原材料技术规格与产品研发实际检测结果等基本信息。

2. 农药产品质量控制项目确认

　　产品规格制定人员应查询现行有效农药标准、国内外文献资料等，确定产品基本质量控制项目和检测分析方法等。如果该产品已有国家标准或行业标准，建议采用国家标准或行业标准推荐的控制项目和检测分析方法。根据企业产品定位、配方组成、加工工艺以及使用技术等不同，产品规格控制项目可以不同于国家标准、行业标准或者推荐的控制项目，但应提供支撑性资料和技术依据。

二、农药产品质量控制指标

1. 产品名称

　　农药产品名称是对农药产品的有效成分含量、通用名称及剂型种类进行简要、明确的鉴别和描述。包括农药中文通用名称；ISO 通用名称（或国际上通用的名称），对还未取得 ISO 通用名的可采用暂定名（如使用俗名时，应同时给出化学名称）；IUPAC/CA 化学名称或微生物的拉丁名；CIPAC 代码；CA 登记号；结构式；分子式；分子量等；微生物菌种来源及株系分型或编号；生物学分类地位（纲、目、科、属、种、亚种、变种或专化型）；动物或植物学分类名称等；生物活性（如杀虫、杀螨、杀菌、除草）等。

　　有效成分含量必须是明确的数值，通用名称应符合《农药中文通用名称》（GB 4839—2009）或更新版本，剂型种类符合《农药剂型名称及代码》（GB/T 19378—2017）或更新版本。

2. 产品外观

　　给出产品包含组分和存在状态的基本信息。应给出产品中所有包含组分（有效成分、杂质、助剂、溶剂或填料等）的定性描述和产品颜色、物理状态、形状的描述，如外观（用文字描述其物理状态，如固体、液体，并用适当的修饰词进行描述，如颜色，气味等）、熔点、沸点、蒸气压、溶解性、稳定性（对酸、碱、光、热的稳定程度及半衰期）等。当有效成分以多种化学形式存在时，应对其存在形式做出说明，并对各组分应分别描述。

3. 有效成分

（1）有效成分的鉴别试验　需提供有效成分的确认方法，而且至少是两种鉴别方法。当采用规定的试验方法对有效成分鉴别产生疑问时，至少要用另外一种有效的方法进行鉴别。当有效成分以一种盐等形式存在时，而有效成分的鉴别方法不能鉴别其反荷离子时，应单独提供适宜于其反荷离子的鉴别方法。此方法对原药和母药尤其重要。如果反荷离子对产品的稳定性、安全性、药效等有明显影响，制剂也需要提供反荷离子的鉴别试验。反荷离子的鉴别试验可以比有效成分鉴别试验简单或是有效成分鉴别试验的一部分。

如有效成分是异构体混合物，ISO 通用名也被定义为混合物，且对各异构体的比例没有特殊要求，则在标准中不需要分别制定混合物各组分的指标；如混合物没有被 ISO 通用名定义，或虽 ISO 通用名被定义为混合物，但对各异构体的比例有特殊要求，则原药和制剂产品的标准一般应有异构体的比例。若为后者，联合国粮农组织（FAO）和世界卫生组织（WHO）农药标准联席会议（JMPS）同意在有效成分注册的国家可按习惯性管理。若两种情况并存，那么至少应该用等效的分析方法来确认异构体的比例。

（2）有效成分含量　有效成分含量在农药产品质量控制中至关重要。鉴于测定值与真值之间存在着差异的事实，有效成分含量采用极限值来表示。优先采用国标、行标，在国际上多采用国际农药分析协作委员会（CIPAC）或美国分析化学家协会（AOAC）已公布的分析方法。如没有国际和国家、行业标准方法，申请者应提交完整的分析方法。其测定方法主要有气相色谱法、液相色谱法、化学法、红外光谱法、紫外分光光度法以及生物测定法等。

固体及液体原药、挥发性液体（最高沸点<50℃）和黏稠性液体（最小动力学黏度为 $1\times10^{-3} m^2/s$，20℃±2℃时）及压缩气体制剂含量必须用 g/kg 或%（质量百分比，下同）表示。其他液体制剂的有效成分含量可以用 g/kg（或%）或 g/L 表示（20℃±2℃时）。对于一些特殊的微生物农药和其他制剂，可以单位重量内有效成分效价、孢子或芽孢数量或其他方式表示。

原药（TC）的有效成分含量应标明为⩾···%，平均测定结果不得低于标明含量。母药（TK）或制剂的有效成分含量应标明为（···±···）%或（···±···g/L），平均检测结果不得超出列表给出的允许波动范围。

对母药及制剂应根据产品标称的含量制定适当的允许波动范围。制定允许波动范围时需要考察产品日常生产的精密度和分析方法测试精密度，按照下面方法进行考察：

产品生产精密度（S_m: manufacture precision）：农药制剂产品生产时，按照合格条件下生产时其不同批次产品中有效成分含量变化的分散程度，一般用 5 个不同批次产品变化的分散程度表示。

分析方法的室间精密度（S_R: reproducibility）：在规定的测试条件下，同一个均匀供试品，经多次取样测定所得结果之间的接近程度，一般用偏差、标准偏差或相对标准偏差表示。

产品允许可变化度（S_T: variability of active ingredient content）：在95%可置信条件下，农药制剂产品中有效成分含量的可变化程度。

产品允许波动范围（T: tolerance range）：农药制剂产品中有效成分含量允许变化的范围。经质量控制管理实验室和监督管理机构或其他具备资质实验室采用标准方法测定其有效成分含量，其数值应满足该范围。T 可通过下式计算：

$$T=2\times S_T$$

$$S_T = \sqrt{\frac{S_R^2}{2} + S_m^2}$$

式中，T 为产品允许波动范围；S_T 为产品允许可变化度；S_R 为分析方法的室间精密度；S_m 为产品生产精密度。

FAO 在评估和制定农药制剂产品分析方法的允许波动范围时，以草甘膦多个农药产品为例开展了实验测试与评估。如表 4-2 所示，根据实验和市场产品结果得到的 T 值与制剂类型、有效成分含量密切相关。实际中当农药产品的有效成分相同，而制剂类型或含量不同时，其允许波动范围也应有所差异。

表 4-2 FAO 实际评价的一些代表性农药的 CIPAC 方法性能及其产品的生产精度与允许波动范围的确定

农药	制剂类型	产品含量 /(g/kg)	r/(g/kg)	R/(g/kg)	S_R/(g/kg)	$S_R / \sqrt{2}$ /(g/kg)	S_m /(g/kg)	T 值 相对于产品含量的百分比/%	/(g/kg)
草甘膦（glyphosate）	SG	731	9~11	11~14	3.9~5.0	3.53	12.26	3	25
	SG	874	8	14	5	3.53	12.59	3	25
氟硅唑（flusilazole）	WG	197	7	16	5.7	4.04	4.48	6	12
	EC	257	12	16	5.7	4.04	5.16	5	13
	EC	396	16	25	8.9	6.31	7.89	5	20
灭多威（methomyl）	WP	244	9	14	5	3.54	6.58	6	15
	UL	298	—	8	2.9	2.02	7.33	5	15
甲磺隆（metsulfuro-n-methyl）	WG	212	6~9	6~9	2.1~3.2	2.28	6.08	6	13
	WG	607	15~19	19~20	7.1	5.05	14.64	5	31
丙溴磷（profenofos）	EC	448	8	15	5.4	3.79	10.78	5	23
	EC	352	9	23	8.2	5.81	6.85	5	18
丙森锌（propineb）	WP	700	10	29	10.4	7.32	10.44	4	26
二氯喹啉酸（quinclorac）	WP	500	23	26	9.3	6.57	10.94	5	26
	WG	762	26	42	15	10.61	7.08	3	26
	SC	219	12	18	6.4	4.55	4.93	6	13
三唑磷（triazophos）	EC	433	12	12	4.3	3.03	10.62	5	22
	EC	570	12	24	8.6	6.06	11.22	4	26

注：r 表示分析方法的重复性限，R 表示分析方法的再现性限。

规格标准中制定的对制剂有效成分的允许波动范围一般应满足表 4-3 中规定的基本要求，企业可根据各产品生产精密度和分析方法精密度特点，制定出更严格的允许波动范围以对产品进行质量控制和管理。

表 4-3 制剂有效成分的允许波动范围

标明含量 X/（%或 g/L）（20℃±2℃）	允许波动范围
$X \leqslant 2.5$	标称含量的±15%（均匀制剂，如 EC、SC、SL），或标称含量的±25%（非均匀制剂，如 GR、WG）
$2.5 < X \leqslant 10$	标称含量的±10%

标明含量 X/（%或 g/L）（20℃±2℃）	允许波动范围
$10 < X \leq 25$	标称含量的±6%
$25 < X \leq 50$	标称含量的±5%
$X > 50$	±2.5%或 2.5g/100mL

注：EC—乳油；SC—悬浮剂；SL—可溶液剂；GR—颗粒剂；WG—水分散粒剂。

允许波动范围涉及分析结果的平均值，也考虑了生产、取样和分析中存在的误差，不包括特殊情况下要求的超量。如果制剂加工时需要有一个超量来补偿贮存中的分解量，可以在标准偏离表中给出上限，并证明此要求是合理的，而且超量值应尽可能低，在提交规格草案时应予以说明。

原药（TC）的有效成分含量没有规定上限。有效成分含量在规定的最低限量上的增加，不会有明显的风险性，因为杂质含量的降低可以减少风险，并减少杂质扩散到环境中去。如果分析结果的平均值落在标明值的允许波动范围内，则原药或制剂被判定为符合规格。

如果规格以 g/kg 和 g/L 两种方式表示分析结果的极限值，当发生争议时，必须以 g/kg 进行检测和仲裁。由 g/kg 到 g/L 的结果换算，是在特定的温度条件下，依据测得的制剂中每毫升所含的质量得到，而不能是一个换算常数值。

当有效成分含量的检测方法是根据一种盐或酯（等）的有效组分来检测，而不是全部盐的测定时，须详细说明有效成分含量的表示内容和计算的准确依据，此要求也适用于间接地检测有效成分含量的情况。

4. 相关杂质

（1）加工或贮存时的副产物　相关杂质（relevant impurity）主要包括农药产品在生产或储存过程中所含有的对人类和环境具有明显的毒害，或对适用作物产生药害，或引起农产品污染，或影响农药产品质量稳定性，或引起其他不良影响的杂质。

原药中的杂质一般来源于原料中的杂质、合成中产生的副产物、加工和贮存中的分解产物、合成或提纯时残余的溶剂等；相关杂质可能来自一些助剂，或在制剂加工中其他无意引入的污染物。助剂中的杂质、助剂以及制剂加工中的污染物不在 FAO 标准的范围之内。在一些特殊情况下，如助剂中可能含有与农药原药产品合成中产生的副产物杂质同等结构的物质、或助剂中的杂质可能有效成分降解时，相关杂质的最高含量依据制剂的本身做出规定。在任何情况下，助剂中存在其他有危险性的化合物时，制剂生产者必须保证将这些来源的风险降到最低和可接受的程度。

相关杂质的检测平均值不能超出规定的最大限量值。在原药和制剂中规定相关杂质的限量，可以有效地控制产品质量，防止有效成分分解、产品腐蚀施药药械或贮存中损坏包装材料，减少对作物的有害残留和药害，减少对人畜的危害或环境污染等风险。杂质的测定方法应具有可操作性。对特别危险的杂质，如毒性明确的亚乙基硫脲（ETU）、二噁英等，必须严格规定限量。

相关杂质的分析方法应经过方法确认，要求最大允许值采用有效成分含量的百分比（%）来表示。个别情况下，当有证据表明相关杂质的浓度与有效成分受加工、稀释等影响相关联时，最大允许值可采用制剂产品的百分比（%）来表示。每种相关杂质分别规定相关要求。相关杂质以目前国家标准、行业标准、FAO 产品规格中的规定为准，不包含非相关杂质含量的极限值。

FAO、WHO、EU 及各国都对有关产品的相关杂质做出限量规定，我国对部分产品也制订了相关杂质的限量规定。例如，代森锰锌原药产品中亚乙基硫脲（ETU）的质量分数≤0.2%；95%乙酰甲胺磷原药中乙酰胺的质量分数≤0.3%，甲胺磷≤0.5%；30%乙酰甲胺磷乳油中乙酰胺的质量分数≤0.3%，甲胺磷≤0.8%；丁硫克百威原药产品中克百威的质量分数≤2.0%；20%丁硫克百威乳油中克百威的质量分数≤0.5%等。

（2）水分　制定农药产品中水分质量控制指标的目的在于保证产品贮存的稳定性，或避免原药（或母药）因含水量高而影响制剂的加工，或避免由于水的存在而可能造成产品改变或增加相关杂质。

适用范围：原药、母药以及一些非水性化制剂。如果制备对水敏感的制剂，如乳油、超低容量液剂、油剂、油分散剂等，剂型中的水分通常也会被认为是相关杂质。

测定方法：GB/T 1600—2001《农药水分测定方法》或其更新版本。

要求：规定原药或制剂中最大允许量，以≤g/kg（或%）表示。

农药产品中的水分测定，CIPAC 采用 MT 30.5 无吡啶试剂的卡尔·费休法；我国采用卡尔·费休法（化学滴定法、库仑滴定仪器测定法）和共沸蒸馏法。应说明所用方法和仪器精度。该条款仅在水被认为是相关杂质，或在由原药（母药）加工制剂过程中，有可能成为相关杂质时才是必要的。

（3）固体不溶物　是指不能溶解在特定溶剂中的物质的量。限制固体不溶物的主要目的是对那些在田间使用时易造成过滤网或喷嘴堵塞，或能够影响制剂物理性质的杂质进行量化。固体不溶物应作为相关杂质在规格中给予规定。

适用范围：原药、母药。

测定方法：GB/T 19138—2003《农药丙酮不溶物测定方法》或其更新版本，或参考此标准制定的其他不溶物测定方法。

要求：原药或制剂中不溶物最大允许值应以百分比（%）表示。应规定采用的检测方法。假如没有合适的检测方法，应当说明原因并提供替代方法及确认方法所需的资料。

5. 物理性质

农药产品的主要物理性质包括：密度性质，表面性质，挥发性质，微粒、碎片和附着物性质，分散性质，流动性质，溶解和不溶解性质等。

制剂用水稀释后的性能受水的硬度和温度的影响，故大部分物理性质的检测温度规定为（30±2）℃，且推荐选用标准硬水。

物理性质测定试验的浓度与产品标签上推荐的使用剂量有关，标准方法一般规定一个有代表性的浓度。如果产品推荐几个使用浓度时，企业应采用最低和最高浓度检测，但要保证它们在试验方法规定的浓度范围内。

（1）密度性质　密度性质包括松密度和堆密度。松密度和堆密度是为包装、运输和施用提供信息而设定的指标，适用于粉状或颗粒状制剂。一般无通用要求限值，但应限定范围，一般采用 g/mL 表示。我国农药产品中松密度和堆密度的测定方法见"《农药颗粒剂产品标准编写规范》（HG/T 2467.12—2003）4.8 松密度和堆密度"或更新版本。

（2）表面性质　包括润湿性和持泡性两个方面：

润湿性是为保证可分散、可溶、可乳化粉剂或粒剂产品在喷雾器械中用水稀释时能够迅速湿润而设定的指标，适用于所有用水分散或溶解的固体制剂。FAO/WHO 标准通常要求在不搅拌情况下，产品应在 1min 内被完全润湿。我国在产品标准中有具体限定指标要求。有关农药产品中润湿性的测定，CIPAC 采用 MT 53.3《可湿性粉剂的润湿性》方法，我国采用

《农药可湿性粉剂润湿性测定方法》（GB/T 5451—2001）。

持泡性是为限制产品加入喷雾器械中产生的泡沫量而设定的指标，适用于需要用水稀释的制剂。关于农药产品中持泡性的测定，CIPAC 采用 MT 47.2《悬浮剂泡沫的测定方法》，我国采用《农药悬浮剂产品标准编写规范》（HG/T 2467.5—2003）方法。

（3）挥发性质　是在使用超低容量制剂时，为避免雾滴蒸发过快而发生不可接受的飘散而设定的指标。施用时液滴的挥发速率与液滴的大小、组成，空气温度和湿度及风速有关。由于液滴的初始大小部分由施药机械所决定，所以技术指标的制定应包括规定产品的挥发性与液滴大小递减和飘散趋势增加的相关性。此外，闪点是许多液体制剂重要的安全指标，其值多取决于制剂中所用的溶剂，为此，在生产过程需要进行控制，但闪点更多的是从危险角度的度量而不是性能的指标。

（4）微粒、碎片和附着物性质　该性质随不同的剂型有不同的限制指标，主要包括：

① 湿筛和干筛法试验　湿筛试验是为限制不溶颗粒物的大小以防止喷雾时堵塞喷孔或过滤网而设定的指标。适用于可湿性粉剂、悬浮剂、悬浮种衣剂、油分散剂、水分散粒剂等剂型。在某些标准中此指标可能会被包含在其他指标试验中。FAO/WHO 标准通常要求药剂在 75mm 筛网上的残余量≤2%。干筛法是为限制不需要颗粒物的量而设定的指标，适用于直接使用的粉剂和颗粒剂等剂型。一般无通用要求。FAO/WHO 对粉剂通常要求药剂在 75mm 筛网上的残余量≤5%，我国在产品标准中有具体限定指标要求。

② 粒径范围　不合格的粒径范围可能会影响生物活性和与药械的匹配性，该指标是为保证颗粒状制剂在标明的粒径范围有一定的比例，避免产品在运输或处置过程中大、小颗粒上下分离，确保机械施药时流速和施药量均匀而设定的指标。FAO/WHO 对颗粒剂通常要求＞85%的量在标明的粒径范围内，我国标准一般要求粒径上下限的比不超过 4∶1。农药产品中粒径范围的测定，CIPAC 采用 MT 59.2（MT 58）筛析方法，我国参照《农药颗粒剂产品标准编写规范》（HG/T 2467.12—2003）、《农药水分散粒剂产品标准编写规范》（HG/T 2467.13—2003）的方法。

③ 粉尘　是为限制制剂的粉尘量，防止在处置和施药时可能将粉尘释放到空气中，造成对生产者和用药者的伤害而设定的指标。适用于颗粒剂、水分散粒剂和可溶粒剂等剂型。FAO/WHO 标准要求产品"几乎或基本无粉尘"。粉尘检测方法有重量法和光学法两种，通常条件允许时可选择光学法。当有争议时，应使用重量法测定。

④ 抗磨性　是为减少在操作和运输过程中由于磨损产生的粉尘，保证颗粒状和片状制剂在使用前完好无损，把所造成的风险降到最低而设定的指标，适用于颗粒状（颗粒剂、水分散粒剂、可溶粒剂等）和片状（可分散片剂等）制剂。通常颗粒剂的抗磨程度采用≤%表示。

⑤ 片剂的完整性　是为保证片剂使用时是完整的，保证施用时达到所设计的剂量和施用效果而设定的指标，适用于片状制剂（可分散片剂等）。FAO/WHO 标准要求无碎片，采用质量分数（%）表示。我国可参照《农药可分散片剂产品标准编写规范》（HG/T 2467.14—2003）《农药可溶片剂产品标准编写规范》（HG/T 2467.17—2003）、《农药烟片剂产品标准编写规范》（HG/T 2467.19—2003）方法进行检测。

（5）分散性质　该性质也随不同的剂型有不同的限制指标，主要包括：

① 分散性　是为保证制剂在用水稀释时能容易并迅速分散而设定的指标，适用于悬浮剂、水分散粒剂等制剂。一般无通用要求，通常采用 CIPAC 标准 D 水配制悬浮液，在规定温度下，测定底部 1/10 悬浮液和沉淀量，并用≤%或 mL 表示。我国的测定方法参照《农药水分散粒剂产品标准编写规范》（HG/T 2467.13—2003）。

② 崩解时间和分散度　是为保证可溶或可分散片剂在水中迅速崩解，且能快速溶解而具有良好的分散性能而设定的指标，适用于种子处理剂和可分散片剂等剂型。通常一整片的崩解时间用≤s或min表示。我国采用《农药可分散片剂产品标准编写规范》（HG/T 2467.14—2003）、《农药可溶片剂产品标准编写规范》（HG/T 2467.17—2003）方法。

③ 悬浮率　是为保证有足够量的活性组分均匀地分布在悬浮液中，在施药时喷出的药液为均匀混合液而设定的指标，适用于可溶片剂、悬浮剂和水分散粒剂等剂型。通常制剂用CIPAC标准D水稀释，在(30±2)℃下保持30min后，测定有效成分在水中悬浮的量，FAO/WHO标准对悬浮率的一般最低要求为≥60%，我国农药产品中悬浮率的测定方法见《农药悬浮率测定方法》（GB/T 14825—2006）。

④ 分散稳定性　是为保证足够的有效成分均匀分散在悬乳液中，在施药时喷洒的药液是一个合格而有效的混合液而设定的指标，适用于悬乳剂、可乳化粒剂和油分散剂等剂型。须在推荐的最高和最低使用浓度进行试验，FAO/WHO标准要求用CIPAC标准A水和D水稀释样品，在（30±2）℃下测定。有关农药产品中分散稳定性的测定，CIPAC采用MT 180《悬乳剂的分散稳定性方法》，我国采用《农药悬乳剂产品标准编写规范》（HG/T 2467.11—2003）方法。

（6）流动性质　包括流动性和倾倒性，适用于不同的剂型：

流动性是为保证直接使用的粉剂、颗粒剂在药械中能够自由流动，水分散粒剂或可溶粒剂在经水分散或溶解后颗粒能自由流动，以及贮存后不结块而设定的指标，适用于粉剂、可溶粉剂、种子处理水分散粒剂、种子处理可溶粉剂、水分散粒剂和可溶粒剂等剂型。FAO/WHO标准要求产品在（54±2）℃加压热贮14d后，把试验筛网上的试样在一定高度自由下落5～20次后，测定通过5mm筛的量，采用≤%表示。农药产品中流动性的测定，CIPAC采用MT 172《在加压热贮后水分散粒剂的流动性》方法。

倾倒性是为确保尽可能多的制剂能够很容易地从容器中倾倒出而设定的指标。适用于悬浮状制剂如悬浮剂、悬浮种衣剂、油分散剂等。农药产品中倾倒性的测定，CIPAC采用MT 148.1《悬浮性制剂的倾倒性方法》，我国采用《农药悬浮剂标准编写规范》（HG/T 2467.5—2003）方法。

（7）溶解和不溶解性质

① 酸度、碱度或pH值范围　是为减少有效成分潜在的分解、制剂物理性质的变坏和对容器和施药器具潜在的腐蚀而设定的指标。适用于在过度酸性或碱性条件下，能发生副反应的农药产品。当酸或碱催化有效成分降解时需作证明，但有效成分或制剂在很宽的pH值范围内稳定时则不需证明。一般酸度、碱度用H_2SO_4/NaOH含量（g/kg）来表示，pH值则应规定上下限，用pH值的范围表示，并注明测定时的温度。农药产品中酸度、碱度或pH值范围的测定方法为《农药原药产品标准编写规范》（HG/T 2467.1—2003）和《农药pH值的测定方法》（GB/T 1601—1993）。

② 溶解性及溶液稳定性　是为保证水溶性制剂用水稀释时易溶解，形成稳定的溶液，且没有沉淀和絮凝物等而设定的指标，适用于所有水溶性制剂，一般无通用要求。FAO/WHO标准要求制剂用CIPAC标准D水溶解后，在（30±2）℃下测定5min和18h后在75mm筛网上的残余量百分比阈值。我国农药产品中溶解性及溶液稳定性的测定方法有《农药可溶粉剂产品标准编写规范》（HG/T 2467.15—2003）、《农药可溶粒剂产品标准编写规范》（HG/T 2467.16—2003）、《农药可溶片剂产品标准编写规范》（HG/T 2467.17—2003）、《农药水剂产品编写规范》（HG/T 2467.6—2003）、《农药可溶液剂产品标准编写规范》（HG/T 2467.7—2003）。

6. 贮存稳定性

(1) 农药低温稳定性　是为保证在低温贮存期间，制剂的物理性质以及相关的分散性、颗粒性质无不良影响而设定的指标，适用于所有液体制剂。要求在（0±2）℃贮存 7 天，制剂必须仍满足有关项目的要求，即初始分散性、乳液稳定性或悬浮液的稳定性和湿筛试验，分离出的固体和液体的最大允许值为 0.3mL。测定方法可采用《农药低温稳定性测定方法》（GB/T 19137—2003）或更新版本。

(2) 热贮稳定性　是为确保在高温贮存时对产品的性能无负面影响，并评价产品在常温下长期贮存时有效成分含量（和相关杂质含量可能发生增加）以及相关物理性质变化而设定的指标，适用于所有制剂产品。要求在（54±2）℃贮存 14 天后，制剂必须继续满足相关项目的要求，如有效成分含量、相关杂质的量、颗粒性和分散性等。平均有效成分含量不得低于贮存前含量的 95%，相关的物理性质不得超出可能对使用和（或）安全有负面影响的范围。当制剂既不适宜也不打算在炎热气候使用，以及高温对制剂有负面影响时，可以变更试验条件。如当制剂装在水溶性袋中，应避免试验温度超过 50℃；同样对卫生杀虫剂，如气雾剂（AE）也是必要的。替代的条件是（45±2）℃，6 周；（40±2）℃，8 周；（35±2）℃，12 周；（30±2）℃，18 周。测定方法为《农药热贮稳定性测定方法》（GB/T 19136—2003）或更新版本。将贮存前、贮存结束后的样品同时检测，以降低分析误差。如果有效成分分解率超过 5%或物理性质变差，必须提供进一步的信息，例如降解产物必须被鉴别和定量。当试验表明制剂必须在低于 54℃的条件下贮存与使用时，规格中应明确规定，并在标签上增加一个关于制剂在炎热气候贮存与使用适用性的警告条款。

(3) 冻融稳定性　按照 NY/T2989—2016 农药登记产品规格制定规范的相关要求，农药制剂中的微囊悬浮剂（CS）、微囊悬浮-水乳剂（ZW）、微囊悬浮-悬浮剂（ZC）和微囊悬浮-悬乳剂（ZE）4 种成囊剂型，需进行冻融稳定性试验，其目的主要是确保成囊制剂在温度变化时囊的完整性，使有效成分得以稳定释放。冻融稳定性试验中的结冻和融化稳定性试验应在（–10±2）℃和（20±2）℃之间做 4 个循环，每个循环为结冻 18h，融化 6h。

微囊悬浮剂（CS）及微囊悬浮-悬浮剂（ZC）冻融稳定性合格要求为：储后游离有效成分含量、酸碱度或 pH 范围、湿筛试验、悬浮率、自发分散性、倾倒性等应符合产品规格要求。微囊悬浮-水乳剂（ZW）及微囊悬浮-悬乳剂（ZE）冻融稳定性合格要求为：储后游离有效成分含量、酸碱度或 pH 范围、湿筛试验、分散稳定性、倾倒性等应符合产品规格要求。

第三节　农药相同产品的认定

判定相同产品的主要目的在于核查现有的产品规格是否适用于其他生产厂商生产的产品相同产品（等效产品）的基本认定原则是其他生产者生产的原药/母药或制剂被认为不比现有规格的基础产品差，在操作和使用时，不应具有额外的或更大的危害性。

在实行相同产品的判定时，相同产品的判定要求对许多资料进行仔细比较，判定机构有权要求使用两个生产者的保密资料。最初产品的规格判定须基于"完整"的资料数据包,而不是有限的数据资料。完整的资料数据包应该包括:保密和非保密性资料,生产过程和杂质资料,完整的毒性资料,完整的生态毒理资料,从世界卫生组织农药评估体系(WHO/PES)和/或国家登记机构获得的药效结果,有效成分的物理和化学性质等。判定规则虽然看似简单,但对专家的意见往往需要做出判断,要求具有多个学科的经验和良好的判断力。

相同产品并不意味着两个原药/母药是完全相同的,只是根据现有的资料,新物质在产品质量、安全性(不具有更大的危害特性)不比原有规格的基础产品差。在相同产品认定时,应着重考虑几个问题:①"新"产品是否符合现有规格;②与生产限量比较,"新"产品是否含有更高量的杂质(相关的或非相关的);③与"最初"的物质比较,"新"产品的危害特性是否更高。

我国农业部第 2569 号公告"农药登记资料要求"的附件 10《相同农药认定规范》中,明确规定了我国相同农药认定的基本原则、程序和标准,以下进行简要介绍。

一、基本原则

(1)申请相同原药或相同制剂登记的,应进行相同农药认定。相同原药认定和相同制剂认定在原则与程序上均有所不同。

(2)相同农药认定由产品化学、毒理学和环境影响等领域的评审专家共同审查。

(3)相同农药认定按两个阶段进行。第一阶段为产品化学资料认定,第二阶段为毒理学资料和环境影响资料认定。

二、相同原药认定原则

1. 进行相同原药认定的情况

分为下列几种情况:申请相同原药登记;已登记制剂但改变了原药来源,应进行相同原药认定;已登记原药但改变了生产工艺或生产地点,应进行相同原药认定;在认定相同制剂时,应对申请认定产品和被认定的产品所用的原药进行相同原药认定。

2. 认定程序的阶段

主要分为两个阶段,第一阶段为产品化学资料认定和鼠伤寒沙门氏菌/回复突变试验(检验目的:检测试验农药的诱变性,预测其遗传危害和潜在致癌作用的可能性)资料认定;第二阶段为毒理学资料和生态毒理学资料认定。

(1)第一阶段 当认定符合以下全部要求时,可认定申请认定的产品(简称 M2,下同)与被认定的产品(简称 M1)为相同原药:①M2 有效成分含量不低于 M1;②M2 相关杂质限量不高于 M1;③M2 其他主要项目控制指标不低于 M1;④与 M1 相比,M2 无新的相关杂质;⑤与 M1 相比,M2 非相关杂质含量相对值增加不超过 50%或实际含量增加不超过 0.3%(以较大值进行判定);⑥与 M1 相比,M2 无新的非相关杂质;⑦M2 鼠伤寒沙门氏菌回复突变试验的终点数据,等于或优于 M1。

需要注意的是,当不符合上述第①③⑦项中任何一项要求时,产品均会被认定为非相同原药。当符合第①③⑦项要求,但不符合其他任一项要求时,需进行第二阶段认定。

（2）第二阶段

① 毒理学资料认定　M2 的毒理学试验结果与 M1 的相应项目试验结果相比，急性毒性试验结果系数不大于 2（或虽大于 2，但不超过合理的试验剂量增长系数），对于出现阳性和阴性结果试验的评价结论一致时，认定其毒理学资料具有等同性。如果根据上述毒理学资料还难以认定具有等同性，可以补充对反复给药试验（从亚急性到慢性毒性试验）、繁殖毒性、致突变性和致癌性等试验结果的评价。按上述相同的原则判定，如果毒效应器官相同，无可见作用水平（NOEL）和无可见不良作用水平（NOAEL）的变化不超出剂量水平的变化，认定其毒理学资料具有等同性。

② 生态毒理学资料认定　采用相同的试验生物进行试验的前提下，以 M1 的相关生态毒理学试验（鸟类急性经口毒性试验、鱼类急性毒性试验、溞类抑制毒性试验、蜜蜂急性接触毒性试验、家蚕急性毒性试验）结果为参照，当 M2 的原药生态毒理学试验结果与 M1 的相应项目试验结果相互比对，其系数不大于 5（或虽大于 5，但不超过合理的试验剂量增长倍数），可认为 M2 与 M1 的生态毒理学试验结果具有等同性。

3. 提供相应资料，进行相同原药认定

（1）申请相同原药登记时进行的相同认定，需提供如下资料　M1 的生产企业名称和登记证号；M2 的生产工艺；M2 的五批次全组分分析报告；M2 的物化性质；M2 项目控制指标；M2 产品鼠伤寒沙门氏菌回复突变试验试验数据；其他用于佐证的资料。

此外，视需要提供下列毒理学和生态毒理学资料，毒理学资料包括：急性经口、经皮和吸入毒性试验，眼睛刺激性试验，皮肤刺激性试验，皮肤致敏性试验，亚慢（急）性毒性试验（要求 90 天大鼠喂养试验。根据产品特点还应当提供 28 天经皮或 28 天吸入毒性试验），致突变性试验，体外哺乳动物细胞基因突变试验，体外哺乳动物细胞染色体畸变试验，体内哺乳动物骨髓细胞微核试验。生态毒理学资料包括：鸟类急性经口毒性试验、鱼类急性毒性试验、溞类抑制毒性试验、蜜蜂急性接触毒性试验、家蚕急性毒性试验。

（2）其他情况下需要提供的资料　对已登记制剂改变原药来源时进行的相同认定，需提供拟变更原药的生产企业名称、登记证号和其他用于佐证的资料。对改变已登记原药生产工艺或生产地点进行的相同认定，需提供变更后原药产品的生产工艺、五批次全组分分析报告、项目控制指标等，视情况提供物化性质、毒理学和生态毒理学资料等。为认定相同制剂进行的相同原药认定，需提供申请认定产品和被认定产品所用原药的登记证号和其他用于佐证的资料。经已登记原药登记证持有者授权的，还需提供如下资料：授权书原件，须有授权方的法人代表签字并加盖公章；登记证复印件，须加盖授权方公章。

三、相同制剂认定原则

（1）申请相同制剂登记时应进行相同制剂认定，经已登记产品登记证持有者授权的，如原药来源相同或所用原药经认定为相同原药的，可直接认定为相同制剂。

（2）对于未经已登记产品登记证持有者授权的，认定程序分为两个阶段。第一阶段为产品化学资料认定阶段；第二阶段为毒理学资料和生态毒理学资料认定阶段。

① 产品化学资料认定　申请认定产品（简称 M2）与被认定产品（简称 M1）所用原药为相同原药；M2 和 M1 有效成分含量和剂型相同；M2 和 M1 中安全剂、稳定剂、增效剂等限制性组分种类和含量相同；M2 其他主要控制指标不低于 M1；M2 中不得含有国家明令禁

止使用的助剂，国家限制使用的助剂其限量应符合要求。

② 毒理学和生态毒理学资料认定

a. 毒理学资料认定。M2 的试验结果与 M1 相应项目试验结果相比，急性毒性试验结果系数不大于 2（或虽大于 2，但不超过合理的试验剂量增长系数），对于出现阳性和阴性结果试验的评价结论一致，认定其毒理学资料具有等同性。

b. 生态毒理学资料认定。在采用相同的试验生物试验的前提下，以 M1 的相关生态毒理学试验（鸟类急性经口毒性试验、鱼类急性毒性试验、溞类抑制毒性试验、蜜蜂急性接触毒性试验、家蚕急性毒性试验）结果为参照，当 M2 的生态毒理学试验结果与 M1 的相应项目试验结果相互比对，其系数不大于 5（或虽大于 5，但不超过合理的试验剂量增长倍数）时，可认为 M2 与 M1 的生态毒理学试验结果具有等同性。

③ 当同时符合以上第一阶段和第二阶段全部要求时，方可认定 M2 与 M1 为相同产品。

（3）相同制剂认定，需提供如下资料 M1 生产企业名称和登记证号；M2 所用原药登记证号；M2 产品组成；M2 加工方法描述；M2 理化性质；M2 项目控制指标；其他用于佐证的资料。

视需要提供下列毒理学和生态毒理学资料：毒理学资料包括急性经口、经皮和吸入毒性试验，眼睛刺激性试验，皮肤刺激性试验，皮肤致敏性试验。生态毒理学资料包括鸟类急性经口毒性试验、鱼类急性毒性试验、溞类抑制毒性试验、蜜蜂急性接触毒性试验、家蚕急性毒性试验。

经已登记产品登记证持有者授权的还需提供如下资料：授权书原件，须有授权方的法人代表签字并加盖公章；登记证复印件，须加盖授权方公章；授权方所用原药登记证号。

四、FAO 相同产品认定指南

联合国粮农组织（FAO）相同产品认定指南采用两阶段法来评价农药的等同性。

1. 第一阶段 [步骤（1）—（4）]

（1）来自不同生产商或不同生产工艺的原药产品，出现以下情况时会被认为等同：产品符合已有的 FAO/WHO 规格；生产工艺和杂质情况相符；以及致突变试验的结果（体外，细菌试验）与参考产品的实验结果相比，所有试验终点一一比对后，申请产品的结果好于参考产品的或与参考产品的相同。

（2）如果生产商更改了原药产品的生产工艺，等同性也根据上述要求来判定。

（3）原药中的杂质是否等同，通过比较生产规格中的上限来确定，具体包括：

① 以下三种情况会被判定为等同：第一种情况是如果非相关杂质的最大值（实际生产中的限量值）与参考产品中非相关杂质的最大值相比没有超过 50%，或者最大值（实际生产中的限量值的绝对值）不超过 3g/kg（取增加值较大者）；第二种情况是没有新的相关杂质；第三种情况是相关杂质的最大值没有超过参考产品的。

② 以下情况由 JMPS 根据情况判定是否等同：如果与参考产品中的同样非相关杂质相比，该杂质的最大值超过了 50% 或 3g/kg（取增加值较大者），申请者需要提交合理的解释和其他支持数据，以说明为什么这些超量的杂质仍然"非相关"。

③ 以下情况由 JMPS 根据情况判定是否等同：如果与参考产品相比，出现了含量大于等于 1g/kg 的新杂质，申请者需要提交合理的解释和其他支持数据，以说明为什么这些超量的

杂质仍然"非相关"。

④ 致突变实验（体外，细菌）结果在以下情况下被认为是等同的：与参考产品的实验结果相比，所有试验终点一一比对后，申请产品的结果好于参考产品的或与参考产品的相同。

⑤ 如果与参考产品相比，相关杂质的最大值超标，或出现了新的相关杂质，必须提交该原药产品或问题杂质的适当的毒性、生态毒性或其他报告，评估进入第二阶段。

（4）如果第一阶段的资料不足以确定该产品是等同还是不等同，申请者必须提交更多资料进入第二阶段的评审。

如果第一阶段评价后不能确定是否等同，但第二阶段评审中提交的毒性或生态毒性资料能够符合以下（5）和（6）的要求，那么来自不同生产商或不同生产工艺的原药产品也会被认定为等同。

2. 第二阶段 ［步骤（5）—步骤（8）］

（5）原药产品的毒理学等同　如果在要求的毒理学报告（原药或母药的急性经口、经皮、吸入、眼刺激、皮肤刺激、皮肤致敏性）中，与参考产品相比，申请产品的结果没有大于 2 倍系数（或者剂量增量不超过 2 倍系数），该原药产品的毒理学资料会被认为与参考产品的资料等同。

在毒性评价中，申请产品和参考产品相比，毒性分类结果不应有差异（例如分级 1、2 或 3，皮肤有刺激性或无刺激性）。在对动物器官毒性影响相同的情况下，如果有必要，还需评估额外的毒性资料，报告包括：原药或母药重复给药的毒性实验（从亚急性到慢性），以及繁殖和发育毒性、遗传毒性、致癌性、发育神经毒性和成年后神经毒性等，以及原药或母药的生态毒性实验（根据用途确定实验动物，包括水生和陆生生物：鱼、甲壳类、藻类、鸟类、蜜蜂），以及在动物体内持留情况信息。参考剂量的差别不应超过系数 2，或者无可见作用水平（NOEL）或无可见不良作用水平（NOAEL）不应该高于参考产品的。

（6）生态毒性等同性评估　如有要求，在使用相同物种的情况下，当申请产品的毒性结果与参考产品相比，系数不大于 5（或者剂量增量不超过 5 倍），即可认为生态毒性是等同的。

（7）制剂产品等同性评估　参考 FAO/WHO 规格，符合以下情况的制剂一般会被认为是等同的：如果原药或母药已被判定为等同；制剂符合相同的规格。特殊情况下，比如像微囊悬浮剂（CS）、长效防蚊帐（LN）等缓释剂型，会要求提供额外证据以决定制剂是否等同，如 LN 增加了可燃性（flammability）和织物重量（fabric weight）规格，明确蚊帐筛孔尺寸可通过直接计数法和立体显微镜法，并规定立体显微镜进行计算作为仲裁方法等内容要求。并且，如果涉及唯一的技术、规格限量或测试方法，该制剂很有可能是不等同的。

（8）如果一个已被提议列入已发布的规格中的原药产品并不严格符合等同性实验的要求，但它已被联合国粮农组织和世界卫生组织农药标准联席会议（JMPS）认为质量可接受或质量更高，FAO 可能会考虑修订已存在的规格。可能会按照以上提到的资料要求进行评估程序。

第四节　农药原药与制剂质量分析

农药分析可分为原药和制剂分析、残留量分析两大类，前者属于常量分析，后者属于微量分析。农药原药和制剂分析在农药生产和应用中具有重要作用，生产企业对农药中间体和产品的分析，是控制和改进生产工艺的主要依据，是保证产品质量的主要指标，也是质监部门和农业生产资料部门进行质量管理的重要措施。

目前，世界各国和相关国际组织都采用制订相应的产品标准，即将产品中的化学和物理性质的高低在标准中规定一定值，并规定对这些值的统一检测方法和判定原则。影响产品分析的重要因素包括可靠的分析方法，如CIPAC、国标、行业标准、经过验证的企业标准、权威文献报道的方法等；以及可靠的实验室质量控制手段。国际农药分析协作委员会（CIPAC）为FAO/WHO等国际组织和国家农药产品标准提供方法支持，也是国际农药贸易发生争议时常用的仲裁方法。

为加强农药产品标准制定，我国组织成立了"全国农药标准化技术委员会"，负责全国农药产品及一些农药基础国家标准、化工行业标准制（修）订工作。该委员会每年召开1次年会，制定我国农药标准制定计划、审查并通过一批农药国家标准和行业标准，报国家市场监督管理总局等批准发布，并对我国农药标准工作提出意见和建议。同时，根据农药生产的实际情况和标准化法规的有关规定，企业生产的产品没有国家标准和行业标准的，由企业制定企业标准，须报当地标准化行政主管部门和有关行政主管部门备案，作为组织生产的依据。为了提高产品质量，已有国家标准或行业标准的，国家鼓励企业制定严于国家标准或行业标准的企业标准，在企业内部使用。

一、方法确认及性能参数

在采用现行有效的国家标准、行业标准、CIPAC和AOAC标准方法的基础之上，农药生产企业的质量分析部门应该建立产品的分析方法验证程序，以确定方法的应用范围与局限性，确定由质量控制样本确定结果的可接受范围以及验证分析测定是否真实可靠。这在NY/T 2887—2016《农药产品质量分析方法确认指南》中称为方法确认（method validation）。方法确认是指实验室通过试验，对方法特异性、线性相关、准确度、精密度和灵敏度等性能参数进行考察，从而提供客观有效证据证明检测方法适用于特定的分析目的。

根据GB/T 27417—2017《合格评定 化学分析方法确认和验证指南》和ISO/IEC 17025:2017的规定，当实验室采用非标准方法、实验室制定/开发的方法，或者将现有的标准分析方法适用到新的基质或目标分析物，或者改变分析方法用途、方法的某一关键步骤时，也需要对方法进行确认。同时指出，实验室采用官方已经发布的标准方法时，没有必要进行实验室内确认，只需要进行方法验证（method verification）即可，即证实试验方法能在该实验室现有条件下获得令人满意的结果，一般进行准确度、精密度、灵敏度等参数的测定，必要时可参加能力验证或进行实验室间比对。

进行方法确认的具体要求可以查询相关的标准/指南，CIPAC、欧盟等已经发布了关于农药质量分析方法的评价标准。我国发布的GB/T 27417—2017《合格评定 化学分析方法确认和验证指南》，提出了实验室内方法确认（in-house method validation）和实验室间方法确认（inter-laboratory method validation）的要求。

根据我国农业行业标准NY/T 2887—2016《农药产品质量分析方法确认指南》，农药质量分析过程中应当对原药中有效成分、杂质和安全剂、稳定剂等其他限制性组分含量，制剂中有效成分、相关杂质和安全剂、稳定剂等其他限制性组分含量的分析方法进行方法确认，其中原药和制剂中安全剂、稳定剂等其他限制性组分含量的分析方法确认要求参照制剂中有效成分含量的分析方法确认要求进行。在测定原药中有效成分和杂质含量时，如采用现行有效的国家标准、行业标准、CIPAC 和 AOAC 标准方法，应进行特异性等必要参数的适应性试验。若上述标准方法没有包括原药中的杂质，则有关杂质的分析方法应进行方法确认。在测定制剂中有效成分和相关杂质含量时，如采用现行有效的国家标准、行业标准、CIPAC 和 AOAC 标准方法，应进行特异性和定量限等必要参数的适应性试验。方法确认中需要考察的参数包括但不限于方法的选择性、线性范围、准确度、精密度、灵敏度等。

1. 选择性或特异性

选择性（selectivity）和特异性（specificity）是两个相似的概念，某些法规将二者等同。在 ISO/IEC 指南 99:2007，定义 4.13 和 GB/T 27417—2017《合格评定　化学分析方法确认和验证指南》文件中使用"选择性"一词，并提出选择性是指测量系统按规定的测量程序使用并提供一个或多个被测量的测得的量值时，每个被测量的值与其他被测量或所研究的现象、物体或物质中的其他量无关的特性。

一般情况下，分析方法在没有重大干扰的情况下应具有一定的选择性。实验室可联合使用但不限于下述两种方法检查干扰：①分析一定数量的代表性空白样品；②在代表性空白样品中添加一定浓度的有可能干扰分析物定性和/或定量的物质，检查在目标分析物出现的区域是否有干扰（信号、峰等）。

我国农业行业标准 NY/T 2887—2016 中，对于农药质量分析，则以"特异性"作为表述。特异性指分析方法中的特定组分产生的特定信号，即在其他成分（如杂质、添加剂等）可能存在时，采用的分析方法能够准确测定目标组分（有效成分、杂质等）特性的能力。

对于原药中有效成分和相关杂质分析方法的特异性，一般以待测物质的特点来确定，通常用色谱法来鉴别分析有效成分，如使用 GC/MS、LC/MS 和 HPLC-DAD。当采用光谱法时，有效成分应能根据光谱特征明显鉴别出来。若采用的是未经方法确认的原创色谱方法，应进行方法特异性确认。原药中有效成分分析方法应报告杂质的干扰程度，且杂质干扰不能超过测定的有效成分峰面积的 3%。如果有效成分为光学纯，其分析方法也应符合该要求。

对于制剂中有效成分的分析方法，如果制剂中包含多个有效成分，分析方法应能测定每一种成分，应报告杂质干扰程度。当制剂中存在其他物质（包括其他有效成分）的干扰时，干扰成分不得超过单一有效成分峰面积或各有效成分全部峰面积加和的 3%。如果有效成分为光学纯，其分析方法也应符合该要求。当有效成分含有多个异构体或类似物时，分析方法应能鉴别出所包含的各个组分。

对于制剂中相关杂质的分析方法，相关杂质含量测定方法须具有分析的特异性，如果制剂含有不止一种相关杂质，分析方法应能对每个相关杂质进行区分并准确测定。如果一种相关杂质中存在不止一种异构体及类似物，该方法应能区分每一个异构体或类似物。

2. 线性

对于分析方法而言，用线性计算模型来定义仪器响应与浓度的关系，线性（linearity）是指该计算模型的适用性。线性范围通常可参照相关国家标准或国际标准测定，尽量满足如下要求：

① 采用校准曲线法定量，并至少具有 6 个校准点（包括空白），浓度范围尽可能覆盖一个或多个数量级，每个校准点至少以随机顺序重复测量 2 次，最好是 3 次或更多；对于筛选方法，线性回归方程的相关系数不低于 0.98；对于准确定量的方法，线性回归方程的相关系

数不低于 0.99。

② 校准用的标准点应尽可能均匀地分布在关注的浓度范围内并能覆盖该范围。在理想的情况下，不同浓度的校准溶液应独立配制，低浓度的校准点不宜通过稀释校准曲线中高浓度的校准点进行配制。

③ 浓度范围一般应覆盖关注浓度的 50%~150%，如需做空白时，则应覆盖关注浓度的 0%~150%。

④ 应充分考虑可能的基质效应影响，排除其对校准曲线的干扰。实验室应提供文献或实验数据，说明目标分析物在溶剂中、样品中和基质成分中的稳定性，并在方法中予以明确。通常各种分析物在保存条件下的稳定性都已有很好的研究，监测保存条件应作为常规实验室确认系统的一部分。对于缺少稳定性数据的目标分析物，应提供能分析其稳定性的测定方法和确认结果。

在农药质量分析中，NY/T 2887—2016 提出了线性相关的具体要求，其要求被测组分响应的线性范围，至少应涵盖该组分测定浓度的 ±20%；至少配制 3 个浓度，每个浓度重复两次，或者至少配制 5 个浓度，每个浓度重复一次；应附上线性回归方程式、线性范围和线性相关系数等数据。线性范围内，线性相关系数（R^2）应大于 0.99，否则应提供如何保证方法有效性的说明；如因特殊需要使用非线性响应的方法，应做出解释。该要求对原药及制剂中有效成分及相关杂质的分析方法确认均适用。

3. 准确度

准确度（accuracy）指的是测试结果与所测样品的真值或约定真值的符合程度。按照 NY/T 2887—2016 标准的要求，原药和制剂的有效成分，杂质（或制剂相关杂质）、安全剂、稳定剂等其他限制性组分含量的分析方法确认中对于准确度确认的要求有所不同。在农药分析中，准确度一般采用回收率试验进行评价。

① 对于原药中的有效成分含量测定方法，一般无需进行回收率测定，其准确度可通过特异性和精密度进行评价。

② 对于制剂有效成分分析方法确认，则需要用回收率来评价制剂产品中有效成分分析方法的准确度，一般要求先按照配方比例要求，将除原药以外的所有助剂混匀，制作制剂空白，然后，按照制剂标称值在制剂空白中添加有效成分，得到一个实验室"合成"样品，至少合成 4 个重复样品，进行回收率测定，不同有效成分添加水平的回收率要求见表 4-4。如果是很难获得重复结果的制剂（如丸粒、块状饵剂），可采用标准品添加法来评价方法准确度。同时在评价准确度时，通常包含非分析物质的干扰试验，因为助剂中的任何干扰物均会导致分析方法出现系统误差。分析时应同时测定不带助剂的原药和空白样品，证明其无相互干扰或对产生的干扰进行量化，提交样品色谱图或其他分析结果。

表 4-4　制剂中有效成分的回收率要求

有效成分含量/%	回收率/%	有效成分含量/%	回收率/%
>10	98~102	0.01~0.1	90~110
1~10	97~103	<0.01	80~120
0.1~1	95~105		

非分析物的干扰试验可减少分析方法出现的系统误差。制剂中若含有多种辅助剂成分，可能会干扰有效成分的测定。因此，进行准确度评价时，需要同时测定原药和制剂空白样品，

以排除相互之间的干扰，或对干扰进行量化。

③ 对于原药及制剂中的杂质分析方法，可采用标准品添加法，通过计算回收率评价其准确度。应在符合产品规格的水平上进行回收率测定，如采用其他方法，应详细说明试验过程。进行杂质的添加回收率试验时，回收率试验的添加水平应符合产品规格的标识浓度，添加水平可分为两类：第一类，配制与待测物浓度相同的 5 份样品，取一半样品量，按照 1∶1 的比例，加入标准品。第二类，配制与待测物浓度相同的样品，取一半样品量，分别按照 0.8∶1、1∶1 和 1.2∶1 的比例添加标准品，每个浓度重复 2 次，共测定 6 份样品。回收率 R 的计算公式如下：

$$R=(X_1-X_0)/Y$$

式中，X_1 为原药中添加标准品后的检测量，mg；X_0 为原药中的待测物含量，mg；Y 为添加的标准品含量，mg。

杂质在不同添加水平的回收率参考范围见表 4-5。

表 4-5 不同添加水平杂质的回收率参考范围

杂质含量/%	回收率/%
>1	90～110
0.1～1	80～120
<0.1	75～125

4. 精密度

精密度（precision）指在规定条件下，对同一或类似被测对象重复测量所得示值或测得的量值间的一致程度。在农药质量分析中，NY/T 2887—2016 标准中的定义为，在规定条件下，统一均匀样品经多次独立测试，结果之间的接近程度。它是偶然误差的量度，可用重复性或再现性表示。重复性（repeatability）是指由同一操作者使用同一设备，在同一实验室对同一试验物质，采用相同的分析方法，在短时间间隔内，各自独立试验所获得结果的一致性；再现性（reproducibility）是指由不同操作者使用不同设备，在不同实验室对同一试验物质采用相同分析方法，所测得试验结果的一致性。

对于农药质量分析，原药和制剂有效成分及相关杂质的分析方法确认中对精密度的要求是相同的。标准要求重复性试验应至少进行 5 次样品测定，并计算测定结果的相对标准偏差，相对标准偏差应小于 $2^{\left(1-\frac{1}{2}\lg C\right)}\times 0.67$，其中，$C$ 为样品中有效成分含量，以小数计（如 90%，C=0.9）。

当出现偏离数据时，可用 Dixon 法或 Grubbs 法检验测定结果中异常值。异常值是指一组测定值中与平均值的偏差超过两倍标准差的测定值，与平均值的偏差超过三倍标准差的测定值，称为高度异常的异常值。Dixon 法和 Grubbs 法均可用于一组测量值的一致性检验，不同之处在于前者可用于检出 1 个或多个异常值，后者一次只能检出 1 个异常值。要舍去某些结果时，应明确指出，并解释产生偏离的原因。

5. 定量限

定量限（limit of quantification，LOQ）是指样品中的被测组分在满足适当的精密度和准确度下可准确进行定量检测的最低量或浓度。方法定量限是分析方法检测灵敏度的体现，是低含量组分如杂质或降解物定量分析中的重要参数，一般用信噪比为 10 时物质的量或浓度来表示。

由于原药及制剂中有效成分含量一般都较高，不要求报告分析方法的定量限。对于原药中相关杂质的分析方法确认，其杂质分析方法应报告定量限。根据原药所声明的技术规格要求，定量限应小于原药中有效成分含量的 0.1%。当存在相关杂质时，定量限应在适当的水平。对于制剂中相关杂质的分析方法确认，其相关杂质分析方法应报告定量限，且应考虑相关杂质的实际浓度。

6. 报告内容

分析方法确认报告至少应包括以下内容：

① 描述：方法概要、标准品信息、试剂和溶液、仪器、样品制备、操作条件、测定步骤、结果计算等内容；

② 方法确认评价：特异性、线性、精密度、准确度和定量限等数据和评价结论；

③ 原始分析谱图：由仪器工作站直接生成输出，至少包含仪器信息、进样信息、积分信息等。

二、农药原药全组分分析

农药原药是指在生产过程中得到的由有效成分和杂质组成的最终产品，往往无法在作物上直接使用，需要添加适当的辅助剂，形成具有一定组分和规格的农药加工形态，即农药制剂产品。《农药登记资料要求》产品化学中，要求提供原药全组分分析，分析方法确认报告，产品质量指标确定依据和有效成分（高含量原药），原药、制剂的理化参数测定等资料。

我国农业行业标准 NY/T 2886—2016《农药登记原药全组分分析试验指南》规定，原药全组分分析（batch analysis of technical material），是指农药原药中有效成分、相关杂质和含量≥0.1%的其他杂质的定性和定量分析。也就是说，农药原药全组分分析（以下简称为原药全分析），是指针对农药有效成分、含量达到 0.1%及以上的任何杂质以及 FAO、WHO 或者是各国农药主管部门规定的任何含量水平的相关杂质（即对人类和环境具有明显的毒害，或者对使用作物产生药害，或引起农产品污染，或影响农药产品质量稳定性，或引起其他不良影响的杂质）的定性和定量分析，从而确定包括有效成分和惰性组成（无活性异构体、杂质和添加剂）在内的原药组成，同时比较产品不同批次间的一致性，也可用于设置农药原药产品的质量规格。

农药原药全组分分析试验与农药药效、毒理、环境试验一样，是农药登记试验中必不可少的试验，是农药登记评审的重要内容之一。它是农药药效、毒理、环境等一系列试验的源头，只有完成原药全组分分析，确定原药及其杂质成分，方可合理安排相关制剂的药效、毒理、环境等登记试验。

对原药进行全组分分析的目的主要有以下几个方面：①了解产品的稳定性，判断其药效和安全性，以便充分发挥所配制的制剂的作用；②确定所登记成分的真实性，确保进行药效、毒理学、残留、环境等一系列试验的可靠性；③保证有效成分含量，限制杂质（尤其是有害杂质）及其含量，因为有效成分含量过低或者杂质过高都会影响农产品质量、污染环境，人们食用含有过高杂质的农产品后还可能致畸、致癌。

1. 全组分分析中的定性与定量要求

农药全组分分析的试验样品应选择农药登记申请人生产的成熟定型的五个有代表性批次

的原药样品进行试验，因此也常常被称为"五批次全组分分析"。农药原药全分析主要对原药有效成分和杂质进行定性和定量分析。对原药有效成分的定性分析要求提供原药的红外光谱、紫外光谱、核磁共振谱和质谱的试验方法、解析过程、结构式及相关谱图。当有效成分以盐的形式存在时，应对其反荷离子进行鉴别。原药杂质的定性分析包括相关杂质的红外光谱、紫外光谱、核磁共振谱和质谱鉴定，对于含量大于原药产品0.1%的非相关杂质，需提供红外光谱、紫外光谱、质谱和核磁共振谱中至少一种定性试验方法及色谱保留时间、解析过程、结构式、通用名称、化学名称及相关谱图。对于含量大于原药产品0.1%的非相关杂质，有时需要通过合成、提纯等技术，制备出标准品，并完成红外光谱、紫外光谱、核磁共振谱和质谱的定性分析。

原药全组分分析中的定量分析是指采用色谱和质谱等检测技术测定原药中有效成分及杂质等组分的含量，主要测定方法有化学分析法、比色法、光谱法、薄层色谱法、气相色谱法、高效液相色谱法等。农药原药有效成分分析方法需经过特异性、线性、精密度、准确度等方法确认，准确度的考察无需进行添加回收试验，可参考分析方法的特异性和精密度进行评价。农药原药杂质的定量分析方法还需要提供方法的定量限数据。方法确认后，应采用标准品对照定量法，测定5批次原药中有效成分、相关杂质和含量≥0.1%的其他杂质的质量分数，并出具试验报告。通常情况下，农药原药定量分析得到的组分应遵循"质量平衡"，即总的质量含量须在98%～102%之间。当使用上述方法测得的各种组分含量总和不足98%时，应采用其他可能的方法进一步鉴定分析；当各种组分含量总和超过102%时，应分析原因并作出解释。

在原药加工成制剂的过程中，水分可能成为相关杂质，因为原药含水量高可能会影响后续制剂的加工及制剂的储藏稳定性。因此，原药中的水分含量测定也是原药全组分分析的一部分内容。可参考我国颁布的GB/T 1600—2001《农药水分测定方法》标准，其规定了在上述情况下，原药或制剂中水分含量的测定方法。

此外，固体不溶物应作为相关杂质，在原药规格中应给予标注。因为原药中若存在不能溶解在特定溶剂中的物质，加工成制剂后，可能影响制剂的物理化学性质，在田间施药时也容易堵塞喷雾器过滤网及喷嘴。我国颁布了GB/T 19138—2003《农药丙酮不溶物测定方法》标准，规定了原药或制剂中固体不溶物的测定方法。

2. 农药原药中的杂质

农药杂质广义上指的是制造或贮存过程中形成的副产物，由于农药加工过程中有效成分的加工途径、加工原料、合成路线等不同，在加工过程中不可避免地会产生一些杂质。农药原药中的杂质主要有两类：一是普通杂质，指存在于原药中含量大于0.1%的非有效成分，在农药全组分分析报告中应该给出定性、定量评价；二是相关杂质，指与农药有效成分相比，农药产品在生产或储存过程中所含有的对人类和环境具有明显的毒害，或对适用作物产生药害，或引起农产品污染，或影响农药产品质量稳定性，或引起其他不良影响的杂质。某些溶剂不溶物也可能成为杂质。

（1）农药杂质的来源和种类　农药原药中的杂质一般来源于生产原材料及其杂质、化学反应的中间体或副产物、加工和贮存中的分解产物、合成或提纯时残余的溶剂、助剂中的杂质以及制剂加工中的污染物等。

根据《农药登记资料要求》，及美国环境保护署、澳大利亚农药兽药管理局和国际纯粹与应用化学联合会（IUPAC）等相关国际机构的统计，从化学结构上分，农药中相关杂质主要涵盖下列化合物种类（见表4-6）。

表 4-6 农药中相关杂质的化合物类别、结构、有效成分及来源举例

序号	类别	结构	相关的有效成分及来源
1	苯胺及取代苯胺类		甲霜灵、除虫脲、双氟磺草胺等
2	硫酸二甲酯		吡唑醚菌酯、粉唑醇等
3	HAP（2-氨基-3-羟基吩嗪） DAP（2,3-二氨基吩嗪）		多菌灵和甲基硫菌灵等
4	亚乙基硫脲（ETU） 亚丙基硫脲（PTU）		代森锰锌和丙森锌等
5	肼和取代肼类		抑芽丹(肼类杂质)、虫酰肼(叔丁基肼)、丁酰肼（1,1-二甲基肼）等
6	亚硝胺类		草甘膦、丁酰肼、乙氧氟草醚、仲丁灵、氨磺乐灵、二甲戊乐灵、氟乐灵、杀线威等
7	苯酚类		2,4-D、MCPB（游离酚）、三唑酮、三唑醇（4-氯苯酚）等
8	六氯苯（HCB）		五氯硝基苯、百菌清、毒莠定、七氟菊酯、氨氯吡啶酸、五氯酚（六氯苯）等
9	异氰酸甲酯类		涕灭威、噁虫威、威百亩、氰氟虫腙等
10	四乙基二硫代焦磷酸盐 四乙基单硫代焦磷酸盐		毒死蜱、内吸磷、二嗪磷、对硫磷、甲拌磷、特丁硫磷（治螟磷）等
11	有机磷和氨基甲酸酯 亚砜和砜化合物类		甲拌磷(甲拌磷砜)、灭虫威(灭虫威砜)等

序号	类别	结构	相关的有效成分及来源
12	四氯偶氮苯类（TCAB） 四氯偶氮氧化苯类（TCAOB）	（结构式）	利谷隆、敌稗、敌草隆等，TCAB 来源于 3,4-二氯苯胺
13	有机磷的氧化类似物	（结构式）	马拉硫磷（马拉氧磷）、对硫磷（对氧磷）等

除此之外，农药的相关杂质一般还包括：①农药中含有的其他农药有效成分，如杀螟丹中的灭菌丹、特丁津中的莠去津和西玛津等；②残留的有机溶剂如甲苯、甲醛、二溴乙烷等；③重金属，如铜制剂中的砷、铅、镉，代森系列中的砷，氢氧化钙中的钡、氟化物、砷和铅等；④生物农药中的相关杂质如白僵菌中的白僵菌素、印楝素中的黄曲霉素及香茅油中的甲基丁香酚和甲基异丁香酚等。

(2) 农药杂质的危害　总体来说，农药中杂质含量增加，会对人类健康、环境安全、农药生产等造成诸多危害。

① 杂质的存在影响农药的活性　农药中杂质的存在有时会对农作物产生药害，如 1998 年、1999 年发生的除草剂苄嘧磺隆对水稻的药害事件，一般条件下苄嘧磺隆对稻苗的安全性较好，但在该事件中苄嘧磺隆中的杂质含量超标，导致了严重药害。

有机磷杀虫剂在生产及贮藏中会产生有许多杂质，其中包括 O,O-二甲基氨基硫代磷酸酯、O,O,O-三甲基硫代磷酸酯、O,O,S-三甲基硫代磷酸酯及 N-甲基同系物等。杂质的增多会增强原药的毒性，以马拉硫磷为例，工业制品（含量为 75%～92.2%）与经实验室提纯后的高纯度样品（含量≥98%）相比较，小鼠的经口毒性 LD_{50} 值差异极大，毒性显著提高 4～5 倍。

② 杂质的存在影响农药的理化性质　某些杂质的存在会影响原药的理化性质，如挥发性、熔点、沸点等，使农药制剂加工困难。有些不溶杂质会造成药械故障，影响施药效果。有些杂质能降低有效成分的稳定性，随着农药的使用，也有可能造成环境污染。如杀虫剂喹螨醚合成过程中会有少量试剂（约 0.5%）残留于纯化后的工业产品中，该杂质会迁移至产品表面从而显著降低晶体成团熔点，使颗粒变大导致最终制备的悬浮液稳定性下降，从而表现出较差的生物活性。

有些农药原药有效成分含量的测定会采用化学分析法，如分光光度法、红外光谱法等，而此法的原理是以有效成分分子中含有某元素或某原子团的量来计算有效成分含量，如果杂质分子中也含有相同的元素或者原子团，就会影响计算结果的准确度，不能反映原药及其制剂中有效成分的真实含量。

③ 杂质的存在会影响环境安全　例如，在苯氧乙酸类除草剂、杀菌剂五氯酚和六氯苯等的生产过程中可产生多氯二苯并二噁英和多氯二苯并呋喃等二噁英类环境污染物，具有较强的急性毒性。在毒死蜱、内吸磷、二嗪磷、对硫磷、甲拌磷、特丁硫磷等有机磷类杀虫剂中可检

测出硫特普（O,S-特普、S,S-特普）。硫特普是一种高毒杂质，且具有较强的抗水解能力，成为废料处理及降解过程中的残留难题。六氯苯是五氯硝基苯、百菌清中的杂质，其具有比五氯硝基苯和百菌清更长的环境持留期，在应用百菌清等制剂时会导致其在农产品和环境中的残留。

④ 杂质的存在会危及人类健康　例如，代森类农药（代森锰锌、代森锰、福美双等）作为杀菌剂被广泛应用，其本身对人类无毒。亚乙基硫脲（ETU）是代森类农药的杂质或代谢产物，多出现在药剂贮存期或使用过程中。研究发现，亚乙基硫脲可导致大鼠畸胎及引起中枢神经系统和骨骼异常，提高大鼠、小鼠甲状腺癌发生率。亚乙基硫脲已被归入世界卫生组织国际癌症研究机构公布的 3 类致癌物清单中。

此外，甲霜灵、除虫脲和双氟磺草胺等中的苯胺或取代苯胺类杂质、吡唑醚菌酯和粉唑醇中的硫酸二甲酯类杂质均具有致癌风险。草甘膦、仲丁灵、氨磺乐灵、二甲戊乐灵、戊乐灵等中的亚硝胺类杂质具有强致癌和致突变作用。虫酰肼和丁酰肼等中的肼和取代肼类杂质具有一定的基因毒性。

（3）农药杂质的定性鉴定　农药登记要求对于含量低于 0.1%但具有毒理学意义的杂质提供定性、定量资料，但杂质的鉴定比较困难，因此在有时候 UV、MS、NMR、IR 这些方法单独使用不能准确地确定某种化合物时，还需多种分析结果的综合数据。

对于原药全分析中进行的杂质鉴定，首先要进行预实验，分析确定含量≥0.1%的杂质个数，一般借助于液相色谱或者气相色谱分析，通过峰面积百分比进行杂质个数的确定。通过色谱确定好杂质个数后，进行质谱分析，根据质谱数据结合合成工艺，推断杂质可能的结构。质谱分析也可以进行杂质数量的确定，有的杂质色谱响应很弱，却具有很强的质谱响应，这点也需要在全分析过程中引起足够的重视。对于结构比较确定的杂质，如果合成步骤简单就通过合成获取杂质标准品，或者直接进行购买商品化标准品。对于含量较高，且与有效成分及其他杂质分离度较高的杂质，根据质谱信息难以推断出合理的化学结构，可以通过液相色谱进行富集后进行结构鉴定。对于含量很低的杂质，可以先通过重结晶原药，提高杂质含量，再通过液相色谱富集制备标准品。杂质标准品获得后，通过确定原药中杂质色谱保留时间，进行杂质结构的定性确定。

（4）农药杂质的定量分析　农药原药中杂质的定量分析方法主要采用气相色谱法、液相色谱法及色质联用技术，方法的性能确认指标应包括特异性、线性、准确度、精密度和定量限。在农药杂质分析中，定量限是重要指标，杂质的定量限应小于原药中有效成分含量的 0.1%。杂质分析的准确度由添加回收试验的回收率来评价。

三、农药制剂分析

农药制剂分析主要包括农药有效成分、相关杂质等的含量测定，以及制剂产品的理化性质指标评价。农药制剂含量分析可采用准确度和灵敏度较高的色谱法、质谱法和毛细管电泳法等分析手段。制剂的理化性质指标随制剂剂型的差异而改变，一般而言，包括水分测定、酸度测定、乳液稳定性测定、悬浮率测定、润湿性测定、细度测定和储藏稳定性测定等。以常见的制剂剂型乳油为例，其指定控制指标包括外观、水分含量、乳液稳定性、酸碱度、闪点、热储稳定性和冷储稳定性等。

1. 农药制剂有效成分分析

制剂中有效成分含量测定方法主要考察特异性、线性、准确度、精密度和非分析物的干扰等参数。如果制剂的有效成分含有异构体等，建立的分析方法需要鉴别出各个组分。如果制剂是混剂，制剂中含有多个有效成分，特异性的考察应确保建立的分析方法可以准确测定每一种成分。对于一种有效成分的分析，杂质等（包括其他有效成分）的干扰应小于被分析物峰面积或各有效成分峰面积总和的 3%。

2. 农药制剂中相关杂质分析

制剂中相关杂质的含量测定方法至少包括特异性、线性、准确度、精密度和定量限。如果制剂中含有多种相关杂质，分析方法应对每个相关杂质进行区分。

3. 农药制剂理化性质测定

农药制剂的物理化学指标测定也是农药制剂分析的一部分，可评价制剂的物理化学性质是否符合特定指标的规定。我国颁布的 NY/T 1860—2016《农药理化性质测定试验导则》系列标准将农药制剂的理化性质分为 38 项，并规定了各个理化性质指标的测定方法。具体理化指标和测定方法详见第十三章。

四、分析方法确认实例

以甲霜灵 CIPAC 标准方法的实验室适应与方法确认为例，对农药质量分析方法确认进行具体分析。

1. 实例背景与研究目的

CIPAC 方法中有许多种农药的分析方法，它们是保证农药质量的有力武器。本实例选取一种 GC 柱和一种 HPLC 柱，拟对多个农药进行测定（MP 程序），以达到利用同一仪器和色谱柱完成多个农药的定量测定，因此对 CIPAC 或 AOAC 方法进行重新验证是非常必要的。

现有 CIPAC 方法：采用填充柱，内标物与样本保留时间相差较大，若采用粗径毛细管柱，保留时间相差仍然较大。

预计优化措施：采用 0.53mm×15m 粗口径毛细管色谱柱，分流进样，将样品在较低浓度（200～800mg/L）下进样，采用与 CIPAC 方法不同的内标物。

2. 色谱分析条件的初步建立

采用两根色谱柱，柱 A：CPSIL 8CB；柱 B：CPSIL 19CB，0.53mm 或者 0.32mm；GC-FID 检测器，采用恒温条件，各温度条件可根据本实例中采用的粗口径毛细管柱分离结果初步确定，也可参照 CIPAC 方法（如甲霜灵，柱温 205℃，进样口 225℃，检测器 240℃，内标物：待选）。分别进样样、候选的内标物溶液、样本提取溶液，以确定初步的色谱条件及内标物。

要求：分析物和内标物均在 4～8min 出峰；峰形对称；在两根柱子上有不同的相对保留值（两根柱子可以用不同的温度）；不能有杂峰干扰。

3. 系统稳定性测试（system suitability test, SST）

进样重复性测试：系统稳定后，进行系统测试。取标样和内标的混合物，重复进样 5 次，计算峰面积及保留时间的标准偏差 SD 和变异系数 CV。

要求：对于不分流进样，（标样/内标）峰面积比值的 CV≤1%（较难的化合物最差≤2%）。单个色谱峰峰面积的 CV≤5%（最差≤10%），保留时间 CV≤0.5%。

一些农药和一些内标物在典型测试条件下不稳定，较难获得稳定结果。表 4-7 的数据可以作为参考，例如三唑酮的 GC 分析较难获得稳定结果。

表 4-7　一些农药分析条件的稳定性测试结果

农药	内标	有效成分 CV/%		内标物 CV/%		有效成分/内标 CV/%
		峰面积	保留时间	峰面积	保留时间	
乐果	邻苯二甲酸二丁酯	15.28	0.80	14.89	0.57	0.85
甲氰菊酯	邻苯二甲酸二丁酯	4.24	0.13	5.03	0.35	0.79
克菌丹	邻苯二甲酸二丁酯	22.77	0.47	23.68	0.46	1.24
溴丙酯	邻苯二甲酸二丁酯	9.62	0.10	8.98	0.15	0.83
百菌清	邻苯二甲酸二丁酯	17.59	0.21	18.77	0.20	1.42
二氯丁腈	邻苯二甲酸二苯酯	33.10	0.31	36.04	0.17	2.48
戊唑醇	邻苯二甲酸二丁酯	33.97	0.27	27.74	—	1.81
三唑酮	—	28.07	0.45	—	—	8.1
fozalone	邻苯二甲酸二丁酯	20.15	0.36	18.63	0.76	2.21
甲氰菊酯	邻苯二甲酸二丁酯	29.86	0.47	23.63	0.77	6.98
丙环唑	邻苯二甲酸二丁酯	15.36	0.08	14.03	0.04	1.51
除草通	邻苯二甲酸二丁酯	12.64	0.45	13.21	0.45	0.66

　　该研究选取 CP-8 和 CP-19 两根不同极性的 GC 色谱柱对多个农药制剂进行分析，采用两根不同极性的色谱柱，可以考察在某一根柱子上是否有共流出物或者干扰物质，从而确定一种实验室常用的分析多种农药制剂的色谱分析方法。以甲霜灵为例，最后选取邻苯二甲酸二乙酯或者丙二酸二丙酯为内标，先考察它们的色谱行为和进样重复性。选取内标时考虑到出峰时间在 3.5～8.5min 之间，且内标和主峰互不干扰，色谱图见图 4-1 和图 4-2。

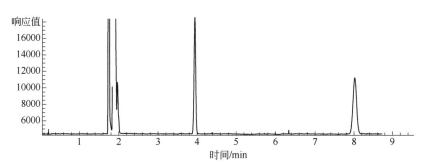

图 4-1　GC1：CP-8 色谱柱，柱温 224℃（邻苯二甲酸二乙酯+甲霜灵）

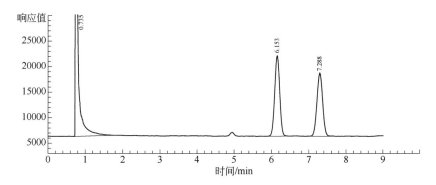

图 4-2　GC2：CP-19 色谱柱，柱温 220℃（丙二酸二丙酯+甲霜灵）

系统测试的结果表明，甲霜灵和内标物在 GC1 上的重复性良好，见表 4-8。

表 4-8　甲霜灵和内标物在 GC1 上的进样重复性（n=6）

进样次数及相关指标	内标物峰面积	内标物峰高	内标物保留时间/min	甲霜灵峰面积	甲霜灵峰高	甲霜灵保留时间/min	甲霜灵/内标峰面积比值
1	41212	6254.8	7.761	42206	7252.6	7.334	1.0241
2	41315	6363.5	7.76	42583	7408.9	7.332	1.0307
3	42858	6422.4	7.759	43793	7316.7	7.333	1.0218
4	41854	6556.4	7.761	42670	7552.7	7.334	1.0195
5	41433	6398.6	7.761	42889	7389.5	7.334	1.0351
6	40552	6218.4	7.745	41619	7187.7	7.317	1.0263
平均值	41537	6369	7.7578	42626	7351.4	7.331	1.0263
SD	772.37	122.15	0.0063	724.72	128.87	0.0067	0.0058
CV/%	1.859	1.918	0.082	1.7	1.753	0.092	0.5660

4. 样本测试

严格采用 CIPAC 方法进行样本的提取和制备。称取样品（精确至 0.1mg），使之含有效成分 380～420mg，置于 100mL 容量瓶中，加 50mL 丙酮，超声波振荡 10min，使之溶解。将惰性物质沉淀或离心，用上清液进样测定（必要时需稀释，最好用重量法稀释）。

5. 是否存在干扰物的测定

对制剂空白（blank formulation）进行处理并进样，以确证色谱条件的可靠性，方法如下：

用同样的方法提取制剂空白（但不加内标），并进样；

将制剂空白的提取液浓缩一倍（如 4mL→2mL），增加检测灵敏度使之达到有效成分信号的 0.01 倍，然后将浓缩液进样。

判断在目标物与内标物附近是否有杂峰干扰，记录其保留值。

若有，需改变温度条件或变换内标物，以消除干扰。

6. 校正曲线

首先配制足够的内标溶液，配制足够所有的样本和标样的量，空白除外。标样浓度设为制剂有效成分浓度的 0.8、1、1.2 倍，分别单独配制，直接用内标溶液配制，使所有溶液中内标物浓度一致。标样称样量不能过小，需保证标样溶液的 CV≤0.25%。用三点法校正，每一浓度进样两次。计算线性回归方程、相关系数、斜率、截距及相对残差的置信区间和 SD。要求回归系数≥0.997，相对残差的 SD≤0.01（最差 0.02），截距不能与 0 有显著性差异。

7. 样本分析

在 A 柱上分析样本，各重复两次。结果标记为 METWPA11-METWPA52。检查重复进样是否在重复性范围之内，公式如下：

$$A_{max}-A_{min} \leqslant 3.64 \times CV \times X_{mean}$$

其中 GC 的 CV 已知，X_{mean} 为两针重复进样的平均值，A_{max}、A_{min} 分别为样本检测的最大峰面积和最小峰面积。

用三点校正法计算有效成分含量。比较不同批次的色谱图，是否有多余的峰出现。计算其相对于有效成分和内标物的保留值。

8. 分析同一样本的重复性考察

对同一样本的三个部位分析结果应符合：

$$C_{max} - C_{min} < 3.31 \times r/2.8$$

式中，C_{max}、C_{min} 分别为样本检测浓度（含量）的最大值和最小值；r 为 CIPAC 方法手册中规定列出的重复性限。

结果见表 4-9，从表中实测数据看，$C_{max} - C_{min}$ 等于 0.97，小于 $3.31 \times r/2.8$ 的阈值，因此样本是均匀的。（如果样本可以确保均匀，如使用液体制剂，则说明实验测试人员的技术是可靠的，在统计控制范围以内。）

表 4-9 分析同一样本的三个部位的考察结果

甲霜灵内标峰面积比值（AS/IS）	含量	含量平均值	SD	CV
1.126	39.36	39.28	0.104	0.266
1.122	39.21			
1.104	38.4	38.31	0.12	0.314
1.099	38.23			
1.113	38.76	38.6	0.225	0.584
1.104	38.44			
		$C_{max} - C_{min}$=0.97		

注：1. r=1.5%（r=15g/kg，查 CIPAC 手册中方法的重复性限 r，可计算 S_r），可知 $3.31 \times r/2.8$ 为 1.773。

2. AS 为待测物峰面积，IS 为内标物峰面积。

9. 在 A、B 两根色谱柱上进行两种方法的比较研究

按照类似的方法建立和优化在 B 柱上的色谱条件，保证在目标化合物和内标峰附近无杂峰干扰。然后在 B 柱上制作校正曲线和进行样本分析，重复进样本，标记为 METWPB11-METWPB52。采用 paired t 检验比较两种方法的测定结果，如无显著性差异，两种方法均得到确认；可用于今后的常规分析中，得到更多的数据。

实验结果列于表 4-10，表中的实测数据表明，在 GC1 和 GC2 上的两组结果是等同的，

表 4-10 两种方法的比较结果

方法 A			方法 B			平均值差值
重复1	重复2	平均值	重复1	重复2	平均值	
0.532	0.545	0.539	0.518	0.524	0.521	0.018
0.52	0.53	0.525	0.538	0.523	0.531	−0.006
0.535	0.531	0.533	0.527	0.519	0.523	0.01
0.517	0.526	0.522	0.513	0.531	0.522	0
0.529	0.523	0.526	0.521	0.528	0.525	0.001
					平均值	0.005
					SD_{dif}	0.009
					$t_{calc}=$	1.127
					$t_{crit}=$	2.776
					$SA_{ra}=$	0.007

注：t_{calc} 为计算的 t 值，t_{crit} 为查到的临界 t 值，SA_{ra} 为实验室内部分析方法的标准差（不包括采样）。

说明 GC1 和 GC2 中均没有干扰物质。若存在证据，如空白制剂的浓缩进样表明不存在干扰，则说明两种分析方法是可靠的，可以互相验证。

参考文献

[1] CIPAC. Guidelines on method validation to be performed in support of analytical methods for agrochemical formulations. CIPAC document No.3807, 2003.
[2] NY/T 2887—2016. 农药产品质量分析方法确认指南.
[3] NY/T 2989—2016. 合格评定 农药登记产品规格制定规范.
[4] 陈铁春. 国际农药产品标准制修订最新动态和进展. 农药科学与管理, 2019, 40(9): 9-17.
[5] 陈铁春, 杨永珍. 国际农药产品标准制修订最新动态和进展. 农药科学与管理, 2021, 42(1): 19-26.
[6] 宋俊华, 陈铁春, 叶纪明. FAO/WHO 农药产品标准制定程序概述. 农药科学与管理, 2013, 34(4): 11-15.
[7] 宋俊华, 顾宝根. 国际农药管理的现状及趋势(上). 农药科学与管理, 2019, 40(12): 9-14.
[8] 王以燕, 钱传范, 邱涧平, 等. 简论农药产品的技术指标. 农药, 2008, 47(5): 381-387.

 思考题

1. 相同产品认定中对"相同"认定的内涵是什么？
2. 开展分析方法确认的目的是什么？简述农药制剂分析和残留分析中方法确认的参数及其基本要求。
3. 农药杂质的来源有哪些？研究相关杂质有何意义？

第五章
食品中农药最大残留限量标准的建立与应用

第一节　农药最大残留限量及残留的定义

农药残留是指由于农药的应用而残存于生物体、农产品和环境中的农药母体及其具有毒理学意义的杂质、代谢转化产物和反应物等所有衍生物的总称。农药最大残留限量（maximum residue limit，MRL）是指在良好农业规范（good agricultural practice，GAP）下使用某种农药可能产生的在农产品中的最高残留浓度（以 mg/kg 表示），其数值必须是毒理学上可以接受的。建立农药最大残留限量标准的主要作用是检验农产品生产过程是否严格执行 GAP，确保食品中农药残留水平的安全性；农药最大残留限量标准的实施可促进农产品贸易。MRL 有着严格的制定及颁布程序，它不是判定毒理学上是否绝对安全的限量。

MRL 概念的前身是"法定容许量（tolerance）"，该术语首次出现在 1962 年的世界卫生组织（WHO）与联合国粮农组织（FAO）联席会议报告中，定义为"食品在消费时容许的实际残留浓度"。而最初 tolerance 仅定义为食品在消费时的残留浓度。在 1975 年的 WHO/FAO 联席会议中正式用 maximum residue limit（MRL）替代 tolerance，但美国仍使用允许残留量（tolerance）一词。此后，MRL 的概念经过不断完善，目前比较一致的定义为："MRL 是由 Codex 食品法典委员会或各国政府设定的允许某一农药在某农产品、食品或饲料中的最高法定容许残留浓度，是指在 GAP 下使用某农药可能产生的在食物中的最高残留浓度（单位为 mg/kg）。当然这一数值必须是在毒理学上可以接受的。"

与之相关的再残留限量（extraneous maximum residue limit，EMRL），是指一些持久性农药虽已禁用，但还长期存在环境中，从而再次在食品中形成残留，为控制这类农药残留物对食品的污染而制定其在食品中的残留限量，以每千克食品或农产品中残留的质量表示（mg/kg）。再残留限量是指区别于直接或间接在作物上使用农药导致的残留，如目前艾氏剂、狄氏剂、氯丹、滴滴涕、异狄氏剂、七氯等在作物上的再残留限量。

农药母体、代谢物、降解产物和杂质等虽然均包含在农药残留物的定义中，但在执法（MRL 监测）和膳食评估中不必将所有的代谢物和降解产物均放入残留定义（residue definition）中进行检测，应该根据具体情况决定哪些需放入。在确定残留物定义时，要注意残留定义的适用用途有两种：①适用于执法以监测产品是否超过最大残留限量标准和是否按照 GAP 生产和施药；②适用于膳食摄入风险评估。为满足上述两个不同的要求，需要对某些化合物分开规定残留物定义，分为用于执法（MRL 监测）和膳食摄入评估的残留定义。用于膳食摄入评估时的残留物定义应该包括所有的、有毒理意义的代谢物和降解产物；而当用于执法监测农药残留是否超过 MRL 时，要求较快地获得结果，多使用相对较简单的残留物定义，一般测定有效成分或一个指定化合物即可，适于常规监测和执法检测，可以不包括代谢物，尤其是那些代谢物残留量很少，而且检测步骤非常复杂且价格昂贵的代谢物。

第二节　农药最大残留限量制定流程

农药最大残留限量既是保证食品安全的基础，也是促进生产者遵守良好农业规范、控制不必要农药使用、保护生态环境的基础，还是提高农产品竞争力、促进农产品贸易的基础。农药最大残留限量标准的制定可追溯到 20 世纪初，英国对从美国进口的苹果中砷酸化合物首次制定了允许残留量，以后各国对在食用和饲料作物上使用的农药都要求制定允许残留量或最大残留限量。由于各国病虫害发生不同，膳食结构不一样，以及有的农产品进口国家要求过严等因素，各国的 MRL 往往不一致，为了减少国际贸易纠纷，需要制定国际农药残留限量标准即国际食品法典农药残留限量标准。国际上各国制定农药残留限量标准的程序也略有不同，以下分别对国际食品法典委员会欧盟、美国、日本及我国农药最大残留限量的制定流程，以及与之相关的农产品技术性贸易措施进行简要介绍。

一、国际食品法典农药最大残留限量的制定

（一）国际食品法典委员会（CAC）

CAC 是由联合国粮农组织（FAO）1961 年和世界卫生组织（WHO）1963 年批准共同建立的制定国际食品标准的政府间机构，其宗旨是保护消费者健康，确保国际食品公正、公平贸易，协调国际组织食品标准化工作。目前共有 188 个成员国和 1 个成员组织（欧盟），覆盖全球 99%的人口。

CAC 工作的法律依据及其遵循的程序均公布于食品法典的程序手册上，目前的版本已是第 26 版。CAC 下设秘书处、执行委员会、6 个地区协调委员会、21 个专业委员会（包括 10 个综合主题委员会和 11 个商品委员会）和 1 个政府间特别工作组。

（二）国际食品法典农药残留委员会（CCPR）

CCPR 是国际食品法典委员会（CAC）下属的 10 个综合主题委员会之一，也是 CAC 重点关注的委员会之一；1963 年与 CAC 同步成立。1963～2006 年，主席国为荷兰；2006 年起，主席国为中国。CCPR 首次会议于 1966 年在荷兰海牙市召开，至 2021 年，CCPR 已成功召开了 52 届年会。CCPR 其主要职责是：①制定食品中 MRL 和 EMRL；②制定国际贸易中动物饲料中的 MRL；③制定农药优先名单交 FAO/WHO 农药残留专家联席会议（JMPR）评价；④制定食品及饲料中的农药残留采样和分析方法；⑤审议涉及农药残留的食品和饲料安全的其他事宜等。

（三）FAO/WHO 农药残留专家联席会议（JMPR）

JMPR 由联合国粮农组织和世界卫生组织聘请的农药残留化学和农药毒理学专家组组成。受聘专家以独立身份开展农药残留风险评估工作，不代表各自政府和其他任何第三方。JMPR 主要职责：①根据风险管理机构建议开展农药残留化学和毒理学评估，确定农药每日允许摄入量（ADI）和/或急性参考剂量（ARfD）；②根据良好农业规范（GAP）和登记使用情况，评估农药在对应食品中的残留，推荐 MRL；③在特定情形中根据监测数据提出 EMRL 的建议；④CCPR 通报其风险评估中所使用的所有数据和依据。

（四）农药残留法典标准制定程序

所有食品法典标准都主要在其各分委员会中审议、制定，然后经 CAC 大会审议后通过。法典标准都是以科学为基础，并在获得所有成员国一致同意的基础上制定出来的，有一般程序和加速程序两种制定程序。

1. 一般程序

第 1 步，确定标准制定计划。该计划由 CAC 根据 CAC 执行委员会的审查结果决定，并确定由 CCPR 承担标准制定工作；也可由 CCPR 提出，但需经 CAC 批准。

第 2 步，提出标准建议草案。CCPR 秘书处安排起草标准建议草案，在制定农药 MRL 时，由 JMPR 提出 MRL 建议草案及开展残留风险评估的其他相关工作。

第 3 步，征求意见。将标准建议草案送交 CAC 成员国和相关国际组织，征求其对所有方面的意见，包括标准建议草案可能对经济利益的影响。

第 4 步，CCPR 会议审议。CCPR 秘书处将收到的意见转交 CCPR 大会进行审查。

第 5 步，提交 CAC 大会审议。标准建议草案通过 CCPR 秘书处转交执行委员会审查并提交 CAC 大会审议通过，成为一项标准草案。

第 6 步，再次征求意见。标准草案由 CCPR 秘书处送交 CAC 成员国和相关国际组织，征求对所有问题的意见，包括标准草案可能对其经济利益的影响。

第 7 步，CCPR 会议再次审议。CCPR 秘书处将收到的意见转交 CCPR 大会再次审查。

第 8 步，提交 CAC 大会审议。标准草案连同从成员国和相关国际组织收到的任何书面意见，通过 CCPR 秘书处转交执行委员会严格审查并提交 CAC 大会，审议通过后成为法典标准。

2. 加速程序

第 1 步，CAC 应根据执行委员会严格审查的结果和大会表决的三分之二多数票，确定哪些标准可以采用加速程序。也可根据 CCPR 会议表决的三分之二多数票来确定，但需经 CAC 批准。

第 2 步，提出标准建议草案。CCPR 秘书处安排起草标准建议草案，在制定农药 MRL 时，由 JMPR 提出 MRL 建议草案及开展残留风险评估的其他相关工作。

第 3 步，征求意见。将标准建议草案送交 CAC 成员国和相关国际组织，征求其对所有方面的意见，包括标准建议草案可能对经济利益的影响。

第 4 步，CCPR 会议审议。CCPR 秘书处将收到的意见转交 CCPR 大会进行审查。

第 5 步，提交 CAC 大会审议。标准建议草案通过秘书处转交执行委员会审查并提交 CAC

大会审议通过，成为一项法典标准。

农药残留限量法典标准的制定过程是由 JMPR 评估并提出建议值，CCPR 讨论并通过提交当年的 CAC 大会审议通过后，公布为 CAC 标准。

二、欧盟农药最大残留限量的制定

欧盟统一的农药最大残留限量标准由欧盟食品安全局（EFSA）负责制定。欧盟历来十分关注食品安全，并形成了比较严谨的食品安全法律体系。欧盟关于农药残留的立法始于 1976 年 11 月的理事会指令 76/895/EEC。在 1986～1990 年期间，欧盟共颁布了三项理事会指令 86/362/EEC、86/363/EEC、90/642/EEC，为植物和动物产品设定了农药最大残留限量。为了更好地推进植物保护产品市场销售和使用规范的立法进程，欧共体理事会于 1991 年发布了 91/414/EEC 指令，规定了植物保护产品市场销售和使用的立法框架，包括针对农药活性物质（食品农药残留）的消费者保护、劳动者保护、环境中的残留动态及生态毒理学等安全问题。2005 年 2 月 23 日，欧盟又颁布了 396/2005 法规，该法规规定了欧盟统一的食品和农产品中农药的 MRL 标准，将欧盟所有成员国的食品农药残留标准统一到一个水平，解决了以往欧洲食品中农残标准混乱不一的问题，有利于各成员国之间进行食品贸易，同时对 91/414/EEC 指令进行了补充。该法规为欧盟制定统一农药最大残留限量的基本法规。396/2005 法规共包含 7 个附录，其中附录 I 为食品和农产品清单，附录 II 为欧盟现有的 MRL 标准，附录 III 为临时性的 MRL 标准，附录 IV 为豁免 MRL 的物质清单，附录 V 为一律标准，附录 VI 为加工产品的 MRL 标准，附录 VII 为收获后使用的熏蒸剂名单。396/2005 法规同时规定了 MRL 的数据提交和申请程序，制定、修改和豁免程序，欧盟的官方控制、报告和批准、违反农药 MRL 管理的紧急措施等。

1. 欧盟农药最大残留限量标准制定程序

1999 年 7 月 30 日欧盟植物健康常设委员会协商通过了关于农药 MRL 标准制定的工作程序。

（1）通常为每种农药指定一个成员国来起草制定 MRL 标准的报告，基于可以获得的各种资料，起草成员国向欧盟委员会提出新的或修正的农药 MRL 标准的建议。

（2）MRL 建议在植物健康科学委员会的一个工作组内进行广泛的讨论，取得一致意见后，再在植物健康科学委员会中进行讨论（一般持续 4 个月左右）时，需对该项 MRL 建议的科学依据（特别是在饮食吸入或消费者接触方面）的可靠性作出评价，在植物健康科学委员会作出肯定的意见。

（3）欧盟委员会指示植物健康科学委员会起草指令，在植物健康科学委员会对指令内容获得原则通过后，再在 WTO 程序中进行讨论（约 2 个月）。

（4）在植物健康科学委员会中进行正式投票。

（5）投票通过后，由欧盟委员会发布。

2. 欧盟农药最大残留限量标准制定依据

原则上，制定农药 MRL 标准的主要依据是：

（1）通过严格的残留试验确定一种农药在良好农业规范下处理某一农作物后该农药的残留动态。

（2）根据适当的消费模式，评估欧洲人群、各民族人群及各种敏感人群（如婴儿）在正常和不良条件下的每日残留摄入量。

（3）根据该农药的毒理学试验资料，确定一个"每日允许摄入量"，通常，这需要先确定在一生（慢性）的持续摄入人体内不产生不利影响的最高剂量，然后再考虑适当的安全系数。

（4）如果通过上述第二条评估计算出的消费者从各种日常食品中的每日摄入量低于根据上述第三条计算出的日允许摄入量，那么根据上述第一条得到的残留水平则被确认为 MRL 标准。如果通过上述第二条计算得到的残留摄入量高于日允许摄入量，那么上述第一条中原定的使用条件需要进行修正，以降低日常食品中的残留水平。如果使用条件无法作出适当的修正，那就不能允许该农药在这种作物上使用，该农药的检测限即被设定为 MRL 标准。

（5）加工和复合食品的农药 MRL 标准一般以作为原料的农产品的 MRL 标准为基础，用适当的稀释或浓缩因子计算得到。计算复合食品的 MRL 时还要考虑各组成成分的相对含量。但对一些特殊的加工和复合食品需要先确定其本身的农药 MRL 标准，再根据这些农药 MRL 标准制定作为加工原料的农产品的 MRL 标准。

3. 欧盟农药最大残留限量标准制定需要的材料

（1）毒理学资料及由此推导的每日允许摄入量（ADI）/急性参考剂量（ARfD）；

（2）批准使用情况及 GAP 信息；

（3）监控残留试验结果，对大宗作物要求至少有 8 个试验点，小作物为 4 个试验点；

（4）对于与动物饲料相关的作物，还需进行动物饲养研究。

截止到 2021 年 10 月 25 日，根据欧盟农残数据库的数据，欧盟的农药残留涉及 648 种农药、381 种食品的农药残留最大限量。欧盟的有关农药标准涉及范围广，限量标准明确具体。每年欧盟都会组织相关专家进行评估，对已有的标准进行更新。欧盟成员国一般均遵循欧盟制定和发布的相关农药残留限量标准，但各成员国可以在经过验证之后设定更低的限量，其他成员国随后也可遵循这一限量。针对欧盟现行标准没有涉及的农药，一律执行 0.01mg/kg 这一限量。

三、美国农药最大残留限量的制定

联邦食品、药品和化妆品法案（FFDCA）授权美国环境保护局（USEPA）设定食品中农药残留的容许量或最大残留限量。美国是世界上农药管理制度最完善、程序最复杂的国家，建立了一整套较为完善的农药残留标准、管理、检验、监测和信息发布机制。为了确保食品安全，维护消费者利益，美国制定了详细、复杂的 MRL 标准，共涉及 380 种农药，约 11000 项，大部分为在全美登记的农药并根据联邦法规法典（CFR）制定的 MRL，其余为农药在各地区登记时制定的 MRL、有时限或临时的 MRL、进口 MRL 和间接残留的 MRL 等，还列出了豁免物质或无需 MRL 的清单，提出了"零残留"的概念。如果农药残留在合理可预见的情况下不构成饮食风险，EPA 可能会给予豁免。在设定 MRL 时做出安全调查，即农药可以在"合理确定无害"的情况下使用；其所有 MRL 和豁免物质均列入了 CFR 第 40 章第 180 节中。

美国农药最大残留限量标准制定程序：

(1) 农药公司或注册商按照美国《联邦食品、药品和化妆品法》(FFDCA) 提出建立、修改、豁免农药 MRL 的申请，并提交 FFDCA 第 408 条所规定的数据以供审查。

(2) EPA 应在收到申请书后 15 天内通知申请人，是否接受申请，如不接受，应说明理由；满足农药 MRL 申请的要求的，在 30 天内进行公布。

(3) EPA 对申请人提交的数据进行风险评估。

风险评估需将以下几点纳入考虑范围：

① 该化学品可能对人类产生的有害影响（毒性）。

② 可能残留在食物中或食物上的化学物质（或代谢产物）的数量。

③ 考虑多种来源（食物、水、住宅和其他非职业来源）的农药暴露的总体风险。

④ 考虑具有共同作用机理的农药的累积暴露风险。

⑤ 确定食品中潜在农药残留的研究。

⑥ 膳食摄入食物的数量和类型（特别考虑了婴幼儿对农药的敏感性与一般成人不同，在摄入评估时分别计算对婴幼儿和儿童的食物消费量）此数据通过全国健康和营养调查（NHANES）收集得到。

⑦ 美国农业部（USDA）和美国食品和药物管理局（FDA）通过农药数据计划（The Pesticide Data Program，PDP）和 FDA 残留监测数据为 EPA 评估进行农药风险评估提供数据支持。

(4) 在设定 MRL 或给予豁免前，EPA 在联邦公报上发布公告进行备案通知，征求公众意见，进入公众评议期。

(5) 在审查了公众意见和所有科学数据后，对新的 MRL 或豁免做出决定，并在《联邦公报》上发布。MRL 和豁免清单编入联邦法规（CFR）第 40 章第 180 节。CFR 每年 7 月修订一次。可以从联邦公报通知或访问电子 CFR（e-CFR）获得有关新的或更改的 MRL 的信息。

四、日本农药最大残留限量的制定

日本与食品农药残留管理相关的部门有农林水产省、环境省和厚生劳动省。《食品卫生法》于 2003 年 5 月进行了修订并公布。根据修订的法律，日本厚生劳动省将对食品中的农药实施"肯定列表制度"。该制度的目的是禁止流通含有某一确定水平（除非是建立了 MRL）以上农药的食品。该制度所规定的限量标准每 5 年修订 1 次，其中包括暂定标准、不得检出物质、豁免物质、一律标准。它对所有食品中可能存在的所有农业化学品的残留都进行了规定，因此不存在肯定列表制度限定范围以外的食品和农业化学品。在日本"肯定列表制度"中，食品分类按"种类—类型—分组—食品名"的编排顺序分为 4 种 14 类型 53 组。

日本农药登记与 MRL 设定审查流程：由厚生劳动省针对与推荐 MRL 相关的资料制定评估依据，评估依据的制定需要食品安全委员会提供的毒性参数；以后由食品安全委员会进行风险评估并根据评估的结果征集 ADI，将 ADI 与估计摄入量进行比较，之后设定相关的 MRL 值，但是此时的 MRL 值还需要报告食品安全委员会进行暴露量确认；在此之后食品安全委员会会将一些必要的意见反馈给厚生劳动省。通过以上步骤后相应的 MRL 值将被公布、执行。此后，食品安全委员会还将对实施的状况进行督查。

五、我国农药最大残留限量的制定

我国政府及相关部门高度重视食品质量安全和农药管理，分别于 1995 年和 2006 年颁布了《食品卫生法》和《农产品质量安全法》；2009 年颁布实施《食品安全法》，并于 2015 年和 2021 年进行两次修订，《食品安全法》充分考虑了《食品卫生法》和《农产品质量安全法》的内容；以及 2017 年新修订的《农药管理条例》《农药登记管理办法》和《农药登记资料要求》，这些食品安全管理法规和农药管理法规的出台，为我国食品及农产品中农药最大残留限量标准的制定提供了法律依据。《食品中农药残留风险评估应用指南》《食品中农药最大残留限量制定指南》《用于农药最大残留限量标准制定的作物分类》《农药每日允许摄入量制定指南》《农作物中农药代谢试验准则》《农药残留分析样本的采样方法》《农药残留试验良好实验室规范》《植物源性农产品中农药残留贮藏稳定性试验准则》《加工农产品中农药残留试验准则》《农作物中农药代谢试验准则》等指南和准则的制定，为我国食品及农产品中农药最大残留限量标准的制定提供了技术依据。

2009 年 6 月，《食品安全法》规定食品中农药残留的限量规定及其检验方法和规程由国务院卫生行政部门和国务院农业行政部门制定。2009 年 9 月，卫生部和农业部印发了《食品中农药、兽药残留标准管理问题协商意见》，意见明确农业部负责农兽药残留标准的制定工作，由卫生和农业部两个部门联合发布。2010 年 1 月，卫生部成立第一届食品安全国家标准审评委员会，主要负责审评有关食品安全国家标准，委员会下设 10 个专业分委员会，农药残留专业分委员会是其中一个。2010 年 3 月，农业部成立国家农药残留标准审评委员会，由 42 个委员和 7 个单位委员组成，与农药残留专业分委员会相互衔接，秘书处设在农业部农药检定所，主要负责审评农产品及食品中农药残留国家标准，提出制修订、实施和废止农药残留国家标准的建议，对农药残留国家标准的重大问题提供咨询。我国已建立了较为完善的标准制修订程序，包括立项、起草、审查、批准、发布以及修改与复审等。在标准立项、起草中，广泛征求社会公众、食品安全监管部门、产业主管部门、行业协会、企业、专家等的意见。在标准的审查阶段，先由国家农药残留标准审评委员会进行评审，再经食品安全国家标准审评委员会审议。在标准公布前，通过世界贸易组织向其所有成员进行通报。

为规范食品和农产品中农药残留标准制定的程序和技术要求，确保农药残留标准制定的科学性，根据《中华人民共和国食品安全法》《中华人民共和国农产品质量安全法》和《农药管理条例》有关规定，我国农业部发布了第 1490、2308 号公告等基础性标准规范，包括《用于农药最大残留限量标准制定的作物分类》《食品中农药残留风险评估指南》《食品中农药最大残留限量制定指南》等内容，用于指导我国食品（包括食用农产品）中农药残留风险评估和农药最大残留限量制定。

我国食品（包括食用农产品）中农药最大残留限量制定是指根据农药使用的良好农业规范和规范残留试验，推荐农药最大残留水平，参考农药残留风险评估结果，推荐最大残留限量。主要包括以下几方面的内容：

1. 一般程序

（1）确定规范残留试验中值（STMR）和最高残留值（HR） 按照《农药登记资料规定》和《农药残留试验准则》（NY/T 788—2018）要求，在农药使用的良好农业规范条件下进行规范残留试验，根据残留试验结果，确定规范残留试验中值和最高残留值。

（2）确定 ADI 和/或 ARfD 根据毒物代谢动力学和毒理学评价结果，制定每日允许摄入量。对于有急性毒性作用的农药，制定急性参考剂量。

（3）推荐农药最大残留限量 根据规范残留试验数据，确定最大残留水平，依据我国膳食消费数据，计算国家估算每日摄入量或短期膳食摄入量，进行膳食摄入风险评估，推荐农药最大残留限量国家标准。

2. 再评估

发生以下情况时，应对制定的农药最大残留限量进行再评估：

（1）批准农药的 GAP 变化较大时；

（2）毒理学研究证明有新的潜在风险时；

（3）残留试验数据或监测数据显示有新的摄入风险时；

（4）农药残留标准审评委员会认定的其他情况。

再评估应遵从农药最大残留限量制定程序进行。

3. 周期评估

为保证农药最大残留限量的时效性和有效性，实行农药最大残留限量周期评估制度，评估周期为 15 年，临时限量和再残留限量的评估周期为 5 年。

4. 特殊情况

除以上制定农药最大残留限量的一般程序、再评估和周期性评估以外，还有一些特殊情况，比如临时限量、再残留限量、豁免残留限量、香料或调味品产品中农药最大残留限量等。

2012 年之前，我国农药最大残留限量标准主要由国家标准和行业标准两部分组成，国家标准由卫生部和国家标准化管理委员会共同发布，行业标准主要由农业部发布。2012 年，农业部与卫生部联合发布《食品安全国家标准　食品中农药最大残留限量》（GB 2763—2012），有效解决了之前农药残留限量标准重复、交叉、老化等问题，实现了我国食品中农药残留限量标准的合并统一，并分别在 2014 年、2016 年、2018 年、2019 年和 2021 年进行了修订和更新。《食品安全国家标准　食品中农药最大残留限量》（GB 2763）是我国食品监管中农药残留的唯一强制性国家标准。

我国现行《食品安全国家标准　食品中农药最大残留限量》（GB 2763—2021）由国家卫生健康委员会、农业农村部、国家市场监督管理总局于 2021 年 3 月 3 日联合发布，自 2021 年 9 月 3 日起正式实施。该标准规定了食品中 2,4-滴丁酸等 564 种农药 10092 项最大残留限量，此外，每种农药都规定了主要用途、每日允许摄入量、监测残留物和相应的残留限量标准，并为农药最大残留限量的实施推荐了农药残留分析方法标准。该标准包含 2 个规范性附录。附录 A 为食品类别及测定部位，用于界定农药最大残留限量应用范围，仅适用于此标准；如某种农药的最大残留限量应用于某一食品类别时，在该食品类别下的所有食品均适用，有特别规定的除外。附录 B 为豁免制定食品中最大残留限量标准的农药名单，用于界定不需要制定食品中农药最大残留限量的农药范围。

六、农产品技术性贸易措施与农药最大残留限量标准

世界贸易组织（World Trade Organization，WTO）成立于1995年1月1日，总部设在瑞士日内瓦。WTO是当代最重要的国际经济组织之一，拥有164个成员，成员贸易总额达到全球的98%，有"经济联合国"之称。自2001年12月11日开始，中国正式加入WTO。

WTO成立前，各政府间以《关税与贸易总协定》（General Agreement on Tariffs and Trade，GATT）为贸易准则，WTO成立后，GATT作为一项单独的协定纳入WTO一揽子协定中。在过去60年中，WTO及GATT帮助建立了一个强大和繁荣的国际贸易体系，从而促进了前所未有的全球经济增长。由成员共同谈判和签署的一系列协定是WTO的核心，这些协定是世界上大部分贸易成员国国际贸易体系的法律基础和规则。尽管WTO相关协定在细节上不尽相同，但是通常可以按照货物、服务和知识产权划分为3个领域，每个领域都有一个总的协定，如货物领域的《关税与贸易总协定》（General Agreement on Tariffs and Trade，GATT）、服务领域的《服务贸易总协定》（General Agreement on Trade in Service，GATS）以及知识产权领域的《与贸易有关的知识产权协定》（Agreement on Trade-Related Aspects of Intellectual Property Rights，TRIPS）。在这些总的协定项下，针对特定领域或特定问题的特殊要求，制定了若干附加协定和附件。其中，管辖技术性贸易措施的协定是货物贸易领域GATT项下的《技术性贸易壁垒协定》（Agreement on Technical Barriers to Trade，简称《TBT协定》）和《卫生与植物卫生措施协定》（Agreement on the Application of Sanitary and Phytosanitary Measures，简称《SPS协定》），国际贸易中农产品技术性贸易措施的制定、采纳和实施需要遵守这2项协定规定的国际规则。

（一）《TBT协定》

《TBT协定》对所有WTO成员具有约束力，其宗旨是为促进国际贸易的自由和便利，鼓励在技术法规、标准和合格评定程序方面开展广泛的国际协调，规范各成员实施技术性贸易措施的行为，指导成员制定、采用和实施合理的技术性贸易措施，遏制以带有歧视性的技术性贸易措施为主要表现形式的贸易保护主义，最大限度地减少国际贸易中的技术性贸易壁垒。各成员为实现公共政策目标采取监管措施的理由很多，协定明确指出，成员制定技术法规、标准和合格评定程序应具有维护国家基本安全、防止欺诈行为、保护人类健康或安全、保护动物或植物的生命或健康、保护环境等合理的目标和理由。但即使成员基于合理的目标和理由制定技术性贸易措施，这些措施仍会不可避免地影响国际贸易。因此，在满足《TBT协定》规定的合法目标的基础上，遵守WTO和《TBT协定》规定的多边贸易规则非常重要。实施《TBT协定》的目的是帮助各成员在"维持合法的法规政策目标"与"遵守WTO多边贸易规则"之间实现平衡，避免对国际贸易造成不必要的障碍。《TBT协定》共分6大部分15条89款40个子项，以及3个附件。主要内容包括：制定、采用和实施技术性措施应遵守的规则；技术法规、标准和合格评定程序；通报、评议、咨询和审议制度等。

《TBT协定》具有其他WTO协定所共有的许多基本原则，如非歧视、透明度以及协定执行过程中的对发展中成员的技术援助、特殊和差别待遇。同时，《TBT协定》还包括一些关于对货物贸易有影响的法规措施的特殊规定，如鼓励使用国际标准、强调避免不必要的贸易壁垒、等效原则等。这些规定与实施协定的若干具体指南共同支撑《TBT协定》成为处理与贸易有关的技术性贸易措施的独特多边工具。《TBT协定》的主要原则包括非歧视、贸易

影响最小化、协调一致、等效、透明度、特殊和差别待遇等。

根据《TBT 协定》第 13 条，应设立 TBT 委员会。TBT 委员会的目的是："为各成员提供机会，就与本协定的运用或促进其目的的实现有关的事项进行磋商，委员会应履行本协定或各成员所指定的职责。"委员会由各成员的代表组成，应选举主席，并应在必要时召开会议，每年应至少召开 1 次会议，目前通常每年举行 3 次例行会议。在举行这些会议之前，有时还会举行工作组会议或专题会议，以解决具体问题。除成员代表外，TBT 委员会还设立了观察员制度，包括政府观察员和政府间国际组织观察员。准备或启动加入 WTO 谈判的政府可以作为观察员参加 TBT 委员会会议，目的是让其更好地了解 WTO 及其活动。政府观察员拥有发言权，但没有提议权（除非该政府获得明确邀请）和参与决策权。WTO 政府间国际组织可以申请成为 TBT 委员会观察员，参加 TBT 委员会会议，目的是让此类组织了解与其利益直接相关的事项的讨论。政府间国际组织观察员拥有发言权，但没有散发文件权、提议权（除非该组织获得明确邀请）和参与决策权。

（二）《SPS 协定》

《SPS 协定》是针对动植物检验检疫的一项协定，是各国政府为保护消费者食品安全、动植物生命和健康以及生态环境而制定的法规、标准、方法和要求，涵盖动物卫生、植物卫生和食品安全三个领域，在内容上包含农药残留限量标准的制修订、撤销、豁免，农药产品登记情况的变化，检测方法，作物分类，以及农药使用的技术要求等。《SPS 协定》适用于管辖 SPS 措施，其管辖范围是按照 SPS 措施的实施目的划分的，而不是按照措施类型划分的。根据《SPS 协定》附件 A.1，SPS 措施适用于下列目的的任何措施：①保护成员领土内的动物或植物的生命或健康免受虫害，病害，带病有机体或致病有机体的传入、定居或传播所产生的损害；②保护成员领土内的人类或动物的生命或健康免受食品、饮料或饲料中的添加剂、污染物、毒素或致病有机体所产生的损害；③保护成员领土内的人类的生命或健康免受动物、植物或动植物产品携带的病害，或虫害的传入、定居或传播所产生的损害；④防止或控制成员领土内因虫害的传入、定居或传播所产生的其他损害。《SPS 协定》包括保护鱼和野生动物、森林和野生植物采取的 SPS 措施，但不包括保护环境、保护消费者利益或者动物福利方面的措施，这些措施在 WTO 其他协定中有所涉及，例如《TBT 协定》或 GATT 第 20 条。

《SPS 协定》和《TBT 协定》具有一些相同的原则，包括非歧视的基本义务和措施草案预先通报、建立咨询点等透明度的要求。但是，两个协定的很多实质性规定并不相同。例如，两个协定都鼓励采用国际标准，但是在《SPS 协定》下，为了保护食品安全和动植物健康不采用国际标准是一个关于潜在健康风险评估的科学性问题，而在《TBT 协定》项下，国际标准不适用可能涉及一些其他理由，包括基础技术问题或地理因素等。成员制定 TBT 措施的目标广泛，如国家安全、防止欺诈行为、保护环境等。成员制定 SPS 措施只能以科学信息为基础在保护人类、动物或植物健康必要的限度内实施。《SPS 协定》试图通过是否基于风险评估或是否基于公认的国际标准区分出贸易保护的情形。《SPS 协定》的基本原则包括非歧视、科学依据、等效、区域化、透明度、控制检查和批准程序。

根据《SPS 协定》第 12.1 条，应成立 SPS 委员会，为讨论、交流和解决有关卫生与植物卫生措施的问题及确保《SPS 协定》的实施提供磋商场所。SPS 委员会通常每年召开 3 次例行会议，根据需要安排非正式会议或特殊会议。与 WTO 其他委员会一样，SPS 委员会对所有成员开放。那些在更高级别的 WTO 机构（如货物理事会）中具有观察员身份的政府，在

SPS 委员会中也具有观察员资格。委员会还邀请几个国际政府间组织的代表作为观察员，包括国际食品法典委员会（CAC）、世界动物卫生组织（OIE）、国际植物保护公约（IPPC）、世界卫生组织（WHO）、联合国贸易和发展会议（United Nations Conference on Trade and Development，UNCTAD）和国际标准化组织（ISO）。一些与 SPS 问题相关的区域政府机构也是 SPS 委员会的观察员。WTO 成员可以委派其认为合适的代表参加 SPS 委员会会议，许多成员派出的是食品安全、兽医或植物卫生方面的官员。

（三）农药领域技术性贸易措施

我国农药技术性贸易措施官方评议项目自 2003 年正式开始。农药官方评议工作主要从对比研究国外通报措施与我国相关法规标准、制定农药最大残留限量、调查我国生产实际和进出口贸易情况等方面入手，分析通报措施对我国相关农产品和农药产业的影响，对外做出评议，对内提出管理和风险预警建议，以促进我国农产品国际贸易、保护我国农产品市场和产业、保护食品安全和消费者健康。通报评议技术流程如图 5-1 所示。

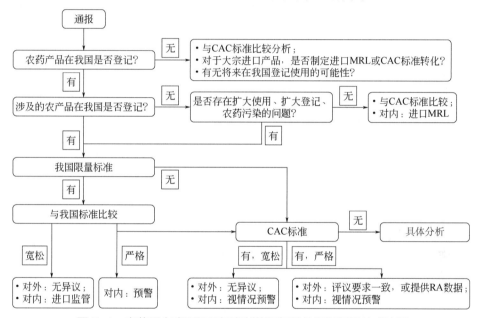

图 5-1　农药最大残留限量标准制修订相关的通报评议技术流程

以欧盟 2018 年发出的 SPS 通报（G/SPS/N/EU/231）为例，通报内容涉及高效氯氟氰菊酯的限量标准，其中欧盟拟将茶叶、咖啡、可可、花草茶的作物组限量调整为一律限量（0.01mg/kg），修订前茶叶中高效氯氟氰菊酯的限量为 1mg/kg。欧盟大幅度降低茶叶中高效氯氟氰菊酯限量的原因是，欧盟在对高效氯氟氰菊酯已有限量标准的重新评估中，缺乏可用的茶叶上的评估资料，因而按照欧盟 MRL 制定法规要求，将茶叶中高效氯氟氰菊酯限量修定为一律限量。该限量已在 2019 年年初生效。然而，高效氯氟氰菊酯在我国登记用于茶叶病虫害防治，我国制定了氯氟氰菊酯和高效氯氟氰菊酯在茶叶上的限量为 15mg/kg。欧盟将高效氯氟氰菊酯在茶叶中的限量标准降低至 0.01mg/kg 影响我国对欧茶叶出口贸易的情况。作为 WTO 成员国，我国提出建议欧盟延长措施实施日期，给中国茶叶更长的过渡期，来调整茶叶生产用药。

另以欧盟委员会 2016 年发出的 156/2012 号法规为例，规定灭菌丹的残留定义为灭菌丹和邻苯二甲酰亚胺之和，以灭菌丹计。灭菌丹在我国仅批准用于防治木材霉菌，但是中国食品土畜进出口商会提出，绿茶高温过程中产生的邻苯二甲酰亚胺含量超过欧盟限量标准（0.1mg/kg），欧盟新法规对我国绿茶出口欧盟影响较大。我国提出：①邻苯二甲酰亚胺作为多种农药（灭菌丹、亚胺硫磷、灭草松）生产中间体，农产品中其来源不仅是灭菌丹的使用；②欧盟灭菌丹的残留定义与国际食品法典（CAC）及我国不一致，CAC 与我国规定灭菌丹的残留定义为灭菌丹。2018 年 4 月 17 日，欧盟食品安全局在其网站发布灭菌丹评估报告草案，建议对于植物源食品中农药残留检测的残留定义为灭菌丹；长期膳食风险评估的残留定义为灭菌丹和邻苯二甲酰亚胺之和，以灭菌丹计；用于短期膳食风险评估的残留定义为灭菌丹。

第三节　用于农药最大残留限量标准制定的作物分类

一、农药残留外推规则

（一）农药残留外推及其应用价值

获取田间试验数据是制定 MRL 的必要流程之一，每种作物和农药组合在建立 MRL 之前都需要进行田间试验。受限于成本和耗时的试验流程，只有有限的作物制定了 MRL。为了减少试验次数，节约人力和成本，许多国家、地区和组织建议不需要对每种作物进行田间试验。

外推法将某领域现有的科研结果推广到其他领域，是类比推理的一种特殊应用。农药残留外推（residue extrapolation）是利用一个或多个代表作物的残留试验数据评价其他作物的残留量，并将代表作物的 MRL 应用于其他作物。农药残留外推可促进国家之间 MRL 的协调统一，减少贸易壁垒。目前，农药残留外推已被大多数国家、地区和组织所接受。农药残留外推是解决作物限量标准缺失的有效手段，减少了建立限量标准所需的田间试验，极大地增加了可应用 MRL 的作物种类，有助于推动农药残留限量标准体系建设。

为便于农药残留外推的应用，通常将在分类学上相关或具有相似生长特性的一类作物定义为作物组。作物亚组是经过进一步细分后，作物组内植物学特性更相近的作物种类。代表作物是作物组或作物亚组中具备残留量高、经济价值高、消费量大等特性的作物，可代表组内其他作物进行 MRL 的制定。进行农药残留外推时，应综合参考作物形态学、栽培措施和种植规模等，选取代表作物。理想的代表作物应满足在组内的产量和消费量占主导地位、可能具有最高的残留水平、商业价值较高、与组内其他作物具有相似的良好农业规范（GAP）条件等。很多情况下，代表作物很难同时满足所有要求，但至少要满足前两条。

（二）小作物上农药残留外推的应用示例

农药残留外推法应用较为典型的实例为小宗作物（minor crops）中农药残留限量标准的制定。小宗作物通常指种植面积小、农药使用量少或有特殊用途的作物，有时简称小作物。

关于小作物，国际上尚未统一定义。由于各国作物的种植面积、产量和膳食消费量存在差异，需根据每个国家或地区的实际情况，开展作物归属于小作物或主要作物的界定和分类。国际食品法典农药残留委员会（CCPR）第41届会议对小作物的定义进行了探讨，将"少量使用农药的作物"界定为种植面积较少、企业在这些作物上登记的农药通常不能获得经济回报，甚至很难从登记产品的销售中收回登记费用的作物；"特殊用途作物"界定为种植面积小、经济价值高且农药使用少的作物。因经济原因，农药企业缺乏对小作物进行农药登记的兴趣，小作物存在无药可用和乱用药的局面。进行小作物上农药残留限量标准制定时，缺乏通过农药登记获得的残留化学数据和毒理学数据等，影响了限量标准制定的进程。农药残留限量标准和科学监管依据的缺失，造成小作物农产品中农药残留问题严重，不仅影响小作物的发展，还对消费者有安全风险，在国际贸易中也容易引发争端。

近年来，小作物的生产和消费比例上升很快。联合国粮食及农业组织（FAO）的统计数据表明，非传统大宗农产品的出口每年超过300亿美元，其中发展中国家占了56%。在全球范围内，小作物的单位经济价值比传统大宗农产品高。开展小作物研究，对促进小作物的发展和国际贸易具有重要意义。我国作为农业大国，具有种类繁多的小作物，例如，大葱、生姜、枸杞和人参等代表性小作物，在进出口贸易中极具国际竞争力，对促进我国农业发展具有重要的作用。然而，这些小作物在我国登记的农药有限，且限量标准制定严重不足，制约了小作物的发展。对小作物进行分类和分组，选择代表作物开展田间试验，利用同组数据进行残留外推，可加快小作物中的最大残留限量的制定，维护小作物产品安全和市场供应。

2013年CCPR会议评估了柑橘类水果的农药残留限量外推到小作物金橘的可行性。根据柑橘类水果的部分残留数据、农药的急性参考剂量（ARfD）和参与调查的一般人群（均为一岁以上人口）的金橘膳食消费情况，日本进行了金橘上22种农药的短期膳食摄入量计算和急性膳食摄入风险评估，并将结果上报CCPR会议讨论。其中，19种农药在柑橘类水果上的限量标注为"除金橘外"，另外3种为JMPR在柑橘类水果、柠檬和酸橙上制定的限量。虽然金橘的果实大小和食用方式与一般的柑橘类水果不同，但柑橘类水果的农药残留数据应用于金橘上不存在急性膳食风险。最后，CCPR会议建议将评估的柑橘类水果上22种农药的MRL应用于金橘中。该项工作为其他种类小作物上农药残留数据缺失问题的解决提供了实例。我国于2014年开展小作物上农药登记的相关研究与管理工作，相继完成了杨梅、杭白菊、大蒜、枸杞、胡椒等特色优势小作物的农药登记，对于逐步解决小作物无药可用的难题具有重要意义。

二、用于 MRL 制定的作物分类体系

（一）CAC 的作物分类体系

为简化制定 MRL 所需的庞大的数据库，建立适用性强的 MRL 体系，许多国家、地区和组织，按照一定原则，将种类繁多的作物协调统一为有限的作物群组，并选取代表作物进行残留外推。1989年，第18届CAC会议通过了食品和动物饲料的分类体系，经过数次修订形成了5个大类，分别是植物源初级产品、动物源初级产品、初级饲料产品、植物加工产品和动物加工产品。每个大类下，根据产品的功能属性，进一步细分为类。归属于同一类的产品，再次细分为组，每组内参考作物的种类，分为若干个亚组。以植物源初级产品大类为例，该大类分为"水果""蔬菜""草类""坚果和种子""香草和香料"5个类。5个类中包括柑橘类

水果、鳞茎类蔬菜、谷粮类作物、树坚果和香草等 28 个组。柑橘类水果等各组内则含有一定数量的亚组。

CAC 作物分类体系中，同一类的作物在分类学上属于同一科或者具有相似的植物学特征，栽培条件和生长习性等也比较相似。同一组内不同作物的可食用部位、MRL 应用部位和检测部位具有一致性，且作物上的农药残留规律较为相似。因此，参考作物的植物学特性、残留行为特征等进行分组后，可选取代表性作物进行田间试验，继而通过农药残留外推应用于其他作物中。

（二）我国用于农药最大残留限量标准制定的作物分类

为规范我国不同类别的作物分类，我国农业部于 2010 年颁布了第 1490 公告，制定了《用于农药最大残留限量标准制定的作物分类》，形成了较为完整的作物分类系统。该分类体系以作物形态学、栽培措施和种植规模为参考，借鉴 CAC 作物分类体系，重点考察作物可食用部位的农药残留分布情况，将具有相同残留行为特征的作物归为一类。

我国用于农药最大残留限量标准制定的作物分类包括谷物、蔬菜、水果等 11 个大类。以谷物为例，该大类被分为四个组，即稻类、麦类、旱粮类和杂粮类。其中，①稻类包括：水稻、旱稻等。代表作物为水稻。②麦类包括：小麦、大麦、燕麦、黑麦等。代表作物为小麦。③旱粮类包括：玉米、高粱、粟、稷、薏仁、荞麦等。代表作物为玉米。④杂粮类包括：绿豆、豌豆、赤豆、小扁豆、鹰嘴豆等。代表作物为绿豆。其他类别的分组情况和代表作物可参考农业部第 1490 号公告。

第四节　食品中农药残留风险评估

农产品及食品中农药残留风险评估是通过分析农药毒理学和残留化学试验结果，根据居民膳食结构，对因膳食摄入农药残留产生风险的可能性及程度进行科学评价。主要包括以下几方面的内容。

一、毒理学评估

农药毒理学评估是对农药的危害进行确认，并对其危害特征进行描述，通过评价毒物代谢动力学试验和毒理学试验结果，推荐 ADI 和/或 ARfD。近期 JMPR 等国际组织也在关注中长期毒理学终点的评估。

（1）毒物代谢动力学评价　对农药在试验动物体内的吸收、分布、生物转化过程、排泄和蓄积等试验结果进行评价。

（2）毒理学评价　对农药及其有毒代谢产物的急性毒性、短期毒性、长期毒性、致癌性、致畸性、遗传毒性、生殖毒性和农药流行病学等进行评价。

（3）推荐每日允许摄入量和急性参考剂量　根据毒物代谢动力学和毒理学评价结果，推导每日允许摄入量建议值。对于有急性毒性作用的农药，推导农药残留急性参考剂量建议值。具体可参考《农药每日允许摄入量制定指南》和《农药急性参考剂量制定指南》。

二、残留化学评估

残留化学评估是对农药及其有毒代谢物在食品和环境中的残留行为的评价，通过评价动植物代谢试验、田间残留试验、饲喂试验、加工过程和环境行为试验等试验结果，推荐规范残留试验中值（STMR）和最高残留值（HR）。

① 动植物代谢试验和残留定义评价，结合毒理学试验结果，对动植物代谢试验中的农药残留规律、最终产物和残留定义进行评价。

② 残留行为评价，包括残留分析方法、样品贮藏稳定性、规范残留试验。必要时包括对后茬作物农药残留评价。

③ 加工过程评价，对食品加工前后农药残留量变化进行评价，计算加工因子。必要时，包括对加工过程中农药性质变化的评价。

④ 动物饲喂试验评价，对动物饲喂试验造成动物产品中农药残留试验结果进行评价，主要包括饲料、直接给药和外用。

三、膳食摄入评估

膳食摄入评估是在毒理学和残留化学评估的基础上，对居民因膳食摄入带来的农药残留对身体健康造成的风险进行定量评价，提出 MRL 建议值，主要内容包括长期和短期膳食摄入评估。

1. 长期膳食摄入评估

通过食品摄入农药主要是由食品中农药残留的浓度和每人每日食品的平均摄入量两个因素决定（食品中的残留量×食品的摄入量）。

JMPR 进行长期膳食摄入评估是根据规范残留田间试验的 STMR 或农产品、食品加工后的残留中值（STMR-P）。STMR 应该包括残留定义中的所有残留物。IEDI 是从地区性的食品消费数据计算的，如果有足够资料，可以精确在各国家级水平，这些实际食品摄入数据，及该农药处理的作物面积百分数或国家监测数据均可使用。但是必须注意对于膳食摄入和执法（监测 MRL）的残留定义是不一样的，同时测定方法的 LOD 也应该低，以便可以获得实际的摄入评估。膳食摄入量是从全球环境监测系统/人群组膳食摄入量资料(global environmental monitoring system/food consumption cluster system，GEMS/Food）获得，用于计算全球与地区性评估的日摄入量（international estimated daily intake，IEDI）。慢性摄入量的计算是将每种食品中农药摄入量的总和（食品中的农药残留量×食品摄入量）同 ADI 做比较。对长期通过食品摄入的农药进行风险评估，如果算出的农药摄入量小于 ADI，表明不会对人体健康有危害。

IEDI 计算公式如下（WHO 1997）：

$$IEDI=\Sigma\ STMR_i \times E_i \times P_i \times F_i$$

式中　i——商品序号；

STMR——规范残留试验中值（supervised field trial median residue）；

E——可食部分因子（edible portion factor）；

P——加工因子（processing factor）；

F——（全球环境监测系统-地区性食品污染与监测项目）食品消费因子［（GEMS Food regional）food consumption factor］。

我国进行农药残留长期膳食摄入评估是依据卫生部发布的《中国不同人群消费膳食分组食谱》或相关参考资料中的膳食结构数据，结合残留化学评估推荐的规范残留试验中值或已制定的最大残留限量（MRL），计算国家估算每日摄入量（national estimated daily intake，NEDI），与毒理学评估推荐的每日允许摄入量进行比较。

2. 短期膳食摄入评估

短期摄入是根据规范残留田间试验的最高残留值 HR 来评估在某一天或某一餐中的最高摄入量，许多国家已经提供了大容量样品重量和水果蔬菜等的单个重量，但还需要较多的数据。短期摄入是以每种食品分别计算，如将［大容量样品重量×HR（×变异因子）］与 ARfD 比较。

短期急性毒性膳食摄入评估较长期慢性毒性摄入评估复杂，慢性毒性是长期摄入，是根据平均膳食摄入水平和残留中值计算；而急性毒性是短期摄入，是在短期极端情况下发生，必须考虑其可能性和发生率是很小的。一般关注以下可能的情况：

在一天内或一次事件中高剂量摄入某一种食品（食品的高剂量摄入是按摄入人群的 97.5th 百分位点计），①食品中的农药残留是按规范残留试验中的最高残留（HR）计，②在食品中某一单位的残留水平是 HR 的 v 倍（$v \times$HR，v 为变异系数或变异因子）。例如，田间采集的苹果和胡萝卜样品，即使从相同施药处理的同一田间施药采样，其残留水平也会有很大差异，将其变异因子的默认值 v 定为 3。各国有时采用不同的变异因子用于评估，是引起风险评估结果差异的主要原因之一。

急性膳食摄入的计算是将每种食品分开计算的，因为上述列出的可能性同时在几种食品中发生的可能性很小，如果计算出来的急性摄入量小于 ARfD，则该食品是可以食用的，可以通过登记注册。

评价摄入某种食品中农药的短期风险，FAO/WHO 磋商会议推荐了一个国际/国家评估短期摄入（IESTI/NESTI）的方法，该方法又经急性膳食摄入特别工作组于 1999 年修改，IESTI 是以食品摄入量乘以 HR（规范残留试验最高残留）计算，将 IESTI 与 ARfD 比较，以占 ARfD 的百分数表示；如果某一作物/农药组合的 IESTI（或 NESTI）除以 ARfD 小于 100%，是安全的。

使用 IESTI 或 NESTI 计算公式如下：

对于 $U<25g$

$$IESTI=HR \times LP/bw$$

$$或\ IESTI=(HR-P) \times LP/bw$$

对于 $U \geqslant 25g$

如 $LP>U$，$IESTI=[HR \times v \times U+(LP-U) \times HR]/bw$

如 $LP<U$，$IESTI=HR \times v \times LP/bw$

式中 U——中等大小作物的单个重量，kg；

HR——在规范残留田间试验中的产品的可食部分的最高残留量；

HR-*P*——经加工后的 HR；

    LP——每天摄入食品的最高数量（也称大份额膳食消费量，是任何一个会员国提供给 GEMS/food 工作组的数据，是代表摄入人群的 97.5th 的百分位数），kg；

    v——表示变异因子；

    bw——表示体重，kg。

我国进行短期膳食摄入评估是依据卫生部发布的《中国不同人群消费膳食分组食谱》或相关参考资料中的膳食结构数据，结合残留化学评估推荐的最高残留值或已制定的最大残留限量（MRL），计算国家估算短期摄入量（national estimated short term intake，NESTI），与毒理学评估推荐的急性参考剂量进行比较。

四、评估结论

根据毒理学、残留化学和膳食摄入评估结果，确定每日允许摄入量（ADI）、急性参考剂量（ARfD）以及规范残留试验中值（STMR）和最高残留值（HR），并向风险管理机构推荐最大残留限量值或风险管理建议。

第五节　残留化学试验

残留化学试验是对农药及其有毒代谢物在食品和环境中的残留行为的评价，主要包括动植物代谢试验、规范田间残留试验、分析方法、储藏稳定性、加工过程和环境行为试验、后茬作物试验等内容。

一、农药残留分析方法及其确证

1. 标准与指南

对农药目标物的定性和定量分析，需要根据农药的理化性质和样品基质的种类选择合适的前处理方法和检测仪器进行方法开发和性能确认。国际食品法典委员会和欧盟分别发布了关于农药残留分析方法的评价标准 CAC/GL90—2017 和 SANTE/12682/2019。我国于 2016 年制定了《农药残留检测方法国家标准编制指南》，即农业部公告 2386 号，作为国家农药残留检测方法标准编制的技术依据。我国农业行业标准 NY/T 788—2018《农作物中农药残留试验准则》中规定了农作物中农药残留试验所需的相关方法确证要求，以下主要参考该准则进行介绍。

2. 农药残留方法确认的性能参数

农药残留分析方法的性能参数一般包括选择性/特异性、线性、正确度、精密度、灵敏度、不确定度等，需要参照相关标准/指南的具体要求进行方法确证。

（1）选择性/特异性　选择性和特异性概念相似，一些法规认为二者等同或可以交互使用。

IUPAC 认为特异性是最高级的选择性。我国《农药残留检测方法国家标准编制指南》规定，方法的特异性是指在确定的分析条件下，分析方法检测和区分共存组分中目标物的能力。采用的分析技术需要克服来自基质组分等的干扰，确保方法检测信号仅与目标物有关，与其他化合物无关。EU 的 SANTE/12682/2019 指南文件指出，选择性是指提取、净化、分离等前处理过程以及检测系统区分目标物和其他化合物的能力，以检测器的影响最为重要。

（2）线性　线性范围是不同浓度的目标物与检测仪器响应值之间呈线性关系的定量范围，通过农药标准曲线考察。NY/T 788—2018 规定以农药的进样浓度为横坐标，响应值（如峰高或峰面积）为纵坐标制作标准曲线。采用最小二乘法处理数据，得到线性方程和相关系数，相关系数一般在 0.99 以上。标准曲线的浓度范围尽可能覆盖 2 个数量级，至少测定 5 个浓度（不包括原点）。我国《农药残留检测方法国家标准编制指南》指出，标准曲线应包括定量限、最大残留限量或 10 倍定量限。在进行实际样品检测时，样品中的目标物浓度应涵盖在标准曲线的线性范围内。对于基质增强效应或基质减弱效应明显的样品，一般在空白基质提取液中添加农药标准品配制基质标准溶液，以抵偿基质效应带来的影响。

（3）正确度　我国《农药残留检测方法国家标准编制指南》指出，方法的正确度是测试结果与真值的符合程度。农药残留检测方法的正确度一般用添加回收率进行评价。回收率试验一般包括三个水平，每个水平重复次数不少于 5 次，计算平均值。具体添加水平分为：

① 对于禁用农药，添加水平一般为定量限、两倍定量限和十倍定量限。

② 对于已制定 MRL 的农药，一般在 1/2MRL、MRL、2 倍 MRL 三个水平各选一个合适点进行试验；如果 MRL 值是定量限，可选择 2 倍 MRL 和 10 倍 MRL 进行试验。

③ 对于未制定 MRL 的农药，可依据定量限、常见限量指标、合适点进行三水平的添加回收试验。

NY/T 788—2018 规定如果已制定相关 MRL，农药的添加水平应包括 MRL 值和检测方法定量限；如果未制定 MRL，添加水平应包括定量限和高于 10 倍定量限的浓度。样品的最高检出量若高于添加水平，应增加 1 个能覆盖最高残留量的添加水平。理想的添加回收率以接近 100% 为最佳，但受试验误差和杂质干扰等多种因素的影响，实际回收率会产生一定偏差。一般情况下，回收率在 70%～120% 之间可满足农药残留分析的要求。我国《农药残留检测方法国家标准编制指南》和 NY/T 788—2018 中列出了不同添加水平下农药回收率的参考范围，见表 5-1。

表 5-1　不同添加水平下农药回收率的参考范围

添加水平 (C)/(mg/kg)	回收率(R)/%	相对标准偏差 (RSD)/%	添加水平 (C)/(mg/kg)	回收率(R)/%	相对标准偏差 (RSD)/%
C>1	70～110	≤10	0.001<C≤0.01	60～120	≤30
0.1<C≤1	70～110	≤15	C≤0.001	50～120	≤35
0.01<C≤0.1	70～110	≤20			

（4）精密度　我国《农药残留检测方法国家标准编制指南》指出，精密度是在规定条件下，独立测试结果间的一致程度。方法的精密度包括重复性和再现性。

① 重复性。在同一实验室，由同一操作者使用相同设备、按相同的测试方法，并在短时间内从同一被测对象取得相互独立测试结果的一致性程度。

② 再现性。在不同实验室，由不同操作者按相同的测试方法，从同一被测对象取得相互独立测试结果的一致性程度。

在农药残留分析中，重复性和再现性一般通过相对标准偏差进行评价。重复性要做三个水平的添加回收试验，添加水平同回收率，至少重复 5 次。再现性试验应在不同实验室间进行，实验室个数不少于 3 个。再现性也需要做三个水平的试验，其中一个添加水平必须是定量限，其余添加水平同重复性，至少重复 5 次。我国《农药残留检测方法国家标准编制指南》列出了不同添加水平下实验室内和实验室间相对标准偏差的参考范围，见表 5-2。

表 5-2　实验室内和实验室间相对标准偏差要求参考范围

被测组分浓度(C)/(mg/kg)	相对标准偏差要求/%	
	实验室内（重复性）	实验室间（再现性）
C>1	≤14	≤19
0.1<C≤1	≤18	≤25
0.01<C≤0.1	≤22	≤34
0.001<C≤0.01	≤32	≤46
≤0.001	≤36	≤54

（5）灵敏度　灵敏度（sensitivity）是指该方法对单位浓度或质量的分析对象的变化所引起的响应值变化的程度。可用标准品在仪器上的最小检出量（MDL，以 ng 计）评价。农药残留分析中，分析方法的灵敏度常用实际样品的检出限（LOD）和定量限（LOQ）评价表示。

检出限是指在与样品测定完全相同的条件下，某种分析方法能够检出的分析对象的最小浓度。它强调的是检出，而不是准确定量。有时也称最小检出浓度、最低检出浓度、最小检出量、定性限等，单位以 mg/kg 或 mg/L 或 ng 表示。定量限是指在与样品测定完全相同的条件下，某种分析方法能够检测的分析对象的最小浓度。它强调的是检出并定量。有时也称测定限、检测极限、最低检测浓度、最小检测浓度，单位以 mg/kg 或 mg/L 表示。

《农作物中农药残留试验准则》（NY/T 788—2018）对 LOD 和 LOQ 做出如下定义：最小检出量，指使检测系统产生 3 倍噪音信号所需待测物质的质量（以 ng 为单位表示）。最低检测浓度指用添加方法能检测出待测物在样品中的最低含量（以 mg/kg 或 mg/L 为单位表示）。

农药残留分析方法的灵敏度应至少比该农药在指定作物上的最大残留限量低一个数量级。但当分析方法灵敏度较差时，应至少应满足 LOQ 等同于 MRL。当样品中检测不出目标农药时，用"<LOQ"表示，同时应指出分析方法的 LOD 或 LOQ 值。

（6）不确定度　对测试结果而言，没有不确定度范围的数据是不完整的。在农药残留分析中，只有明确了不确定度的测试结果方可准确用于限量标准的符合性判定。为提高农药残留样品检测质量，减少国际和国内贸易中对超标农产品的争议，使分析结果更加可靠且具有可比性，在报告农药残留检测结果时应该评估测试结果的不确定度。残留分析不确定度的来源和评价方法参见第三章第五节。

二、植物中农药代谢试验

植物中农药代谢试验是指为明确农药直接或间接施于作物后，活性成分在作物中的吸收、分布、转化规律，对作物中的代谢和（或）降解产物进行定性和定量鉴定，并明确农药有效成分的代谢和（或）降解途径。

（1）代谢试验的主要目的　对施药后各种初级农产品（RACs）中残留总量进行估计，测定残留物在农作物中的分布，例如，农药是否是通过根或叶被吸收，是否有传导作用。确定各种初级农产品（RACs）中最终残留物的主要组成，明确被分析物的组成，残留物定义要满足风险评估和制定限量标准的要求。阐明施用后农药有效成分在作物中的代谢途径。

（2）代谢试验设计的基本原则　根据农药产品推荐的使用方法，明确推荐用药条件下，直接或间接施于作物后活性成分在作物体内的残留分布、主要代谢物和（或）降解物组成，指明活性成分的代谢和（或）降解途径。防治对象存在与否并不影响代谢试验方案的实施。

开展农作物的代谢试验必须考虑的五种类型农作物组：根茎类作物，叶类作物，果实类作物，种子与油料类作物，谷类、饲料作物（见表 5-3）。为了推断一种农药在所有作物种群中的代谢，需在上述 5 类作物中选 3 类，每类应至少选 1 种作物进行代谢研究。在使用剂量和方法近似的情况下，每类中 1 种作物上的代谢数据可适用于同类其他作物。对那些不属于该 5 类作物中的作物，试验人员应参考表 5-3 中"其他种类"作为指导。

表 5-3　用于代谢试验作物分类

代码	种类	作物
F	果实类作物	柑橘类水果 坚果 仁果类水果 核果 浆果 小型果类 葡萄 果菜类蔬菜 香蕉 柿子
R	根茎类作物	根类或块茎类蔬菜 鳞茎类蔬菜
L	叶类作物	十字花科蔬菜 叶菜 茎菜 啤酒花 烟草
C/G	谷类、饲料作物	谷类 牧草及饲料作物
P/O	种子与油料类作物	豆类蔬菜 豆类 含油种子 花生 饲用豆科作物 可可豆 咖啡豆
—	其他种类	以上没有列出的作物种类被认为是各类混杂的作物，一般不被选在 3 类作物之中。如果考虑到该类作物在国家、地区中的重要性，建议使用某种这类作物来代替 3 类作物中的一种，如有这种情况一般建议试验人员向监管部门咨询后确定

（3）代谢试验的方法概要　试验开始前，应该进行充分的代谢试验的背景资料调查，包括：农药有效成分及其剂型的理化性质、制备方法、应用的作物、防治对象、使用剂量、使

用适期和次数、推荐的安全间隔期，以及已有的毒理、残留和环境评价资料等。

为了量化进入作物体内的农药，需要对农药有效成分化合物（稳定骨架）进行同位素标记合成，从而获得 ^{13}C、^{14}C、^{15}N 和 ^{35}S 等标记的农药化合物，一般首选 ^{14}C 同位素。当分子中不含碳原子或仅有不稳定的含碳侧链时，应考虑使用 ^{35}S 或其他放射性同位素。如果稳定性同位素（如 ^{13}C 和 ^{15}N）与放射性同位素同时使用，将对代谢物的结构鉴定提供更可靠的手段。

此项实验可以在温室内或者室外试验小区或植物生长大棚内进行，试验应当采用良好农业规范（GAP）建议的最大施用剂量。在具有国家或省级以上"辐射安全许可证"资质（丙级以上非密封性放射性同位素实验许可资质）实验室中，以同位素标记化合物为示踪剂，按照放射性实验规范操作试验，获取试验的农药在作物中的代谢和（或）降解产物信息及途径，以及推荐农药母体及其代谢和（或）降解产物在作物中的消减动态规律。

在许多情况下，可能无法确认放射残留总量 TRRs 中的有效部分,尤其是在残留总量很低时、残留物与生物分子结合在一起或有效成分大量代谢成许多产物时，应明确说明代谢产物的存在及其代谢水平并尽量对代谢物定性。

具体试验方法可参见 NY/T 3096—2017《农作物中农药代谢试验准则》。

三、畜禽中农药代谢试验

1. 畜禽代谢试验的主要目的

确定农药在畜禽体内的吸附、转移、分布及可食用组织中残留物的主要成分，并为确定残留物定义和农药脂溶性提供依据。

2. 畜禽代谢试验方法

（1）供试化合物的要求　一般使用农药母体进行代谢试验，不能将农药母体或活性成分与植物代谢产物混合进行畜禽代谢试验，以免造成代谢产物干扰。关于植物代谢产物是否需要进行畜禽代谢试验，分以下两种情况：如果植物代谢产物在动物代谢中被发现，可不进行植物代谢产物的畜禽代谢试验，但若某一植物代谢产物成为饲料作物中总放射残留的主要部分，则需要进行该代谢产物的畜禽代谢试验；如果植物中发现特有的代谢产物（动物代谢中未发现），则有必要进行该代谢产物的畜禽代谢试验。

（2）供试化合物的放射性同位素标记　应根据农药化合物的元素组成和分子结构，选择射线类型、能量和半衰期合适的核素和稳定的标记位置以及适宜的比活度。对于一些结构复杂的化合物，应选择多位置标记和（或）双（多）核素标记。多数情况下选择 ^{14}C 进行标记，若分子中没有碳原子或只有不稳定的侧链碳时，选择 ^{32}P、^{35}S 或其他同位素标记。放射性同位素标记化合物的化学纯度和放射化学纯度应达到 95%以上。

（3）供试动物　分别开展畜类和禽类动物的代谢试验。一般选择泌乳期的山羊和产蛋期的蛋鸡，供试动物在给药前应在试验设施中适应至少 7d，且应保证试验期间供试动物的日常摄食量、产奶量和产蛋量处于稳定水平。若大鼠代谢试验结果与畜禽代谢存在明显差异，还应进行猪的代谢试验，以获得哺乳动物体内代谢数据。采用营养均衡的饲料饲喂试验动物，并记录饲料的配方，试验动物不能通过饲料和饮水等常规饲喂引入影响试验结果的物质。

（4）供试动物数量　家畜代谢试验至少使用一只山羊，家禽代谢试验（一个剂量）至少使用 10 只蛋鸡。如果需要开展猪的代谢试验，至少应该选择一头猪进行试验。

（5）给药剂量、途径、次数　最低给药剂量至少与所饲喂饲料中的最大残留量相当，且不低于 10mg/kg 饲料，以保证检出率。为获得能够描述和鉴定代谢产物所需的残留量，有时需要可以加大给药剂量。可采用经口给药方式，也可使用给药器、胶囊或强饲给药，以确保供试化合物有效成分能全部投放到动物胃中。反刍动物和猪至少连续给药 5d，家禽至少连续给药 7 天。

（6）屠宰时间　畜禽应在最后一次给药后的 6～12h 内屠宰，最晚不能超过 24h。

（7）样品采集与储存　给药期间，尽可能每天收集排泄物、奶、蛋两次。动物屠宰后，至少应采集肌肉（家畜的背最长肌、家禽的腿和胸肌）、肝脏（家禽的全肝，反刍动物的整个器官或者肝片四分取样，家畜的整个器官或者其中具有代表性的一部分）、肾脏（仅家畜）和脂肪（肾部、网膜处、皮下）等样品。如果不能立即检测，应在采样 4h 内冷冻储存在-18℃或以下。

（8）样品储存稳定性试验　为保证储存过程中样品中放射性残留物的稳定性，必要时应进行样品储存稳定试验。对于采样后 6 个月之内完成检测的样品，一般不需要储存稳定性数据。如果采样后 6 个月内无法完成检测，应进行样品储存稳定性试验，并提供相应数据。

3. 代谢试验的样品分析

（1）总放射性残留　畜禽样品采样切碎后，利用生物氧化燃烧仪处理样品，通过液体闪烁计数分析仪测定总放射性残留。

（2）可提态残留物的提取　使用一系列不同极性的溶剂或含水的溶剂系统对样品进行提取，并定量测定每一提取步骤的放射性活度，计算提取效率，确定最佳提取方案，测定可提态残留量。可提态残留物描述和鉴定要求见表 5-4。

表 5-4　畜禽代谢试验中可提态残留物描述和鉴定要求

总放射性残留量相对含量/%	代谢物的浓度/（mg/kg）	要求措施
<10	<0.01	可不进行结构鉴定和特征描述
	0.01～0.05	应描述特征。如有标准物质或者以前已鉴定出结构的化合物，应进行结构鉴定
	>0.05	应进行结构鉴定，若大部分放射性组分已鉴定，可不再进行结构描述与鉴定
>10	<0.01	应进行特性表征。如有标准物质或者有以前已鉴定出结构的化合物，应进行结构鉴定
	0.01～0.05	宜进行结构鉴定
	>0.05	应进行结构鉴定

（3）结合态残留物的释放　根据图 5-2 对结合态残留物进行释放。应对释放残留物的放射性活度进行定量分析，并根据表 5-4 的要求对释放的残留物进行结构鉴定和特性表征。

（4）其他注意事项　畜禽中农药代谢试验对试验单位、试验人员、放射性废物处置等均有严格的要求，试验单位应具有丙级以上非密封性放射性实验室资质，具有满足代谢物分析技术要求的仪器、设备和环境设施，代谢试验必须遵循同位素示踪实验操作规程进行。从事代谢试验的试验人员应具有放射性工作人员许可证、个人剂量季度监测报告、职业病检测报告，具备进行农药代谢试验的良好专业知识和经验背景，掌握代谢试验的相关规定和技能。试验开始前就应进行充分的试验背景资料调研，包括供试农药有效成分的名称、CAS 号及理化性质、登记作物及防治对象，已有的植物代谢、畜禽代谢、农作物中农药残留，以及毒理和环境资料等。应严格按照 GB 11930—2010、GB 12711—2018、GB 14500—2002、国务院令第 562 号和环境保护部公告（2017）第 65 号等国家相关规定进行放射性废物分类、处理、处置、运输和存放。

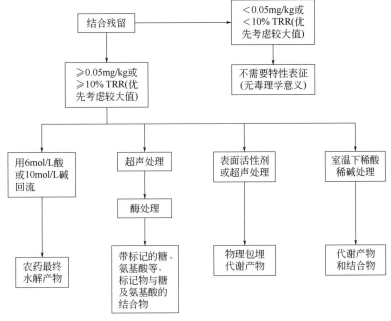

图 5-2　结合态残留物的释放流程

具体试验方法可参见《畜禽中农药代谢试验准则》（NY/T 3557—2020）。

四、规范残留田间试验

规范残留田间试验（supervised residue field trials）是为提供需要登记注册的农药在农产品和食品中残留数据的田间试验。FAO 对规范残留田间试验的定义为：用于评估最大残留水平的监控试验，是一项科学研究，在研究中农药在作物上的施药是按照特定的反映生产实际的条件，即是根据良好农业规范（GAP）进行的残留田间试验。良好农业规范是由官方推荐的或由国家认可的，在有效防治有害生物的实际条件下，农药的安全使用使其残留量达到最低水平，是在考虑对一般人群和职业人群的健康、环境安全等情况下推荐的。JMPR 承认各国农药登记使用的按 GAP 进行的规范田间残留试验及其数据，但为了比较田间试验中农药的使用模式，在提交的报告中应该将有关剂型、使用剂量、喷洒浓度、使用次数、安全间隔期等资料列出。

进行的规范残留田间试验应该覆盖实际生产中的不同条件，如施药技术、季节、栽培措施和不同作物品种。

（1）制定 MRL 的试验应该取最大登记用药量相当的试验条件的数据。

（2）安全间隔期（PHI）是指最后一次施药到收获的间隔日期，试验中使用的间隔期范围由农药残留的持久性决定，农药降解慢则 PHI 的范围可以宽一些。

（3）如果按照标签中最高使用剂量而进行的试验所得到的所有残留数据均低于残留量测定方法的 LOQ，则设定 STMR 为 LOQ；除非从加大施药剂量或在代谢试验中另有数据证明其残留基本上为零。

安全间隔期及农作物每个生产周期的最多使用次数的标注应当符合农业生产、农药使用实际。下列农药标签可以不标注安全间隔期：①用于非食用作物的农药；②拌种、包衣、浸种等用于种子处理的农药；③用于非耕地（牧场除外）的农药；④用于苗前土壤处理剂的农药；⑤仅在农作物苗期使用一次的农药；⑥非全面撒施使用的杀鼠剂；⑦卫生用农药；⑧其他特殊情形。

开展试验前应进行充分的背景资料调查，包括供试农药有效成分的中文通用名、英文通用名、化学名称、化学结构式、化学分子式、分子量、理化性质，农药剂型、有效成分含量，登记作物及防治对象，推荐的使用剂量、使用方法、使用时期、施用次数、施药间隔及安全间隔期，农药在植物中代谢资料，农药残留储藏稳定性资料，残留物定义，检测方法及国内外最大残留限量（MRL）等，此外，应该对试验作物的种植制度，栽培及分布情况，可食可饲部分的形成、成熟期等背景资料也要深入了解。

1. 试验设计原则

根据供试农药产品申请登记使用范围及推荐的使用剂量、使用方法、使用时期、使用次数、施药间隔和安全间隔期等，通过规范残留田间试验设计，以期得到可能产生的最大残留水平。与药效试验不同，规范残留田间试验中防治对象的存在与否并不影响残留试验方案的具体实施，但施药时期尽可能与生产实际一致。作物可食用部位形成后施药的试验，需同时进行残留消解试验。

2. 试验点数及区域选择

按照农业部公告第 2569 号附件 9《农药登记残留试验点数要求》中的要求设计试验的点数。其中需要注意的是：如果表中没有指定的作物，其试验的点数都可以按 4 点进行；试验地点应优先安排在作物主产区，选点必须满足"主产区，跨省，不同气候带"的三条原则。试验布局应综合考虑作物种植面积、品种、耕作方式、主产区以及气候带差异等对农药残留的影响；除种植集中的特色小宗作物外，相同耕作方式下试验点间距通常应不小于 200km。其中试验地点的选择需要按照《农药登记残留试验区域指南》中所划分的代表区域及作物布局要求进行。

《农药登记残留试验区域指南》将全国划分为 9 个农药残留田间试验区域，并将作物分成谷物、蔬菜、水果等 9 大类。该指南综合考虑气候条件、土壤类型、作物布局、耕作制度、栽培方式和种植规模等多种因素，划分了具体的农药登记田间试验区域，明确了不同作物的农药残留田间试验的点数和分布要求，以确保农药残留试验资料的科学性及残留结果的代表性。在进行具体的试验地点选择时要把握必选点的区域在试验布局要优先考虑，在必选点数不能满足布点要求时，选择可选点进行补充，可选点的选择要考虑与其他试验点的差异，尽量使布点具有更大的代表性。

3. 试验地点

按照农药登记残留试验区域布局原则和要求确定；试验前应调查试验地点的气候、土壤类型、前茬作物和农药使用历史等，试验地点应选择作物长势良好、均匀，地势平整的地块，试验地块在当地应该有代表性，地块应该具有良好的防止交叉污染的措施。试验地点的前茬作物和试验进行中均不得施用与供试农药类型相同的农药，特别是确保在试验期间不得施用相同农药，应该实行正常的、代表性的田间管理，如是否套袋等，以免干扰对供试农药的残留分析测试结果。对于直接施用于土壤的农药，除提供气候、土壤类型、前茬作物和农药使用历史之外，还应提供土壤质地、pH、阳离子交换量和有机质含量等参数。对于在环境条件相对稳定场所进行的残留试验，应按照使用技术要求在常用储藏条件的代表性场所进行试验，如蒜薹、生姜的储藏期残留试验场所应该与常规的储藏保存条件相近，包括主要的施药技术、储藏温湿度条件等。

4. 试验作物品种要求

供试作物品种应具有代表性，应为当地主栽品种，在选择供试作物品种时，应考虑其形态、种植季节、栽培方式、生长期和成熟采收期等重要参数的差异及用途差异。

5. 试验小区的要求

每个试验点设置 1 个处理小区和 1 个对照小区。试验小区的大小应至少满足 NY/T 788—2018《农作物中农药残留试验准则》附录 A 中关于样品采样量的要求，保证采样的代表性。根据作物种类确定田间试验小区规模，粮食作物不应小于 100m²，蔬菜不应小于 50m²，果树不应少于 4 株，单株栽培的葡萄树不应少于 8 株，藤蔓交织自然连片的作物不应小于 50m²。对照小区和处理小区应设置在相邻区域，以保障两个小区在土壤、种植环境的相似性，但应采取必要的措施避免污染。如坡地种植作物，要注意雨水淋溶带来的污染，水田注意排灌水的独立等。对于收获期很短或者一次采收的作物（小麦、水稻）和采收间隔期很短的，应根据不同采收间隔期设置多个试验小区分别施药，同时采收，从而得到不同间隔期的样品。

6. 施药方法和器具

根据推荐的使用方法，应该采用常规施药方法和施药器具。施药前应对施药器具彻底清洗，并经检查、校准后才能使用，确保工作状态良好和准确地控制药液量，保证施药的均匀性。施药应保证均匀一致，避免喷雾边缘重叠或遗漏等，喷雾操作转弯时避免因液滴滴落导致的施药剂量增大或由于飘移导致的剂量减少等导致施药不均匀。如果试验点所在区域机动器械施药较为普遍，可采用经过校准的机动器械设备施药，以保证施药准确性和均匀性，保证有足够大小的小区面积并且小区间不产生交叉污染。

7. 田间管理

为保证供试作物的正常生长而确实需要使用其他农药时，应该选择使用与供试农药没有分析干扰的农药，处理小区和对照小区应保持一致，并记录使用的农药品种、剂量、时间等。

8. 气象条件

不应在风速大于 3m/s、气温高于 40℃、降雨和预计施药后 2h 内有降雨的情况下施药。

9. 最终残留量试验

施药剂量采用推荐的最高使用剂量，施药剂量单位表述应该符合农业部令 2017 年第 7 号的规定，即水稻、小麦、蔬菜以 g (a.i.) /hm² 表示，对果树、茶树等以有效成分的 mg/kg 或制剂的倍液表示。

施药次数、间隔和施药时期采用推荐的最多施药次数和最短的施药间隔。供试农药推荐安全间隔期的，根据推荐的最多施药次数和最短施药间隔，以及推荐的安全间隔期信息，参考实际防治时期确定施药时期。根据农业部令 2017 年第 7 号的规定，农药标签不标注安全间隔期的，根据推荐的施药时期施药，记录施药时期的生长期和实际的采收间隔期。

采收间隔期，如果规定农药标签要求标注安全间隔期的，至少设 2 个采收间隔期，具体设定要求如表 5-5。对于农药标签可以不标注安全间隔期的农药，一般设 1 个采收间隔期。

表 5-5　最终残留量试验采收间隔期设置原则

推荐的 PHI/d		采收间隔期/d
<3		推荐的 PHI 和 3
3		3, 5
5		5, 7
7		7, 10
10		10, 14
≥14	7 的倍数	推荐的 PHI, 推荐的 PHI+7
	其他	推荐的 PHI, 推荐的 PHI+10

10. 残留消解试验

如果是在作物可食部位形成后施用的农药，应对可食部位进行残留消解试验。对于某一作物具有不同成熟期的农产品（如玉米有鲜食玉米和成熟玉米，大蒜有青蒜、蒜薹等），应对不同成熟期的农产品均开展残留消解试验。残留消解试验的施药剂量、施药次数、施药间隔和施药时期与最终残留量试验一致。残留消解试验一般可在最终残留量试验小区中开展，不需要额外设置试验小区，但是应保证满足残留试验采样量的要求。

除最终残留量试验设置的采收间隔期外，残留消解试验应在推荐的安全间隔期前后至少再设置 3 个采样时间点，一般可设定为最后一次施药后 0d（施药后 2h，药液基本风干后采样）、1d、2d、3d、5d、7d、10d、14d、21d 和 28d 等。特殊情况下，可根据农药性质和作物生长情况、成熟采收情况等差异设置采收时间点。关于消解试验点数，如果作物试验点数在 8 个及以上的，应至少在 4 个试验点开展残留消解试验；试验点数在 8 个以下的，至少一半试验点中开展残留消解试验，且优先选择必选区域点进行消解试验。

11. 田间样品

应采集具有代表性的田间样品，样品应能够反映整个处理小区的农药残留状况，并要考虑可能影响农药残留分布的各种因素，如植株形态对残留分布的影响，作物生长差异对残留分布的影响等。处理小区应至少采集 2 个样品。第一次和最后一次采集处理小区的样品时，应同时采集对照小区样品，考虑样品成熟度对检测的影响。采样时应按先空白对照小区后处理小区顺序进行采样，避免采样过程产生残留污染。

12. 采样方法

多数情况采用随机法、对角线法和棋盘法等确定试验小区中的采样点。应避免采集有病虫害、畸形等不具有代表性的样品。采集果树等立体生长的作物样品时，在植株各部位（上、下、内、外、向阳和背阴面）均进行采样，以获得最大的样品代表性。避免在地头或小区边缘采样，按要求采集所有可食用和可饲用部位，符合农产品采收实际要求。对于用于环境条件相对稳定场所的农药，如保鲜、贮粮的残留试验，应从上、中、下分层进行采样，每层采样时从中心及四周随机采样，保证样品代表性。

采样部位及采样量：田间样品的采样要求见 NY/T 788—2018 附录 A，最终残留量试验应采集作物可食用和可饲用部位，残留消解试验仅采集作物可食用部位。对于附录 A 中未包含的作物，可参照相似形态的作物，确定采样部位和采样量。对照小区样品的采样量还应满足残留检测方法的确证的需求。

13. 样品制备与包装

黏附在样品上的土壤等可用软刷子刷去或干布去除，处理时要避免交叉污染或破坏样品表皮结构。对于农业生产实践中需要晾晒、干制等处理的农产品（如谷物、茶叶、烟草等），应按实际生产要求处理样品，处理过程要有代表性。对于检测部位与采样部位不一致的情况，应在冷冻储藏前将其分离，并按残留量计算要求对检测部位和其他部位进行称重。样品缩分方法按照 NY/T 789—2004 的规定进行。采集的处理小区每个样品，至少要制备 2 份样品，一份用于检测，一份用于备份，备份样品应在试验结束后至少保存半年，并注意贮藏稳定性。样品包装物、样品贮藏容器应不易破损且不含有干扰检测分析的物质，或不应吸收、吸附检测目标物，对于光不稳定的农药，包装、贮藏时要注意避光。样品包装后应贴好标签，标签信息尽量完整，至少应该包括试验项目编号、试验地点、样品编号、样品名称、样品类型（对照或处理）、采收间隔期、采样时期、田间试验单位名称等，标签要注意防水，一般要求采用内外双标签。

对于较为稳定的农药，样品应在采集后 8h 内在低于–18℃下冷冻保存。对于不稳定的农药，样品应在采集或制备后立即冷冻保存。样品应在冷冻状态下运输，并记录运输过程中的温度变化。田间样品抵达实验室后，接收人员应检查样品及相关资料的符合性和完整性方可登记入库。到达实验室后不能立即检测的样品，应该在低于–18℃条件下储藏，并且连续监控并记录温度变化。样品可采用冷冻粉碎如干冰法粉碎等操作，样品粉碎过程，应保证不能造成农药的损失或降解，并避免交叉污染。果皮、果肉分别测的，在冷冻前，就需分开。

14. 待测残留物的确定

根据农药代谢试验推荐或已确定的残留物定义（用于膳食摄入评估）中的所有化合物，具体可参照 JMPR 报告中规定的残留物定义或农业农村部建议的农药登记残留试验待测残留物和植物源性食品膳食风险评估残留物目录。

15. 检测方法

检测方法应能够对确定的待测残留物进行准确的定性定量分析，优先选择已发布实施的农药残留检测方法标准。当待测残留含有多个同分异构体或类似物时，检测方法应尽可能采用能分别检测不同的异构体或类似物的方法。当不能对多个待测残留物分别检测时，可采用非特异性检测方法或基于共同基团的检测方法，但应进行合理解释。如果使用共同基团法时，应对所有相关化合物进行单独验证。

检测方法的确证应包括方法的正确度、精密度、定量限等内容，具体在本节开头部分（农药残留分析方法及其确认）已有叙述。在规范田间试验中，方法的定量限 LOQ 一般应在 0.01～0.05mg/kg，并且应该小于或等于 MRL 值。检测方法的正确度用回收率试验评价，应至少设置 3 个添加水平，每个添加水平至少设 5 个重复。添加回收试验中，空白样品中添加的农药标准溶液总体积不应大于 2mL，当提取液总体积较小时，一般添加的农药标准溶液总体积不应超过提取液总体积的 5%。添加后不能立即进行提取，应充分混合，并至少放置 30min 后再进行前处理操作。分别计算每个添加水平回收率的平均值，NY/T 788—2018 对不同添加水平对应有不同的回收率和精密度要求，具体见表 5-1。

检测时应检测基质空白和溶剂空白，其响应不应超过方法定量限添加水平响应的 30%，即不应产生大于 3 倍噪声的响应高度。对于干扰较为复杂的基质如烟草、啤酒花、咖啡、茶叶和香辛料等作物样品，或经干燥浓缩后的基质，或难分析的一些特殊农药或代谢物，如果精密度符合要求，回收率要求可适当放宽范围。

在定量检测之前，须先进行目标物的定性分析确证。如检测结果定性不确定的情况下，避免出现假阳性，若有干扰峰等情况时，需进行确正。可通过使用不同的色谱柱或检测器、改变检测方法、单色谱检测更换为色谱-质谱检测以及改善前处理净化方法等多种途径进行进一步的确证分析，避免做出错误的定性结论。

一般采用外标法和标准曲线进行定量分析，每批样品检测均应绘制标准曲线。如果标准曲线线性回归方程的相关系数≥0.99时，可使用相近浓度的标准物质单点浓度进行样品定量，标准溶液的浓度应在样品浓度的30%范围内。也可使用内标法进行定量，通常在进样前添加内标物，内标物应与待测残留物性质相似，不应发生明显的降解和导致显著基质效应，应与目标物有良好的分离度。

每批检测样品检测时应设置2个平行质控样品，其添加水平尽可能与实际样品接近，且回收率及相对标准偏差须符合表5-1的要求。

16. 结果计算和表述

根据前处理过程和仪器检测结果计算样品残留量，残留量以每千克农产品中农药残留的质量表示，单位为毫克每千克（mg/kg）。应分别给出同一试验小区2个样品的残留量及其平均值。应分别给出所有待测残留物的残留量（共同基团法除外），并分别计算用于膳食摄入评估的残留物和用于监测的残留物的残留量。按照NY/T 788—2018附录A的要求，应给出所有检测部位的残留量计算结果。同时应给出质控样品的检测结果。样品检测结果不能用回收率校正。结果一般以2位有效数字表达，在残留量低于0.01mg/kg时可用1位有效数字表达。根据统计需要可增加1位有效数字。当残留量低于LOQ时，应以"<LOQ数值"表示。回收率一般以整数表示即可。

17. 试验记录

田间试验记录应包括田间试验相关人员信息，供试农药信息，试验地信息，配药和施药记录，气象和灌溉记录，样品采集、运输和储藏记录，试验计划修订和偏离，观察、解释和交流沟通记录等。实验室检测记录应包括实验室样品的接收、制备、储存、流转和处理记录，标准物质的接收、标识、储存、流转和处理记录，标准溶液的配制、标识和保管记录，检测方法确证，样品检测记录、仪器使用记录、样品检测及结果计算的原始记录等。记录和残留试验报告应符合农业部第2570号公告的规定。

五、储藏稳定性试验

多数情况下，农药残留试验样品从田间取样后要经过一段时间的储藏后才能够被检测。在储藏期间，农药母体及其代谢物由于挥发或者发生水解、光解及酶促反应等造成母体或代谢物的降解。农药残留样品储存稳定性试验的主要目的是确定从样品采收开始到样品分析完成期间，总的农药有毒残留物在初级农产品或加工农产品中的稳定性或降解速率。一定条件下，农药能否在农作物中稳定储藏，直接决定后续分析试验是否可靠。样品储藏稳定性试验的另一个用途是若样品在储藏过程中储藏条件发生变化，如冷库或冰箱遭遇断电等，则储藏稳定性试验样品可以用来研究温度升高对其残留水平的影响。样品的储藏温度和样品储藏状态是影响样品储藏稳定性的主要因素。我国农药残留登记试验需要单独提交样品储藏稳定性试验报告，试验要求参见《植物源性农产品中农药残留储藏稳定性试验准则》（NY/T 3094—2017）。

1. 试验要求

试验前应进行充分的背景资料调查，包括有效成分及其剂型的理化性质、登记作物、防治对象、使用剂量、使用技术参数、推荐的安全间隔期、残留分析方法、残留物定义、已有的残留资料、已有的储藏稳定性资料等。对于那些残留物已知或怀疑不稳定或易挥发的农药，储藏稳定性试验与相应的残留试验同步进行是必须的。对这些农药而言，建议在残留试验之前先进行储藏稳定性研究，在处理样品冷冻前以确定合适的储藏条件和最长时间。

试验样品如能在 30d 内完成检测的，可不进行储藏稳定性试验。储藏稳定性试验应该有足够的样品量，且样品中农药残留物浓度应该足够高，至少应达到 10 倍定量限 LOQ。储藏稳定性试验的样品可来自农药残留田间试验采集的空白农产品，或者采用空白样品添加已知量的农药或代谢物的农产品。样品提取物不能在 24h 内完成检测的，也应有储藏稳定性数据。储藏稳定性试验应在开展农药残留试验样本分析前进行。

储藏稳定性试验样品的储藏状态应与残留试验样品储藏状态一致，可以是匀浆、粗切、样品提取或整个样本。但在选择储藏样品状态时应根据农药和代谢物的理化性质，结合农产品性状进行合理的选择。美国 EPA 对于样品储藏状态的要求是充分考虑其可操作性，一般选择用匀浆样品添加标样进行储藏稳定性试验，并视为最坏的储藏条件。如果样品储藏稳定性试验需要持续很久，美国 EPA 的做法通常是更倾向于对样品进行萃取，去除大部分或者全部溶剂后在−20℃或更低温度下储藏提取物。这样可以减少农药与具有降解能力的酶接触的机会，进一步保护了作物组织中"结合态"的农药残留物。

储藏稳定性试验每次测定的样品至少包括空白样品 1 个、质控添加样品 2 个、储藏试验样品 2 个。质控添加样品是指分析检测时对空白样品添加目标化合物以考察方法回收率的样品。

2. 试验作物选择

同类作物可使用代表性作物进行储藏稳定性试验，用于农药残留储藏稳定性试验的代表性作物见 NY/T 3094—2017《植物源农产品中农药残留储藏稳定性试验准则》的附录 A。

不同类别作物的试验参照下列规定进行：

（1）高含水量作物：选择 3 种不同作物进行储藏稳定性试验，若结果符合储藏稳定性要求，同类其他作物可不再做要求。

（2）高含油量作物：选择 2 种不同作物进行储藏稳定性试验，若结果符合储藏稳定性要求，同类其他作物可不再做要求。

（3）高蛋白含量作物：选择干豆/豆类代表性作物进行储藏稳定性试验，若结果符合储藏稳定性要求，同类其他作物可不再做要求。

（4）高淀粉含量作物：选择 2 种不同作物进行储藏稳定性试验，若结果符合储藏稳定性要求，同类其他作物可不再做要求。

（5）高酸含量作物：选择 2 种不同作物进行储藏稳定性试验，若结果符合储藏稳定性要求，同类其他作物可不再做要求。

如果在 5 类作物中该农药或代谢物的残留都没有显著下降，则其他农产品均不再需要进行储藏稳定性试验。如果试验结果表明不稳定的，则应进行所申请登记的农产品的储藏稳定性试验，并在储藏稳定期内完成残留试验样品检测。

3. 试验设计与方法

用于储藏稳定性试验的样品应储藏于不高于–18℃且避光的条件下，储藏样品的容器尽可能与规范残留试验样品储藏所使用的容器一致，样品中目标物的添加水平至少应达到 10 倍的方法定量限。如果目标化合物为多个组分时，要进行独立的储藏稳定性试验，防止目标物相互干扰。

美国 EPA 在储藏稳定性试验目标物的添加水平上，若田间处理样品中农药残留没有检出，或残留试验低水平接近于分析方法的定量限，在储藏稳定性试验中的最小添加水平 EPA 建议使用分析方法 10 倍的定量限（LOQ），且最小为 0.1mg/kg。如某一农药在草莓基质中的分析方法的定量限为 LOQ=0.01mg/kg，则储藏稳定性样品添加为 10×0.01mg/kg=0.1mg/kg。如果在残留试验中发现所检测到的残留量比上述建议的最小水平高出很多，则储藏稳定性试验添加浓度最好使用相似的残留水平。

储藏样品的取样和检测间隔有几个不同情况，如果样品中农药储藏稳定性不能确定或不稳定时，取样间隔要短些，可选取 0d、2 周、4 周、8 周、16 周等间隔。如果已有资料表明目标在样品中是稳定的，取样间隔相对可以长些，如 0d、1 个月、3 个月、6 个月、12 个月。样品储藏时间超过 1 年的，取样间隔为 6 个月。但要注意，取样间隔必须涵盖从采样至完成样品检测的最长储藏期。

在取样频率上，美国 EPA 的通常做法是，为明确在样品进行储藏时的残留量，一般都需要在零时间点进行取样。最小取样次数取决于残留的稳定性和残留试验过程中样品的储藏时间。若样品储藏稳定性为几个月，且残留稳定，则只需要最终点和一些中间时间点（除零时间点样品外）的样品。但如果样品储藏几年或在几个月的储藏期间，发现残留降解明显，则需要更多的时间点的数据。若残留的降解相对较高，则取样间隔可选择 0d、14d、28d、56d 和 112d；若储藏稳定性试验时间长，残留稳定，则建议选择 0 个月、1 个月、3 个月、6 个月、12 个月作为取样间隔。

样品分析方法应符合 NY/T 788—2018 的相关要求。通常情况下，样品储藏稳定性试验的分析方法要与残留试验所使用的分析方法相一致，否则，则需要提供与残留试验分析方法等同要求的数据。

样品储藏稳定性通过储藏降解率进行评价，在储藏试验期间，降解率小于 30%，表明储藏稳定，大于 30%，则说明在此期间农药或代谢物储藏不稳定。降解率按下式计算：

$$D = \frac{C_0 - C_t}{C_0} \times 100$$

式中　D——降解率，%；

　　　C_0——样品的初始浓度，mg/kg；

　　　C_t——样品的检测浓度，mg/kg。

当试验能提交符合要求的查询报告，数据来源于 JMPR、OECD、欧洲食品安全署（EFSA）等国际组织公开发表的风险评估报告中，有完整储藏稳定数据，且与本试验储存条件一致的，可不进行样品储存稳定性试验。查询数据应提交完整报告页面和中文译本。《农药残留物手册》不可作为查询数据依据。查询报告的要求与试验报告要求保持一致。

六、加工农产品中农药残留试验

初级农产品经过加工后，农药可能会受加工过程的影响，如农药残留的变化。大部分加工过程可降低食品中的农药残留，如清洗、去皮、榨汁、杀菌、发酵等；但也有一些如浓缩、干燥以及油脂提炼等过程，可能会导致农药残留水平升高；另外，加工过程还可能使某些农药成分发生改变，如代谢或降解。了解加工过程对农产品中农药残留的影响，不仅可为优化产品加工工艺提供依据，更重要的是为开展食品安全风险评估提供基础数据。

加工农产品中农药残留试验分为两种类别，即水解试验和加工因子试验。

初级农产品加工过程中通常涉及加热，会使农产品中酶的活性降低，因此，影响农药残留特性的主要作用是水解，例如果汁、果酱和葡萄酒的加工，而且农产品基质不会对水解过程产生主要影响。JMPR 要求根据国际通用的化学品测试准则，使用同位素标记化合物在无基质情况下开展水解研究，其目的是鉴定和表征至少 90% 总放射性残留（TRR），以此阐明加工过程中农药残留归趋。一般情况下，选取三种不同温度下的代表性水解条件，代表巴氏杀菌、烘焙、酿造、煮沸、高温灭菌等加工过程。需要说明的是，如果有效成分水溶性小于 0.01mg/L，则不需要进行加工水解试验。由于试验条件不同可能导致形成不同的降解产物，农药理化性质与加工试验中的水解数据不可互用。如果农药及其代谢物性质表明其他加工过程可能产生具有显著毒性的降解产物，还应视情况进行氧化、消解、酶解、热解试验。

为明确加工过程中残留物的稀释或浓缩效应，可开展初级农产品加工因子试验。加工试验应尽可能与实际加工工艺一致。对于烹制蔬菜等家庭加工过程，应使用家庭式的设备和方法；对于谷物制品、果汁、果酱、糖、油等工业加工农产品，应采用代表性的商业化加工工艺。为确保得到加工产品的加工因子，用于加工试验的初级农产品必须是含有可定量残留物的田间试验样品，有时需要加大田间施药剂量，但一般不超过 5 倍良好农业规范（GAP）剂量且不应导致作物药害。初级农产品加工试验中应考虑加工水解试验中发现的所有具有毒理学意义的降解产物以及植物代谢试验中相关残留物。

在农药的登记评估中，为保障农药残留试验数据的可靠性，保证膳食风险评估的全面和准确性，应开展加工农产品中农药残留试验，且需要单独提交试验报告。我国制定的加工农产品农药残留试验主要的目的是明确农产品加工过程中农药残留量的变化和分布，为获得农药在该农产品加工过程中的残留加工因子而进行的试验，主要包括为获得加工试验所用的初级农产品所进行的田间试验和采集初级农产品之后进行的农产品加工试验两部分，具体试验内容可参见 NY/T 3095—2017《加工农产品中农药残留试验准则》。

加工农产品中农药残留试验要求试验者要充分了解试验的背景资料，如试验农药的有效成分及剂型、理化性质、登记作物、防治对象等，使用技术参数如使用剂量、使用时期、使用次数、使用方法等，以及推荐的安全间隔期，残留分析方法及已有的代谢资料，残留资料，加工过程及操作规程，加工过程中的主要质控点和取样点等。

加工农产品的农药残留试验田间试验部分，需参照农药登记规范残留试验提供的良好农业生产规范，选取最高施药剂量、最多施药次数和最短安全间隔期进行田间试验。应确保进行加工试验样品中农药的残留量大于方法定量限 LOQ，残留量至少应该为 0.1mg/kg 或 LOQ 的 10 倍。在不发生药害的前提下，作物中施用的浓度可高于推荐的最高施药剂量，最大可增加至 5 倍（增加可免加工残留试验的情况）。加工残留对试验点数提出了要求，应在作物不同的主产区设两个以上独立的田间试验，试验小区的面积应满足加工工艺所需要的加工产品数量要求。根据加工产品的不同，每种产品至少采集 3 个平行样品，采集量应满足加工试验及检测的样品量要求。

农产品加工试验的类型主要有两种：一种是有明确定义、典型加工方式的加工残留，应模拟其加工过程进行加工残留试验；另一种是对于有不同加工模式的，应优先选择目前规模大、商业化占优势的加工方式进行试验，以取得最大的代表性加工残留数据规律。

加工残留试验结果具有外推特性，即加工农产品根据加工工艺进行分类，经过相同或相似加工过程的产品，其试验结果可用于采用类似加工工艺的其他产品，如柑橘加工成柑橘汁的结果可外推至其他柑橘类水果的汁类加工。加工农产品外推表详见 NY/T 3095—2017《加工农产品中农药残留试验准则》的附录 A。

农产品加工试验中所采用的加工技术应尽可能与该农产品实际加工技术一致，已经实现规模化生产的加工农产品（如果汁、糖、油、麦片等），应该使用目前生产中具有代表性的生产技术。如加工过程主要在家庭中完成的，如蔬菜的烹煮，应使用家庭常用的设备和加工技术过程。不同规模化、商业化加工工艺的差异点应有明确的具体说明。无论是商业还是家庭生产程序，推荐使用流程图（或 SOP）来描述加工程序。如果是查询报告，应提交国内外加工工艺程序比较的资料。

对于加工前后农产品中残留物的检测，应该符合 NY/T 788—2018 的要求，特别注意的是检测方法的定量限（LOQ）应满足加工试验的要求。加工试验应有样品中农药残留贮藏稳定性数据，以证明农药在农产品贮藏过程中未发生降解。

加工因子按下式进行计算：

$$P_f = \frac{R_p}{R_R}$$

式中　P_f——加工因子；

R_p——加工后农产品中农药的残留量，mg/kg；

R_R——加工前农产品中农药的残留量，mg/kg。

当加工因子大于 1 时，表明在加工过程中农产品中该农药的残留量增加，反之，表明残留量降低。

适合以下情况的可不需要进行加工试验：在不发生药害的前提下，最高施药剂量增加到 5 倍后田间试验样本中农药残留量还低于定量限的；用于苗前土壤处理的农药；仅在农作物苗期使用一次的农药；拌种、包衣、浸种等用于种子处理的农药。

我国农药登记资料要求中规定了加工农产品中农药残留试验资料要求，为加工农产品中农药膳食风险评估和 MRL 制定提供了数据基础。《食品安全国家标准 食品中农药最大残留限量》（GB 2763—2021）中规定了 700 余项加工农产品中农药的 MRL，主要针对干制调味料、干制水果、干制饮料类和植物油等。

七、后茬作物残留试验

后茬作物是指在收割使用过农药的前茬作物的农田或水田中种植的所有作物（或在某种情况下，因经农药处理过的作物种植失败后而重新种植的作物）。如果后茬作物代谢试验（又称限制性后茬作物试验）的结果表明农药通过从土壤吸附而在食物或饲料产品中的产生明显的残留蓄积，则通常要进行后茬作物残留试验。试验所得到的数据将为限制后茬作物种植、膳食风险评估以及评价是否要在后茬作物中建立最大残留限量值提供依据。

后茬作物农药残留田间试验主要是对在实际农业生产中由土壤吸收而在后茬作物产生的农药残留累积量进行检测。所得到的数据将被用于制定后茬作物种植限制措施，即制定建立在残留累积基础上的后茬作物种植时间间隔，为膳食风险评估综合评价残留重要性提供信息，并确定是否需要对后茬作物制定最大残留限量。

（一）试验设计要点

为评估在实际的田间条件下合适的后茬作物种植生长后富集的农药残留量，在试验小区中使用农药的代表性制剂产品进行试验。试验设计应从试验地点、施药量、施药时间、农药剂型、前茬作物的种类（如种植有）、后茬作物的种类及种植时间、典型的农事措施等方面考虑，来说明后茬作物从土壤中吸附农药残留量最高的影响因素是施药方式、土壤类型、土壤温度、农药持久性，还是其他环境因素或农业措施等。

1. 作物

用于农药残留田间试验的后茬作物通常不包括多年生或半多年生作物，如以下列出的一些作物（不仅限于此清单）：芦笋，鳄梨，香蕉，浆果类作物，柑橘类，椰子，酸果蔓，枣，无花果，人参，朝鲜蓟，葡萄，番石榴，猕猴桃，芒果，蘑菇，橄榄，番木瓜，西番莲，菠萝，大蕉，梨果类，大黄，核果类，坚果类作物。

如果在水稻中用药，则必须进行对照性试验，如在后茬作物种植前了解农药在水稻中的残留降解情况等。

2. 试验地点

限制性残留田间试验必须在两个不同的地理区域中进行，这些区域必须是该作物使用这种农药的主要种植区或主产区。如果该前茬作物只在一个限制性区域内种植，那么应该在该区域内选择 2 个以上的试验点进行试验，其中一个试验点的土壤类型应该是沙壤土。但是如果农药标签规定其使用的土壤类型不是沙壤土，那么应该遵循农药标签的要求选择土壤进行试验。在水稻收获后需要进行后茬作物残留试验时，应该选择合适的土壤的类型（如黏土或黏壤土）和试验地点。每个试验地区应该设有不用药的空白对照区，要求对照小区在试验前没有使用过试验用药。

3. 农药的使用

每个试验点残留田间试验的设计应能真实反映出农药在代表性后茬作物中的残留情况。为了与作物轮作的实际农业生产一致，应该在试验地中种植前茬作物并在收获前进行施药，在收获后再轮植后茬作物。如果试验地中不种植前茬作物，则需在种植后茬作物前对裸露的土壤进行施药。随后，应该切合农业生产实际，使土壤中的农药有一个适期的消解代谢过程。如果水稻是主要的前茬作物，还应该包括在灌溉条件下的消解过程。

按照农药标签推荐的农药最高使用量和最多用药次数进行施药（使用于前茬作物或裸露土壤中）。如果农药使用于前茬作物，则应该按照典型的农事措施来管理并收获前茬作物。

选择农药的代表性剂型进行试验。如果有多种剂型取得登记，在选择时应考虑以下几个因素：哪种剂型能产生理论上的残留最差情形？如果一种剂型使用量明显高于其他剂型，那么就应该在将要种植后茬作物的试验地中使用上述剂型；如果多种剂型的使用量相近，但如能明显地预期某种剂型将在环境中有更长的半衰期，如缓释剂，应该选择该剂型作为试验用药剂型。

为试验的可操作性，按每季最大用药量一次性用药可能比按照农药标签所规定的多次用药更适当。假定不同的土壤中农药残留量将影响到后茬作物残留结果，则上述的用药方式是合适的。无论哪种情况都应该用最大季节用药量。

4. 用于试验的后茬作物

在每个试验点应该选择 3 种适合后茬种植和农业规范的代表性作物进行试验，来测定农药残留吸附量。3 种代表作物应从根茎类蔬菜、叶菜类蔬菜以及像小麦、大麦等小粒谷物类中选择。如果以上 3 类作物以外的某类后茬作物很重要，则也应该作为代表性后茬作物进行试验。例如，大豆在美国是一类重要的后茬作物，它属于豆类/油籽类作物组代表性作物。如果由于气候或其他农事原因不能在同一个试验点同时种植以上 3 种代表作物，应该另加试验点。

5. 后茬作物种植时间

限制性残留田间试验要求选用三个轮作间隔期。后茬作物应在以最短的符合农艺生产实际轮作间隔期进行种植，例如，用 7～30 天来评价作物种植失败或短期后茬作物的间隔情况，用 270～365 天来评价后茬作物的年轮植间隔情况。另外增加一个轮作间隔期来反映农业上农药使用后以典型的收获间隔期收获的情况（如 60～270 天）。对于短期轮作的贸易性蔬菜必须加以特别重视。如果试验少于三个轮作间隔期，申请者必须对试验是否满足要求给出判断。

如果在 7～30 天轮作间隔期内，因农药使用（如某些除草剂）引起后茬作物严重药害的，应该对第一个轮作间隔期进行调整，并应提供由于药害问题制定的涉及种植限制方面的信息。

6. 试验管理

田间试验应按照常规的农业规范进行管理。在后茬作物的试验中使用农药时，应该避免干扰农药残留分析准确度。遵循农业规范，对有关耕地、取样等的异常情况是否影响试验应该给予判定。

7. 样品采集

定义为初级农产品（RACs）的植物体的所有部位，包括根茎类蔬菜的叶部，都要进行分析，OECD 关于残留化学品试验综述的指导文件（2）中的附录 3 部分提供了特定作物中需要进行分析的 RACs 列表，可以参考。应该对与后茬作物有关的 RACs 中的残留进行分析，对后茬作物中的代谢残留物进行定性与定量分析，考虑对后茬作物制定适当的残留定义。

规范田间试验应该使用标准采样方法［见 FAO《用于推荐食品和饲料中最大残留限量的农药残留数据提交和评估手册》（第三版），2016，附录 V 和 Ⅵ 中关于样品采集和缩分部分，这些采样方法标准也适用于后茬作物田间试验的样品采集］。

无论是人类直接食用还是用作家畜饲料，RACs 中的残留物都必须进行检测。如果某些作物在还未成熟时被采收食用（如幼嫩的菠菜叶和蔬菜色拉），那么其未成熟及成熟的样本都应该进行采集。

土壤样品的农药残留分析取样为非强制性，是否进行由申请者自行决定。

（二）样品分析

后茬作物的农药残留分析方法应该能对目标农产品中的所有农药进行分析，并遵循农药残留分析准则进行。必须进行后茬作物样本的添加回收试验以确保方法的准确度，但是残留值不应采用回收率进行校正。后茬作物的最低检测浓度应该与前茬作物的相近，而且通常要求在 0.01～0.05mg/kg 范围内或更低。如果使用的是已标准化或通过实验室验证的分析方法，应该提供方法的参考文献。可选性方法应该作为单独的研究文件进行提交。

(三) 储藏稳定性

样本应该在采集后 30 天内进行分析（分析前应在＜-18℃的条件下冷冻储藏）。如果样本存储更长的时间，那么应该有相关的冷冻贮存稳定性试验数据来证明在取样至分析期间样本中的残留物没有发生显著性降解。应该特别注意的是储存稳定性试验数据应该包括后茬作物中的所有分析目标化合物。储藏稳定性试验不仅包括对残留物总量，也应尽可能包括对残留定义中单个化合物进行独立分析。

八、农药环境行为试验

农药和其他有机化合物一样，当施用进入环境后会发生一系列的物理、化学以及生物化学反应，如挥发、溶解、吸附、淋溶、迁移、氧化、水解、光解以及生物富集、生物代谢等，从而产生一系列环境和生态效应。因而，揭示农药的环境归趋、转化机制和生态效应成为农药残留与环境毒理学研究的重要内容，农药在植物体、土壤、水体中的环境行为成为农药环境安全性评价不可或缺的资料。我国国家标准 GB/T 31270—2014《化学农药环境安全评价试验准则》规定了农业生态环境中土壤、水体及植物体 3 种主要的环境基质中农药环境行为试验的内容，下面分别进行简要介绍。

(一) 土壤中降解试验

土壤中降解是指农药在土壤中逐渐分解成小分子，直至失去毒性和生物活性的全过程。农药土壤降解试验的目的主要是通过测定与评价化学农药在不同土壤中的降解特性，了解农药在土壤环境中的降解行为，是评价农药对环境危害影响十分重要的指标，也为化学农药的登记提供环境影响资料。

农药土壤降解的主要途径多为化学降解和微生物降解，化学降解主要是在有氧和无氧条件下的氧化还原反应，反应性能与土壤的氧化还原电位相关，土壤通透性好，氧化还原电位高，利于氧化反应的进行，反之则可能有利于还原反应的发生。微生物对农药的降解其本质应该是一种酶促反应，途径主要有氧化、还原、水解、脱羧、脱卤和异构化等，参与农药降解的微生物可能包括细菌、真菌、放线菌等，其中细菌在多数情况占主要地位。

农药土壤降解试验包括好氧条件下的土壤降解及积水厌氧条件下的土壤降解，主要方法是将农药添加到 3 种具有不同特性的土壤中，在一定的温度与水分含量条件下避光培养，定期采样测定土壤中农药的残留量，以得到农药在不同性质土壤中的降解曲线，求得农药土壤降解半衰期。具体方法可参考 GB/T 31270.1—2014《化学农药环境安全评价试验准则　第 1 部分：土壤降解试验》。

土壤降解试验的质量控制条件包括：

（1）土壤中农药残留量分析方法回收为 70%～110%，最低检测浓度满足检测要求；

（2）土壤中农药初始含量为 1～10mg/kg；

（3）降解动态曲线至少 7 个点，其中 5 个点浓度为初始含量的 20%～80%。

根据农药在土壤中的降解半衰期，将农药在土壤中的降解性划分成四个等级，见表 5-6。

表 5-6　农药在土壤中的降解性等级划分

等级	半衰期（$t_{1/2}$）/d	降解性	等级	半衰期（$t_{1/2}$）/d	降解性
I	$t_{1/2} \leqslant 30$	易降解	III	$90 < t_{1/2} \leqslant 180$	较难降解
II	$30 < t_{1/2} \leqslant 90$	中等降解	IV	$t_{1/2} > 180$	难降解

（二）水解试验

农药的水解是指农药在水中引起的化学分解现象。农药水解是农药分子与水分子发生相互作用的过程，它是农药在环境中迁移转化的一个重要途径。农药水解试验的目的是测定与评价水体中的化学农药在不同温度与 pH 条件下的降解特性，为化学农药的登记提供环境影响资料。研究农药在环境系统中的水解，对于了解农药在环境中的归宿、残留及其对靶标与非靶标生物的毒理效应具有重要的意义。

农药水解的主要类型主要有化学、生物和光水解。

（1）化学水解　农药分子（RX）与水分子发生化学作用，离去基团 X 与 R 间的键断裂，形成新的共价基团 OH；

（2）生物水解　在生物体内，通过酶的生物化学作用进行水解代谢；

（3）光水解　在环境中，通过光等其他物理因素的作用进行光催化水解。

农药的水解反应多为亲核取代反应，一个亲核基团（H_2O 或 OH^-）进攻亲电基团（C、P 等原子），并且取代一个离去基团（F^-、Cl^-、I^- 等）。环境中存在着大量的亲核物质，如 ClO_4^-、OH^-、NO_3^-、F^-、SO_4^{2-}、CH_3COO^-、Cl^-、HCO_3^-、HPO_4^{2-}、NO_2^- 等均有可能参考农药的水解过程，此外，土壤中存在着更多的氧化物，如臭氧、过氧化氢、氮氧化合物以及有机质，可以产生更多的氢氧根离子，加速农药水解过程。水解的部位通常都在酯键、卤素、醚键和酰胺键上，代谢产物一般都已失去毒性。

影响农药水解的因素较为复杂，如温度和 pH，温度越高水解越快，pH 对水解的影响则主要由化合物性质决定，多数研究表明，部分农药可以在 pH 8～9 之间迅速水解，溶液的 pH 每增加一个单位，水解反应速率将可能增加 10 倍左右。

农药水解试验要求在不同温度条件、不同 pH 的缓冲液中无菌培养供试物，定期采样分析水中供试物残留，以得到供试物的水解曲线。具体可参照 GB/T 31270.2—2014《化学农药环境安全评价试验准则　第 2 部分：水解试验》。

农药水解试验的质量控制条件包括：

（1）水中农药残留量测定方法回收率为 70%～110%，最低检测浓度满足检测要求；

（2）试验温度误差要求±1℃；

（3）降解动态曲线至少 7 个点，其中 5 个点的浓度值为初始浓度的 20%～70%。

根据农药水解半衰期的大小，将农药的水解特性划分成四个等级，见表 5-7。

表 5-7　农药水解特性等级划分（25℃）

等级	半衰期（$t_{1/2}$）/d	降解性	等级	半衰期（$t_{1/2}$）/d	降解性
I	$t_{1/2} \leqslant 30$	易降解	III	$90 < t_{1/2} \leqslant 180$	较难降解
II	$30 < t_{1/2} \leqslant 90$	中等降解	IV	$t_{1/2} > 180$	难降解

（三）光解试验

农药的光解是指农药在光诱导下进行的化学反应。农药可以吸收一定的光能量或光量子，发生光物理和光化学反应。光化学反应是通过农药分子的异构化、键断裂、分子重排或分子间反应生成新的化合物。农药光解是农药真正的分解过程，它不可逆地改变了反应分子，强烈影响着农药在环境中的归趋。农药光解试验的目的是测定与评价化学农药在模拟太阳光条件下在水中与土壤表面的降解性能，为化学农药登记提供环境影响资料。农药光降解研究，能够获得一系列的光降解产物，推测其在环境中的降解途径，了解农药使用的安全性，并指导农药的使用和新农药的合成。

光解产物的毒性可能消失，也可能比母体更强，如 DDT 产生的 DDE 毒性更强。在环境中具有更强毒性的产物是否对环境造成潜在危害，是一个需要明确的问题，也是环境毒理学的重要研究内容之一。

农药的光化学反应主要是直接光解，即农药分子直接吸收太阳光能而进行的分解反应。直接辐照使得农药分子生成激发态，然后到三重态形式，这种激发三重态经历三种反应：均裂、异裂、光化电离作用进行光解（图 5-3）。

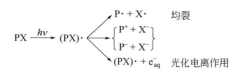

图 5-3　直接光解下可能的化学反应类型

光氧化反应是农药光解的重要途径，降解速度快，有时氧化产物比原药的毒性大。大多数醚或酯类化合物农药在紫外线照射下，如有水或湿气时能发生水解反应，如哌草丹除草剂在光照后硫醚键断裂发生裂解。许多有机氯可以进行还原脱氯光化学分解；芳香环上的氯原子在光解反应中能被羟基置换，如 2,4-D 水溶液在紫外线下，苯环上的氯原子逐步被羟基置换。

农药光解试验包括农药在水中的光解试验及农药在土壤表面的光解试验，要求将农药溶解于水中或将其均匀加至土壤表面后，置于一定强度光照条件下，定期取水样分析水中农药的残留量，以得到农药的降解曲线与降解半衰期。具体可参照 GB/T 31270.3—2014《化学农药环境安全评价试验准则　第 3 部分：光解试验》。

农药光解试验的质量控制条件包括：

（1）水与土壤中农药残留量测定中回收为 70%～110%，最低检测浓度满足检测要求；

（2）水中光解动态曲线至少 7 个点，其中 5 点浓度值为初始浓度的 20%～70%；

（3）试验用蒸馏水 pH 为 6.0～7.5，对于有离子化或质子化反应的物质，用两级 pH 溶液作试验。

根据农药光解半衰期及其可能对生态环境造成的影响，将农药的光解特性划分成五个等级，见表 5-8。

（四）土壤吸附试验

土壤吸附指供试物被吸持在土壤中的能力，即供试物在土壤/水两相间的平衡分配状况。

土壤是最重要的环境要素之一，它既是污染物的汇，又是污染物的源。农药在土壤环境中的滞留、迁移是影响其行为和归宿的支配要素之一。土壤的表面功能基团、表面配合物、内层配合物，以及农药的结构和性质等，是影响农药在土壤中的吸附、滞留、迁移的重要因素。

表5-8　农药光解特性等级划分

等级	水中半衰期（$t_{1/2}$）/h	降解性	等级	水中半衰期（$t_{1/2}$）/h	降解性
I	$t_{1/2}<3$	易光解	IV	$12{\leqslant}t_{1/2}<24$	较难光解
II	$3{\leqslant}t_{1/2}<6$	较易光解	V	$t_{1/2}{\geqslant}24$	难光解
III	$6{\leqslant}t_{1/2}<12$	中等光解			

土壤吸附试验的目的是测定与评价化学农药在土壤中的吸附特性，为化学农药登记提供环境影响资料。试验要求选用3种在阳离子交换能力、黏土含量、有机物含量及pH等有显著差异的土壤，用振荡平衡法测定土壤的吸附系数和解吸系数。采用 $CaCl_2$（0.01mol/L）作为水溶剂相，以增进离心分离作用并使阳离子交换量的影响降至最低程度。具体方法可参考GB/T 31270.4—2014《化学农药环境安全评价试验准则　第4部分：土壤吸附/解吸试验》。

土壤吸附试验的质量控制条件包括：

（1）土壤与水中农药残留量测定回收率为70%～110%，最低检测浓度满足检测要求；

（2）质量平衡试验回收率大于75%。

根据农药土壤吸附系数 K_{oc} 的大小，将农药的吸附特性划分成五个等级，见表5-9。

表5-9　农药土壤吸附特性等级划分

等级	吸附系数（K_{oc}）	土壤吸附性	等级	吸附系数（K_{oc}）	土壤吸附性
I	$K_{oc}>20000$	易土壤吸附	IV	$200<K_{oc}{\leqslant}1000$	较难土壤吸附
II	$5000<K_{oc}{\leqslant}20000$	较易土壤吸附	V	$K_{oc}{\leqslant}200$	难土壤吸附
III	$1000<K_{oc}{\leqslant}5000$	中等土壤吸附			

（五）土壤淋溶试验

农药在土壤中的淋溶作用是指农药在土壤中随水垂直向下移动的能力。农药土壤淋溶是评价农药对地下水污染影响的一个重要指标。影响农药在土壤中淋溶的主要因素有农药本身的理化性质、土壤性质、气候和耕作等。多数情况下，农药的水溶性越强、农药在土壤中的降解半衰期越长，农药在土壤中的淋溶性就越强。土壤黏粒含量越高、有机质含量越高则农药土壤淋溶性能下降。反之，土壤砂质含量越高，有机持含量小，则土壤淋溶性相对较强。通常随着降水和灌溉水的增加，农药在土层中的淋溶性也随之增强。

土壤淋溶试验的目的是测定与评价化学农药在土壤中的淋溶特性，为化学农药登记提供环境影响资料。土壤淋溶试验可以采用土壤薄层色谱法和土柱淋溶法两种方法测定农药在土壤中的淋溶特性。其中，对于挥发性农药，土壤薄层色谱法应在密闭的层析室内进行。具体内容可参考GB/T 31270.5—2014《化学农药环境安全评价试验准则　第5部分：土壤淋溶试验》。土壤淋溶试验的质量控制条件为农药残留量测定方法回收率为70%～110%，最低检测浓度满足测定要求。

土壤淋溶试验评价标准根据测试方法不同：采用土壤薄层色谱法进行测定时，根据比移值（R_f值）的大小，将农药在土壤中的移动性能划分为五个等级，见表5-10。

表5-10 农药在土壤中的移动性等级划分

等级	比移值（R_f值）	移动性	等级	比移值（R_f值）	移动性
I	$0.90 < R_f \leq 1.00$	极易移动	IV	$0.10 < R_f \leq 0.35$	不易移动
II	$0.65 < R_f \leq 0.90$	可移动	V	$R_f \leq 0.10$	不移动
III	$0.35 < R_f \leq 0.65$	中等移动			

采用土柱淋溶法测定时，根据各段土壤及淋出液中农药含量占添加总量的百分数 R_i 值的大小，将农药在土壤中的移动性能划分为四个等级，见表5-11。表中，R_i 中 i=1、2、3、4，分别表示组分为 0~10cm、10~20cm、20~30cm、30~40cm 的土壤和淋出液。

表5-11 农药在土壤中的淋溶性等级划分

等级	R_i/%	淋溶性	等级	R_i/%	淋溶性
I	$R_4 > 50$	易淋溶	III	$R_2 + R_3 + R_4 > 50$	较难淋溶
II	$R_3 + R_4 > 50$	可淋溶	IV	$R_1 > 50$	难淋溶

（六）挥发性试验

农药的挥发性是指农药以分子扩散形式从土壤、水体中逸入大气的现象。农药的挥发性由农药本身的理化性质决定，农药蒸气压是影响挥发性的最主要因素，农药的水溶性则多与挥发性成反比。土壤表面的挥发性则主要受到土壤吸附性能的影响，吸附常数越大，挥发性就越小。此外，农药施用剂型、施用方式及施用时的气候因素也会影响农药的挥发性。

农药挥发性试验的目的是通过测试与评价化学农药在不同介质中的挥发性，为农药的登记提供环境影响资料。农药挥发性试验包括农药在空气中、水中及在土壤表面的挥发性试验，要求将农药加至玻璃表面、水与土壤等介质中，在一定温度与气体流速条件下，用合适的吸收液吸收挥发出来的农药，通过测定吸收液及介质中的农药含量，计算农药的挥发性。具体方法可参考 GB/T 31270.6—2014《化学农药环境安全评价试验准则 第6部分：挥发性试验》。

农药挥发性试验的质量控制条件包括农药残留测定方法回收率为 70%~110%，最低检测浓度满足测定要求；挥发试验回收率不低于 70%。农药挥发性的评价标准是根据得到的挥发率（即农药挥发量占农药加入量的百分数）R_v 的大小，将农药挥发性能分为四级，见表5-12。

表5-12 农药挥发性等级划分

等级	挥发率（R_v）/%	挥发性	等级	挥发率（R_v）/%	挥发性
I	$R_v > 20$	易挥发	III	$1 < R_v \leq 10$	微挥发性
II	$10 < R_v \leq 20$	中等挥发性	IV	$R_v \leq 1$	难挥发

（七）生物富集试验

农药的生物富集作用是指农药从水环境中进入水生生物体内累积，进而在食物链中相互传递与富集的能力。农药生物富集能力的大小与农药的水溶性、分配系数以及与生物的种类，生物体内的脂肪含量，生物对农药代谢能力等因子有关。一般农药的生物富集能力愈强，对生物的污染与慢性危害愈大。

农药生物富集试验的目的是通过测试与评价化学农药在生物体中的富集能力，为化学农药的登记提供环境影响资料。试验方法主要采用鱼类作为供试生物，将受试鱼暴露于两个浓度的农药溶液中，定期采样测定鱼体与药液中的农药浓度，计算鱼体与药液中农药浓度之比，得生物富集系数（BCF）。生物富集系数是指平衡时鱼体内的农药含量与水体中的农药含量的比值，以生物富集系数的大小评价农药的生物富集性。

生物富集试验的质量控制条件包括：

（1）水和鱼体中农药残留量测定方法回收率为 70%～110%，最低检测浓度满足测定要求；

（2）试验结束时，试液中农药含量不低于初始浓度的 80%；

（3）试验期间水中溶解氧不得低于 5mg/L；

（4）试验期间试验鱼生长正常；

（5）试验浓度设定以满足试验要求为标准。如果浓度达不到急性毒性 LC_{50}（96h）的 1/10，则可采用其他适当的浓度，需在报告中说明。

农药生物富集的评价标准是根据生物富集系数 BCF 值的大小，将农药生物富集性分为三级，见表 5-13。

表 5-13 农药生物富集等级划分

等级	生物富集系数（BCF）	富集等级
I	BCF≤10	低富集性
II	10＜BCF≤1000	中等富集性
III	BCF＞1000	高富集

（八）水-沉积物系统降解试验

水-沉积物系统包括稻田、沟渠、池塘、湖泊、水库、河流和海洋，是农药重要的汇集库。许多农药及代谢物在各种各样的水体和底部沉积物中被检测出来。农药通过降雨、淋溶等途径进入地表水，吸附于底部沉积物中，又可重新释放进入水体，因此农药在水-沉积物体系中的行为研究尤为重要。农药在水-沉积物系统中的降解行为，是环境行为中重要的一部分。研究农药在水和沉积物中的降解特性，是进行农药环境评价的重要基础，可以评估农药对水层或底部沉积物中水生生物的生态毒理影响或饮用水污染。在实验室中对水-沉积物系统中农药的环境行为研究，对预估农药在实际环境中的行为有重要的参考价值。

农药的物理化学性质、施药方法、土壤或沉积物性质、气候、季节、地理位置和邻近施药地点水体的规模，决定了每种农药进入水-沉积物体系的途径。农药在水-沉积物系统中的降解过程包括非生物降解及生物降解。水解是一种主要的非生物过程，氧化还原或光化学反应在农药降解中有时也起到重要作用，另外，微生物降解也是农药降解的主要途径。

进行农药在水沉积物系统的降解试验的目的是通过测定与评价农药在水-沉积物系统中的降解特性，了解农药在水-沉积物系统中的立体降解、沉积行为，也为农药登记提供环境影响资料。试验要求将农药施入水-沉积物系统中，在一定试验条件下进行培养、定期取样，测定农药在水-沉积物系统中的降解特性。一般使用两种沉积物，主要在有机质含量和质地上加以区分。试验开始前应进行供试沉积物的选择、采集、处理及理化性质的测定，然后分别在好氧条件下和厌氧条件下进行降解特性的测定，得到农药在水-沉积物系统中的降解速率常数及半衰期。具体方法参考 GB/T 31270.8—2014《化学农药环境安全评价试验准则 第 8 部分：水-沉积物系统降解试验》。

水-沉积物系统降解试验的质量控制条件包括：

（1）水和沉积物中农药的添加回收试验至少设置 2 个添加浓度，对每个添加浓度至少 5 个重复，回收率在 70%～110% 之间，最低检测浓度应低于初始浓度的 1%。添加回收试验应至少包括初始浓度的 10% 和初始添加浓度。

（2）农药在水中和水-沉积物系统中的降解动态曲线至少包括 7 个点，其中 5 个点的浓度或含量为初始值的 20%～80%。

农药在水-沉积物系统中的降解评价标准，是按照农药在水-沉积物系统中的降解半衰期，将农药在水-沉积物系统中的降解特性划分成四个等级，具体见表 5-14。

表 5-14 农药在水-沉积物系统中的降解特性等级划分

等级	半衰期（$t_{1/2}$）/d	降解特性	等级	半衰期（$t_{1/2}$）/d	降解特性
I	$t_{1/2} \leq 30$	易降解	III	$90 < t_{1/2} \leq 180$	较难降解
II	$30 < t_{1/2} \leq 90$	中等降解	IV	$t_{1/2} > 180$	难降解

第六节 农药最大残留限量标准制定实例分析

我国茶叶在世界上占有重要的地位，茶叶种植面积和产量居世界首位。茶叶的种植区域大多分布在热带和亚热带地区，这种气候条件也适于病虫草害的发生。化学农药仍是茶园中病虫草害的防治手段。为保障饮茶者健康，茶叶生产国、茶叶消费国或者国际组织制定了茶叶中农药残留限量，以规范茶园农药的使用。

茶叶中农药残留限量的制定原则和流程与其他农作物类似。首先依据我国良好农业规范或安全使用规范，在有效防治病虫害的前提下开展农药在茶叶上的残留试验，获得规范残留试验中值（STMR）和最高残留值（HR）。其次依据国家估算每日摄入量（NEDI）、理论最大摄入量（TMDI）或国家估算短期摄入量（NESTI）与每人每日摄入总量（ADI×63）或（ARfD×63）的比值评估长期摄入膳食风险和短期摄入膳食风险。当比值低于 100% 时，则表明该农产品或食品中农药残留量不会对一般人群健康产生不可接受的风险，在此基础上推荐最大残留限量。以我国茶叶中醚菊酯最大残留限量制定为例加以说明。

一、醚菊酯在茶叶中的残留试验

1. 试验区域和试验地点选择

依据 2569 号文件附件 9《农药登记残留试验点数要求》和《农药登记残留试验作物分布区域指南》，在 9 个作物区域中选择浙江、福建、湖南、贵州、安徽、湖北、山东、广西等十个产茶省（自治区、直辖市）设置醚菊酯在茶叶上的残留试验。

2. 醚菊酯在茶叶中的最终残留试验设计

以 30% 呋虫胺·醚菊酯可分散油悬浮剂（醚菊酯 15%）作为试验药剂，以推荐用量 67.5～112.5（a.i.）g/hm²（制剂用量 225～375g/hm²）的高剂量 112.5（a.i.）g/hm²（制剂用量 375g/hm²）施药，其中醚菊酯用药量为 56.3（a.i.）g/hm²。每亩（1 亩=666.7m²）用水 60L，在茶树茶小绿叶蝉发生期施药。每个处理小区面积 66m²，同时设置空白区。处理区和空白区之间设保护隔离带，喷雾处理 1 次。于施药后 5d、7d、10d 采摘各小区茶叶鲜叶 2kg。茶叶经摊晾后按照当地工艺加工成干茶。装入样本容器中并粘好标签，样品在规定的时间内运回实验室，-20℃贮存，待分析。

二、醚菊酯在茶叶中的规范残留试验中值（STMR）和最高残留值（HR）

醚菊酯在 10 个田间试验点的最终残留试验数据汇总如表 5-15 所示。采收间隔期 5d、7d、10d 时，干茶中醚菊酯的残留量为 0.23～11.23mg/kg，采收间隔期 7d 时，STMR 为 4.2mg/kg，HR 为 8.3mg/kg。

表 5-15　醚菊酯的最终残留量

施药剂量* /（g/hm²）	施药 次数	采收间隔期 /d	残留量 /（mg/kg）			规范残留试验中 值（STMR）	残留最大值 （HR）
56.3	1	5	2.38	5.03	5.41	5.3	11.2
			2.62	5.12	5.71		
			2.84	5.19	5.73		
			2.94	5.29	5.77		
			3.34	5.3	6.04		
			3.35	5.31	6.47		
			3.84	5.32	6.56		
			3.88	5.34	10.66		
			4.01	5.35	10.66		
			4.73	5.37	11.23		
		7	1.16	3.12	4.47	4.2	8.3
			1.24	3.24	4.61		
			1.49	3.81	4.62		
			1.77	4.00	5.51		
			1.95	4.04	5.91		
			1.98	4.35	5.94		
			2	4.39	6.12		
			2.01	4.4	8.09		
			2.02	4.44	8.18		
			3.09	4.45	8.31		
		10	0.23	0.68	2.78	1.6	6.5
			0.23	0.68	2.97		
			0.23	1.44	3.07		
			0.53	1.48	3.09		
			0.54	1.52	3.13		
			0.54	1.70	3.26		
			0.55	1.72	3.26		
			0.62	1.78	5.26		
			0.64	2.17	5.43		
			0.64	2.66	6.5		

注：表格中的残留量是每个样品的残留量。10 个试验点，每个间隔期每地采样 3 个，是 30 个数据点。表中的残留量数据已经从小到大做了排序，最左列最上面一个数据是最小值，最右列最后一个数据是最大值；*表示施药剂量为有效成分施药量。

三、醚菊酯残留的膳食摄入风险评估

1. MRL 的选择

依据醚菊酯在我国的登记作物，查询我国和国际上在登记作物中的最大残留限量标准，如表 5-16 所示。

醚菊酯在我国的登记作物包括茶树、甘蓝、十字花科蔬菜、水稻。经查询 GB 2763—2021，我国制定醚菊酯在水稻和甘蓝中的 MRL 分别为 0.01mg/kg 和 0.5mg/kg，在十字花科蔬菜中，我国制定普通白菜和大白菜中的 MRL 均为 1mg/kg，因此十字花科蔬菜的 MRL 以 1mg/kg 计算。

表 5-16　醚菊酯在部分作物中的最大残留限量　　　　　　　　　　　　　　　单位：mg/kg

	作物名称	食物归类	中国	CAC	美国	澳大利亚	韩国	欧盟	日本
登记作物	水稻	米及其制品	<u>0.01</u>	0.01	0.01			0.5	1
	甘蓝	浅色蔬菜	<u>0.5</u>						<u>2</u>
	十字花科蔬	深色蔬菜	<u>1</u>						
	茶叶	食盐						0.01	10

注：下划线为风险评估计算用值。

2. 风险评估计算

长期膳食风险评估：依据我国 MRL 制定的食品分类和消费量，茶叶膳食量和食盐接近，因此以食盐的消费量作为茶叶消费量进行计算。国际食品法典评估时，对茶叶中农药残留的摄入一般要考虑农药在茶汤中迁移系数，并以茶汤中残留为摄入量计算依据。本例中，田间规范残留试验中值 STMR 以药后第七天茶叶样品中残留量排序获得。如表 5-17 所示，计算可得醚菊酯的国家估算每日摄入量（national estimated daily intake，NEDI）为 0.2361mg，日允许摄入量为 ADI×63=1.89mg，NEDI 仅占日允许摄入量的 12.49%，说明醚菊酯残留引起的长期膳食摄入风险较低。

短期膳食摄入评估：由于对特定食品消费量较大的特点，本例中仅需要考虑对茶叶的急性摄入风险。醚菊酯的 ARfD 值为 1mg/kg bw，本例中如按照国内文献对茶叶摄入的结果分析，特殊人群 97.5%分布的短期摄入量远低于 ARfD。我国目前在制定 MRL 标准中，尚没有对农药的急性风险进行系统评价。

表 5-17　醚菊酯膳食风险评估表

食物种类	膳食量/kg	参考限量/（mg/kg）	限量来源	NEDI/mg	日允许摄入量/mg	风险概率/%
米及其制品	0.2399	0.01	中国	0.002399		
面及其制品	0.1385					
其他谷类	0.0233					
薯类	0.0495			ADI×63		
干豆类及其制品	0.016					
深色蔬菜	0.0915	1	中国	0.0915		
浅色蔬菜	0.1837	0.5	中国、韩国	0.09185		
腌菜	0.0103					

食物种类	膳食量/kg	参考限量/ （mg/kg）	限量来源	NEDI/mg	日允许摄入量/mg	风险概率/%
水果	0.0457					
坚果	0.0039					
畜禽类	0.0795					
奶及其制品	0.0263					
蛋及其制品	0.0236					
鱼虾类	0.0301			ADI×63		
植物油	0.0327					
动物油	0.0087					
糖、淀粉	0.0044					
食盐	0.012	4.2	规范残留试验中值	0.0504		
酱油	0.009					
合计	1.0286			0.2361	1.89	12.49

注：醚菊酯的 ADI 为 0.03mg/kg bw（GB 2763—2021）。

四、醚菊酯在茶叶中最大残留限量的制定

经查询美国制定的醚菊酯在茶叶中的 MRL 限量为 5mg/kg，欧盟为 0.01mg/kg，日本为 10mg/kg，Codex 暂无限量。因此结合我国农药登记情况和我国居民的人均膳食结构和田间试验结果，根据经验可推荐我国制定茶叶上醚菊酯的最大残留限量 MRL 在 HR 的 2 倍以上。目前 GB 2763—2021《食品安全国家标准　食品中农药最大残留限量》中我国茶叶中醚菊酯的 MRL 限量为 50mg/kg。

第七节　MRL 的应用与市场监测

为了控制食物中的农药残留水平，保证食品安全，目前国际通行的做法是制定食品中农药的 MRL。《食品安全国家标准　食品中农药最大残留限量》（GB 2763—2021）是目前我国统一规定食品中农药最大残留限量的强制性国家标准。

2009 年我国《中华人民共和国食品安全法》（简称《食品安全法》）发布实施后，为解决我国原有农药最大残留限量标准的重复、交叉、过时等问题，2010 年农业部开始对已发布的农药最大残留限量国家标准和行业标准进行清理规范，并于 2012 年统一发布《食品安全国家标准　食品中农药最大残留限量》（GB 2763—2012），规定了阿维菌素等 322 种农药 2293 项农药最大残留限量标准。此后，该标准又历经多次修订。2014 年发布 GB 2763—2014，规定了 2,4-滴等 387 种农药 3650 项最大残留限量标准；2016 年发布 GB 2763—2016，规定了 2,4-滴等 433 种农药 4140 项最大残留限量标准；2018 年又补充发布了《食品安全国家标准　食品中百草枯等 43 种农药最大残留限量》（GB 2763.1—2018），增加了百草枯等 43 种农药 302 项最大残留限量标准，与 GB 2763—2016 配套使用。2019 年 8 月 15 日，农业农村部与国家卫生健康委员会和国家市场监督管理总局三部委联合发布《食品安全国家标准　食品中农药最大残留限量》（GB 2763—2019），规定了 2,4-滴等 483 种农药在 356 种（类）食品中 7107 项残留限量标准，该标准代替了 GB 2763—2016 和 GB 2763.1—2018。2021 年 3 月 3 日，农

业农村部与国家卫生健康委员会和国家市场监督管理总局三部委联合发布《食品安全国家标准 食品中农药最大残留限量》（GB 2763—2021），新版标准已于 2021 年 9 月 3 日起实施，规定了 564 种农药在 376 种（类）食品中 10092 项最大残留限量，标准数量首次突破 1 万项，达到国际食品法典委员会（CAC）的近 2 倍。

一、我国农产品质量安全监测体系

我国农产品质量安全监测可追溯到 20 世纪 80 年代末的食品安全抽检，主要是卫生部门到各地监测食品的污染情况，以监测食品污染物（以化学污染物为主）和食源性疾病（以生物性污染物和食物中毒）为主；1999 年，农业农村部（当时为农业部）会同原国家出入境检验检疫局启动了《动物源性食品中残留监控计划》和《饲料与饮用水中药物监控计划》，开展动物源性产品中药物残留检测；2001 年，农业部启动"无公害食品行动计划"，以北京、天津、上海和深圳四个城市为试点，开展蔬菜中农药残留监测和畜产品中"瘦肉精"残留监测；2002 年，监测工作全面推进，开始实施农药及农药残留、兽药及兽药残留、饲料及饲料添加剂、水产品中药物残留监控计划等；2004 年，开始实施水产品质量安全例行监测；2007 年，开始实施农产品质量安全监督抽查。

目前，我国已构建起体系完备的农产品质量安全监测体系，体系和规模较大。仅农业农村部部级监督检验测试中心就超过 200 家，监测覆盖了全国除港澳台之外的 31 个省（自治区、直辖市）和所有大宗农产品类别。以蔬菜中农药残留的监测为例，纳入监测范围的具体蔬菜品种有 243 个，每个样本检测的农药残留数量为 58 种（2018 年增加到 68 种）。仅蔬菜一类产品，我国农业部门的监测数量就达到每年 12000 个以上。

我国的农产品质量安全监测体系是一个覆盖部、省、市、县四级农业主管部门的工作体系。根据《农产品质量安全监测管理办法》，我国的农产品质量安全监测，包括农产品质量安全风险监测和农产品质量安全监督抽查。农业部根据农产品质量安全风险评估、农产品质量安全监督管理等工作需要，制定全国农产品质量安全监测计划并组织实施。县级以上地方人民政府农业行政主管部门应当根据全国农产品质量安全监测计划和本行政区域的实际情况，制定本级农产品质量安全监测计划并组织实施。

（1）农产品质量安全风险监测，是指为了掌握农产品质量安全状况和开展农产品质量安全风险评估，系统和持续地对影响农产品质量安全的有害因素进行检验、分析和评价的活动，包括农产品质量安全例行监测、普查和专项监测等内容。农产品质量安全风险监测工作按照《农产品质量安全监测管理办法》实施，主要分为项目与任务分工、样品采集、检验检测、结果汇总、会商分析等过程，每年的监测方案规定了实施该项工作的具体要求。农产品质量安全风险监测工作的承担单位，均为通过资质认证的质检机构，负责具体抽样与检测工作，按要求向牵头单位上报抽样与检测结果。县级以上地方人民政府农业行政主管部门向上级农业行政主管部门报送监测数据和分析结果，并向同级食品安全委员会办公室、卫生行政、质量监督、工商行政管理、食品药品监督管理等有关部门通报。农业农村部向国务院食品安全委员会办公室和卫生行政、质量监督、工商行政管理、食品药品监督管理等有关部门及各省（自治区、直辖市）、计划单列市人民政府农业行政主管部门通报监测结果。风险监测工作的抽样程序、检测方法等符合《农产品质量安全监测管理办法》第三章监督抽查规定的，监测结果可以作为执法依据。

(2)农产品质量安全监督抽查，是指为了监督农产品质量安全，依法对生产中或市场上销售的农产品进行抽样检测的活动。农产品质量安全监督抽查工作重点针对农产品质量安全风险监测结果和农产品质量安全监管中发现的突出问题开展。监督抽查按照抽样机构和检测机构分离的原则实施。抽样工作由当地农业行政主管部门或其执法机构负责，检测工作由农产品质量安全检测机构负责。检测机构应当按照任务下达部门指定的方法和判定依据进行检测与判定，并及时将检测结果报送下达任务的农业行政主管部门。检测结果不合格的，应当在确认后 24 小时内将检测报告报送下达任务的农业行政主管部门和抽查地农业行政主管部门，抽查地农业行政主管部门应当及时书面通知被抽查人。被抽查人对检测结果有异议的，可以自收到检测结果之日起 5 日内，向下达任务的农业行政主管部门或者其上级农业行政主管部门书面申请复检。对于抽检不合格的农产品，由县级以上地方人民政府农业行政主管部门依法查处，或依法移交工商行政管理等有关部门查处。

在农产品质量安全监测中，检测结果的判定一般以"产品+残留量"的组合为判定单元，以该组合对应的判定值为判定标准，检测结果大于判定值为"不合格"，主要原则如下：①如"产品+残留量"组合与 GB 2763—2021 中的组合相一致，则直接引用 GB 2763—2021 中该组合的 MRL 值作为该组合的判定标准值；②如"产品+残留量"组合与 GB 2763—2021 中的组合在具体产品上有差异，但能明确该产品在 GB 2763—2021 中对应的上一级产品类别，则引用 GB 2763—2021 中"上一级产品类别+残留量"组合的 MRL 值为判定标准值；③如"产品+残留量"组合在 GB 2763—2021 中无对应组合，则该组合的判定标准值根据监测要求执行。通过以上判定标准的设定，确保了每一个产品与每一种农药残留的组合都有唯一的判定标准值。

二、我国农产品质量安全监测管理机构及其职能

农产品质量安全涉及农业生产环境质量、农业投入品质量、农业生产过程的质量控制、农产品的储存、运输、农产品贸易、农产品消费等众多环节，以及农产品检验检测机构的能力和水平，也包括机构的法律地位、人员、环境、仪器设施、检测标准和技术、实验室资质认定等方面，涉及农产品质量安全的政府管理部门众多。

2009 年 6 月 1 日首次实施的《食品安全法》，规定了国务院卫生行政部门承担食品安全综合协调职责，负责食品安全风险评估、食品安全标准制定、食品安全信息公布、食品检验机构的资质认定条件和检验规范的制定，组织查处食品安全重大事故；国务院质量监督、工商行政管理和国家食品药品监督管理部门依照本法和国务院规定的职责，分别对食品生产、食品流通、餐饮服务活动实施监督管理；进出口的食品由出入境检验检疫机构进行监督、抽检，海关凭出入境检验检疫机构签发的通关证明放行。食品中农药残留、兽药残留的限量规定及其检验方法与规程由国务院卫生行政部门、国务院农业行政部门制定。之后修订的《中华人民共和国食品安全法》对主管部门作出了调整，规定了国务院食品安全监督管理部门依照本法和国务院规定的职责，对食品生产经营活动实施监督管理。国务院卫生行政部门依照本法和国务院规定的职责，组织开展食品安全风险监测和风险评估，会同国务院食品安全监督管理部门制定并公布食品安全国家标准；国家出入境检验检疫部门对进出口食品安全实施监督管理。食品中农药残留、兽药残留的限量规定及其检验方法与规程由国务院卫生行政部门、国务院农业行政部门会同国务院食品安全监督管理部门制定。各部门的职责分工具体如下：

1. 农业农村部

农业农村部主要负责初级农产品生产环节的监管。主要职能包括：①负责农产品质量安全监督管理。组织开展农产品质量安全监测、追溯、风险评估。提出技术性贸易措施建议。参与制定农产品质量安全国家标准并会同有关部门组织实施。指导农业检验检测体系建设。②负责有关农业生产资料和农业投入品的监督管理。组织农业生产资料市场体系建设，拟订有关农业生产资料国家标准并监督实施。制定兽药质量、兽药残留限量和残留检测方法国家标准并按规定发布。组织兽医医政、兽药药政药检工作，负责执业兽医和畜禽屠宰行业管理。③负责种植业、畜牧业、渔业、农垦、农业机械化等农业各产业的监督管理。指导粮食等农产品生产。组织构建现代农业产业体系、生产体系、经营体系，指导农业标准化生产。负责双多边渔业谈判和履约工作。负责远洋渔业管理和渔政渔港监督管理。

2. 国家卫生健康委员会

根据《食品安全法》，国务院卫生行政部门承担食品安全综合协调职责，组织开展食品安全风险监测和风险评估，会同国务院食品安全监督管理部门制定并公布食品安全国家标准。省、自治区、直辖市人民政府卫生行政部门会同同级食品安全监督管理等部门，根据国家食品安全风险监测计划，结合本行政区域的具体情况，制定、调整本行政区域的食品安全风险监测方案，报国务院卫生行政部门备案并实施。对地方特色食品，没有食品安全国家标准的，省、自治区、直辖市人民政府卫生行政部门可以制定并公布食品安全地方标准，报国务院卫生行政部门备案。

3. 国家市场监督管理总局

国家市场监督管理总局对食品生产经营活动实施监督管理。主要职能包括：①负责产品质量安全监督管理。管理产品质量安全风险监控、国家监督抽查工作。建立并组织实施质量分级制度、质量安全追溯制度。指导工业产品生产许可管理。负责纤维质量监督工作。②负责食品安全监督管理综合协调。组织制定食品安全重大政策并组织实施。负责食品安全应急体系建设，组织指导重大食品安全事件应急处置和调查处理工作。建立健全食品安全重要信息直报制度。承担国务院食品安全委员会日常工作。③负责食品安全监督管理。建立覆盖食品生产、流通、消费全过程的监督检查制度和隐患排查治理机制并组织实施，防范区域性、系统性食品安全风险。推动建立食品生产经营者落实主体责任的机制，健全食品安全追溯体系。组织开展食品安全监督抽检、风险监测、核查处置和风险预警、风险交流工作。组织实施特殊食品注册、备案和监督管理。④负责统一管理标准化工作。依法承担强制性国家标准的立项、编号、对外通报和授权批准发布工作。制定推荐性国家标准。依法协调指导和监督行业标准、地方标准、团体标准制定工作。组织开展标准化国际合作和参与制定、采用国际标准工作。⑤负责统一管理检验检测工作。推进检验检测机构改革，规范检验检测市场，完善检验检测体系，指导协调检验检测行业发展。⑥负责统一管理、监督和综合协调全国认证认可工作。建立并组织实施国家统一的认证认可和合格评定监督管理制度。

三、美国和欧盟的农药残留监测工作情况

1. 美国

美国是最早在国家层面上系统开展农药残留监测的国家，美国食品与药品管理局（FDA）

在 1963 年启动了针对常规农药的残留监测计划，农业部食品安全检验署（FSIS）在 1967 年开始了肉类和家禽类产品的残留监测计划，从 1995 年开始将肉蛋产品纳入残留监测计划。美国的农产品药物残留监测计划主要包括农业部食品安全检验局（FSIS）组织的国家年度残留监测计划（NRP）、卫生部（HHS）食品与药品管理局（FDA）组织的农药残留监控计划（PPRM）和农业市场服务局（AMS）组织的农药数据计划（PDP）3 项计划。

（1）国家年度残留监测计划（NRP）　NRP 由美国农业部（USDA）、环境保护署（EPA）、卫生与人类服务部（DHHS）等多个联邦机构合作进行。FSIS 通过 NRP 对国产与进口的肉类、禽类和蛋类食品开展残留监测。NRP 目的是实施联邦法律：保证肉类、禽类和蛋类食品不变质，确保消费者健康；制止不良品质的动物被屠宰及劣质蛋类产品的加工；鉴定超标产品并阻止其进入食品供应中；评价化学物质残留的人体暴露，为在 HACCP 系统下的残留控制提供确证。HACCP 是指为害分析和关键控制点，其含义是对可能发生在食品加工环节中的危害进行评估，进而采取控制的一种预防性的食品安全控制体系。

2019 财政年度（2018 年 10 月～2019 年 9 月），NRP 对 7767 个国产和 3501 个肉类、禽类和蛋类产品进行检测，其中 35 个样品检出未超标、21 个样品检出超标；对 3501 个进口肉类、禽类和蛋类产品进行检测，其中 19 个样品检出未超标、7 个样品检出超标。

（2）农药残留监控计划（PPRM）　PPRM 由美国食品安全和应用中心（CFSAN）、兽药中心（CVM）和监管事务办公室（ORA）共同组织实施。监测内容分为 3 个方面，包括：管理监测、频率/水平监测、总膳食研究。FDA 从 1987 年开始，每年进行农药残留监测工作。管理监测通过抽取国内生产与进口的食品和饲料样品，分析其农药残留，检查是否符合 EPA 设置的最大残留限量，并据此采取相应的执法行动。频率/水平监测是对管理监测的一种补充，选择特定的食品/农药，全面评价特定食品中农药残留状况。总膳食研究室通过不同年龄与性别组（包括从婴儿到老年人），评价膳食中农药残留。

2018 财政年度（2017 年 10 月～2018 年 9 月）FDA 共检测了 4896 个样品，其中人类食品 4404 个（国内 47 个州样品 1448 个，91 个国家或经济体进口样品 2956 个），动物食品 492 个。在国内食品监控计划中包括了一个动物源产品的重点抽样计划，共有 215 个样品。人类食品类别包括谷物及谷物制品、乳制品和蛋、水产品、水果、蔬菜和其他六大类，二级分类包括国内食品 116 类，进口食品 465 类，共检测 818 中农药和化学品。

（3）农药数据计划（PDP）　从 1991 年起，美国农业部农业市场服务局（AMS）负责开始实施农药残留监测计划，监测美国食品供应中的农药残留，反映美国食品中农药残留真实情况。该项监测计划由 3 个联邦实验室与 11 个州立实验室共同负责具体实施工作，样品的采集、制样、检测、质控等环节都制定了统一的标准予以规范。1996 年以后，根据《食品质量保护法》的要求，PDP 项目集中力量监测婴儿与儿童食品的农药残留。目前，PDP 计划每年约采集 6 万个监测样本，其中 82.4%为果蔬样本，总样本的 1/4 来自国外，国内样本占比为 3/4，样本总体不合格率低于 0.5%。

2. 欧盟

欧盟自 1996 年启动了欧共体农药残留监控计划，该计划分为两个层面：欧盟层面和国家层面。欧盟层面监控计划，又叫协调监控计划，是一个覆盖主要农药和相关产品的周期滚动计划，目前周期为三年。国家层面计划为各成员国综合考虑协调监控计划的建议、本国的消费类型、其他成员国的监测结果等多方面的因素确定监测的产品和农药的类型、采样和样品数量，各成员国一般会将其所承担的协调监控计划纳入国家监控计划中。

欧盟农药残留监控计划的对象是农产品或食品中农药的残留量。欧洲议会和欧盟理事会于 2005 年发布的《EC》No 396/2005《动植物源性食品和饲料中农药最大残留限量》规定了动植物源性食品中农药最大残留限量，为确保动植物源性食品中的农药残留低于最大残留限量，并评估消费者摄入食物的农药暴露量，欧盟成员国应按照官方控制的有关规定对食品中的农药残留进行监控。

2002 年，欧盟成立欧洲食品安全局（EFSA），包括农药残留监测、安全性评价、标准制修订在内的工作统一由其组织与实施。欧盟委员会下属健康与食品安全署（SANTE）根据 EFSA 的意见决定制定、修正、删除农药的残留限量。SANTE 下属健康、食品审计和分析办公室（Health and Food Audits and Analysis）专门负责农药残留监控行动。该部门负责制定年度残留监控计划，并与各成员国内相应的机构联系，督促其制定本国残留监控计划和执行欧盟协调监控计划，公布残留监测结果，并对第三国残留监控情况进行核查验证。

2018 年 4 月 10 日，欧盟委员会发布了（EU）2018/555，2019～2021 年动植物源性食品中农药残留限量监控计划，该法规于 2019 年 1 月 1 日生效。对于植物源性食品，计划每年取样 10 类产品（包括进口产品），涉及水果、蔬菜、谷物、酒类等，对植物源性食品中 2,4-D、阿维菌素、乙酰甲胺磷等 175 种农药进行监控。对于动物源性食品，计划每年取样 2 类产品（包括进口产品），涉及牛奶和猪油（2019）、禽脂肪和羊油（2020）、牛奶和鸡蛋（2021），对动物源性食品中联苯菊酯、氯丹、毒死蜱等 24 种农药进行监控。

欧盟的农药残留监控计划由三类实验室共同完成，分别为欧盟基准实验室、成员国基准实验室以及常规实验室。所有实验室的监测工作必须符合 96/23/EC 号法令的要求。

从最新公布的 2019 年监测结果来看，在检测的 96302 个样品中，96.1%低于最大残留水平（MRL），3.9%超标，其中 2.3%不合格（考虑测量不确定度后）。在欧盟协调控制计划检测的 12579 个样品中，2.0%超过 MRL，其中 1.0%不合格。

参考文献

[1] CAC. Discussion paper on the applicability of codex maximum residue limits for citrus fruits to kumquats. CX/PR 14/46/6, 2014.

[2] CAC. Guidelines on performance criteria for methods of analysis for the determination of pesticide residues in food and feed. CAC document No. CAC/GL 90-2017. CAC, 2017.

[3] EU. Guidance document on analytical quality control and method validation procedures for pesticide residues and analysis in food and feed. EU document No. SANTE/12682/2019. EU, 2020.

[4] Food and Agricultural Organization of the United Nations. Submission and evaluation of pesticide residues data for the estimation of maximum residue levels in food and feed. Rome: FAO, 2016.

[5] GB/T 14699.1—2005. 饲料 采样.

[6] GB/T 1605—2001. 商品农药采样方法.

[7] GB/T 31270.1—2014. 化学农药环境安全评价试验准则 第 1 部分: 土壤降解试验.

[8] GB/T 31270.2—2014. 化学农药环境安全评价试验准则 第 2 部分: 水解试验.

[9] GB/T 31270.3—2014. 化学农药环境安全评价试验准则 第 3 部分: 光解试验.

[10] GB/T 31270.4—2014. 化学农药环境安全评价试验准则 第 4 部分: 土壤吸附/解吸试验.

[11] GB/T 31270.5—2014. 化学农药环境安全评价试验准则 第 5 部分: 土壤淋溶试验.

[12] GB/T 31270.6—2014. 化学农药环境安全评价试验准则 第 6 部分: 挥发性试验.

[13] GB/T 31270.7—2014. 化学农药环境安全评价试验准则 第 7 部分: 生物富集试验.

[14]　GB/T 31270.8—2014. 化学农药环境安全评价试验准则 第 8 部分: 水-沉积物系统降解试验.

[15]　GB/T 8302—2013. 茶 取样.

[16]　Japan Ministry of Agriculture, Forestry, and Fishing (MAFF). Data requirements for supporting registration of pesticides. 3-2-2: Studies of residues in succeeding crops. Notification No. 12-Nouan-8147, 24 November, 2000.

[17]　NY/T 3094—2017. 植物源性农产品中农药残留储藏稳定性试验准则.

[18]　NY/T 3095—2017. 加工农产品中农药残留试验准则.

[19]　NY/T 3096—2017. 农作物中农药代谢试验准则.

[20]　NY/T 398—2000. 农、畜、水产品污染监测技术规范.

[21]　NY/T 788—2018. 农作物中农药残留试验准则.

[22]　NY/T 789—2004. 农药残留分析样本的采样方法.

[23]　OECD. OECD Guidance document on overview of residue chemistry studies. OECD, 2006.

[24]　OECD. OECD Guidance document on the definition of residue. OECD, 2006.

[25]　陈志军. 基于监测大数据的蔬菜中农药残留安全性评价. 北京: 中国农业科学院, 2019.

[26]　高仁君, 陈隆智, 郑明奇, 等. 科学理解农药最大残留限量的概念. 中国农学通报, 2005, 21(7): 353-358.

[27]　郭伟强, 张培敏, 边平凤. 分析化学手册. 第 3 版. 北京: 化学工业出版社, 2016.

[28]　国际农药分析协作委员会(CIPAC). 农药产品分析中参比物质的定义、制备和纯度测定准则. 农药科学与管理, 1990.

[29]　侯帆, 陈晓初, 刘丰茂, 等. 农药残留限量技术性贸易措施官方评议浅析. 农药科学与管理, 2017, 38(9): 9-15.

[30]　李云成, 张耀海, 陈卫军, 等. 橙汁加工过程对农药炔螨特残留的影响. 农业工程学报, 2012, 28(9): 270-275.

[31]　OECD. OECD guidelines for the testing of chemicals. section 5. test No. 502: metabolism in rotational crops. OECD, 2007.

[32]　联合国粮农组织和世界卫生组织. 食品法典委员会程序手册. 第 24 版. 联合国粮农组织和世界卫生组织, 2015.

[33]　刘丰茂, 王素利, 韩丽君, 等. 农药质量与残留实用检测技术. 北京: 化学工业出版社, 2011.

[34]　农业部. 农产品质量安全监测管理办法. 中华人民共和国农业部令 2012 年第 7 号, 2012 年 8 月 14 日公布, 2012 年 10 月 1 日起施行.

[35]　农业部. 农药残留检测方法国家标准编制指南. 中华人民共和国农业部公告 第 2386 号, 2016 年 4 月 11 日公布.

[36]　农业部. 食品中农药残留风险评估指南. 中华人民共和国农业部公告 第 2308 号, 2015 年 10 月 8 日公布.

[37]　农业部. 食品中农药最大残留限量制定指南. 中华人民共和国农业部公告 第 2308 号, 2015 年 10 月 8 日公布.

[38]　农业部. 用于农药最大残留限量标准制定的作物分类. 中华人民共和国农业部公告 第 1490 号, 2010 年 11 月 26 日公布.

[39]　钱传范, 刘丰茂, 潘灿平, 等. 农药残留分析原理与方法. 北京: 化学工业出版社, 2011.

[40]　钱永忠, 郭林宇. 农产品技术性贸易措施通报评议与案例研究. 北京: 中国标准出版社, 2021.

[41]　宋稳成, 单炜力, 潘灿平, 等. 小作物用农药登记管理研究. 中国农学通报, 2010, 26(2): 212-215.

[42]　王惠, 吴文君, 钱传范, 等. 农药分析与残留分析. 北京: 化学工业出版社, 2007.

[43]　于传善. 基于典型农药残留规律的结球芸苔属蔬菜作物分类及应用研究. 北京: 中国农业大学, 2014.

[44]　张红, 陈子雷, 王文正, 等. 小作物中农药残留限量标准制定的研究. 农产品质量与安全, 2012(2): 32-35.

[45]　张宏军, 李富根, 姜文议. 美国 EPA 农药登记残留试验样品储藏稳定性资料要求概述. 农药科学

与管理, 2016, 37(3): 16-23.

[46] 张丽英, 陶传江. 农药每日允许摄入量手册. 北京: 化学工业出版社, 2015.

[47] 朱光艳, 张志勇. 美国 EPA 农药登记残留试验中样品储藏稳定性试验. 农药科学与管理, 2014, 35(12): 30-37.

[48] 国家农药残留标准审评委员会秘书处. 国家农药残留标准文件汇编. 北京: 中国标准出版社, 2012.

[49] 郑永权. 农药残留研究进展与展望. 植物保护, 2013, 39(5): 90-98.

[50] GB 2763—2021. 食品安全国家标准 食品中农药最大残留限量.

[51] 宋清鹏. 欧盟食品中的农药残留标准. 国家标准化管理委员会. 市场践行标准化——第十一届中国标准化论坛论文集.国家标准化管理委员会: 中国标准化协会, 2014: 1680-1684.

[52] 宋稳成, 单炜力, 叶纪明, 等. 国内外农药最大残留限量标准现状与发展趋势. 农药学学报, 2009, 11(4): 414-420.

[53] 朴秀英, 李富根, 季颖. 国内外茶叶中农药最大残留限量比较. 农药科学与管理, 2021, 42(2): 19-25+31.

[54] 普秋榕, 王红漫. 国内外现行食用菌中农药最大残留限量标准比较分析. 云南农业大学学报(自然科学), 2018, 33(6): 1127-1138.

[55] 孙彩霞, 董国堃, 章强华. 欧盟食品农药残留限量的整合与发展. 农药, 2009, 48(1): 7-9+16.

[56] 张志恒, 陈丽萍. 欧盟农药 MRL 标准及中国的主要差距. 世界农业, 2004(10): 47-48.

[57] eCFR: 40 CFR 180.7 -Petitions proposing tolerances or exemptions for pesticide residues in or on raw agricultural commodities or processed foods.

[58] https: //www. mhlw. go. jp/stf/seisakunitsuite/bunya/kenkou_iryou/shokuhin/zanryu/faq. html#h3_q1

[59] 李子昂, 潘灿平, 宋稳成, 等. 日本农药残留限量综概述. 农药科学与管理, 2009, 30(2): 40-45.

? 思考题

1. 我国食品中农药最大残留限量制定的基本步骤有哪些?

2. 如何估算化学农药使用引起的食品中可食部位长期与短期膳食摄入风险?

3. 选取代表作物进行农药残留外推时, 应遵循哪些原则?

4. 请在文献中查询中长期膳食暴露（less-than-lifetime exposure）风险评估, 简述其国内外进展.

第六章
农药商品与残留样品的采集与储运

第一节　商品农药采样

　　采样，即样品采集，是一种取样方式，是科学研究中的重要环节。样品是获得检验数据的基础，而样品的采集是分析检测过程的关键环节；如果采样不合理，就不能获得有用的数据，也必然导致错误的结论，给工作带来损失。

　　商品农药样品，是代表售出或购入的商品农药平均质量的样品。商品农药样品的检验结果，则是作为供需双方验收的依据。商品农药采样方法，是指从整批被检商品农药中抽取一部分有代表性的样品，供分析化验用。

一、采样原则

1. 随机采样原则

　　采样应在一批或多批产品的不同部位进行，这些位置应由统计上的随机方法确定，如随机数表法等。如不能实现随机采样，应在采样报告中说明选定采样单元的方法。

2. 代表性原则

　　所采集的样本应该能够真实地反应样本的总体水平，即通过对具代表性样本的检测能客观推测总体样本的质量。

3. 适量性原则

　　采集的样品量应视实验目的和实验检测量而定。

二、采样方法

1. 采样准备

　　(1) 采样器械　由不与样品发生化学反应的材料制成，应清洁干燥。根据需要选用不同的采样器械，如对容易变质或易潮解的样品，应选用可封闭的采样探子；抽取较坚硬的样品应选用采样钻；对于液体样品，应选用液体采样设备等。

　　(2) 混样工具　准备用于混样的烧杯、聚乙烯袋、塑料布及开盖工具等。

　　(3) 盛样容器　应由不与样品发生化学反应和被样品溶解而使样品质量发生变化的材料制成。样品瓶可用可密封的玻璃瓶，对光敏感的样品应用棕色玻璃瓶或高密度聚乙烯氟化瓶。

遇水易分解的农药不应用一般塑料瓶和聚酯瓶包装。固体样品可用铝箔袋密封包装。

2. 样品混合

固体样品的混合可在聚乙烯袋中进行，若采集的样品量较大，可进行一定的缩分。样品的缩分一般采用四分法。四分法缩分是将各个采集回来的样品进行充分混合均匀后，堆为一堆，从正中划"十"字分为四部分，再将"十"字的对角两份分出来，混合均匀再从正中划"十"字，这样直至达到所需要的数量为止。

液体样品的混合可在大小适宜的烧杯中进行，将采得的样品混匀后取出部分或全部，置于另一烧杯中，再次混合，然后分装成所需份数。

混合、分装应在通风橱中或通风良好的地方快速进行。

3. 样品份数

根据采样目的不同，可由按采样方案制备的最终样品再分成数份样品。样品份数应至少3份：实验室样品、备样、存样。

4. 采样要求

(1) 商品原药

① 固体原药。采样之前需确定样品的采样件数、采样量及采样部位。

固体原药的采样件数：取决于被采样产品的包装总件数或批重。一般每批在200件以下者，按5%采样，200件以上者，按3%采样。小于5件（包括5件）从每个包装件中抽取；6～100件，从5件中抽取；100件（不包括100件）以上，每增加20件，增加1个采样单元。增加1个采样单元即采样时增加采集1件样品。

每个采样单元采样量应不少于100g。块状样品应破碎后缩分，最终每份样品应不少于100g。对于500kg以上大容器包装的产品，应从不同部位随机取出15个份数，混合均匀。

采样部位：须从包装容器的上、中、下三个部位采集代表性样品，倒入混样器或贮存瓶中。

② 液体原药。采集液体原药应防止结晶。每批产品开采3～5件，每件取样不少于500mL。混合后采集不少于200mL。液体原药如有结晶析出，应采取适当安全措施，温热熔化。混匀后再进行采样。

(2) 液体制剂 液体制剂包括溶液、乳油、悬浮剂、悬乳剂、微乳剂、水乳剂等。

液体制剂的采样件数一般应如表6-1所示。

表6-1 农药加工制剂产品采样需打开包装件数

所抽产品的包装件数	需打开包装件数	所抽产品的包装件数	需打开包装件数
≤10	1	21～260	每增加20件增抽1件，不到20件按20件计
11～20	2	≥261	15

液体制剂采样时，在打开包装容器前，要小心地摇动、翻滚，尽量使产品均匀。打开容器后应再检查一下产品是否均匀，有无结晶、沉淀或分层现象。

液体制剂最终每份样品量应不少于200mL。

采样部位：大贮罐和槽车等应从上、中、下不同深度采样，或在卸货开始、中间和最后时间采样。

(3) 固体制剂 固体制剂包括粉剂、可湿性粉剂、可溶粉剂、片剂、水分散粒剂和其他颗粒产品等。

① 采样件数：采样时，打开包装件的数量一般应符合表6-1要求。应从每个小包装中取出部分或全部产品，混合均匀，必要时进行缩分。

固体制剂根据均匀程度每份样品量一般为300～600g。可根据实验要求适当增加样品量。如粉剂、可湿性粉剂每份样品量300g即可，而颗粒剂、片剂等每份样品量应在600g以上。

② 采样部位：从较大包装中取样时，应选用插入式取样器或中间带凹槽的取样探头。所取样品应包括上、中、下三个部位。取样时，应从包装开口处对角线穿过直达包装底部，取出所需的量。

（4）其他形态的产品　其他类型产品就是除商品原药、液体制剂、固体制剂以外的产品，如气体农药等。

对于特殊形态的样品，应根据具体情况，采取适宜的方法取样。如溴甲烷，对每批产品可从任一钢瓶中取样。

5. 采样报告和记录

（1）采样报告　每份样品都应有采样报告。采样报告至少应包括以下内容（可根据采样目的增加内容）：①生产企业（公司）名称和地址；②产品名称（有效成分含量+中文通用名称+剂型）；③生产日期或（和）批号；④执行标准（生产和抽样检验）；⑤产品等级；⑥产品总件数和每件中包装瓶（袋）的数量和净含量；⑦采样件数；⑧采样方法；⑨采样地点；⑩采样日期；⑪ 其他说明；⑫ 采样人姓名（签字）；⑬ 采样产品生产、销售或拥有者代表姓名（签字）。

（2）采样记录　采样时，除填写报告规定的内容外，还应记录采样现场的环境条件和天气情况，以及产品异常现象和包装情况等；检查包装净含量时应记录所检包装的数量、每个包装的装量偏差和平均净含量等。

三、样品的包装、运输和贮存

1. 标签

抽取的样品装入符合要求的样品瓶（袋）后，应进行密封，粘贴封条和牢固、醒目的标签。标签内容为：产品名称（有效成分含量、通用名称、剂型）、净含量（g/mL）、生产日期或（和）批号、生产厂（公司）名称、毒害等级、采样日期。

2. 包装

需要运输的样品，应将包装瓶（袋）先装入塑料袋中，密封。然后装入牢固容器中，周围用柔软物固定，密封。贴上标签，并用箭头表示样品朝上的方向。

3. 运输

农药样品的运输应符合国家有关危险货物的包装运输规定。

4. 贮存

农药样品，应贮存在通风、低温、干燥的库房中，并远离火源。贮存时，不得与食物、种子、饲料混放，也不得与残留样品混放。

第二节　农药残留样品采样

农药残留分析的基本过程包括采样和预处理、样品前处理和测定三个基本环节。为了获得正确的、有效的分析结果，采样是非常重要的环节。一般情况下，残留在农产品和食品中的农药并不是均匀分布，因此在进行农药残留分析之前，应根据分析的目的和要求采集样品。残留分析样品可以是田间残留试验中的样品、国内市场监测或监督抽样、进出口检验抽样、委托送检样品或其他科学研究样品。

一、样品种类

按来源可分为：

（1）主观样品　是人们为研究农药残留量与各种因素关系，从设计的实验区域内采集的样品。

（2）客观样品　指监测样品和执法样品，这些样品来源于非人为设置的试验区域，测定的农药残留种类是未知的或施药背景不清楚的样品。

按照 IUPAC（International Union of Pure and Applied Chemistry，国际纯粹与应用化学联合会）和 ISO（International Organization for Standardization，国际标准化组织）提出的定义，可分为：

实验室样品（laboratory sample）：从群体采集的送达残留分析实验室的样品材料。

检测样品（test sample）：实验室样品经过缩分减量或经过精制后的样品。

检测试样（test portion）：从检测样品中称取出的用于分析处理的试样。

检测溶液（sample solution）：检测样份经过提取、净化处理后进入待测状态的溶液。

残留分析的样品（sample）大多数情况下是从静态群体中取出的，如田间试验小区的作物，但有些情况下要从动态群体中取样，如流动的河水或生产线上的传送带，群体随时间变化，从这类群体中所取出的一小部分称为样本（specimen）。

也可按不同的群体来源分类，如田间样品（field sample）：按照规定的方法在田间采集的样品。田间样品一般要求按原样运回实验室,然后按照样品缩分原则从田间样品制备实验室样品。

而按照分析方法经初步处理并准确称量后立即测定或短期保存后直接用于分析的样品称为分析样品或试样（analytical portion）。

二、采样原则

正确的采样方法是保证残留分析结果准确、有效的关键。采样时应遵循如下原则：

（1）代表性　所采集的样品应能真实反映样品的总体水平，即通过对具代表性样品的检测能客观推测总体样品的情况。

（2）适量性　采集的样品量应视实验目的和实验检测量而定。

三、采样注意事项

(1) 采样应由专业技术人员进行;

(2) 采集的样品应具有代表性;

(3) 样品采集、制备过程中应防止待测定组分发生化学变化、损失,避免污染;

(4) 采样过程中,应及时、准确记录采样相关信息;

(5) 在采样点上应有选择地采样,避免采有病、过小或未成熟的样品;

(6) 按规定采集可食用部分,注意尽可能符合农产品采收实际要求;

(7) 应避免在地头或边沿采样(留 0.5m 边缘),防止飘移和重复喷药对样品的干扰;

(8) 先采对照区的样品,再按从小到大的施药剂量顺序采集其他小区样品。

四、采样方法

1. 农药残留田间试验样品采样

(1) 田间采样方法 田间采样方法一般根据试验目的和样品种类实际情况而定,按照随机法、对角线法、五点法、"Z"形法、"S"形法、棋盘式法、交叉法、平行线法等在每个采样单元内进行多点采样,如图 6-1 所示。

① 随机法:通过抽取随机数字决定小区中被采集的植株。

② 对角线法:在试验小区的对角线上采样,可分为单对角线法和双对角线法两种。单对角线方法是在田块的某条对角线上,按一定的距离选定所需的全部样品。双对角线法是在田块四角的两条对角线上均匀分配样品采样点。两种方法可在一定程度上代替棋盘式法,但误差较大些。

③ 五点法:对角线法的一个特例,即在小区的正中央(对角线交点)、交点到四个角的中间点五点采样,是应用最普遍的方法。

④ "Z"形法:按"Z"形走向在小区中多点采样。

⑤ "S"形法:按"S"形走向在小区中多点采样。

⑥ 棋盘式法:将试验小区均匀地划成许多小方格,形如棋盘,然后将采样点均匀分配在这些方格中。这种方法能获得较为可靠的采样结果。

⑦ 交叉法:在一定范围内,确定采样的密度,沿着测线,然后间隔一个或两个样品的位置采一个样,另一条测线则在第一条测线没有采样的垂直位置上采样,依次类推。

⑧ 其他方法如平行线法:例如在桑园中,每隔数行取一行进行采样。本法适用于分布不均匀的田间采样,采样结果的准确性较高。

每个采样单元内采集一个代表性样品,样品要能够反映整个处理小区的农药残留状况,并考虑可能影响农药残留分布的各种因素,如植株形态、作物生长差异等。

处理小区应至少采集 2 个样品。第一次和最后一次采集处理小区样品时,应同时采集对照小区样品。

不应采有病、过小的样品。采果树样品时,需在植株各部位(上、下、内、外、向阳和背阴面)采样。对于用于环境条件相对稳定场所的农药,应从上、中、下分层采样,每层采样时从中心及四周随机采样,保证样品代表性。

(2) 田间采样要求 农作物种类繁多,采样部位及采样量亦有很大差别,对于同一种农产品要统一采样部位和采样量，否则会造成混乱。表 6-2 是常见农产品样品的田间采集部位、检测部位及采样量。其他具体要求见 NY/T 788—2018。

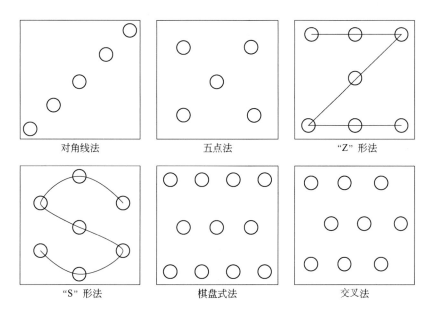

图 6-1 采样方法示意图

表 6-2 田间采样部位、检测部位和采样量要求

组别	组名	作物种类			田间采样部位及检测部位	每个样品采样量
1	谷物	稻类：水稻、旱稻等			稻谷 分别检测糙米和稻壳，并应计算稻谷残留量	不少于 12 个点，至少 1kg
					秸秆，并计算以干重计的残留量（用含水量折算）	不少于 12 个点，至少 0.5 kg
		麦类	小麦		籽粒	不少于 12 个点，至少 1kg
					秸秆，并计算以干重计的残留量（用含水量折算）	
			大麦、燕麦、黑麦、荞麦等		籽粒	不少于 12 个点，至少 1kg
		旱粮类	玉米		鲜食玉米（包括玉米粒和轴）	从不少于 12 株上至少采集 12 穗，至少 2kg
					籽粒	从不少于 12 株上至少采集 12 穗，至少 1kg
					秸秆，并计算以干重计的残留量（用含水量折算）	不少于 12 株，每株分成 3 个等长的小段（带叶），取 4 个上部小段，4 个中部小段和 4 个下部小段，至少 2kg
			高粱、粟、稷、薏仁等		籽粒	不少于 12 个点，至少 1kg
		杂粮类：绿豆、小扁豆、鹰嘴豆、赤豆等			籽粒	不少于 12 个点，至少 1kg

组别	组名	作物种类		田间采样部位及检测部位	每个样品采样量
2	蔬菜	鳞茎类	鳞茎葱类：大蒜、洋葱、薤等	去除根和干外皮后的整个个体	从不少于 12 株上至少采集 12 个球茎，至少 2kg
			绿叶葱类：韭菜、葱、青蒜、蒜薹、韭葱等	去除泥土、根和干外皮后的整个个体	不少于 24 株，至少 2kg
			百合	鳞茎头	从不少于 12 株上至少采集 12 个鳞茎头，至少 2kg
		芸薹属类	结球芸薹属：结球甘蓝、球茎甘蓝、抱子甘蓝等	去除明显腐坏和萎蔫部分茎叶后的整个个体。 抱子甘蓝：检测芽状小甘蓝	不少于 12 个个体，至少 2kg
			头状花序芸薹属：花椰菜、青花菜等	花序和茎	不少于 12 个个体，至少 1kg
			茎类芸薹属：芥蓝、菜薹、茎芥菜、雪里蕻等	茎芥菜：去除顶部叶子后的球茎 其他作物：茎叶	不少于 12 个个体，至少 1kg
			大白菜	去除明显腐坏和萎蔫部分茎叶后的整个个体	不少于 12 个个体，至少 2kg
		叶菜类	绿叶类：菠菜、普通白菜（小油菜、小白菜）、叶用莴苣、蕹菜、苋菜、萝卜叶、甜菜叶、茼蒿、叶用芥菜、野苣、菊苣、油麦菜等	去除明显腐坏和萎蔫部分的茎叶后的整个个体	不少于 12 株，至少 1kg
			叶柄类：芹菜、小茴香等	去除明显腐坏和萎蔫部分的茎叶	不少于 12 株，至少 1kg
		茄果类	番茄、辣椒、甜椒、酸浆等	去除果梗和萼片后的整个果实	从不少于 12 株上至少采集 24 个果实，至少 2kg
			茄子		从不少于 12 株上至少采集 12 个果实，至少 1kg
			黄秋葵		从不少于 12 株上至少采集 24 个果实，至少 1kg
		瓜类	黄瓜	去除果梗后的整个果实	从不少于 12 株上至少采集 12 个果实，至少 2kg
			小型瓜类：西葫芦、丝瓜、苦瓜、线瓜、瓠瓜、节瓜等		
			大型瓜类：冬瓜、南瓜、笋瓜等		从不少于 12 株上至少采集 12 个果实
		豆类	荚可食类：豇豆、菜豆、豌豆、四棱豆、扁豆、刀豆等	鲜豆荚（含籽粒）	不少于 12 株，至少 2kg
			荚不可食类：青豆、蚕豆、利马豆等	籽粒	不少于 12 株，至少 1kg
		茎类	芦笋、茎用莴苣、朝鲜蓟等	去除明显腐坏和萎蔫部分的可食茎、嫩芽	不少于 12 个个体，至少 2kg
			大黄	茎	不少于 12 个个体，至少 1kg

组别	组名	作物种类			田间采样部位及检测部位	每个样品采样量
2	蔬菜	根和块茎类	根类：萝卜、胡萝卜、甜菜根、根芹菜、根芥菜、辣根、芜菁、姜等		去除泥土的根	不少于 12 个个体，至少 2kg
			块茎和球茎类：马铃薯、甘薯、山药、牛蒡、木薯等		去除块茎顶部的整个块茎	从不少于 6 株上至少采集 12 个大的块茎或 24 个小的块茎，至少 2kg
		水生类	茎叶类：水芹、豆瓣菜、茭白、蒲菜等		可食部位	不少于 12 个个体，至少 1kg
			果实类：菱角、芡实等		整个果实（去壳）	不少于 12 个个体，至少 1kg
			根类：莲藕、荸荠、慈姑等		莲藕：块茎、莲子 荸荠：块茎 慈姑：球茎	块（球）茎：从不少于 6 株上至少采集 12 大的块（球）茎或 24 个小的块（球）茎，至少 2kg 莲子：不少于 6 株，至少 1kg
		其他类：竹笋、黄花菜等	竹笋		幼芽	不少于 12 株，至少 1 kg
			黄花菜		花朵（鲜） 分别检测花朵（鲜）和花朵（干）	不少于 12 株，至少 1kg
3	水果	柑橘类	橙、橘、柑等		整个果实 分别检测全果和果肉（仅去除果皮）	从不少于 4 株果树上至少采集 12 个果实，至少 2kg
			佛手柑、金橘		整个果实	从不少于 4 株果树上至少采集 12 个果实，至少 1kg
		仁果类：苹果、梨、榅桲、柿子、山楂等			去除果梗后的整个果实 山楂：检测去除籽的整个果实，但残留量计算包括籽	从不少于 4 株果树上至少采集 12 个果实，至少 2kg
		核果类：桃、枣、油桃、杏、枇杷、李子、樱桃等			去除果梗后的整个果实 检测去除果核后的整个果实，但残留量计算包括果核	从不少于 4 株果树上至少采集 12 个果实，至少 2kg 枣、樱桃等小型水果：不少于 4 株果树，至少 1kg
		浆果和其他小型水果	藤蔓和灌木类	枸杞	去除果柄和果托的整个果实	不少于 12 个点，至少 1kg
				其他类：蓝莓、桑葚、黑莓、覆盆子、醋栗、越橘、唐棣等	去除果柄的整个果实	不少于 12 个点或 6 丛灌木，至少 1kg
			小型攀缘类	皮可食：葡萄、五味子等	去除果柄的整个果实	从不少于 8 个藤上至少采集 12 串，至少 1kg
				皮不可食：猕猴桃、西番莲等	整个果实	从不少于 4 株果树上至少采集 12 个果实，至少 2kg
			草莓		去除果柄和萼片的整个果实	不少于 12 株，至少 1kg
		热带和亚热带水果	皮可食：阳桃、杨梅、番石榴、橄榄、无花果等		整个果实 杨梅：检测果肉，但残留量计算包括果核	从不少于 4 株果树上至少采集 12 个果实，至少 1kg
			皮不可食	小型果：荔枝、龙眼、黄皮、红毛丹等	整个果实 检测去除果核后的整个果实和果肉，但整个果实的残留量计算包括果核	从不少于 4 株果树上至少采集 12 个果实，至少 2kg

组别	组名	作物种类			田间采样部位及检测部位	每个样品采样量
3	水果	热带和亚热带水果	皮不可食	中型果：芒果、鳄梨、石榴、番荔枝、西榴莲、山竹等	整个果实 芒果、鳄梨、山竹：检测去除果核后的整个果实和果肉，但整个果实的残留量计算包括果核	从不少于 4 株果树上至少采集 12 个果实，至少 2kg
				大型果：香蕉、木瓜、椰子等	去除果柄和花冠后的整个果实 香蕉：分别检测全果和果肉 椰子（果肉和果汁）：去除壳后的整个果实，分别检测果肉和果汁，残留量以整个可食部分（果肉和果汁）计算	木瓜：从不少于 4 株果树上至少采集 12 个果实，至少 2kg 香蕉：从不少于 4 株果树上至少采集 24 个果实 椰子：不少于 12 个果实
				带刺果：菠萝、菠萝蜜、榴莲、火龙果等	菠萝和火龙果：去除叶冠后的整个果实，分别检测全果和果肉 菠萝蜜和榴莲：整个果实，检测果肉，残留量计算包括果核	不少于 12 个果实
			瓜果类	西瓜、甜瓜、哈密瓜、白兰瓜等	去除果梗后的整个果实	不少于 12 个果实，至少 2kg
4	坚果	小粒坚果：杏仁、榛子、腰果、松仁、开心果、白果等			去壳后的整个可食部位	不少于 4 株果树，至少 1kg
		大粒坚果：核桃、板栗、山核桃等			去壳或去皮后的整个可食部位	不少于 4 株果树，至少 1kg
5	糖料作物	甘蔗			茎	不少于 12 株，每株分成 3 个等长的小段，取 4 个上部小段，4 个中部小段和 4 个下部小段
		甜菜			根	不少于 12 株，至少 2kg
6	油料作物	小型油籽类：油菜籽、芝麻、亚麻籽、芥菜籽等			种子	不少于 12 个点，至少 0.5kg
		其他类	大豆		青豆（带荚） 籽粒	不少于 12 个点，至少 0.5kg
					秸秆，并计算以干重计的残留量（用含水量折算）	不少于 12 个点，至少 1 kg
			花生		花生仁	不少于 12 个点，至少 1 kg
					秸秆，并计算以干重计的残留量（用含水量折算）	
			棉籽		棉籽	
			葵花籽		籽粒	
			油茶籽		籽粒	
7	饮料作物	茶			茶叶（鲜） 分别检测茶叶（鲜）和茶叶（干）	不少于 12 个点，至少 1kg
		咖啡豆、可可豆			豆	不少于 12 个点或 6 丛灌木，至少 1kg

组别	组名	作物种类	田间采样部位及检测部位	每个样品采样量
7	饮料作物	啤酒花	圆锥花序（鲜） 分别检测圆锥花序（鲜）和圆锥花序（干）	不少于 4 株，至少 1kg
		菊花、玫瑰花等	花（鲜） 分别检测花（鲜）和花（干）	不少于 12 个点，至少 1kg
8	食用菌	蘑菇类：平菇、香菇、金针菇、茶树菇、竹荪、草菇、羊肚菌、牛肝菌、口蘑、松茸、双孢蘑菇、猴头、白灵菇、杏鲍菇等	整个子实体	不少于 12 个个体，至少 0.5kg
		木耳类：木耳、银耳、金耳、毛木耳、石耳等		
9	调味料	叶类：芫荽、薄荷、罗勒、紫苏等	叶片（鲜） 分别检测叶片（鲜）和叶片（干）	至少 0.5kg 鲜（0.2kg 干）
		果实类：花椒、胡椒、豆蔻等	整个果实	
		种子类：芥末、八角茴香等	成熟种子	
		根茎类：桂皮、山葵等	整棵	
10	饲料作物	苜蓿、黑麦草等	整个植株	不少于 12 个点，至少 0.5kg
		青贮玉米	秸秆（鲜）（含玉米穗）	不少于 12 株，每株分成 3 个等长的小段（带叶），取 4 个上部小段，4 个中部小段和 4 个下部小段
11	药用作物	根茎类：人参、三七、天麻、甘草、半夏、白术、麦冬等	根或茎（鲜） 分别检测根或茎（鲜）和根或茎（干）	不少于 12 个根或茎，至少 2kg
		叶及茎秆类：车前草、鱼腥草、艾等	去除根部及萎蔫叶后的整个茎叶部分	不少于 12 株，至少 1kg
		花及果实类：金银花等	花（鲜） 分别检测花（鲜）和花（干）	不少于 12 株，至少 1kg
12	其他	烟草	叶（鲜） 分别检测叶（鲜）和叶（干）	不少于 12 个点，至少 1kg

　　总体而言，样品采集主要集中在可食用或可饲用部位。对照小区样品的采样量还应满足残留检测方法确证的需求。对于标准中未包含的作物，可参照相似形态的作物，确定采样部位和采样量。

　　除了对农作物中的农药残留进行分析之外，在日常工作中往往还会涉及对土壤、水等环境样品的检测。

　　采集土壤样品时，一定要遵循采样操作规范。土壤样品采 0～15cm 耕作层，每小区设 5～10 个采样点，采样量不少于 1kg。土壤消解动态试验采 0～10cm 层土样。

　　水样品的采集一般采用硬质玻璃（又称硼硅玻璃），不宜采用聚乙烯容器。水样多点取约 5000mL，混匀后取 1000～2000mL。需要注意的是，在采集液体样品时应去除其中的漂浮物、沉淀物和泥土等杂质，且在最终报告结果时需对该情况进行说明。

2. 产地样品采样

（1）产地样品采样方法　产地样品采集一般按照产地面积和地形不同，采用随机法、对角线法、五点法、"Z形"法、"S形"法、棋盘式法、交叉法、平行线法等进行多点采样。

（2）产地样品采样单元　采样单元是按照不同的产地面积来规定划分的，如表6-3和表6-4所示。

表6-3　不同产地面积的采样单元规定

产地面积/hm²	采样单元/hm²
<1	按照表6-4规定划分采样单元
1~10	1~3
>10	3~5

表6-4　产地面积小于1hm²时的采样规定

样品种类	采样单元	采样要求
农作物样品	0.1~0.2hm²	在采样单元选取5~20个植株。水稻、小麦类采集稻穗、麦穗；玉米采取第一穗，即离地表近的一穗，混合成样
果树类样品	0.1~0.2hm²	在采样单元内选取5~10株果树，每株果树纵向四分，从其中一份的上、下、中、内、外各方位均匀采摘，混合成样
蔬菜样品	0.1~0.3hm²	在采样单元内选取5~20个植株。 小型植株的叶菜类（白菜、韭菜等）去根整株采集； 大型植株的叶菜类可用辐射形切割法采样，即从每株表层叶至心叶切成八小瓣，随机取两瓣为该植株分样； 根茎类采集根部和茎部，大型根茎可用辐射形切割法采样； 果实类在植株上、中、下各部位均匀采摘，混合成样
烟草、茶叶类样品	0.1~0.2hm²	在采样单元内随机选取15~20个植株，每株采集上、中、下多个部位的叶片混合成样，不可单取老叶或新叶作代表样
水生植物（如浮萍、海带、藻类等）		从水体中均匀采集全株，若从污染严重水体中采样，样品须洗净，并去除水草、小螺等杂物

（3）产地样品采样要求　与田间样品采样一样，产地样品采样也需统一采样部位与采样量，具体如表6-5所示。

表6-5　产地采样量、采样部位和预处理方法要求

组别	样品	种类	样品采集量	采集部位及预处理方法
1	块根类和块茎类蔬菜	马铃薯、萝卜、胡萝卜、芜菁、甘薯、山药、甜菜、块根芹等	至少为6~12个个体，且不少于3kg	采集块根或块茎，用毛刷和干布去除泥土及其他黏附物
2	鳞茎类蔬菜	大蒜、洋葱、韭菜、葱等	至少为12~24个个体，且不少于3kg	韭菜和大葱：去除泥土、根和其他黏附物； 鳞茎、干洋葱头和大蒜：去除根部和老皮
3	叶类蔬菜	菠菜、甘蓝、大白菜、莴苣、甜菜叶、花椰菜、萝卜叶、菊苣	至少为4~12个个体，不少于3kg	去掉明显腐烂和萎蔫部分的茎叶； 菜花和花椰菜分析花序和茎
4	茎菜类蔬菜	芹菜、朝鲜蓟、菊苣、大黄等	至少为12个个体，且不少于2kg	去掉明显腐烂和萎蔫部分的可食茎、嫩芽。 大黄：只取茎部

组别	样品	种类	样品采集量	采集部位及预处理方法
5	豆菜类蔬菜	蚕豆、菜豆、大豆、绿豆、豌豆、芸豆、利马豆等	鲜豆（荚）不少于2kg，干样不少于1kg	取豆荚或籽粒
6	果菜类（果皮可食）	黄瓜、胡椒、茄子、西葫芦、番茄、黄秋葵等	6～12个个体，不少于3kg	除去果梗后的整个果实
7	果菜类（果皮不可食）	哈密瓜、南瓜、甜瓜、西瓜、冬瓜等	4～6个个体	除去果梗后的整个果实，测定时果皮与果肉分别测定
8	食用菌类蔬菜	香菇、草菇、口蘑、双孢蘑菇、大肥菇、木耳等	至少12个个体，不少于1kg	取整个子实体
9	柑橘类水果	橘子、柚子、橙子、柠檬等	至少6～12个个体，不少于3kg	取整个果实。外皮和果肉分别测定
10	梨果类水果	苹果、梨等	至少12个个体，不少于3kg	去蒂、去芯部（含籽）带皮果肉共测
11	核果类水果	杏、油桃、樱桃、桃、李子等	至少24个个体，不少于2kg	除去果梗及核的整个果实，但残留计算包括果核
12	小水果和浆果	葡萄、草莓、黑莓、醋栗、越橘、罗甘莓、酸果蔓、黑醋栗、覆盆子等	不少于3kg	去掉果柄和果托的整个果实
13	果皮可食类水果	枣、橄榄、无花果等	不少于1kg	枣、橄榄：分析除去果梗和核后的整个果实，但计算残留量时以整个果实计。无花果取整个果实
14	果皮不可食类水果	鳄梨、芒果、香蕉、番木瓜果、番石榴、西番莲果、新西兰果、菠萝等	4～12个个体，不少于3kg	除非特别说明，应取整个果实。鳄梨和芒果：整个样本去核，但是计算残留量时以整个果实计。菠萝：去除果冠
15	谷物	水稻、小麦、大麦、黑麦、玉米、高粱、燕麦、甜玉米等	样品采集至少12点，不少于2kg	对于稻谷，取糙米或精米。鲜食玉米和甜玉米，取籽粒加玉米穗轴（去皮）
16	饲草作物类	大麦饲料、玉米饲料、稻草、高粱饲料等	至少5个个体，不少于2kg	取整个植株
17	经济作物	花生、棉籽、红花籽、亚麻籽、葵花籽、油菜籽、菜叶、成茶、可可豆、咖啡豆等	多点采集不少于0.1～0.5kg（干样）或1～2kg（鲜样）	整个籽粒或食用部分。花生：去掉外皮
18	豆科饲料作物	紫花苜蓿饲料、花生饲料、大豆饲料、豌豆饲料、苜蓿饲料等	多点采集1～2kg，干草0.5kg	取整个植株
19	坚果	杏核、澳洲坚果、栗子、核桃、榛子、胡桃等	多点采样且不少于1kg	去壳后的整个可食部分。板栗：去皮处理
20	中草药		多点采集不少于0.5kg（干样）或1kg（鲜样）	取整个药用部分
21	香草类		多点采集不少于0.1kg（干样）或0.2kg（鲜样）	取整个食用部分
22	调味品类		多点采集不少于0.2kg（干样）或0.5kg（鲜样）	整个食用部分

组别	样品	种类	样品采集量	采集部位及预处理方法
23	土壤		采样量不少于 1kg	土壤样品一般从作物生长小区内采集,采集 0~15cm 耕作层,每个小区设 5~10 个采样点,采样量不少于 1kg
24	水和其他液体样本		从作物生长小区内多点采集 5L 水样,充分混合	去除漂浮物、沉淀物和泥土。在报告结果时,应指明水样是否包含漂浮物和沉淀物

3. 市场样品采样

市场商品的采样,其原则是根据整批样品的件数确定采样件数,根据整批样品的质量确定最后采样量。同一检验批的商品应具有相同的特征,如包装、标记、产地、规格和等级等。采样时按最低抽样件数规定逐件开启,随机抽取,原始样品总量一般不得少于 2kg,有些商品可以 1kg。采样后加封,标明标记,及时送实验室。

(1) 散装样品　对于散装成堆样品,应视堆高不同从上、中、下分层采样,必要时增加层数,每层采样时在不同位置随机采样。

(2) 包装产品　对于包装产品,采样时按堆垛采样或甩箱采样,即在堆垛两侧的不同部位上、中、下或四角中取出相应数量的样本,如因地点狭窄,按堆垛采样有困难时,可在成堆过程中每隔若干箱甩一箱,取出所需样品。

(3) 特殊样品

① 茶样品　茶样品的取样步骤一般分为两种,包装时取样和包装后取样。具体可参照国家标准 GB/T 8302—2013《茶 取样》。茶样品采用随机取样的方法。用随机数表,随机抽取需取样的茶叶件数。取样件数按表 6-6 规定。

表 6-6　茶样品取样件数

总量	取样件数
1~5 件	1 件
6~50 件	2 件
51~500 件	每增加 50 件(不足 50 件者按 50 件计)增取 1 件
501~1000 件	每增加 100 件(不足 100 件者按 100 件计)增取 1 件
1000 件以上	每增加 500 件(不足 500 件者按 500 件计)增取 1 件

② 饲料样品　在条件许可的情况下,采样应在不受诸如潮湿空气、灰尘或煤烟等外来污染危害影响的地方进行。条件许可时,采样应在装货或卸货中进行。如果流动中的饲料不能进行采样,被采样的饲料应安排在能使每一部分都容易接触到的地方,以便取到有代表性的样品。

要得到能代表整个批次产品的样品,就必须设置足够的份样数量。根据批次产品数量和实际采样的特点制定采样计划,在计划中确定需采的份样数量和重量。具体请参照国家标准 GB/T 14699.1—2005《饲料 采样》。

五、样品包装与运输

采集的残留样品应使用惰性包装袋（盒）包装好。样品包装物应不易破损且不含干扰分析检测的物质，一般使用较厚的聚乙烯塑料袋包装，最好外面再加一层纸袋包装。液体样品一般储存在塑料瓶或玻璃瓶中，瓶盖材料也可能吸附农药，最好使用聚四氟乙烯瓶盖密封垫。

每一个样品都要写好标签（应能够防潮，包装内外各一个）和编号（伴随样品的各个阶段，直至报告结果）。样品的标签信息包括试验项目编号、试验地点、样品编号、样品名称、样品类型（对照或处理）、采收间隔期、采样日期、田间试验单位名称等。

样品及有关资料（样品名称、采样时间、地点、注意事项及所需说明的其他重要事项等）需尽快运送到实验室（一般在 24 小时内），在运输过程中应避免样品变质、受损、失水或遭受污染。

不易腐烂变质的残留试验样品可以常温运送到实验室，但是必须保证不出现降解和可能的污染。冷冻样品应保存在具有较好保温性能的聚苯乙烯泡沫箱或中间填有保温材料的双层纸箱，必要时加装干冰保证低温。冷冻样品在送到实验室之前不能融化，并要记录下运输过程中的温度。

第三节　残留样品预处理与储藏

一、残留样品预处理

样品预处理过程是从总体样品中获取分析测试部位，获得代表性实验室样品的过程，是采样后到化学分析前准备试样的工作。农药残留样品在样品采集及运输等过程前后，要对采集的样品去除不必要的分析部位，必要时进行粉碎、缩分、均质化等预处理，制备实验室检测样品及备份，以满足进一步分析的需要。

从田间采样或监测抽样时，一般需要进行简单的样品预处理，样品预处理过程是农药残留分析方法的重要部分。样品预处理遵循的原则包括：在样品的预处理过程中避免样品表面残留农药的损失；遇光降解的农药，要避免暴露；样品中黏附的土壤等杂物可用软刷子刷掉或干布擦掉，同时要避免交叉污染。

首先对采集的样品去除不必要的分析部位及杂质。例如，按照表 6-2 和表 6-5 所列的采样部位及预处理要求，蔬菜水果样品，应去除泥土及其他黏附物、老皮、明显腐烂和萎蔫部分的茎叶、果梗、蒂等；对于土壤样品，应去除植物残渣、石块等；水样品应去除漂浮物、沉淀物和泥土等。

样品在送达实验室前后，也需要经过预处理制备成实验室检测样品，进行分析或储存。当采集的样品量较大时，可采用四分法进行适当的缩分处理。四分法，即将样品堆积成圆锥形，从顶部向下将锥体等分为四份，去除某对角两部分，剩余部分再次混匀成圆锥形，再等分，去除对角部分，剩余部分再混合，如此重复直至剩余合适样品量为止。

残留样品的个体大小差异较大，对于较小个体的残留样品，如麦粒和小粒水果等，可在混匀后直接用四分法缩分成实际需要的实验室样品。对于较大个体的样品，如大白菜、甘蓝、西瓜等蔬菜、水果样品，由于样品体积较大，采集个体数量多时会导致样品总质量过大，采集个数少时又不能获得代表性样品，这时需要采集足够数量个体，进行人工切碎和缩分处理，以得到合适质量的代表性实验室样品。操作中要注意，农药残留并不是均匀分布在样品中，在处理时，必须要保证检测样品的代表性。例如采集的甘蓝样品，不能去除外层叶子，也不能只取外层叶子作样品，应从甘蓝球体顶部对角线切开，取其中对角部分，操作方法类似四分法。缩分后的样品经粉碎机粉碎，最终取 300～500g 检测样品。

对于水等液体样品，应充分混合后，过滤去除漂浮物、沉淀物和泥土。必要时去除部分可单独进行分析。在报告结果时，应该指明水样是否包含漂浮物和沉淀物。具体样品体积依照分析方法和待检物浓度的不同而进行，如对环境水样进行农药污染监测时，一般水样体积为 1000mL。对于果汁、牛奶等液体农产品，充分混合后取一定体积保存待测。

对于土壤样品，去除土样中石块、动植物残体等杂物，如果杂物重量超过样品总量 5%，应记录杂物重量。充分混匀后，以四分法缩分，最后按需要留取 200～500g 样品保存待测。最终检测结果应以土壤干重计。

不同的样品的预处理方法如表 6-7 所示。

表 6-7 不同残留样品的预处理方法

残留样品种类	具体预处理方法
粉状物（如面粉等）	首先在包装袋内混合，然后按四分法取样
谷物样品	样品经粉碎后，过 0.5mm 孔径筛，按四分法缩分取 250～500g 保存待测
小体积蔬菜和水果样品	均匀混合后，按四分法缩分，用组织捣碎机或匀浆器处理后取 250～500g 保存待测
大体积蔬菜和水果样品	切碎后，按四分法缩分，取 600～800g 保存待测
果汁、牛奶等液体样品	充分混匀后，依照分析方法和待检物浓度取相应数量样本保存待测
水样品	过滤，混匀后，依照分析方法和待检物浓度取相应数量样本保存待测
土壤样品	去除其中石块、动植物残体等杂物后留取 200～500g 待测。最终检测结果以土壤干重计
冷冻样品	冷冻状态下破碎后进行缩分。如需解冻处理，须立即测定
其他	其他种类的样本，切碎或粉碎后按照四分法缩分后，取出实验室分析所需样品量，保存待测

进行样品缩分时应选择通风、整洁、无扬尘、无易挥发化学物质的场所。缩分用的工具和容器包括：制备样品用的聚乙烯砧板或木砧板、组织捣碎机、不锈钢菜刀、剪刀等，分装用的玻璃瓶、塑料瓶、包装盒（袋）等。缩分时所用的工具应避免交叉污染。

此外，在样品预处理过程中应该采取措施防止农药损失，尤其是对一些易分解的农药。例如，一些农药易光解，处理样品时应尽量避光；一些农药容易受到植物组织中释放的酶等化学物质的分解，在室温下进行粉碎或匀浆等过程易导致农药残留的减少，此时需采用在低温研磨的方法，在处理前首先将样品冷藏或冷冻，然后在低温下放入干冰（固体二氧化碳）与样品一起捣碎，可以消除或减少农药损失。近年来，也有报道采用液氮冷却的低温粉碎设备进行肉类样品粉碎的报道，该方法可以降低热不稳定农药在样品粉碎过程中的损失。

二、残留样品的储藏

农药在样品前处理过程中的稳定性问题，一直以来都很容易被忽略。事实上，样品含水量、样品基质的种类、酶的活性以及农药本身的性质都是影响农药残留分解的因素，都会影响到农药在前处理过程中的稳定性。

农药残留样品若不能及时测定，需要进行储藏。对于残留样品的储藏，要考虑样品待分析时间、样品性质、待检测农药性质等因素。对含有性质不稳定的农药残留样品，应立即进行测定。容易腐烂变质的样品，应马上捣碎处理，在低于-20℃条件下冷冻保存。短期贮存（小于 7 天）的样品，应按原状在 1～5℃下保存。储藏较长时间时，应在低于-20℃条件下冷冻保存。解冻后应立即分析。取冷冻样品进行检测时，应不使水、冰晶与样品分离，分离严重时应重新匀浆。水样在冷藏条件下贮存，或者通过萃取等处理，得到提取液，在冷冻条件下贮存。检测样品应留备份并保存至约定时间，以供复检。

总体来说，实验室内储藏残留样品时主要包括四种形式：

（1）原状态储藏，其优点是尽可能少地改变样品，保持样品的原状态。如小麦籽粒、水稻籽粒等。

（2）粗切状态储藏，一般适用于部分水果或蔬菜样品。

（3）捣碎匀浆储藏，适用于不宜原状态保存的水果或蔬菜样品。

（4）样品提取后的提取液储藏。提取保存主要适用于不宜保存的样品，如水样品。

样品储藏不当就有可能造成样品发生变化，从而失去原有的性质，使其失去代表性。在实验室储藏期间，必须避免能导致样品发生变化的物理的、化学的和机械的因素等影响，如氧化、蒸发、酶降解、微生物分解、容器污染等。对含有易水解农药的样品，应该保存在干燥的、避光的地方，温度保持在 1～5℃。对于易挥发样品，应冷冻保存。样品中若有遇光分解的农药应尽量避免暴露。除此之外，还应注意储藏时不应把样品与农药一起存放，还应防止农产品和土壤样品的交叉污染。

为了防止样品中农药在储藏期发生分解，可以采取以下措施：

（1）易光解农药可采取避光低温保存法；

（2）某些农药可加掩蔽剂防止其氧化，如向样品中添加维生素 C 等；

（3）调节试样的 pH 可以保持一些农药的稳定性；

（4）改变样品的基质储藏状态。

三、残留样品的储藏稳定性

农药残留在样品储藏过程中的稳定性与农药本身的性质（化学结构、极性、溶解性、挥发性等）、样品的性质（样品基质、水分、pH、酶活性等）、储藏状态及储藏条件（温度、湿度、时间等）等多种因素有关。为了使实验数据精确可靠更具有科学性，农药残留储藏稳定性研究是非常必要的。分析样品运到实验室后，要根据农药的性质及样品类型确定储藏条件和时间，保证被分析的农药残留在储藏期内不发生变化，以确保分析结果真实可靠。

NY/T 3094—2017 规定了植物源性农产品中农药残留储藏稳定性试验的基本准则、方法和技术要求。储藏稳定性试验的试验原则包括：

① 试验样品能够在 30 天内完成检测时，可以不进行储存稳定性研究。

② 储藏稳定性试验应有足够的样品量，且样品中农药残留物浓度足够高，至少应达到 10 倍定量限 [limit of quantification，LOQ：用添加方法能检测出待测物在样品中的最低含量（以 mg/kg 表示）]。

③ 储藏稳定性试样的样品可来自农药残留田间试验的农产品，或者采用空白添加已知量农药及其代谢物的农产品。样品应在 24h 内储藏。

④ 样品提取物不能在 24h 内完成检测的，应提供储藏稳定性数据。

⑤ 储藏稳定性试验应在开展农药残留分析前进行。

具体试验要求和方法详见第五章第五节中"储藏稳定性试验"的有关内容。

参考文献

[1] GB/T 14699.1—2005. 饲料 采样.
[2] GB/T 1605—2001. 商品农药采样方法.
[3] GB/T 8302—2013. 茶 取样.
[4] NY/T 309—2017. 植物源性农产品中农药残留储藏稳定性试验准则.
[5] NY/T 398—2000. 农、畜、水产品污染监测技术规范.
[6] NY/T 788—2018. 农作物中农药残留试验准则.
[7] NY/T 789—2004. 农药残留分析样本的采样方法.
[8] 钱传范. 农药残留分析原理与方法. 北京: 化学工业出版社, 2011.

？ 思考题

1. 商品农药采样时应遵循哪些原则？

2. 商品农药样品采样过程中应注意哪些关键事项？

3. 某第三方检测机构在水稻田进行农药残留登记田间试验样品采样，请写出建议的采样方案。

4. 一个蔬菜样品中某农药残留的初始质量浓度为 0.66mg/kg，在−20℃的储藏条件下储存 60 天后，测得样品中农药残留质量浓度平均为 0.48mg/kg。该试验测试过程中，方法的随行回收率在 82%左右。请推断在−20℃的储藏条件下，该样品储藏 60 天是否稳定？

第七章
农药残留样品前处理技术

农药残留分析的基本过程包括采样（sampling）、样品处理（sample processing）和测定（analysis）三个基本环节。采样是从田间或市场等来源采集或抽取获得样品的过程。样品处理可分解为：①样品预处理（pre-treatment），即去除不需分析的部位获取分析部位、混合与分取、初步粉碎或处置（如水的 pH 调整）；②制备试样（preparation of analytical portion）：分取或对样品进行均质化后，获得试样。样品分析过程包括提取、净化或浓缩、必要时衍生化、目标物分离与检测，其中提取、净化和浓缩等步骤通常称作样品前处理过程，有时简称前处理。农药残留分析的样品种类多，其化学组成复杂，要使分析仪器能检测到痕量的残留农药，必须对样品进行溶剂提取、浓缩和基质净化处理。样品制备在农药残留分析中最费时、费力，经济花费大，其效果好坏直接影响方法的检测限和分析结果的准确性，而且还影响分析仪器的工作寿命。本章针对样品前处理的几个关键环节（包括样品提取、净化、浓缩）予以阐述说明。

第一节　农药残留样品提取技术

样品提取（extraction）是指通过溶解、吸附、挥发等方式将试样中的残留农药分离出来的操作步骤。提取与均质化有时可结合同时进行。由于残留农药是痕量的，提取效率的高低直接影响分析结果的准确性，在提取过程中要求尽量完全地将痕量的残留农药从样品中提取出来，同时又尽量少地提取出干扰性杂质。提取方法主要是根据残留农药的理化特性确定，但也需要考虑试样类型、样品的组分（如脂肪、水分含量）、农药在样品中存在的形式、最终的测定方法等因素。用经典的有机溶剂提取时，要求提取溶剂的极性与分析物的极性相近，主要依据"相似相溶"原理，使分析物能进入溶液而样品中其他物质处于不溶状态。也可利用分析物的挥发性进行提取，但要求提取时能有效促使分析物挥发出来，而样品基体不被分解或挥发。提取时要避免使用作用强烈的溶剂、强酸强碱、高温及其他剧烈操作，以减少提取后操作的难度和造成残留农药的损失。残留农药的提取基本上都是基于化合物的极性-溶解度或挥发性-蒸气压的理化特性。以下分别进行介绍。

一、液液分配技术

1. 液液分配原理

液液分配技术基于分配定律，利用农药在样品溶液和提取溶剂中的溶解度差异，以振荡的方式加速分配平衡，将农药转移至提取溶剂中。分配定律由 Nernst 提出，即在一定温度下，溶质在互不相溶的溶剂中达到分配平衡时的浓度比为常数，该常数为分配系数（K）。

$$K = \frac{A_o（非极性相中的溶质浓度）}{A_w（极性相中的溶质浓度）}$$

K 与溶质、两相溶剂的性质和温度等有关。

例如，将两相中农药的总量定义为 1，达到分配平衡时，非极性相中的农药质量占两相中农药总质量的百分比定义为 p，则极性相中农药质量 $q=1-p$。设非极性相溶剂体积为 V_o，极性相溶剂体积为 V_w，则 $A_o = \frac{1 \times p}{V_o}$，$A_w = \frac{1 \times q}{V_w}$，$K = A_o/A_w = \frac{p}{q} \times \frac{V_w}{V_o}$。若两相体积相等，则 $K = \frac{p}{q} = \frac{p}{1-p}$。所以，$p$ 与 K 的变化趋势一致，一定程度上可以反映 K 的特性。

（1）等体积萃取 假设以正己烷为提取溶剂，从水溶液中提取农药残留。若正己烷和水体积相同，当 $p=0.8$ 时，$q=0.2$，$K=0.8/0.2=4$，说明经过一次萃取平衡后，正己烷相中的农药质量比为 80%，而水相中剩余的农药含量为 $1-p=20\%$。因此，p 比 K 可更直观地反映出农药在两相中的分配情况。

收集正己烷相，在水相中再次加入等体积的正己烷，对剩余的 20% 的农药进行提取。经过两次提取后，水相中剩余的农药含量为 20%×20%，即 $(1-p)^2$；有机相中的农药含量为（80%+20%×80%），即 $p+(1-p) \times p$，等价于农药总量减去水相中剩余的农药量，也就是 $1-(1-p)^2$。同理，经过 n 次提取后，水相中剩余的农药残留为 $(1-p)^n$，此时，有机相中的农药含量为 $1-(1-p)^n$。

（2）不等体积萃取 若正己烷体积是水的 a 倍，达到萃取平衡后，正己烷中农药的质量比为 p'，与等体积萃取时的质量比 p 不再相同。根据分配定律，K 为常数，则 $\frac{p}{1-p} \times \frac{V_w}{V_o} = \frac{p'}{1-p'} \times \frac{V_w'}{V_o'}$，即 $\frac{p}{1-p} = \frac{p'}{(1-p') \times a}$。将等式化简可知，$p' = \frac{a \times p}{a \times p + 1 - p}$，$q' = 1-p' = \frac{1-p}{a \times p + 1 - p}$。达到一次萃取平衡后，正己烷中农药的含量为 $\frac{a \times p}{a \times p + 1 - p}$，水相中剩余的农药含量为 $\frac{1-p}{a \times p + 1 - p}$。同理，经过 n 次提取后，水相中剩余的农药残留为 $\left(\frac{1-p}{a \times p + 1 - p}\right)^n$。此时，有机相中的农药含量为 $1 - \left(\frac{1-p}{a \times p + 1 - p}\right)^n$。一般可提取多次，合并提取液后再进行浓缩和后续的净化步骤。多次提取可有效提高回收率，如单次的提取效率为 60%，则提取两次后可达到 84%，提取三次后可达到 93.6%。

（3）提取溶剂 农药残留的提取效率很大程度上取决于提取溶剂的极性，一般根据"相似相溶"原则，选择与目标农药极性相近的溶剂进行提取。按照提取溶剂极性大小进行排序，水＞甲醇＞乙腈＞丙酮＞乙酸乙酯＞二氯甲烷＞环己烷＞正己烷＞石油醚，其中，乙腈、丙酮和乙酸乙酯是各国实验室在农药残留提取中应用最广泛的溶剂。乙腈极性较大，提取水果和蔬菜中的农药残留时，可以避免油脂、叶绿素和蜡质等非极性杂质的引入；由于液-气的转换膨胀体积较小，丙酮更适用于气相色谱检测；乙腈和丙酮可以与水混溶，对多种不同极性的农药均具有较好的溶解度；乙酸乙酯极性小、微溶于水，加入无机盐后，易于与水完全分离。

此外，提取溶剂的纯度、极性、沸点以及溶液体系的 pH 和无机盐含量均会影响提取效率，在进行液液分配提取时应予以充分考虑。检测单一农药残留时，可根据相似相溶原则，选择极性相近的溶剂进行提取。溶剂的沸点对样品前处理过程中的提取和浓缩步骤影响较大。沸点太低的溶剂在提取过程中容易挥发，不利于对农药残留的精准定量。沸点太高的溶剂不易浓缩，且长时间的高温浓缩会影响热稳定性差或易挥发农药的回收率。溶液体系的 pH 关系着部分农药的稳定性、离解和溶剂化作用。如弱碱性农药多菌灵在 pH 低的水溶液中容易质子化，提取效率较低。提高溶液体系的 pH 到 7.5 时，易于将多菌灵从水相中提取出来。使用与水具有一定混溶比例的有机溶剂提取农药时，加入无机盐，可通过盐析作用将水从有机相中去除。水分会影响基质共提物与农药的分离，也会影响农药的回收率。盐析过程中常用的无机盐包括氯化钠、无水硫酸钠和无水硫酸镁。

2. 液液分配操作步骤

选取比水溶液体积大一倍的分液漏斗（图 7-1），在盖子和活塞上涂抹凡士林确保密封性。操作时，在水溶液中添加氯化钠至全部溶解，再加入对农药目标物溶解度较大的有机溶剂。将分液漏斗上下颠倒几次后倒置，底部朝向无人处，打开活塞放出气体。重复多次操作至放出气体时无明显压力，再剧烈震荡，静置分层，收集提取溶剂层。在水样品中继续加入提取溶剂，连续提取两次。

3. 液液分配示例

图 7-1　分液漏斗示意图

经典的液液分配技术通常在分液漏斗中进行，选择与样品溶液不混溶的溶剂，多用于提取水溶液中的农药残留。土壤等固体样本的提取可采用自动化恒温振荡器替代人工摇动。水果、蔬菜等农产品样本在组织捣碎机中高速捣碎后，再通过液液分配进行提取。

张彦飞等（2020）通过液液分配技术提取水样品中的六六六和滴滴涕农药残留，结合气相色谱技术进行检测。以石油醚为萃取溶剂，无水硫酸钠为相分离试剂，充分提取 3 次，经无水硫酸钠脱水，氮吹后定容待测。Farajzadeh 等（2014）通过液液分配和分散液液微萃取技术提取植物油中的 5 种菊酯类农药，结合气相色谱和气相色谱-质谱联用技术进行检测。液液分配过程发挥了去除油脂的作用。通过在植物油样品中加入正己烷，剧烈振荡至混匀，加入二甲基甲酰胺，再次剧烈振荡后离心分层。此时，植物油中的油脂进入正己烷相中，农药则被转移至二甲基甲酰胺相中，农药与植物油基质实现了初步的分离。

4. 技术优劣评价

液液分配技术虽然简便易操作，但也存在着一些缺点，如溶剂消耗量大，提取过程中产生大量的废液；操作过程受多种因素影响，容易乳化，影响提取效率；过度依赖手工操作，不适于大批量样品提取等。另外，将目标物从上下分层的溶剂体系中彻底分离也存在难度。

二、固液提取技术

1. 固液提取原理

固液提取技术是指通过溶解、扩散作用使固相物质（如土壤、动植物样品）中的分析物进入溶剂中的过程。固液提取中，不同样品类型对溶剂的选择有很大影响。对于含水量高的水果、蔬菜等样品，可以选择与水混溶的乙腈、丙酮等溶剂进行提取，以提高提取效率。对于含水量低的样品，在样品中加入水或使用混合溶剂，可增加与农药目标物之间的接触。

索氏提取是一种典型的固液提取技术，也是公认的可实现彻底提取的技术，常用于难以通过研磨和匀浆提取的固体样品。索氏提取利用虹吸管回流溶剂，使样品连续不断地被溶剂浸润提取。一般情况下，索氏提取耗时较长，往往需要 8h 以上。图 7-2 为索氏提取器。

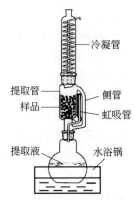

图 7-2　索氏提取器

2. 索氏提取操作步骤

将粉碎的样本加入滤纸筒中，放入回流提取管内，上部接上冷凝管，下部接圆底烧瓶。水浴加热圆底烧瓶中的提取溶剂，溶剂沸腾后产生的蒸气通过索氏提取器的侧管上升，遇冷凝管冷凝后滴入样品中进行固液提取。当样品中的冷凝溶剂超过虹吸管时，含有农药的溶剂将通过虹吸管回到圆底烧瓶。通过溶剂反复的沸腾、回流冷凝与虹吸过程，样品中的农药源源不断地富集入圆底烧瓶中，直至样品中的农药残留被提取完全。

3. 索氏提取示例

索氏提取作为一种标准的提取技术，沿用长达一个世纪之久，常被用于提取固体和半固体基质中的农药残留，如土壤、谷物、干饲料、干药材和干果等样品。Quan 等（2004）优化了索氏提取过程中的样品粒径、正己烷/丙酮的体积比、回流速度和提取时间等参数，选择样品粒径 60～80 目，正己烷-丙酮体积比 3：1，回流速度 7min/次，提取时间 12h，作为最佳的提取条件用于人参中有机氯农药的提取。

索氏提取技术提取效率高，作为经典的提取手段，常与新开发的提取技术进行对比。廉玫等（2008）以体积比为 1：1 的正己烷-丙酮溶液为提取溶剂，采用水浴回流 24h，提取荞麦中的有机氯农药。通过对比索氏提取法与建立的加速溶剂萃取法的提取效率差异，证实了加速溶剂萃取法提取有机氯农药的回收率优于索氏提取法，且萃取时间和有机溶剂用量更少。Sanghi 等（2004）通过固体基质中有机氯农药的回收率和相对标准偏差对比了索氏提取、超声提取和微波辅助提取技术的提取效率差异。索氏提取技术以体积比为 1：1 的正己烷-丙酮溶液为提取溶剂，每 5min 回流 2～3 次，提取时间为 4h。结果表明索氏提取和微波辅助提取均可作为有效的技术手段进行固体基质中有机氯农药的提取，且提取效率高于超声提取技术。

4. 技术优劣评价

索氏提取技术不需要特殊的仪器设备，操作简单，提取效率高。然而，在提取过程中存在需要对溶剂进行反复加热和冷却，耗时较长，样品量高、有机溶剂消耗量大，且不适于对热不稳定的农药进行提取等问题。

残留分析样品中的农药多为痕量，提取效率的高低直接影响分析方法的准确性。少溶剂化、操作便捷的前处理方法是当前的研究热点之一。因此，建立农药残留快捷、高效、准确度高的提取技术具有重要的意义。随着科技的发展，样品提取技术也不断进步，液液分配和索氏提取逐渐被省工、省时且环境友好的技术所取代。

三、加速溶剂萃取法

1. 原理

加速溶剂萃取（accelerated solvent extraction, ASE）也称为加压萃取（pressurized liquid extraction, PLA），其原理是通过升高温度（50~200℃）和压力（10.3~20.6MPa）增加物质溶解度和溶质扩散效率，在密闭容器内通过升高温度和压力从样品中快速萃取出待测组分。加速溶剂萃取法将提取时间从传统溶剂提取的数小时降低至数分钟，有机溶剂用量少，10g样品一般仅需15mL溶剂，适用于固体和半固体样品的萃取。加速溶剂萃取使样品制备变为自动化流程，已被美国国家环保署（EPA）列为环境、食品和其他样品的3545号标准化萃取方法。

加速溶剂萃取仪由溶剂瓶、泵、气路、加温炉、不锈钢萃取池和收集瓶等构成（图7-3）。溶剂瓶有4个，可装入不同的溶剂，也可用同一溶剂。加速溶剂萃取过程受到多种因素的影响，包括溶剂的种类和组成、萃取的温度和压力、样品基质组成等。选择合适的溶剂是加速溶剂萃取的关键，溶剂的选择除了要考虑溶剂理化特性（沸点、极性、扩散系数、黏度等），最重要的是要考虑萃取溶剂的极性应与被分析物的极性相匹配，同时与样品基质的杂质极性有所区别。

图7-3 加速溶剂萃取仪

2. 操作步骤

将样品置于不锈钢萃取池内，提取池由加热炉加热至50~200℃，通过泵入溶剂使池内工作压力达到10132.5kPa（1个标准大气压为101.32kPa）以上。样品接收池与提取池相连，通过静压阀（static valve）定期地将提取池内溶剂释放到接收池内，提取池内的压力同时得到缓解。经过静态提取5~15min以后，打开静压阀，用脉冲氮气将新鲜溶剂导入提取池中冲洗残余的提取物。加速溶剂萃取的每10g样品约需15mL溶剂，每个样品的提取时间一般少于20min。

3. 示例

刘谦等（2012）利用加速溶剂萃取结合HPLC-MS检测，建立了水果和果汁中的多菌灵的检测方法，回收率为92.0%~96.0%，检出限2.0μg/kg。欧阳运富等（2012）建立了ASE提取、凝胶净化、GC-MS相结合测定蔬菜水果中22种农药残留的方法。通过比较传统的索氏提取、超声提取、振荡提取和加速溶剂萃取方法对蔬菜中噻虫嗪的提取效果，发现加速溶剂萃取方法提取效果明显高于其他3种提取方法，回收率高于95%，且该方法提取时间短，溶剂用量少，简便快捷。

4. 技术优劣评价

加速溶剂萃取相比索氏提取和超声波提取等方法，消耗溶剂较少、自动化程度高、操作相对简便，但由于仪器和耗材相对较贵，分析成本较高。该方法提取效率较高，但也带来共提物相对较多的问题，从而对后续的净化操作产生影响。

四、微波辅助萃取法

微波辅助萃取（microwave-assisted extraction, MAE）是将微波与传统溶剂提取法相结合的一种新型提取技术。微波是一种频率范围为 300MHz～300GHz 的电磁波，微波所产生的电磁场可加快萃取物分子由固体内部向固液界面扩散的速率。微波辅助萃取具有快速高效、加热均匀、节省溶剂、工艺简单等特点。

图 7-4　微波辅助萃取仪

微波辅助萃取设备（图 7-4）大多为分批处理物料的微波萃取罐（类似多功能提取罐），微波频率有 2450MHz 和 915MHz 两种。商品化的仪器一次性可处理 16 个样品，提取时间为 15～30min，溶剂消耗为 20～30mL。MAE 使用极性溶剂比用非极性溶剂更有利，因为极性溶剂吸收微波能，从而提高溶剂的活性，使溶剂和样品间的相互作用更有效。

五、超临界流体萃取法

超临界流体萃取（supercritical fluid extraction, SFE）是利用超临界流体作为萃取剂，从液体或固体中萃取出特定成分的一项技术。所谓超临界流体（supercritical fluid, SCF），就是物质处在临界温度和临界压力以上状态时，既不是气体也不是液体，只是密度增大，兼有气体和液体的性能。因此超临界流体具有气体和液体的双重特性，既具有较大的溶解力，又具有黏度小、易扩散、传质能力强等优点。这些特性使得超临界流体成为一种良好的萃取剂，能渗入到样品基质中，发挥有效的萃取功能，且溶解能力随着压力的升高而急剧增大。

目前常用的超临界流体有：二氧化碳、氨、乙烯、乙烷、丙烯、水。其中应用最广的是二氧化碳，因其临界温度和临界压力低（T_c=31.1℃，P_c=7.38mPa），操作条件温和，对有效成分的破坏少。超临界流体克服了传统液液分配、索氏提取法等有机溶剂消耗大、费时、有毒、污染环境的缺点。对于分子量较大和极性基团较多的目标物质的萃取，需向有效成分和超临界二氧化碳组成的二元体系中加入另一组分，改变物质在超临界流体中的溶解度。通常将具有改变溶质溶解度的第三组分称为夹带剂。夹带剂在超临界流体中的作用十分显著，不仅可以提高溶解度、改善选择性，还能够提高收率和产品的品质。一般来说，具有很好溶解性能的溶剂，也往往是很好的夹带剂，如甲醇、乙醇、丙酮、乙酸乙酯。

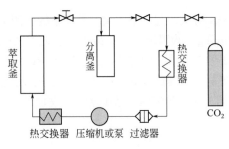

图 7-5　超临界流体萃取的基本流程

超临界流体萃取的基本流程见图 7-5，处于超临界态的萃取剂进入样品管，待测物从样品的基质中被萃取至超临界流体中后，通过流量限制器进入收集器中。萃取出来的溶质及流体，经减压降温转化为常温常压，溶质吸附在吸收管内多孔填料表面，用合适的溶剂淋洗吸收管，即可将溶质洗脱收集。超临界流体萃取的应用范围十分广泛，如在食品工业中，检测食品中的农药、食品添加剂，及色素和动植物油的提取；在环境工业中，分析重金属及有机污染物；在医药工业中，对中草药有效成分的提取，热敏性生物制品药物的精制，及脂质类混合物的分离；在香料工业中，天然及合成香料的精制，天然产物及混合物的分离等。

六、吹扫共蒸馏法

吹扫共蒸馏（sweep-codistillation, SCD），也称吹扫-捕集（purge & trap，P&T），是用惰性气体将液体样品或样品提取液中的挥发性物质驱赶到气相中，再将其带入一个收集阱收集后进行分析。收集阱可以填充吸附剂如活性炭、石墨化碳黑（graphitized carbon black，GCB）、硅胶等，收集的组分通过溶剂洗脱，进入色谱仪分析。也可以将样品提取液与玻璃棉、玻璃珠或海砂等混合装柱，将柱加热，在恒定的温度下通氮气，溶剂和挥发性农药等被气化，随氮气流入冷凝管而收集下来。不挥发的脂肪、油脂和色素等高沸点物质则黏附于填料上，从而达到净化的目的。含油脂量较高的农畜产品，采用常规的液-液分配、柱色谱等方法不能将油脂完全除去，且步骤复杂，可采用此法。

吹扫共蒸馏的装置图参见图7-6。经过预处理的样品提取液由进样口注入分馏管的内管中。残留农药在一定温度下气化，随载气（氮气）经装有硅烷化玻璃珠的外管进入装有吸附剂弗罗里硅土的收集管中，而油脂等高沸点物质则留在分馏管外管的玻璃珠上。取下收集管，用适当淋洗剂将农药淋洗下来，经浓缩即可测定。

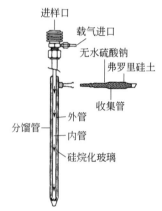

图7-6　吹扫共蒸馏装置

第二节　样品的净化

净化（cleanup）是指通过物理或化学的方法除去提取物中对测定有干扰作用的杂质的过程。在农药残留提取的过程中，伴随着大量基质干扰物质提出，如油脂、蜡质、蛋白质、叶绿素及其他色素、胺类、酚类、有机酸类、糖类等，这些物质严重干扰残留量的检测，需再经过净化步骤使得待测物与干扰杂质分离。然而，在净化的过程中，除去干扰物质的同时还会伴随着农药目标物的损失，所以样品净化是农药残留分析中的一项重要步骤，也是保证农药残留量测定结果准确的关键。

净化方法在很大程度上取决于农药和样品的性质、提取方法、最终检测方法等。经典的净化方法有液液分配法、柱层析法等。一般来说，检测限越低，要消除的干扰杂质就越多，净化要求越高。这时，净化过程比较复杂，常是多种方法结合使用。

一、液液分配法

液液分配法（liquid-liquid partition）既可用于液体样品的提取，也可用于液体或固体样品提取液的净化，其原理和操作方法在前一节已有介绍。液液分配用于净化主要是利用样品中的农药和干扰物质在互不相溶的两种溶剂（溶剂对）中分配系数的差异，达到分离和净化的目的。通常使用一种能与水相溶的极性溶剂和另一种不与水相溶的非极性溶剂配对来进行分配，这两种溶剂称为溶剂对，经过反复分配使试样中的农药残留与干扰杂质分离，样品得到净化。

一般按以下原则选择溶剂对：对于含水量高的样品，先用极性溶剂提取，再转入非极性溶剂中；非极性和含油量高的样品，则先用非极性溶剂或乙腈、N, N-二甲基甲酰胺（DMF）等提取，再转入与提取液极性不同的溶剂。常用的溶剂对包括：丙酮、水-二氯甲烷，甲醇、水-二氯甲烷，乙腈、水-二氯甲烷，水-石油醚，丙酮、水-石油醚，甲醇、水-石油醚，乙腈-正己烷，二甲基亚砜-正己烷，DMF-正己烷等。另外，对于含胺或酚的农药或其代谢物，可利用调节 pH 以改变化合物的溶解度，而达到分配净化的目的。

液液分配的净化效果除了与选择的溶剂对、pH 有关，还与两相溶剂的体积比、极性溶剂中的含水量、盐分有关。通常可在极性溶剂中添加氯化钠或无水硫酸钠水溶液来提高两相的分配系数，水与极性溶剂之比通常设为 5:1 或 10:1（体积比）。对于使用非极性溶剂与极性溶剂、水分配时，一般应分 2～3 次萃取。在合并萃取液时，通常需要通过装有无水硫酸钠的漏斗进行脱水，待浓缩后备用。

尽管液液分配法不需要昂贵的设备和特殊的仪器，但容易形成乳状液，造成分离困难。同时操作过程费时费力、容易引起误差，而且有机溶剂的使用量较大。因此，液液分配法目前已被新型方法，如固相萃取、固相微萃取、液液微萃取、QuEChERS 法等逐渐取代。

二、柱层析法

1. 柱色谱净化

柱层析法也叫柱色谱法，是利用色谱原理在开放式柱中将待测物与杂质分离的净化方法（图 7-7）。农药残留样品提取液通常首先进行液液分配处理，然后使用柱层析法进一步净化。一般以吸附剂作固定相，溶剂为流动相，使用长 5～50cm、内径 0.5～5cm 的玻璃柱，将样品提取液加入柱中，使其被吸附剂吸附，再向柱中加入淋洗液，使用极性略强于提取液的溶剂作为淋洗液，可将极性较强的农药淋洗下来，而样品中的非极性杂质则留在吸附剂上。柱层析法可根据农药及样品的性质选择不同的柱吸附剂以达到较好的净化效果，常用作净化处理的层析柱吸附剂有以下几种。

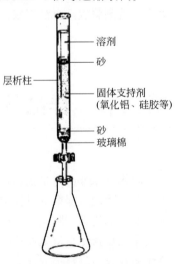

图 7-7 柱层析法示意图

溶剂
砂
层析柱
固体支持剂（氧化铝、硅胶等）
砂
玻璃棉

（1）弗罗里硅土（Florisil） 弗罗里硅土是农药残留分析净化中最常用的吸附剂，也称硅镁吸附剂，主要由硫酸镁与硅酸钠作用生成的沉淀物，经过过滤、干燥而得。它是一个多孔性的并有很大比表面积的固体颗粒，比表面值达 $297m^2/g$。它是一种高选择性的吸附剂，正相条件下能够从非极性基质中强烈吸附极性分析物，商品弗罗里硅土应进行活化处理。

弗罗里硅土适用于脂肪含量高的样品，美国 AOAC 公布的方法采用 10g 弗罗里硅土的层析柱（22mm×300mm），以乙醚-石油为淋洗体系。淋洗液的极性依次增大，淋洗下来的农药极性亦依次增大。可根据待测农药的极性大小选用淋洗溶剂，以达到与杂质分离的目的。

（2）氧化铝（alumina）　氧化铝不如弗罗里硅土那样常用，但价格便宜，也是一种比较重要的吸附剂。它有酸性、中性、碱性之分，可根据农药的性质选用。有机氯、有机磷农药在碱性中易分解，用中性或酸性氧化铝；均三氮苯类除草剂则使用碱性氧化铝。氧化铝吸附剂最大的特点就是淋洗液用量较少，但一般由于氧化铝的活性比弗罗里硅土要大得多，因而农药在柱中不易被淋洗下来，当用强极性溶剂时，则农药与杂质又会同时被淋洗下来，所以在应用前必须将氧化铝进行去活化处理。例如，市售的吸附层析活性氧化铝（中性或酸性），先在 130℃ 左右温度下活化 4h 以上，然后加入相当于 5%～10% 重量的蒸馏水，在研钵中仔细混合，倒入瓶中盖紧，放置过夜，达到去活化的目的。

（3）硅胶（silica gel）　硅胶是硅酸钠溶液中加入盐酸而制得的溶胶沉淀物，经部分脱水而得无定形的多孔固体硅胶。硅胶柱层析在样品净化中使用很普遍，它能有效地除去糖等极性杂质，特别是对 N-甲基氨基甲酸酯农药不像在弗罗里硅土或氧化铝中那样不稳定。通常也需活化处理去除残余水分，使用前再加入一定量的水分，以调节其吸附性能。由于硅胶的吸附能力与其表面的硅羟基数目有关，一般在活化时温度不宜超过 170℃，以 100～110℃ 为宜。操作时，一般硅胶的量为 5～50g，含水量在 0～10% 之间，初始用弱极性溶剂（如戊烷或己烷）淋洗，洗脱弱极性化合物，然后逐渐增加溶剂的极性，洗脱极性较强的化合物。糖等强极性化合物一般用甲醇等强极性溶剂也难以洗脱下来，但用硅胶却很容易除去。

（4）活性炭（active carbon）　活性炭一般很少单独使用，经常与弗罗里硅土及氧化铝按一定比例配合使用。活性炭对植物色素有很强的吸附作用。将活性炭与 5～10 倍量的弗罗里硅土和氧化镁及助滤剂 Celite 545 等混合，用乙腈-苯（1：1）作淋洗剂，能有效地净化许多有机磷农药。

（5）其他层析柱填料　除了上述三种常用的柱层析填料外，在农药残留样品净化中，还有 C_{18}、离子交换吸附剂等，这些吸附剂填料可单独使用，但也可以混合使用用于净化处理。例如，使用 C_{18} 柱能有效除去脂肪等非极性杂质。一些酸碱性农药及其代谢转化物则常用离子交换柱（ion exchange column）进行净化处理，特别是对百草枯和草甘膦等分析样品的净化。例如，百草枯样品先用 2.5mol/L 硫酸提取，中和后，过强阳离子交换柱，用饱和氯化铵淋洗，然后用分光光度计对蓝色的阳离子还原产物比色分析。Pardue（1995）以溶剂分配和阳离子交换固相提取为主建立了一套适合于三嗪类除草剂及其代谢物多残留分析样品的净化方法。经分析，6 种农产品中 19 种除草剂和 4 种代谢物的回收率分别在 81%～106% 和 59%～87% 范围内。

2. 凝胶渗透净化

凝胶渗透色谱（gel permeation chromatography，GPC）在生产中也较常使用。凝胶渗透色谱是利用多孔的凝胶聚合物将化合物按分子大小选择性分离的机制，即由于大分子化合物不能进入填料粒子的孔内，溶剂淋洗时只能在粒子间隙通过，而小分子化合物能在粒子孔内穿行，二者运行路径的距离不一样，大分子的路径短，最先流出，小分子的路径长，最后流出。这样就能把最先流出的大分子化合物除去而得到净化。农药残留样品净化中最常用的凝胶渗透色谱填料是各种不同孔径大小和粒子大小的苯乙烯-二乙烯苯共聚物（SDVB），如SX-3，通过控制其聚合时的交联度来获得所需孔径的凝胶粒子。由于大多数农药的分子质量都在 400u 以下，选择一定孔径的填料就可很容易地去除提取液中分子质量在 400u 以上的杂质。淋洗剂一般用二氯甲烷、二氯甲烷-环戊烷（1∶1）或乙酸乙酯-环戊烷（1∶1）。

美国 EPA 规定，凡是土样（包括淤泥）提取液均要用凝胶渗透色谱作净化处理，除去脂肪、聚合物、共聚物、天然树脂、蛋白质、甾类等大分子化合物，以及细胞碎片等杂质。在多种多样的农药残留基体中存在着大量这类大分子杂质，它们在进行 GC 或 LC 分析测定时一般不能通过色谱柱，虽然不会对检测器产生反应，但易于堵塞进样阀和色谱柱，造成色谱柱寿命缩短和结果产生偏差。

使用凝胶渗透色谱作净化处理没有不可逆保留的问题，而且一根柱子可以重复使用上千次，速度快、成本低，适用于动植物组织、果蔬、加工食品、土壤、牛奶、血液、水等几乎所有样品的净化处理。采用商业化凝胶渗透色谱自动净化装置可同时处理 60 个样品，非常方便、快速。

在柱层析法中，只有当吸附剂、提取溶剂、淋洗溶剂的种类和体积选择适宜时，才能够将待测物淋洗下来，而使杂质滞留在柱上，达到待测物与杂质分离的效果。而且，对于吸附剂、洗脱液等条件的优化过程复杂，容易引起误差。因此，目前柱层析法也逐渐被其他新型净化方法取代。

三、磺化法

磺化法是利用分析样品中脂肪、蜡质等杂质与浓硫酸的磺化作用，生成极性很强的物质，从而实现与农药分离，该方法常用于有机氯农药样品的净化。油脂类与硫酸的磺化反应式如下：

按加酸方式的不同，磺化法可分为液液分配磺化法和柱色谱磺化法。

（1）液液分配磺化法　是在盛有待净化液（以石油醚为溶剂）的分液漏斗中，加入相当于待净化液体积 10% 的浓硫酸，剧烈振摇 1min（期间注意放气，放气时漏斗口不能面向操作者及其他人），静置分层。弃去硫酸层，如上重复操作 2～4 次，直至浓硫酸和石油醚两相皆呈无色透明状。然后向石油醚净化液中加入其体积 50% 的 2%Na_2SO_4 水溶液，剧烈振摇 2min，静置分层。弃去下层水相，将上层石油醚相如上重复操作 2～4 次，直至净化液呈中性时止。石油醚净化液经无水 Na_2SO_4 脱水，定容后供仪器检测。

（2）柱色谱磺化法　是在微型玻璃色谱柱[5mm(内径)×200mm]中，自下而上依次填装少许玻璃棉、2cm 无水 Na_2SO_4、酸性硅藻土（10g 硅藻土、3mL 20% 发烟硫酸、3mL 浓硫酸，充分拌匀）、2cm 无水 Na_2SO_4。准确量取待净化液 1mL，倾入柱中，用正己烷淋洗，收集淋出液并定容，供仪器检测。

四、低温冷冻法

低温冷冻法是以丙酮作为提取溶剂，利用低温下油脂在丙酮中不溶解的原理，冷却到–70℃时油脂沉淀下来，而农药溶解于丙酮溶液中，实现农药残留与油脂的分离。低温冷冻法适用于富含油脂类样品的净化，其步骤简单快速，只需振摇和离心，绿色环保，仅使用少量有机溶剂，基本无有害废液。但在使用时也需根据农药的性质，主要是 $\lg K_{ow}$ 和检测仪器的要求，适当增加净化步骤，如固相萃取或分散固相萃取等，以达到检测的要求。

在测定脂肪中农药滴滴涕的残留时发现，脂肪在丙酮中的析出及滴滴涕的回收率与冷冻温度有关。含有滴滴涕的 100g 黄油的丙酮溶液在不同温度下放置 30min 后，沉淀油脂的效果不同，在–45～–40℃滤液中的脂肪含量较高，影响测定结果，–70～–65℃时去除脂肪的效果最好，而且滴滴涕的回收率最好，所以应当使用–70℃的低温处理。然而，–70℃虽然可以用丙酮加干冰来达到，但需在特殊的容器及制冷设备中进行，限制了该方法的使用。近年来，有研究提出用–20℃冷冻沉淀技术或结合固相提取等净化手段以除去样品中的油脂。

五、固相萃取法

固相萃取（solid phase extraction, SPE）起源于 20 世纪 70 年代，是液相和固相之间的物理萃取过程（图 7-8）。其原理是由于化合物的吸附性能不同，通过调节淋洗剂的强度和极性，对目标化合物和干扰物进行选择性分离。在固相萃取过程中，固相对分析物的吸附力大于样品提取液。当样品通过固相柱时，分析物被吸附在固体填料表面，其他样品组分则通过柱子流出，然后分析物可用适当的溶剂洗脱下来。固相萃取技术可依据样品基质和农药性质的差异选择吸附剂，如采用氧化铝吸附强极性杂质，石墨化碳黑、弗罗里硅土和 C_{18} 吸附非极性杂质等。

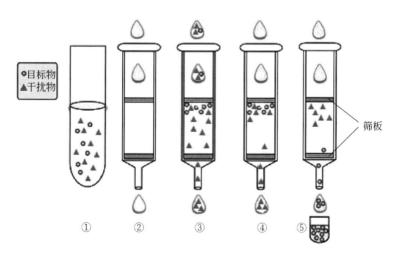

图 7-8　固相萃取典型操作步骤
①样本；②预淋洗；③上样；④洗涤；⑤洗脱

固相萃取典型操作步骤包括柱活化、加样、淋洗杂质干扰物和洗脱回收待测组分四个部分。其中加样量取决于萃取柱的尺寸、类型、待测组分的保留性质以及待测组分与基质组分的浓度等因素。固相萃取技术的另一种分离模式是杂质被保留在柱上，样品得到了净化，但待测组分没有实现富集，同时也不能分离性质比待测组分更弱的杂质，达不到完全净化的效果。

根据固相萃取柱中填料的不同，SPE 主要可分为以下几种类型：①正相固相萃取：柱中填料通常为极性物质，如硅胶、氧化铝、硅镁吸附剂等，用来萃取（保留）极性物质。②反相固相萃取：柱中填料通常为非极性或者弱极性的物质，如 C_8、C_{18}、苯基材料等，用来萃取中等极性到非极性的化合物。③离子交换型固相萃取：柱中填料通常为带电荷的离子交换树脂，如带有—NH_2基团的材料，用来萃取带电荷的化合物。

固相萃取是近十年来发展迅速的一种样品净化技术，具有操作简单、回收率高、重现性好等特点，可避免液液分配法中乳化现象的产生，也可避免柱层析法中溶剂用量大等问题。目前市场上已设计出固相萃取净化装置，实现了农药残留分析的全自动化。

六、快速滤过型净化法

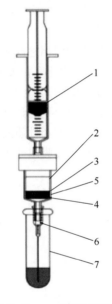

图 7-9　m-PFC 净化柱示意图

1—注射器；2—净化柱；3—上筛板；4—下筛板；5—吸附填料；6—针头；7—离心管

快速滤过型净化法（multi-plug filtration cleanup, m-PFC）是一种基于吸附剂对基质中干扰物质进行吸附从而对样品净化的方法。提取溶剂中的样品基质与吸附剂发生作用，但是吸附剂主要用于吸附基质中的干扰物质而不是目标物，所以净化柱中吸附剂的含量会影响回收率和净化效果。该方法的创新性在于充分利用了样品与固相材料的多次平衡达到提高效率和重复性，同时利用了纳米材料在正压条件下吸附性能提升的特性。

该方法如图 7-9 所示，将填料装于注射器中，使用时将提取液通过抽提或推送方式通过含有多壁碳纳米管、N-丙基乙二胺（PSA）、C_{18} 和无水硫酸镁的填料层，使填料与基质中的色素、脂类、部分糖类、甾醇类、茶多酚、有机酸和生物碱等干扰物作用或吸附，但不与目标物反应，从而完成基质的净化。m-PFC 方法相比分散固相萃取，不需要称量吸附剂，可缩短净化时间，同时能够与液相色谱-质谱法（LC-MS）、气相色谱-质谱法（GC-MS）等联用，可大幅度提高前处理速率和效率。例如，Zhao 等（2014）以多壁碳纳米管为填料，利用 m-PFC 净化方法建立了番茄、番茄汁、番茄酱中 186 种农药的 GC-MS/MS 分析方法，平均回收率在 70%～137% 之间，相对标准偏差均低于 15%。

近期，国内学者和仪器设备厂家也联合开发了自动化 m-PFC 设备，该类设备操作简便，同时可精准控制 m-PFC 次数、m-PFC 体积、抽提速度、灌注速度，可减少人为误差，提高方法精密度。

七、分子印迹技术

分子印迹技术（molecular imprinting technique, MIT）起源于 Pauling 在免疫学中提出的抗体形成学说。利用功能模板与目标分子特异性结合的原理，制备有特定尺寸、形状、序列的功能性基团聚合物，能够特异性识别模板分子，进而达到分离与选择的目的（图 7-10）。其原理是将模板分子与功能单体在一定条件下进行预组装，加入交联剂和致孔剂后使模板分子按预期取向和定位嵌入到聚合物中，然后通过物理或化学方法洗脱除去聚合物中的模板分子，形成与模板分子结构匹配的空穴，得到"印迹"有目标分子或模板分子空间结构和结合位点的分子印迹聚合物（molecular imprinting polymer, MIP）。

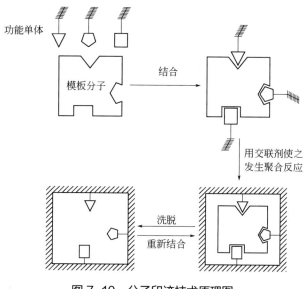

图 7-10　分子印迹技术原理图

MIP 在处理成分复杂或环境恶劣的样品时，具有抗干扰能力强、稳定性好和重复利用率高等优点，目前被广泛用于食品、环境、生物医药等复杂样品中残量或微量组分的检测。目前 MIP 在农药残留分析中的主要应用，一是利用其模拟生物抗体进行单一农药残留检测方面的尝试，开发分子印迹吸附测定法（molecularly imprinted sorbent assay, MIA），另一方面则是以其为固相提取剂，用于样品净化的探索，开发分子印迹固相萃取（MI-SPE）。Bjarnason（1999）和 Matsui 等（1997）分别合成了以莠去津为模板的 MIP，对氯代三嗪类除草剂进行富集提取，提取率为 74%~77%。

八、新型净化材料及其应用

影响样品前处理效果的因素一方面是提取试剂的选择，另一方面是净化材料的选择。净化材料的理化性质决定相互作用和萃取效率，目前净化材料应用有两种趋向：一是通用性，可适用于广谱的农药多残留分析；二是选择性和特异性。目前除了常见的键合硅胶、高分子化合物、富碳型等材料，一些新型材料如碳纳米管、离子液体、有机金属骨架材料、磁性粒子等，因具有较好的净化效果，受到了人们的广泛关注。

新型碳纳米材料（carbon nano tubes, CNTs）是由单层或多层石墨片围绕同一中心轴按一定的螺旋角卷曲而成的无缝纳米级管结构，两端通常被由五元环和七元环参与形成的半球形大富勒烯分子封住，每层纳米管的管壁是一个由碳原子通过 sp^2 杂化与周围 3 个碳原子完全键合后所构成的六边形网络平面所围成的圆柱面。由于其结构特殊，碳纳米管具有独特的理化特性，如表面原子周围缺少相邻的原子，具有不饱和性，易与其他原子相结合而趋于稳定。碳纳米管还可以通过 *π-π* 作用和疏水作用与一些有机化合物发生相互作用。因此，由于碳纳米管具有比表面积大、吸附能力强、稳定耐用、成本低廉等特点，已成为农药残留分析领域较为理想的集提取、净化与浓缩于一体的材料之一。

离子液体（ionic liquid），全名为室温离子液体（room temperature ionic liquids, RTILs），是一类室温或相近温度下完全由离子组成的有机液体化合物，目前，阳离子基本上都是有机含氮杂环阳离子，阴离子一般为体积较大的无机阴离子。离子液体在液-液萃取分离时，通过对正、负离子的设计，离子液体不仅能够溶解某些有机化合物、无机化合物和有机金属化合物，而且与许多有机溶剂不混溶，溶解损失低。离子液体在固-液萃取分离时，将处理并附着有离子液体的固相微萃取（SPME）头用于从液面顶空萃取涂料中的苯、甲苯、乙苯和二甲苯。被分析物，在气相色谱仪的注射口内经萃取和解吸，最后用溶剂将附着有离子液体的纤维进行分离。离子液体目前在有机物萃取分离、液相微萃取、固相微萃取等领域有着广泛的应用。

金属有机骨架（metal-organic frameworks, MOFs）是以金属离子为配位中心，与刚性或半刚性有机桥接配位体连接形成的带一定空腔的配位聚合物。MOFs 是一种新型的多孔纳米材料，具有比表面积大、开放金属位点多、骨架密度低、发光性能好以及易与客体分子结合等结构优势，在发光、导电、显色和光学等特性方面性能出众。同时，根据需要可对 MOFs 进行结构设计，制备出各种功能化的 MOFs 材料。因此，MOFs 材料因其良好性能，在农药残留样品前处理领域有着广阔的应用前景。

磁性吸附剂是将磁性粒子与传统吸附剂通过物理或化学的方法结合形成磁性复合材料。被使用的磁性粒子主要有磁铁矿（Fe_3O_4）、赤铁矿（α-Fe_2O_3）、磁赤铁矿（γ-Fe_2O_3）、铁酸盐等，其中 Fe_3O_4 粒子以制备方法简单、高磁饱和强度、高稳定性和低毒性而最受欢迎。这些含有磁性粒子的吸附剂在吸附了有害重金属后，通过外加磁场的作用，能迅速而容易地从水中分离出来，从而减少了固液分离过程（如离心或过滤）。传统的吸附剂例如活性炭、壳聚糖、纤维素等磁化后即保留了高的吸附容量，又易于回收再生，部分产品已经实现商业化应用。

九、样品的衍生化技术

色谱法分析中，有些农药残留物对检测仪器没有响应或响应较弱，不能直接进行检测，需要进行衍生化处理，从而达到扩大检测物的范围，提高样品在检测仪器上的灵敏度，改善样品混合物在色谱柱上的分离效果。

衍生化技术是通过化学反应，将样品中难以分析检测的目标化合物定量转化成另一种易于分析检测的化合物，通过后者的分析检测实现对可疑目标化合物的定性和定量分析。如挥发性强的物质适合利用气相色谱法进行分析，但是极性强、挥发性弱、热稳定性差的物质往往不适合，如果进行适当的衍生化处理，转化成相应的挥发性衍生物就可以实现检测，扩大了气相色谱法目标分析物的检测范围；有紫外吸收或能被激发产生荧光的物质适合利用液相色谱法进行分析，但是无紫外吸收或紫外吸收较弱，不产生荧光或荧光较弱的物质往往不适合，甚至不能检测，进行衍生化处理后，则可以利用液相色谱法检测。依据衍生化模式的不同又可以分为柱前衍生化和柱后衍生化。

（1）柱前衍生化　是在色谱分离前，预先将样品衍生化，然后根据衍生物质性质进行色谱分离及检测的方法。该方法的优点是通常无须考虑衍生反应的动力学因素，衍生化试剂、反应条件和反应时间的选择不受色谱系统的限制，不需附加仪器设备。缺点是操作过程较烦琐，容易影响定量分析的准确性，且衍生反应形成的副产物可能对分离造成较大干扰从而影响分析结果。

（2）柱后衍生化　是将混合样品先经色谱分离，再进行衍生化，最后进入检测器检测的方法，是液相色谱中比较常用的一种手段。在分离柱和检测器之间连接一个小型通道，反应混合物以恒定的速度流过。该方法操作简便，重现性好，并且可连续反应，便于实现分析自动化。但由于反应是在色谱系统中进行的，对衍生试剂的反应时间和反应条件产生限制，需要通过控制反应通道的尺寸、流动相的流量以及反应通道的温度来实现在特定温度下和特定时间内的反应。

常用的衍生化试剂包括：硅烷化试剂、烷基化试剂、酰基化试剂、紫外衍生试剂、荧光衍生试剂等。其中，①硅烷化试剂是利用硅烷基取代活性氢，降低化合物的极性，减少氢键束缚，从而更容易挥发。同时由于活性氢位点减少，化合物的稳定性得以加强，提升了可检测性。适用于羟基化合物，也可用于含羧基、巯基、氨基等官能团的化合物。②烷基化试剂与硅烷化试剂类似，利用烷基官能团（脂肪族或芳香族）取代活性氢，生成的衍生物极性降低。常用于改良含有酸性氢的化合物，如羧酸类和苯酚类。③酰基化试剂是通过羧酸或共衍生物的作用将含有活泼氢（如—OH、—SH、—NH）的化合物转化为酯、硫酯或酰胺，可以作为烷基化试剂的替代方法。④紫外衍生试剂和荧光衍生试剂都属于改善检测性能的衍生化试剂，当物质在 200～400nm 有紫外吸收时，考虑用紫外检测仪器，紫外衍生化试剂可以改善目标分析物的紫外吸收效应。荧光检测仪器只对荧光物质有响应，灵敏度高，适合于多环芳烃及各种荧光物质的痕量分析，而不产生荧光的物质，经荧光衍生试剂处理后可转变为荧光物质，而后进行分析。

刘铮铮等（2009）先用芴代甲氧基酰氯衍生水中的草甘膦、草铵膦和氨甲基磷酸等，再用配有荧光检测仪器的高效液相色谱仪进行检测，建立了一种快速、灵敏、准确的、测定水中痕量新型有机磷除草剂的分析方法。于彦彬等（2009）用液相色谱柱后衍生荧光法测定蔬菜和水果中的 13 种氨基甲酸酯类农药，衍生化试剂为邻苯二甲醛和巯基乙醇，发现当巯基乙醇和邻苯二甲醛的体积比为 10：100 时，荧光响应值达到最大。

第三节　样品的浓缩

使用常规方法从分析样品中提取出来的农药溶液，由于提取溶剂的量较大，一般情况下农药浓度都非常低，因此，在进行净化和检测时，必须首先进行浓缩（concentration），使检测溶液中待测物浓度达到分析仪器灵敏度的要求。目前常用的浓缩方法有 K-D 浓缩法、减压旋转蒸发法、氮吹法等。

在浓缩过程中，必须注意残留农药损失的问题。样品提取液由几十毫升至几百毫升浓缩到 1mL 至数毫升，极易引起残留农药损失，特别对于蒸气压高或亨利常数高、稳定性差的农药，更需要注意不能将溶液蒸干。这些农药甚至在样品制备好以后，都应在密闭和低温条件下存放。

一、K-D 浓缩法

K-D 浓缩法（Kuderna-Danish evaporative concentration）是利用 K-D 浓缩器直接浓缩到刻度试管中的方法，适合于中等体积（10～50mL）提取液的浓缩。K-D 浓缩器是使用较为普遍的浓缩方法，各国农药残留分析标准，大都采用 K-D 浓缩器浓缩。

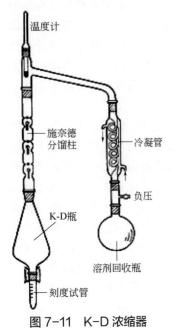

K-D 浓缩器是简单、高效、玻璃制的浓缩装置（图 7-11），由 K-D 瓶、刻度试管、施奈德分馏柱、温度计、冷凝管和溶剂回收瓶组成。K-D 瓶上接施奈德分馏柱，下接刻度试管，浓缩时溶剂蒸出经施奈德分馏柱通过冷凝管收集在溶剂回收瓶中，可以同时进行浓缩、回流洗净器壁和在刻度试管中定容。水浴温度应根据溶剂的沸点而定，一般在 50℃左右，不得超过 80℃。K-D 浓缩器在常压、减压条件下都可以进行操作，减压是在冷凝管和溶剂回收瓶中间加一抽气接头即可，但真空度不宜太低，否则造成沸点低，提取液浓缩过快，容易将样品带出而造成损失。

图 7-11 K-D 浓缩器

K-D 蒸发浓缩器是为浓缩易挥发性溶剂而设计的。其特点是浓缩瓶与施奈德（分馏）柱连接，下接有刻度的收集管（刻度试管），可以有效地减少浓缩过程中农药的损失，且其样品收集管能在浓缩后直接定容测定，无需转移样品。K-D 浓缩器带有回流，浓缩时样品组分损失小，特别是对沸点较低的成分，但对热敏成分不利。旋转蒸发仪浓缩速度快，但容易造成低沸点组分较大损失。

二、减压旋转蒸发法

减压旋转蒸发法（vacuum rotary evaporation）是利用旋转蒸发器（图 7-12）在较低温度下使大体积（50～500mL）提取液得到快速浓缩的方法。旋转蒸发器是为提高浓缩效率而设计，旋转蒸发器中盛蒸发溶液的圆底烧瓶是可以旋转的，利用旋转浓缩瓶对浓缩液的搅拌作用，在瓶壁上形成液膜，扩大蒸发面积，同时又通过减压使溶剂的沸点降低，从而实现较快地、平稳地蒸馏，达到高效率浓缩的目的。如图 7-12 所示烧瓶的转速可以调节，冷凝器上端可接水抽滤器或抽气机，有活塞可以调节真空度。在使用时根据浓缩液的体积，可以改换各种容量的烧瓶，从 10mL 到 1L 均可。

减压旋转蒸发法操作方便，但残留农药容易损失，且样品还须转移、定容。

三、氮吹法

氮吹法采用氮气对加热样液进行吹扫，使待处理样品迅速浓缩，达到快速分离纯化的效果。氮吹仪主要有加热器、自动温控仪、自动升降气路板、气体流量计、气流调节阀等组成（图 7-13），适用于体积小（通常小于 10mL）、易挥发的提取液。

氮吹仪的每个气道都可同时或独立控制，可根据试管高度自由调节升降高度。该方法操作简便，尤其可以同时处理多个样品，缩短了检测时间。目前在农药残留样品前处理过程中应用较广泛。

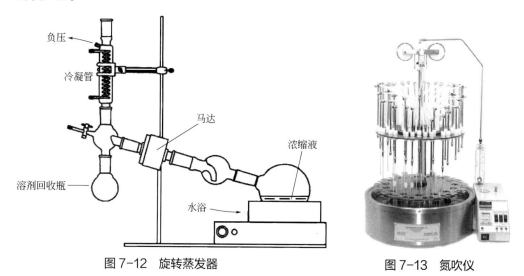

图 7-12　旋转蒸发器　　　　　　　　图 7-13　氮吹仪

第四节　样品前处理一体化方法

随着农药分析新方法的开发和应用，农药分析前处理方法逐步向快速、简便和一体化的方向发展。样品前处理一体化方法主要指将样品提取和净化甚至浓缩过程集于一体或一步同时完成，使农药残留分析中的样品前处理过程简便快捷。

一、固相微萃取法

固相微萃取法（solidphase micro-extraction, SPME）起源于 20 世纪 90 年代，在固相萃取技术上发展起来的，是一种不需使用有机溶剂，集采样、提取、浓缩和进样于一体的样品前处理新技术（图 7-14）。SPME 装置由萃取头和手柄两部分组成，萃取头有两种类型：一种是由一根熔融的石英细丝表面涂渍某种吸附剂做成；另一种是内部涂有固定相的毛细管做成。固相微萃取的原理是根据待测组分与溶剂之间"相似相溶"的原理，利用萃取头表面的色谱固定相的吸附作用，将组分从样品基质中萃取富集起来，完成样品的前处理过程。

萃取包括吸附和解吸两个过程，吸附过程中待测物在萃取纤维涂层与样品之间遵循"相似相溶"原则平衡分配。解吸过程有两种方式：气相色谱分析，萃取纤维直接插入进样口进行热解吸；高效液相色谱分析，需要在特殊解吸室内利用解吸剂解吸。使用时，先将萃取头鞘插入样品瓶中，推动手柄杆使萃取头伸出，进行萃取。固相微萃取技术灵活性强，其选择性和灵敏度可通过石英纤维表面涂层的厚度、种类、pH 和温度等参数进行调节。

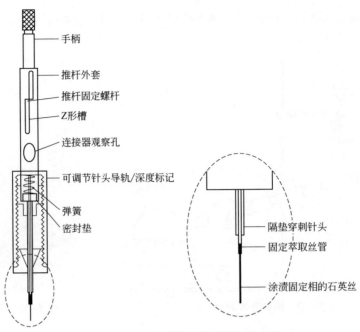

图 7-14　固相微萃取装置结构示意图

手柄
推杆外套
推杆固定螺杆
Z形槽
连接器观察孔
可调节针头导轨/深度标记
弹簧
密封垫

隔垫穿刺针头
固定萃取丝管
涂渍固定相的石英丝

二、液相微萃取法

液相微萃取（liquid phase micro-extraction, LPME）是 1996 年由 Jeannot 和 Cantwell 同时提出的一种新型微型样品前处理技术（图 7-15），利用物质在互不相溶的两相中分配比不同而达到分离目的，通过减少溶剂用量实现液-液萃取的微型化。

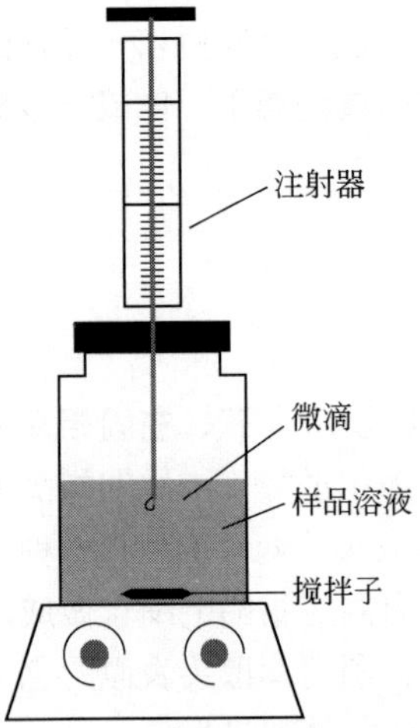

注射器
微滴
样品溶液
搅拌子

图 7-15　液相微萃取示意图

液相微萃取有两种萃取模式：两相液相微萃取和三相液相微萃取。两相模式是一个基于分析物在样品及小体积的有机溶剂两相之间平衡分配的过程。根据"相似相溶"原理，以分子形式存在的目标物被萃取进入有机萃取剂中，从而实现目标物的选择性萃取。三相模式则是由两个水层间夹一个有机层组成的"三明治"形的萃取系统，萃取物在料液相中以分子形式存在而进入有机相中，通过采用合适的接受相溶液，分子形式的待萃取物在有机相与接受相的界面上再次离子化，从而被萃取进入接受相。一般来说，要实现萃取，目标物在有机相中的溶解度要大于在料液相中的溶解度，但又要小于在接受相中的溶解度。

液相微萃取具有如下优点：集采样、萃取和浓缩于一体，操作简单方便；萃取效率高，富集效果好，富集倍数甚至可达 1000倍以上；消耗有机溶剂量少（几至几十微升）；所需样品溶液的量较少（1～10mL）；便于和高效液相色谱（HPLC）、气相色谱（GC）、高效液相色谱-质谱联用（HPLC-MS）和毛细管电泳（CE）等仪器实现在线联用。

液相微萃取及其各种形式现已广泛应用于食品安全、环境污染、药品分析、临床医学等领域。谭小旺等（2012）建立了 HP-LPME 与高效液相色谱联用法，测定水中痕量双酚 A。该方法以正辛烷为萃取剂，氢氧化钠溶液为接受相，富集倍数为 341，检出限为 0.2ng/mL。

三、基质固相分散法

基质固相分散（matrix solid phase dispersion, MSPD）是在常规 SPE 基础上发展起来，集提取、净化、富集于一体，由美国的 Barker 等在 1989 年提出并给予理论解释的一种快速样品制备技术（图 7-16）。MSPD 是将固态样品与某种填料（如弗罗里硅土、活性炭、硅胶、C_{18} 等）充分研磨，使样品与具有很大比表面的填料充分接触，均匀分散于固定相颗粒的表面，在此过程中完成样品的匀化，制成半固态粉末，然后装入色谱柱，选择适当的淋洗剂洗脱，获得已净化好的提取液。一般情况下不需要进一步净化，经适当浓缩即可进行测定。包括试样的均质化、装柱、干扰物质的洗脱、目标物洗脱等过程。

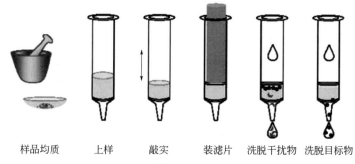

样品均质　上样　敲实　装滤片　洗脱干扰物　洗脱目标物

图 7-16　基质固相分散流程图

MSPD 目前主要用于蔬菜、水果等新鲜样品中农药残留的提取处理。Muccio 等（1997）用大孔硅藻土作填料，利用 MSPD 萃取，对蔬菜、水果中 14 种拟除虫菊酯类农药进行了 GC 检测。Viana 等（1996）用 MSPD 萃取，检测蔬菜中 9 种农药残留，研究表明三种净化材料中，弗罗里硅土最优；三种洗脱液中，二氯甲烷最优。样品提取液经进一步 SPE 净化，用 GC-MS 测定。

四、QuEChERS 方法

2003 年，Anastassiades 和 Lehotay 等建立了分散固相萃取（dispersive SPE）样品前处理技术，其特点为快速（quick）、简单（easy）、便宜（cheap）、有效（effective）、可靠（rugged）和安全（safe），用英文首字母将其命名为 QuEChERS。QuEChERS 方法实质上是固相萃取技术和基质固相分散技术的结合和衍生，其基本流程为：用乙腈萃取样品中的残留农药，用 NaCl 和无水 $MgSO_4$ 盐析分层，萃取液经无水硫酸镁和 N-丙基乙二胺填料(primary secondary amine, PSA）分散萃取净化后，用 GC-MS、LC-MS 等进行残留分析。QuEChERS 发布后，很快受到广泛的认可和应用，AOAC 和欧盟先后发布了基于 QuEChERS 的方法标准 AOAC 2007.01 和 EN 15662:2008，两者与原始 QuEChERS 方法的主要区别在于其分别采用了醋酸盐和柠檬酸盐缓冲体系，改善了弱酸或弱碱性农药的提取效率（具体操作流程的对比见表 7-1）。目前 QuEChERS 方法已经在农药残留分析中得到了广泛的应用。

表 7-1 QuEChERS 方法的主要操作流程

项目	2003 年 初始方法	2007 年 AOAC 2007.01 方法	2008 年 EN 15662 方法
操作流程	10g 样品 ↓ 10mL 乙腈 4g 无水 MgSO₄ +1g NaCl ↓振摇 ↓离心 150mg/mL 无水 MgSO₄ 25mg/mL PSA ↓ 振摇、离心	15g 样品 ↓ 15mL 乙腈（含 1%乙酸） 6g 无水 MgSO₄ +1.5g NaAc ↓振摇 ↓离心 150mg/mL 无水 MgSO₄ 50mg/mL PSA ↓ 振摇、离心	10g 样品 ↓ 10mL 乙腈 ↓振摇 4g 无水 MgSO₄ +1g NaCl +1g Na₃Cit·2H₂O +0.5g Na₃Cit·5H₂O ↓振摇 ↓离心 150mg/mL 无水 MgSO₄ +25mg/mL PSA ↓ 振摇、离心

在 QuEChERS 方法中，样品前处理主要由两步完成：①萃取。乙腈是最适合萃取宽极性范围多残留农药的溶剂，在某些情况下也可选择加入含 1%乙酸的乙腈作为萃取剂。在萃取的过程中，加入无水 $MgSO_4$、NaCl 以除去萃取环境中的水分，并促使待测物从水相转移到有机相；硫酸镁吸水的同时也产生热量，促进了农药的萃取；加入醋酸钠（NaAc）或柠檬酸钠（Na_3Cit）来调节萃取环境的 pH。②净化。离心使得提取液与样品基质分层，将样品萃取液通过分散固相萃取（d-SPE）净化，在净化的过程中加入硫酸镁可吸取多余的水分。

净化剂除 PSA 外，还可以是 GCB、C_{18} 和弗罗里硅土。PSA 同时具有极性与弱阴离子交换功能，主要吸附有机酚类、脂肪酸等极性或弱酸性杂质；GCB 对芳香族化合物的吸附大于对脂肪族化合物的吸附，对大分子化合物的吸附大于对小分子化合物的吸附，主要吸附色素及其他环状结构物质；C_{18} 具有弱极性，主要吸附脂溶性杂质；Florisil 主要吸附油脂类化合物。目前也有一些其他新型材料作为吸附剂，如新型碳纳米材料、分子印迹材料等。新型碳纳米材料的去干扰能力是传统 PSA、C_{18}、GCB 等 SPE 净化材料的 3～10 倍，而用量是传统 PSA、C_{18}、GCB 等 SPE 净化材料的 1/10～1/5，能够降低 1/3 的成本。根据碳纳米管中的碳原子层，可将碳纳米管分为单壁碳纳米管（single walled carbon nanotubes，SWCNTs）和多壁碳纳米管（multi-walled carbon nanotubes，MWCNTs）两大类。由于碳纳米材料具有独特的耐热、耐压等物理和化学特性，特别是极大的表面积和独特的空间结构，使其具有优异的吸附性能。赵鹏跃等（2015）利用多壁碳纳米管作为反相固相分散净化材料，对甘蓝、韭菜、茶叶、草莓等基质进行了优化，添加试验的平均回收率在 70%～110%范围内，相对标准偏差均低于 15%。

与其他方法相比，QuEChERS 方法主要有如下优点：①作为一种多残留分析的前处理方法可测定含水量较高的样品，减少样品基质如叶绿素、油脂、水分等的干扰；②稳定性好，回收率高，对大量极性及挥发性农药品种的加标回收均大于 85%；③采用内标法进行校正，精密度和正确度较高；④分析时间短，能在 30～40min 内完成 10～20 个预先称重的样品的测定；⑤溶剂使用量少，污染小且不使用含氯溶剂；⑥简便，无须良好训练和较高技能便可很好地完成；⑦方法的净化效果好，在净化过程中有机酸均被除去，对色谱仪器的影响较小；⑧样品制备过程中所使用的装置简单。该方法目前在欧盟、美国、日本和中国等地区的市场监测分析中应用广泛。

五、强制挥发提取法

强制挥发提取法（forced volatile extraction）是对于易挥发物质，特别是蒸气压或亨利常数高的化合物，利用其挥发性进行提取的方法。该方法可以不使用溶剂，在挥发提取的同时去除挥发性差的杂质。吹扫捕集法（purge-and-trap）和顶空提取法（headspace extraction）常用于上述类型化合物的提取。

1. 吹扫捕集法

吹扫捕集系统主要用于水样中挥发性有机物的分析，适用的农药及其代谢物主要有溴甲烷、甲基异丙腈（MITC）、氧化乙烯、氧化丙烯等。该分析系统的主要构件有吹沸器和捕集管，连接一台气相色谱仪（GC）（图 7-17）。

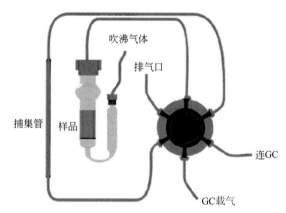

图 7-17　水样中易挥发残留农药的吹扫捕集提取分析系统

其操作步骤是：

（1）吹沸　在常温下，以氮气（或氦气）等惰性气体的气泡通过水样将挥发物带出来。

（2）捕集　吹沸出来的挥发物被气流带至捕集管，被管中的吸附剂吸附、富集。最常用的吸附剂是 Tenax（由 2,6-二苯并呋喃聚酯与 30%石墨的复合物组成），它透过性好、耐 350℃高温、水亲和性低、吸附谱广。

（3）解吸　通过瞬间加热使捕集管中的挥发物解吸，并用载气带出，直接送入 GC。每次使用捕集管前，宜在高温下以洁净氮气吹扫，以去除残存在管中的有机化合物，但注意高温下不能有氧气进入。

（4）GC 分析　用这种方法可以分析水样中 μg/L～ng/L 级的挥发性残留农药。

2. 顶空提取法

顶空制样是与吹扫捕集法相类似的技术，但它适用于水样以及其他液态样品和固态样品。它也可以直接与气相色谱仪连接进行分析（图 7-18）。其操作步骤主要有：①加热密封样品瓶，使顶空层分析物平衡；②通过注射器将载气压向样品瓶；③断开载气，使瓶中顶空层气样流入气相色谱仪供分析。

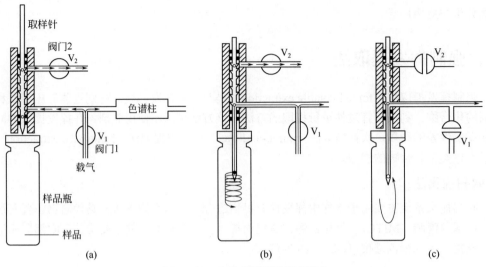

图 7-18　顶空色谱分析示意图

(a) 加热平衡，载气流过阀门 V_1 到色谱柱，且部分载气清理注射器；(b) 针头插入瓶中，载气进入，瓶中压力达到柱前压；(c) 关闭阀门 V_1、V_2，瓶中压缩气体流入柱子

参考文献

[1] Anastassiades M, Lehotay S J, Stajnbaher D, et al. Fast and easy multiresidue method employing acetonitrile extraction/partitioning and "Dispersive Solid-Phase Extraction" for the determination of pesticide residues in produce. Journal of AOAC International, 2003, 86: 412-431.

[2] Bjarnason B, Chimuka L, Ramstrm O. On-Line solid-phase extraction of triazine herbicides using a molecularly imprinted polymer for selective sample enrichment. Analytical Chemistry, 1999, 71(11): 2152-2156.

[3] Farajzadeh M, Khoshmaram L, Nabil A. Determination of pyrethroid pesticides residues in vegetable oils using liquid-liquid extraction and dispersive liquid-liquid microextraction followed by gas chromatography-flame ionization detection. Journal of Food Composition and Analysis, 2014, 34(2): 128-135.

[4] Matsui J, Okada M, Tsuruoka M, et al. Solidphase extraction of a triazine herbicide using a molecularly imprinted synthetic receptor. Analytical Communications, 1997, 34(3): 85-87.

[5] Muccio A D, Barbini D A, Generali T, et al. Clean-up of aqueous acetone vegetable extracts by solid-matrix partition for pyrethroid residue determination by gas chromatography-electron-capture detection. Journal of Chromatography A, 1997, 765(1): 39-49.

[6] Pardue J R. Use of a multiresidue method for the determination of triazine herbicides and their metabolites in agricultural products. Journal of AOAC International, 1995, 78(3): 856-862.

[7] Quan L, Li S, Tian S, et al. Determination of organochlorine pesticides residue in ginseng root by orthogonal array design soxhlet extraction and gas chromatography. Chromatographia, 2004, 59: 89-93.

[8] Sanghi R, Kannamkumarath S. Comparison of extraction methods by soxhlet, sonicator, and microwave in the screening of pesticide residues from Solid Matrices. Journal of Analytical Chemistry, 2004, 59(11): 1032-1036.

[9] Viana E, JC Moltó, Font G. Optimization of a matrix solid-phase dispersion method for the analysis of pesticide residues in vegetables. Journal of Chromatography A, 1996, 754(1-2): 437.

[10] Zhao P, Huang B, Li Y, et al. Rapid multiplug filtration cleanup with multiple-walled carbon nanotubes and gas chromatography–triple-quadruple mass spectrometry detection for 186 pesticide residues in tomato and tomato products. Journal of Agricultural & Food Chemistry, 2014, 62(17): 3710.

[11] 宝炉丹. 糖类与类糖物质高效液相色谱衍生化方法研究. 沈阳: 沈阳药科大学, 2007.

[12] 廉玫, 许峰, 观文娜, 等. 加压溶剂萃取-气相色谱法测定荞麦中残留的有机氯农药. 色谱, 2008, 126（4）: 484-488.

[13] 刘谦, 颜红. 快速溶剂萃取-高效液相色谱串联质谱测定水果和果汁中的多菌灵. 农药科学与管理, 2012, 33（6）: 28-31.

[14] 刘铮铮, 李立, 王静, 等. 高效液相色谱-柱前衍生法测定水中有机磷除草剂. 中国环境监测, 2009, 25(5): 35-38.

[15] 欧阳运富, 唐宏兵, 吴英, 等. 加速溶剂萃取-在线凝胶渗透色谱-气相色谱-质谱联用法快速测定蔬菜和水果中多农药残留. 色谱, 2012, 30(7): 654-659.

[16] 钱传范. 农药残留分析原理与方法. 北京: 化学工业出版社, 2011.

[17] 谭小旺, 宋燕西, 魏瑞萍, 等. 三相中空纤维膜液相微萃取-高效液相色谱法测定水中痕量双酚 A. 分析化学, 2012, 40(9): 1409-1414.

[18] 王慧, 吴文君. 农药分析与残留分析. 北京: 化学工业出版社, 2007.

[19] 熊琳, 高雅琴, 牛春娥, 等. 衍生化技术在色谱法检测有机农药残留中的应用. 湖北农业科学, 2014, 53(16): 3725-3730.

[20] 于彦彬, 谭丕功, 曲璐璐, 等. PSA 分散固相萃取液相色谱柱后衍生荧光法测定蔬菜和水果中的13 种氨基甲酸酯. 分析试验室, 2009, 28(11): 97-101.

[21] 岳永德. 农药残留分析. 第 2 版. 北京: 中国农业出版社, 2014.

[22] 张彦飞, 宋勇强, 蒋宁, 等. 优化气相色谱法测定生活饮用水中六六六和滴滴涕. 食品安全质量检测学报, 2020, 11(15): 5107-5110.

[23] 赵鹏跃. 基于多壁碳纳米管的农药多残留前处理方法的开发与应用. 北京: 中国农业大学, 2015.

[24] 郑永权, 董丰收. 农药残留与分析. 北京: 化学工业出版社, 2019.

? 思考题

1. 简述样品预处理中需要遵循的原则。
2. 简述不同基质的均质化技术。
3. 常用的样品提取技术有哪些, 其原理分别是什么?
4. 为什么样品提取液有时需要浓缩, 操作中有哪些注意事项?
5. 常用的净化技术有哪些, 其原理分别是什么?
6. 简述固相萃取法的原理及其特点。

第八章
农药的化学滴定与电位分析法

农药原药和制剂分析方法与农药的发展历史有关，也与分析化学学科的发展过程密切相关。早期在应用铜、砷、铅等无机农药的时期，农药分析方法主要是根据这些无机农药的特点，采用重量法和滴定分析法测定农药的有效成分含量。

20世纪50年代，有机氯农药开始使用，分析方法也逐渐采用滴定分析法或重量法。这些方法一般是先将这些农药中的氯等卤素原子通过碱性水解等方法转变为无机离子，然后以银量法、电位滴定法或重量法测定其中的氯含量，从而反推农药有效成分的含量。这些化学分析方法操作简便，设备简单，不需要昂贵的仪器设备，常规分析化学实验室均有条件采用，曾在农药分析历史上起到过重要的作用。但是这些方法也有其缺点，例如方法没有特异性，一些类似结构的杂质或制剂中的助剂都可能影响测定结果，因此在进行滴定分析等化学分析之前，需要采用薄层色谱等手段进行预分离或预先纯化，增加了测定步骤。本章主要介绍化学滴定分析法及电位分析法在农药分析中的应用及一些经典范例。

第一节　化学滴定分析法

化学滴定分析法是将已知浓度的试剂溶液（或标准溶液）从滴定管中滴加到待测溶液中，直到标准溶液与被测组分按化学计量反应完全，然后根据标准溶液的浓度及消耗的体积，计算待测物质含量的分析方法。滴定试剂与被测组分按化学计量完全反应的这一点称为等当点。滴定分析可以采用指示剂发生颜色变化的转变点来指示滴定终点；有时变色终点难以观察，也可以不采用指示剂，而是采用电位滴定、永停滴定等方法来确定滴定终点。根据确定滴定终点的方法不同，滴定终点与等当点有可能不完全符合，二者之差称为终点误差。

滴定分析法仪器设备简单，操作简便快速，方法较为准确，而且滴定分析法测定时不需要农药标准品，根据化学反应消耗的试剂即可直接计算出有效成分的含量。在光谱法和色谱法广泛应用之前，农药分析方法主要采用滴定分析法和重量分析法，重量分析法目前已经很少使用，而滴定分析法目前还有部分方法仍然在使用。

在农药分析中，滴定分析法是利用农药有效成分中某元素或基团与标准溶液中的滴定试剂发生化学反应作为计算有效成分含量的依据，因此这种方法一般适用于测定纯度较高的农药。如果农药纯度较低，其中的杂质可能会发生相同的化学反应，影响测定结果的准确性。例如，早期工业上采用直接重氮化法测定杀螟硫磷乳油的含量时，由于有杂质参与了反应，导致其结果一般比气相色谱法的结果高出 6～8 个百分点，因此确定气相色谱法为其标准方法。在农药分析中，为了避免杂质的干扰，常常将农药样品首先采用薄层色谱法进行一定的分离纯化，然后再进行滴定分析，以提高分析的准确度。

我国早期的农药国家标准中，使用滴定分析法的有甲胺磷的薄层碘量法（GB 3724—1983）（已作废），乐果的薄层溴化法（HG 2-1417—1981）（已作废），矮壮素的沉淀滴定法（HG 2-818-75）（1983 年确认）（已作废），此外氨基甲酸酯类农药异丙威（GB 9560—1988）（已作废）和速灭威（GB 9563—1988）（已作废）的含量测定均使用薄层定胺法和气相色谱法，但以薄层定胺法为仲裁法。现在很多农药都改用 GC 或 HPLC 方法进行分离检测，但对于高温下易分解，及采用 HPLC 还需要衍生化的农药，仍可采用化学分析方法进行测定。

滴定分析法一般是以待测化合物与滴定试剂之间特有的化学反应为基础的。根据所基于的化学反应不同，在农药分析中，常用的滴定分析法有：酸碱滴定法、氧化还原滴定法、沉淀滴定法、亚硝酸钠滴定法、非水滴定法等。

一、酸碱滴定法

酸碱滴定法是以酸碱中和反应为基础的滴定分析法，一般选用适当的有机弱酸或弱碱作为指示剂，根据它们在不同酸度下呈现不同的颜色而指示滴定终点的到达。酸碱滴定法在农药分析中的应用主要在两个方面：农药酸度的测定和农药有效成分含量的测定。

（一）农药酸度的测定

很多农药在碱性条件下容易发生分解，如菊酯类、氨基甲酸酯类等农药，另外，农药的酸度过高或过低可能会导致对农作物的药害，或者对包装运输材料的腐蚀，因此农药的酸度是一个重要的质量指标。农药酸度可用 pH 表示，也可用酸含量表示。用 pH 表示酸度时，可直接采用 pH 计（或称为酸度计）测量待测溶液的 pH 值。采用酸含量表示时，一般将农药酸度以样品中所含硫酸或盐酸的质量百分数来表示。测定时采用酸碱滴定的方法，即用盐酸或者氢氧化钠标准溶液进行滴定，采用酸碱指示剂或电位法确定滴定终点，根据滴定剂的体积计算样品中的酸或碱的含量，然后换算成硫酸或盐酸的质量百分数来表示。农药在进行酸度测定前需要采用适当的溶剂将农药样品溶解，一般可加入少量与水互溶的有机溶剂，将样品配制成溶液或乳液状态进行测定，必要时可进行过滤操作。

（二）农药有效成分的含量测定

采用酸碱滴定法测定农药有效成分的含量一般有两种方法：一种是利用农药碱解过程中消耗的碱的量来反推农药的有效成分含量，例如敌敌畏的碱解法；另一种是利用农药发生碱解反应后产生的化合物能够与酸或碱定量反应，通过测定碱解产物的量反推农药有效成分的含量。下面以几个经典方法为例加以说明。

1. 敌敌畏的碱解法

敌敌畏样品经薄层色谱分离杂质后，在 0～1℃与 1mol/L 氢氧化钠标准溶液反应 20min，可定量地水解生成二甲氧基磷酸钠和二氯乙醛，反应结束后用标准酸溶液滴定反应后剩余的碱，根据碱解反应消耗的碱的量即可计算敌敌畏的有效成分含量。反应方程式如下：

$$\begin{array}{c} H_3CO \\ \diagdown \\ H_3CO \end{array} P \begin{array}{c} O \\ \diagdown \\ \diagup \end{array} O-C=C \begin{array}{c} Cl \\ \diagup \\ H \end{array} + NaOH \longrightarrow \begin{array}{c} H_3CO \\ \diagdown \\ H_3CO \end{array} P \begin{array}{c} O \\ \diagdown \\ \diagup \end{array} ONa + Cl_2CHCHO$$

测定时必须严格控制反应时间和温度，如果水解条件控制不严格，二氯乙醛在碱性溶液中可继续分解而消耗碱液，发生如下副反应，造成测定误差：

$$Cl_2CHCHO + 2\,NaOH \longrightarrow HCOONa + 2\,NaCl + HCHO + H_2O$$

2. 速灭威、异丙威的薄层定胺法

氨基甲酸酯类农药，如异丙威、速灭威等，经薄层分离后，可通过碱解反应，定量地放出挥发性甲胺，将甲胺用硼酸吸收，再用盐酸标准溶液滴定，从而计算出有效成分含量。这类农药的薄层定胺法国家标准是酸碱中和法，滴定时不能用酚酞，只能用甲基红或溴甲酚绿指示剂。测定流程如下：

$$TLC分离 \xrightarrow{\text{碱解}} 定量释放挥发性甲胺 \xrightarrow{\text{硼酸吸收}} 用HCl滴定$$

以速灭威为例，其测定过程的反应方程式如下：

$$\begin{array}{c} H_3C \\ \diagdown \\ \end{array}\!\!\!\!\bigcirc\!\!-O-C \begin{array}{c} O \\ \diagdown \\ \diagup \end{array}-NHCH_3 + 3\,NaOH \longrightarrow \begin{array}{c} H_3C \\ \diagdown \\ \end{array}\!\!\!\!\bigcirc\!\!-ONa + Na_2CO_3 + H_2O + CH_3NH_2\uparrow$$

$$CH_3NH_2 + H_3BO_3 \longrightarrow CH_3NH_3H_2BO_3$$

$$CH_3NH_3H_2BO_3 + HCl \longrightarrow CH_3NH_3Cl + H_3BO_3$$

3. 苯基脲类除草剂的蒸馏定胺法

与上述薄层定胺法类似的方法是应用于苯基脲类除草剂的蒸馏定胺法，如敌草隆，在碱性溶液中水解生成二甲胺，其水解产物二甲胺不具有挥发性，因此采用蒸馏的方法使之进入硼酸溶液中，然后用盐酸标准溶液滴定被硼酸吸收的二甲胺，从而计算敌草隆的含量。终点指示可选用指示剂，也可采用甘汞电极-玻璃电极的电位滴定法。其测定流程如下：

$$敌草隆 \xrightarrow{\text{碱性水解}} 二甲胺 \xrightarrow{\text{蒸馏}} 硼酸吸收 \longrightarrow 用HCl滴定$$

敌草隆碱解的反应方程式为：

$$\begin{array}{c} H_3C \\ \diagdown \\ H_3C \end{array}\!\!N-C \begin{array}{c} \\ \diagup \\ O \end{array}\!\!\begin{array}{c} H \\ \diagup \\ N \end{array}\!\!-\!\!\bigcirc\!\!\begin{array}{c} Cl \\ \diagdown \\ Cl \end{array} + 2\,KOH \longrightarrow H_2N-\!\!\bigcirc\!\!\begin{array}{c} Cl \\ \diagdown \\ Cl \end{array} + K_2CO_3 + (CH_3)_2NH$$

二、氧化还原滴定法

氧化还原滴定法是以氧化还原反应为基础的滴定分析法。使用该方法有三点基本要求：①反应能定量完成，②反应速度快，③有简便可靠的方法确定等当点。氧化还原滴定法在农药分析中应用较多，经典方法有碘量法、溴酸钾法（溴化法）、高锰酸钾法、氯胺T法等。

碘量法是利用 I_2 的氧化性或者 I^- 的还原性进行滴定的方法，其氧化还原反应表示为：

$$I_2 + 2e^- \rightleftharpoons 2\,I^-$$

其中，利用碘标准溶液（碘分子 I_2）直接滴定待测物质的方法称为直接碘量法，利用碘离子（I^-）的还原性进行测定的滴定分析法称为间接碘量法。下文中介绍的溴酸钾法、高锰酸钾法、氯胺 T 法等方法也利用了碘离子的还原性，因此也属于间接碘量法的范畴。

（一）直接碘量法

直接碘量法是利用碘标准溶液的 I_2 直接滴定待测物质的方法，也可利用碘标准溶液与待测物质发生氧化还原反应后回滴过量的碘分子。在农药分析中，一般含有不饱和烃或水解后生成—SH 键（或巯基）的组分可与碘分子发生氧化还原反应，因而可采用碘量法进行测定。下面用农药分析中的一些经典方法加以说明。

1. 甲胺磷

早期色谱仪器昂贵的年代，甲胺磷的国标检测方法为薄层碘量法（GB 3724—1983）（已作废）。该方法先采用薄层色谱法将甲胺磷与杂质分离，然后甲胺磷有效成分经甲醇-氢氧化钠碱解后，碱解产物中的巯基可与碘分子发生氧化还原反应，用标准碘溶液滴定至浅黄色，即可计算甲胺磷的含量。测定流程如下：

$$\text{TLC分离} \xrightarrow{\text{甲醇，NaOH碱解}} I_2\downarrow \text{滴定至浅黄色}$$

反应方程式如下：

2. 磷胺和久效磷

磷胺和久效磷是另外两种有机磷农药，也可采用薄层碘量法进行测定，测定方法与上述甲胺磷的碘量法类似，只是采用了返滴定法，即先采用薄层色谱分离杂质后，加入过量碘液反应后，用硫代硫酸钠回滴多余的碘，淀粉指示剂蓝色消失即为滴定终点。实验表明其反应过程中每个待测物分子消耗 2 个碘分子，其具体反应机理尚不明确。

用硫代硫酸钠返滴过量碘的反应方程式如下：

$$2\,Na_2S_2O_3 + I_2 \longrightarrow Na_2S_4O_6 + 2\,NaI$$

3. 硫代氨基甲酸酯类农药杀螟丹

杀螟丹属于硫代氨基甲酸酯类杀虫剂，可采用碘量法测定，它在碱性溶液中分解为二氢沙蚕毒素，在酸性介质中酸化之后可被碘分子氧化为沙蚕毒素，可加入淀粉指示剂用碘直接滴定至微蓝色即为终点。测定流程如下：

$$\text{杀螟丹} \xrightarrow{\text{碱解}} \text{二氢沙蚕毒素} \xrightarrow{\text{酸化}} \text{淀粉指示剂，} I_2\downarrow \xrightarrow{\text{滴定}} \text{沙蚕毒素}$$

反应方程式为：

$$(CH_3)_2N-CH \begin{array}{c} CH_2SCONH_2 \\ | \\ CH_2SCONH_2 \end{array} + HCl \xrightarrow{KOH} (CH_3)_2N-CH \begin{array}{c} CH_2SK \\ | \\ CH_2SK \end{array} \xrightarrow{H^+} (CH_3)_2N-CH \begin{array}{c} CH_2SH \\ | \\ CH_2SH \end{array} \xrightarrow{I_2} (CH_3)_2N-CH \begin{array}{c} CH_2S \\ | \\ CH_2S \end{array} + 2HI$$

（二氢沙蚕毒素）   （沙蚕毒素）

4. 二硫代氨基甲酸酯类

二硫代氨基甲酸酯类农药，如代森锌、代森锰锌、代森铵等也都可用上述方法，这类农药遇酸能分解释放二硫化碳，用甲醇-氢氧化钾吸收后生成黄原酸钾，然后用标准碘溶液滴定至淀粉指示剂变蓝。为了避免受氧气的影响而产生误差，必须立即滴定。测定流程如下：

$$试样 \xrightarrow{酸分解} 二硫化碳 \xrightarrow{甲醇, KOH吸收} 黄原酸钾 \xrightarrow{I_2滴定} 淀粉变蓝$$

以代森锌为例，反应方程式如下：

$$\begin{array}{c} H_2C-HN-\overset{S}{\overset{||}{C}}-S \\ | \qquad\qquad\quad \diagdown \\ \qquad\qquad\qquad Zn \\ | \qquad\qquad\quad \diagup \\ H_2C-HN-\underset{S}{\overset{||}{C}}-S \end{array} + H_2SO_4 \xrightarrow{100℃} 2CS_2 + H_2NCH_2CH_2NH_2 + ZnSO_4$$

$$CS_2 + KOH + CH_3OH \longrightarrow CH_3OCSSK + H_2O$$

$$2CH_3OCSSK + I_2 \xrightarrow{H^+} CH_3O\overset{}{\underset{S}{\overset{||}{C}}}-S-S-\overset{||}{\underset{S}{C}}-OCH_3 + 2KI$$

上述碘量法也是国标方法（GB/T 39672—2020）《代森锰锌》规定的采用化学法测定代森锰锌质量分数的方法，其具体实验方法是将代森锰锌试样于煮沸的氢碘酸-冰乙酸溶液中分解，生成乙二胺盐、二硫化碳及干扰分析的硫化氢气体，先用乙酸铅溶液吸收硫化氢，继之以氢氧化钾-甲醇溶液吸收二硫化碳，生成甲基黄原酸钾，二硫化碳吸收液用乙酸中和后立即以碘标准溶液滴定，淀粉指示剂出现浅蓝色即为终点。

5. 卡尔·费休水分测定法

测定农药水分含量的卡尔·费休水分测定法也是一种直接碘量法。水分含量是农药原药和部分剂型的必要质量指标之一。国家标准《农药水分测定方法》（GB/T 1600—2001），规定了农药原药及制剂中微量水分含量的两种测定方法：卡尔·费休法和共沸蒸馏法，其中后者是在原药或固体制剂含水量>1%时采用，这两种方法等效采用了国际农业分析协作委员会 CIPAC MT 30.1 和 MT 30.2 的国际标准方法。下面简要介绍卡尔·费休水分测定法。

卡尔·费休水分测定法的测定原理是利用 I_2 氧化 SO_2 时需要定量的水参与反应，反应方程式为：

$$I_2 + SO_2 + 2H_2O \rightleftharpoons 2HI + H_2SO_4$$

但是该反应是可逆反应，需加入适当的碱来中和生成的酸，使反应向右进行。因此加入了吡啶进行中和反应，反应方程式如下：

$$3C_5H_5N + H_2O + I_2 + SO_2 \longrightarrow C_5H_5N \cdot HI(氢碘酸吡啶) + C_5H_5N \cdot SO_3(硫酸酐吡啶)$$

由于上述反应生成的硫酸酐吡啶不稳定，能与水发生反应，影响水分测定结果。为了使它稳定，又加入了无水甲醇。

$$C_5H_5N \cdot SO_3(硫酸酐吡啶) + CH_3OH(无水) \longrightarrow C_5H_5N \cdot HSO_4CH_3(甲基硫酸吡啶)$$

因此，卡尔·费休试剂由 SO_2、C_5H_5N、I_2 和 CH_3OH 四种物质构成，我们把上面三步反应写成总反应式如下：

$$I_2 + SO_2 + 3 \;\underset{N}{\bigcirc}\; + CH_3OH + H_2O \longrightarrow 2\; \underset{\overset{|}{I}}{\bigcirc}^{N-H} + \underset{SO_4CH_3}{\bigcirc}^{N-H}$$

（氢碘酸吡啶）　（甲基硫酸吡啶）

从反应式可以看出，理论上来说，反应物各组分的物质的量比是 1∶1∶1∶3∶1，但实际操作中，SO_2、吡啶、甲醇都是过量的，反应完毕后多余的游离碘呈现红棕色，即可确定为到达终点。滴定终点也可采用电位滴定法或永停滴定法进行。卡尔·费休试剂不稳定，使用时要先测定出试剂的水的物质的量，然后将试剂与样品中的水进行反应后，通过试剂的消耗量，计算出样品中的含水量。

（二）间接碘量法

间接碘量法是利用 I^- 离子的还原作用，与氧化性物质反应生成游离的碘，再用硫代硫酸钠标准溶液滴定，然后计算农药有效成分的含量。以下介绍几种经典的间接碘量法。

1. 砷酸药剂的测定

早期砷酸农药（五氧化二砷）的测定即利用了间接碘量法。砷酸农药是一种早期的高毒性无机农药，用砷酸脱水制得，又名无水砷酸或砷酸酐，具有强氧化性。其测定方法是在砷酸样品中加入盐酸和碘化钾溶液，碘化钾将五氧化二砷还原，生成的碘用硫代硫酸钠回滴。测定流程如下：

$$As_2O_5样品 \xrightarrow{\text{加入HCl和KI}} I_2 \longrightarrow 用Na_2S_2O_3回滴$$

反应方程式如下：

$$As_2O_5 + 4\,H^+ + 4\,I^- \longrightarrow As_2O_3 + 2\,H_2O + 2\,I_2$$

在进行间接碘量法时，由于碘分子易挥发，在酸性溶液中碘离子 I^- 易被空气氧化，因此反应在碘量瓶中进行，同时加入过量的 KI 与 I_2 生成 I_3^- 以减少挥发。反应宜在室温下进行，温度不能太高，不要过度摇动，以避免与空气接触。

以下介绍的溴酸钾法、高锰酸钾法、氯胺 T 法等经典方法也可视为间接碘量法的延伸，这三种方法的基本原理非常相似，都是采用了过量的氧化剂（分别为溴分子、高锰酸钾和氯胺 T）与待测农药化合物发生定量的氧化反应，反应结束后过量的氧化剂与 KI 反应，生成定量的 I_2，然后再用硫代硫酸钠滴定生成的 I_2，至淀粉指示剂蓝色消失即为终点。下面对具体过程分别介绍。

2. 溴酸钾法

溴酸钾法（potassium bromate method），又名"溴化法"，是农药分析中早期应用最广的氧化还原滴定法。其基本原理是用过量的溴酸钾 $KBrO_3$ 和溴化钾 KBr 作标准溶液，在酸性条件下二者发生反应生成溴分子 Br_2，溴分子具有较强的氧化性，能与被测农药发生氧化反应，剩余的溴再与 KI 反应析出碘，然后用硫代硫酸钠滴定碘的量，从而计算农药的含量。反应方程式为：

$$BrO_3^- + 5\,Br^- + 6\,H^+ \longrightarrow 3\,Br_2 + 3\,H_2O$$

$$Br_2 + 2\,I^- \longrightarrow 2\,Br^- + I_2$$

$$I_2 + 2\,Na_2S_2O_3 \longrightarrow 2\,NaI + Na_2S_4O_6$$

溴化法适用于多数硫代磷酸酯类农药，如乐果、氧乐果、久效磷、磷胺、对硫磷、杀螟硫磷等；一部分取代硫脲、沙蚕毒素类农药，在一定条件下也能定量地被溴氧化；此外，一些水解后生成酚或苯胺的农药，也能定量地被溴氧化。乐果的薄层溴化法曾是其国标分析方法，具有代表性。有些农药分子中的基团与溴不能定量反应，如稻瘟净，则不能采用此法。农药的溴化反应机理比较复杂，各种农药亦不相同，当反应时间、温度及氧化剂的量发生改变时反应的结果也不相同，因此测定时应严格控制反应条件。由于 $KBrO_3$-KBr 溶液比较稳定，实验误差主要来源于滴定碘的过程。

3. 高锰酸钾法

有的农药较难以溴化，而且分子中有能与溴反应的基团，则不能使用溴酸钾法，可改用高锰酸钾法，如稻瘟净、杀虫双等。其方法与前述溴酸钾法相类似，先采用过量的高锰酸钾与待测农药发生氧化还原反应，反应后加入碘化钾，过量高锰酸钾与碘化钾反应生成碘，再用硫代硫酸钠回滴至淀粉指示剂的蓝色消失即为终点。

以稻瘟净为例，反应方程式如下：

$$5\,(RO)_2\overset{O}{\underset{}{P}}-S-CH_2\!\!\text{—}\!\!\bigcirc + 8\,KMnO_4 + 24\,H^+ \longrightarrow$$

$$5\,(RO)_2\overset{O}{\underset{}{P}}-OH + 5\,HOCH_2\!\!\text{—}\!\!\bigcirc + 8\,Mn^{2+} + 8\,K^+ + 5\,H_2SO_4 + 2\,H_2O$$

$$2\,KMnO_4 + 10\,KI + 8\,H_2SO_4 \longrightarrow 5\,I_2 + 2\,MnSO_4 + 6\,K_2SO_4 + 8\,H_2O$$

杀虫双也可发生类似的反应，因此也可采用高锰酸钾法。杀虫双经薄层分离后，经高锰酸钾氧化，分子中两个硫原子被氧化成硫酸，根据高锰酸钾的消耗量，即可求得杀虫双的含量。杀虫双的反应方程式如下：

$$5\,(CH_3)_2N-\overset{CH_2SSO_3H}{\underset{CH_2SSO_3H}{CH}} + 12\,KMnO_4 + 18\,H_2SO_4 \longrightarrow$$

$$5\,(CH_3)_2N-\overset{CH_2SO_3H}{\underset{CH_2SO_3H}{CH}} + 6\,K_2SO_4 + 12\,MnSO_4 + 10\,H_2SO_2 + 8\,H_2O$$

$$2\,KMnO_4 + 10\,KI + 8\,H_2SO_4 \longrightarrow 2\,MnSO_4 + 6\,K_2SO_4 + 5\,I_2 + 8\,H_2O$$

$$I_2 + 2\,Na_2S_2O_3 \longrightarrow Na_2S_4O_6 + 2\,NaI$$

此外，高锰酸钾法还曾用于多种无机农药的测定，也属于氧化还原滴定分析，但不属于碘量法的范畴。例如，高锰酸钾用于磷化锌、磷化铝的测定，测定方法是先使磷化锌与稀酸反应放出磷化氢气体，通入定量的高锰酸钾标准溶液中，使其氧化成磷酸，加入过量的草酸标准溶液以还原剩余的高锰酸钾，最后再用高锰酸钾标准溶液回滴多余的草酸，高锰酸钾自身为指示剂，根据高锰酸钾的消耗量可计算出磷化锌的含量。反应中通常使用硫酸而不用硝酸，因为硝酸是氧化性酸，可能与农药反应，亦不用盐酸，因为盐酸中的 Cl^- 有还原性，能与高锰酸钾反应。

反应方程式如下：

$$Zn_3P_2 + 3\,H_2SO_4 \longrightarrow 3\,ZnSO_4 + 2\,PH_3\uparrow$$

$$5\,PH_3 + KMnO_4 + H_2SO_4 \longrightarrow K_2SO_4 + MnSO_4 + H_3PO_3 + H_2O$$

$$KMnO_4 + H_2C_2O_4 + H_2SO_4 \longrightarrow MnSO_4 + K_2SO_4 + H_2O + CO_2$$

4. 氯胺 T 法

氯胺 T 是对甲苯磺酰氯胺钠的简称，其结构式如图 8-1。氯胺 T 具有很强的氧化性，在酸性介质中能氧化硫代磷酸酯类农药的≡P═S 键和其他农药的≡C—S—键，将硫氧化成硫酸，多余的氯胺 T 则与碘化钾反应析出碘，可用碘量法进行定量。如测定治螟磷可用此法，反应方程式如下，式中[O]代表氯胺 T，其起氧化剂的作用。

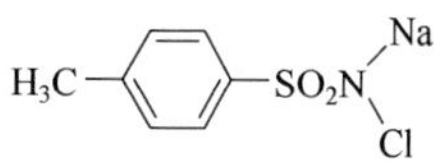

图 8-1　氯胺 T 的化学结构式

$$(C_2H_5O)_2\overset{\overset{S}{\|}}{P}-O-\overset{\overset{S}{\|}}{P}(OC_2H_5)_2 + 8\,[O] + 2\,H_2O \longrightarrow (C_2H_5O)_2\overset{\overset{O}{\|}}{P}-O-\overset{\overset{O}{\|}}{P}(OC_2H_5)_2 + 2\,H_2SO_4$$

$$2\,I^- + 2\,H^+ + [O] \longrightarrow I_2 + H_2O$$

$$2\,Na_2S_2O_3 + I_2 \longrightarrow Na_2S_4O_6 + 2\,NaI$$

总之，氧化还原滴定分析方法的特点是反应时间短，操作简单，终点明显，空白值小。在进行氧化还原反应时，农药本身的官能团有时也会和氧化剂发生反应而干扰测定，因此测定时必须严格控制反应温度、反应时间和氧化剂用量等反应条件。此外，一些其他因素也可能影响测定，例如采用薄层色谱法与溴化法进行联用时，展开剂甲醇、乙醇、丙酮、石油醚等都可能消耗溴而造成测定误差，因此测定前需尽量除去展开剂或选用干扰小的展开剂。在处理氧化还原滴定结果时，以其摩尔质量（分子量/n）作为氧化还原反应的基本单元，n 为氧化数，即一分子被测物质得到或失去的电子数。

三、沉淀滴定法

沉淀滴定法是以沉淀反应生成难溶物为基础的滴定分析法，能满足以下要求的沉淀反应，才能用于此种滴定分析：①反应速度快，沉淀的溶解度小；②反应定量进行；③有准确确定等当点的方法。由于这些条件的限制，能用于沉淀滴定的反应较少，Ag^+ 与卤素离子反应生成微溶性银盐的沉淀反应是最常用的，以此类反应为基础的沉淀滴定法称为银量法。由于氯化银、溴化银和碘化银都是微溶性盐，因此含有氯、溴、碘的农药可以采用此法，但农药中的卤素原子首先需要水解成为卤素离子才能进行测定。此外，银量法也可用于农药产品中的氯化钠杂质含量的测定。

（一）沉淀滴定法的终点确定方法

沉淀滴定法可以采用指示剂法，也可以采用电位法确定终点。根据所用指示剂不同，银量法可以有三种确定滴定终点的方法，以生成氯化银沉淀的银量法为例分别加以说明。

1. 莫尔（Mohr）法

该方法采用铬酸钾为指示剂，用 $AgNO_3$ 标准溶液直接滴定待测溶液中的氯离子 Cl^-，生成氯化银沉淀；到滴定终点时，稍微过量的 Ag^+ 与铬酸根离子生成砖红色沉淀，指示终点到达。反应式如下：

$$\text{滴定反应:} \quad Ag^+ + Cl^- \longrightarrow AgCl\downarrow(白色)$$

$$\text{指示剂反应:} \quad 2\,Ag^+ + CrO_4^{2-} \longrightarrow Ag_2CrO_4\downarrow(砖红色)$$

2. 佛尔哈德 (Volhard) 法

佛尔哈德法采用硫酸铁铵(铁铵矾)$[NH_4Fe(SO_4)_2]$作为指示剂,是一种返滴定法,例如敌百虫原药的含量分析即采用此法。首先敌百虫原药需要在碳酸钠存在下脱去一分子的氯离子,然后在待测样品溶液中加入过量的 $AgNO_3$ 标准溶液,使 Ag^+ 与待测溶液中的 Cl^- 完全反应生成 AgCl 沉淀,然后剩余的 $AgNO_3$ 用硫氰酸铵(NH_4SCN)标准溶液返滴定,滴入的 NH_4SCN 首先与 Ag^+ 反应,生成 AgSCN 沉淀。到滴定终点时,Ag^+ 与 SCN^- 已反应完全,稍微过量的硫氰酸铵溶液便与指示剂中解离的铁离子 Fe^{3+} 反应,生成红色络合物离子($FeSCN^{2+}$),指示终点到达。实验流程如下所示:

$$Cl^- + 过量AgNO_3标液 \longrightarrow AgCl\downarrow$$
$$\downarrow$$
$$剩余AgNO_3 + NH_4SCN标液 \longrightarrow AgSCN\downarrow$$
$$\downarrow$$
$$稍过量的SCN^- + Fe^{3+} \longrightarrow FeSCN^{2+}$$

到达终点后,若再滴入 NH_4SCN 时,由于 AgCl 的溶解度(或溶度积)比 AgSCN 大,过量的 SCN^- 将与已经生成的 AgCl 反应,使 AgCl 沉淀转化为溶解度更小的 AgSCN,溶液中出现红色后,如仍不断摇动,红色又逐渐消失,会误认为终点未到而造成误差。反应方程式如下:

$$Ag^+ + Cl^- \longrightarrow AgCl\downarrow(白色,溶解度常数 = 1.8\times10^{-10})$$

$$Ag^+ + SCN^- \longrightarrow AgSCN\downarrow(白色,溶解度常数 = 1.0\times10^{-12})$$

$$AgCl\downarrow + SCN^- \longrightarrow AgSCN\downarrow + Cl^-$$

为了避免误差,在试样溶液中加入过量的 $AgNO_3$ 溶液后,加入 1~2mL 邻苯二甲酸二丁酯或硝基苯,用力摇动使 AgCl 沉淀表面上覆盖一层有机物,避免沉淀与外部溶液接触,以阻止滴定过程中 NH_4SCN 与 AgCl 的转化反应。用这种返滴定法测定溴化物或碘化物时,由于 AgBr 及 AgI 的溶解度均比 AgSCN 小,不会发生上述转化反应。

3. 法扬斯 (Fajans) 法

该方法采用一类有机染料作为吸附指示剂,如荧光黄、甲基紫等,用于沉淀滴定的指示剂。使用该方法需要使生成的氯化银沉淀呈胶体状态,当吸附指示剂被吸附在沉淀胶粒表面后,由于形成了某种络合物而导致指示剂分子结构的变化,从而引起颜色的变化。在沉淀滴定中,可以利用它的这种性质来指示滴定的终点。吸附指示剂可分为两大类:一类是酸性染料,如荧光黄及其衍生物,它们是有机弱酸,能解离出指示剂阴离子;另一类是碱性染料,如甲基紫等,它们是有机弱碱,能解离出指示剂阳离子。

例如,矮壮素水剂的行业标准 HG 3283—2002 中,有效成分的含量测定即采用了法扬斯法确定终点的沉淀滴定法。矮壮素的化学结构为$[CH_2Cl\text{-}CH_2\text{-}N^+(CH_3)_3]Cl^-$,是一种季铵盐类植物生长调节剂,由于其较强的极性,无法使用气相色谱法进行测定,又由于其分子中不具有紫外吸收基团,也无法采用液相色谱法进行测定,因此行业标准中的分析方法即为沉淀滴定法。由于矮壮素分子中既存在有机状态的氯原子,也存在游离的氯离子,因此需要在碱解前首先滴定游离氯离子的含量,然后进行碱解,碱解之后再滴定氯离子的总量,由碱解后氯离子的总量减去碱解前游离氯离子的量，即可计算其有效成分的含量，该方法也是 CIPAC 采用的方法。根据矮壮素水剂的行业标准，方法中矮壮素分子中有机状态的氯原子需要在 NaOH 溶液中回流 15min 使之碱解脱氯，在碱解前后测定氯离子的含量，采用的方法是在二氯荧光黄指示剂和淀粉指示剂的存在下，用硝酸银标准溶液滴定至刚刚出现粉红色即为终点。

（二）沉淀滴定法在农药分析中的应用

沉淀滴定法在农药分析中的应用一般也是采用银量法。从上述原理可以看出银量法直接测定的是卤素离子，农药化合物中的卤素原子需要通过一定的化学反应将卤素定量脱掉形成卤素离子，才可以采用此方法进行测定。不同分子结构的农药脱卤素的方法也不同，主要有以下四种不同的方法：

1. 脂肪链上的卤素

脂肪链上的卤素原子较容易被脱去，形成的卤素离子可以采用银量法进行测定。例如，敌百虫只需要在 Na_2CO_3 存在下即可碱解脱氯，碱解反应式为：

$$
\begin{array}{c}
\text{O} \\
\parallel \\
(CH_3O)_2P-CHOHCCl_3 + Na_2CO_3 \longrightarrow
\end{array}
$$

$$
\begin{array}{c}
\text{O} \\
\parallel \\
(CH_3O)_2P-O-\underset{H}{C}=CCl_2 + NaCl + CO_2\uparrow + H_2O
\end{array}
$$

敌百虫原药样品在碳酸钠的存在下 30℃反应 10min，即可脱掉一个氯原子，一分子的敌百虫脱掉一分子的氯原子后，得到一分子的敌敌畏和一分子的氯离子。由于产生的敌敌畏也有可能发生碱解，因此碱解反应过程应严格控制反应时间和温度。脱下的氯离子可采用硝酸盐标准溶液直接滴定，采用电位滴定法，通过绘制电位滴定曲线得到终点体积，也可使用前述佛尔哈德法，用硫酸铁铵作指示剂进行滴定分析。

其他一些脂肪链上含有卤素的农药，如敌敌畏、磷胺、滴滴涕、矮壮素等在水解脱卤素时，用 KOH 或 NaOH 水溶液脱卤。例如，敌敌畏的脱氯反应如下：

$$
\begin{array}{c}
H_3CO \\
H_3CO
\end{array}\!\!\!\!>\!\!P\!-\!O\!-\!\underset{H}{C}=CCl_2 + 4\,NaOH \longrightarrow
$$

$$
\begin{array}{c}
H_3CO \\
H_3CO
\end{array}\!\!\!\!>\!\!P\!-\!ONa + HCOONa + HCHO + 2\,NaCl + H_2O
$$

2. 甲草胺、三氯杀螨醇等农药脱卤

甲草胺、三氯杀螨醇等农药，需要使用 KOH 或 NaOH 的乙醇溶液水解脱卤。甲草胺的碱解反应式如下：

$$
\text{H}_3\text{COCH}_2\text{N(COCH}_2\text{Cl)}\text{C}_6\text{H}_3(\text{C}_2\text{H}_5)_2 + KOH \xrightarrow{C_2H_5OH} \text{H}_3\text{COCH}_2\text{N(COCH}_2\text{OH)}\text{C}_6\text{H}_3(\text{C}_2\text{H}_5)_2 + KCl
$$

3. 稳定直链上的卤素

稳定直链上的卤素，如溴氰菊酯、氯氰菊酯、氯菊酯等，则使用 KOH-乙二醇溶液脱卤。如溴氰菊酯的脱溴反应：

4. 苯或杂环上的卤素

苯或杂环上的卤素，如氰戊菊酯、杀虫脒、百菌清、除草醚、敌草隆等农药，则需用金属钠在无水乙醇中回流脱下。以氰戊菊酯为例，样品经薄层分离后，用二甲苯将组分洗入 50mL 圆底烧瓶中，加入 0.5g 金属钠后回流，沸腾后由上口分 3～4 次加入 10mL 无水乙醇，回流约 30min，用水、丙酮洗入烧杯中，在这类农药测定前需加入甲醛溶液，以去除—CN 基的干扰。

四、亚硝酸钠滴定法

亚硝酸钠滴定法，又称为重氮化滴定法，在农药分析中曾用于测定含氨基和硝基的芳香化合物。其原理是利用芳香族伯胺类农药，在盐酸存在时能与亚硝酸作用，生成芳香族伯胺的重氮盐，即：

芳香族伯胺类农药 Ar-NH$_2$+HNO$_2$ $\xrightarrow{\text{HCl存在下}}$ 伯胺重氮盐[Ar-N$_2$]$^+$Cl$^-$

其反应方程式为：

$$HNO_2 + H_3O^+ + Cl^- \rightleftharpoons NOCl + 2 H_2O$$

$$Ar\text{-}NH_2 + NOCl \longrightarrow Ar\text{-}NH\text{-}NO + HCl$$

$$Ar\text{-}NH\text{-}N{=}O \longrightarrow Ar\text{-}N{=}N{-}OH$$

$$Ar\text{-}N{=}N{-}OH + HCl \longrightarrow [Ar\text{-}N_2]^+Cl^- + H_2O$$

芳香伯胺类农药，如对氨基苯磺酸钠，可直接用亚硝酸钠标准溶液滴定测定其含量。若是芳香族硝基化合物，如对硫磷(RO)$_2$P(=S)Ar-NO$_2$ 等，可用冰醋酸-锌粉或醋酸、盐酸-锌粉等将硝基还原成为氨基后，再用 NaNO$_2$ 标准溶液滴定。终点的判断常用外指示剂法，以碘化钾-淀粉指示剂，滴定至终点时，由稍过量亚硝酸钠产生的亚硝酸将碘化钾氧化成碘，碘遇淀粉变蓝色。指示剂可以不放入溶液中，而是将糊状淀粉指示剂倒在白瓷板上，铺成约 1mm 厚的均匀薄层，在接近终点时，用玻璃棒尖端蘸取少许溶液，划过涂有碘化钾淀粉的白瓷板，即可出现蓝色条痕，再搅拌后，蘸取溶液划过白瓷板仍显蓝色即为终点。

由于芳香的氨基或硝基化合物均可采用气相色谱或液相色谱法进行测定，因此上述方法现已基本不再使用。

五、非水滴定法

非水滴定法实际上属于酸碱滴定的范畴。一般滴定分析都在水溶液中进行，然而对于弱酸性、弱碱性以及在水中溶解度很小的农药，则难以在水溶液中进行酸碱滴定，因此采用非水溶剂作为滴定介质，从而扩大酸碱滴定的范围。这种在水以外的溶剂中进行的滴定分析，称为"非水滴定法"。农药中含氮的杂环化合物很多，它们大多带有微弱的碱性或酸性，有的在水中溶解度较小，有的在水溶液中滴定没有明显的突跃，难以掌握终点，因此采用有机溶剂或不含水的无机溶剂作为滴定介质，不仅能增加农药的溶解度，而且可以改变它们的酸碱性或其相对强度，使滴定反应能顺利进行。

非水滴定法采用的有机溶剂可根据化合物性质来决定。对于弱碱性化合物，一般可采用乙酸、丙酮、苯、二氯甲烷等溶解，以高氯酸标准溶液进行滴定。对于弱酸性化合物，则采用二乙胺、乙二胺、DMF、苯、乙腈等溶解，以氢氧化四丁基铵标准溶液进行滴定。

具有含氮杂环的农药化合物，大多数可以进行非水滴定，如多菌灵，呈弱碱性，在乙酸中可增强其碱性。多菌灵样品经薄层色谱分离后，溶于三氯甲烷、乙酸酐中，加适量冰醋酸，用高氯酸进行滴定，可测定其有效成分的含量。我国多菌灵原药含量分析的国家标准 GB 6697—86（已作废）采用此方法。其他含氮农药，如二嗪磷、抗蚜威和三唑酮等亦可用此法测定。

第二节　电位分析法

利用测定溶液的电极电位和浓度之间的关系，来确定物质含量的方法称为电位分析法。电位分析法包括直接电位法和电位滴定法。在农药分析中，直接电位法主要是利用电极电位与氢离子活度的关系，进行农药 pH 值的测定；电位滴定法则是利用在滴定过程中电极电位变化和突跃来确定滴定终点的分析方法；此外，本章还对农药分析中用于水分测定的永停滴定法进行简要介绍。

电位分析法一般是通过测量由指示电极和参比电极连接组成的原电池的电势差来实现的，因此首先介绍参比电极和指示电极的概念及原理，然后分别介绍直接电位法和电位滴定法的原理及其在农药分析中的应用。

一、参比电极与指示电极

（一）参比电极

参比电极又称"参考电极"。由于单个电极的电极电位无法直接测出，所以在测定一个电极的电极电位时，必须另配上一个已知电极电位的电极作为参比，使之成为一个电池，通过测定电池的电动势，从而测出被测电极的电极电位。这种用于参比的已知电极电位的电极，称为"参比电极"。

在电位分析法的实际应用中，要求参比电极的电极电位必须是已知的或固定的，即当有微弱电流通过或溶液浓度或温度发生变化时，参比电极的电极电位基本保持不变，且电极装置简单，使用寿命长。可以作为参比电极的有标准氢电极、银-氯化银电极和甘汞电极等。

1. 标准氢电极

标准氢电极（standard hydrogen electrode，SHE）是指由铂电极在氢离子活度为 1mol/L 的理想溶液中所构成的电极，其电极电位定义为零，是当前零电位的标准。由于单个电极的电位无法确定，故规定任何温度下标准状态的氢电极的电位为零，任何电极的电位就是该电极与标准氢电极所组成的电池的电动势。然而由于标准氢电极装配复杂，使用不便，在实际工作中不常使用，而是常用银-氯化银电极和甘汞电极作为参比电极。

2. 银-氯化银电极

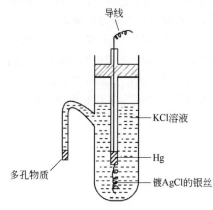

图 8-2　银-氯化银电极

银-氯化银电极（构造如图 8-2）是由银丝上镀上一薄层氯化银，浸在一定浓度的 KCl 溶液中组成的，其电极符号（半电池符号）可表示为：Ag，AgCl（固）|KCl。

其电极反应式为：$AgCl + e^- \rightleftharpoons Ag + Cl^-$

其电极电位　$E_{AgCl/Ag} = E^0_{AgCl/Ag} - 0.059 \lg \alpha_{Cl^-}$

式中，$E^0_{AgCl/Ag}$ 为银-氯化银电极的标准电极电位；α_{Cl^-} 为溶液中氯离子的活度。

可见，在一定温度下，银-氯化银电极的电极电位取决于 KCl 溶液中氯离子的活度。在 25℃时，由不同浓度的 KCl 溶液构成的银-氯化银电极的电极电位列于表 8-1。在固定 Cl⁻活度的条件下，银-氯化银电极的电极电位是一定的，因此可用作参比电极。银-氯化银电极构造简单，体积小，电极电位受温度影响小，广泛用作玻璃电极的内参比电极，也在其他一些电位分析法中作为参比电极使用。

表 8-1　银-氯化银电极的电极电位（25℃）

项目	0.1mol/L Ag-AgCl 电极	标准 Ag-AgCl 电极	饱和 Ag-AgCl 电极
KCl 溶液的浓度	0.1mol/L	1.0mol/L	饱和溶液
电极电位/V	+0.2880	+0.2223	+0.2000

3. 甘汞电极

甘汞电极是由汞、甘汞和氯化钾溶液组成的参比电极，电极构造如图 8-3 所示，它由两个玻璃套管构成，内套管封接一根铂丝，铂丝插入厚度为 0.5～1.0cm 的纯汞中，汞的下方装有由甘汞、汞及少量的氯化钾溶液研磨而成的糊状物，外套管装入 KCl 溶液，电极下端与被测溶液接触处熔接玻璃砂芯或陶瓷芯构成整个电极，其电极反应是：

$$Hg_2Cl_2 + 2e^- \rightleftharpoons 2Hg + 2Cl^-$$

甘汞电极的电极电位在一定温度下亦取决于 Cl⁻的活度，在 25℃时，不同浓度 KCl 溶液构成的甘汞电极的电极电位列于表 8-2。当电极内 KCl 溶液的浓度一定时，其电位值也一定。甘汞电极由于制备方便、电极电位稳定，经常用作参比电极，其中采用 0.1mol/L KCl 溶液的甘汞电极温度系数最小，但它没有饱和甘汞电极制备方便。

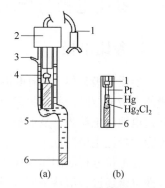

图 8-3　（a）甘汞电极和（b）内部电极示意图

1—导线；2—绝缘体；3—侧管；4—内部电极；5—KCl 溶液；6—砂芯

表 8-2　甘汞电极的电极电位（25℃）

项目	0.1mol/L 甘汞电极	标准 甘汞电极	饱和 甘汞电极
KCl 溶液的浓度	0.1mol/L	1.0mol/L	饱和溶液
电极电位/V	+0.3370	+0.2851	+0.2443

（二）指示电极

指示电极是指能指示被测离子活度（或活度比）的电极。指示电极应符合以下要求：①电极电位与被测溶液离子活度的对数值呈线性关系，即符合能斯特（Nernst）方程式；②对离子活度的变化响应快，再现性好；③使用方便，结构简单。

在农药分析中，常用的指示电极有活性金属电极，如银电极，是银丝浸在硝酸银溶液中构成；惰性金属电极，如铂电极，它本身在溶液中并不参与反应，只是作为氧化还原反应交换电子的场所；测量 pH 值用的玻璃电极，属于薄膜电极，与溶液中的氢离子活度相关，将在下一节具体讨论。

二、直接电位法测定 pH 值

直接电位法是根据电极电位与离子浓度（活度）之间的对数关系，直接测定离子浓度的分析方法，如采用酸度计测定溶液的 pH 值就是利用了直接电位法。采用直接电位法测定溶液 pH 值需要采用玻璃电极作为指示电极、饱和甘汞电极作为参比电极。下面首先介绍玻璃电极。

（一）玻璃电极

玻璃电极（glass electrode）的主要特性是其电极电位与溶液中的氢离子活度存在定量关系，可以用于指示溶液中氢离子活度的变化，因此专门用于测定溶液的 pH 值。

玻璃电极的构成见图 8-4，其主要部分是电极下端的玻璃泡，泡的下半部是对 H^+ 有选择性响应的玻璃薄膜，膜厚为 30～100μm，泡内装有一定 pH 值的内参比溶液，溶液中插入一支 Ag-AgCl 电极作为内参比电极，这样就构成了玻璃电极。玻璃电极中内参比电极的电位是恒定的，与待测溶液的 pH 无关。玻璃电极之所以能测定溶液的 pH，是由于玻璃膜产生的膜电位与待测溶液的 pH 有关。玻璃电极在使用前必须在水溶液中浸泡一定时间，使玻璃膜的外表面形成一层水合硅胶层，由于内参比溶液的作用，玻璃的内表面同样也形成了内水合硅胶层。当浸泡好的玻璃电极浸入待测溶液时，水合层与溶液接触，由于硅胶层表面和溶液的 H^+ 活度不同，形成活度差，产生一定的相界电位 $E_{外}$。同理，在玻璃膜内侧，水合硅胶层与内部溶液界面也存在一定的相界电位 $E_{内}$。玻璃电极内外侧的电位差即为膜电位 $E_{膜}$，$E_{膜}=E_{外}-E_{内}$。

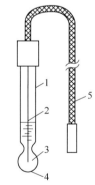

图 8-4　玻璃电极的构造

1—电极管；2—内参比电极（Ag/AgCl）；3—内参比溶液；4—电极膜；5—接线

根据 Nernst 方程，玻璃薄膜内外的相界电位可用下式表示：

$$E_{外}=k_1+0.059\lg\alpha_1/\alpha_{1'} \tag{8-1}$$

$$E_{内}=k_2+0.059\lg\alpha_2/\alpha_{2'} \tag{8-2}$$

式中，α_1、α_2 分别表示外部溶液和内参比溶液的 H^+ 活度；$\alpha_{1'}$、$\alpha_{2'}$ 分别表示玻璃膜外、内水合硅胶层表面的 H^+ 活度；k_1、k_2 分别为由玻璃膜外、内表面性质决定的常数。

因为玻璃膜内外表面性质基本相同，所以 $k_1=k_2$，

又因为水合硅胶层表面的 Na^+ 都被 H^+ 所代替，故 $\alpha_1=\alpha_{2'}$，因此，

$$E_{膜}=E_{外}-E_{内}=0.059\lg(\alpha_1/\alpha_2) \tag{8-3}$$

由于内参比溶液中的氢离子活度 α_2 是一定值，pH 值为氢离子活度的负对数值，因此，

$$E_{膜}=K_{玻}+0.059\lg\alpha_1=K_{玻}-0.059\mathrm{pH} \tag{8-4}$$

式中，$K_{玻}$ 为玻璃电极的电极常数。

式（8-4）说明，在一定的温度下玻璃电极的膜电位与待测溶液的 pH 呈线性关系。

（二）pH 值的测定原理

采用直接电位法测定溶液 pH 值的装置如图 8-5 所示。

采用玻璃电极作为指示电极、饱和甘汞电极作为参比电极，玻璃电极为负极，甘汞电极为正极。甘汞电极和玻璃电极之间的电动势即为两个电极的电极电位之差，即：

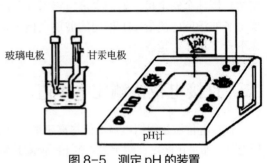

图 8-5　测定 pH 的装置

$$E_{电动势}=E_{甘汞}-E_{膜} \tag{8-5}$$

将式（8-4）带入，即得

$$E_{电动势}=E_{甘汞}-(K_{玻}-0.059\mathrm{pH}) \tag{8-6}$$

$$=E_{甘汞}-K_{玻}+0.059\mathrm{pH} \tag{8-7}$$

对于固定的甘汞电极和玻璃电极来说，$E_{甘汞}$ 和 $K_{玻}$ 均为常数，则可表示为：

$$E_{电动势}=K_{总}+0.059\mathrm{pH} \tag{8-8}$$

根据以上电池电动势与待测溶液 pH 值的线性关系，测定电池电动势即可求得溶液的 pH 值。然而，由于上式中的 $K_{总}$ 具有不确定性（与指示电极、参比电极等多种因素有关），所以不能直接测定溶液的 pH 值。由于标准 pH 缓冲溶液的 pH 值在一定条件下是准确已知的，所以在用直接电位法测定溶液 pH 时，需要用标准 pH 缓冲溶液（例如温度为 25℃时 0.05mol/L 邻苯二甲酸氢钾的 pH 值为 4.008）先进行"校正"或"定位"，再测定待测液的准确的 pH 值。

三、电位滴定法

电位滴定法是利用滴定过程中电极电位变化的突跃来确定终点的分析方法，是一种不用指示剂的滴定方法。与直接电位法不同，电位滴定法不是由电极电位的数值来计算待测离子

的浓度，而是以测量电位的变化为基础。该方法终点确定准确，有色溶液和混浊溶液均可滴定。

（一）电位滴定法的装置与终点确定

电位滴定法的装置如图 8-6 所示，由参比电极、指示电极及待测溶液组成，指示电极的电极电位与溶液中的某些待测离子的浓度相关。在电磁搅拌器不断搅拌下，将已知浓度的标准试剂从滴定管缓缓滴入待测溶液中，溶液中即发生滴定反应，随着滴定反应的进行，溶液中被测物的浓度发生变化，指示电极的电位也相应地随之发生变化；当到达等当点时，滴定反应停止，溶液中的待测物消失，电极电位发生很大的变化，产生突跃；等当点过后，电极电位的变化又趋于平缓。因此，可根据电极电位的突跃，通过作图法来确定等当点。

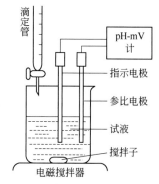

图 8-6　电位滴定法的装置示意图

采用电位滴定法作图确定滴定终点的方法有 E-V 曲线法、一级微商法和二级微商法（如图 8-7 所示）。

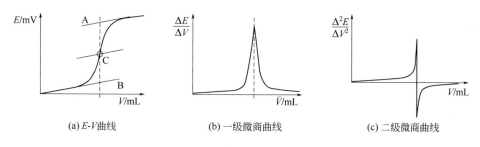

(a) E-V曲线　　　　(b) 一级微商曲线　　　　(c) 二级微商曲线

图 8-7　电位滴定曲线示意图

（1）E-V 曲线法　　E-V 曲线法，即以加入滴定剂的体积（V）为横坐标，电位计读数（E）为纵坐标，绘制如图 8-7（a）所示的滴定曲线。然后作两条与滴定曲线相切 $45°$ 的直线 A 和 B，两切线之间的平行等分线与滴定曲线的交点 C 即为滴定终点。

（2）一级微商法　　一级微商法即 $\overline{\Delta E/\Delta V}$-$\overline{V}$ 曲线法，当终点电位突跃变化不明显，采用 E-V 曲线法不易确定终点时，可采用此法。该方法是以每单位滴定体积的改变所引起的电位改变（$\Delta E/\Delta V$）对相邻滴定体积的平均值（$\overline{V}$）作图，绘制如图 8-7（b）所示的一级微商曲线，曲线的顶点所对应的体积即为滴定终点的体积。

（3）二级微商法　　二级微商法即 $\Delta^2 E/\Delta V^2$-V 曲线法，为了更准确地确定滴定终点，可采用二级微商法，纵坐标 $\Delta^2 E/\Delta V^2$ 即 $\Delta(\Delta E/\Delta V)/\Delta V$，为相邻的一级微商之差除以 ΔV，横坐标为 V，绘制如图 8-7（c）所示的二级微商曲线，曲线与横坐标的交点所对应的体积即为滴定终点的体积。

（二）农药分析中常用的电位滴定类型

采用电位滴定法判断滴定终点虽然没有观察指示剂的颜色变化直观，但利用电极电位的突跃判断终点的方法更准确，而且，当测定乳油、粉剂等配制的有色溶液或混浊溶液时，不会受到本底颜色或溶液乳化现象的影响，仍可准确判断滴定终点。在农药分析中，电位滴定法常用于酸碱滴定、沉淀滴定和氧化还原滴定等。

（1）酸碱滴定　农药制剂的酸度测定就属于酸碱滴定的范畴，既可以采用指示剂法，也可采用电位滴定法确定终点。此外，前述容量分析法中可以使用酸碱滴定来测定的农药，均可使用电位滴定法。一般酸碱滴定选用饱和甘汞电极作为参比电极，玻璃电极作为指示电极，直接用 pH 计测定滴定过程中电位值随滴定体积的变化，以电位值 E 为纵坐标，滴定体积 V 为横坐标，绘制滴定曲线，确定滴定终点。例如，氨基甲酸酯类农药速灭威、仲丁威、异丙威、甲萘威、涕灭威和克百威等，在采用薄层定胺法进行测定时，最后以盐酸标准溶液滴定水解生成的甲胺，接近终点时，每次准确加入 0.1mL 滴定剂，用二次微商法求得滴定终点。

（2）沉淀滴定　在农药分析中常用银量法，可用于测定能与 Ag^+ 反应生成难溶物的游离离子，如 Cl^-、Br^-、I^-、SCN^- 等。在农药分析中可用于测定原药或制剂中氯化钠的含量，或者将含卤素的农药化合物脱卤素后通过测定卤素离子的量来确定农药有效成分的量。银量法采用电位滴定时，以银电极为指示电极，饱和甘汞电极为参比电极，以硝酸盐标准溶液进行滴定。为了避免其他氯离子的干扰，甘汞电极不能直接插在待测溶液中，而采用硝酸钾盐桥将待测溶液与甘汞电极分开，然后进行滴定，根据滴定的电位突跃来确定等当点，计算出待测化合物的含量。

在前文中讨论的可采用容量法进行沉淀滴定的农药均可采用电位法，例如前文所述的敌百虫或敌敌畏的沉淀滴定法。此处以敌敌畏为例，敌敌畏制剂样品经薄层板分离及碱解后，将有效成分溶于水及乙醇中，加硝酸溶液（硝酸：水=1∶3，V/V）中和至甲基橙转红并稍过量 2～3 滴，插入银电极及甘汞电极盐桥，接电位计，用 0.01mol/L 硝酸银标准溶液滴定，接近终点时，每次准确滴入 0.1mL，以二级微商法求得终点体积。早期菊酯类农药（氯菊酯、溴氰菊酯、氯氰菊酯、氰戊菊酯）及百菌清等含氯含溴农药均可采用此法进行分析。

（3）氧化还原滴定　在容量分析法中可进行氧化还原滴定的农药，均可采用电位滴定法完成。一般采用惰性铂电极作为指示电极，甘汞电极作为参比电极。具体方法与其他滴定方法类似，不再赘述。

（4）非水滴定法　可进行非水滴定的农药，均可采用电位滴定确定终点。例如二嗪磷、抗蚜威、三唑酮等农药样品，经薄层分离后，用氯仿和乙酸酐将有效成分溶解转入 50mL 干燥烧杯中，加 5mL 冰乙酸，1 滴结晶紫指示剂，以玻璃电极为指示电极，甘汞电极为参比电极，甘汞电极的夹层中放 1mol/L 乙酸钠的冰醋酸溶液，接通电位计，用高氯酸标准溶液滴定，临近终点时结晶紫由紫色变蓝色时，每次加 0.1mL 标准溶液并记录电位变化，用二级微商法求出终点体积，即可测得有效成分的含量。

四、永停滴定法

永停滴定法，是将两支相同的铂电极插入待测溶液中，在两个电极间另加一个小电压（10～200mV），进行滴定。观察滴定过程中两电极之间的电流变化，根据电流的变化情况确定滴定终点。因此，严格地说此法属于电流滴定的范畴。永停滴定法装置简单，准确度高，容易确定终点，是前述亚硝酸钠滴定法（重氮化法）和卡尔·费休（Karl Fischer）水分测定法确定终点的法定方法。

（一）可逆电对和不可逆电对

永停滴定法的测定原理涉及可逆电对和不可逆电对两个基本概念。

（1）可逆电对 当溶液中同时存在氧化还原电对，如 I_2/I^- 时，如果在溶液中插入两支相同的铂电极，由于电极电位相等，两支相同的电极之间电动势为零。但若在两个电极之间外加一个小的电压，在额外的电压作用下，形成了电解池反应：

接正极的铂电极（阳极）将发生氧化反应 $\qquad 2I^- \rightleftharpoons I_2 + 2e^-$ （8-9）

接负极的铂电极（阴极）将发生还原反应 $\qquad I_2 + 2e^- \rightleftharpoons 2I^-$ （8-10）

此时，溶液中发生电解反应，并有电流通过。这种外加很小电压就可产生电解反应的电对，称为可逆电对。

（2）不可逆电对 若溶液中存在的是 $S_4O_6^{2-}/S_2O_3^{2-}$（连四硫酸根/硫代硫酸根）离子电对，阴极可以发生还原反应： $2S_2O_3^{2-} \longrightarrow S_4O_6^{2-} + 2e^-$ （8-11）

而阳极不能发生氧化反应，此时外加的小电压不能使溶液中发生电解反应，没有电流通过。这种电对称为不可逆电对。

（二）永停滴定法的终点确定

不同电对间发生电解池反应的情况不同，电流变化的情况也就不同，农药分析中主要有以下两种不同的电流变化情况，如图 8-8 所示。

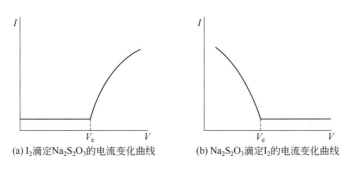

(a) I_2滴定$Na_2S_2O_3$的电流变化曲线   (b) $Na_2S_2O_3$滴定I_2的电流变化曲线

图 8-8　农药分析中常见的两种电流变化情况

（1）滴定剂是可逆电对，被测物是不可逆电对，如用碘（I_2）滴定硫代硫酸钠（$Na_2S_2O_3$），滴定反应式如下：

$$I_2 + 2S_2O_3^{2-} \longrightarrow 2I^- + S_4O_6^{2-}$$

（8-12）

如图 8-8（a）所示，等当点之前，溶液中只有不可逆电对 $S_4O_6^{2-}/2S_2O_3^{2-}$，它不发生电解反应，电极间不产生电流；当到达等当点时，稍过量半滴 I_2 后，溶液中就出现了 $I_2/2I^-$ 可逆电对，电极上即发生电解反应，溶液中有电流通过，指示终点到达。等当点过后，随着滴定剂 I_2 的不断增加，电流不断增大。

（2）滴定剂是不可逆电对，被测物是可逆电对，如硫代硫酸钠（$Na_2S_2O_3$）滴定碘（I_2）。等当点之前，溶液中存在大量的 $I_2/2I^-$ 电对，有较大的电流通过，随着滴定进行，溶液中的 I_2 逐渐消耗，电流逐渐减小，当滴定至等当点稍微过量一点时，溶液中的 I_2 全部变成了 I^-，可逆电对消失，电解反应停止，电流降为 0，指示终点到达，如图 8-8（b）。

可见，永停滴定法可以简单地观察电流从零到非零或者从非零到零即可判断滴定终点。

（三）永停滴定法在农药分析中的应用

永停滴定法在农药分析中主要应用于以下两个方面：

（1）亚硝酸钠滴定法　在前文中讨论的亚硝酸钠滴定法，可以采用永停滴定法确定终点，比使用内外指示剂都准确方便。如用 $NaNO_2$ 标准溶液滴定—NO_2 基被还原成—NH_2 基的对硫磷时，待测溶液中不存在可逆电对，但滴定剂 NO/HNO_2 体系为可逆电对，可发生如下电极反应：

阳极
$$NO + H_2O \longrightarrow HNO_2 + H^+ + e^- \tag{8-13}$$

阴极
$$HNO_2 + H^+ + e^- \longrightarrow NO + H_2O \tag{8-14}$$

因此，在滴定终点之前溶液中都不存在可逆电对，电流计指针停止在零位不动，达到终点并使滴定剂稍有过量时，溶液中出现了 NO/HNO_2 可逆电对，电路中有电流出现，电流计的指针发生偏转并不再回到零位，指示终点到达。

（2）卡尔·费休水分测定法　利用卡尔·费休法测定农药样品中的微量水分时，采用永停滴定法指示终点，比用碘作为自身指示剂更加准确，也便于实现自动化分析。滴定样品中的水与费休试剂发生反应时，滴定剂存在可逆电对 $I_2/2I^-$，待测体系中存在不可逆电对，因此同上所述，终点前电流指针停在零位不动，到达终点并稍有过量的 I_2 滴入时，溶液中出现 $I_2/2I^-$ 可逆电对，电流计显示有电流出现，指示终点到达。

目前采用永停滴定法测定微量水分的市售水分测定仪配备有费休试剂，并且已经基本实现了自动化，测定过程中记录仪会自动记录所有数据，并直接得出水分含量的结果，使用十分方便。

总之，化学滴定分析法和电位分析法由于其装置简单、使用方便、结果可靠，在早期的农药分析中应用广泛。但后来随着光谱法、色谱法以及串联质谱法等现代新型仪器设备的发展和应用，化学滴定分析法和电位分析法已经很少在农药分析中使用了。只有农药酸度的测定、水分的测定以及一些特殊结构的农药的有效成分含量测定仍然采用这些经典的方法。但这些经典的方法中蕴含的实验原理和巧妙的实验设计，仍然值得我们学习和领会，以备在未来的一些交叉学科中加以利用。

参考文献

[1] 范淑霞. 亚硝化滴定法分析草甘膦. 农药, 1988(3): 27-33.

[2] 冯家龙. 新编药品检验技术. 北京: 中国工人出版社, 2012.

[3] 季小英, 朱美娟, 钟美柳. 乙烯利含量最新国家标准化学滴定分析方法的初探. 农药科学与管理, 2010, 31(8): 55-56.

[4] 揭念芹. 基础化学(无机及分析化学). 北京: 科学出版社, 2007.

[5] 李树全. 有机氯农药分析中滴定空白的研究. 农药, 1982(4): 30.

[6] 刘贤明. 用非水滴定法测定复配农药乳油的酸度. 广西农学院学报, 1989(3): 77-80.

[7] 刘志勇, 宋建兰, 吴莹. 一种高效检测苯达松原药含量的方法: CN105911217A. 2016-8-31.

[8] 彭崇慧, 冯建章, 张锡瑜. 分析化学. 北京: 北京大学出版社, 2009.

[9] 彭红兰, 李宁. 复配农药中三乙磷酸铝含量测定方法的探讨. 中国化学会, 西南、中南地区分析化

学学术交流会, 2002.

[10] 钱传范. 农药分析. 北京: 北京农业大学出版社, 1991.
[11] 田秋兰. 重氮化滴定法的要点. 农药科学与管理, 1981(2): 13-15.
[12] 王文长. 非水滴定法测定杀虫双有效成分. 农药, 1990, 25(5): 15-16.
[13] 徐兆瑜. 除草剂拿捕净的电位滴定方法研究. 江苏农药, 2001, 2(54): 30-32.
[14] 徐兆瑜, 李朝珍. 钯电极在农药分析中的应用. 农药, 1981(5): 46-49.
[15] 杨光富, 刘华银, 杨华铮. 采用电位滴定法在 DMSO/H_2O 混合溶剂体系中测定磺酰脲(胺)类除草剂的酸离解常数. 高等学校化学学报, 1999(12): 1883-1887.
[16] 张志均, 郭俊芬. 草甘膦中间体——双甘膦的电位滴定分析. 农药, 1982(2): 56-58.
[17] 周洁薇. 电位滴定法测定草甘膦. 农药, 1981(3): 26.

? 思考题

1. 为什么电位滴定中需要参比电极? 参比电极需要符合哪些要求? 常用的参比电极有哪些?

2. 沉淀滴定法有几种确定终点的方法? 简述其方法原理。

3. 溴化法、高锰酸钾法及氯胺 T 法三种滴定分析法的原理有什么共同点和不同之处?

4. 简述采用永停滴定法确定终点的原理。

5. 农药的水分含量测定方法有哪些? 简述卡尔·费休水分测定法的原理。

第九章
农药定性与定量分析——色谱分析法

第一节　概述

色谱法（chromatography）又称"色谱分析""色谱分析法""层析法"，是一种分离和分析方法，主要包括薄层色谱法、气相色谱法和高效液相色谱法等检测技术，在农药分析化学领域有着非常广泛的应用。气相色谱法和高效液相色谱法常用于农药常量分析，主要用于检测农药原药及制剂有效成分和杂质的含量，薄层色谱法也有一定应用。在农药残留分析中则一般需要带有高灵敏度、高选择性检测器的气相色谱法和高效液相色谱法，特别是农药多残留分析，往往需要仪器具有较强的多组分分离和鉴别能力。近年来，气相色谱-质谱联用仪和液相色谱-质谱联用仪及其色谱-多级质谱联用在农药残留检测领域得到了广泛运用。

一、常量分析中的鉴别实验、定性分析及定量检测

1. 常量分析中的鉴别实验与定性分析

农药的常量分析一般参照农药国家标准和国际农药分析协作委员会（CIPAC）国际标准分析方法，这些方法通常应用仪器分析法，应用较为广泛的仪器定性定量分析方法为高效液相色谱法和毛细管气相色谱法。在进行有效成分定量分析的同时进行鉴别实验。

对于了解背景的样品，可通过标准物质对照来定性，在相同的色谱条件下分别将标准样品和实际样品进样，根据保留时间即可定性，相同保留时间的物质为同一物质。在样品背景不明晰的情况下，在同一色谱柱上不同化合物可能有相同的保留值。对于未知样品，仅仅用一个保留时间的数据来进行定性是不够的。

当采用规定的有效成分定性定量试验方法对鉴别有效成分存在疑问时，至少要用另外一种有效的方法进行鉴别。例如，若规定的有效成分定量试验方法是气相色谱法，则至少采用高效液相色谱法、薄层色谱法、红外光谱法或其他方法中的一种再次进行鉴别实验。

当采用薄层色谱法进行鉴别时，试样溶液经点样展开得到的有效成分斑点与标样溶液同时展开得到的有效成分斑点，其比移值（R_f）应一致。

当采用气相色谱法或液相色谱法进行鉴别时，在相同的色谱操作条件下，试样溶液某一色谱峰的保留时间与相应的标样溶液中有效成分色谱峰的保留时间应该一致（其相对差值应在1.5%以内），若不一致，可以认定不是同一物质。

此外，用高效液相色谱法定性时，若样品来源不清，即使有相同的保留时间，也不一定是同一化合物。例如，液相色谱分析时，流动相为甲醇∶水=90∶10条件下，啶虫脒、噻虫

嗪和吡虫啉保留时间相同，但改变流动相溶剂配比为甲醇：水=50∶50 时，三种化合物的保留时间就不一致了。定性试验中，除了改变流动相的溶剂配比外，还可用改变流动相溶剂的方法来鉴别。例如，用乙腈替换甲醇或换成正相色谱法，如果保留时间发生改变，那么就不是同一化合物。根据不同化合物具有不同最大吸收波长的特性，可配制相同浓度的试样和标样溶液，改变测试波长，如果光吸收值不一致，则可判定不是同一物质。

用气相色谱法定性时，与标样具有相同保留时间的试样，若需要再次确认是否为同一物质，可换一根固定液极性不同的色谱柱进行分析，观察保留时间是否一致。对于未知样品，宜选用弱极性固定液的色谱柱（如聚硅氧烷类的 OV-1、OV-101 等固定液的色谱柱），这类固定液具有较宽的使用温度范围，且对大多数化合物的保留时间短，可用提高柱温的方法使样品加速出峰。

采用质谱法对农药进行定性分析较为可靠，因该方法有效避免了由于复杂样品基质带来的干扰，其最重要的定性依据是农药分子结构特征的离子碎片，其次依据总离子流图的保留值或相对保留值，即保留时间相同且特征碎片离子（或全扫描质谱图）相同的农药才能被认定是同一物质，避免假阳性。

2. 常量分析中的定量检测

农药常量分析中有效成分的定量一般采用气相色谱-氢火焰检测器（GC-FID），或液相色谱-紫外检测器（LC-UVD）。这两种仪器性能稳定，在了解样品背景的情况下，通常可以满足定量分析的要求。

在定量分析中，外标法是一种广泛采用的方法。配制一系列浓度的标准溶液，以进样量或浓度为横坐标，峰面积或峰高为纵坐标，作出工作曲线。在色谱条件完全一致的条件下对未知样品进行定量分析。该方法中，只要待测组分出峰且完全分离即可，不考虑其他组分是否出峰或者是否分离完全。

相比而言，内标法的定量精度更高，因为它是利用相对于标准物质（也叫内标物）的响应值来定量。进仪器分析之前，首先要确定内标物，并且要分别加到标准样品和未知样品中，这样就可以抵消由于操作条件（包括进样量、仪器波动等）带来的误差。与外标法类似，内标法只要求待测组分及内标物出峰，且分离完全即可，其余组分则可用快速升温等方法使其流出，缩短分析时间。

内标物的保留时间和响应因子应该与待测组分尽量接近，且要完全分离。内标法虽然降低了误差，但是在样品制备过程中多了一个内标物的寻找及添加的步骤，标准样品和未知样品均要定量加入相同的内标物。

农药常量分析中，气相色谱分析一般采用内标法定量，液相色谱分析一般采用外标法定量。这是因为气相色谱法的流动相是气体，流速易出现波动，分析温度较高，较难稳定精准控制，因此外标法定量时容易出现误差，而且常量分析有效成分相对较少，容易找到合适的内标物，采用内标法可有效抵消误差，故气相色谱分析常用内标法。而液相色谱法的分析体系较为稳定，所以常用外标法。

（1）外标法　是利用已知浓度的标样与未知样品，在完全相同的色谱条件下进行检测，然后根据两者的峰面积或峰高之比计算样品中待测物的含量。外标法分为单点校正法和标准曲线法。

① 单点校正法。是根据标样的量与未知样品的量之比等于标样的峰高（峰面积）与未知样品峰高（峰面积）的比值，从而计算样品中待测物的含量。

$$样品量=标样量×样品峰高（峰面积）/标样峰高（峰面积）$$

该方法的前提是仪器基线稳定，响应信号稳定，否则由于标样和样品进样顺序、进样时间差引起仪器信号的误差；样品中的待测物含量要与标样的含量接近，且均在仪器方法的线性范围内，否则计算结果误差较大。单点校正法可理解为简化的标准曲线法。

② 标准曲线法在进行样品分析之前，首先建立一条标准曲线，获得线性范围及线性回归方程，即标样的进样量或者浓度对仪器的响应信号之间的线性关系和线性方程，然后进行样品检测，根据线性方程将样品的峰面积或峰高代入方程，计算求得样品的含量。该方法操作较为烦琐，需要配制系列标准溶液，而且需要仪器较长时间稳定，否则建立线性方程结束时，仪器的响应信号若出现波动，易造成样品检测结果不准确。标准曲线法对于未知样品含量测定较为适合，因为在线性范围内，该方法比单点校正法准确。

（2）内标法　外标法虽然简单，但是由于进样时间先后仪器波动所产生的信号漂移，直接采用标样与样品响应值对比，还是有一定误差，需要通过一个内标物作为"尺子"，以消除稀释样品、进样操作及仪器波动所带来的试验误差。内标物要与待测组分保留时间相近，但要完全分离，且二者不发生化学反应。确定内标物后，将相同剂量的内标物加入标样和样品中，在同一色谱条件，样品与同一次进样内标物峰面积（峰高）之比除以标样与同一次进样中内标物峰面积（峰高）之比，等于样品与标样量之比，由此计算样品中待测物的含量。

采用内标法测定时，将内标物加入待测样品，从而形成了一个"新"的样品，由于内标物与待测物处于同一检测条件，进样量的多少、仪器的波动会影响待测物的峰面积或峰高，但不会影响待测物峰面积（峰高）与内标物峰面积（峰高）的比值。

在样品分析过程中，内标法克服了外标法稀释样品、进样操作等人为误差，且有效降低了仪器设备不稳定所引起的定量误差。内标法需要在待测样品中准确添加内标物，使得样品增加了一个组分，在分离条件上需要将内标物与其他组分完全分离，需要提前做内标物选择和确认工作，增加了分析的步骤和难度。采用内标法时，可使用单点校正法或标准曲线法。

（3）其他定量方法　农药常量分析中，常用外标法和内标法进行定量测定，一般用于已知有效成分或者有目标的检测定量。除此之外，其他定量方法还有归一化法和标准加入法。

① 归一化法。是将所有出峰的组分含量之和按100%计，所有色谱峰面积之和作为分母，某一物质的峰面积作为分子，计算该色谱峰所代表物质的含量。

按照下式计算：

$$W_i = \frac{f_i' A_i}{\sum\limits_i f_i' A_i} \times 100\%$$

式中，A_i 为组分 i 的峰面积；f_i' 为组分 i 的质量校正因子。

在进行农药原药全组分分析时，需要使用标准品，利用外标法进行杂质的定量。当买不到杂质标准品时，需要本实验室自己制备。对于实验室自己制备的杂质标准品，可采用归一化法确定百分含量。

该方法的优点是简单、准确，进样量和其他操作条件的变化对定量结果影响较小。该方法的缺点是样品中各组分都要出峰。

② 标准加入法。是一种特殊的内标法，在选择不到合适的内标物时，将待测组分的标准品加入待测样品中，在相同的色谱条件下，测定待测组分在标准品加入前后的峰面积（峰高）变化，从而计算出待测组分在样品中的含量，该法具有无需另外寻找内标物、操作简单的优

点，缺点是两次分析的条件必须相同，否则会引起较大的分析误差。

（4）农药分析中的色谱法定量误差　在农药分析中采用色谱法定量时，误差的主要来源是样品制备、手动进样和分析条件等。农药样品预处理复杂是分析精密度低的主要原因，因此在样品制备过程中，应尽量减少样品的转移和稀释次数。样品如果仅需要简单的稀释，通常精密度较高（相对标准偏差<0.5%）。如果使用高效液相色谱仪分析，应当用流动相溶解或选择流动相中的有机相溶解来稀释样品，以保证较好的峰形。

除了样品预处理带来的定量误差，色谱仪分析过程中也会产生部分定量误差。进样方式不同会引起一定的定量误差，自动进样器进样重复性好，误差较小，而手动进样的误差一般为 2%～3%。分析条件也可能带来分析结果的定量误差，用气相色谱仪分析时，样品进入气化室，能瞬间气化且无分解，色谱系统对样品无吸附、无分解，可降低定量误差，同时保证峰的对称性，防止因色谱峰的前展或拖尾而造成定量误差。

二、残留分析中的定性、定量与确证分析

目前，农药残留检测仪器使用频率较高的设备有：液相色谱-串联质谱（LC-MS/MS）、气相色谱-串联质谱（GC-MS/MS）、气相色谱-质谱（GC-MS）、液相色谱-二极管阵列检测（LC-DAD）、气相色谱-电子捕获检测（GC-ECD）、液相色谱-质谱（LC-MS）、液相色谱-荧光检测（LC-FLD）、液相色谱-紫外检测（LC-UV）、气相色谱-氮磷检测（GC-NPD）、气相色谱-火焰光度检测（GC-FPD），其中，使用频率下降最快的技术是 GC-NPD，发展最快的技术为 LC-MS/MS、GC-MS/MS。在农药残留检测方面，色谱-质谱联用技术发展非常迅速，农药残留方法研究的总趋势是准确、快速和高通量检测。

1. 残留定性分析

对分析物的定性，GC 和 LC 都是依据保留时间来判定的，但由于农药残留分析中样品基质复杂，且样品前处理过程并不能完全去除所有干扰物质，所以在色谱分析时可能会出现很多干扰杂质峰，造成误判或定量不准确，而气相色谱或液相色谱与质谱联用技术，尤其是三重四级杆质谱仪较好地解决了这一问题，它兼具色谱分离和质谱对特征离子的鉴别能力，克服了常规气相色谱和液相色谱检测器仅仅依靠保留时间定性的缺点。

在色谱-质谱联用技术中，针对每个检测对象选择特征离子，根据特征离子的质荷比和质量色谱图的保留时间进行定性分析，在选择离子扫描时，应尽量选用质量数较大的离子，以排除样品或仪器本底带来的干扰；另外，应选择待测化合物的多个特征离子作为定性的依据。

2. 残留定量分析

农药常量分析中，气相色谱法和液相色谱法虽然能够实现待测组分的分离，利用已知标样的保留时间进行定性，利用峰面积或峰高进行定量，但是在农药残留的实际分析过程中，由于基质和许多无需检测的农药在样品中造成出峰干扰，很容易出现"假阳性"，影响结果的准确性。随着国内外对农产品中农药残留种类和限量指标的要求越来越高，近年来农药残留检测常采用液相色谱-质谱联用仪和气相色谱-质谱联用仪以及串联质谱仪等。

在色谱-质谱联用技术中，气相色谱或液相色谱相当于分离系统，而质谱可看作是检测器。质谱采集相关数据，经过计算机处理，与计算机内的谱图库进行比对，可实现对目标物的初步确认。在确定目标物的性质和分析条件后，可直接采用色谱-质谱联用进行组分定量。采用

质谱检测器（MSD）进行检测和组分定量时，按照扫描方式可分为全扫描离子采集（SCAN）和选择离子监测（SIM）两种方式，若采用串联质谱检测器，还可以选择多反应监测（MRM）扫描方式；按照定量的方法，又可以分为外标法和内标法。

（1）SCAN 定量　全扫描离子采集模式下，不进行离子设置，一般只设置扫描范围，得到该扫描范围内较为标准的、完全的质谱图，得到的总离子图或质量色谱图，其峰面积与相应组分的含量成正比，类似于色谱法定量分析。采用 SCAN 模式定性定量时，一般是首先获得标准样品的总离子流质谱图，然后在同样分析条件下，获得待测样品的总离子流质谱图，将待测样品中各目标组分的色谱峰、保留时间和峰面积与标准样品总离子流色谱图中相应色谱峰对照，可定性也可定量计算目标物的含量。由于定量灵敏度不如 SIM 高，因此 SCAN 模式主要用于未知化合物的定性分析。

（2）SIM 定量　选择离子扫描模式下，仅选择目标物的特征离子进行扫描，因此定量的灵敏度较高，但在进行特征离子扫描前，需要 SCAN 模式提供定性和定量离子，根据定性离子和定量离子的设定，在 SIM 模式下，可获得较高的定量检测灵敏度。一般单离子检测的灵敏度要高于多离子检测的灵敏度，但为了同时进行定性和定量，一般每个化合物选择三个离子进行检测，其中响应值最高的离子作为定量离子，另外两个离子辅助定性。用选择离子得到的色谱图进行定量分析，具体分析方法与质量色谱图类似。由于 SIM 模式定量灵敏度更高，因此 SIM 主要用于目标化合物检测和复杂混合物中杂质的定量分析。

（3）MRM 定量　当采用串联质谱检测器时，除了 SCAN 和 SIM 模式，更多的是选择 MRM 扫描方式，即首先在 SCAN 模式下选择响应值较高的离子作为母离子（或前级离子），然后在碰撞气的作用下将母离子碎裂成子离子，只检测其中 2～3 个子离子的响应值。这种方法对样品中的离子信号进行了两次筛选，大幅度降低了基质背景干扰，提高了定性准确性和定量灵敏度，非常适合于复杂基质中的农药多残留分析。

（4）外标法与内标法　外标法是用适当浓度的标样作色谱总离子流强度与标样量的校准曲线，然后在相同条件下进行实际样品分析，得到被测样品（目标农药）的峰强度，根据校准曲线方程确定目标农药的含量。

内标法是常用的定量方法，标样和被测样品中均加入内标物，可检测前处理效果和作为组分损失校正，校准曲线需要确定被测组分与内标峰强度比和质量比。

3. 农药残留分析确证

保留时间是色谱定性的一个基本原则，但是由于保留时间除了与柱条件（包括固定相、柱长、填充方式等）有关外，还会受操作条件影响，如载气的流速、温度的微小变化都会使保留时间发生变化，所以任意一种气相色谱或者高效液相色谱检测器，在用于农药分析时，其专一性是不够的。气相色谱法、高效液相色谱法和高效薄层色谱法主要用于定量分析，严格说来，难以单独做定性确认分析。为了弥补 GC 或 HPLC 分析选择性的不足，防止分析结果出现假阳性，特别在发现含有与被测组分无关的其他组分时，或者残留量超过最高规定时，在正确作出判断前必须进行分析确证（confirmation）试验。目前，质谱法由于能提供分子结构信息，且具有比常规色谱检测技术高的检测灵敏度而成为农药残留分析的主要手段。

GC-MS（/MS）因为有统一的碎片轰击能量，所以全球各大仪器公司建有统一通用的质谱图谱的数据库。谱库检索是质谱仪定性分析最为广泛的辅助手段之一，通常 GC-MS 仪器的数据系统软件都配有不同的质谱数据库和谱库检索程序，通过 SCAN 模式下得到的质谱图经过与谱库对比，得到可信度列表，从而可推测出最相似的物质，即可对目标化合物进行直接定性。值得注意的是，在谱库检索过程中，被检索的质谱图必须是 EI 源（70eV）轰击获得的，否则检索结果不可靠。对于 LC-MS，因为每家仪器生产公司设计不同，采用的离子化条件不同，所以基本上只适用于对目标化合物进行分析。当然，用户可根据自己的需要将试验中得到的标准质谱图及数据用文本文件保存在用户自建谱图库里，创造出适用于自己科研、检测、质控用的谱库。

出具农药残留检验结果之前需进行确证试验，以免做出错误结论，农药残留确证的方法有以下几种：①联合确认，如改变检测方法，色谱法改为光谱法；②改变检测器，利用不同检测器的选择性；③改变色谱条件，如改变色谱柱及色谱参数；④应用气质联用或液质联用，如采用色谱-质谱检测确认，采用全扫描或选择离子扫描。在同样测定条件下，检测离子的相对丰度表示为与最强离子的强度百分比，应当与浓度相当的校正标准相对丰度一致，校正标准可以是校正标准品溶液，也可以是加入标准品的样品。

第二节　薄层色谱法

薄层色谱法（thin layer chromatography，TLC）又称为薄层层析法，是 20 世纪 50 年代在经典柱色谱及纸色谱法的基础上发展起来的一种平面色谱技术。1965 年德国化学家 E. Stahl 编写了英文《薄层色谱》一书，对薄层色谱法进行了较系统的研究，推动了薄层色谱技术的发展。20 世纪 80 年代，薄层色谱法借助于科技与计算机技术实现了仪器化、自动化、计算机化以及与其他分离分析技术联用，拓宽了薄层色谱法的应用范围。高效薄层色谱法（HPTLC）的出现提高了分离效率和检测的灵敏度、保证了定量精度。分析一些组成复杂或极微含量样品时，可用薄层色谱先分离、定量收集待测组分的斑点，经洗脱、浓缩等步骤，用气相色谱仪、高效液相色谱仪、气相色谱-质谱仪或液相色谱-质谱联用仪进行分离和鉴定。

一、薄层色谱法基本原理

薄层色谱是一种利用样品中各组分的理化特性差异将其分离的技术。这些理化特性包括分子的大小、形状、所带电荷、挥发性、溶解性及吸附性等。按其固定相的性质和分离机理可分为吸附薄层色谱法、分配薄层色谱法、离子交换薄层色谱法以及凝胶薄层色谱。吸附薄层色谱法广泛应用于农药残留分析中。

吸附薄层色谱法是将固定相（吸附剂）涂在一些光洁物质（如玻璃、金属和塑料等）的表面，使之成为均匀的薄层，而后把待分析的试样溶液点在薄层板一端适当的位置，然后将其放在密闭的层析缸里，将点样端浸入合适的溶剂中。借助于薄层板上吸附剂的毛细虹吸作用，溶剂会载着被分离组分向前移动，这一过程称为展开，所用溶剂称为展开剂。展开时，样品中的各组分在液-固两相间分配。吸附牢固的组分在展开剂中分配少，与吸附剂结合较松散的组分则较容易被展开剂解吸附，在展开剂中分配多。随着展开剂的移动，在新接触的吸附剂表面上又进行一次新的吸附-解吸过程。经过反复的吸附-解吸过程，样品中的各组分就会随着展开剂的展开以不同的速率向上移动，与吸附剂吸附弱的组分移动速度快，吸附强的组分移动速度慢，吸附特别强的组分甚至会不随展开剂移动，最后样品中的各组分在薄层色谱中实现化合物的分离。

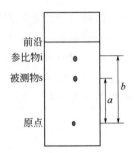

图 9-1　薄层色谱相对比移值
示意图（$R_{s,i}=a/b$）

薄层色谱的分离度一般用比移值（retardation factor, R_f）来表示，其数值可以通过被分离组分斑点中心离原点的距离与展开剂前沿离原点的距离之比计算出来。若 R_f 值为零时，表示组分在原点不动，即该组分不随展开剂移动；R_f 值为 1 时，表示该组分不被吸附剂保留，随展开剂迁移到溶剂前沿，因此 R_f 值在 0~1 之间变化。实际测定时被分离组分的 R_f 值应在 0.2~0.8 之间。

影响被分离组分在薄层上移动距离的因素较多，如被分离组分和展开剂的性质、薄层板的性质、环境温度及湿度、展开方式和展开距离等，因此 R_f 值的重现性不是很好。为了补偿一些难以控制的条件变化，常采用相对比移值 $R_{s,i}$（见图 9-1），其重现性及可比性均优于 R_f 值。操作如下：将被分离组分与一参比物点在同一块薄层板上，用相同的色谱条件进行分离，被分离的组分和参比物的比移值之比即为相对比移值，即

$$R_{s,i}=\frac{R_i}{R_s}=\frac{\text{原点至被测组分斑点中心的距离}}{\text{原点至参比物斑点中心的距离}}$$

$R_{s,i}$ 与 R_f 不同，R_f 在 0~1 之间变化，而 $R_{s,i}>1$ 或 $R_{s,i}<1$ 均可。

1. 吸附薄层色谱固定相

吸附薄层色谱固定相常称为吸附剂。吸附薄层色谱对固定相的具体要求如下：

（1）具有大的比表面积和足够的吸附能力，常用内部多孔的颗粒和纤维状固体物质；

（2）在所用的溶剂和展开剂中不溶解；

（3）不破坏或分解待测组分，不与待测组分中溶剂和展开剂起化学反应；

（4）颗粒大小均匀，一般要求直径小于 70μm（小于 250 目）且在使用过程中不会破裂；

（5）具有可逆的吸附性，既能吸附样品组分，又易于解吸附；

（6）为便于观察分离结果，最好是白色固体。

目前最常用的吸附剂是硅胶和氧化铝，其次是聚酰胺、硅酸镁等，还有一些物质如氧化钙（镁）、氢氧化钙（镁）、硫酸钙（镁）、淀粉、蔗糖等，但有的碱性太大或因吸附性太弱，用途有限；而活性炭的吸附性太强，且材料呈黑色影响色谱带区分，故很少用于色谱分离。

2. 吸附薄层色谱流动相

薄层色谱的流动相即其溶剂系统，又称为展开剂或洗脱剂。薄层色谱分离的条件是由被分离物质的性质（如溶解度、酸碱性及极性）、吸附剂以及展开剂三种因素决定的。上述三种因素中被分离物质是固定的，常用的吸附剂种类也不多，而展开剂的种类则千变万化，不仅可以应用不同极性的单一溶剂作为展开剂，更多的是应用二元、三元或多元的混合溶剂作为展开剂。因此，找到与样品及吸附剂相匹配的展开剂是建立薄层色谱体系的关键。

薄层色谱对流动相的要求包括：①能使待测组分很好溶解，且不与待测组分或吸附剂发生化学反应；②使展开后的组分斑点圆而集中，无拖尾现象；③使待测组分的 R_f 值最好在 0.2~0.8 之间，定量测定在 0.3~0.5 之间，组分较多时，在 0.25~0.75 之间，各组分 ΔR_f 值的间隔

应大于 0.05，以便完全分离；④沸点适中且黏度较小；⑤混合溶剂最好现配现用；⑥价格低廉，毒性小。

薄层技术的成功在很大程度上依赖于展开剂的选择。通常采用尝试法选择展开剂，一般遵循"相似性原则"，即强极性试样宜用强极性展开剂，弱极性试样宜用弱极性展开剂。用单一溶剂不能分离时，可用两种以上展开剂，并通过改变多元展开剂的组成和比例得到满意的分离效果。因为每种溶剂在展开过程中都有一定的作用，一般可以考虑以下 4 点：

（1）展开剂中比例较大的溶剂极性相对较弱，对待分析组分起基本分离的作用，一般称之为底剂。

（2）展开剂中比例较小的溶剂，极性较强，对被分离物质有较强的洗脱力，帮助化合物在薄层上移动，可以增加 R_f 值，但不能提高分辨率，称之为极性调节剂。

（3）展开剂中加入少量酸、碱，可抑制某些酸、碱性物质或其盐类的解离而产生斑点拖尾，称之为拖尾抑制剂。

（4）展开剂中加入丙酮等中等极性溶剂，可促使不相混溶的溶剂混溶，并可以降低展开剂的黏度，加快展速。

在实际工作中，一般可查阅相关文献，结合经验，从而通过较少的试验即可找到最佳的溶剂系统。此外，还可以采用三角形优化法、点滴试验法等较为简便的方法初步探寻展开剂。

二、薄层色谱法的操作技术

薄层色谱法操作步骤包括薄层板的制备、点样、展开、显色、定性和定量分析等。

（一）薄层板的制备

制备薄层板简称制板，即将固定相均匀地涂布于玻璃板、塑料和铝箔上，形成均匀的薄层。玻璃板是薄层色谱常用的载板，其尺寸一般为 20cm×20cm、10cm×20cm 和 5cm×20cm，也可用 25mm×75mm 显微镜载玻片。薄层板一般分为不含黏合剂的软板和含黏合剂的硬板两种，通常使用的黏合剂为羧甲基纤维素钠（CMC-Na）。使用软板时，将吸附剂用干法在玻璃板上涂成均匀的薄层即可使用，但薄层疏松且操作很不方便，目前很少使用。

制备含黏合剂的硬板，选择的玻璃板要求薄厚一致，用前先将玻璃板洗净。然后将一定量的固定相按表 9-1 中所列的比例加入适量蒸馏水，在研钵中研磨或在烧杯中用玻璃棒顺一个方向搅拌均匀至无气泡。之后，将已调制好的固定相浆均匀地涂布在玻璃板上。涂布时速度要快，避免固定相过度凝固给涂布带来困难。铺好的板，薄层厚度一般在 0.2～0.3mm 之间，表面应光滑平整，没有气孔。置于水平台面上自然晾干，保证板面薄层的厚度均匀。制备好的薄层板在使用前可以在一定温度下活化处理 30min 左右，让薄层板上的固定相活化级别能达到很好的分离效果，干燥冷却后放入干燥器中备用。一般室温晾干后的薄层在 105～120℃干燥 0.5～1h 即可达到常规要求的 Ⅱ～Ⅲ 级活度。常用的不同类别薄层板制备时的用水量及活化条件参考表 9-1。表 9-2 为常用硅胶、氧化铝的活度级别及其活度与含水量的关系。

表 9-1 常用加黏合剂铺薄层板的处理方法

薄层类别	固定相/g：水用量/mL	活化条件
硅胶 G	1：2 或 1：3	80℃或 105℃ 0.5～1h
硅胶 CMC-Na	1：3（0.5%～1.0% CMC-Na 水溶液）	80℃ 20～30min

薄层类别	固定相/g：水用量/mL	活化条件
硅胶 G CMC-Na	1：3（0.2% CMC-Na 水溶液）	80℃ 20~30min
氧化铝 G	1：2 或 1：2.5	110℃ 30min
氧化铝-硅胶 G（1：2）	1：2.5 或 1：3	80℃ 30min
硅胶-淀粉	1：2	105℃ 30min
硅藻土 G	1：2	110℃ 30min
硅胶 H（不含黏合剂）	1：2	105℃ 30min
纤维素	1：5	阴干或不活化

表 9-2　硅胶、氧化铝活度级别及其与含水量的关系

活度级别	含水量/%		吸附力
	硅胶	氧化铝	
Ⅰ	—	—	
Ⅱ	10	3	增强
Ⅲ	12	6	↑
Ⅳ	15	10	
Ⅴ	20	15	

预制薄层板可以直接在市场上选购，但价格相对较贵。

（二）点样

将待分离、鉴定的样品溶液滴加到薄层板上的过程称之为点样。点样是造成定量误差的主要原因。

1. 点样设备

点样设备类型分手持型和机械型。最常用的手持型点样设备是定量毛细管或微量注射器，点样时，直接手持点样器接触薄层板面，利用毛细作用或手移滴加样品溶液到薄层板表面，完成点样工作（见图 9-2）。目前使用的机械点样设备中，全自动点样装置结合了现代电子及机械技术，实现吸样、点样、清洗、点样方式的安排、点样速度控制等一体化操作，使定量分析结果更加准确。

(a) CAMAG ATS 4全自动点样设备　　(b) CAMAG Linomat 5半自动点样设备　　(c) 定量毛细管点样

图 9-2　薄层色谱点样设备

2. 点样方式

农药残留分析的实际工作中，点状点样与带状点样均使用较多。

（1）点状点样　经典的薄层要求原点直径一般控制在 3mm 以内，每 1mL 含 0.5～2mg 农药，点样量为 1～5μL，点间距 1～1.5cm，起始线距底边约 1.5cm，展开距离 10～15cm。高效薄层色谱原点直径为 1～1.5mm，点样量为 0.05～0.2μL，点间距为 0.3～0.5cm，起始线距底边约为 1cm，展距为 5～7cm。

（2）带状点样　带状点样是将样品溶液点成宽 2～3mm 直线状条带。当样品体积较大、浓度较稀或者为了改善分离度时，可用带状点样。此方法可以作为定性定量用。带状点样展开后的谱带分辨率明显高于点状点样，精密度较高，为定量分析提供最佳的条件。

点样后必须将溶剂全部除去再进行展开。对于样品中含有遇热不稳定的残留农药时，应避免高温加热，以免改变样品中残留农药的性质。

（三）展开

展开是展开剂沿薄层板从原点移向前沿的过程。在此过程中，样品中各组分与展开剂及固定相之间相互作用，使样品中的各组分随展开剂沿流动的方向分开。

1. 分类

（1）展开方式分类　薄层色谱的展开方式有线形（linear）、环形（circular）和向心（anticircular）三种形式，其中线性展开又可分为上行或下行展开，经典薄层色谱多用此方式展开；高效薄层色谱法更多应用水平方向的环形和向心形展开。

（2）展开次数分类　根据展开次数，可分为一次、二次和多次展开。

① 一次展开是指按所选的展开方式，展开到前沿位置后将薄层板取出，晾干，直接进行显色定位检测。

② 二次展开又称双向展开，将样品点在薄层板上一角 a 处，如图 9-3 所示，先将薄层板的 AB 边浸入展开剂中，使它沿方向 1 展开一次，取出，挥去展开剂，顺时针转 90°后将薄层板的 BC 边浸入另一种展开剂中，沿方向 2 作第二次展开。a 处样品点经第一次展开后得到展开物质在 b 处，第二次展开后 a 处样品点展开到 c 处。这种方法适用于定性分析成分较多、性质比较接近的物质分离。

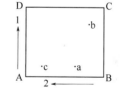

图 9-3　薄层板二次展开

实际上此法也是为了增加展距，调节展开剂的极性，从而提高分离能力的展开技术。

③ 多次展开

a.单向多次展开　以相同的展开剂按同一方向重复展开，以便增大组分的分离度。

b.增量多次展开　此法是指在同一块薄层上，用同一种展开剂，沿同一方向，展距递增地重复展开。

c.阶式展开　对于极性相差很大的农药用两种或两种以上极性不同的展开剂分别展开几次，使之将极性相差很大的农药在一块薄层板上得以分离。

d.程序多次展开　由 n 次单向展开设计的，每次展开是按常规方法展开，当达到规定的展开时间后，停止展开，进行干燥过程。每次展开之间不用取出薄层板，仍与溶剂储存器接触，通过在薄层板背部辐射加热蒸发溶剂或在板的正面通过惰性气流使之干燥。

2. 操作方法

在薄层板展开之前，展开槽内需用单一溶剂或新近配制混合好的展开剂的蒸气进行饱和，将浸有展开剂的滤纸条附着在展开室内壁上，放置一定时间，待溶剂挥发使展开室内充满饱和蒸气，然后将点样后的薄层板的点样端向下置于展开室中，展开剂浸没薄层板下端，但不能没过或接触点样处，展开剂展开距离（原点距前沿）一般为 10~15cm。展开时的温度最好控制在 15~25℃。展开后，取出薄层板，待展开剂挥散后，对斑点进行定位、检测。

（四）薄层斑点的定位方法

展开后的薄层板待展开剂完全挥发后，需对待测组分进行确认和检出。用薄层色谱法分离待测农药，通常使用以下几种方法进行定位。

1. 紫外或荧光显色定位法

大多数农药在可见光下不能显色，但有些农药可在紫外灯（254nm 或 365nm）下显示不同颜色的斑点。对可见光、紫外线都不吸收，也没有合适的显色方法的农药可以用荧光猝灭技术进行检测，即将样品点在含有无机荧光剂的薄层板上，展开后，挥去展开剂，放在紫外灯下观察，被分离的农药组分在发亮的背景上显示暗点，因为样品中的化合物减弱了吸附剂中的荧光物质的紫外吸收强度，引起荧光的猝灭。也可用有机荧光剂，如 2,7-二氯荧光素、荧光素、桑色素或罗丹明 B 等配成 0.01%~0.2%的乙醇溶液喷在薄层板上，可以达到与荧光薄层板同样的效果。在紫外灯下拍摄时，应使用适宜的滤光片滤除紫外线。

2. 化学显色法

利用各种化学试剂与农药及其代谢产物在展开后的薄层上反应生成有色化合物，或农药经适当处理转化成其他化合物与显色剂完成显色反应，使薄层色谱农药斑点与底板的底色呈现不同颜色的可见光波段（400~760nm）的色斑与底色。化学显色法通常采用喷雾显色的操作方法，显色反应的灵敏度与显色剂的用量、酸度、温度、时间有很大关系。表 9-3 是常见化学显色法的灵敏度和适用范围。

表 9-3　常见化学显色法的灵敏度和适用范围

显色试剂	色斑	底色	最小检出量/μg	适用范围
溴-刚果红	蓝	红	0.2~0.5	含硫磷酸酯
溴-溴酚蓝	黄	红	0.1~0.5	含硫磷酸酯
NBP-四亚乙基戊胺	蓝	白	0.2~0.5	磷酸酯
四溴苯酚磺酞乙酯-硝酸银-柠檬酸	蓝-紫	黄	0.05~0.1	含硫磷酸酯
硝酸亚汞-氨	黑色	浅灰	0.02~0.3	含硫磷酸酯
硝酸银-（苯氧乙醇，NH$_3$）	黑色	浅灰	0.02~0.1	有机氯
二苯胺-氯化锌	绿、橙、紫	蓝	5~20	有机氯、磷酸酯
o-联甲苯胺-碘化钾	黄、绿、蓝	白	0.02~0.5	有机氯、有机氟
对硝基偶氮氟硼酸盐	蓝、紫	橙	0.01~10	磷酸酯、氨基甲酸酯
氯化钯	黄、褐、蓝	白	0.5~3.0	含硫磷酸酯、有机氯
N-2,6-二氯对苯并醌亚胺-硼砂	蓝	无	微克级	氨基甲酸酯
氨基安替吡啉-铁氰化钾	红、紫	黄	微克级	氨基甲酸酯
磷酸-鞣酸-丙酮	洋红	无	1.0	天然除虫菊酯

3. 蒸气显色法

利用某些物质的蒸气与样品中的待测农药作用生成不同颜色的物质或产生荧光，一些反应是可逆的。最常见的有碘蒸气和溴蒸气法，将展开后挥发除去展开剂的薄层板放入储有晶体碘或液态溴的密闭容器中，大多数的有机物（有机磷农药、氨基甲酸酯类农药）吸收碘蒸气或溴蒸气后显示不同程度的黄褐色斑点，取出薄层板后，立即标出斑点的位置，当薄层离开碘或溴蒸气后斑点的颜色逐渐减退，由于是可逆反应，此法并不改变化合物的结构。

4. 生物和酶检出法

具有生物活性的物质，如黑曲霉素、抗菌素等，含有杀菌剂的样品在薄层板上展开后与含有相应微生物的琼脂培养基表面接触，在一定温度、一定湿度下培养后，有农药处的微生物生长受到抑制，琼脂表面出现抑菌点而定位。

薄层酶抑制技术（TLC-EI）是根据有机磷、氨基甲酸酯类农药能抑制昆虫神经系统中乙酰胆碱酯酶活性的原理，应用在薄层色谱上的生物显色法。根据酶原种类和基质的不同，TLC-EI法可分为直接法和间接法两种。直接法即在薄层色谱上形成有颜色的背景，被抑制区域呈现无色斑点，可直接检出；间接法即酶水解基质不能直接产生有色物质，需通过pH指示剂才能使薄层色谱上出现有色背景。植物酶也可以代替乙酰胆碱酯酶在方法中应用。表9-4列出了各种酯酶基质产生的农药色斑和薄层底色。

表9-4 各种酯酶基质产生的农药色斑和薄层底色

基质	颜色		基质	颜色	
	农药斑点	底色		农药斑点	底色
乙酸-β-萘酯+固蓝B	白	紫红	5-溴-6-氯吲哚乙酸酯	白	粉红
乙酸-α-萘酯+固蓝B	白	紫红	5-溴-4-氯吲哚乙酸酯	白	绿-蓝
吲哚乙酸酯	白	蓝	乙酰胆碱+溴百里酚蓝	蓝	黄
5-溴吲哚乙酸酯	白	蓝-红紫	乙酸靛酯	白	蓝
5-溴吲哚乙酸酯+固蓝RR	白	粉红	吲哚酚+固蓝RR	白	粉红

5. 薄层色谱与其他检测技术联用

将薄层与其他仪器联用可获得更丰富、更准确的特征性图谱和数据，提高定性鉴别准确度，如TLC-HPLC、TLC-GC、TLC-MS、TLC-IR、TLC-AAS、TLC-NMR等。

（五）检测

1. 定性检测

样品通过薄层分离，对斑点用适当的方法定位，通常使用R_f值进行定性。

农药斑点R_f值在相同的薄层色谱条件下为常数，由于薄层色谱是开放型不连续的离线操作，因此除固定相、流动相有一定影响外，不同的操作技术以及环境（温度、湿度等）也会有影响。因此，定性时必须将待测的残留农药与其标准品在同一薄层板上经过两种以上不同展开剂展开，两者R_f值一致时，才可认为该斑点与标准品是同一农药。

2. 定量方法

薄层色谱分析中对得到的斑点可以进行半定量或定量分析。半定量分析，即可以从斑点的大小和颜色与随行标准品斑点比较，近似估计样品中待测农药的含量。定量分析分为间接定量和直接定量。间接定量也叫洗脱测定法，由于洗脱测定操作步骤烦琐，费时费事，不太适用于样品中残留农药的定量分析。直接定量就是对薄层色谱分离的斑点直接在薄层板上进行定量测定与校正。现介绍直接定量的几种方法。

（1）目测比较法　将一系列已知浓度的标准品溶液与一定量的样品溶液点在同一薄层板上，经展开、定位后，样品分离得到的待测农药斑点与其相对应标准品的斑点大小和颜色深浅比较，即可估计出样品中该农药的含量。此方法误差较大，不能对样品中待测农药准确定量，但用此法可初步筛选样品中的农药，为正式定量确定合理的点样量，可节省样品的分析时间。

（2）斑点面积测定法　根据展开后薄层板上样品量 W 的对数和斑点面积 A 的平方根呈线性关系进行定量。

$$\sqrt{A} = m \lg W + C$$

将一未知浓度的样品溶液、标准溶液和稀释后的标准溶液点在同一薄层板上进行展开、显色、测量各斑点面积。由于是相同处理，薄层的特性、溶剂移动距离等不再为变量，m 和 C 即为常数，即得：

标准溶液 $\sqrt{A_s} = m \lg W_s + C$

标准液稀释液 $\sqrt{A_d} = m \lg W_d + C$

样品溶液 $\sqrt{A} = m \lg W + C$

由上三式联立解方程，消去 m 和 C，导出如下运算式：

$$\lg W = \lg W_s - \left[\frac{\sqrt{A_s} - \sqrt{A}}{\sqrt{A_d} - \sqrt{A_s}} \right] \times \lg d$$

式中　A——未知浓度样品的相对斑点面积；

A_s——标准样品的相对斑点面积；

A_d——标准样品稀释倍数后的相对斑点面积；

d——标准样品稀释倍数的倒数；

W_s——标准样品质量；

W——所求未知物质量。

此法还可用透明纸将斑点画下，再将透明纸印在坐标纸上，相当于用小格的多少来计算面积，但该方法误差较大。

（3）仪器测定法　又称原位薄层扫描法，即使用薄层色谱扫描仪对薄层上的被分离的待测农药进行直接扫描定量的方法。目前，利用薄层扫描仪扫描测定斑点中化合物含量的方法已成为薄层定量的主要方法。薄层扫描仪可根据测定方式、扫描光束以及扫描轨迹的不同进行分类，其主要原理是薄层展开后用一束长宽可以调节的一定波长一定强度的光照射薄层斑点，对整个斑点进行扫描，通过斑点或被斑点反射的光束强度的变化，得到扫描曲线，曲线上的每个色谱峰的峰高或峰面积与标准品相比较，可得出样品中待测农药的含量。常用的定量方法有内标法、外标法和归一化法。

三、薄层色谱法在农药残留分析中的应用

薄层色谱法广泛应用于食品、饮用水、环境基质（土壤、地下水和废水）、生物原料等各

种样品中农药残留的测定。用薄层色谱法进行农药残留分析，可对大量农药进行初步筛选，从而降低对复杂分析仪器的依赖性。它不仅可以作为一个独立的分析方法，而且可以作为其他农药测定方法如气相色谱法、液相色谱法、毛细管电泳分析法和酶免疫测定法等的确证以及增补方法。

（一）常见农药类型的薄层色谱分析方法

常见农药类型的薄层色谱分析条件见表9-5。

表9-5 常见农药类型的薄层色谱分析条件

农药名称	固定相	展开剂	检测
艾氏剂、滴滴涕、滴滴滴、滴滴伊、异狄氏剂	硅胶 60F 高效薄层	正庚烷	254nm
磺草灵	硅胶（高效）	丙酮-氨水（95:5）	Bratton-Marshall 试剂
莠去津及其去乙基、去二氨基、去异丙基等代谢物	硅胶 60F（高效）	氯仿-丙酮（3:2）(65mm)，苯-丙醇-丁醇-乙酸-水（1:1:1:0.5:0.5）(40mm)	254nm 或罗丹明 6G
莠去津及其去乙基、去异丙基及羟基代谢物	硅胶反相薄层	甲醇-水（7:3）	222nm 扫描定量
谷硫磷等 12 种	硅胶	己烷-丙酮（75:25, 65:35, 50:50），己烷-二乙醚（90:10, 99:1）	Pd^{2+}-Calcein（钙黄绿素）试剂
溴硫磷及乐果	C_{18}硅胶	丙酮-水（80:20）	氯化钯试剂
克百威及其代谢产物	硅胶 60F（高效）	氯仿-二乙醚（2:1）	254nm 或罗丹明 6G
杀虫剂甲萘威及其中间体 α-萘酚	硅胶 H	氯仿	喷氢氧化钠后于 366nm 下检视，荧光扫描定量
甲萘威、残杀畏、α-萘酚、β-二萘氧基乙酸、对氯酚、邻硝基酚、多菌灵、克百威	硅胶 60F	苯，氯仿，四氯化碳或水	喷氢氧化钠后，再喷对硝基苯重氮四氟硼酸盐
除草剂氯溴隆及甲氧隆	硅胶 60F	苯-丙酮（66:34）	紫外灯下检视，紫外吸收扫描定量
有机氯杀虫剂（狄氏剂、滴滴涕、艾氏剂、七氯、六六六、异狄试剂、甲氧滴滴涕、七氯环氧化物）	C_{18}硅胶	乙腈-水（75:25）	邻联甲苯胺试剂
植物生长调节剂 4-氯苯氧乙酸及其衍生物（2,4-滴、2,4,5-涕、2 甲 4 氯、2,4,5-涕丙酸）	用硝酸银浸渍的硅胶	己烷-乙酸-乙醚（72:30:18）	紫外灯下检视，荧光猝灭扫描定量
狄氏剂、硫丹、林丹、滴滴滴、滴滴涕、艾氏剂	硅胶 60（高效）	不同比例的庚烷-二氯甲烷多次展开	0.5%硝酸银乙醇溶液，5%氢氧化铵，或 0.1%四甲基联苯胺（TMB）的丙酮溶液，板干后在短波紫外线下照 30min
杀真菌剂苯菌灵、抗血凝性杀鼠剂、杀鼠萘、丙基增效剂	硅胶 60	己烷-丙酮（90:10）	板于 200℃加热 45min，366nm 紫外线下检视；荧光扫描定量
杀菌剂克菌丹及敌菌丹、除草剂敌草快及百草枯、农药蝇毒磷及鱼藤酮、杀鼠剂敌鼠及杀鼠灵	碱性氧化铝	己烷-丙酮不同比例，丙酮-甲苯（2:9），苯-丁醇-甲醇-1mol/L 盐酸（1:1:2:1）	200℃加热 45min 观察荧光

农药名称	固定相	展开剂	检测
除草剂(2 甲 4 氯酰肼、2 甲 4 氯、2,4 滴、乙酸萘酯、二氯苯氧基丙酸)及其副产物	硅胶	苯或甲苯-乙酸乙酯(17:1)	薄层前用 4-溴化甲基-7-甲氧基香豆素衍生化生成荧光,于 366nm 紫外线下检视
苯基脲类除草剂	硅胶 GF	双向多次展开 第一向:二乙醚-甲苯(1:3;2:1)展开二次; 第二向:氯仿-硝基甲烷(1:3)	254nm
甲基苯噻隆、萘草胺、鱼藤酮、杀鼠灵	硅胶 60	己烷-丙酮(90:10)	酸、碱处理,加热,观察荧光,荧光扫描定量
60 多种各种类型的农药	C_{18} 及 C_{18} 以下高效薄层	甲醇-水(6:4,7:3),丙酮-水(7:3)	硝酸银,+UV,氯气/邻联甲苯胺,高锰酸钾
有机锡农药三苯基锡	硅胶 G	甲基异丁基酮-吡啶-乙酸(97.5:1.5:1.0)	220nm
苯基脲及 N-苯基氨基甲酸酯农药	硅胶 60	苯-甲醇(95:5)	喷荧光胺,再喷三乙胺,荧光扫描定量
含硫有机磷农药	硅胶 60G	己烷-丙酮(9:1)	喷盐酸,碘化钾+淀粉及氨水
杀虫剂甲氧滴滴涕 p,p'-异构体	硅胶 G	正戊烷-无水乙醚(9:1)	λ_s 254nm 扫描定量
仿生杀虫剂杀虫单	硅胶 G	甲醇-乙酸乙酯(7:3)	碘显色,库仑滴定
增效滴滴涕片中吡喹酮、阿维菌素	硅胶 60 F_{254}	氯仿-乙酸乙酯-甲醇-二氯甲烷(9:9:1:2)	λ_s260nm λ_s240nm λ_s340nm
水中 7 种有机磷农药	硅胶 60 F_{254},用前用甲醇-氯仿(1:1)洗涤干燥	正己烷-丙酮(75:30)	UV_{254}、UV_{366} 检测,λ_s220nm 定量
自来水中 5 种磺酰脲除草剂的分离及苄嘧磺隆的测定	硅胶 F_{254}(高效)	氯仿-丙酮-冰乙酸(90:10:0.75)(A)分离用;甲苯-乙酸乙酯(50:50)(B)测定用	λ_s201nm
水样中 3 种农药	RP-18 F_{254}(高效)	2-丙醇-水(6:4)	λ_s254nm

注:摘自何丽一的《平面色谱方法与应用》第 295 页。

(二) 农药残留薄层色谱经典应用

Ambrus 等用薄层色谱法对蔬菜、水果、谷物等样品中的大量残留农药进行了全面筛选,研究确定了 118 种不同类型农药在 11 个淋洗系统中的 R_f 值和相对比移值 $R_{s,i}$,采用紫外灯照射法或 8 种化学显色法对不同类型的农药进行定位。经实验证明,农药在不同的淋洗系统中 R_f 值不同,118 种农药在硅胶 G-乙酸乙酯系统的 R_f 值在 0.05~0.7 范围之内,在硅胶 G-苯系统的 R_f 值范围是 0.02~0.7,硅胶 C_{18} F_{254}-丙酮:甲醇:水(30:30:30,体积比)系统的 R_f 值在 0.1~0.8 之间,R_f 值的相对标准偏差均小于 20%。

Osman Tiryaki 用乙酸乙酯振荡提取谷物样品,凝胶渗透色谱净化,将其净化液用薄层色谱技术检测,采用 o-TKI、希尔反应(Hill 反应)、EβNA、AgUV 等显色方法测定,分别对多种农药在谷物上的最低检出浓度以及添加回收率做了研究。选取莠去津、利谷隆、杀线威、乐果、二氧威、绿麦隆、噻菌灵、氯溴隆、草净津、甲基对硫磷、敌敌畏、甲萘威、毒死蜱、狄氏剂、嗪胺灵等 15 种农药，方法定量限（LOQ）范围在 0.25～10mg/kg 之间，添加回收率的范围为 84.31%～106.50%，变异系数在 1.82%～18.97%之间，均能达到残留分析要求。

（三）农药残留薄层色谱分析实例

尉志文等用薄层色谱扫描法结合 GC-MS 法快速诊断有机磷农药中毒。检材中添加对硫磷、甲拌磷、马拉硫磷、辛硫磷和久效磷，经二氯甲烷萃取后，先用薄层色谱法快速定性，然后采用 GC-MS 选择离子模式定性定量检测检材中有机磷农药的浓度。用双波长薄层色谱扫描仪对斑点做原位紫外吸收扫描，最大吸收波长分别为 300nm、240nm、225nm、290nm、260nm，同时配合比移值进行定性分析，GC-MS 进一步定性定量检测。薄层扫描法定性检测检材中有机磷农药，具有快速、准确、操作简便等特点，可用于大量样品的初步筛查。

使用薄层色谱扫描仪是薄层色谱分析的发展趋势，它克服了手工操作的一些缺陷，使定量更准确。J. Bladek 等采用 SPE 样品前处理技术和自动多维梯度展开技术和紫外锯齿形薄层扫描仪（CS-9000）扫描，利用荧光猝灭同时测定 8 种农药，包括有机磷（伏杀硫磷、马拉硫磷、杀螟硫磷）、有机氯（三氯杀螨砜、甲氧滴滴涕）和氨基甲酸酯（杀线威、抗蚜威、甲萘威）农药。方法的回收率均大于 70%，变异系数均小于 10%，相关系数均大于 0.99。Mazen Hamada 等对饮用水中 6 种除草剂（莠灭净、莠去津、扑灭津、特丁津、特丁净、西玛津），采用 C_{18}-SPE 柱富集，利用自动多维梯度展开技术和 CS-9000 双波长扫描光度计，对其进行快速筛选和定量测定。方法的回收率为 88%～95%，方法检测限（LOD）为 100ng/L。

Singh 等对环境样品中的农药残留量的薄层色谱分析进行了全面的综述。分析对象包括蔬菜、水果、谷物、食品、饮料、生物样品等，应用固定相有 56 种之多，但多数仍为硅胶普通板及高效板，所用的展开剂有 108 种，除个别情况使用单一溶剂为展开剂外，多数应用二元或三元混合展开剂，三元以上的展开剂几乎没有出现；展开方式一般为上行展开、多次展开、双向展开；展开后的斑点，根据农药不同的性质用不同化学显色方法，紫外灯下观察其荧光或荧光猝灭斑点、生物或酶法、原位扫描等方法进行检出及定性，结合分析仪器对样品中残留农药定量，绝大部分是用薄层扫描法进行测定。

（四）高效薄层色谱法

高效薄层色谱法(high performance thin-layer chromatography , HPTLC)始于 1975 年 Merck 公司生产的高效商业预制薄层板，是一种更为灵敏的定量薄层分析技术。HPTLC 应用高效薄层板与薄层扫描仪相结合使分离效率比普通 TLC 高数倍，分析时间缩短，检测灵敏度提高。高效薄层色谱法与传统薄层色谱法的性能比较见表 9-6。高效薄层板是由粒径更小的吸附剂，用喷雾法制备成均匀的薄层。HPTLC 在点样、展开、显色、定量等一系列操作步骤中应用一整套现代化仪器来代替传统的手工操作，提高了定量结果的准确度。在农药残留分析中，HPTLC 已成为高效液相色谱法、气相色谱法等检测手段的一种补充。

表 9-6　传统薄层色谱法（TLC）与高效薄层色谱法（HPTLC）性能比较

特征	TLC	HPTLC
吸附剂颗粒直径分布（粒度）/μm	10～40	5～7
平均粒度/μm	20	5
有效理论塔板数（n）	<600	≈5000
理论塔板高度（HETP）/μm	≈30	<12

特征	TLC	HPTLC
薄层板厚度/μm	100～250	100～200
板大小（常用板）/cm²	20×20	10×10（10×20）
点样体积/μL	1～5	0.05～0.2
检测限（吸光）/ng	1～5	0.01～0.5
检测限（荧光）/ng	0.05～0.1	0.005～0.01
点样间距/cm	1～1.5	0.3～0.5
每板可点样数目（n）	10（10～12）	32（18 或 36）
点样原点的直径/mm	3～6	1～1.5
展开后斑点直径/mm	6～15	2～5
展开距离（直线）/cm	10～15（10～20）	3～5（3～6）
最适宜的展距/cm	10	5
展开时间/min	20～40（20～200）	3～20
可分离样品组分数（n）	7～10	10～20
R_f 值的重现性	有限	较好（或有限）

注：引自王大宁等主编的《农药残留检测与监控技术》。

HPTLC 技术在农药定性定量分析中的优势在于：样品预处理简单；溶剂用量少，费用适当，环境影响较小；操作简便；对于同一固定相，其流动相的选择范围较高效液相色谱大。例如，张蓉等研究了用 HPTLC 硅胶 F₂₅₄ 测定 5 种磺酰脲类除草剂（甲磺隆、氯磺隆、苄嘧磺隆、氯嘧磺隆和苯磺隆）的方法，优化展开剂为氯仿+丙酮+乙酸（90/10/0.75,*V/V/V*），并对建立的方法进行确证试验，其中降解试验表明试验过程标准品及展开薄板不受酸、碱、氧化剂、热和光的影响，稳定性好。土壤样品可以不净化，测定水平为 0.05mg/kg、0.1mg/kg 和 0.5mg/kg，回收率为 55%～112%，变异系数为 4.01%～12.86%，方法简单快速。

HPTLC 还可用于农药吸附态光解试验，例如岳永德等将试验农药绿麦隆和三氟硝草醚直接点样于 10cm×20cm 的硅胶 G F₂₅₄ 的 HPTLC 一端，照光后直接展开，用薄层扫描仪测定，该方法快速高效、经济有效、重复性好，且可直接观察光解产物。应用 HPTLC 进行农药的吸附态光化学降解，省去了样品提取、净化和浓缩等一系列处理步骤，是研究土壤中农药吸附态光化学行为的有效手段。

第三节　气相色谱法

一、气相色谱法概述

1. 气相色谱法发展简介

气相色谱法（gas chromatography, GC），亦称气体色谱法、气相层析法，是 1952 年英国生物化学家诺贝尔奖获得者马丁（Martin A J P）等创立的，是集分离和分析于一体的分析技术。该法最初被大量应用于石油和化学工业，后来随着方法本身不断优化和现代科学技术发展的需要，目前已被广泛应用于环境保护、医药卫生、化学化工、外贸、司法等系统的生产、科研和检验工作。

气相色谱法是一种以惰性气体为流动相的柱色谱分离技术。其分离原理是样品中的组分通过气化室被气化，由惰性气体带入色谱柱中，各组分在色谱柱中的气相和固定液间的分配系数不同，进行反复多次的分配，经过一定的柱长后，样品中的不同组分在不同的时间进入检测器，通过检测器的分析检测确定其含量，通过组分的保留时间对各种组分进行定性。

由于样品在气相中传递速度快，样品组分可以快速在流动相与固定相中达到平衡状态。固定相也有很多种选择，具有分离高效、灵敏、快速等特点。20 世纪 60 年代起，气相色谱法开始应用于农药分析领域，到 20 世纪 80 年代，国际上农药分析应用气相色谱的比例就达到了 70%。20 世纪 90 年代，毛细管色谱柱的使用，使气相色谱分离技术又上了一个崭新的台阶。一些特异性检测器的开发和使用，使得气相色谱法可以进行痕量分析，具有很高的灵敏度。如火焰光度检测器对含磷化合物检测限可达 0.1ng/s，电子捕获检测器对含卤素等化合物具有非常高的灵敏度，检测限可达到 5pg/mL。质谱检测器与气相色谱仪联用，在更大程度上扩展了气相色谱的应用，不仅具有高灵敏度、高选择性，而且在化合物定性方面也提供了丰富信息，也使分离、定性和定量一次完成。

2. 气相色谱法的优点

农药分析中气相色谱法的优点主要有以下几个：

（1）应用范围广　一般农药的沸点都在 500℃以下，分子量小于 400，在气相色谱的操作温度范围内可以"气化"，而且不发生分解，因此大多数农药的分析均可以采用气相色谱法。

（2）分离效能高　农药分析的检测对象中，有的含有合成过程中使用的原料、中间产物等杂质，有的为混合制剂，有的杂质和测定对象互为立体异构体或者对映异构体，采用其他方法难以分离。气相色谱填充柱的柱长一般为 1～2m，理论塔板数可达几千，毛细管气相色谱柱的柱长为 30～50m，其理论塔板数可达 7 万～12 万，能使大多数农药产品中的有效成分与异构体及杂质得到有效分离。

（3）分析速度快　气相色谱的分析速度较快，适于农药生产中的流程控制分析和大量样本分析。通常完成一个农药样品的分析仅需几分钟至几十分钟，尤其在用毛细管柱替代填充柱以后，对于农药组分多残留分析的速度大大提高，甚至几十秒就可以完成分离，几十种甚至上百种农药在几十分钟内就可以很好分离，大幅缩短了检测时间。

（4）所需样品量少　气相色谱分析进样溶剂体积一般在 1～2μL，毛细管色谱柱承载样品量一般在 ng 级水平。

（5）灵敏度高　气相色谱法一般配备高灵敏度的检测器，提高了化合物检测能力，适合于农药残留痕量组分的分离分析。如电子捕获检测器可以检测 1×10^{-12}g 的组分甚至更低；质谱检测器尤其是选择离子监测模式在提供定性信息的同时，降低了基质干扰物对待分析物的影响，从而提高了方法检测灵敏度。

（6）正确度、精密度高　农药分析要求有一定的正确度和精密度，尤其是制剂分析对此要求更高，用气相色谱内标法测定，其正确度和精密度均较经典方法和光学分析等方法高。

（7）分离和测定一次完成　气相色谱法采用高效色谱柱和高灵敏度检测器，能同时完成对杂质的分离和对有效成分的定量分析。与紫外、红外、质谱、核磁共振法等联合使用，可以完成对复杂样品的组分定性，成为农药与残留分析的必备工具。

（8）选择性高　不同类型的检测器对某类农药组分具有较高的响应，如电子捕获检测器对含有卤族元素的农药化合物有很好的响应，火焰光度检测器对有机磷和含硫农药特异性响应信号较高，氮磷检测器对有机氮和有机磷农药有较高的特异性响应信号。

（9）易于自动化　可在工业生产的产品质量控制中使用。

3. 气相色谱法的局限性

气相色谱法以气体作为流动相，在检测农药时，被分离农药在色谱柱内运行时必须处于"气化"状态，而"气化"与农药的性质和其所处的工作温度（主要指色谱柱所处的温度）有关。所以，在气相色谱仪的工作温度下不能气化或易发生热分解的农药就不能使用气相色谱分析。此外对于要进行的每一项农药分析任务，往往都需要先建立特定的分析方法。再者，色谱峰的定性可信度较差，而且定量分析必须要由标准品进行标定。

二、气相色谱法基本原理

气相色谱法也称气体色谱法或气相层析法，是以气体为流动相的柱色谱分离技术。它分离的主要依据是利用样品中各组分在色谱柱中的吸附力或溶解度不同，也就是利用各组分在色谱柱中气相和固定相的分配系数不同来实现样品的分离。

（一）色谱术语和参数

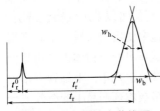

图 9-4　色谱流出曲线图

样品中的组分经色谱柱分离后，随着载气逐步流出色谱柱。在不同的时间，流出物中组分的成分和浓度是不同的。一般采用记录仪将流出物中各组分及其浓度的变化依次记录下来，即可得到色谱图。这种以组分的浓度变化（或某种信号）作为纵坐标，以流出时间（或相应流出物的体积）作为横坐标，所绘出的曲线称为色谱流出曲线，也称色谱图，见图 9-4。

其他相关的色谱术语或参数如下：

（1）基线（baseline）　色谱柱中仅有载气通过时检测器的响应信号。在色谱系统正常情况下，色谱图基线应该是一条水平直线。

（2）峰高（peak height, h）　色谱峰顶点与基线之间的垂直距离，以 h 表示。峰高是色谱分析中常用的定量参数之一。

（3）峰面积（peak area, A）　色谱峰曲线下与峰底之间的面积。峰面积是色谱分析中常用的定量参数之一。

（4）死时间（hold-up time 或 dead time, t_r^0）　不被固定相吸附或溶解的组分，从进样开始到出现色谱峰最高点所需的时间。这种不被固定相吸附或溶解的组分的移动速度与流动相的流速相近。

（5）保留时间（retention time, t_r）　样品组分从进样开始到柱后出现色谱峰最高点所需的时间。组分的保留时间常用于组分的定性。

（6）调整保留时间（adjusted retention time, t_r'）　组分的保留时间扣除死时间后即为该组分的调整保留时间，即 $t_r' = t_r - t_r^0$。

（7）峰宽（peak width, W_b）　用于描述色谱峰宽度的参数，在峰两侧拐点处所作切线与峰底相交两点间的距离称为峰宽。

（8）半峰宽（W_h）　峰高的中点作平行于峰底的直线，此直线与峰两侧相交两点之间的距离称为半峰宽。

（9）相对保留值（relative retention, $r_{i/s}$）　一定色谱条件下被测组分 i 与参比物 s 的调整保留时间的比值，是常用的色谱定性参数之一。$r_{i/s}$ 只与固定相和柱温有关，不受其他色谱条件（如柱径、柱长、填充情况及流动相流速等）的影响。当固定相、柱温一定时，$r_{i/s}$ 是常数。参比物一般选用沸点适中的有机物。

（二）气相色谱分离过程

气相色谱法包括气-固色谱和气-液色谱；其中，气-液色谱是农药分析和残留分析中常见的类型。在气-液色谱中，固定液（高沸点有机化合物）被涂敷在固定相载体或者毛细管内表面形成一层液膜。当载气把气化的样品组分带入色谱柱后，由于各组分在载气和固定液膜的气、液两相中分配系数不同，当载气向前流动时，样品各组分从固定液中的脱溶能力也就不同。当脱溶出来的组分随着载气在柱中往前移动时，再次溶解在前面的固定液中，这样反复地溶解→脱溶→再溶解→再脱溶，多次地进行分配，有时可达上千次甚至上万次。最后，各组分由于分配系数的差异，在色谱柱中经过反复多次分配后，移动距离便有了显著差别。在固定液中，溶解度小的组分移动速度快，溶解度大的则移动速度慢，这样不同组分经过色谱柱出口的时间就不同，可以分别对它们进行测定。当组分 A 离开色谱柱的出口进入检测器时，记录仪就记录出组分 A 的色谱峰。由于色谱柱中存在着涡流扩散、纵向扩散和传质阻力等原因，使得所记录的色谱峰并不是以一条矩形的谱带出现，而是一条接近高斯分布曲线的色谱图。

例如，在某一色谱柱中欲分离的两组分为 A 和 B，而且它们的分配系数 K_A 比 K_B 大一倍。显然经过第一次分配后，A 和 B 两物质的分离因数（a）为：

$$a = \frac{K_A}{K_B} = \frac{2}{1}$$

若连续分配 n 次后，则：

$$a = \left(\frac{K_A}{K_B}\right)^n = \left(\frac{2}{1}\right)^n = 2^n$$

可见，当 $n=1$ 时，$a=2$，$n\approx100$ 时，$a=2^{100}\approx10^{30}$，此时分离效率已很大，这表明 A、B 两物质已较好地分离，也就是说分配次数愈多，分离效率愈高。而在一般气相色谱法中，分配次数远不只 100 次，往往是上千次、上万次，因此，即便 K_A 与 K_B 相差很微小，经过反复若干次分配，最终也可使两物质分离。例如六六六各构体的化学性质极其相似，用一般化学方法很难将它们分离，但是利用 OV-17 和 QF-1 为混合固定液的气-液色谱法可将其很好地分离。

（三）分离度

色谱柱的选择因子，只表明两种难分离的组分通过色谱柱后能否被分离以及二峰之间的距离远近，但无法说明柱效能的高低；而柱效率 $N_{有效}$、$H_{有效}$ 只表明柱效率的高低，即色谱峰扩展程度，却反映不出两种组分直接分离的效果。

在色谱分析中，组分峰分离的常见状态如图 9-5 所示。由图中的 4 种分离状态可见：

（a）色谱峰较窄，柱效较高，两组分的保留时间的差值 Δt_r 较大，组分完全分离。

(b) 色谱峰宽与（a）相同，柱效较高；不同之处在于两组分的 Δt_r 减小，但仍为基线分离。

(c) 两组分的 Δt_r 与（a）相同，但两峰宽明显增大，组分峰部分分离。

(d) 两组分的 Δt_r 与（b）相同，但两峰宽明显增大，组分峰几乎全重叠。

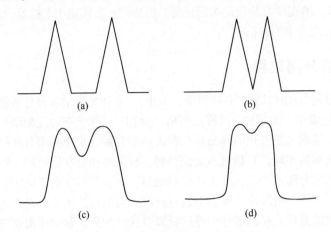

图9-5　色谱峰常见的4种分离状态

由上述色谱分离的不同状态可以看到，组分色谱峰间分离的程度与两组分的保留值之差（热力学因素）和峰宽（动力学因素）有关，即组分分离程度受色谱热力学和动力学两方面因素的综合影响。由此提出了描述组分色谱分离程度的概念——分离度（resolution, R），其定义为相邻两组分的色谱峰保留时间之差与两个组分峰宽总和之半的比值。分离度计算式为：

$$R = \frac{2(t_{r_2} - t_{r_1})}{w_{b_1} + w_{b_2}}$$

式中，$(t_{r_2} - t_{r_1})$ 的大小表明柱子的选择性，它反映组分在流动相和固定相中的分配情况，差值越大，两峰之间距离就越大。这主要取决于固定液的热力学性质。

$(W_{b_1} + W_{b_2})/2$ 的大小表明柱效率的高低，即反映组分在柱内运动的情况，其值越大，两峰的扩展越严重，它取决于所选择的操作条件，是色谱过程的动力学问题。

分离度 R 综合考虑了色谱柱的选择性和柱效率两方面因素。R 值越大，表示相邻两组分分离得越好。计算表明，R 小于 0.8 时，两组分不能完全分离；$R=1$ 时，两峰重叠约 2%；$R=1.5$ 时可达完全分离。可用 $R=1.5$ 作为相邻两峰已完全分离的标志。

三、气相色谱仪器组成

气相色谱仪的基本组件主要包括以下六部分：

（1）进样系统　包括进样器及气化室，引入试样，并保证试样气化，有些仪器还包括试样预处理装置、脱附装置、裂解装置、吹扫捕集装置、顶空进样装置等。

（2）分离系统　包括色谱柱和恒温箱，色谱柱主要有填充柱或毛细管柱，试样在色谱柱内运行的同时得到分离。

（3）检测系统　包括各类检测器，如火焰离子化检测器、电子捕获检测器等，对柱后已被分离的组分进行检测。

（4）气路系统　主要包括气体发生器、高压钢瓶、气体净化器、稳压器、稳流器、流量计等部件，其中气源分为载气和辅助气两种，载气是携带分析试样在色谱柱内运行的动力，辅助气是提供检测器燃烧或吹扫的气体。

（5）温度控制系统　主要指气化室、恒温箱、检测器加热并保持所需温度的装置，控制并显示柱箱、进样系统、检测器及辅助部分的温度。

（6）数据记录和处理系统　包括信号放大器、记录仪、工作站等，采集并处理检测系统输入的信号，将检测信号转换成色谱图，通过数据处理工作站给出色谱峰面积、保留时间等色谱参数，计算结果等。

（一）进样系统

气相色谱的进样系统是把试样引入色谱柱进行色谱分离的装置。进样量大小、时间长短、样品气化速度、样品浓度等都会影响色谱分离效率和定量结果的准确度。

1. 气化室

气化室，也称样品注射室，其作用是将样品瞬间气化为蒸气。对其总的要求是，热容量较大，死体积较小，无催化效应。常用金属块制成气化室，加热功率 70～100W，可控温范围 50～500℃，当温度高于 250～300℃时，金属加热块表面就可能有催化效应，会使某些样品分解。运行过程中，载气经壁管预热到气化室温度，硅橡胶垫要冷却，防止其分解或与样品作用，采用长针头将样品注射到加热区，并减少气化室死体积，以提高柱效率。

2. 进样方式

气相色谱进样可采用微量进样器或自动进样器进样。自动进样器可自动完成进样针清洗、润冲、取样、进样、换样等过程，进样盘内可放置数十个试样。

气相色谱的进样方式有填充柱进样、分流/不分流进样、顶空进样、裂解进样、冷柱头进样、程序升温气化进样、大体积进样、阀进样等。本小结主要介绍气相色谱分析中最常用的填充柱进样和分流/不分流进样。

（1）填充柱进样　填充柱进样口简单、易于操作，该进样方式有很好的定量精度和准确度，适用于痕量分析，其基本结构见图 9-6。一般使用微量注射器进样，将一定量的样品吸入注射器中，刺入进样口的隔垫，样品在气化室中被瞬间气化，然后被载气带入色谱柱后进行分离。在使用时需注意色谱柱不可插入气化室太深，以免柱头与气化室的死角产生鬼峰。进样时间一般越短越好，时间过长，会使色谱峰展宽，降低柱效。

（2）分流/不分流进样　与填充柱进样相比，毛细管柱进样比较复杂，其中分流/不分流进样是毛细管柱最常用的进样方式，其结构见图 9-7。

由于毛细管柱柱容量小，如果采用与填充柱相同的方式进样，易使毛细管柱超载，因此必须减少进入毛细管柱的样品量。常采用分流进样（split injection），即样品在加热的气化室内气化，气化后的样品大部分通过分流器经分流管道放空，只有极小一部分被载气带入色谱柱。由于大部分的样品都放空，所以常用于浓度较高的样品，但对于沸程宽、浓度差别大、化学性质各异的样品，存在非线性分流导致的定量失真（歧视效应）和微量组分检出困难等问题。

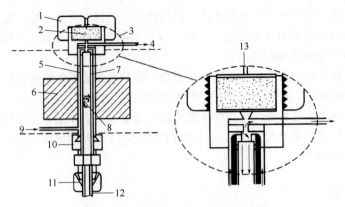

图 9-6　填充柱进样口结构示意图

1—固定隔垫的螺母；2—隔垫；3—隔垫吹扫装置；4—隔垫吹扫气出口；5—气化室；6—加热块；7—玻璃衬管；
8—石英纤维；9—载气入口；10—柱连接固定螺母；11—色谱柱固定螺母；12—色谱柱；13—隔垫吹扫装置放大图

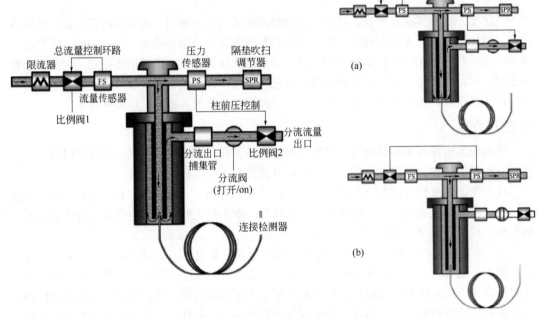

图 9-7　分流/不分流进样口结构示意图

(a) 分流模式；(b) 不分流模式

　　分流进样需注意以下 4 点：①尽量减少分流歧视（即不同沸点组分分流比例不同），分流比较大时易发生分流歧视；②保证样品组分快速气化；③分流进样时，色谱柱的初始温度尽可能高一些；④色谱柱安装时，注意色谱柱与玻璃衬管同轴。

　　不分流进样（splitless injection）与分流进样采用同一个进样口。不分流进样是在进样时关闭分流放空阀，让样品全部进入色谱柱。这种方式由于大部分样品都进入了色谱柱，绝对进样量明显增加，无歧视效应，有很好的定量精密度和正确度，所以适合于痕量分析。

　　不分流进样最突出的问题是进样时间长（30～90s），样品初始谱带较宽（样品气化后的体积相对于柱内载气流量太大），气化的样品中有大量溶剂，不能瞬间进入色谱柱，结果溶剂峰就会严重拖尾，使先流出组分的峰被掩盖在溶剂拖尾峰中，如图 9-8（a）所示，难以对其分析测定，此现象称为溶剂效应。

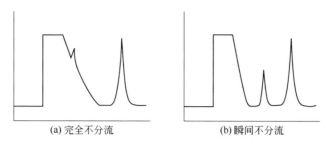

(a) 完全不分流   (b) 瞬间不分流

图9-8　不分流进样的溶剂效应

采用瞬间不分流技术（split/splitless）有助于消除溶剂效应。进样开始时关闭分流阀，使系统处于不分流状态，待大部分气化的样品进入色谱柱后，开启分流阀，使系统处于分流状态。这样，气化室内残留的溶剂气体（包括小部分样品组分）就很快从分流出口放空，从而在很大程度上消除了溶剂拖尾，如图 9-8（b）所示。分流状态一直持续到分析结束，下次进样时再关闭分流阀。

采用不分流进样时需注意：①柱初始温度尽可能低些，最好比溶剂沸点低 10～20℃，否则会影响最先流出的色谱峰。常用溶剂的初始柱温推荐值见表 9-7。溶剂要与固定相匹配。②衬管尺寸尽量小（0.25～1mL），样品在衬管内尽量少稀释。③最好使用直通式衬管，对于基质复杂的样品，可在衬管内加入经硅烷化处理的玻璃纤维并经常更换。④根据溶剂沸点、样品待测组分沸点和浓度等，优化开启分流阀的时间，一般为 30～90s，可以保证95%以上的样品进入色谱柱。

表9-7　常用溶剂的初始色谱柱柱温（分流/不分流模式）

溶剂	沸点/℃	建议初始柱温/℃	溶剂	沸点/℃	建议初始柱温/℃
乙醚	35	10～25	氯仿	61	25～50
戊烷	36	10～25	己烷	69	40～60
二氯甲烷	40	10～30	异辛烷	99	70～90
二硫化碳	46	10～35			

对于分流/不分流进样口，使用中需注意：定期更换进样隔垫；使用最低可用温度；使用隔垫吹扫；保持衬管洁净；用溶剂清洗分流平板（必要时进行硅烷化去活）；保持进样针清洁等。

3. 进样系统的维护

气相色谱进样系统的维护包括隔垫、衬管、分流平板、进样器等。一般进样 150～200 个样品后，需要更换新的进样隔垫，以防止漏气影响试验结果。气化室中的衬管是进样系统的关键组成，必须要定期进行维护，因为在进行分流/不分流进样时，大部分不挥发性组分会滞留在衬管中，不进入色谱柱。这些污染物长期累积后，可能会吸附样品中的某些活性组分，造成峰拖尾，导致分析结果重现性和灵敏度下降，因此必须定期对衬管进行维护。维护的方法包括清洗衬管、更换玻璃毛或者更换新衬管。对于基质复杂的样品（如茶叶、韭菜、大蒜等），一般进样 200 次左右需清洗衬管，更换玻璃毛，或根据质控样品中标准品的响应值情况及色谱峰的峰形适时更换衬管。如果仍不能解决问题，需要清洗或更换进样口底端的金属密封垫（又叫分流/不分流平板）。将金属密封垫卸下用纯水或有机溶剂超声清洗，可用棉签轻柔擦拭表面，不可用硬物划伤上表面。

用于连接进样口与色谱柱的石墨垫也需要定期检查维护，石墨垫损坏会造成水、空气等渗入气相色谱系统，损坏色谱柱，污染仪器。在安装色谱柱时，先用手拧紧柱帽，再用扳手拧紧，对于纯石墨型石墨垫，不需要过分拧紧，以免导致变形，影响使用。

（二）分离系统

分离系统由色谱柱组成，色谱柱是色谱仪进行样品组分分离的核心部件。

根据固定相状态的不同（固态、液态），气相色谱分为气-固色谱和气-液色谱。气-固色谱的固定相为多孔性的固态吸附剂，其分离主要基于吸附剂对样品中各组分吸附系数的不同，经反复吸附与解吸过程实现分离。气-液色谱的固定相由载体（担体）和固定液组成，其分离主要基于固定相对样品中各组分的分配系数的差异，组分在气-液两相间经反复多次分配实现分离。气-固色谱主要用于气体或气态烃等的分离分析。本节仅介绍常用于农药分析的气-液色谱。

1. 填充柱和毛细管柱

为了使农药有效成分和杂质达到有效分离，首先必须选择一根高效的色谱柱。气相色谱柱有填充柱和毛细管柱两类（图9-9）。

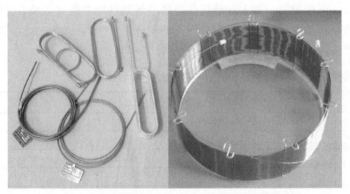

图9-9　气相色谱填充柱（左）和毛细管柱（右）

填充柱由柱管、固定相载体和固定液组成。填充柱柱管多由不锈钢或玻璃材料制成，内径一般为2～4mm，柱长1～10m。载体也称为担体，是支撑固定液的惰性多孔固体，把固定液涂渍在载体上就成为气液色谱的固定相。

毛细管柱柱管一般为熔融石英毛细管柱，内部中空，不填充任何担体，在毛细管内壁均匀涂敷或键合交联液体固定液，用于分离不同化学性质的化合物。毛细管柱常用的内径有0.25mm、0.32mm、0.53mm几种规格，长度一般为10～30m或60m。与填充柱相比，毛细管柱的柱效高（每米理论塔板数30以上）、分析速度快、样品用量小，但柱容量低、要求检测器的灵敏度高。填充柱和毛细管柱的参数比较见表9-8。

随着石英毛细管柱的快速发展，填充柱和玻璃毛细管柱逐渐淡出农药分析领域，石英毛细管柱是目前应用最广泛的色谱柱类型。

表 9-8　填充柱和毛细管柱的区别

项目	填充柱	毛细管柱
柱材	玻璃柱，不锈钢柱	玻璃柱，石英柱
填料	载体上涂渍填充至柱管中	中空内壁涂敷或键合固定液
长度/m	1～10	5～100
内径/mm	2～4	0.1～0.53
塔板数	4000	100000
分离度	低	高
峰容量/（μg/peak）	10	50
膜厚度/μm	1～10	0.1～1
流速/（mL/min）	10～60	0.5～5

2. 固定液

气液色谱的分离主要基于不同组分在固定液中的分配系数的差异，组分在气-液两相间多次反复地进行分配而分离。气-液色谱固定液在使用温度下呈液体状态，但在室温下不一定为液体。

（1）固定液的要求　固定液主要有以下几点要求：

① 对组分有良好的选择性　使样品各组分能彼此分离，固定液对组分应有不同的溶解度，也就是在操作条件下，固定液能使欲分离的两组分有较大的相对保留值。

② 蒸气压低　在操作温度下有较低的蒸气压，减免流失，也不妨碍使用高灵敏度的检测器。在操作温度下，蒸气压大于 1.3×10^2Pa 的固定液不宜使用。

③ 热稳定性好　在高温下不发生分解或聚合反应，可保持固定液原有的特性。由蒸气压和热稳定性的情况决定固定液的最高使用温度。

④ 润湿性好　固定液应能很均匀地涂布在载体表面或空心柱的内壁，即其表面张力应小于载体的临界表面张力。

⑤ 化学惰性好　固定液应不与组分、载体、载气发生不可逆的化学反应。

⑥ 凝固点低、黏度适当　凝固点低则在低温可以使用，黏度适当则可规避因柱温下降黏度变大而造成柱效降低的弊端。

⑦ 成分稳定　固定相合成过程具有良好的重复性，保证色谱峰定性的重复性。

（2）固定液的种类　在农药分析中常用的固定液主要有烃类、醇和聚醇类及硅酮类等（见表 9-9）。

① 烃类　包括烷烃、芳烃及其聚合物，属于非极性或弱极性固定液。其中角鲨烷（最高使用温度为 150℃）是典型的标准非极性固定液，通常将其相对极性定为 0。另外，还有石蜡油、真空脂（如饱和烃润滑脂 apiezon）、聚乙烯等。

适于分析非极性化合物，固定液和被分离分子间的相互作用主要是色散力，保留时间按沸点顺序变化，极性化合物在这类固定液上流出很快，很容易与非极性化合物分离。

② 醇和聚醇类　能形成氢键的强极性固定液，如聚乙二醇（PEG）、甘油、季戊四醇等。PEG 是应用广泛的一种固定液，随分子量不同，极性有一定差别。

③ 硅酮类　在农药分析中最常用的一类固定液，根据取代基的种类及其数目不同，极性也有所不同。

a.非极性固定液（甲基硅酮类）　代表性种类：SE-30，OV-1，能耐很高的温度，且温度变化对黏度影响小，有较好选择性。此类固定液有很弱的极性，适于分析非极性或弱极性化合物。

b.中等极性固定液（苯基甲基硅酮）　代表性种类：OV-17。苯基取代甲基使甲基硅酮类化合物热稳定性升高，对芳烃溶解度增大，苯基的存在使之较易极化，适于一些极性化合物的分析。含苯基的甲基硅酮对芳香族化合物和一些极性化合物有较强的保留能力，而且随苯基数与硅原子数之比的增加而增加。因苯基的含量不同，苯基甲基硅酮可分为几种类型，如苯基含量分别为5%、20%和50%时，固定液种类分别对应为OV-3、OV-7和OV-17。

c.中等极性固定液（三氟丙基甲基硅酮）　代表性种类：QF-1，OV-210（含50%三氟丙基甲基硅酮）等，适宜于分析含卤素化合物。

表9-9　农药残留测定常用GC固定液的性质

国外商品名称或缩写	化学名称	极性	最高使用温度/℃
Apiezon L	高分子量饱和烃的混合物，L型	非	250~300
AC-1 BP-1 DB-1 DC-11 DC-200 HP-1 OV-1 OV-101 SE-30 SF-96 SPB-1 RTX-1 Ultra-1	100%甲基硅酮	非	300~375
AC-5 BP-5 DB-5 DC-710 HP-5 OV-5 RTX-5 SE-52 SE-54 SPB-5 Ultra-5	5%苯基95%甲基硅酮	弱	300

国外商品名称或缩写	化学名称	极性	最高使用温度/℃
DB-35 HP-35 OV-35 SPB-35 Ultra-35	35%二苯基 65%甲基硅酮	中	320
DB-17 HP-50 OV-17 RTX-50 SPB-50	50%苯基 50%甲基硅酮	中	300~375
DB-624 HP-624 OV-1301	6%氰丙基苯基 94%甲基硅酮	中	240
AC-10 DB-1701 HP-1701 OV-1701 RTX-1701 SPB-1701	14%氰丙基苯基（其中 7%氰丙基 7%苯基）86%甲基硅酮	中	300~375
OV-210 QF-1	三氟丙基甲基硅酮	中	250~275
AC-225 BP-225 DB-225 HP-225 OV-225 RTX-225	50%氰丙基苯基（其中 25%氰丙基 25%苯基），50%甲基硅酮	中	275
XE-60	氰乙基甲基硅酮	中	250~275
DEGA	己二酸二乙二醇聚酯	中	190~200
NPGA	己二酸叔戊二醇聚酯	中	225~240
NPGS	丁二酸叔戊二醇聚酯	中	225~240
Reoplex 400	己二酸丙二醇聚酯	中	190~200
DEGS	丁二酸二乙二醇聚酯	极	190~200
AC-20 Carbowax-20M PEG-20M	聚乙二醇-20000	极	225~250
Epon 1001	环氧树脂	极	225
Tween 80	聚氧亚乙基山梨糖	极	150
Versamid 900	聚胺树脂	极	250~275

（3）固定液的选择　固定液的选择多采用"相似相溶"原理和"实验方法"。"相似相溶"原理是指被分离组分与固定液具有相似的化学性质，如官能团、极性等，即分离非极性化合物选择极性小的固定液。因为化学性质相似，则组分在固定液中的溶解度大，分配系数就大，选择性就好；反之，溶解度小，分配系数小，选择性就差。

实验方法是先选用 4 种极性不同的固定液制得 4 根色谱柱。试样分别在这 4 根色谱柱上，以适当的操作条件进行初步分离。根据试样分离情况，进一步选用与其极性相近的固定液进行适当调整或更换。4 种固定液一般选择 SE-30（非极性）、OV-17（中等极性）、PEG-20M 和DEGS（极性）。

固定液的用量一般用液担比（固定液与担体的质量比）表示。低沸点样品分离一般用 10%液担比，一般样品分析常用 5%左右液担比，高沸点样品则采用 3%以下液担比。

注意：固定液的用量愈少，分析速度愈快，但分离效率相对愈低。另外，在气-液色谱中，柱温超过固定液最高使用温度时，固定液即加快挥发，随载气流出柱外。固定液的流失不仅改变色谱柱的性能，而且导致基线不稳，降低检测灵敏度。常见固定液的极性及限用温度见

表 9-9。

3. 色谱柱的维护与老化

新购买的色谱柱在使用之前可先测试色谱柱性能是否合格，按照色谱柱出厂时的测试条件进行验收。新制备的色谱柱、长时间不用的色谱柱或者同一根色谱柱连接不同检测器时，都必须经老化处理。由于不同固定液具有不同的最高使用温度，因此应注意老化温度不能超过固定液的最高使用温度，当然，实际使用温度更不能超过最高使用温度。

柱寿命指色谱柱在保证分离效果前提下的使用时间。色谱操作条件过于激烈可能引起固定液流失或变质、柱填料破碎、液膜脱落等；流动相及样品中的杂质可能污染固定相或与其发生化学反应；空气中的水分进入色谱柱和柱管材料的锈蚀等都会缩短柱寿命，因此操作中应保证不超过固定液的最高使用温度。分析高沸点样品时，为防止残留物在柱子和检测器中冷凝，停机前应继续升温至高于操作温度 20℃，通载气 1～2h。另外色谱柱的进出口不能互换使用，否则将严重影响柱效。制备好的色谱柱停用时，应用小塑料帽或用乳胶管将两头连接起来，使之密封好，放干燥器中，以防潮气进入。装卸色谱柱时，必须事先将气路关闭，否则由于压力突然释放，不仅柱内载体冲出，而且会破坏载体表面的固定液薄膜，严重时可使柱子崩裂，以致污染检测器。样品进样前应经过较好的净化处理。色谱柱经过长期使用后，出现柱效下降、鬼峰、灵敏度下降时，可以考虑对色谱柱进行必要的维护，包括老化色谱柱、清洗色谱柱等方法，直至色谱分析正常。如果色谱柱经老化后性能仍不能恢复，可以将色谱柱从仪器上卸下，将色谱柱头截去 10cm 或者更长一段，再安装上测试。或者可以注射溶剂进行清洗，常用的溶剂包括丙酮、甲苯、乙醇、氯仿和二氯甲烷等。需要注意的是只有固定液交联的色谱柱才可用此法清洗，否则会将固定液全部洗掉。仪器每次关机之前，应将仪器柱温箱降到 50℃ 以下，然后再关闭电源和载气，以保护色谱柱。

(三) 检测系统

样品组分经色谱柱分离后依次进入检测器，按组分浓度或质量随时间的变化转变成相应的电信号，经放大后记录并给出色谱图及相关数据。检测器性能的好坏直接影响色谱分析的定性定量结果。

1. 检测器的性能评价

对检测器的性能要求通常包括灵敏度高、检测限低、死体积小、响应迅速、线性范围宽、稳定性好等。一般用以下几个参数进行评价。

(1) 基线噪声与漂移　在没有组分进入检测器的情况下，仅因为检测器本身及色谱条件波动使基线在短时间内产生的信号称为基线噪声或噪声 (N)，其单位用毫伏 (mV) 或毫安 (mA) 表示。产生噪声的原因主要有：检测器和放大器本身可产生噪声，载气污染、固定相流失、硅胶隔垫流失、载气纯度和流速稳定性、色谱系统各部位温度变化、电压波动及漏气等。基线在一定时间内产生的偏离，称为基线漂移 (M)，其单位用 mV/h 或 mA/h 表示。这两个参数用于衡量检测器状态。

(2) 灵敏度　气相色谱检测器灵敏度 S 定义为：通过检测器物质的量变化 ΔQ 时，信号量的变化率。即校正曲线中的斜率，

$$S = \Delta R / \Delta Q$$

式中，ΔR 的单位是毫伏 (mV)；物质的变化量 ΔQ 的单位依检测器的类型而定。对于浓

度型检测器（如热导检测器、电子捕获检测器等），S 的单位为 mV·mL/mL 或 mV·mL/mg。对于质量型检测器（火焰离子化检测器、火焰光度检测器、氮磷检测器等），S 的单位是 mV·s/g。

（3）检测限（最小检测量与最小检测浓度）　噪声水平是噪声连续存在时的平均值，而检测限 D 则是能区别于这个噪声水平 N 的最小检测量。检测限一般定义为信噪比为 2 或 3 的水平，所以可以简单地规定为信噪比为 2～3 的色谱峰所表示的目标物的量，当以浓度形式给出时，应换算为目标物在样品中的浓度。

如果将检测限定义为信噪比为 2 的水平，它相当于响应值是噪声水平的 2 倍时的量，见图 9-10。

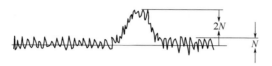

图 9-10　仪器检测限测量方法

检测器的最小检测量（MDA，或 MDL）或最小检测浓度（MDC）则是表示产生 2 倍噪声的信号时，进入检测器的物质的质量（g）或浓度（mg/mL）。

对于**浓度型检测器**，在检测极限情况时，峰高等于噪声 2 倍，推导得出：

$$MDA = (1.065/60) \times F_d \times D \times W_{1/2}$$

式中，MDA 单位为 mL 或 mg，依 D 单位而定；F_d 为载气流速，mL/min；$W_{1/2}$ 为半峰宽，s。

对于质量型检测器，$MDA = 1.065 \times W_{1/2} \times D$。

（4）线性范围　检测器的线性范围是指检测器内载气中的组分浓度 C 与响应值 R（峰高或峰面积）呈正比的范围。以最大允许进样量与最小进样量的比值表示。

$$线性范围 = Q_{max}/Q_{min}$$

式中，Q_{min} 是检出极限确定的最小检测量，ng；Q_{max} 为偏离线性 5% 处的进样量，ng。

在样品分析时，要求在线性范围内工作。不同检测器具有不同的线性范围，在测定时应根据化合物以及所采用的仪器条件测定其范围。

（5）检测器的响应时间　检测器的响应时间是指进入检测器的一个组分输出达到其值 63% 所需要的时间。一个好的检测器，其响应时间不应超过峰底宽度时间的 1/20，或检测器的响应时间应使峰形失真小于 1%。目前，快速色谱分析对检测器响应时间提出了更高的要求，FID 是快速色谱的理想检测器之一，原因就是其死体积小，响应时间短。

（6）选择性　许多检测器是通用型，例如火焰离子化检测器、热导检测器、光离子化检测器等，对许多化合物均有输出信号。又如热导检测器是基于样品和载气有不同的导热率，也是一种通用型检测器。另一些检测器仅对一些特定类别的化合物，或含特殊基团的化合物有较大的输出信号，而对其他类化合物无信号或信号很弱，称之为选择性检测器。如电子捕获检测器是对捕获电子能力强的物质有很高的灵敏度；火焰光度检测器对含硫和含磷化合物的灵敏度比对烃类高几千倍。

（7）稳定性　稳定性指检测器的噪声和基线漂移，以及检测器对操作条件（气体流速、压力、温度）的波动，对敏感度和响应值的重现性。检测器的稳定性和仪器的稳定性不同，检测器的稳定性是检测器固有的性质，它仅与检测器的设计、结构和操作条件有关，而仪器的稳定性是仪器的综合性能。

2. 检测器的类型

气相色谱分析常用的检测器有热导检测器（thermal conductivity detector, TCD）、火焰离子化检测器（flame ionization detector, FID）、电子捕获检测器（electron capture detector, ECD）、氮磷检测器（nitrogen phosphorus detector, NPD）、火焰光度检测器（flame photometric detector, FPD）、质谱检测器（mass spectrometric detector, MSD）等。表 9-10 列出了在气相色谱法中用到的几种检测器及其适用性。本节主要介绍 GC 分析中常用的火焰离子化检测器（FID）、电子捕获检测器（ECD）、氮磷检测器（NPD）和火焰光度检测器（FPD）的工作原理和性能。

表 9-10 常用气相色谱检测器

检测器	适用性	载气	线性范围
火焰离子化检测器（FID）	可燃烧有机化合物	H_2, N_2, He	$1×10^6 \sim 1×10^7$
火焰光度检测器（FPD）	有机磷，有机硫	He, N_2	$1×10^4(P), 1×10^3(S)$
氮磷检测器（NPD）	有机磷，有机氮	He, N_2	$1×10^2 \sim 1×10^3$
电子捕获检测器（ECD）	卤素或含氧化物	N_2, Ar	$1×10^4$
热导检测器（TCD）	所有化合物	H_2, He, N_2	$1×10^5$
质谱检测器（MSD）	所有化合物	真空	$1×10^6$
原子发射检测器（AED）	几乎所有化合物	N_2	$10^3 \sim 10^4$

（1）火焰离子化检测器（FID）　FID 是典型的破坏性、质量型检测器。其主要特点是对几乎所有挥发性有机化合物均有响应。而且具有灵敏度高（$10^{-13} \sim 10^{-10}$g/s），基流小（$10^{-14} \sim 10^{-13}$A），线性范围宽（$10^6 \sim 10^7$），死体积小（$\leqslant 1\mu L$），响应快（约 1ms），可以和毛细管柱直接联用，对气体流速、压力和温度变化不敏感等优点。

FID 由电离室和放大电路组成，如图 9-11 所示。FID 的电离室由金属圆筒作外罩，底座中心有喷嘴，喷嘴附近有环状金属圈（极化极，又称发射极），上端有一个金属圆（收集极）。两者间加 90～300V 的直流电压，形成电离电场。燃烧气、辅助气和色谱柱由底座引入，燃

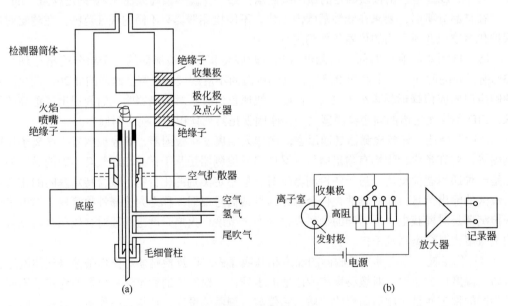

图 9-11　FID 结构示意图

(a) 电离室；(b) 放大电路

烧气及水蒸气由外罩上方小孔逸出。

FID 的工作原理是以氢气在空气中燃烧为能源，载气（N₂）携带被分析组分和可燃气（H₂）从喷嘴进入检测器，被测组分在火焰中被解离成正负离子，在极化电压形成的电场中，正负离子向各自相反的电极移动。形成的离子流被收集极收集，输出，微弱的离子流（$10^{-12} \sim 10^{-9}$A）经过高阻（$10^6 \sim 10^{11}\Omega$）转化，放大器放大（放大 $10^7 \sim 10^{10}$ 倍），成为与进入火焰的有机化合物量成正比的电信号，因此可以根据信号的大小对有机物进行定量分析。

目前有关 FID 检测有机物的反应机理尚无定论，可能发生的反应过程如下：

① 当载气中的有机物（C_nH_m）进入氢火焰时，在高温热裂解区发生裂解反应产生自由基：
$$C_nH_m \longrightarrow \cdot CH$$

② 产生的自由基在火焰反应区与外面扩散进来的激发态原子氧或分子氧发生如下反应：
$$\cdot CH + O \longrightarrow CHO^+ + e^-$$

③ 产生的 CHO^+ 离子与火焰中大量水分子碰撞而发生分子离子反应：
$$CHO^+ + H_2O \longrightarrow H_2O^+ + CO$$

④ 电离产生的正离子和电子在外加恒定直流电场的作用下分别向两极定向运动而产生微电流（$10^{-14} \sim 10^{-6}$A）。

⑤ 在一定范围内，微电流的大小与进入离子室的样品组分的质量成正比。

⑥ 组分在氢火焰中的电离效率很低，大约只有五十万分之一的碳原子被电离。

⑦ 离子流电信号经信号转换处理后，得到各组分的色谱峰和色谱图。

火焰离子化检测器的火焰温度、离子化程度和收集效率都与载气、氢气、空气的流量和相对比值有关，因此这些因素都不同程度地影响着响应信号。主要影响因素有：

① 氢气流速的影响　氢气作为燃烧气与氮气（载气）预混合后进入喷嘴，当氮气流速固定时，随着氢气流速的增加，输出信号也随之增加，并达到一个最大值后迅速下降，如图 9-12 所示。由图可见，通常氢气的最佳流速为 40～60mL/min。

② 载气流速的影响　在我国多用 N₂ 作载气，H₂ 作为柱后吹扫气进入检测器，对不同 k 值的化合物，氮气流速在一定范围增加时，其响应值也增加，在 30mL/min 左右达到一个最大值而后迅速下降，如图 9-13 所示。这是由于氮气流量小时，减少了火焰中的热传导作用，导致火焰温度降低，从而减少电离效率，使响应降低。氮气流量太大时，火焰因受高线速气流的干扰而燃烧不稳定，不仅使电离效率和收集效率降低，导致响应降低，同时噪声也会因火焰不稳定而相应增加。所以氮气流量一般在 30mL/min 左右，检测器可以得到较好的灵敏度。此外氮气和氢气的体积比改变时，火焰燃烧的效果也不相同，因而直接影响 FID 的响应。由图 9-14 可知，N₂/H₂ 的最佳流量比为 1～1.5。

③ 空气流速的影响　空气是助燃气，为生成 CHO^+ 提供 O_2，同时还是燃烧生成的 H_2O 和 CO_2 的清扫气。空气流量往往比保证完全燃烧所需要的量大许多，这是由于大流量的空气在喷嘴周围形成快速均匀流场，可减少峰的拖尾和记忆效应。其影响如图 9-15 所示，由图可知，空气最佳流速需大于 300mL/min，一般采用氢气与空气流量比为 1：10 左右。

④ 检测器温度的影响　增加 FID 的温度会同时增大响应和噪声；相对其他检测器而言，FID 的温度不是主要的影响因素，一般将检测器的温度设定比柱温稍高一些，以保证样品在 FID 内不冷凝；此外 FID 温度不可低于 100℃，以免水蒸气在离子室冷凝，导致离子室内电绝缘下降，引起噪声骤增加，所以 FID 停机时必须在 100℃以上灭火（通常是先停 H₂，后停 FID 检测器的加热电流），这是 FID 检测器使用时必须严格遵守的操作。

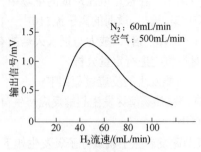

图 9-12　H_2 流速对 FID 响应的影响

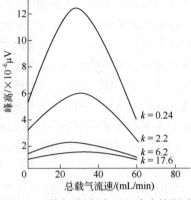

图 9-13　载气流速对 FID 响应的影响

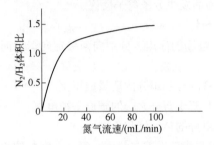

图 9-14　N_2/H_2 流速对 FID 响应的影响

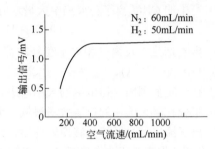

图 9-15　空气流速对 FID 响应的影响

⑤ 气体纯度的影响　从 FID 检测器本身性能来讲，在常量分析时，要求氢气、氮气、空气的纯度为 99.9% 以上即可，但在痕量分析时，则要求纯度高于 99.999%，尤其空气的总烃要低于 0.1μL/L，否则会造成 FID 的噪声和基线漂移，影响定量分析。

FID 检测器在使用中的注意事项包括：

① 尽量采用高纯的气源（例如采用纯度为 99.99% 的 N_2 或 H_2），空气必须经过 0.5nm 分子筛净化。

② 在最佳的 N_2/H_2 比以及最佳空气流速的条件下操作。一般参考流量比为氮气：氢气：空气=1：1：10。

③ 色谱柱必须经过严格的老化处理。

④ 离子化室要注意外界干扰，保证其处于屏蔽、干燥和清洁的环境中。

⑤ 检测器温度应大于 150℃，以防止燃烧产生的水蒸气凝结在检测器内。检测器温度应比柱温箱设定的最高温度高 30℃。

⑥ 组分进入 FID 后经高温燃烧破坏，为破坏型检测器。检测后的样品不能再利用。

⑦ 使用硅烷化或硅醚化的载体以及类似的样品时，长期使用会使喷嘴堵塞，因而造成火焰不稳、基线不佳、校正因子不重复等故障，应及时注意维修。

（2）电子捕获检测器（ECD）　ECD 是选择性和灵敏度很高的检测器，它对电负性物质很敏感，如含硫、磷、氮、氧化合物，卤素化合物，金属有机物，含羟基、硝基、共轭双键化合物。电负性越强，检测器的灵敏度越高。在农药分析中 ECD 广泛应用于有机氯农药、拟除虫菊酯类农药残留的测定。

ECD 的结构如图 9-16 所示。在检测器池体内，装有一个圆筒状 β-放射源（^{3}H 或 ^{63}Ni）作为负极，一个不锈钢棒作为正极，两者之间以聚四氟乙烯或陶瓷绝缘。放射源放射的初级

电子及 β 射线, 在电场加速作用下向正极移动, 与载气 (N_2、Ar) 碰撞, 产生大量电子。这些电子在电场作用下向收集极移动, 形成恒定的基流 ($10^{-9} \sim 10^{-8}$A)。当含电负性元素的组分从色谱柱进入检测器时, 会捕获慢速、低能量电子使基流强度下降并产生一负峰 (倒峰), 经放大记录得到响应信号, 信号强度与进入检测器的组分量成正比。由于负峰不便于观察和处理, 常通过极性转换使负峰变为正峰。

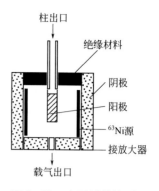

图 9-16　电子捕获检测器
结构示意图

　　ECD 检测中, 电负性物质捕获电子的机理可以用下列反应式表示:

$$N_2 + \beta \longrightarrow N^+ + e^- \text{ (}e^- \text{产生基流, 亦称背景电流)}$$

电负性物质: $AB + e^- \longrightarrow AB^-$

$$AB + e^- \longrightarrow A + B^-$$

$$AB^-/B^- + N^+ = \text{中性分子}$$

　　被测组分浓度愈大, 捕获电子概率愈大, 结果使基流下降越快, 倒峰愈大。基流的大小可以判断检测器的灵敏度, 下降程度可判断放射源受污染和流失情况。

　　由于 ^{63}Ni 的寿命及使用温度都优于 ^{3}H, 因此, 商品 ECD 多采用 ^{63}Ni 电镀在镍片上制成的箔片作放射源; 但由于 ^{3}H 源的 β 粒子射程短, 活性大, 所以新发展的 μ-ECD 多采用 ^{3}H 作为放射源。

　　ECD 检测器使用中的注意事项如下:

　　① 载气要求: ECD 在 N_2、Ar 中的灵敏度高于 He、H_2, 因此一般采用 N_2、Ar 作载气。在使用 ^{3}H 作为放射源时, 不能采用 H_2 作载气, 以免缩短放射源的使用寿命。氧气和水都有一定的电负性, 其存在会降低基流, 影响 ECD 灵敏度, 因此, 一般要对载气进行脱水、脱氧处理。

　　② 样品溶剂中不能含有卤族元素, 如 CH_2Cl_2、$CHCl_3$ 等亲电性化合物。

　　③ 极化电压通常为 $20 \sim 50$V。极化电压过高使电子能量过大, 不易被组分捕获, 常采用脉冲供电, 电子能量较小时易被捕获, 灵敏度提高。

　　④ ECD 检测器中具有放射源, 非专业人员不得自行拆卸或处理相关部件。

　　(3) 氮磷检测器 (NPD)　NPD 是一种质量型检测器, 又称碱盐离子化检测器 (alkali salt flame ionization detector), 或热离子检测器 (thermionic detector, TID), 对氮、磷化合物具有高灵敏度和高选择性。

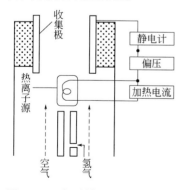

图 9-17　氮磷检测器结构示意图

　　NPD 的结构与 FID 类似, 见图 9-17, 但 NPD 检测器的工作原理是待测组分在冷氢焰 ($600 \sim 800$℃) 中燃烧产生含氮、磷的电负性基团, 再与硅酸铷 (Rb_2SiO_3) 电热头表面的铷原子蒸气发生作用, 产生负离子, 转变为电信号被检出。

　　铷珠是一种外表面涂有碱金属盐 (如铷盐) 的陶瓷珠, 放置在燃烧的氢火焰和收集极之间。当组分蒸气和氢气流通过铷珠表面时, 含氮、磷的化合物从被还原的碱金属蒸气上获得电子被电离, 产生的离子被收集测定, 失去电子的碱金属形成盐再沉积到铷珠表面。

　　NPD 需要氢气、空气和补充气 (氮气), 但气流量比 FID

小得多。这是由于 NPD 信号对气体流速的改变非常敏感，特别是氢气流速和活性元素的加热电流。加热电流与氢气流速相互制约，电流大则所需的氢气流速小，电流减小则氢气流速相应加大。

NPD 检测器使用时的注意事项如下：

① NPD 为专属型检测器，对氮、磷化合物的响应与含氮、磷化合物的杂原子数成正比；其响应大小还与化合物的结构有关，一般顺序如下：偶氮化合物>腈化物>含氮杂环化合物>芳胺>硝基化合物>脂肪胺>酰胺，主要应用于农药残留中含 N、P 化合物的分析检测。

② NPD 要求所用的氮气、氢气、空气等气源的纯度在 99.998%以上，以保证检测器的正常使用。

③ NPD 的使用温度保持在 330～340℃，可以有效防止或减轻检测器的污染，有利于铷珠在较低电压下激发。

④ 在使用 NPD 等检测器时，建议采用低流失、高惰性的色谱柱，以避免因固定相流失而污染检测器，应避免使用固定液为含氮和含氰基化合物的色谱柱。

⑤ 应避免除样品外的其他含电负性元素的组分进入检测器，避免使用卤代烃溶剂（如二氯甲烷、氯仿等），以免影响检测器的灵敏度。

（4）火焰光度检测器（FPD）　FPD，也称硫磷检测器，对含硫、磷化合物具有高选择性，灵敏度高。FPD 为质量型选择性检测器，在农药残留分析中广泛用于有机硫、有机磷农药的分析测定。

常用的火焰光度检测器为单火焰，由氢火焰和光度计两部分构成（见图 9-18）。含有硫、磷化合物的载气与空气混合进入喷嘴，周围通入 H_2。点燃 H_2 后，组分在富氢火焰（2000～3200℃）中燃烧产生激发态 S_2^* 或发光的 HPO^* 裂片，同时发射出不同波长的分子光谱，S_2 的特征光谱为 394nm，HPO 为 526nm。此光谱经干涉滤光片而投射至光电倍增管，产生光电流被放大记录。通过改变 FPD 的火焰条件，还可以对含 N、含卤化物进行有效检测。发光室和滤光片之间的窗口即石英窗，作用是保护滤光片不受水气和燃烧产物的侵蚀。

当试样中含有烃类时，燃烧过程也产生信号，因而单一富氢焰的 FPD 无法消除烃类干扰。新型的双火焰光度检测器 DFPD（见图 9-19）是富氢富氧型，具有上下两个火焰。下焰为富

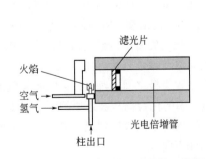

图 9-18　火焰光度检测器结构示意图

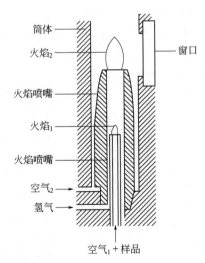

图 9-19　双火焰 DFPD 喷嘴示意图

氧焰，将硫、磷及烃类燃烧氧化，上焰为富氢空气焰，它将硫磷燃烧生成的氧化物还原为 S^* 和 HPO^* 等发光物质，产生特征光谱，而烃类燃烧产物 CO_2、H_2O 等则不发光，无光信号，所以 DFPD 可以排除烃的干扰，对含硫或含磷化合物有更高的选择性。近年来还发展了脉冲火焰光度检测器（PFPD）方法。

FPD 的工作原理是当含 S 或 P 的化合物流出色谱柱后，在富氢-空气火焰中燃烧，生成化学发光物质，发出特征波长的光，含 S 化合物特征光为 394nm，含 P 化合物为 526nm，这些特征波长的光通过石英玻璃到干涉滤光片上，只有当样品中含有 S 或 P 的时候，光线才能通过干涉滤光片，激发光电倍增管，光电倍增管把光信号转变为电信号，从而得到色谱图。含硫化合物反应式如下。

$$2RS + (2+x)O_2 \longrightarrow xCO_2 + 2SO_2$$
$$2SO_2 + 4H_2 \longrightarrow 4H_2O + S_2$$
$$S_2 \longrightarrow S_2^*$$
$$S_2^* \longrightarrow S_2 + h\nu$$

激发态 S_2^* 是一种化学发光物质，当返回基态时，发射出 $350 \sim 430nm$ 的特征光谱，最大吸收波长为 394nm。

含磷化合物燃烧时生成磷的氧化物，在富氢火焰中被氢还原成化学发光的 HPO 碎片，HPO 碎片回到基态发射出 $480 \sim 600nm$ 的特征光谱，最大吸收波长为 526nm。因此，火焰光度检测器滤光片分 S 型和 P 型滤光片。

使用 FPD 的注意事项：

① 使用 FPD 测定含 P 化合物时，可以采用 He、H_2、N_2 作为载气，流速影响不大；但测定含 S 化合物时，最好采用 H_2 作为载气，响应值随载气流速增加而增大。

② O_2/H_2 是影响响应值的关键因素，它决定火焰的性质和温度，从而影响灵敏度。实验时应根据具体情况测定最佳值。一般在 $0.2 \sim 0.4$。

③ 检测器温度也影响含 S 化合物测定时的灵敏度，温度升高响应值反而减小。含 P 化合物基本没有影响。

④ FPD 测定时，使用烃类溶剂是一个比较好的选择，因为含 S、P 化合物的响应值是烃类化合物的 $10^4 \sim 10^5$ 倍。

⑤ 更换滤光片时，勿用手触摸滤光片，以防污染。

⑥ 如果出现 FPD 不能点火的现象，可能是由以下原因引起：气体纯度不够、气体流量不稳、点火圈老化或者密封圈漏气、色谱柱安装不正确等。需要逐一进行排查。

⑦ FPD 出现基线升高的现象，可能是由载气污染、色谱柱污染等原因导致。

四、化学衍生化技术

气相色谱法只适用于那些分子量较小、热稳定性好的化合物，不适用于分子量大、易热分解、挥发性差、极性大、解离性差等的物质。对于有足够的挥发性但稳定性差，或者极性强、挥发性低的少数气态、大多数液态及固态物质，可以进行适当的衍生化处理，使其转化成为具有足够挥发性、稳定性及灵敏度的物质后，进行气相色谱分析。对于有些化合物由于不含有特征官能团，达不到相应的灵敏度，可以通过衍生化技术向化合物分子中引入特征官能团，达到 GC 检测的目的。气相色谱试样的衍生处理，其目的不仅在于增加试样的挥发性和稳定性，从而扩大气相色谱的应用范围，而且还可用此法达到改善分离效果、改进组分吸附特性、帮助未知物定性、提高检测灵敏度和增加定量可靠性等目的。

衍生法种类很多，色谱试样处理常用的衍生法主要有硅烷化法、酯化法、酰化法、卤化法、醚化法、成肟和成腙法以及无机物试样的衍生法等。

1. 硅烷化衍生法

甲基硅衍生物在气相色谱样品处理中应用最多，可对醇、酚、酸、胺等物质进行处理。其原理是硅烷化试剂的强电负性原子与质子性基团的氢原子形成共价化合物而脱去，组分中的活泼氢被烷基-硅基取代后，可生成极性低、挥发性和热稳定性好的硅烷基化合物。以三甲基硅类给予体为例说明如下：

—OH   —O—Si(CH₃)₃
—COOH   —COO—Si(CH₃)₃
—SH   + 三甲基硅类给予体 = —S—Si(CH₃)₃
—NH₂   —NH—Si(CH₃)₃
—NH   —N—Si(CH₃)₃

硅烷化反应一般数分钟内即可完成，但某些化合物，如甾族化合物等则反应时间较长。最常用的硅烷化试剂有三甲基硅烷（TMS）、三乙基硅烷（TES）、三甲基氯硅烷（TMCS）、N,N-二乙氨基二甲基硅烷（DADS）、叔丁基甲氧基苯基硅烷（TBMPS）等。

硅烷化反应总是在密闭的小瓶中进行，因为所有硅烷化试剂及其衍生物都易受潮气的水解作用，整个反应过程要求在严格无水环境中进行。大多数情况下试剂本身就是很好的溶剂，需要溶剂时应避免使用含有活泼氢的溶剂，吡啶是最合适的溶剂，其他还有二甲基甲酰胺、二甲基亚砜和四氢呋喃等也能作硅烷化反应的介质。

例如，井冈霉素有 A、B、C、D、E、F 六个异构体，其中 A 异构体是最有活性的物质。井冈霉素 A 是一个氨基环醇类化合物，本身无挥发性，难于气化，不能直接进行气相色谱分析，可以采用三甲基氯硅烷作硅烷化反应催化剂，N,O-双（三甲基硅烷基）乙酰胺（BSA）作硅烷化试剂，吡啶为反应溶剂对其衍生化后进行 GC 分析。

2. 酯化衍生法

有机酸类一般极性较强，若再含有卤素、S、N 等杂原子则极性更强，且大多数有机酸的挥发性、热稳定性较差，所以除了低级脂肪酸外，大都是转化成酯类衍生物以增加其挥发性和热稳定性。最常用的酯化方法有下列几种。

（1）甲醇法　催化剂使用硫酸、盐酸时需回流，费时较长。若用三氟化硼作催化剂可在室温下完成。通常是先将三氟化硼通入甲醇中配好酯化剂，然后进行酯化反应。

$$RCOOH+CH_3OH \longrightarrow RCOOCH_3+H_2O$$

2,4-D 等苯氧羧酸类化合物（对氯苯氧乙酸、对氯苯氧丙酸、苯氧丁酸、麦草畏、2 甲 4 氯苯氧乙酸、2 甲 4 氯苯氧丙酸、2 甲 4 氯苯氧丁酸、2,4-滴、3,4-滴、2,4,5-涕、2,4,5-涕丙酸、2,4-滴丙酸、2,4-滴丁酸），可以采用重氮甲烷衍生化，也可采用三氟化硼-甲醇作为衍生化试剂，酯化过程简单、快速、有效、安全。例如，2,4-D 衍生化反应过程如下：

（2）重氮甲烷法　此法简便有效，不引入杂质，转化率高，但反应要在非水溶液中进行。

应注意，重氮甲烷为极毒且具有爆炸性的黄色气体，在光、热的作用下易分解，需要临时制备。

$$RCOOH+CH_2N_2 \longrightarrow RCOOCH_3+N_2$$

例如，麦草畏属于酸类，可以采用此法，其衍生化反应如下。

杀虫脒在我国于 1993 年禁止生产和使用，不过其早期的残留检测方法，是将杀虫脒水解为 4-氯邻甲苯胺，再经重氮化制备碘衍生物，用 GC-ECD 检测。

乙烯利水溶性很强，$\lg K_{ow}$ 较低，不宜直接进行 GC 测定。可以在甲醇中对乙烯利残留进行重氮化，之后采用 GC-FPD/NPD 进行检测。

（3）三氟乙酸酐法　此法特别适于空间位阻较大的羧酸与醇或酚的酯化。例如，1,3,5-三甲基苯甲酸与 1,3,5-三甲基酚的酯化反应，可采用此法。

$$RCOOH + R'OH \xrightarrow{(CF_3CO)_2O} RCOOR' + H_2O$$

3.酰化衍生法

此法适用于含氨基、羟基、巯基试样的预处理，最常用的酰基化试剂是相应的酸酐，反应如下：

$$\begin{matrix} RNH_2 & & RNHCOR' \\ ROH & + (R'CO)_2O \longrightarrow & ROCOR' \\ RSH & & RSCOR' \end{matrix}$$

以乙酸酐为酰化剂时，可适量加入吡啶、二甲苯胺、乙酸钠等碱性物质以加快反应。如果反应过于激烈，可适量加入乙醚、苯、甲苯等溶剂稀释。如果采用含卤素酰化剂，如三氟乙酸酐等，则衍生物可采用电子捕获检测器检测，以获得更低的检测限。

例如，氨基甲酸类农药异丙威的酰化反应，首先使异丙威碱解，然后与三氟乙酸酐发生酰化反应，生成三氟乙酰衍生物，反应式如下。

双甲脒的 GC 测定方法，是将样品中残留的双甲脒碱解为 2,4-二甲基苯胺，然后用七氟丁酸酐将 2,4-二甲基苯胺衍生化成为 2,4-二甲基苯七氟丁酰胺，用 GC-ECD 进行测定。其衍生化过程如下。

$$(3)\ \underset{H_3C}{\overset{CH_3}{\bigcirc}}-NH_2 + (CF_3CF_2CF_2CO)_2O \longrightarrow \underset{H_3C}{\overset{CH_3}{\bigcirc}}-\underset{H}{\overset{}{N}}-\underset{O}{\overset{}{C}}-CF_2CF_2CF_3$$

七氟丁酸酐

4.卤化衍生法

在试样化合物中引入卤素后,适合用电子捕获检测器检测,能大幅度降低检测限,对微量分析尤为有效。同时也可改善目标物挥发性和稳定性。常用卤化衍生法有以下 3 种。

(1) 卤素法　用卤素直接作为衍生化试剂,对待测的色谱试样进行衍生处理的方法。该法主要有加成法和取代法两类。反应如下:

$$RHC\!=\!CH_2 \xrightarrow{\ Cl_2\ } RCHClCH_2Cl$$

$$HC\!\equiv\!CH \xrightarrow[CHCl_3]{Br_2} BrHC\!=\!CHBr \xrightarrow[CHCl_3]{Br_2} CHBr_2CHBr_2$$

$$\bigcirc \xrightarrow[Fe]{Cl_2} \bigcirc\!-\!Cl\ +\ Cl\!-\!\bigcirc\!-\!Cl$$

$$CH_3COOH \xrightarrow{\ Cl_2,\ P\ } ClCH_2COOH$$

(2) 卤化氢法　此法常用氯化氢和溴化氢为衍生化试剂,与不饱和键发生加成反应,或与羟基发生置换反应。反应如下:

$$RHC\!=\!CH_2 \xrightarrow{\ HX\ } RCHXCH_3$$

$$RHC\!-\!\underset{O}{\overset{}{CHR'}} \xrightarrow{\ HX\ } RCHOHCHXR'$$

$$ROH \xrightarrow[ZnCl_2]{HX} RX\ +\ H_2O$$

(3) N-溴代-丁二酰亚胺(NBS)法　NBS 系选择性很强的卤化衍生化试剂,它主要作为烯丙位氢原子的溴代试剂。反应如下:

$$\underset{H}{\overset{}{C}}\!=\!\underset{}{\overset{}{C}}\!-\!\underset{}{\overset{}{C}}\!- \xrightarrow{\ NBS\ } \underset{}{\overset{}{C}}\!=\!\underset{}{\overset{}{C}}\!-\!\underset{Br}{\overset{}{C}}\!-$$

$$\bigcirc\!-\!CH_3 \xrightarrow{\ NBS\ } \bigcirc\!-\!CH_2Br$$

5.成肟和成腙衍生法

将羰基化合物转化成肟和腙后能提高其稳定性和改善色谱峰不对称性。反应如下:

$$R\!-\!ONH_2 + O\!=\!\underset{R^2}{\overset{R^1}{C}} \longrightarrow RON\!=\!\underset{R^2}{\overset{R^1}{C}}\ +\ H_2O$$

$$\underset{R}{\overset{R'}{N}}\!-\!NH_2 + O\!=\!\underset{R^2}{\overset{R^1}{C}} \longrightarrow \underset{R}{\overset{R'}{N}}\!-\!N\!=\!\underset{R^2}{\overset{R^1}{C}}$$

羰基化合物与羟氨、甲氧基氨、苯氧基氨之间所进行的反应,通常在吡啶溶液中进行。反应完毕后,经加热或通入氮气带走溶剂吡啶,所得产物用乙酸乙酯溶解,摇匀后即可取样进行气相色谱分析。

6.其他衍生化方法

有些化合物的检测是通过一定的化学反应,使之转化为其他化合物进行检测的。

例如，咪鲜胺是一种杀菌剂，它在环境中首先降解成为 BTS 44595 和 BTS 44596 等组分，最后都降解为 2,4,6-三氯苯酚（如图 9-20 所示）。含有 2,4,6-三氯苯酚基团的化合物具有毒理学意义，因此在进行咪鲜胺残留研究时，应同时检测其含有 2,4,6-三氯苯酚结构单元的所有代谢产物。一般做法是先将咪鲜胺及代谢物在高温下与吡啶盐酸盐反应，使其均转化为最终代谢物 2,4,6-三氯苯酚，然后用 GC 测定 2,4,6-三氯苯酚的量。残留量用 2,4,6-三氯苯酚的量根据分子量比例转换为咪鲜胺母体的量表示。

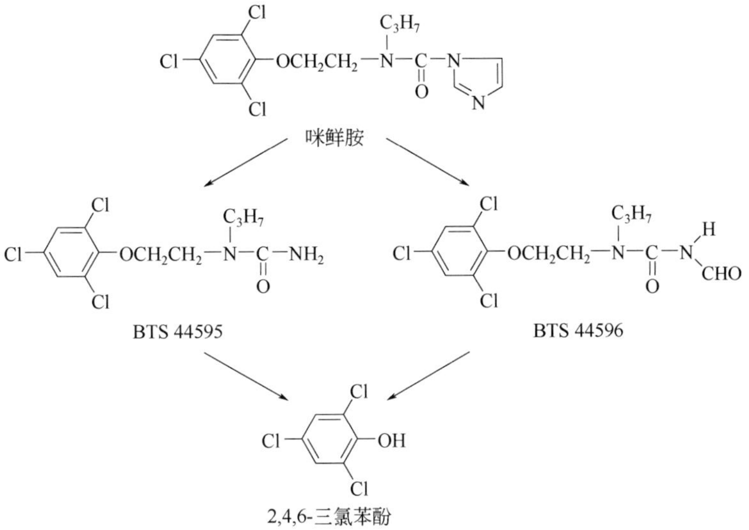

图 9-20　咪鲜胺在环境中的转化途径

乙烯利还可以在有机溶剂中，碱性、高温条件下分解为乙烯，采用顶空气相色谱法（HS-GC）分析乙烯的含量。如 Tseng 等采用 HS-GC-FID 测定了苹果、番茄、葡萄、猕猴桃及甘蔗中乙烯利的残留。李丽华等则利用顶空固相微萃取-气相色谱联用技术（HS-SPME-GC），以 Carboxen-聚二甲基硅氧烷（CAR/PDMS）萃取头分析了芒果原浆中乙烯利的残留。董见南等采用 HP-PLOT Q 毛细管色谱柱，通过 KOH 碱解，在 70℃加热下，将乙烯利转化为乙烯，用 HS-GC-FID 进行了玉米中乙烯利残留的测定。其分解反应式如下。

$$\mathrm{Cl{-}\overset{H_2}{C}{-}\overset{H_2}{C}{-}\overset{O}{\overset{\|}{P}}(OH)_2} + \mathrm{KOH} \longrightarrow \mathrm{Cl{-}\overset{H_2}{C}{-}\overset{H_2}{C}{-}\overset{O}{\overset{\|}{P}}(OK)_2} + \mathrm{H_2O} \xrightarrow{\Delta} \mathrm{H_2C{=}CH_2} + \mathrm{KCl} + \mathrm{KH_2PO_4}$$

丁酰肼极性很高且受热易分解，因此不能直接采用 GC 法检测，必须先对其进行衍生化处理。Suzuki 等采用将丁酰肼在碱性条件下转化为 1,1-二甲基肼，衍生化后用氨基柱净化，最后用 GC-ECD 测定其产物的间接方法测定了水果和果汁中丁酰肼的残留。Brinkman 等采用衍生化后 GC-NPD 检测的方法分析了苹果中丁酰肼的残留，方法的正确度和精密度也符合要求。

五、定性分析方法选择

1. 根据色谱保留值定性

在一定的色谱条件（固定相、操作条件）下，各种物质均有固定不变的保留值，因此保留值作为一种定性指标，是最常用的定性方法。这种方法应用简便，但由于不同化合物在相同的色谱条件下，可能会具有近似甚至完全相同的保留值，因此这种方法的应用有很大的局限性。此外，这种方法的可靠性与色谱柱的分离效率有密切关系，只有在高的柱效下，其鉴定结果才被认为有较充分的根据。

在农药的定性分析中，常将已知标准品与待测样品对照，比较两者的保留时间是否相同。如果两者（待测样品与标准品）的保留时间相同，但峰形不同，仍然不能认为是同一物质。进一步的检验方法是将两者混合起来进行色谱实验。如果发现有新峰或在未知峰上有不规则的形状（例如峰略有分叉等）出现，则表示两者并非同一物质；如果混合后峰增高而半峰宽并不相应增加，则表示两者很可能是同一物质。

应注意，在一根色谱柱上用保留值鉴定组分有时不一定可靠，因为不同物质有可能在同一色谱柱上具有相同的保留值。所以应采用双柱或多柱法进行定性分析，即采用两根或多根极性不同的色谱柱进行分离，观察未知物和标准农药样品的保留时间是否始终一致。

2. 与其他方法结合定性

与质谱、红外光谱等仪器联用。较复杂的混合物，经色谱柱分离为单组分，再利用质谱、红外光谱或核磁共振等仪器进行定性鉴定。其中特别是气相色谱和质谱的联用，是目前解决复杂未知物定性问题的最有效工具之一。对于新开发的新农药成分的定性，一般要用这种方法。

3. 利用检测器的选择性定性

不同类型的检测器对各种组分的选择性和灵敏度不同。例如火焰离子化检测器对有机物灵敏度高，而对无机气体、水分、二硫化碳等响应很小，甚至无响应；电子捕获检测器只对含卤素、氧、氮等电负性强的组分有高的灵敏度；又如火焰光度检测器只对含硫、磷的物质有讯号。利用不同检测器具有不同的选择性和灵敏度，可以对未知峰大致分类定性。

六、定量分析方法

根据气相色谱图进行定量分析时，主要的方法有归一化法、内标法和外标法，分别适用于不同的情况。在采用气相色谱进行农药残留分析时，一般采用外标法；但在进行常量分析时，因原药及制剂分析对正确度和精密度要求较高，故主要采用内标法。内标法是将一种纯物质即内标物作为标准物加入标准样品和待测样品中，进行色谱定量的一种方法。

内标法的操作步骤如下。

1. 农药标准品的准备

一般农药分析实验室都具备一定纯度的标准品。也可以自己用原药或含量较高的农药工业品纯化标准品，但对纯化得到的标准品，一定要经过准确的含量定值。在分析中使用标准品的量尽可能愈少愈好，但要满足分析化学上误差最小的称样量。标准品在标准溶液中的含量尽量与待测农药产品中的含量相同，这样信号测量中的误差会比较小。

2. 内标物的选择

作为气相色谱定量分析的内标物，必须具备四个条件：一是能完全溶解于标准样品和待测样品溶液中；二是在选定的色谱条件下能与被测组分达到完全分离，但保留时间接近；三是内标物应该是色谱纯试剂，如果所用的内标物中含有杂质，杂质峰不得干扰被测组分峰；

四是内标物应与被测组分不发生化学作用。

3. 内标物用量确定

为了减少测定误差，内标物的峰高或峰面积应与被测组分相近，因此配制溶液时需要先查内标物和农药有效成分在将要使用的检测器上的质量校正因子，判断内标物与被测组分的峰高或峰面积相近时，需要称取内标物与被测组分的质量。如果查不到相应的质量校正因子，可以采用试验方法确定。试验方法是选择一种既能溶解内标物，又能溶解农药有效成分的溶剂，配制已知浓度（或相同浓度）的内标溶液和农药有效成分标准品溶液，等量分别进样，算出相等信号时需要的量。

4. 溶液的配制

配制内标母液，取 2 个相同体积的容量瓶分别配制标准溶液和待测样本溶液。标准溶液是含有农药有效成分标准品和内标物的溶液；待测样本溶液是含有农药产品和内标物的溶液。在标准溶液和待测样本溶液中分别加入相同含量的内标溶液。

5. 仪器平衡

将配好的标准溶液重复进样，直至相邻两针有效成分与内标物峰面积比的相对变化小于1.2%后，方可进样分析。

6. 内标法标准曲线的制作

取一定量配制好的标准溶液分别稀释成 5 个不同级差浓度的溶液，稀释过程中加入相同体积的内标溶液，分别进样进行色谱分析，测量峰面积，绘制有效成分质量（或有效成分与内标物质量比）与有效成分与内标物峰面积与峰高的比值的关系曲线，即内标法标准曲线。

7. 进样分析

考虑到消除仪器稳定性变化对分析的影响，最好在样品溶液的分析过程中，插入标准溶液检查仪器稳定性。即按照标准溶液、样品溶液、样品溶液、标准溶液的顺序进样分析。如果插入的标准样品的进样量与信号值一直落在标准曲线上，可以用单点校正法计算分析结果。如果不在，需检查仪器的稳定性后操作。

8. 计算方法

$$含量 X(\%) = \frac{S_2 \times m_1 \times P}{S_1 \times m_2} \times 100\%$$

式中　　m_1——标样的质量，g；

　　　　m_2——试样的质量，g；

　　　　P——标样中有效成分的质量分数，%；

　　　　S_1——标准溶液中有效成分与内标物峰面积或峰高比值的平均值；

　　　　S_2——试样溶液中有效成分与内标物峰面积或峰高比值的平均值。

七、影响气相色谱分析准确度的因素

影响气相色谱定量分析准确度的因素很多，样品、仪器或操作等都会造成系统误差和随机误差。一般而言，经常有以下几种。

1. 样品的代表性和稳定性

分析样品确定后，首先要把其中不能直接用气相色谱分析的待测组分转化成能用气相色谱分析的实验用样品，称之为样品制备。常涉及的操作有：溶解（或提取）、浓缩、萃取、预分离、衍生化等。在样品制备过程中，要求待测组分不能（或尽量少）发生任何损失，或损失小于允许的误差。

在样品贮存过程中，待测组分的分解、氧化、其他化学反应以及外界环境的污染都会使组分的浓度发生变化，直接影响定量的结果，所以必须尽量避免。

2. 进样的重复性

进样的重复性不仅包括进样量是否准确，也包括样品在气化室是否瞬间完全气化，在气化和色谱分离过程中有无分解和吸附现象，即分流时是否有歧视效应，这些都会影响定量的结果。内标法本身消除了进样量不一致产生的影响，但这些因素应尽量避免。

3. 柱内及色谱系统内的吸附和分解现象

样品在柱内或色谱系统内若有吸附和分解现象必定影响定量的结果，这在选择色谱柱和色谱条件时必须考虑；若没有合适的选择，样品就必须经过预处理，转化成稳定的化合物。样品在气化室内被吸附和分解同样也会影响定量的结果，通常采用石英衬管或衬管进一步硅烷化处理以减少吸附，气化室的温度选择也必须合理，不宜过高，以防止样品分解或发生化学反应引起定量误差。

4. 峰面积（或峰高）判断和测量的准确性

色谱定量的基础是色谱峰面积（或峰高），所以色谱峰面积（或峰高）判断和测量的准确性直接影响定量的结果。为了获得准确的定量，首先必须准确判断基线，其次要求有很好的色谱分离，其分离度的要求随峰高比的增加而提高。相对而言，用峰高定量对分离度的要求比用峰面积定量低。所以，在分离度低的情况下，宜用峰高定量；保留时间短、半峰宽窄的峰，其半峰宽测定误差相对较大，所以也宜用峰高定量。但是，归一化法和程序升温时宜用峰面积定量；在峰形不正常时也必须用峰面积定量。在计算机自动定量时，要根据积分的峰形判断定量误差。

5. 检测器及色谱条件的稳定性

色谱分析中柱温、载气流速、辅助气流速、检测器温度都会影响色谱峰面积和峰高的检测，从而影响定量，所以色谱条件的稳定是很重要的，尤其是用外标法和追加内标法定量时，对色谱条件稳定性的要求更高。检测器的线性范围和色谱柱的柱容量都是定量分析时必须考虑的因素，否则峰面积和峰高不与组分的含量成正比。

不同类型的检测器影响其工作稳定性的因素不同，一般情况下火焰离子化检测器定量精度要求为1%时，空气和氢气的流速应控制在1.5%的精度，载气流速应控制在2%的精度。载气和辅助气的纯度还与分析检测限的要求有关，并直接影响定量的准确度，欲检测组分的浓度愈低，对气体的纯度要求就愈高。对于特殊的检测器，气体纯度的要求比通用的检测器更高。总之，可以通过选择合适的检测器工作参数和色谱分析条件，使色谱分析引起的误差降到最低。

第四节 液相色谱法

一、高效液相色谱法概述

高效液相色谱法(high performance liquid chromatography, HPLC)是在 20 世纪 60 年代末，在经典液相色谱和气相色谱法的基础上发展起来的新型分离分析技术。液相色谱包括传统的柱色谱、薄层色谱和纸色谱。50 年代后，气相色谱法在色谱理论研究和实验技术方面迅速崛起，而液相色谱技术仍停留在经典操作方式，其操作烦琐，分析时间冗长，因而未受到重视。60 年代以后，随着气相色谱法对高沸点、强极性、热不稳定、大分子复杂混合物分离分析的局限性逐渐显现，而生命科学领域又迫切需要进行这些有机物的分析，人们又重新认识到液相色谱法可弥补气相色谱法的不足之处。60 年代末，随着色谱理论的发展，色谱工作者已认识到采用微粒固定相是提高柱效的重要途径，随着微粒固定相的研制成功，液相色谱仪制造商在借鉴了气相色谱仪研制经验的基础上，成功地制造了高压输液泵和高灵敏度检测器，使液相色谱法发展为高效液相色谱法。

根据固定相的状态不同，液相色谱法主要分为液固色谱法和液液色谱法。液固色谱法又称吸附色谱法，固定相为固体吸附剂，常用的是硅胶、三氧化二铝、氧化镁、活性炭等。在高效液相色谱中，使用了特制的全多孔微粒硅胶和表面多孔微粒硅胶，它们不仅可直接用作液固色谱法的固定相，还是液液色谱法和键合相色谱法固定相的主要基体材料。液固色谱法的主要优点是柱填料（固定相）价格便宜，对样品的负载量大，在 pH 3~8 范围内固定相的稳定性较好。液液色谱法或称分配色谱法，它的固定相是由一种极性或非极性固定液吸附负载在惰性固相载体上而构成的。由于固定液是机械涂渍在载体上的，在流动相中会产生微量溶解，在高压流动相连续通过色谱柱的机械冲击下，固定液也会不断地流失，而流失的固定液又会污染已被分离开的组分，给色谱分离带来不良影响，这些又使液液色谱在 HPLC 中的应用受到限制，现已多被键合相色谱法取代。

1. 高效液相色谱法的特点

高效液相色谱法与气相色谱法有许多相似之处。气相色谱法具有选择性高、分离效率高、灵敏度高、分析速度快的特点，但它仅适于分析蒸气压低、沸点低的样品，而不适用于分析高沸点有机物、高分子和热稳定性差的化合物以及生物活性物质，因而其应用受到限制。在全部有机化合物中仅有 20%的样品适用于气相色谱分析。高效液相色谱法恰可弥补气相色谱法的不足之处，可对 80%的有机化合物进行分离和分析，此两种方法的比较可见表 9-11。

表 9-11 高效液相色谱法与气相色谱法的比较

项目	高效液相色谱法	气相色谱法
进样方式	样品制成溶液	样品需加热气化或裂解
流动相	①液体流动相可为离子型、极性、弱极性、非极性溶液，可与被分析样品产生相互作用，并能改善分离的选择性； ②液体流动相动力黏度为 $10^{-5}Pa\cdot s$，输送流动相压力高达 2~20MPa	①气体流动相为惰性气体，不与被分析的样品发生相互作用； ②气体流动相动力黏度为 $10^{-5}Pa\cdot s$，输送流动相压力仅为 0.1~0.5MPa

项目	高效液相色谱法	气相色谱法
固定相	① 分离机理：可依据吸附、分配、筛析、离子交换、亲和等多种原理进行样品分离，可供选用的固定相种类繁多； ② 色谱柱：固定相粒度小，为 5～10μm；填充柱内径 3～6mm，柱长 10～25cm，柱效为 10^3～10^4 塔板/m；毛细管柱内径为 0.01～0.03mm，柱长 5～10m，柱效为 10^4～10^5 塔板/m；柱温为常温	① 分离机理：依据吸附、分配两种原理进行样品分离，可供选用的固定相种类较多； ② 色谱柱：固定相粒度大，为 0.1～0.5mm；填充柱内径 1～4mm，柱长 1～4 m，柱效为 10^2～10^3 塔板/m；毛细管柱内径为 0.1～0.3mm，柱长 10～100m，柱效为 10^3～10^4 塔板/m；柱温为常温～300℃
检测器	通用型检测器：ELSD, RID； 选择型检测器：UVD, DAD, FLD, ECD	通用型检测器：TCD, FID； 选择型检测器：ECD, FPD, NPD
应用范围	可分析低分子量、低沸点样品；高沸点、中分子量、高分子量有机化合物（包括非极性、极性）；离子型无机化合物；热不稳定，具有生物活性的生物分子	可分析低分子量、低沸点有机化合物；永久性气体；配合程序升温可分析高沸点有机化合物；配合裂解技术可分析高聚物
仪器组成	溶质在液相的扩散系数（10^{-5}cm^2/s）很小，因此在色谱柱以外的死空间应尽量小，以减少柱外效应对分离效果的影响	溶质在气相的扩散系数（10^{-1}cm^2/s）大，柱外效应的影响较小，对毛细管气相色谱应尽量减小柱外效应对分离效果的影响

注：UVD—紫外检测器；DAD—二极管阵列检测器；FLD—荧光检测器；ECD（液相）—电子捕获检测器；RID—折光指数检测器；ELSD—蒸发光散射检测器；TCD—热导检测器；FID—火焰离子化检测器；ECD（气相）—电子捕获检测器；FPD—火焰光度检测器；NPD—氮磷检测器。

高效液相色谱法作为一种通用、灵敏的定量分析技术，它具有极好的分离能力，并可与高灵敏度检测器实现结合，它对不同类型的样品有广泛的适应性，在例行分析和质量控制中呈现高度的重复性。

高效液相色谱法具有以下优点：

(1) 应用领域广 气相色谱法局限于易挥发和热稳定化合物的分离和分析，只有 20%的有机物可用气相色谱测定；高效液相色谱可分离和分析不挥发的、热稳定性差的以及离子型的化合物，可检测的对象占有机物总数的 80%左右。

(2) 选择性高 由于液相色谱柱具有高柱效，并且流动相可以控制和改善分离过程的选择性。因此，高效液相色谱法不仅可以分析不同类型的有机化合物及其同分异构体，还可分析在性质上极为相似的旋光异构体，并已在高疗效的合成药物和生化药物的生产控制分析中发挥了重要作用。

(3) 检测灵敏度高 在高效液相色谱法中使用的检测器大多数都具有较高的灵敏度。如被广泛使用的紫外吸收检测器，最小检出量可达 10^{-9}g；用于痕量分析的荧光检测器，最小检出量可达 10^{-12}g。

(4) 分析速度快 由于高压输液泵的使用，相对于经典液相（柱）色谱，其分析时间大大缩短，当输液压力增加时，流动相流速会加快，完成一个样品的分析仅需几分钟到几十分钟。

(5) 柱效高 由于高效微粒固定相填料的使用，液相色谱填充柱的柱效可达 $5×10^3$～$3×10^4$ 块/m 理论塔板数，远远高于气相色谱填充柱 10^3 块/m 理论塔板数的柱效。

(6) 流动相对分离的贡献大 气相色谱法使用的流动相是惰性气体，其作用只是运载样本组分通过色谱柱后进入检测器，而对色谱分离的影响一般很小，因此气相色谱主要是通过改变固定相和柱温来改善分离效果。而液相色谱的流动相是液体，它对样本具有一定的溶解性能，除了运载样本组分通过色谱柱和进入检测器外，还参与色谱分离过程（如离子对色谱、手性试剂添加色谱等）。因此在液相色谱分离中，除通过改变固定相改善分离效果外，更多的是用改变流动相组成来改善分离效果。

（7）可用于样品制备　液相色谱的柱温受流动相沸点的限制，通常在室温或略高于室温的条件下进行分析。根据这一原理开发的制备色谱，可用于制备农药标准品。而气相色谱仪一般不能用于制备样品。

高效液相色谱法虽具有应用范围广的优点，但也有下述局限性：

（1）在高效液相色谱法中，使用多种溶剂作为流动相，当进行分析时所需成本高于气相色谱法，且易引起环境污染。

（2）高效液相色谱法中缺少如气相色谱法中使用的通用型检测器（如火焰离子化检测器）。

（3）高效液相色谱法不能替代气相色谱法去完成必须用高柱效毛细管气相色谱法分析的组成复杂的具有多种沸程的石油产品。

（4）高效液相色谱法也不能代替中、低压柱色谱法在 200kPa 至 1MPa 柱压下去分析受压易分解、变性的具有生物活性的生化样品。

2. 高效液相色谱法分类

高效液相色谱法可根据样品在固定相和流动相分离过程中的物理化学原理，分为吸附色谱、分配色谱、离子交换色谱、离子对色谱、体积排阻色谱法、亲和色谱和手性色谱等。

（1）吸附色谱（adsorption chromatography）　用固体吸附剂作固定相，以不同极性溶剂作流动相，根据样品中各组分在吸附剂上吸附性能的差别来实现分离。固定相可为极性吸附剂（Al_2O_3、SiO_2）或非极性吸附剂[石墨化碳黑、苯乙烯-二乙烯基苯共聚物 P(S-DVB)]；流动相常用以烷烃为主的二元或多元溶剂系统，适用于分离中等分子量的非极性溶剂样品，对具有不同官能团的化合物和异构体有较高的选择性。

（2）分配色谱（partition chromatography）　以涂渍或通过化学键合固定在载体（support）上的高沸点极性或非极性固定液作为固定相，以不同极性溶剂作流动相，再依据样品中各组分在固定液和流动相间分配性能的差别来实现分离。根据固定相和液体流动相相对极性的差别，又可分为正相分配色谱和反相分配色谱（亲水作用色谱包括在正相分配色谱中）。

正相分配色谱，简称正相色谱（normal phase chromatography），是指以亲水性的填料作固定相（如在硅胶上键合羟基、氨基或氰基的极性固定相），以疏水性溶剂（如己烷）或混合溶剂作流动相的液相色谱。正相色谱固定相的极性大于流动相的极性。正相色谱的固定相是具有一定极性的填料，其流动相主要选用烷烃类溶剂，如正戊烷、正己烷、正庚烷、环己烷等作基础溶剂。为了洗脱极性较强的溶质，加入适当的极性溶剂如二氯甲烷、短链醇、四氢呋喃等作调节剂来改变样品在系统中的 k 值，从而得到满意的分离效果。乙醇是一种很强的调节剂，只需很低的浓度，异丙醇和四氢呋喃比乙醇略弱一些，三氯甲烷是中等强度的调节剂。

反相分配色谱，简称反相色谱（reversed phase chromatography），是指以强疏水性的填料作固定相，以可以和水混溶的有机溶剂作流动相的液相色谱，如在硅胶上键合 C_{18} 或 C_8 烷基的非极性固定相，以极性强的水、甲醇、乙腈等作流动相的高效液相色谱。反相色谱常用溶剂及其性质见表 9-12。反相色谱固定相的极性小于流动相的极性。为了提高检测的灵敏度，要求溶剂纯度高，这就要求对溶剂进行重新蒸馏和纯化。许多反相高效液相色谱的分离要求用一定 pH 的缓冲溶液作流动相,选择合适的 pH 缓冲溶液对分离不同极性离子型化合物有十分重要的意义。缓冲溶液中盐的浓度要适当高一些，这样可避免出现不对称峰和分叉峰。通常不使用乙酸盐缓冲溶液，因为它和阳离子的溶质会形成非极性配合物，也不用卤化物，以免腐蚀液相色谱仪。

表9-12　反相色谱常用溶剂

名称	密度/(g/m³)	黏度/(mPa·s)	溶剂强度(ε⁰)	紫外截止波长/nm	名称	密度/(g/m³)	黏度/(mPa·s)	溶剂强度(ε⁰)	紫外截止波长/nm
四氢呋喃	0.889	0.51	0.45	210	甲醇	0.789	1.19	0.88	205
丙酮	0.791	0.322	0.56	330	乙醇	0.792	0.584	0.95	205
乙腈	0.787	0.358	0.65	190	水	0.998	1.00	很大	170
异丙醇	0.785	2.39	0.82	205					

（3）离子交换色谱（ion-exchange chromatography）　用高效微粒离子交换剂作固定相，可用由苯乙烯-二乙烯基苯共聚物作载体的阳离子（带正电荷）或阴离子（带负电荷）交换剂，以具有一定 pH 的缓冲溶液作流动相，依据离子型化合物中各离子组分与离子交换剂表面带电荷基团进行可逆性离子交换能力的差别而实现分离。

（4）离子对色谱（ion pair chromatography）　离子对色谱是在流动相中加入与样品离子具有相反电荷的离子，使它与样品离子缔合成中性离子对化合物，再利用反相色谱法进行分离的方法。

离子对色谱是对反相液液分配色谱方法的扩展，因为反相液液分配色谱的色谱柱 pH 只能在 2～7.5 范围内选择。强酸或强碱都影响色谱柱寿命，而酸性农药（如 2,4-滴丁酸）和一些联吡啶类离子化合物本身具有酸性或碱性，无法用反相液液分配色谱法直接分析。

（5）体积排阻色谱（size exclusion chromatography）　用化学惰性的具有不同孔径分布的多孔软质凝胶（如葡聚糖、琼脂糖）、半刚性凝胶（如苯乙烯-二乙烯基苯低交联度共聚物）或刚性凝胶（如苯乙烯-二乙烯基苯高交联度共聚物）作固定相，以水、四氢呋喃、邻二氯苯、N,N-二甲基甲酰胺作流动相，按固定相对样品中各组分分子体积阻滞作用的差别来实现分离。以亲水凝胶作固定相，以水溶液作流动相主体的体积排阻色谱法，称为凝胶过滤色谱（gel filtration chromatography）；以疏水凝胶作固定相，以有机溶剂作流动相的体积排阻色谱法，称为凝胶渗透色谱法（gel permeation chromatography）。

（6）亲和色谱（affinity chromatography）　固定相以葡聚糖、琼脂糖、硅胶、苯乙烯-二乙烯基苯高交联度共聚物、甲基丙烯酸酯共聚物作为载体，偶联不同极性的间隔臂，再键合生物特效分子（酶、核苷酸）、染料分子（三嗪活性染料）、定位金属离子[Cu-亚氨基二乙酸(IDA)]等不同特性的配体（ligand）后构成，用具有不同 pH 的缓冲溶液作流动相，依据生物分子（氨基酸、肽、蛋白质、核碱、核苷、核苷酸、核酸、酶等）与基体上键连的配位体之间存在的特异性亲和作用能力的差别，而实现对具有生物活性的生物分子的分离。

（7）手性色谱（chiral chromatography）　手性色谱的理论依据是三点作用原理和手性包容理论。三点作用原理是 1952 年由英国科学家提出，它要求固定相有手性中心，并且此手性中心与外消旋体之间至少同时存在 3 个作用力，不同对映体的这 3 个作用力不同，使对映体在色谱过程中达到分离。手性包容理论要求色谱固定相或流动相具有手性空腔，可以将一定体积和构型的化合物可逆包容在其空腔中，使其与不能被包容的其他对映体在层析过程中得以分离。对于欲分离化合物来说，分子大小和形态决定它们是否能被包容，而官能团不起决定性作用。

手性色谱分为利用手性固定相（CSP）分离和利用手性流动相（CMP）分离两种方法。

前者需要手性色谱柱，后者只要在流动相中加入手性试剂，色谱柱一般用反相柱即可。在流动相加入的手性添加剂主要是环糊精和手性冠醚等，检测器仍可用 UV 等。(具体内容见第十一章。)

二、高效液相色谱法基本原理

高效液相色谱是利用样品中的溶质在固定相和流动相之间分配系数的不同，进行连续的、趋于无数次的交换和分配而达到分离的过程。高效液相色谱法的分离依据，如各种保留值、平衡系数、塔板理论、速率理论等与气相色谱法基本一致，其主要不同之处是由流动相物理状态差异引起的。液体的扩散系数约为气体的万分之一，黏度是气体的 100 倍，密度比气体大约 1000 倍。

1. 吸附系数

在液固色谱法中，固定相是固相吸附剂，它们是一些多孔性的极性微粒物质，如氧化铝、硅胶等。它们的表面存在分散的吸附中心，溶质分子和流动相分子在吸附剂表面的吸附活性中心上进行竞争吸附，这种作用还存在于不同溶质分子间以及同一溶质分子中不同官能团之间。由于这些竞争作用，便形成不同溶质在吸附剂表面的吸附、解吸平衡，这就是液固吸附色谱具有选择性分离能力的基础。

当溶质分子在吸附剂表面被吸附时，必然会置换已吸附在吸附剂表面的流动相分子，这种竞争吸附可用下式表示:

$$X_m + nM_s \underset{\text{解吸}}{\overset{\text{吸附}}{\rightleftharpoons}} X_s + nM_m$$

式中，X_m 和 X_s 分别表示在流动相中和吸附在吸附剂表面上的溶质分子; M_m 和 M_s 分别表示在流动相中和在吸附剂上被吸附的流动相分子; n 表示被溶质分子取代的流动相分子的数目。

当达到吸附平衡时，其吸附系数 K_A (adsorption coefficient) 为:

$$K_A = \frac{[X_S][M_m]^n}{[X_m][M_s]^n}$$

K_A 值的大小由溶质和吸附剂分子间相互作用的强弱决定。当用流动相洗脱时，随流动相分子吸附量的相对增加，会将溶质从吸附剂上置换下来，即从色谱柱上洗脱下来。吸附系数通常可依据吸附等温线数据或薄层色谱的 R_f 值估算。

溶质分子与极性吸附剂吸附中心的相互作用，会随溶质分子上官能团极性的增加或官能团数目的增加而加强，这会使溶质在固定相上的保留值增大。不同类型的有机化合物，在极性吸附剂上的保留顺序如下:

氟碳化合物＜饱和烃＜烯烃＜芳烃＜有机卤化物＜醚＜硝基化合物＜腈＜叔胺＜酯、酮、醛＜醇＜伯胺＜酰胺＜羧酸＜磺酸。

此外，溶质保留值的大小与空间效应有关。若与官能团相邻的为庞大的烷基，则会使保留值减小; 而顺式异构体要比反式异构体有更强的保留。此外，溶质的保留还与吸附剂的表面结构，即吸附中心的几何排布有关。当溶质的具有一定几何形状的官能团与吸附剂表面的活性中心平行排列时，其吸附作用最强。因此液固色谱法呈现出对结构异构体和几何异构体良好的选择性，对芳烃异构体及卤代烷的同分异构体也显示良好的分离能力。

2. 分离度

当进行色谱分析时，样品中两个相邻组分（1,2）的分离度 R，可按下式计算：

$$R = \frac{\sqrt{n_2}}{4} \times \frac{a_{2/1} - 1}{a_{2/1}} \times \frac{k_2}{1 + k_2}$$

式中，n_2 为以第二组分计算的色谱柱的理论塔板数；$a_{2/1}$ 为两个相邻组分的调整保留值之比，称分离因子；k_2 为第二组分的容量因子。

由上式可知，影响 R 数值大小的主要有三个因素，即柱效、分离因子和容量因子。如果考虑以影响分离度的因素来作为流动相的溶剂选择依据，首先应排除一些物理性质（沸点、黏度、紫外吸收等）不适于在液相色谱中使用的溶剂，另还需选择洗脱强度适当的溶剂，即选择能使被分析样品中组分的容量因子（k）值保持在最佳（$1\sim10$）的溶剂。对含多组分的样品，k 值可扩展在 $0.5\sim20$ 之间。进一步选择能将样品中不同组分分离开且能使每两个相邻组分的分离因子 $a_{2/1}$ 大于 1.05 的溶剂，以获得具有满意分离度的分析结果。当选择了能够提供适用 k 值和 a 值的溶剂作为液相色谱的流动相后，还必须与能提供高理论塔板数的色谱柱相组合，才能使样品中不同组分的分离达到所期望的分离度。

三、高效液相色谱仪器组成

高效液相色谱仪可分为分析型和制备型两类，虽然它们的性能各异、应用范围不同，但其基本组件是相似的，它通常由以下六部分组成：输液系统（包括贮液瓶及流动相、高压输液泵及梯度洗脱装置）、进样系统、分离系统、检测系统、记录与数据处理系统和柱温控制系统。其中输液泵、色谱柱、检测器是关键部件。有的仪器还有在线脱气机、自动进样器、预柱或保护柱等，现代 HPLC 仪还有微机控制系统，进行自动化仪器控制和数据处理。制备型HPLC 仪还备有自动馏分收集装置。

（一）输液系统

1. 贮液瓶及流动相

贮液瓶是盛放液相色谱流动相的容器，一般由不锈钢、玻璃、氟塑料或特种塑料聚醚醚酮（PEEK）制成。贮液瓶放置位置要高于泵体，以便保持一定的输液静压差。在高效液相色谱分析中，正相色谱一般以己烷作为流动相主体，用二氯甲烷、氯仿、乙醚等调节其洗脱强度；反相色谱以水作为流动相主体，以甲醇、乙腈、四氢呋喃等调节其洗脱强度。通常高效液相色谱要求使用色谱级试剂。

正相色谱中使用的己烷、二氯甲烷、氯仿、乙醚中经常含微量的水分，其会改变液固色谱柱的分离性能，使用前应过分子筛柱脱去微量水分，反相色谱中使用的甲醇、乙腈、四氢呋喃不必脱除微量水；反相色谱中作为流动相的水，应使用高纯水或二次蒸馏水；甲醇、乙腈、四氢呋喃使用前可以经硅胶柱净化，除去具有紫外吸收的杂质，以降低基线信号；四氢呋喃中含抗氧剂，且长期放置会产生易爆的过氧化物，使用前应用 10% KI 溶液检验是否有过氧化物（若有会生成黄色 I_2），最好使用新蒸馏出的四氢呋喃。

在高效液相色谱分析中，除了固定相对样品的分离起主要作用外，流动相的恰当选择对改善分离效果也产生重要的辅助效应。从实用角度考虑，选用的作为流动相的溶剂应当价廉、容易购得、使用安全且纯度要高。除此之外，还应满足高效液相色谱分析的下述要求：

（1）用作流动相的溶剂应与固定相不互溶，并能保持色谱柱的稳定性；所用溶剂应有高纯度，以防所含微量杂质在柱中积累，引起柱性能的改变。

（2）选用的溶剂性能应与所使用的检测器相匹配。如使用紫外吸收检测器，则不能选用在检测波长有紫外吸收的溶剂。

（3）选用的溶剂应对样品有足够的溶解能力，以提高测定的灵敏度。

（4）选用的溶剂应具有低黏度和适当低的沸点。使用低黏度溶剂，可减小溶质的传质阻力，利于提高柱效。另外，从制备、纯化样品考虑，低沸点的溶剂易用蒸馏方法从柱后收集液中除去，利于样品的纯化。

（5）应尽量避免使用具有显著毒性的溶剂，以保护操作人员的安全。

高效液相色谱法中常用溶剂的性质如表 9-13 所示。

表 9-13　高效液相色谱法中常用溶剂的性质

溶剂	沸点/℃	分子量	相对密度（20℃）/(g/mL)	相对介电常数（20℃）	动力黏度/(mPa·s)	折射率	UV吸收截止波长/nm	水溶性（20℃）/(g/100g)
全氟烃	50			1.88	0.40	1.267	210	
正戊烷	36	72.1	0.629	1.84	0.22	1.355	195	0.010
正己烷	69	86.2	0.659	1.88	0.30	1.372	190	0.010
正庚烷	98	100.2	0.662	1.92	0.40	1.385	195	0.010
环己烷	81	84.2	0.779	2.02	0.90	1.423	200	0.012
四氯化碳	77	153.8	1.590	2.24	0.90	1.457	265	0.008
三乙胺	89.5	101.1	0.728	2.4	0.36	1.401		
异丙醚	68	102.06	0.724	3.9	0.38	1.365	220	0.62
间二甲苯	139	106.2	0.864	2.3	0.62	1.500	290	
对二甲苯	138	106.2	0.864	2.3	0.60	1.493	290	
苯	80	78.1	0.879	2.3	0.60	1.498	280	0.058
甲苯	110	92.1	0.866	2.4	0.55	1.494	285	0.046
乙醚	35	74.1	0.713	4.3	0.24	1.350	218	1.30
二氯甲烷	40	84.9	1.336	8.9	0.41	1.421	233	0.17
1,2-二氯乙烷	83	96.9	1.250	10.4	0.78	1.442	228	0.16
异丙醇	82	60.1	0.786	20.3	1.9	1.384	205	互溶
叔丁醇	82			12.5	3.60	1.385		混溶
正丙醇	97	60.1	0.800	20.3	1.90	1.385	205	互溶
正丁醇	118	74.04	0.810	17.5	2.60	1.397	210	20.1
四氢呋喃	66	72.1	0.880	7.6	0.46	1.405	212	互溶
乙酸乙酯	77	88.1	0.901	6.0	0.43	1.370	256	9.8
氯仿	61	119.4	1.500	4.8	0.53	1.443	245	0.072
甲乙酮	80	72.1	0.805	18.5	0.38	1.376	329	23.4
二氧六环	101	88.1	1.033	2.2	1.20	1.420	215	互溶
吡啶	115	79.05	0.983	12.4	0.88	1.507	305	互溶
硝基乙烷	114	75.07	1.045		0.64	1.390	380	0.90
丙酮	56	58.1	0.818	20.7	0.30	1.356	330	互溶
乙醇	78	46.07	0.789	24.6	1.08	1.359	210	互溶
乙酸	118	60.05	1.049	6.2	1.10	1.370	230	互溶

溶剂	沸点/℃	分子量	相对密度（20℃）/(g/mL)	相对介电常数（20℃）	动力黏度/(mPa·s)	折射率	UV 吸收截止波长/nm	水溶性（20℃）/(g/100g)
乙腈	82	41.05	0.782	37.5	0.34	1.341	190	互溶
二甲基甲酰胺	153	73.1	0.949	36.7	0.80	1.428	268	互溶
二甲基亚砜	189	78.02		4.7	2.0	1.477	268	互溶
甲醇	65	32.04	0.796	32.7	0.54	1.326	205	互溶
硝基甲烷	101	61.04	1.394		0.61	1.380	380	2.1
乙二醇	182	62.02		37.7	16.5	1.431		互溶
甲酰胺	210	45.01			3.3	1.447	210	互溶
水	100	18.0	1.000	78.5	0.89	1.333	180	

流动相在进泵前必须进行过滤和脱气。过滤是用液相色谱专用过滤器经过 0.45μm 滤膜过滤（水膜和油膜不能混用），目的是除去溶剂中的机械杂质，防止管路阻塞。对输出流动相的连接管路，其插入储液罐的一端通常连有孔径为 0.45μm 的多孔不锈钢过滤器或由玻璃制成的专用膜过滤器。过滤器的滤芯是用不锈钢烧结材料制造的，孔径为 2～3μm，耐有机溶剂的侵蚀。若发现过滤器堵塞（发生流量减小的现象），可将其浸入稀 HNO_3 溶液中，在超声波清洗器中用超声波振荡 10～15min，即可将堵塞的固体杂质洗出。若清洗后仍不能达到要求，则应更换滤芯。市售储液罐中使用的溶剂过滤器如图 9-21 所示。

脱气的目的是防止气泡影响色谱柱的分离效率和检测基线的稳定性。另外，防止溶解在流动相中的氧与流动相、固定相或样品发生化学反应。常用的脱气方法有加热法、抽真空法、吹氦脱气法和超声波脱气法，以超声波脱气法最为方便。以上几种方法均为离线（off-line）脱气法，随流动相存放时间的延长又会有空气重新溶解到流动相中。还有一种在线真空脱气法（online degasser），即把真空脱气装置接到贮液系统中，并结合膜过滤器，实现流动相在进入输液泵前的连续真空脱气。在线真空脱气法的脱气效果明显优于离线脱气法，并适用于多溶剂体系。

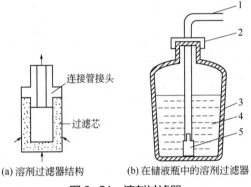

图 9-21　溶剂过滤器
1—聚四氟乙烯管；2—上盖；3—储液瓶；
4—流动相；5—溶剂过滤器

（连接管接头；过滤芯）
（a）溶剂过滤器结构　（b）在储液瓶中的溶剂过滤器

在使用过程中，贮液瓶一定要盖严，防止溶剂蒸发以及由于蒸发而引起的混合溶剂组成的变化，同时防止二氧化碳和氧气等气体重新溶于已脱气的溶剂中。

2. 高压输液泵及梯度洗脱装置

高压输液泵的功能是将贮液瓶中的流动相以高压、恒流形式连续不断地送入色谱柱，使样品在色谱柱中快速地完成分离过程。

输液泵是 HPLC 系统中最重要的部件之一。泵的性能好坏直接影响整个系统的质量和分析结果的可靠性。输液泵应具备如下性能：

（1）密封性能好，泵体材料耐化学腐蚀；

（2）能在高压下连续工作，通常要求耐压 40～50MPa/cm²，能在 8～24h 连续工作；

（3）输出流量范围宽，分析型应在 0.1～10mL/min 范围内连续可调，制备型应能达到 100mL/min；

（4）流量稳定、重复性高，其 RSD 应＜0.5%，这对定性、定量的准确性至关重要。

高效液相色谱仪中所用的泵可分成两类：恒压泵和恒流泵。恒压泵主要指气动放大泵，泵出口压力在系统中是恒定的，流速由柱的阻力决定。恒流泵有螺旋注射泵、柱塞往复泵和隔膜往复泵，这类泵输出的溶剂流量是恒定的，柱前的压力由柱后的阻力确定。应该指出，这里说的恒压或液体的恒流泵是指泵的工作原理，并不完全表明泵的操作方式。借助于电子控制电路，往复泵和柱塞泵也可按恒压方式操作，唯有气动放大泵只能恒压操作。

梯度洗脱是使用两种或两种以上不同极性的溶剂作流动相，在洗脱过程中连续或间断改变流动相的组成，使每个流出的组分都有合适的容量因子 k，并使样品中的所有组分可在最短的分析时间内流出，以合适的分离度获得分离。

梯度洗脱技术可以改善分离效果，缩短分析时间，并可改善检测器的灵敏度，适用于组成复杂的样品分离。当样品中第一个组分的 k 值和最后一个组分的 k 值相差几十倍至上百倍时，使用梯度洗脱的效果特别好。梯度洗脱类似于气相色谱中使用的程序升温技术，现已在高效液相色谱法中获得广泛的应用。梯度洗脱分为低压梯度和高压梯度两种操作方式。低压梯度是在泵前将两种溶剂混合成不同比例的流动相，在不同时间将其泵入色谱柱进行组分分离。高压梯度是用多元泵，每个泵分别将一种溶剂泵入混合器中，高压下混合后进入色谱柱进行组分分离。高压梯度自动化程度高，混合迅速，效果好，但需要多元泵同时工作，费用高。

使用梯度洗脱技术应注意如下几点：①选用混合溶剂作流动相时，不同溶剂间应有较好的互溶性；②样品应在每个梯度的溶剂中都能溶解；③每次分析结束后，要用梯度返回起始的流动相组成；④进行下次分析之前，色谱柱要用起始流动相进行平衡，然后再开始新的一次梯度洗脱。

（二）进样系统

高效液相色谱仪多采用定量六通阀进样，阀内装有环形定量管，样品溶液在常压下用注射器注入定量管，再靠转动阀门，在保持高压不停流状态下将样品送入流路系统。

如图 9-22，当进样阀手柄置"取样（load）"位置时，用特制的平头注射器吸取比定量管体积稍多的样品，从图 9-22（a）中"6"处注入定量管，多余的样品由"5"排出。再将进样样品阀手柄快速转到"进样（injection）"位置，流动相携带样品进入色谱柱。

进样方式有部分装液法和完全装液法两种。部分装液法进样量最多为定量管体积的 75%，并且要求每次进样体积准确、相同。完全装液法进样量最少为定量管体积的 3～5 倍，这样才能完全置换定量管内残留的溶液，达到所要求的精密度及重现性。由于定量阀装样量准确，重复性好，且能耐 20MPa 高压，高效液相色谱法用外标法定量的准确度已能满足农药分析的要求。

自动进样器是由计算机自动控制定量阀，按预先编制注射样品的操作程序工作。取样、进样、复位、样品管路清洗和样品盘的转动全部按预定程序自动进行，一次可进行几十个或上百个样品的分析。自动进样的样品量可连续调节，进样重复性高，适合大量样品分析，节省人力，可实现自动化操作。

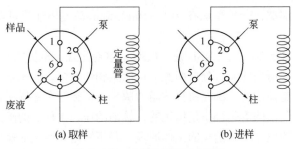

(a) 取样　　　　　　　　　　(b) 进样

图 9-22　六通阀进样示意图

（三）分离系统

色谱分离系统是高效液相色谱的重要组成部分，色谱柱由柱管、填料、密封环、过滤片、柱头等构成，对填料质量和装柱技术有严格的要求。

1. 柱材料

常用内壁抛光的不锈钢管作色谱柱的柱管以获得高柱效。使用前柱管先用氯仿、甲醇、水依次清洗，再用 50%的 HNO_3 对柱内壁作钝化处理。钝化时使 HNO_3 在柱管内至少滞留 10min，以在内壁形成钝化的氧化物涂层。

2. 柱规格与种类

商品色谱柱有分析柱、分析制备柱、制备柱、细口径分析柱和毛细管分析柱等种类。尺寸规格也不同：常规分析柱（常量柱），内径 2～5mm（常用 4.6mm，国内有 4mm 和 5mm），柱长 10～30cm；细口径分析柱，内径 1～2mm，柱长 10～20cm；毛细管柱（又称微柱，microcolumn），内径 0.2～0.5mm；半制备柱，内径＞5mm；实验室制备柱，内径 20～40mm，柱长 10～30cm；生产制备柱内径可达几十厘米。

固定相可分为极性和非极性两大类。极性固定相主要为多孔硅胶（酸性）、氧化镁、硅酸镁分子筛（碱性）等。非极性固定相为高强度多孔微粒活性炭，近来开始使用多孔石墨化碳黑以及高分子聚合物基体（如苯乙烯-二乙烯基苯共聚微球，丙烯酸酯或甲基丙烯酸酯的聚合物微球）和脲醛树脂微球包覆固定相。

硅胶是至今在液相色谱法中最广泛应用的极性固定相。硅胶具有以下特性：

（1）硅胶可制成不同形态的各种微球，如非多孔粒子（nonporous particles, NPP）；全多孔粒子（total porous particles, TPP）；表面多孔粒子（ superficially porous particles, SPP）；双重孔径粒子（bimodal porous particles, BPP）和庞大多孔粒子（giga-porous particles, GPP）。

（2）硅胶可制成具有不同粒径和不同孔径的各种微粒。如亚-2μm（1.1～1.9μm）、亚-3μm（2.5～2.7μm）、3μm、3.5μm、5μm、10μm 至 40μm 的各种粒径的粒子，它们的孔径可达 6.0～400μm。

（3）硅胶表面存在的硅醇基，使它易于进行多种共价化学反应，对其表面进行改性处理，可制成品种繁多的键合固定相。

（4）通过无机-有机杂化反应，进行物理增强，可制成耐压超过 1000bar（1bar=0.1MPa）、具有高机械强度的亚-2μm 的全多孔球形硅胶粒子。

（5）可利用特定的反应条件，生产粒径分布很窄的高度均一性粒子，可降低色谱峰的谱带扩展，提高色谱柱的柱效。

（6）它作为固相吸附剂或固定相载体，在 HPLC 分析中能适应各种溶剂（如水和多种有机溶剂）的洗脱。

硅胶在酸性和中性水溶液中是稳定的，但当 pH>8.0 以后，它会逐渐溶解，这是硅胶的唯一不足之处，但是至今为止，在 HPLC 填料中，它仍是最令人满意的填充介质。

固定相基体表面活化后，可与硅烷偶联剂或专用化学试剂反应，经化学键合制成非极性烷基（C_4、C_8、C_{18}、C_{30}）和苯基固定相；弱极性的酚基、醚基、二醇基、芳硝基固定相和极性的氰基、氨基、二氨基固定相；具有磺酸基和季氨基的离子色谱固定相；具有不同孔径、可进行凝胶渗透或过滤的体积排阻色谱固定相。粒径约 3μm 的非多孔球形硅胶或二氧化锆装填 3～5cm 的短柱可用于快速分析。常规色谱柱经原位聚合方法，可制成二氧化硅基体或高聚物基体，如聚丙烯酰胺、聚甲基丙烯酸酯等连续整体柱。它们具有良好的渗透性，可对生物大分子，如核酸和蛋白质，实现快速分析。粒径 1～1.5μm 的非多孔硅胶和二氧化锆已用于超高压毛细管柱液相色谱，实现了对多种样品的高效、快速分离。

不同公司使用的代码不同，下面以 YMC 公司的色谱柱为例，对反相柱、正相柱进行介绍。

（1）C_{18} 反相柱（ODS）　C_{18} 反相柱分为 ODS-A、ODS-AM、ODS-AL、ODS-AQ、Pro C_{18}、Pro C_{18} RS、Hydrosphere C_{18}、Polymer C_{18} 等。其中 ODS-A 类柱（包括 ODS-AM 和 ODS-AL）是适用于极性、中等极性、非极性药物分析的通用柱；ODS-AM 是对载体硅胶上的硅醇基进行钝化处理的 ODS-A 柱；ODS-AL 是没有封端的高碳含量单层 C_{18} 相，载体表面有残存硅醇基，以分配和吸附以及氢键等混合方式分离，对极性化合物有独特的选择性，在特殊情况下使用。胺类或一些有碱性基团的化合物由于发生拖尾，不推荐使用此柱。

ODS-AQ 使用了亲水 C_{18} 表面，对极性化合物保留能力强，在水流动相中性能稳定，适用于强极性化合物、药物分析。

Pro C_{18} RS 柱是高选择性、高碳含量聚合物型的 ODS 柱，具有优良的分离碱性化合物的能力。

Hydrosphere C_{18} 柱的特点是利用一种高惰性超纯的 pH 中性的硅胶作为载体，同时使用了"亲水 C_{18}"表面，提高了极性物质的选择性，适合通常的反相体系和高含量水的样品，在需要 LC-MS 联用时，使用该柱可不需要离子对试剂和缓冲液体系。此外，分离极性化合物时，在高水流动相下使用不会使保留时间改变，提高塔板数和改善峰形，可分析碱性化合物和异构体等。

Polymer C_{18} 柱由亲水的甲基丙烯酸酯聚合物键合疏水的 18 硅烷 ODS 制备得到，没有硅醇基，并加强了对芳香化合物的选择性。Polymer C_{18} 柱和所有的 ODS 柱所使用的标准反相溶剂都相溶，但比硅胶基 ODS 柱有更广泛的 pH 范围（pH 为 1～13）。酚、苯胺、高 pH 肽、药物、季铵盐等都可以采用 Polymer C_{18} 色谱柱分析。

（2）非 ODS 反相柱　非 ODS 反相柱分为 C_8、C_4、Ph（苯基柱）、CN、Basic（碱性柱）、TMS 等类型。在反相色谱分离中，由于使用疏水性的固定相，保留时间通常直接取决于固定相的碳数多少，其顺序为：ODS>C_8>C_4>TMS。低疏水性的固定相可用于降低分析时间，尤其是在 ODS 柱上具有太长保留时间的样品，可以用小碳数反相柱进行分析。Ph（苯基柱）用于一般反相柱难分离的化合物；TMS 柱是最低疏水性的反相填料，用于水溶性维生素等的分离。

（3）正相柱　正相柱分为 SIL、CN、Diol、NH_2 等类型。SIL 是正相硅胶柱，由高纯度硅胶制得。CN 柱（氰基柱）正相和反相都可以用，但在采用不同的分离模式时，洗脱的次序不同，是极性最强的反相柱，在所有反相色谱柱中，极性最强、保留最低。当疏水性十分强的化合物用标准的 C_{18}、C_8 柱和典型的反相洗脱液不能洗脱时，可用氰基柱作色谱分析。此外氰基柱提供了与 C_{18}、C_8 和苯基等反相柱不同的选择性。在正相模式中，氰基键合相可以替代硅胶。键合正相柱有快速平衡和比非衍生硅胶表面活性更一致的特点。为延长柱的寿命，交替调换正相、反相的洗脱剂是应该避免的。

Diol 相对正相分离的硅胶具有丰富的选择。由于在二醇基上的亲水键不如纯硅上的硅醇基强，所以羟基提供了优越的选择性。

氨基柱是将丙氨基单体键合到高比表面积的球形硅胶载体上而制得的。胺官能团允许在正相条件下分析极性化合物。

农药分析中使用频率最高的反相色谱柱是 ODS 柱或 C_{18} 柱，正相柱一般为硅胶柱。

3. 保护柱

为延长色谱柱的使用寿命，在分析柱前可连接一根 3～5cm 长的保护柱，内装与分析柱性能相同或相近的填料和 0.2μm 的过滤片。保护柱可防止来自流动相和样品中的微粒对色谱柱发生的堵塞现象，还可以避免分析柱内固定相被污染。保护柱使用一段时间后要更换。

保护柱是内径为 1.0mm、2.1mm、3.2mm、4.6mm，长 7.5mm、10mm 的短填充柱，通常填充有与分析柱相同的填料（固定相），可看作是分析柱的缩短形式，安装在分析柱前。其作用是收集、阻断来自进样器的机械和化学杂质，以保护和延长分析柱的使用寿命。一根 1cm 长的保护柱就能提供充分的保护作用。若选用较长的保护柱，可降低污染物进入分析柱的机会，但会引起谱带扩张。因此选择保护柱的原则是在满足分离要求的前提下，尽可能选择对分离样品保留低的短保护柱。

保护柱也可装填和分析柱不同的填料，如较粗颗粒的硅胶（10～15μm）或聚合物填料，但柱体积不宜过大，以降低柱外效应的影响。

保护柱装填的填料较少，价格较低，仅为分析柱价格的 1/10，其为消耗品。通常柱压力呈现增大的趋向，就是需要更换保护柱的信号。

4. 色谱柱的维护

高效液相色谱柱若使用不当，会出现柱理论塔板数下降、色谱峰形变坏、柱压力降增大、保留时间改变等不良现象，从而大大缩短色谱柱的使用寿命。因此，试验中要设法排除缩短柱寿命的因素。

（1）色谱柱的平衡　商品反相色谱柱是保存在乙腈-水中的，在贮存或运输过程中固定相可能会因干化而引起键合相的空间结构发生变化。因此，新的色谱柱在用于分析样品之前，需要充分平衡色谱柱。平衡的方法是以纯乙腈或甲醇作流动相，首先用低流速（0.2mL/min）将色谱柱平衡过夜（请注意断开检测器），然后将流速增加到 0.8mL/min 冲洗 30min。平衡过程中，应缓慢提高流速直到获得稳定的基线，这样可以保证色谱柱的使用寿命，并且保证在以后的使用中，获得良好的重现性。

分析时使用的流动相必须和乙腈-水互溶。如果使用的流动相中含有缓冲盐，应注意首先用 20 倍柱体积的 5%的乙腈-水流动相"过渡"，然后使用分析样品的流动相直至得到稳定的基线。

正相色谱柱的硅胶柱或极性色谱柱需要更长的平衡时间。商品正相色谱柱是保存在正庚烷中的，如果极性色谱柱需要使用含水的流动相，必须在使用流动相之前用乙醇或异丙醇平衡。

(2) 色谱柱的保护

① 为了保护色谱柱，一般在分析柱前连接一个小体积的保护柱。保护柱内径 2~3mm，长不超过 3cm，使用与分析柱相同的固定相。当一些对色谱柱具有破坏性的化合物无意中带入色谱柱时，保护柱被破坏，而分析柱受到保护。

② 在色谱柱使用过程中，应避免突然变化的高压冲击。高压冲击往往来自一些不当的操作，如使用进样阀进样时，手柄转动速度过于缓慢，流动相流速变化过猛等。

③ 对硅胶基体的键合固定相，流动相的 pH 值应保持在 2.5~7.0 之间。具有高 pH 值的流动相会溶解硅胶，而使键合相流失。

④ 用水溶性流动相时，为防止微生物繁殖引起柱阻塞，每次要换新水。

（四）检测系统

高效液相色谱仪中的检测器是三大关键部件（高压输液泵、色谱柱、检测器）之一，主要用于检测经色谱柱分离后的组分浓度的变化，并由记录仪绘出谱图来进行定性、定量分析。一个理想的液相色谱检测器应具备以下特征：灵敏度高；对所有的溶质都有快速响应；响应对流动相流量和温度变化都不敏感；线性范围宽；适用的范围广；重复性好。常用的检测器为紫外吸收检测器（UVD）、荧光检测器（FLD）和质谱检测器。

1. 紫外检测器

紫外检测器（ultraviolet detector, UVD）是高效液相色谱仪中使用最广泛的一种检测器，可分为固定波长、可变波长和二极管阵列检测三种类型。其检测波长一般为 190~400nm，也可延伸至可见光范围（400~700nm）。紫外检测器的检测原理基于朗伯-比尔定律。

（1）固定波长紫外检测器　固定波长紫外检测器的结构如图 9-23 所示，由低压汞灯提供固定波长的紫外线（如 254nm）。由低压汞灯发出的紫外线经入射石英棱镜准直，再经遮光板分为一对平行光束分别进入流通池的测量臂和参比臂。经流通池吸收后的出射光，经过遮光板、出射石英棱镜及紫外滤光片，只允许 254nm 的紫外线被双光电池接收。双光电池检测的光强度经过数字放大器转化成吸光度后，经放大器输送至记录仪。为减少死体积，流通池的体积很小，为 5~10μL，光路 5~10mm，结构有 Z 形和 H 形。此检测器结构紧凑、造价低、操作维修方便、灵敏度高，适于梯度洗脱。

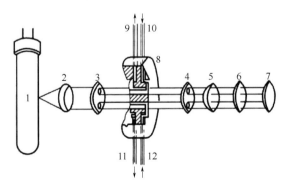

图 9-23　固定波长紫外吸收检测器结构示意图

1—低压汞灯；2—入射石英棱镜；3,4—遮光板；5—出射石英棱镜；6—滤光片；7—双光电池；

8—流通池；9,10—测量臂的出口和入口；11,12—参比臂的出口和入口

（2）可变波长紫外检测器　可变波长紫外检测器（图 9-24）采用氘灯作光源，波长在 190～600nm 范围内可连续调节。光源发出的光经聚光透镜聚焦，由可旋转组合滤光片滤去杂散光，再通过入口狭缝至平面反射镜 M_1，经反射到达光栅，光栅将光衍射色散成不同波长的单色光，当某一波长的单色光经平面反射镜 M_2 反射至光分束器时，透过光分束器的光通过样品流通池，最终到达检测样品的测量光电二极管；被光分束器反射的光到达检测基线波动的参比光电二极管；获得的测量和参比光电二极管的信号，即为样品的检测信息。这种可变波长紫外吸收检测器的设计，使它在某一时刻只能采集某一特定的单色波长的吸收信号。可变波长紫外吸收检测器，由于可选择的波长范围很大，既提高了检测器的选择性，又可选用组分的最灵敏吸收波长进行测定，提高了检测的灵敏度。

（3）二极管阵列检测器　二极管阵列检测器（diode array detector, DAD）是 20 世纪 80 年代发展起来的一种新型紫外吸收检测器，它与普通紫外吸收检测器的区别在于进入流通池的不再是单色光，获得的检测信号不是在单一波长上的，而是在全部紫外线波长上的色谱信号。因此它不仅可进行定量检测，还可提供组分的光谱定性的信息。其结构如图 9-25 所示，采用氘灯光源，光源发出的复合光经消除色差透镜系统聚焦后，照射到流通池上，透过光经全息凹面衍射光栅色散后，投射到一个由 1024 个二极管组成的二极管阵列上而被检测。此光学系统称为"反置光学系统"，不同于一般紫外吸收检测器的光路，其中三极管阵列检测元件，可由 1024（512 或 211）个光电二极管组成，可同时检测 180～600nm 的全部紫外线和可见光的波长范围内的信号。由 1024 个光电二极管构成的阵列元件，可在 10ms 内完成一次检测。它可绘制出随时间（t）的变化进入检测器液流的光谱吸收曲线-吸光度（A）随波长（λ）变化的曲线，因而可由获得的 A、λ、t 信息绘制出具有三维空间的立体色谱图，可用于被测组分的定性分析及纯度测定。全部检测过程由计算机控制完成。

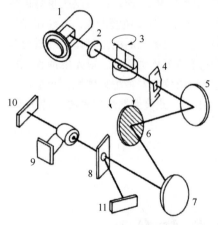

图 9-24　可变波长紫外吸收
检测器结构示意图

1—氘灯；2—聚光透镜；3—可旋转组合滤光片；4—入口狭缝；5—反射镜 M_1；6—光栅；7—反射镜 M_2；8—光分束器；9—样品流通池；10—测量光电二极管；11—参比光电二极管

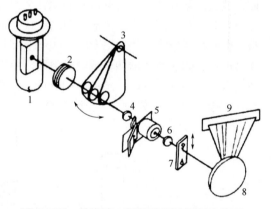

图 9-25　单光路二极管阵列检测器光路图

1—氘灯；2—消色差透镜；3—光闸；4,6—光学透镜；5—样品流通池；7—狭缝；8—全息凹面衍射光栅；9—二极管阵列

2. 荧光检测器

荧光检测器（fluorescence detector，FLD）是利用某些溶质在受紫外线激发后，能发射可见光（荧光）的性质来进行检测。它是一种具有高灵敏度和高选择性的检测器，灵敏度比紫

外检测器高 100 倍。对不产生荧光的物质,可使其与荧光试剂进行柱前或柱后反应,制成可产生荧光的衍生物进行测定。

高效液相色谱仪直角型荧光检测器见图 9-26,其激发光光路和荧光发射光路是相互垂直的。激发光光源常用氙灯,可发射 250~600nm 连续波长的强激发光。光源发出的光经透镜、激发单色器后,分离出具有确定波长的激发光,聚焦在流通池上,流通池中的溶质受激发后产生荧光。为避免激发光的干扰,只测量与激发光成 90°方向的荧光,此荧光强度与被测溶质的浓度成正比。此荧光通过透镜聚光,再经发射单色器,选择出所需要检测的波长,聚焦在光电倍增管上进行检测。

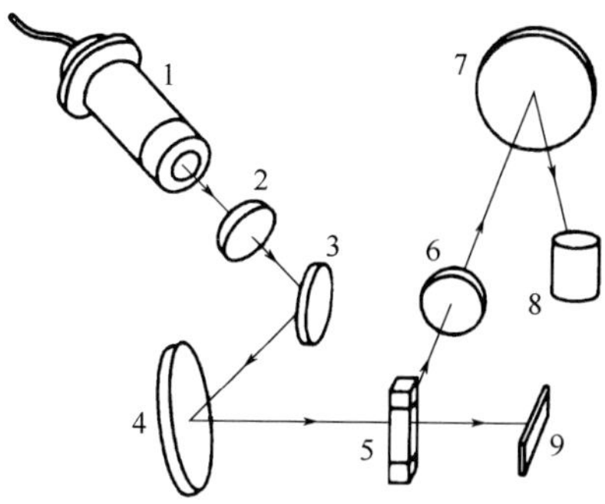

图 9-26　高效液相色谱仪直角型荧光检测器光路图

1—氙灯;2—聚光透镜;3—反射镜;4—激发光光栅单色器;5—样品流通池;6—发射光光栅;7—单色器;8—光电倍增管;9—光二极管(UV 吸收检测)

3. 其他检测器

HPLC 常用检测器中还有示差折光检测器、电化学检测器(电导检测器和安培检测器)、蒸发光散射检测器和质谱检测器等。示差折光检测器是一种通用型浓度检测器,不能用于梯度洗脱;电导检测器是一种选择性检测器,用于检测阳离子或阴离子,主要用于离子色谱法,不能用于梯度洗脱;安培检测器用于能氧化、还原的物质,灵敏度很高;蒸发光散射检测器是一种通用型质量检测器,对所有固体物质(检测时)均有几乎相等的响应,检测限低,可用于挥发性低于流动相的任何样品组分,可用于梯度洗脱;高效液相色谱与质谱检测器联用(HPLC-MS)是复杂基质中痕量分析的首选方法,可用于定性和定量分析,应用已越来越广泛。

四、衍生化技术

当前在高效液相色谱法中,最常用的高灵敏度检测器是荧光检测器和紫外检测器,但它们只能检测有紫外吸收或在紫外线照射下产生荧光的、具有特定化学结构的化合物。为了使在这些检测器上响应值很小的化合物也能被检测出来,近年发展了多种衍生化方法,使胺、氨基酸、羧酸、醇、醛、酮等有机化合物,通过与衍生化试剂反应,生成可吸收紫外线或产生荧光的化合物,然后使用 UVD 或 FLD 检测。

衍生化反应进行的方法,分为柱前衍生化与柱后衍生化两种。

(一) 柱前衍生化

在色谱分析之前,使样品与衍生化试剂反应,待转化成衍生物之后,再向色谱系统进样,进行分离和检测。用于柱前衍生的样品有以下几种情况:

(1) 使原来不能被检测的组分,经衍生化反应,键合上发色基团而能被检测出来。

(2) 仅使样品中某些组分与衍生化试剂选择性地发生反应,而与样品中其他组分分离开。

(3) 通过衍生化反应,改变样品中某些组分的性质,改变它们在色谱柱中的保留行为,以利于定性鉴定或改善分离效果。

柱前衍生化的优点是不严格限制衍生化的反应条件,如反应时间的长短、使用反应器的形式等。其缺点是衍生反应后可能产生多种衍生化产物,而使色谱分离复杂化。

（二）柱后衍生化

　　样品注入色谱柱并经分离，在柱出口各组分由色谱柱流出后，与衍生化试剂混合，并进入环管反应器，在短时间内完成衍生化反应，生成的衍生化产物再进入检测器检测。使用本法时必须选用快速的衍生化反应，否则短时间内反应不能进行完全。此外，柱后至检测器之间使用环管反应器的体积要非常小，否则会引起峰形扩展而降低分离度。

　　进行衍生化反应使用的试剂可分为两大类，第一类是衍生化反应产物可用于紫外检测的，表 9-14 列出了用于胺、氨基酸、羧酸、醇、醛、酮的常用紫外衍生化试剂。第二类是衍生化反应产物可用于荧光检测的，表 9-15 列出了用于氨基酸、胺、醇、羧酸、酮的常用荧光衍生化试剂。

表 9-14　常用的紫外衍生化试剂

化合物类型	衍生化试剂		最大吸收波长（λ_{max}）/nm	摩尔吸光系数 ε_{254}
	名称	结构		
RNH$_2$ 及 RR'NH	2,4-二硝基氟苯	O_2N—⬡—NO_2，F	350	$>10^4$
	对硝基苯甲酰氯	O_2N—⬡—COCl	254	$>10^4$
	对甲基苯磺酰氯	H_3C—⬡—SO_2Cl	224	10^4
	N-琥珀酰亚胺对硝基苯乙酸酯	O_2N—⬡—CH$_2$—COON（琥珀酰亚胺）		
RCH—NH$_2$，COOH	异硫氰酸苯酯	⬡—N=C=S	244	10^4
RCOOH	对硝基苄基溴	O_2N—⬡—CH$_2$Br	265	6200
	对溴代苯甲酰甲基溴	Br—⬡—COCH$_2$Br	260	1.8×10^4
	萘酰甲基溴	⬡⬡—COCH$_2$Br	248	1.2×10^4
	对硝基苄基-N,N 异丙基异脲	O_2N—⬡—CH$_2$—O—C=NCH(CH$_3$)$_2$，NHCH(CH$_3$)$_2$	265	6200
ROH	3,5-二硝基苯甲酰氯	O_2N—⬡（3,5-二NO$_2$）—COCl		10^4
	对甲氧基苯甲酰氯	H_3CO—⬡—COCl	262	1.6×10^4
RCOR'	2,4-二硝基苯肼	O_2N—⬡（NO$_2$）—NHNH$_2$	254	
	对硝基苯甲氧胺盐酸盐	O_2N—⬡—CH$_2$ONH$_2$·HCl	254	6200

表 9-15　常用的荧光衍生化试剂

化合物类型	衍生化试剂		激发波长/nm	发射波长/nm
	名称	结构		
RCH—COOH 　∣ 　NH₂ RNH₂	邻苯二甲醛	(结构：CHO/CHO 苯环)	340	455
RCH—COOH 　∣ 　NH₂ RNH₂	荧光橙	(结构)	390	475
RCH—COOH 　∣ 　NH₂ RNH₂ RR'NH C₆H₅—OH R—OH	丹酰氯	(结构：H₃C—N—CH₃ 萘环 SO₂Cl)	350~370	490~530
RCH—COOH 　∣ 　NH₂ RCH—COOH 　∣ —NH	芴代甲氧基酰氯（FMOC）	(结构：H₂C—O—CO—Cl 芴环)	260	310
RCH—COOH 　∣ 　NH₂	吡哆醛	(结构：HO, CHO, CH₂OH, H₃C 苯环)	332	400
R 　＼ 　C=O 　／ R	丹酰肼	(结构：H₃C—N—CH₃ 萘环 SO₂NHNH₂)	340	525
RCOOH	4-溴甲基-7-甲氧基香豆素	(结构：OCH₃, CH₂Br 香豆素)	365	420

五、农药高效液相色谱分析方法的建立

1. 一般原则

　　高效液相色谱法用于未知样品的分离和分析，主要采用吸附色谱、分配色谱、离子色谱和体积排阻 4 种基本方法；对生物分子或生物大分子样品还可采用亲和色谱法。当用高效液相色谱法去解决一个样品的分析问题时，可选择几种不同的 HPLC 方法，而不可能仅用一种 HPLC 方法去解决各式各样的样品分析问题。

一种高效液相色谱分析方法的建立是由多种因素来决定的，除了了解样品的性质及实验室具备的条件外，对液相色谱分离理论的理解、对前人从事过的相近工作的借鉴以及分析工作者自身的实践经验，都对分析方法的建立起着重要的影响。

通常在确定被分析的样品以后，要建立一种高效液相色谱分析方法必须解决以下问题：

（1）根据被分析样品的特性选择适用于样品分析的一种高效液相色谱分析方法。

（2）选择一根适用的色谱柱，确定柱的规格（柱内径及柱长）和选用的固定相（粒径及孔径）。

（3）选择适当的或优化的分离操作条件，确定流动相的组成、流速及洗脱方法。

（4）由获得的色谱图进行定性分析和定量分析。

被选择的分析方法应具备适用、快速、准确的特点，要能充分满足分析目的的需求，一般具有以下原则：

（1）分析时间要短　通常完成一个简单农药样品的分析时间控制在 10～30min 之内，若为多组分的复杂样品，分析时间应控制在 60min 以内。对分离组成复杂、由具有宽范围容量因子 k 值组分构成的混合物时，需用梯度洗脱技术，才能使样品中每个组分都在最佳状态下洗脱出来。

（2）分离度要高　在色谱分析中通常规定，当谱图中出现相邻组分的色谱峰重叠时，不能用这种方法对其中任何一种进行定量分析。色谱图中两个相邻色谱峰达到基线分离是进行定量分析的理想条件，这种情况下分离度 R=1.5。若分离度 R=1.0，表明两个相邻组分只分开 94%，可作为满足多组分优化分离的最低指标。当选定一种高效液相色谱方法时，通常很难将各组分间的分离度都调至最佳，只要能使少数几对难分离物质对的分离度达到 R=1.0 以上即可。若 R<1.0，仅呈半峰处分离，则应通过改变流动相组成或流速来调节分离效果。

2. 建立方法的步骤

（1）查阅参考方法。

（2）选择分离模式和检测器　任何一种分离方法都不是万能的，它们各适用于一定的分离对象，如分子量小于 2000 的化合物都可以用液相色谱分离，但必须具有紫外吸收的化合物才能在紫外检测器上检测出来。因此要根据农药的分子量、极性、溶解度、分子结构、解离情况等特性选择分离方法。

农药的分子量一般小于 2000，符合高效液相色谱的分离条件。根据农药的溶解度，将它们分为溶于水和不溶于水而溶于有机溶剂两大类。不溶于水、可溶于有机溶剂的农药还有非极性农药和极性农药之分。非极性农药的分离，尤其是对各异构体的分离，可选用液固吸附色谱或反相液液分配色谱法，而极性农药则只能使用反相液液分配色谱法。如果农药是溶于水的，还分为离子化合物和非离子化合物两类。离子化合物，如草甘膦、茅草枯（CH_3CCl_2COOH）、2,4-D 等，测定时可以使用离子对色谱法，选缓冲液为流动相。如茅草枯原药的分析采用 C_{18} 柱，流动相为 200mL 乙腈、1.6mL 正辛胺和 2.4g 磷酸氢二铵于 1L 水中，用稀磷酸将 pH 调至 7.0 的溶液，在 214nm 波长处用紫外检测器检测，使用固定进样环进样，以外标法定量。在此条件下，茅草枯与其他成分分开，其保留时间分别为：茅草枯 6.0min、氯乙酸 1.8min、2-氯丙酸 2.4min、二氯乙酸 3.5min、三氯乙酸 10.9min、2,2,3-三氯丙酸 11.9min。对于溶于水的非离子化合物，则选反相液液分配色谱法。实验表明，许多农药都可以使用反相液液分配色谱法。近年 CIPAC 推荐的啶虫脒、吡虫啉、阿维菌素、灭多威、辛硫磷、氧乐果、丁硫克百威等农药的测定方法都是使用反相键合相色谱。我国多菌灵原药的国家标准（GB/T 10501—2016《多菌灵原药》）也是采用反相键合相色谱，柱填充物为 Nova-Pak C_{18},

以甲醇+水+氨水为流动相，样品用冰醋酸溶解，使用定量进样阀将样品溶液注入色谱系统，用紫外检测器在 282m 检测，采用外标法定量。

对于农药对映异构体的分离，有利用手性固定相（CSP）分离和利用手性流动相（CMP）分离两种方法。王鹏等（2004）以纤维素-三（3,5-二甲基苯基氨基甲酸酯）涂敷于氨丙基硅胶上制成手性固定相，一定压力下装入色谱柱，制得手性色谱柱。选择添加异丙醇的正己烷为流动相，探讨了反式氯氰菊酯对映体的直接拆分。发现异丙醇体积分数为 1%时，250mm×4.6mm 柱室温下对反式氯氰菊酯对映体的分离度可达 2.55。杨丽萍等（2004）采用纤维素-三（3,5-二甲基苯基氨基甲酸酯）手性固定相（Chiralcel OD）和纤维素-三（4-甲基苯基甲酸酯）手性固定相（Chiralcel OJ），在正相高效液相（N-HPLC）模式下，基线拆分了两个系列共 13 个结构类似的三唑类手性化合物。

（3）选择流动相　正相高效液相色谱的流动相以烷烃类溶剂为主，加入适当的极性溶剂可以获得更好的分离度（R）值。乙醇是一种很强的调节剂，异丙醇和四氢呋喃较弱，三氯甲烷是中等强度的调节剂。反相色谱最常用的流动相及其冲洗强度为：H_2O＜甲醇＜乙腈＜乙醇＜丙醇＜异丙醇＜四氢呋喃。最常用的流动相组成是"甲醇-H_2O"和"乙腈-H_2O"。由于乙腈毒性高于甲醇，通常优先考虑"甲醇-H_2O"流动相。

流动相 pH 值对色谱柱性能和目标化合物的保留情形有一定的影响。以硅胶为基质的 C_{18} 填料，一般的 pH 值范围都在 2～8。流动相的 pH 值小于 2 时，会导致键合相的水解；当 pH 值大于 7 时硅胶易溶解。在反相色谱中常常需要向含水流动相中加入酸、碱或缓冲液，以使流动相的 pH 值控制在一定范围，抑制溶质的离子化，减少谱带拖尾，改善峰形，提高分离的选择性。例如在分析有机弱酸时，向流动相中加入适量甲酸（或乙酸、三氯乙酸、磷酸、硫酸），可获得对称色谱峰。对于弱碱样品，向流动相中加入三乙胺，也可达到同样的效果。实际试验过程中，pH 值可从 $pK_a\pm2$ 开始优化，每次不超过 0.5 为宜。

另外，利用反相色谱分析易离解的碱性有机物时，随流动相 pH 值的增加，键合相表面残存的硅羟基与碱的阴离子的亲和能力增加，会引起峰形拖尾并干扰分离，此时若向流动相中加入 0.1%～1%的乙酸盐或硫酸盐、硼酸盐，就可减弱或消除残存硅羟基的干扰作用。应避免经常使用磷酸盐或氯化物，其会引起硅烷化固定相的降解。盐的加入会引起流动相表面张力的变化，改善色谱系统的动力学因素，优化色谱系统。对于非离子型溶质，k 值增加；对于离子型化合物，则会使 k 值减小。

柱效是柱中流动相线性流速的函数，改变流速可得到不同的柱效。不同内径的色谱柱，经验最佳流速如下：内径为 4.6mm 的色谱柱，流速一般选择 1mL/min；内径为 2.1mm 柱，最佳流速为 0.2mL/min。当选用最佳流速时，分析时间可能延长。可采用改变流动相洗涤强度的方法以缩短分析时间，如使用反相柱时，可适当增加甲醇或乙腈的含量。当分离组成复杂、由具有宽范围 k 值组成的混合物或样品含有晚流出干扰物时，需采用梯度洗脱技术。

（4）定量分析　由于高效液相色谱法使用定量环和完全装液法进样技术，重复进样带来的误差可以忽略，采用外标法定量可以满足农药分析要求。

外标定量法的操作方法是先在选定色谱条件下，在高效液相色谱仪中分别定量注入一系列浓度的标准溶液，用得到的信号值与相应的物质浓度作图，得到标准曲线，然后进样分析，在曲线上找出与样品信号相应的物质量，计算出农药有效成分含量。

第五节　色谱-质谱联用

色谱是一种快速、高效的分离技术，但不能对分离出的每个组分进行鉴定；质谱是一种重要的定性鉴定和结构分析的方法，一种高灵敏度、高效的定性分析工具，但没有分离能力，不能直接分析混合物。二者结合起来，将色谱仪作为质谱仪的进样和分离系统，质谱仪作为色谱仪的检测器将能发挥二者的优点，具有色谱的高分辨率和质谱的高灵敏度，是农药分析中定性、定量的有效工具。本节分别从气相色谱-质谱和液相色谱-质谱两方面介绍关于色谱-质谱联用技术及其在农药分析中的应用。

一、质谱仪

质谱法（mass spectrometry，MS）是通过将样品转化为运动的气态离子并按质荷比（m/z）大小进行分离记录的分析方法，所得结果即为质谱图（亦称质谱，mass spectrum）。根据质谱图提供的信息，可以进行多种有机物及无机物的定性和定量分析，复杂化合物的结构分析、样品中各种同位素比的测定及固体表面结构和组成分析等。

质谱法具有以下几方面的用途：①测定准确的分子量。通过分子离子峰的质量数，可测定精确到个位数的分子量。②鉴定化合物。事先可估计出样品的结构时，用同一装置、同样操作条件测定标准样品及未知样品，比较它们的谱图进行鉴定。③推测未知物的结构。从离子碎片的碎裂情况可推测分子结构，但一般比较困难，还需要参考 IR、NMR 以及 UV 的数据进行综合分析。④测定分子中 Cl、Br 等的原子数。同位素含量比较多的元素（Cl、Br 等），其峰的分布具有特征，可通过分子离子和碎片离子推算出这些原子的数目。

质谱法是利用电磁学原理，使带电的样品离子按质荷比（m/z）进行分离的装置。质谱仪种类非常多，工作原理和应用范围也有很大的不同。然而，无论是哪种类型的质谱仪都有把样品分子离子化的电离装置。因此，质谱仪基本组成是相同的，包括进样系统、离子源、质量分析器、检测器和数据处理系统等。此外，还包括电气系统和真空系统等辅助设备。不同类型质谱的区别在于质量分析器部分，具有四级杆分析器、离子阱分析器和飞行时间质量分析器的质谱分别称为四级杆质谱、离子阱质谱和飞行时间质谱。

关于质谱仪的工作原理和构造见第十章第五节。

二、气相色谱-质谱联用仪

气相色谱与质谱联用技术（gas chromatography-mass spectrometry，GC-MS）是利用气相色谱对混合物的高效分离能力和质谱对纯物质的准确鉴定能力而发展成的一种技术，其仪器称为气相色谱-质谱联用仪。

GC-MS 技术结合了 GC 的分离能力和 MS 的结构解析优势，成为一种新型有力的技术手段。GC-MS 分离阶段与 GC 技术一致，除了具有 GC 技术的优势外，GC-MS 联用技术还能通过碎片分布相对唯一性进行定性、定量分析；MS 作为检测器为通用型，检测能力范围广，几乎涵盖 GC 检测的全部领域；GC-MS 技术灵敏度高，抗干扰能力强，对于复杂的样品检测具有很大优势。

1. GC-MS 工作原理

在 GC-MS 系统中，MS 主要起到检测器的作用。GC-MS 首先将待测样气化，在高真空离子源的条件下气化后的样品分子在离子源的轰击下转为带电离子并进行电离，在质量分析器中，根据质荷比的差异在电场和磁场的作用下实现分离，根据时间顺序和空间位置差异通过离子检测器进行检测。MS 技术可以得到化合物的分子量等信息，推断分子式，具有结构鉴定功能，其辨识度和灵敏度较高。但 MS 技术要求样品纯度较高，只能对单一组分样品进行测定，多种物质混合无法测定，则需要 GC 技术协同。

GC-MS 技术以 GC 和 MS 技术为基础，利用 GC 技术高效分离能力和 MS 技术高准确度的测定能力实现对复杂成分的待测样进行定性、定量分析。GC 在整个分析测试系统中起到预处理器的作用，MS 则扮演着样品检测器的角色，结合 GC 和 MS 的优点，高效准确地实现复杂化合物的分离、鉴定和分析。

2. GC-MS 工作系统

GC-MS 系统由 GC 和 MS 共同组成，之间由接口连接。

首先是 GC 系统的组成之一气路系统。气路系统由载气气源及气流控制系统组成，可以为仪器提供稳定、纯净的载气，保证准确控制载气流量，确保试验的重现性。其次是进样系统，进样系统由进样器和气化室构成，进样器分为气、液两种，气态进样器实现试样直接进入色谱仪，具有顶空进样器、吹扫捕集进样器等结构；液态进样器将试样引入气化室，利用气化室将液体试样转为气体，与载气混合后进入色谱柱。再次为分离系统，又称柱系统，是GC 技术的核心，化合物实现有效分离的场所。色谱柱主要分为填充柱和毛细柱两类，根据实际工作条件和样品性质进行选择，目标化合物能否实现有效分离的关键是选择合适的色谱柱，选择的前提是高柱效及高的分离速度。此外，程序升温分析手段是分离技术中最常用的方法，在 GC 技术中有着广泛的应用。程序升温适用于待测物质中各组分温度区间相差较大，相同温度分离效果一般的情况，利用程序设定的温度随时间进行线性或非线性变化，在不同温度下分配系数也随之变化，随着载气的流动从固定相中先后流出，实现分离的目的。

连接 GC 与 MS 部分的装置称为接口，接口的存在一定要保持高的密封性，离子源内的高真空状态不能因此被破坏，柱效也不能受到影响。化合物组分不能因为接口的存在受到损失，GC 分离后的组分及其结构也不因接口发生变化。常用接口为直接插入式和膜分离式两种，其中直接插入式接口应用最广泛。直接插入式接口具有结构简单、操作简便等优点，不发生吸附和催化分解反应，漏气概率低，灵敏度高。GC-MS 需要仪器具有很高的真空度，过大的载气流量影响较大，固定液流失及载气会对测定的基线产生影响。

离子源是 MS 的重要部件，可以将物质电离成带电离子，汇集成具有一定几何形状和能量的离子束。离子源的优劣决定 MS 的灵敏度和分辨率，其选择标准为目标物的热稳定性和电离能。GC-MS 技术常用离子源：场致电离源（FI）、化学电离源（CI）和电子轰击电离源（EI）等。其中，EI 技术最成熟、应用最普遍，具有可通用的数据库，可进行直接查询。EI具有很好的稳定性、质谱图重现性好，高数目的碎片离子峰有利于结构的推测和解析。质量分析器是 MS 技术的核心部件，将前一步产生的碎片离子及分子离子根据质荷比的差别，通过电场、磁场的加速进行分离，得到以质荷比大小顺序排列的 MS 图。四级杆质量分析器因具有重量及体积小、造价低的优点而被广泛应用。检测器将离子信号不断放大传导至计算机系统，最终得到谱图。真空系统及计算机系统也是 GC-MS 技术不可缺少的组成部分，MS 技术要求整个过程要在高真空状态，通常一级真空泵无法满足真空度需要，需串联分子涡轮泵进行二次抽真空至高真空状态，避免各组分间的碰撞，进而降低噪声、提高灵敏度。计算机系统用于处理和检索检测器信号，得到谱图和数据处理报告。

3. GC-MS 应用实例

GC-MS 是农药常量分析和痕量分析以及背景不详样品定性、定量分析的有力工具。越来越多的农药多种类、多残留分析方法采用了气相色谱-质谱法。据统计，在 1994 年，只有 15%的美国 EPA 的 GC 确证方法采用了 GC-MS，而在 2002 年，约 85%的 GC 确证方法采用了 GC-MS 方法。

下面以韭菜中灭线磷等 19 种农药的 GC-MS 残留分析方法进行举例说明。

（1）方法中检测的 19 种农药分别为灭线磷、五氯硝基苯、氟虫脲、甲基对硫磷、莠灭净、对氧磷、马拉硫磷、乙霉威、敌草胺、丙溴磷、莠锈灵、除草醚、异狄氏剂、虫螨磷、甲氧滴滴涕、胺菊酯、蝇毒磷、咪鲜胺、氟氯氰菊酯。

（2）气相色谱-质谱条件　GCMS-QP 2010 Ultra 气相色谱-质谱联用仪；

色谱柱　DB-5 毛细管柱（30m×0.25mm×0.25μm）；

载气　氦气（纯度为 99.999%）；

进样口温度　290℃，不分流进样；

进样量　1μL；

升温程序　初始温度为 40℃，保持 1min，然后以 30℃/min 的速度上升到 130℃，再以 5℃/min 的速度上升到 250℃，再以 10℃/min 的速度上升到 300℃，保持 5min；

柱流速　1.2mL/min；

色谱-质谱接口温度　280℃；

离子源温度　230℃；

离子化方式　EI；

电子能量　70eV；

监测模式选择离子监测（SIM）模式。

（3）选择监测离子首先对 19 种农药的溶剂标准溶液进行全扫描，确定各种农药的保留时间和主要离子。选择定性离子时，应尽量选择分子量较大、相对丰度较高、干扰较少的离子，而定量离子的选择更为重要，最好选择特异性离子。定性时除了要同时出现选择的定性离子，其相对丰度也有一定的限制。定量则采用定量离子单独定量，而不是用定量和定性离子的丰度定量。结果见表 9-16。

表 9-16　农药的保留时间、定性和定量离子

农药	保留时间/min	定性离子/（m/z）	定量离子/（m/z）
灭线磷	14.270	200、168	158
五氯硝基苯	17.255	249、295	237
氟虫脲	18.435	305、307	126
甲基对硫磷	19.595	233、246	263
莠灭净	19.915	212、185	227
对氧磷	20.090	275、247	220
马拉硫磷	21.110	158、143	173
乙霉威	21.285	267、151	225

农药	保留时间/min	定性离子/（m/z）	定量离子/（m/z）
敌草胺	24.880	171、271	128
丙溴磷	25.250	339	297
莠锈灵	25.480	87、235	143
除草醚	26.020	283、253	202
异狄氏剂	26.140	317、345	263
虫螨磷	27.130	297、360	325
甲氧滴滴涕	28.765	228、212	227
胺菊酯	29.975	135、232	164
蝇毒磷	33.000	362、364	226
咪鲜胺	33.080	308、266	180
氟氯氰菊酯	33.470	266、199	206

（4）韭菜中19种农药前处理方法的选择　农药残留的前处理方法包括提取溶剂的选择、样品的净化等（在前面的章节中已作出了详细的介绍），韭菜中灭线磷等19种农药的前处理方法参考了 Anastassiades 和 Lehotay 等报道的 QuEChERS 方法。针对韭菜基质复杂的特点，该试验采用 PSA、C_{18} 和 GCB 三种混合净化剂对韭菜提取溶剂进行净化，减少基质效应的干扰。

（5）方法的线性和定量限　在气相色谱-质谱联用测定韭菜样品的过程中，农药的响应值受到基质效应的影响，与溶剂标准溶液相比有不同程度的变化，这影响到农药的定量。因此，方法的线性及定量均使用其基质匹配标准溶液，最大限度地消除基质效应的影响。

准确配制不同浓度的基质匹配农药标准溶液，按所建立的条件进行分析，得出各种农药的含量对峰面积的校准曲线。由表 9-17 可知，19 种农药在其范围内线性良好；按照 3 倍信噪比设定各农药检出限；根据添加水平设定农药的定量限。结果表明，19 种农药定量限均为 0.2mg/kg，检出限在 0.001～0.041mg/kg 范围内。

（6）正确度和精密度的测定　对所建立的方法进行正确度和精密度的检测。在空白样品中添加不同体积的标准溶液，以获得不同的添加水平，按照所建立的方法处理样品，并同时获得基质匹配标样，使用外标法定量，重复 6 次，得到各不同添加水平的回收率及相对标准偏差（RSD）。19 种农药的回收率范围为 82%～110%，RSD 为 0.7%～2.8%（表 9-17）。

表 9-17　农药的相关系数、检出限、平均回收率、RSD（n=6）

农药	相关系数	LOD /(mg/kg)	添加水平/（mg/kg）					
			0.2		0.4		1.0	
			平均回收率/%	RSD/%	平均回收率/%	RSD/%	平均回收率/%	RSD/%
灭线磷	0.9954	0.001	82.0	0.7	108.4	1.9	101.2	2.0
五氯硝基苯	0.9908	0.021	84.4	0.7	94.0	2.0	96.4	2.5
氟虫脲	0.9999	0.001	86.4	0.9	109.2	1.4	100.5	2.5
甲基对硫磷	0.9902	0.0014	87.7	1.0	82.0	1.1	99.9	2.7
莠灭净	0.9935	0.002	88.1	1.1	99.6	1.5	98.0	2.6
对氧磷	0.9995	0.041	89.0	1.1	92.1	2.8	98.5	1.8
马拉硫磷	0.9953	0.007	89.3	1.1	98.3	1.6	100.0	1.8

农药	相关系数	LOD/(mg/kg)	添加水平/（mg/kg）					
			0.2		0.4		1.0	
			平均回收率/%	RSD/%	平均回收率/%	RSD/%	平均回收率/%	RSD/%
乙霉威	0.9969	0.002	89.5	1.1	97.2	1.2	99.8	1.7
敌草胺	0.9923	0.016	90.6	1.1	106.2	2.6	99.4	2.4
丙溴磷	0.9952	0.032	91.9	1.2	99.7	0.9	96.7	1.3
莠锈灵	0.9910	0.001	92.1	1.2	95.1	1.1	97.0	2.2
除草醚	0.9940	0.006	92.3	1.2	89.0	1.5	96.3	1.6
异狄氏剂	0.9954	0.013	93.0	1.3	98.1	1.9	104.1	2.5
虫螨磷	0.9925	0.003	93.6	1.3	88.1	1.1	95.1	1.5
甲氧滴滴涕	0.9937	0.002	94.0	1.3	102.4	1.4	95.4	1.9
胺菊酯	0.9909	0.001	94.5	1.4	94.5	1.0	100.7	2.6
蝇毒磷	0.9978	0.023	95.1	1.4	92.3	2.4	96.1	1.2
咪鲜胺	0.9946	0.007	95.1	1.4	84.4	1.1	98.9	2.2
氟氯氰菊酯	0.9993	0.016	95.4	1.4	93.0	2.3	100.0	2.3

在实际工作中建立农药残留分析气相色谱-质谱方法时，可根据样品基质、农药种类，采用不同的样品前处理方法、气相色谱仪器条件，设定相应的质谱参数。

三、液相色谱-质谱联用仪

气相色谱不适宜分离热稳定性差及不易蒸发的样品，而用液相色谱则可以方便地进行，因此 LC-MS 联用技术亦快速发展。LC 分离要使用大量的流动相，由于流动相的挥发产生的气体压力，相对于真空系统一般来说太高了。因此，如何有效地除去流动相而不损失样品，是 LC-MS 联用技术的难题之一。早期采用"传动带技术"，即将流动液滴到一条转动的样品带上，经加热除去溶剂，进入真空系统后再离解检测。现在广泛使用的是"离子喷雾"（ion spray）和"电喷雾"（electrospray）技术，有效地实现了 LC 与 MS 的连接。

液质联用与气质联用的区别主要有以下几个方面：

（1）气质联用（GC-MS）是最早商品化的联用仪器，适宜分析小分子、易挥发、热稳定、能气化的化合物；用电子轰击方式（EI）得到的谱图，可与标准谱库对比。

（2）液质联用（LC-MS）主要可解决如下方面的问题：不挥发性化合物分析测定；极性化合物的分析测定；热不稳定化合物的分析测定；大分子量化合物（包括蛋白、多肽、多聚物等）的分析测定；没有商品化的谱库可对比查询，只能自己建库或自己解析谱图。

1. LC-MS 的原理与结构

液质联用仪一般由液相色谱、接口、离子源、质量分析器、离子检测器、数据处理系统以及真空系统等组成。分析样品在液相色谱部分经流动相和色谱柱分离后，进入离子源被离子化后，经质谱的质量分析器将离子碎片按质荷比分开，经检测器检测，数据系统记录处理分析得到质谱图，从而对化合物进行定性定量分析。液相色谱质谱联用一般采用直接进样、流动注射和液相色谱进样三种进样方式。

（1）离子源　液质联用中最常用的电离源有电喷雾电离源（ESI）、大气压化学电离源（APCI）和光电离（PI）等，ESI 和 APCI 同属于大气压电离（API）技术，其离子化过程发生在大气压下。API 电离模式下，离子化的效率与化合物的质子亲和势有关，非极性化合物响应通常较差；而高亲和势的化合物可抑制被分析目标物的离子化（产生基质减弱效应），或形成的加合离子使基线信号变得复杂。PI 模式是在光子照射下使样品电离，适合含有芳环的有机化合物，因而在如多环芳烃等有机污染物的环境分析中应用较多。

电喷雾电离（electrospray ionization，ESI）是近年来出现的一种新的软电离方式，其最大特点是容易形成多电荷离子，适合于分析极性强的有机小分子化合物、生物大分子蛋白质及其他分子量大的化合物等，即便是分子量大、稳定性差的化合物，也不会在电离过程中发生分解。液相流出液在高电场下形成电喷雾，在高压电场力作用下穿过气帘，从而雾化，蒸发溶剂并阻止中性溶剂分子进入，带电电荷进入后端质量分析器检测。

大气压化学电离（atmospheric pressure chemical ionization，APCI）是指在喷雾针喷嘴的下方放置一个针状放电电极，通过放电电极的高压放电，使空气中某些中性分子电离，产生 H_3O^+、N_2^+、O_2^+ 和 O^+ 等离子，同时溶剂分子也会被电离，这些离子与待分析物分子进行离子-分子反应，发生质子转移而使分析物分子离子化，从而被检测。APCI 主要用来分析中等极性的化合物，相对于 ESI 更适合于分析极性较小的化合物，是 ESI 的补充。APCI 主要产生的是单电荷离子，很少有碎片离子，主要是准分子离子。

电喷雾电离与大气压化学电离的比较：

① 电离机理：ESI 采用离子蒸发，而 APCI 电离是高压放电发生了质子转移而生成 $[M+H]^+$ 或 $[M-H]^-$ 离子。

② 样品流速：APCI 源可为 $0.2\sim2mL/min$；而 ESI 源允许流量相对较小，一般为 $0.2\sim1mL/min$。

③ 断裂程度：APCI 源的探头处于高温，足以使热不稳定的化合物分离。

④ 灵敏度：通常认为 ESI 有利于分析极性大的小分子和生物大分子及其他分子量大的化合物，而 APCI 更适合于分析极性较小的化合物。

⑤ 多电荷：APCI 源不能生成一系列多电荷离子。

（2）质量分析器　质量分析器是质谱仪的核心，其作用是将离子源产生的离子按不同 m/z 大小顺序分开并排列。不同类型的质量分析器构成不同类型的质谱仪，如单聚焦磁场分析器、傅里叶变换离子回旋共振质谱分析器（Fourier transform ion cyclotron resonance mass analyzer，FT-ICR）、飞行时间质量分析器（time of flight mass analyzer，TOF）、四极杆分析器（quadrupole mass analyzer，Q）、离子阱分析器（ion trap mass analyzer，IT）等。与液相色谱联用较多的是四极杆质谱仪、离子阱质谱仪和飞行时间质谱仪。质量分析器原理及结构具体见第十章第五节，不在此一一赘述。

（3）LC-MS 的其他重要单元

① 检测系统：质量分析器分离并加以聚焦的离子束，按 m/z 的大小依次通过狭缝，到达收集器，经接受放大后被记录，由倍增器出来的电信号被送入计算机储存，这些信号经计算机处理后可以得到色谱图、质谱图及其他相关信息等。质谱仪的检测主要使用电子倍增器，也有的使用光电倍增管。

② 真空系统：离子的质量分析必须在高真空状态下进行。质谱仪的真空系统一般为机械泵和分子涡轮泵构成差分抽气真空系统，真空度需达到 $1\times10^{-6}\sim1\times10^{-3}Pa$，即 $1\times10^{-8}\sim1\times10^{-5}mmHg$（$1mmHg=133.3Pa$）。

③ 数据处理：化合物的质谱图是以测得离子的质荷比（m/z）为横坐标，以离子强度为纵坐标的谱图。采用 Scan 方式，色谱-质谱联用分析可以获得不同组分的质谱图；以色谱保留时间为横坐标，以各时间点测得的总离子强度为纵坐标，可以得到待测混合物的总离子流色谱图（total ion chromatogram，TIC）。当固定检测某离子或某些固定的质荷比，对整个色谱流出物进行选择检测时，将得到选择离子检测色谱图。

计算机系统用于控制仪器，记录、处理并储存数据。当配有标准谱库软件时，计算机系统可以将测得的化合物质谱与标准谱库中图谱比较，进而可以获得相应化合物可能的分子组成和结构的信息。

2. LC-MS 应用实例

近年来，液相色谱-质谱联用技术以其系统所具有的高灵敏度和高效分析优点，逐渐成为现代分析领域最重要的分析技术之一，尤其是超高效液相色谱发展起来之后，由于其强大的分析能力，随着技术性能的不断改善，用途越来越广泛。如有机合成过程中中间体、成品的结构鉴定，杂质分析；天然药物与中药分析中结构鉴定、质谱规律、中药药效物质基础研究；药物代谢动力学、代谢物鉴定；代谢组学；蛋白组学；烟草成分分析；食品环境中质量安全、农药及污染物分析；公安毒物检测；体育兴奋剂检测；中药中非法添加化学药品检测等。

下面以黄瓜中 8 种甲氧基丙烯酸酯类杀菌剂的 LC-MS 残留分析方法进行举例说明。

（1）方法中 8 种甲氧基丙烯酸酯类杀菌剂为唑菌酯、烯肟菌酯、氟嘧菌酯、醚菌酯、啶氧菌酯、肟菌酯、嘧菌酯、吡唑醚菌酯。标准品纯度均大于 98%，用乙腈溶解配制成储备液，置于–20℃冰箱中保存。工作液由储备液稀释，备用。

（2）液相色谱-质谱条件 Waters Ⅰ CLASS XEVO TQ XS 超高效液相色谱-串联质谱仪。色谱柱：C_{18} 色谱柱（2.1mm×100mm，1.7μm），柱温：30℃；流速：0.3mL/min；进样量：1.0μL；流动相：A 相为 0.1%甲酸水溶液，B 相为甲醇。液相梯度洗脱条件如表 9-18。

质谱条件：电喷雾离子源（ESI）；正离子扫描方式（MRM）；毛细管电压：3.0kV；锥孔反吹气（氮气）流速：150L/h；脱溶剂气（氮气）流速：800L/h；脱溶剂气温度：500℃；碰撞气（氩气）流速：0.17mL/min；离子源温度：150℃。其他质谱分析参数（母离子、子离子、驻留时间、锥孔电压、碰撞电压）如表 9-19 所示。

（3）黄瓜中 8 种甲氧基丙烯酸酯类杀菌剂前处理方法的选择 称取黄瓜样品 5.00g 于 50mL 离心管中，加入 10.0mL 乙腈提取，匀质提取 2min，加入 4g 无水硫酸镁、1g 氯化钠，涡旋 2min，10000r/min 离心 5min。取上清液 1.0mL 于 10mL 离心管中，加入 60mg PSA 和 60mg C_{18}，涡旋 2min，10000r/min 离心 5min，取 1.0mL 上清液，经 0.22μm 有机滤膜过滤。

表9-18　液相梯度洗脱条件

时间/min	流速/（mL/min）	A	B	时间/min	流速/（mL/min）	A	B
0.00	0.3	60.0	40.0	6.00	0.3	10.0	90.0
1.00	0.3	60.0	40.0	6.10	0.3	60.0	40.0
2.00	0.3	30.0	70.0	8.00	0.3	60.0	40.0
4.00	0.3	20.0	80.0				

（4）方法的线性范围和定量限　用黄瓜空白基质提取液配制系列基质匹配标准工作溶液，以目标化合物的峰面积（y）与对应的质量浓度（x）绘制标准曲线，由表 9-20 可知，8 种杀菌剂在其范围内线性良好。根据添加水平设定农药的定量限，8 种农药的定量限在 0.004～

0.010mg/kg 范围内。

表 9-19 质谱分析参数

农药	保留时间/min	定量离子对/（m/z）	碰撞电压/ev	定性离子对/（m/z）	碰撞电压/ev	驻留时间/s	锥孔电压/V
唑菌酯	4.59	413→145.0	24	413→205.0	8	0.02	24
烯肟菌酯	5.14	434.1→171.0	28	434.1→135.9	48	0.02	18
氟嘧菌酯	3.84	459.0→427.1	18	459.0→188.0	42	0.02	30
醚菌酯	4.35	314.1→222.1	10	314.1→267.1	16	0.02	40
啶氧菌酯	4.17	368.1→145.0	20	368.1→205.1	10	0.02	26
肟菌酯	5.00	409.1→186.0	44	409.1→145.0	16	0.02	24
嘧菌酯	3.40	404.1→372.1	12	404.1→344.1	24	0.02	20
吡唑醚菌酯	4.59	388.1→163.0	32	388.1→132.9	26	0.02	38

（5）正确度和精密度的测定　选取黄瓜空白样品，通过 3 个浓度水平进行添加回收实验，计算平均回收率及相对标准偏差（RSD）。如表 9-21 所示，8 种甲氧基丙烯酸酯类杀菌剂的平均回收率均在 88.9%～98.4%，RSD 在 1.0%～5.0%，该分析方法的正确性和精密度满足黄瓜中 8 种甲氧基丙烯酸酯类杀菌剂残留分析的要求。

表 9-20　8 种甲氧基丙烯酸酯类杀菌剂的线性关系和定量限

农药	线性范围/（mg/L）	线性方程	相关系数	LOQ/（mg/kg）
唑菌酯	0.004～0.5	$y = 3.65 \times 10^8 x + 7.74 \times 10^5$	0.9998	0.008
烯肟菌酯	0.004～0.5	$y = 4.54 \times 10^7 x + 9.99 \times 10^4$	0.9998	0.008
氟嘧菌酯	0.003～0.2	$y = 2.87 \times 10^7 x + 6.66 \times 10^4$	0.9998	0.006
醚菌酯	0.025～0.5	$y = 5.80 \times 10^6 x + 1.54 \times 10^4$	0.9998	0.010
啶氧菌酯	0.002～0.5	$y = 3.65 \times 10^7 x + 7.74 \times 10^4$	0.9998	0.004
肟菌酯	0.002～0.5	$y = 4.99 \times 10^7 x + 1.67 \times 10^5$	0.9998	0.004
嘧菌酯	0.004～0.5	$y = 8.30 \times 10^8 x + 1.33 \times 10^5$	0.9998	0.008
吡唑醚菌酯	0.004～0.5	$y = 2.35 \times 10^8 x + 6.46 \times 10^5$	0.9997	0.008

表 9-21　黄瓜中 8 种甲氧基丙烯酸酯类杀菌剂的回收率及相对标准偏差

农药	添加水平/（mg/kg）	平均回收率/%	RSD/%	农药	添加水平/（mg/kg）	平均回收率/%	RSD/%
唑菌酯	0.008	95.1	2.3	啶氧菌酯	0.004	98.1	1.9
	0.10	88.9	1.0		0.010	90.5	2.6
	1.00	93.1	4.3		0.10	89.9	1.8
烯肟菌酯	0.008	96.0	2.3	肟菌酯	0.004	97.4	3.2
	0.10	98.1	3.5		0.10	93.6	3.5
	1.00	92.8	2.8		0.70	90.1	4.3
氟嘧菌酯	0.006	98.4	1.6	嘧菌酯	0.008	90.4	2.8
	0.010	92.2	4.5		0.10	92.5	3.7
	0.10	93.5	3.6		1.00	91.0	5.0
醚菌酯	0.010	95.2	4.2	吡唑醚菌酯	0.008	95.1	1.6
	0.10	93.8	4.6		0.10	93.5	2.0
	0.50	94.6	3.4		0.50	91.0	3.2

参考文献

[1]   Ambrus Á, Füzesi I, Susán M, et al. A cost-effective screening method for pesticide residue analysis in fruits, vegetables, and cereal grains. J. Environ. Sci. Heal, 2005, 40: 297-339.

[2]   Anastassiades M, Lehotay S J, Stajnbaher D, et al. Fast and easy multiresidue method employing acetonitrile extraction/partitioning and "dispersive solid-phase extraction" for the determination of pesticide residue in produce. J. AOAO Int., 2003, 86(2): 412-431.

[3]   Bidlingmeyer B A. Practical HPLC methodology and applications. New York: John Wiley&Sons Inc, 1992: 1-26+ 102.

[4]   Bladek J, Rostkowski A, Miszczak M. Application of instrumental thin-layer chromatography and solid phase extraction to the analyses of pesticide residues in grossly contaminated samples of soil. J.Chromatogr.A, 1996, 754: 273-278.

[5]   Chiron S, Abian J, Ferrer M, et al. Comparative photodegradation rates of alachlor and bentazone in natural water and determination of breakdown products. Environ Toxicol Chem, 1995, 14: 1287-1298.

[6]   De Brabander H F, Batjoens P, De Wasch K, et al. Qualitative or quantitative methods for residue analysis. Trac Trends in Analytical Chemistry, 1997, 16(8): 485-489.

[7]   Dong J N, MaY Q, Liu F M, et al. Dissipation and residue of ethephon in maize field. Journal of Integrative Agriculture, 2015, 14(1): 106-113.

[8]   Godoi A F L, Favoreto R, Santiago-Silva M. GC analysis of organotin compounds using pulsed flame photometric detection and conventional flame photometric detection. Chromatographia, 2003, 58: 97-101.

[9]   Hamada M, Wintersteiger R. Rapid screening of triazines and quantitative determination in drinking water. J. Biochem. Bioph. Methods, 2002, 53: 229-239.

[10]   Koshima Y, Kitamura Y, Islam M Z, et al. Quantitative and qualitative evaluation of fatty acids in coffee oil and coffee residue. Food Science and Technology Research, 2020, 26(4): 545-552.

[11]   Lagana A, Bacaloni A, Leva I D, et al. Occurrence and determination of herbicides and their major transformation products in environmental waters. Anal. Chim. Acta, 2002, 462: 187-198.

[12]   Lee P W. Handbook of residue analytical methods for agrochemicals: volume 2. Chichester, West Sussex; Hoboken, N.J.: Wiley, 2003.

[13]   Lehotay S J, Dekok A, Hiemstra M. Validation of a fast and easy method for the determination of residue from 229 pesticides in fruits and vegetables using gas and liquid chromatography and mass spectrometric detection. J. AOAC Int., 2005, 88(2): 595-614.

[14]   Marchese S, Perret D, Gentili A, et al. Determination of phenoxyacid herbicides and their phenolic metabolites in surface and drinking water. Rapid Commun Mass Spectrom, 2002, 16: 134-141.

[15]   Patil K P, Patil A S, Patil A B, et al. A new chromogenic spray reagent for the detection and identification of 2,4-dichlorophenol, an intermediate of 2,4-D herbicide in biological material by High-Performance Thin-Layer Chromatography (HPTLC). Journal of Planar Chromatography, 2019, 32(5): 431-434.

[16]   Pawar U D, Pawar C D, Mavle R R, et al. Development of a new chromogenic reagent for the detection of organophosphorus herbicide glyphosatein biological samples. Journal of Planar Chromatography, 2019, 32(5): 435-437.

[17]   Sherma J. Recent advances in thin-layer chromatography of pesticides. J.AOAC Int., 2001, 84(4): 993-999.

[18]   Sherma J. Thin-layer chromatography in food and agricultural analysis. J. Chromatogr.A, 2000, 80(8): 129-147.

[19]   Shin Y, Lee J, Park E, et al. A quantitative tandem mass spectrometry and scaled-Down QuEChERS approach for simultaneous analysis of pesticide multiresidues in Human urine. Molecules, 2019, 24(7): 1330.

[20] Singh K K, Shekhawat M S. Thin-layer chromatographic methods for analysis of pesticide residues in environmental samples. J. Planar Chromatogr, 1998, 11: 164-185.

[21] Snyder L R, Kirkland J J, Dolan J W. 现代液相色谱技术导论. 第 3 版. 陈小明, 唐雅妍, 译. 北京: 人民卫生出版社, 2012.

[22] Tan P, Xu L, Wei X, et al. Rapid screening and quantitative analysis of 74 pesticide residues in herb by retention index combined with GC-QQQ-MS/MS. Journal of Analytical Methods in Chemistry, 2021, DOI: 10.1155/2021/8816854.

[23] Tiryaki O, Aysal P. Applicability of TLC in multiresidue methods for the determination of pesticides in wheat grain. Bull Environ. Contam. Toxicol., 2005, 75: 1143-1149.

[24] Tiryaki O. Method validation for the analysis of pesticide residues in grain by thin-layer chromatography. Accred Qual Assur, 2006, 11: 506-513.

[25] 北京大学化学系仪器分析教研组. 仪器分析教程. 北京: 北京大学出版社, 1997.

[26] 北京农业大学. 仪器分析. 北京: 农业出版社, 1993.

[27] 陈捷, 徐娟, 谢建军, 等. 气相色谱-串联质谱多反应监测及同步子离子全扫描定性定量分析蔬菜中 287 种农药残留. 分析试验室, 2013, 32(6): 30-40.

[28] 陈淑华, 罗光荣, 赵华明. 薄层色谱中选择流动相的简捷实用方法. 四川大学学报, 1985 (1): 77-82.

[29] 陈耀祖. 有机分析方法研究和应用. 西安: 陕西师范大学出版社, 1996, 189.

[30] 陈跃, 王金花, 卢晓宇, 等. 药用植物中残留有机磷农药的定性和定量分析. 质谱学报, 2009, 30(6): 352-358.

[31] 成都科学技术大学分析化学教研室. 分析化学手册: 第四分册(色谱分析). 北京: 化学工业出版社, 1984.

[32] 程莹, 汤锋, 吴存兵. 农药土壤光解与 HPTLC 技术的应用. 安徽农业科学, 2006, 34(20): 5156-5167.

[33] 杜斌, 郑鹏武. 实用现代色谱技术. 郑州: 郑州大学出版社, 2009, 282-302.

[34] 傅若农. 色谱分析概论. 北京: 化学工业出版社, 2005.

[35] 郭盈岑, 农馥俏, 干宁军. 甘蔗中乐果、特丁磷农药残留的 ASE-HPLC-MS/MS-QTRAP 定量定性分析方法的建立. 标准科学, 2014(3): 52-54.

[36] 韩丽君, 钱传范, 江才鑫, 等. 咪鲜胺及其代谢物在水稻中的残留检测方法及残留动态. 农药学学报, 2005, 7 (1): 54-58.

[37] 何丽一. 平面色谱方法与应用 (色谱技术丛书). 北京: 化学工业出版社, 2005.

[38] 匡华, 储晓刚, 侯玉霞, 等. 气相色谱法同时测定大豆中 13 种苯氧羧酸类除草剂的残留量. 中国食品卫生杂志, 2006, 18(6): 503-508.

[39] 李本昌. 农药残留量实用检测方法手册. 北京: 中国农业科技出版社, 1995, 623.

[40] 李波, 郭德华, 韩丽, 等. 小麦中苯氧羧酸类除草剂残留量的 GC-MS/MS 研究. 化学世界, 2005(9): 524-528.

[41] 李浩春. 分析化学手册: 第五分册(气相色谱分析). 北京: 化学工业出版社, 1999, 1207.

[42] 李洁, 梁艺馨, 王兴宁. 气相色谱-三重四级杆质谱法测定菜籽油中 40 种农药残留. 安徽农业科学, 2020, 48(14): 187-191.

[43] 李薇, 肖翔林, 张丹雁. 常用中药薄层色谱鉴定. 北京: 化学工业出版社, 2005.

[44] 李晓舟, 于壮, 杨天月, 等. SERS 技术用于苹果表面有机磷农药残留的检测. 光谱学与光谱分析, 2013, 33(10): 2711-2714.

[45] 李治祥, 翟延路. 测定蔬菜水果中农药残留量的薄层-植物酶抑制法. 农业环境保护, 1988, 7(3): 33-34.

[46] 李治祥, 翟延路. 应用植物酶抑制技术测定蔬菜水果中农药残留量. 环境科学学报, 1987, 4(7): 472-478.

[47] 廖飞飞. 气质联用仪在挥发性有机物定性定量分析中的应用. 云南化工, 2019, 46(4): 95-96+98.

[48] 刘宝峰, 刘罡一, 马又娥, 等. 高效液相色谱-串联质谱法检测蔬菜水果中 65 种农药残留方法研究. 科技通报, 2010, 26(1): 93-99.

[49] 刘丰茂, 王素利, 韩丽君, 等. 农药质量与残留实用检测技术. 北京: 化学工业出版社, 2011.

[50] 柳菌, 张亚莲, 丁涛, 等. 高效液相色谱-四极杆/静电场轨道阱高分辨质谱用于葡萄酒中 111 种农药残留的定性筛查与定量分析. 分析测试学报, 2014, 33(5): 489-498.

[51] 刘炜, 刘行, 张富丽, 等. 超高效液相色谱-串联质谱法快速测定黄瓜中 8 种甲氧基丙烯酸酯类杀菌剂的残留. 食品科技, 2020, 45(11): 306-311.

[52] 刘志广, 张华, 李亚明. 仪器分析. 大连: 大连理工大学出版社, 2004.

[53] 马楠, 张玉娟, 张志强. QuEChERS/GC-MS 法检测韭菜中 19 种农药残留. 食品工业, 2020, 41(1): 323-326.

[54] 马卿效, 李春, 李天莹, 等. 太赫兹光谱技术在农药检测领域的研究进展. 激光与光电子学进展, 2020, 57(13): 81-89.

[55] 齐美玲. 气相色谱分析及应用. 第 2 版. 北京: 科学出版社, 2018.

[56] 钱传范. 农药分析. 北京: 北京农业大学出版社, 1992, 215.

[57] 钱传范. 农药残留分析原理与方法. 北京: 化学工业出版社, 2011.

[58] 商检群. 农药残留量薄层层析法. 北京: 中国财政经济出版社, 1976.

[59] 施奈德 L R, 格莱吉克 J L, 柯克兰 J J. 实用高效液相色谱法的建立. 王杰, 等, 译. 北京: 科学出版社, 1998: 1-16.

[60] 苏立强, 郑永杰. 色谱分析法. 北京: 清华大学出版社, 2009.

[61] 孙毓庆. 仪器分析选论. 北京: 科学出版社, 2005.

[62] 王成江. 植物、土壤、水样中农药残留测定通用法(续). 农药科学与管理, 1991(4): 33-36.

[63] 王大宁, 董益阳, 邹明强. 农药残留检测与监控技术. 北京: 化学工业出版社, 2006.

[64] 王俊德, 商振华, 郁蕴璐. 高效液相色谱法. 北京: 中国石化出版社, 1992, 1-9.

[65] 王永华. 气相色谱分析. 北京: 海洋出版社, 1990.

[66] 尉志文. 薄层色谱扫描法和气相色谱/质谱法快速诊断有机磷农药中毒. 中国药物与临床, 2006, 8(6): 594-596.

[67] 夏之宁, 季金苟, 杨丰庆. 色谱分析法. 重庆: 重庆大学出版社, 2012.

[68] 许国旺. 现代实用气相色谱法. 北京: 化学工业出版社, 2006.

[69] 严衍禄. 现代仪器分析. 北京: 北京农业大学出版社, 1995, 224.

[70] 叶宪曾, 张新祥. 仪器分析教程. 北京: 北京大学出版社, 2007.

[71] 应永飞, 陈慧华, 吴平谷. 高效液相色谱-串联质谱在兽药残留分析中的应用. 分析科学学报, 2008(3): 359-366.

[72] 于世林. 高效液相色谱方法及应用. 北京: 化学工业出版社, 2019.

[73] 于世林. 图解高效液相色谱技术与应用. 北京: 科学出版社, 2009, 7-9.

[74] 岳永德. 高效薄层析进行农药吸附态光解的研究. 环境科学, 1995, 16(4): 16-18.

[75] 岳永德. 农药残留分析. 北京: 中国农业出版社, 2004.

[76] 张明时, 王爱民. 溴化衍生气相色谱法测定环境水体中痕量苯酚. 分析化学, 1999, 27(1): 63-65.

[77] 张蓉, 岳永德, 花日茂. 高效薄层析技术测定 5 种磺酰脲类除草剂方法有效性研究. 安徽农业大学学报, 2008, 35(4): 544-549.

[78] 张舒, 万中义, 潘劲松. 农药残留薄层色谱分析中的显色技术. 湖北化工, 2002(2): 46-48.

[79] 章育中, 郭希圣. 薄层层析法和薄层扫描法. 北京: 中国医药科技出版社, 1990.

[80] 赵贵平, 蒋宏键. 蔬菜中 25 种农药残留的 LC-MS/MS-QTRAP 定量定性同时分析方法研究. 分析测试学报, 2007(S1): 244-247.

[81] 赵琦, 刘翠玲, 孙晓荣, 等. 基于 SERS 法的苹果中农药残留的定性及定量分析. 光散射学报, 2016, 28(1): 6-11.

[82] 周同惠. 生物医药色谱新进展. 北京: 化学工业出版社, 1996, 105.

[83] 朱良漪. 分析仪器手册. 北京: 化学工业出版社, 1997, 774-793, 841-869.

[84] 朱明华. 仪器分析. 北京: 高等教育出版社, 2001.

? 思考题

1. 农药常量分析中定性定量方法有哪些?
2. 农药残留分析中定量方法有哪几种?
3. 内标法和外标法的区别是什么?
4. 残留分析确证常采用哪些方法?
5. 薄层色谱法对固定相和流动相有哪些要求?
6. 薄层色谱法操作步骤包括哪些? 每个操作步骤的注意事项有哪些?
7. 高效薄层色谱法与薄层色谱法有何区别? 其在农药检测方面具有哪些特点?
8. 薄层-植物酶抑制法的基本原理是什么? 该方法适合检测哪些类型的农药?
9. 简述气相色谱填充柱的制备方法。
10. 举出三种常用的不同极性的固定液,并指出它们分别适于哪类农药的分离。
11. 简述柱温箱温度和载气流速对农药组分分离的影响。
12. 简述 FID 检测器的工作原理。
13. 简述色谱仪检测器的主要性能指标。
14. 简述内标法测定农药有效成分含量的操作步骤。
15. 简述常用的正相色谱、反相色谱、离子对色谱和手性色谱的分离原理。
16. 简述高效液相色谱柱的使用、保护以及梯度洗脱操作的注意事项。
17. 举例说明常用流动相的选择范围和用缓冲液作流动相的目的。
18. 液相色谱分析农药有效成分方法的建立应考虑哪些主要因素?
19. 简述液质联用与气质联用的区别。
20. 电喷雾电离源(ESI)和大气压化学电离源(APCI)的作用原理及两者的区别是什么?

第十章
农药定性与定量分析——波谱分析法

第一节 农药波谱分析概述

农药分析方法的开发与应用是实现农药质量评价的主要手段。农药原药和制剂分析方法与农药的发展历史有关，也与分析化学学科的发展过程密切相关。早期在应用铜、砷、铅等无机农药的时期，农药分析方法主要是根据这些无机农药的特点，采用重量法和滴定分析法测定农药的有效成分含量。到 20 世纪 60 年代，紫外可见和红外分光光度法开始在分析化学中广泛使用，在农药分析中也得到了很多的应用。例如，对于含有芳香基团、杂环以及不饱和基团的农药化合物，它们具有紫外吸收，经提取后可以直接使用紫外分光光度法进行含量分析；另外一些化合物，例如有机磷、氨基甲酸酯或者硫代氨基甲酸酯类化合物，则可采用一些显色反应使它们转化为具有紫外或可见吸收的化合物进行测定。该方法操作简便、灵敏度高，而且可以对化合物同时进行定量分析和定性确证，目前仍是农药分析中可以采用的方法。

红外光谱法也曾用于农药常量分析，可根据特征吸收峰的强度进行定性定量分析，用于测定粉剂、可湿性粉剂或颗粒剂等，样品制备简单，测定速度快，方法具有特异性，但红外光谱仪灵敏度较差，测定时样品量需要较大，目前已很少用于定量分析，主要用于农药分子的结构鉴定。与前述滴定分析等化学分析法类似，紫外可见和红外分光光度法也都不具备分离杂质的能力，且只能测定单个成分，适用于分析有效成分含量较高的农药。农药样品中的杂质或助剂等成分可能对测定结果造成影响，常需要与薄层色谱分离手段进行联用，因此薄层色谱-比色法或薄层色谱-紫外-可见光谱法等手段联用常用于多种农药的常量分析中。

大约到 20 世纪 70 年代，核磁共振及质谱技术在分析技术上有了较多的应用和普及，随即在农药分析中得到了大量的应用，并且与红外、紫外光谱一起，"四大谱"结合使用，广泛地应用于农药有效成分及杂质的结构鉴定，几种方法的测定结果相互补充，相互确证，在化合物结构鉴定中起到了巨大的作用。

到 20 世纪 90 年代，色谱-质谱联用技术的出现与应用，使农药分析实现了定性定量一体化，利用色谱部分强大的分离能力，与质谱部分强大的结构鉴别能力，不仅在农药原药全组分分析与制剂分析中所涉及的有效成分及杂质的定性定量分析中发挥了重要作用，而且以其较高的灵敏度等优点，在农药残留分析中得到了广泛的应用。近年来，在色谱-质谱联用技术的基础上，出现了串联质谱（或多级质谱）以及高分辨质谱，可在一级质谱条件下将信号较强的离子作为母离子，并通过碰撞池使其进行裂解，进而获得丰富的化合物碎片信息，高分辨质谱则可提供更加准确的质量数信息，可用来推断化合物结构，确认目标化合物，对目标化合物进行定性定量。

　　本章对农药分析发展历程中涉及的波谱分析法进行介绍，内容包括紫外光谱、红外光谱、核磁共振谱和质谱法，以及目前应用广泛的色质联用及串联质谱技术。本章首先介绍以上方法的基本原理及其在农药定性和定量分析中的应用；在此基础上，对植物源和动物源农产品以及环境中的农药残留分析进行案例分析，并以五氯酚钠和阿维菌素两种农兽共用药为例介绍水产品中药物残留分析检测方法。

第二节　紫外可见吸收光谱法

　　紫外可见吸收光谱法是一种基于电子跃迁所产生的吸收光谱进行定性定量分析的常用检测方法，其原理是基于价电子和分子轨道上的电子在电子能级间的跃迁。该方法因灵敏度高、操作简便等优点被广泛应用于农药分析。

一、紫外可见吸收光谱法的原理

　　分子在受到电磁辐射时会吸收一定能量的光子，由基态变成激发态，即由原来能量较低的能级跃迁到较高的能级，同时吸收光子产生吸收光谱。分子跃迁可分为电子跃迁、振动跃迁和旋转跃迁，所产生的光谱分别对应电子光谱、振动光谱和转动光谱。其中电子跃迁主要发生在可见光区和紫外光区，所形成的光谱又称为电子吸收光谱或者紫外可见吸收光谱。紫外可见吸收光谱是由于物质吸收 100～800nm 波长范围内的光能产生电子跃迁而形成的，在这个范围内又可以分为三个区域：远紫外区（100～200nm）、近紫外区（200～400nm）和可见光区（400～800nm）。

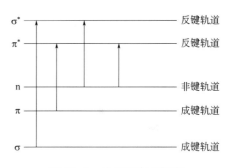

图 10-1　分子的电子能级

　　分子中的电子根据成键种类的不同，可以分为形成单键的 σ 电子、形成双键的 π 电子，以及氧、硫等含有的未成键的孤对 n 电子。当分子吸收可见光或紫外光时，处在较低能级的电子会跃迁到较高能级。由于各分子轨道能级差不同，实现能级跃迁所需吸收的外来辐射的能量也不相同。如图 10-1 所示，电子跃迁所需能量按由大到小排序为 $\sigma \rightarrow \sigma^* > n \rightarrow \sigma^* > \pi \rightarrow \pi^* > n \rightarrow \pi^*$。

（一）紫外吸收光谱的吸收带

　　吸收带又称吸收谱带，是指跃迁类型相同的一类吸收峰。不同的化合物结构不同会导致不同的跃迁类型，从而导致产生不同的吸收带。紫外光谱吸收带可分为以下四类：

（1）K 带（共轭带）　由 $\pi \to \pi^*$ 跃迁产生，特征是 $\lambda_{\max}>200\mathrm{nm}$，摩尔吸光系数 $\geqslant 10^4\mathrm{L}/(\mathrm{cm}\cdot\mathrm{mol})$，属于强吸收。若紫外光谱中有 K 带，说明分子结构中有共轭体系，反之亦然。

（2）R 带（基团带）　由 $\mathrm{n} \to \pi^*$ 跃迁产生，特征是 $\lambda_{\max}>250\mathrm{nm}$，摩尔吸光系数 $<100\mathrm{L}/(\mathrm{cm}\cdot\mathrm{mol})$，属于弱吸收。若紫外光谱中有 R 带，说明分子中含有杂原子的不饱和基团。

（3）B 带　特征是 $\lambda_{\max}\approx 250\mathrm{nm}$，摩尔吸光系数在 200～500L/（cm·mol），属于中弱吸收。B 带是芳香族化合物的特征吸收，有时可以见到"五指峰"精细结构。

（4）E 带　分为 E_1 带和 E_2 带，特征是 E_1 带 $\lambda_{\max}\approx 180\mathrm{nm}$，摩尔吸光系数 $\geqslant 10^4\mathrm{L}/(\mathrm{cm}\cdot\mathrm{mol})$；$E_2$ 带 $\lambda_{\max}\geqslant 200\mathrm{nm}$，摩尔吸光系数 $\approx 7000\mathrm{L}/(\mathrm{cm}\cdot\mathrm{mol})$，$E_1$、$E_2$ 带均为强吸收。E 带也是芳香族化合物的特征吸收，当共轭体系增大时，E_1 带红移至 $>200\mathrm{nm}$。

（二）影响紫外光谱的常见因素

（1）生色基（发色基团）　是指有机化合物分子中含有能产生 $\pi \to \pi^*$ 或者 $\mathrm{n} \to \pi^*$ 跃迁的，能在紫外可见光范围内产生吸收的基团。

（2）助色基（助色团）　是指含有非键电子对的杂原子饱和基团。当助色基与生色基或饱和烃相连时，能使其吸收峰向长波方向移动并使其吸收峰强度增加。

（3）红移　指因结构变化、共轭体系增大、助色基影响、溶液 pH 影响等因素，导致溶液吸收峰向长波方向移动。

（4）蓝移　指受取代基或溶剂影响，吸收峰向短波方向移动。

（5）增色效应与减色效应　指受某种因素影响使吸收强度增强或者减弱的效应。

（三）紫外-可见光分光光度计的构造

紫外-可见分光光度计一般都由光源、单色器、吸收池、检测器和信号指示系统五部分组成。随着仪器型号的不断发展，紫外-可见分光光度计分为单波长分光光度计和双波长分光光度计，单波长分光光度计又分为单光束分光光度计和双光束分光光度计两种类型。

单光束分光光度计：单光束分光光度计是一种简易型的分光光度计，具有结构简单、操作方便的优点，常用于常规分析。其结构如图 10-2 所示，光源发出的光经单色器分光后形成的一束平行单色光轮流穿过参比溶液和样品溶液进行测定。

图10-2　单波长单光束分光光度计的结构

双光束分光光度计：双光束分光光度计结构如图 10-3 所示，经由单色器分光后再经反射镜（M_1）反射的两束强度相等的光，分别通过参比池和样品池。光度计可以自动比较两束光的强度，其比值即为透射比，通过对数变换将其转化成吸光度并作为波长的函数记录下来。

双波长分光光度计：双波长分光光度计的光路结构如图 10-4 所示。由同一束光源发出的光分为两束，分别经过两个单色器后得到两束不同波长（λ_1、λ_2）的单色光，利用切光器使两束光以一定频率交替照射同一吸收池，然后经过光电倍增管和电子控制系统，最后由显示器显示不同波长下的吸光度的差值。

除上述三种紫外-分光光度计外，还有多通道分光光度计和探头式分光光度计等多种类型。

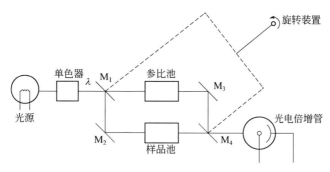

图 10-3 单波长双光束分光光度计结构图

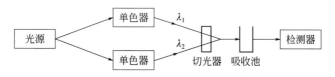

图 10-4 双波长分光光度计光路示意图

二、典型的农药紫外光谱

大多数农药会在紫外光区（200～400nm）产生特征吸收；而紫外吸收不明显的农药也可以通过一系列化学反应转化成有特征吸收的物质。下面介绍几种常见农药的特征吸收峰。

（一）有机氯农药

很多有机氯农药是典型的含有苯环的农药，苯环上烷基或卤素的取代会导致紫外吸收峰的红移，其特征吸收峰由256nm移动至260～270nm处；相反苯环侧链上的取代不会造成吸收波长的改变。表10-1是几种常见有机氯农药的最大吸收波长。

表10-1 某些有机氯农药最大吸收波长

名称	λ_{max}/nm	名称	λ_{max}/nm
甲苯	262	DDT	267
氯代苯	264	二苯基甲烷	262
三氯杀螨醇	265.5	1,2,4-三氯苯	278

（二）苯醚类农药

苯醚类农药从结构上可以认为是酚羟基上的氢被烷基取代,所以其吸收曲线和苯酚相似,不同之处在于苯酚在碱性溶液中的最大吸收峰会发生红移,但是苯醚类农药变化不大。如图10-5所示, 2,4-滴和2,4-二氯苯酚在中性条件下的最大吸收峰都在284nm左右, 而在碱性溶液中, 2,4-二氯苯酚的最大吸收峰红移至308nm, 2,4-滴的吸收峰则基本不变。根据这一差别我们可以鉴定苯氧基化合物中的少量苯酚。表10-2列出了一些苯醚类农药的最大吸收波长。

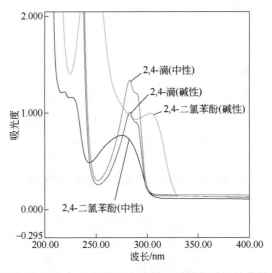

图 10-5　2,4-滴和 2,4-二氯苯酚在中性和碱性条件下的紫外吸收光谱图

表 10-2　一些苯醚类农药最大吸收波长

名称	λ_{max}/nm	名称	λ_{max}/nm
2,4-滴	284	杀螨特	275
甲氧 DDT	273	2-苯氧基乙醇	270

(三) 苯酯类农药

苯酯类农药主要包括氨基甲酸酯和磷酸酯类农药。由于酯键上的氧原子连接了碳氢键而不是苯环，所以该类衍生物与酚的最大吸收波长相差较大。例如，图 10-6 所示，甲萘威的最大吸收波长为 280nm，与萘（276nm）接近，但是与萘酚（296nm）相差较大。表 10-3 中给出了几个常见的有机磷酸酯类农药及其生色基的最大吸收波长。

表 10-3　一些苯酯类农药的最大吸收波长

名称	λ_{max}/nm	名称	λ_{max}/nm
克百威	257	萘	276
甲萘威	280	二甲基苯胺	251
硝基苯	260	对氧磷	268
对硫磷	274	嘧啶	243

(四) 苯胺类农药

苯胺在 207nm、230nm、280nm 处有三个吸收峰，其中 230nm 处有强吸收，而苯环上的取代或者氨基上氢原子的取代都会造成在该波长基础上的红移，如取代脲类和氨基甲酸酯类农药。图 10-7 是 4 种苯胺类农药的特征紫外吸收光谱图。

(五) 均三嗪类农药

均三嗪类农药是一类具有均三氮苯结构的化合物，它们的结构相似，最大吸收峰均在

220nm 处。表 10-4 列出了一些均三嗪类农药的最大吸收波长。

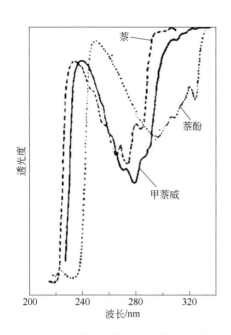

图 10-6 甲萘威、萘酚、萘在乙醇溶液中的紫外吸收光谱

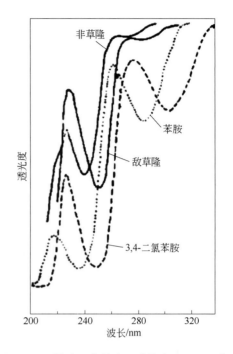

图 10-7 苯胺、非草隆、敌草隆、3,4-二氯苯胺在乙醇溶液中的紫外吸收光谱

表 10-4 一些均三嗪类农药的最大吸收波长

名称	λ_{max}/nm	名称	λ_{max}/nm
西玛通	220	西玛津	222
莠去津	222	扑灭津	223

（六）吡啶类农药

吡啶在乙醇溶液中的最大吸收峰为 247nm，而在水溶液中有 251nm 和 270nm 两个吸收峰。吡啶环上的 α、β 位的取代可以使最大吸收波长发生红移。如图 10-8 所示，烟碱类农药的最大吸收峰在 262nm 处；百草枯水溶液在 256nm 处有最大吸收；杀草炔的特征吸收在 308nm 处，有明显的红移。

三、紫外可见吸收光谱法的应用

紫外可见吸收光谱法是对物质进行定性定量及结构分析的常规手段。紫外可见吸收光谱属于电子光谱，只有当紫外线的能量恰好等于两电子能级间的能量差

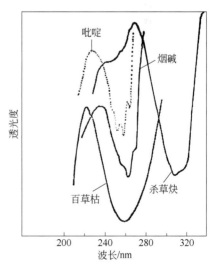

图 10-8 某些吡啶类化合物的紫外光谱

时，分子才会吸收能量，因此一种分子只会吸收一定波长范围内的紫外光。我们可以通过测量某种分子的紫外吸收波长来判断该物质的结构。紫外光谱分析农药具有测量范围广、操作简单快捷、有较好的准确度、可以定性也可以定量等优点。

(一) 农药的可见比色分析

比色分析法是指吸收光谱在波长 400～760nm 的范围内的分光光度法，该范围属于可见区。早期采用可见比色分析方法的农药有以下几种情况：①农药本身带有一定颜色，即在可见区有吸收，可以直接进行比色分析。②农药本身无色，可以通过一系列显色反应使其变成带有颜色的化合物。以下为几种经典的农药的显色反应。

1. 含氯农药的颜色反应

(1) 吡啶-碱显色反应　含卤农药在碱性环境中可以和吡啶短时间加热，生成红色或者蓝色的物质。例如，三氯杀螨醇在碱性条件下水解成氯仿，然后与吡啶作用呈红色，可在 535nm 处测量。

(2) 硝化-甲醇钠法　含氯芳香族化合物硝化后加甲醇钠，反应后经过分子重排呈蓝色。如对位 DDT 及三氯杀螨醇显蓝色后可在 598nm 处测量。

(3) 脱氯磺化显色反应　DDT 等农药可以在 1%乙醇氢氧化钾溶液中脱去氯化氢，再与浓硫酸反应呈不同颜色，如 DDT 呈桃红色，甲氧 DDT 为紫色。

(4) 二苯胺-氯化锌显色反应　狄氏剂与二苯胺、氯化锌熔融呈蓝绿色，用丙酮溶解后可比色分析。

(5) 浓硫酸与铬变酸显色反应　卤代苯氧乙酸与浓硫酸反应后生成甲醛，甲醛与铬变酸在 150℃下加热显紫色。

2. 含磷农药的颜色反应

(1) 钼蓝比色法测全磷　用高氯酸及硫酸的混合液分解有机磷农药至无机磷，在酸性环境下与钼酸铵及偏钒酸铵反应呈黄色，在 420nm 处检测。

(2) NBP 反应　有机磷农药-乙醇溶液在 100℃下与 4-(对硝基苄基) 吡啶共热 12～17min，冷却后加入四亚乙基戊胺丙酮 30min 后显蓝色，可在 580nm 处检测。该方法可以检测乐果、马拉硫磷等农药。

(3) 皂化比色法　含硝基的有机磷化合物如对硫磷、甲基对硫磷等碱解后呈黄色，可在 420～480nm 处测量。

(4) 与氯化钯反应　含硫磷酸酯在酸性条件下可以与氯化钯作用生成黄色螯合物。

(5) 形成铜盐络合物　二硫代磷酸酯在酸性条件下水解后与铜的四氯化碳溶液反应呈黄绿色，在 420nm 处检测。

3. 氨基甲酸酯类农药的颜色反应

甲萘威、克百威碱解后与对硝基苯偶氮氟硼酸的甲醇溶液反应呈黄色，可在 590nm 处检测；速灭威碱解后在酸性环境下与对硝基苯偶氮氟硼酸的甲醇溶液反应呈黄色，而在碱性环境下反应则呈亮红色，可在 490nm 处检测。

(二) 农药的紫外光谱定性与定量分析

紫外光谱法的定性主要针对不饱和有机化合物，含有双键或者共轭体系的化合物会有明显的特征吸收峰。采用紫外光谱法确定化合物是否含有某些基团时，主要是通过对比紫外吸收光谱的特征吸收峰来实现的，也可以通过对比样品与标样的紫外光谱图进行定性判断。但是紫外光谱法具有一定的局限性，需要与红外光谱、核磁共振、质谱等其他方法互相配合才能准确地进行定性分析。

紫外光谱法进行定量分析的主要依据是朗伯-比尔（Lambert-Beer）定律，即在一定波长下，溶液的吸光度与浓度呈正比。因此可以通过测定一定波长下某种溶液的吸光度，推测出该溶液的浓度。Lambert-Beer定律的表达式是：

$$A=\varepsilon cL$$

式中，A 为溶液的吸光度；ε 为溶液的吸光系数；c 为溶液浓度；L 为液层厚度。

紫外光谱法可以对单一或者多组分进行定量分析，单组分定量分析主要有校准曲线法和标准比对法两种方式，其中校准曲线法是目前最常用的单组分定量手段。

（1）校准曲线法　首先以空白溶液作为参比，配制一系列不同浓度的标准溶液，测得在一定紫外波长下的吸光度，绘制吸光度-浓度标准曲线。其次将以相同条件测得待测溶液的吸光度，带入到标准曲线中，即可求得待测溶液的浓度。该方法需要注意的是，首先要确定满足 Lambert-Beer 定律的浓度范围，测定时需要在该浓度范围内进行。

（2）标准比对法　在相同条件下测得标准溶液和待测溶液的吸光度，由于其在相同条件下的 ε、l 相同，所以吸光度的比即为浓度的比，即

$$A_{标准}/A_{待测}=c_{标准}/c_{待测}$$

标准比对法较校准曲线法来说更简便，但准确度低，只有标准溶液和待测溶液之间的浓度接近时，才能保证准确度，此外，浓度的测定仍需满足 Lambert-Beer 定律。

（三）紫外吸收光谱法定量分析过程

1. 试样的制备

试样的制备主要涉及溶剂的选择和样品的净化。在制备过程中要尽量避免杂质的干扰。

（1）溶剂的选择　选择溶剂时首先应考虑溶剂对试样有良好的溶解性和选择性；其次溶剂本身在测量波段不会有明显的吸收，不会产生干扰；此外还要考虑溶剂不会和试样发生反应以及试样在溶剂中有较好的吸收峰形。表 10-5 是紫外光谱分析中常用的有机溶剂。

表10-5　紫外光谱分析中常用的有机溶剂

溶剂	截止波长/nm	溶剂	截止波长/nm
95%乙醇	210	水	200
乙腈	190	乙醚	220
正己烷	200	环己烷	200
二氯甲烷	235	甲酸甲酯	260
苯	280	四氯化碳	265
正丁醇	254	丙酮	330
异丙醇	210	甲醇	205

（2）样品的净化　样品中的杂质会对结果产生直接影响，因此在测定前必须进行净化。常用的净化手段包括：薄层色谱、液液分配、柱净化等。

2. 测量条件的选择

测量条件的选择主要包括波长的选择、狭缝宽度的选择、线性范围的确定以及空白溶液的选择。

（1）波长的选择　应选择试样的最大吸收波长（λ_{max}）作为测量波长，因为在此波长下灵敏度最高，能较好地遵守 Lambert-Beer 定律。但在实际情况中，由于杂质干扰等因素可能会选择较低灵敏度的次强峰进行测定。

（2）狭缝宽度的选择　狭缝宽度直接影响灵敏度和校正曲线的线性范围。狭缝宽度增大，会导致灵敏度下降、偏离 Lambert-Beer 定律、校正曲线变坏等问题；若狭缝太小，会导致入射光强度变弱。因此一般在不减少吸光度的前提下以最大狭缝宽度作为测量宽度。

（3）线性范围的确定　测量之前必须用一系列浓度的标准溶液制作标准曲线，标准溶液的浓度范围应包含待测样品的浓度范围。

（4）空白溶液（参比溶液）的选择　在测量样品溶液的同时需选择空白溶液作为参比。将空白溶液的透光度调成 100%后作为标准再进行待测溶液的测量。空白溶液除了有参比的作用外，在一定程度上还能排除杂质干扰。空白溶液应根据不同情况进行选择。无杂质干扰情况下一般选择溶剂或去离子水作为空白溶液；若显色剂有颜色并在测量波长下有吸收时，应选择显色剂作为空白溶液并且保证显色剂量与待测样品保持一致；若试样中有杂质干扰但显色剂无颜色，可选择不加显色剂的试样作为空白溶液；若在处理过程中因为操作因素带来干扰，则用不含被测物的试样进行平行操作并以此为空白溶液。

3. 反应条件的选择

反应条件的选择主要包括显色剂的选择以及显色条件的选择。

（1）显色剂的选择　在测量过程中需选择合适的显色剂将试样转换成有色化合物或络合物。显色剂的选择应遵循以下原则：在 100mg/kg 范围内灵敏度高；选择性好，对杂质无反应或选择性小；生成的有色物质稳定；符合 Lambert-Beer 定律；受溶剂、环境等影响小。

（2）显色条件选择

① 试剂浓度：显色过程中加入的试剂或显色剂的量会影响有色化合物的生成，因此需要提前通过吸光度-显色剂浓度关系实验，选择在吸光度不变的显色剂浓度范围内确定显色剂浓度。

② 溶液酸度：显色一般在酸性条件下进行，酸度会对有色化合物的颜色和稳定性产生影响。因此需要通过吸光度-pH 变化曲线，选择吸光度不变的 pH 范围作为溶液的酸度。

③ 显色时间：不同的显色反应所需的显色时间不同，有的有色化合物在长时间放置后也会出现变色或褪色的情况。因此需要通过提前实验确定合适的显色时间。

④ 反应温度：多数显色反应在室温下进行，但是有个别的显色反应需要特定的温度。

⑤ 杂质干扰：杂质会对结果产生干扰，去除杂质的方法主要有加入掩蔽剂、选择不受干扰的波长测量、使用空白溶液抵消、柱层析等方式分离待测组分与杂质。

总之，紫外可见吸收光谱法具有仪器设备简单、操作简便、灵敏度高、既可定性又可定量等优点。紫外可见吸收光谱法在农药分析中应用广泛，不仅可进行定量分析，还可利用吸收峰的特性进行定性分析和简单的结构分析，利用化合物的分子或离子对紫外线的吸收所产生的紫外可见光谱及吸收程度可以对物质的组成、含量和结构进行分析、测定和推断，也可用于农药有效成分含量的分析，对常量、微量、多组分都可测定。

第三节　红外光谱法

红外光谱又名分子振动转动光谱，是分子吸收光谱的一种，具有特征性强、检测速度快、所需样品量少、可针对不同物态样品、不破坏或改变试样组成、测试方便等优点。红外光谱法不仅能进行定性定量分析，还可以根据分子特征吸收判断分子的结构。

一、红外光谱法的基本原理

（一）红外光谱的产生及红外光区的划分

当样品受到频率连续变化的红外光照射时，样品分子会吸收红外辐射，引起偶极距的变化，使分子振动-转动能级从基态跃迁到激发态，而且由于分子吸收了辐射，会导致入射光经过样品后的强度减弱，根据不同波长下透射光的强弱即可得到红外光谱曲线。

分子吸收红外光之后能够引起分子内价键的能级跃迁，振动能级跃迁的同时会伴有转动能级的跃迁。产生红外吸收光谱需要满足两个条件：①辐射光的能量与分子发生振动跃迁所需的能量相等；②辐射与物质之间有耦合作用。例如，H_2、N_2、O_2 等非极性分子没有永久偶极矩，因此不产生红外光谱。

红外光谱的范围在 0.78～1000μm 之间，可以分为三个区间：近红外光区（0.78～2.5μm），主要是 O—H、N—H 和 C—H 键的倍频吸收；中红外光区（2.5～25μm）主要是分子振动，伴随转动光谱；远红外光区（25～1000μm），主要是分子振动、晶格振动。由于使用波数描述更为简单，红外光谱一般使用波数作为横坐标，称为线性波数表示法。常用的有机化合物的红外光谱在中红外区，根据波长（λ）与波数（ν）的关系，中红外光区的波数范围为 400～4000cm^{-1}。

（二）分子的振动形式

分子的振动形式可以分为伸缩振动和弯曲变形振动。

（1）伸缩振动（υ）　原子沿着键长方向伸缩，键长改变而键角不变的振动，可以分为对称（υ_s）和不对称（υ_{as}）伸缩振动。不对称伸缩振动也称为反对称伸缩振动。

（2）弯曲振动或变形振动（δ）　键角周期性变化而键长不变的振动称为弯曲振动或变形振动，分为面内变形振动和面外变形振动。面内变形振动又分为剪式（δ）和平面摇摆振动（ρ），面外变形振动又分为非平面摇摆（ω）和扭曲振动（τ）如图 10-9 为亚甲基的简正振动形式，其中+，−代表运动方向垂直纸面向里和向外；s、m、w 分别代表强、中、弱吸收。

（三）基团特征频率

红外光谱的最大特征就是具有特征性，即有机化合物的官能团在红外光谱中具有特征吸收频率，无论分子结构多么复杂，组成分子的原子基团（主要是 C、H、O、N 四种元素组成）在受激发后都会产生特征振动。在研究了大量不同化合物的红外光谱后，发现同一分子基团的振动频率是接近的，会在较窄的频率区产生吸收谱带，对应的频率称为基团频率。

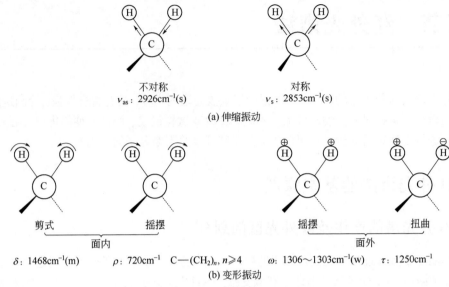

图 10-9　亚甲基的简正振动形式

1. 基团频率区

中红外光谱区可以分为 $400\sim1300cm^{-1}$ 和 $1300\sim4000cm^{-1}$ 两个区，其中 $1300\sim4000cm^{-1}$ 区域更为重要，因为该区是基团频率区、官能团区或特征区，主要用于鉴定官能团，被称为基团频率区。基团频率区又可以细分为 $4000\sim2500cm^{-1}$、$2500\sim1900cm^{-1}$ 和 $1900\sim1200cm^{-1}$ 三个区域。

（1）$4000\sim2500cm^{-1}$ 区　主要是 X—H 伸缩振动，X 可以是 O、N、C、S 等原子。

O—H 伸缩振动主要出现在 $3650\sim3200cm^{-1}$ 内，若是酚或者醇且浓度 $<0.01mol/L$ 时，会在 $3650\sim3580cm^{-1}$ 处出现尖锐吸收峰并且易于识别；浓度增大时会向低波数方向位移，最终在 $3400\sim3200cm^{-1}$ 处出现宽而强的吸收峰。若是有机酸则出现宽而强的吸收峰的现象更加明显。因此 $3650\sim3200cm^{-1}$ 可以判断有无醇、酚和有机酸的存在。

N—H 键的伸缩振动也会出现在 $3500\sim3000cm^{-1}$ 范围内，对 O—H 键的判断产生影响。

C—H 键可分为饱和以及不饱和两种键的伸缩振动。饱和 C—H 键伸缩振动出现在 $3000\sim2800cm^{-1}$ 处且受取代基影响小，不饱和 C—H 键出现在 $3000cm^{-1}$ 以上，可由此判断是否含有不饱和 C—H 键。苯环上的 C—H 键出现在 $3030cm^{-1}$ 处，特征是强度稍弱但是谱带尖锐。双键的 C—H 伸缩振动出现在 $3010\sim3040cm^{-1}$ 范围内，末端不饱和双键出现在 $3085cm^{-1}$ 附近。三键的 C—H 伸缩振动则出现在 $3300cm^{-1}$ 处。醛类羰基的 C—H 键在 $2740cm^{-1}$ 和 $2855cm^{-1}$ 处有强度不太大的双峰，可以用于鉴定醛基。

（2）$2500\sim1900cm^{-1}$ 区　该区主要是 C≡C 和 C≡N 等三键的伸缩振动以及—C=C=O 等累积双键的不对称伸缩振动。末端炔类化合物的伸缩振动出现在 $2100\sim2140cm^{-1}$ 范围内，非末端炔类化合物出现在 $2190\sim2260cm^{-1}$ 处。C≡N 在无共轭情况下其伸缩振动出现在 $2240\sim2260cm^{-1}$ 处，如果与不饱和键共轭时则位移至 $2220\sim2230cm^{-1}$ 处。

（3）$1900\sim1200cm^{-1}$ 区　主要包括碳氧双键、碳碳双键以及苯的衍生物泛频谱带三种类型的伸缩振动。碳氧双键伸缩振动出现在 $1900\sim1650cm^{-1}$ 处，且有很强的吸收，可以以此来判断醛、酮、酸、酯以及酸酐等有机化合物的存在，其中酸酐呈现双峰。碳碳双键的伸缩振动出现在 $1680\sim1620cm^{-1}$ 处，较弱。单环芳烃的芳环骨架振动出现在 $1600cm^{-1}$ 和 $1500cm^{-1}$

处，有 2～4 个峰，可以以此确定有无单环芳烃的存在。苯的衍生物的泛频谱带出现在 2000～1650cm^{-1} 处，但强度弱，可以表征芳核取代。

2. 指纹区

在 1300～400cm^{-1} 范围内同时含有伸缩振动和变形振动产生的谱带，并且受到分子结构的影响，分子结构的细微差异都会导致谱带的差异，因此也被称为指纹区。分为 1400～900cm^{-1} 区和 900～400cm^{-1} 区。1400～900cm^{-1} 区主要是碳氧单键、碳氮单键、碳硫单键等单键，和碳硫双键、硫氧双键等双键的伸缩振动区间。在 1375cm^{-1} 处有甲基的弯曲振动，可以以此判断甲基。碳氧单键的伸缩振动在 1300～1000cm^{-1} 处有最强吸收。900～400cm^{-1} 区域主要确定化合物的顺反结构，例如烯烃的顺式构型的 C—H 变形振动出现在 690cm^{-1} 处而反式构型出现在 990～970cm^{-1} 处。

官能团区和指纹区需要结合使用才能解析红外谱图，先从官能团区确定可能存在的基团，再在指纹区与标准谱图进行对比，得出结论。

（四）影响基团频率的因素

影响基团频率的因素主要有内部因素和外部因素。内部因素包括电子效应（诱导效应、共轭效应）、氢键的影响、振动耦合、费米共振（Fermi 共振）、空间效应和分子对称性等因素。

（1）诱导效应　诱导效应是指由于取代基不同的电负性，通过静电诱导效应引起电子分布的变化导致键力常数的改变，最终导致特征频率的位移。电负性大的基团有较强的吸电子能力，当其与酮羰基的碳相连时由于诱导效应最终会导致吸收峰向高波数移动。电负性越大，诱导效应越强，向高波数移动程度越显著。

（2）共轭效应　共轭效应会使共轭体系平均化，导致吸收频率向低波方向移动。

（3）氢键的影响　氢键会使电子密度平均化从而导致伸缩振动频率降低。氢键分为分子内氢键作用和分子间氢键作用，其中分子内氢键作用属于内部因素，而分子间氢键作用属于外部因素。分子内氢键不受化合物浓度的影响，而分子间氢键受化合物浓度影响较大。例如以四氯化碳为溶剂测量乙醇的红外光谱时，随着浓度的增加，乙醇会从一开始的游离羟基（3640cm^{-1}）状态逐渐转变为二聚体（3515cm^{-1}）和多聚体（3350cm^{-1}）的形式并最终以缔合形式存在。

（4）振动耦合　当振动频率接近或相同的两个基团具有同一原子时，其中一个基团会对另一个基团产生"微扰"，最终导致一个基团的吸收峰向高频移动，另一个向低频移动。振动耦合一般发生在二羰基化合物如酸酐中。

（5）Fermi 共振　当一个基团振动的倍频与另一个基团的基频接近时，发生相互作用产生很强的吸收峰或导致吸收峰分裂，叫 Fermi 共振。

（6）空间效应　空间效应可以通过影响共面性而削弱共轭性来起作用，也可以通过改变键长、键角从而产生张力来起作用。

（7）分子对称性　分子对称性直接影响红外吸收峰的强度，会导致能级简并的出现。例如苯理论上有 30 个基频吸收，但实际红外光谱上只有 4 种基频吸收。原因是苯分子的高度的对称性，使得其中的 10 种简正振动有相同的振动频率而简并，而剩下的具有红外活性的仅有 4 种。

外部因素包括氢键作用、浓度效应、温度效应、试样的状态、制作方法和溶剂性等因素。同一分子处于不同的物理状态也会对红外光谱产生影响，一般气态波数最高，而液态和固态相对较低。在极性溶剂中，溶质分子随着溶剂极性增加其吸收峰向低波数移动且强度增大。

（五）常见官能团的特征吸收频率

通过红外光谱判断某种基团是否存在时，首先要从基团频率区确定特征吸收峰，表 10-6 中列举了一些重要的基团频率。

表 10-6　典型化合物的重要基团频率

基团	频率/cm^{-1}	基团	频率/cm^{-1}
烷基		芳环取代	
C—H（伸缩）	2853~2962	一取代	690~710 及 730~770
—CH(CH$_3$)$_2$	1380~1385 及 1365~1370	邻二取代	735~770
—C(CH$_3$)$_3$	1385~1395 及 1365 附近	间二取代	680~725 及 750~810
烯烃基		对二取代	790~840
C—H（伸缩）	3010~3095	醇、酚、羧酸	
C=C（伸缩）	1620~1680	—OH（醇、酚）	3200~3600（宽）
R—CH=CH$_2$	985~1000 及 905~920	—OH（羧酸）	2500~3600（宽）
R$_2$C=CH$_2$	880~900	醛、酮、酯、羧酸	
Z—RCH=CHR	675~730	C=O（伸缩）	1690~1750
E—RCH=CHR	960~975	胺	
炔烃基		N—H（伸缩）	3300~3500
≡C—H（伸缩）	约 3300	腈	
C≡C（伸缩）	2100~2260	C≡N（伸缩）	2200~2600
芳烃基 Ar—H（伸缩）	3030 附近		

二、红外光谱仪的组成

红外光谱仪的型号有很多，但基本为色散型双光束分光光度计，其仪器结构主要由光源、吸收池、单色器、检测器、记录系统五部分组成。

（1）光源　红外光谱仪使用的光源通常是惰性固体，通过通电加热的方式使其发射高强度的红外辐射。最常用的是 Nernst 灯或者硅碳棒。Nernst 灯具有发光强度高、稳定等优点但是造价高、机械强度差、操作烦琐；硅碳棒坚固、发光面积大、使用寿命长。

（2）吸收池　通常使用可以透过红外光的 NaCl、KBr 等材料制成窗片。

（3）单色器　单色器由色散元件、准直镜和狭缝构成。复制的光栅是最常用的色散元件。

红外光谱仪通常将多个光栅常数不同的光栅交替使用来获得更宽的波数范围及更高的分辨率。

（4）检测器　检测器一般分为热检测器和光检测器两大类。热检测器是把某些热电材料的晶体放在两块金属板中，利用热电材料的极化强度随温度的升高而降低的特性，当红外辐射照射到晶体上时，引起晶体温度升高，导致极化度降低，晶体表面电荷分布减少，相当于"释放"部分电荷，由此测量电荷转变成的电流或者电压可以测量红外辐射的强度。热检测器有氘代硫酸三甘肽（DTGS）、钽酸锂（$LiTaO_3$）等类型。光检测器是利用材料受光照射后，由于导电性能的变化而产生信号，最常用的光检测器有锑化铟、汞镉碲等类型。常用的红外检测器有高真空热电偶、热释电检测器和碲镉汞检测器。

（5）记录系统　一般红外光谱仪都采用记录仪或计算机自动记录谱图。

如图 10-10 所示为双光束红外光谱仪的结构示意图，由光源发出的红外光发散成两束，分别通过试样和参比溶液，利用半圆扇形镜将通过试样和参比溶液的光束交替通过单色器，最后通过检测器检测并由记录系统记录。当通过试样和参比溶液的光束强度不等时，检测器产生与光强差呈正比的交流信号，通过光楔调节使参比溶液和试样溶液光束强度相等，此时与光楔联动的记录笔就记录下吸收峰。除色散型红外光谱仪外，另一种较常见的红外光谱仪是傅里叶变换红外光谱仪（FTIR）。

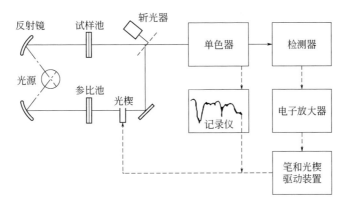

图 10-10　双光束红外光谱仪结构示意图

三、红外光谱法的样品制备

红外光谱分析中，固、液、气三种状态的试样均可测定，但对试样有具体要求，而且样品在进行红外光谱分析之前也需要进行一定的样品制备过程。

1. 红外光谱对试样的要求

进行红外光谱分析的试样可以是固态、液态和气态，三种物理状态均可进行测定，但要满足以下要求：

（1）试样的组分应该是单一组分，为了便于与标准光谱进行比较，试样的纯度要＞98%或者满足商业规格。

（2）试样中不应含有游离水，游离水会产生红外吸收，干扰实验结果并会损害仪器。

（3）试样的浓度或厚度要适当，保证光谱中多数吸收峰的透射比在 10%～80%。

2. 红外样品的制备方法

（1）气态试样　气态试样可以直接在玻璃器槽内测定。玻璃器槽的两端有 NaCl 或 KBr 窗片，具体操作是先将玻璃器槽抽真空，再将样品注入。

（2）液体试样　①液体池法：针对沸点低、易挥发的液体试样，可直接将试样注入厚度在 0.01～1mm 的液体池中。②液膜法：针对沸点高的液体，将液体样品滴在两片盐片之间。

（3）固态试样　①压片法：将 1～2mg 试样与 200mg KBr 混合，置于模具中，用压片机压成透明薄片。需要注意的是试样和 KBr 均需要干燥且仔细研磨至粒度＜2μm。②石蜡糊法：将试样干燥后研磨，与液体石蜡和全氟代烃混合，夹在盐片中测定，但此法不能用于饱和烷烃。③薄膜法：主要针对高分子化合物，熔融后涂或压制成膜；或将试样溶于易挥发溶剂中，涂在盐片上，挥发成膜后使用。

四、典型的红外光谱谱图分析

红外光谱的解析先从基团频率区的最强谱带入手，推测可能含有的基团。再通过指纹区的谱带进一步佐证，确定可能含有的基团的相关峰，最终确定该基团是否存在。对于结构简单的有机化合物来说，在确定几个基团之后就可以初步确定该分子结构了，再通过该化合物的标准谱图核实。对于结构复杂的化合物，还需结合紫外、质谱等其他手段才能得出可靠的判断。

（1）某分子式为 C_8H_{16} 的有机物红外光谱如图 10-11 所示，推测其结构。

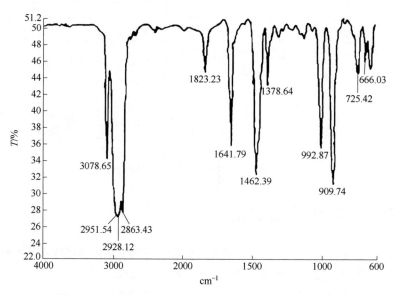

图 10-11　某化合物的红外光谱图（分子式为 C_8H_{16}）

图谱解析：首先计算不饱和度 $\Omega=1$，推测其为单烯烃或者环状结构。根据 3078.65cm^{-1} 和 1641.79cm^{-1} 处有吸收峰，推测为单烯烃结构。992.87cm^{-1} 和 909.74cm^{-1} 处有强吸收峰表明为 R—CH=CH$_2$ 结构。1378.64cm^{-1} 为单峰，表明含有 1 个孤立的—CH$_3$ 结构。此外，1462.39cm^{-1}，2951.54cm^{-1}，2928.12cm^{-1}，2863.43cm^{-1} 表明含有—CH$_3$ 和—CH$_2$—结构，综上所述为 1-辛烯。

（2）某化合物分子式为 C_3H_6O，其红外谱图如图 10-12 所示，推测其结构。

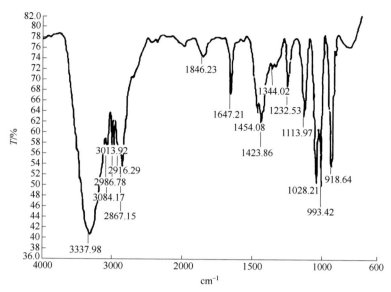

图 10-12 某化合物的红外光谱图（分子式为 C_3H_6O）

图谱解析：首先计算不饱和度 $\Omega=1$，推测可能是醛酮、烯醇等多种结构，又根据 3013.92cm^{-1} 处的弱峰和 1647.21cm^{-1} 有吸收峰表明含有碳碳双键。993.42cm^{-1} 和 918.64cm^{-1} 处的强峰表明含有端乙烯基结构。分子式中含有 O 原子并在 3337.98cm^{-1} 有吸收峰，表明含有羟基。1028.21cm^{-1} 处有吸收峰表明为伯醇。综上该化合物结构为 $CH_2=CHCH_2OH$。

（3）某化合物分子式为 $C_4H_6O_2$，其红外光谱图如图 10-13 所示，根据谱图推测结构。

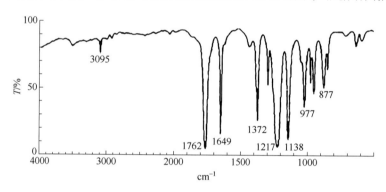

图 10-13 某化合物的红外光谱图（分子式为 $C_4H_6O_2$）

图谱解析：首先推算不饱和度为 $\Omega=1$，1762cm^{-1} 处的峰表明有羰基的存在，在 3700～3200cm^{-1} 范围内没有尖锐吸收峰则说明无—OH 结构。在 2720～2750cm^{-1} 无吸收峰表明不含有醛基。在 2830～2810cm^{-1} 处无吸收峰所以无—OCH$_3$ 结构。3095cm^{-1} 和 1649cm^{-1} 处的吸收峰表明含有碳碳双键结构。所以可能为乙酸乙烯酯或丙烯酸甲酯。

（4）某化合物分子式为 $C_6H_8N_2$，根据其红外光谱（图 10-14）推测结构。

图谱解析：推算不饱和度 $\Omega=4$。3030.70cm^{-1}、1592.66cm^{-1}、1502.26cm^{-1} 三处的吸收峰表明含有苯环，由于苯环的不饱和度即为 4，因此不含有其他的不饱和结构。3366.10cm^{-1} 和 3387.67cm^{-1} 是—NH$_2$ 的伸缩振动。1274.97cm^{-1} 是 C—N 键的伸缩振动。3285.02cm^{-1} 和 3193.02cm^{-1} 的双峰表明是伯胺。749.67cm^{-1} 处的单峰表明是苯环的邻二取代。综上推测该结

构为邻苯二胺。

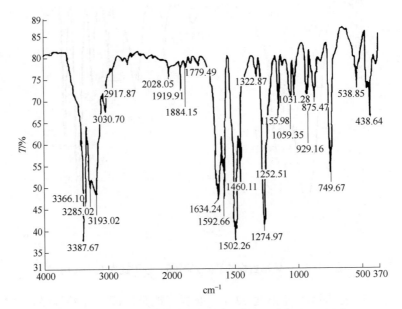

图 10-14　某化合物的红外光谱图（分子式为 $C_6H_8N_2$）

五、红外光谱法在农药分析中的应用

红外光谱法既可以用于化合物的定性分析，也可用于定量分析。在农药分析中，则主要应用于对农药原药有效成分及杂质的定性鉴定和分子结构分析，定量分析应用较少。

1. 红外光谱定性分析

在农药分析中常采用红外光谱进行有效成分的定性确证。首先要保证农药样品的纯净干燥，并需要注意外部因素，如结晶程度、物态和使用的溶剂等，这些因素都会对结果造成影响。

（1）已知化合物的鉴定　在相同的测定条件下对试样和标准品进行红外光谱测定，然后比较试样谱图与标准谱图，若谱图中的各个特征吸收峰的位置和形状均相同，且相对强度一样，则可以初步认为试样与标准品是同一种物质，但仍需其他定性方法的进一步确证。反之则说明不是同一种物质或者试样中含有杂质。

（2）未知物结构鉴定　对未知物的结构进行分析鉴定是红外光谱的主要用途之一。如果未知物不是新化合物，可以通过查阅标准谱图的谱带索引或者进行光谱解析确定化合物的结构。谱图解析一般先从基团频率区的最强谱带入手，再从指纹区谱带进行进一步的认证。对于简单的化合物，确认几个基团后便可初步确定分子结构，对于复杂的化合物则还需要结合紫外、核磁共振、质谱等其他方法共同判断。也可以通过与标准谱图进行对照来推断化合物结构，最常见的标准谱图集包括 Sadtler 标准红外光谱集、Aldrich 红外图谱库、Sigma Fourier 红外光谱图库等三种。

2. 红外光谱定量分析

采用红外光谱进行定量分析的理论基础与紫外光谱相同，都是基于 Lambert-Beer 定律。

使用红外光谱进行定量的优势是存在有多条谱带可供选择。与紫外光谱类似，使用红外光谱进行定量分析时也是主要采用标准曲线法或者与标样进行比较来定量。在测量时要进行校正并且保证试样和标准样品的处理过程和测定条件完全一致。

3. 几种常见农药的红外光谱分析实例

（1）敌敌畏　将敌敌畏气溶胶溶于氯仿，测定 980～1000cm^{-1} 处的吸收峰，或者通过测定 833cm^{-1} 处的红外吸收峰进行定量分析。敌敌畏乳油可直接测定；粉剂需通过二硫化碳萃取后测定。图 10-15 为敌敌畏红外光谱图。

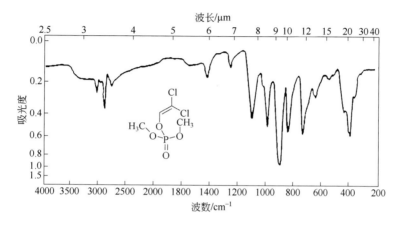

图 10-15　敌敌畏的红外光谱图

（2）谷硫磷　用溴化钾压片法进行测定，主要吸收峰为 896cm^{-1} 和 540cm^{-1}，通过测定该处的吸收峰，依据 Lambert-Beer 定律进行定量测定。图 10-16 为谷硫磷红外光谱图。

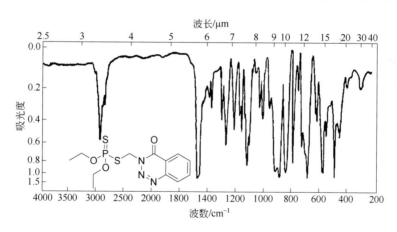

图 10-16　谷硫磷的红外光谱图

（3）溴氰菊酯　试样加液体石蜡制成糊剂，在 4000～600cm^{-1} 处测量其红外吸收光谱，将其与标准红外光谱比较无显著差异时，可确认为同一化合物。图 10-17 为溴氰菊酯红外光谱图。

（4）联苯　可采用芳烃吸收范围内的 1486cm^{-1} 处进行测定。柑橘中联苯残留可用水蒸气蒸馏提取，溶于四氯化碳后在 705cm^{-1} 处进行红外光谱测定，测定浓度限 0.08%～0.8%。

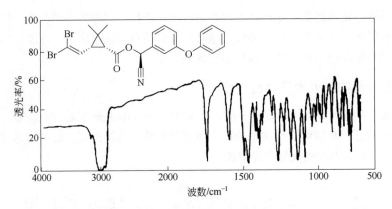

图 10-17　溴氰菊酯的红外光谱图

（5）枯草隆　将试样用 CH_2Cl_2 配制成 1%溶液，在 3000～650cm^{-1} 范围内进行定性扫描，与 1%标准溶液进行参比测定。

总之，红外光谱法也具有仪器设备简单、操作简便等特点，广泛应用于不同物态的农药的定性定量分析，尤其在农药原药全组分分析中对于有效成分及杂质的定性分析中有重要的作用，可提供化合物重要的官能团结构信息。

第四节　核磁共振谱

一、核磁共振概述

核磁共振（NMR）是一种基于原子核特性的物理现象，系指具有核子顺磁性的物质选择性地吸收电磁能量的现象。在恒定磁场与交变磁场的作用下，有固定磁矩的原子核与交变磁场发生相互作用，处于低能态的自旋核吸收电磁波的能量，从低能态跃迁到高能态，这种现象称为核磁共振。

核磁共振技术是利用核磁共振现象来探测和研究物质及其性质的近代实验技术，与紫外、红外吸收光谱一样，都是微观粒子吸收电磁波后在不同能级上的跃迁，产生一种共振信号，其吸收峰频率对吸收峰强度作图即为核磁共振波谱图，图谱中可获得化学位移、耦合常数、共振峰面积或峰高。化学位移和耦合常数是结构鉴定的重要参数；而共振峰面积或峰高是定量分析的依据。

核磁共振谱能够提供特定原子（如 ^1H、^{13}C、^{19}F、^{15}N、^{29}Si、^{31}P 等）的化学环境、原子个数、邻接基团的种类和分子的空间构型 4 种结构信息。在非靶向筛查中，核磁共振技术可以通过独特的化学位移与数据库的比对进行化合物的鉴定；同时可以通过分子的立体化学来识别化合物的结构。核磁共振定量分析法操作简便，样品用量少，其他物质和杂质干扰少，无需分离过程，分析速度和精密度可以接近 HPLC 法，特别是 NMR 定量法不依赖于被测物的高纯标准品，这就使定量分析的困难程度大为降低，只要一般标准品（内标）能够溶于溶解试样的溶剂中就可完成定量分析。

但是核磁共振技术存在检测灵敏度低、波谱分析复杂、仪器昂贵等缺点。近年来，随着超导核磁技术、脉冲梯度场技术和各种新式探头的出现，以及计算机和软件系统的改善提升，使核磁共振技术的灵敏度和分辨率得到很大提高，便携式的户外核磁共振设备研制成功并应用，核磁共振与多变量统计分析技术相结合，广泛应用于物理学、化学、生物学、医学、环境学、地学、遗传学和食品科学等众多领域。

二、核磁共振技术的发展史

核磁共振技术及核磁共振谱仪大致经历了 4 个阶段：

（1）荷兰物理学家 Goveter 在 20 世纪中期最先发现了核磁共振效应，1945～1951 年是发明 NMR 和奠定理论和实验基础的时期；1952 年美国斯坦福大学的 F. Bloch 教授和哈佛大学的 E.M. Purcell 教授等人用不同的方法观察到核磁共振现象，二人因此获得了诺贝尔奖。

（2）1951～1960 年是连续波核磁共振（CW-NMR）大发展的时期，由于发现了化学位移和 J 耦合现象，NMR 的巨大作用已开始为化学家和生物学家所公认，他们用 ^1H、^{19}F、^{31}P-NMR 解决了许多重要的科学难题。

（3）20 世纪 60 年代，脉冲 Fourier 变换 NMR 技术（FT-NMR）的兴起，从根本上提高了 NMR 的灵敏度，而且实现了常规测定天然丰度较低的 ^{13}C 核；这一时期发展起来的双频和多频技术使得 NMR 面目为之一新；此外，磁场实现了超导化，核磁共振谱仪的结构有了很大的变化。

（4）20 世纪 70 年代后，由于计算机和 NMR 技术的不断发展并日趋成熟，NMR 的灵敏度和分辨率得到很大发展，仪器也向更高端发展；由于各种新的脉冲序列，发展了 NMR 的理论和技术，在应用方面做了重要的开拓；出现了二维、三维核磁共振谱，多量子跃迁 NMR 测定技术，CP-MAS（固体核磁共振）等固体高分辨 NMR 技术和 LC-NMR 联用技术；多核的深入研究，原则上可应用到所有磁性核；同时也出现了"核磁共振成像技术"等新的分支学科，可以把人体放入仪器中进行观察，成为现代医学诊断中的重要工具。2015 年版《中国药典》四部已经将核磁共振定量法规定为一些药物的标准测定方法。

三、核磁共振原理与分析

核磁共振技术（NMR）是将物体置于恒定磁场与交变磁场的作用特殊的磁场中，用无线电脉冲激发物质分子内具有固定磁矩的原子核（如 ^{13}C、^1H、^{17}O、^{14}N、^{31}P），使原子核发生能级分裂，当物质吸收到外来电磁辐射时，一些具有磁性的原子核在外磁场的作用下吸收一定波长的无线电波而发生共振吸收，从低能态跃迁至高能态，产生核磁共振现象，其吸收峰频率对吸收峰强度作图即为核磁共振波谱图。核磁共振技术涉及以下基本概念。

（一）原子核的自旋和磁矩

原子核能产生核磁共振现象是因为具有核自旋，原子核自旋产生磁矩。核磁共振的研究对象即为具有磁矩的原子核。磁矩 μ 表示原子核磁性的大小，具有方向性。

$$\mu = v\,hI$$

式中，h 为普朗克常数；I 为自旋量子数，简称自旋；v 为旋磁比，是原子核磁性大小的度量，v 值大表示原子核的磁性强，反之亦然。

在天然同位素中，以氢原子核的天然丰度最大，磁旋比值最大，检测的灵敏度最高，氟原子次之，其次是磷原子、碳原子。$I=1/2$ 的原子核，其电荷均匀分布于原子核表面，这样的原子核不具有电四极矩，核磁共振的谱线窄，最宜于核磁共振检测，是 NMR 中研究最多的原子核，如 ^{1}H、^{13}C、^{19}F、^{15}N、^{29}Si、^{31}P 等。没有自旋的原子核（$I=0$）没有磁矩，这类原子核观察不到 NMR 信号，如 ^{12}C、^{16}O、^{32}S 等。

（二）化学位移

化学位移以 δ 表示，起源于原子核周围的电子运动所造成对磁场感应的屏蔽效应，致使其信号偏离标准的共振频率，不同官能团的原子核即会因屏蔽效应不同而出现不同的化学位移值。原子核外围的电子不停转动而产生一种环形电流，并产生一个与外加磁场方向相反的次级磁场，这种外加磁场的作用称为电子屏蔽效应。原子核不是"裸"核，所处的一定"分子环境"又称"化学环境"。化学位移反映了原子核所处的特定化学环境，可提供分子结构信息，对确定化合物的结构起到了很大的作用，是进行结构鉴定与形态分析的主要依据。因此化学位移可以看成是不同化学基团的"指纹"，可以从核磁共振谱中得到有关分子结构的信息。

一般来说，碳谱的化学位移对原子核所处的化学环境很敏感，它的范围比氢谱宽得多，一般在 0~250。对于分子量在 300~500 的化合物，碳谱几乎可以分辨每一个不同化学环境的碳原子，而氢谱有时候却严重重叠。碳谱中杂质峰的判断可参照氢谱解析时杂质峰的判别。一般杂质峰均为较弱的峰。当杂质峰较强而难以确定时，可用反转门控去耦的方法测定定量碳谱，在定量碳谱中各峰面积（峰强度）与分子结构中各碳原子数成正比，明显不符合比例关系的峰一般为杂质峰。磷谱、氟谱和碳谱的解析相似，但对于大多数含磷、含氟的农药来说，一般含有一个磷原子或氟原子，每个化学位移处代表一个化合物。针对这些优点，不少科研人员在利用 NMR 测定含磷、含氟农药残留分析的研究中已有很大进展。

（三）自旋-自旋耦合

化学位移仅考虑了原子核所处的电子环境，但是忽略了同一分子中原子核之间的相互作用，即自旋-自旋耦合作用，虽然这种原子核之间的相互作用很小，对化学位移没有影响，但是对谱峰的形状有重要的影响，即在氢谱中产生多重谱峰的现象。

核磁共振最常研究的原子核，如 ^{1}H、^{13}C、^{19}F、^{31}P 等，I 都为 1/2，自旋-自旋耦合产生的谱线分裂数为 $2nI+1=n+1$，称为 $n+1$ 规律。自旋的氢原子核，其原子核自旋量子数 $I=1/2$ 和 $I=-1/2$ 分别代表原子核自旋能级的低能级和高能级。由于原子核自旋能级差非常小，因此热运动就可以使一部分氢原子核处于高能级，这样处于高能级的原子核数目与处于低能级的原子核数目基本相当（基本接近 50%）。

当自旋体系存在自旋-自旋耦合时，核磁共振谱发生裂分。由裂分所产生的裂距反映了相互耦合作用的强弱，称为耦合常数 J，单位为 Hz。与化学位移一样，也是一个位移值，能判断化合物的精确结构。耦合常数的大小和 2 个核在分子中相隔化学键的数目密切相关，故在 J 的左上方标以 2 核相距的化学键数目。谱线分裂的裂距反映耦合常数 J 的大小，确切地说是反映 J 的绝对值大小。

(四) 核磁共振原理

对 NMR 而言，不同化合物和不同基团的核磁共振谱是不同的，因此可以借此达到定性鉴定和定量分析的目的。定量核磁共振（qNMR）最基础的关系是谱图中信号的积分面积直接正比于产生相应共振谱线的原子核数。化学位移和耦合常数是结构测定的重要参数；而共振峰面积或峰高是定量分析的依据。共振峰面积或峰高直接与被测组分的含量成正比。

qNMR 定量分析的方法分为内标法和外标法，内标法准确性更好，操作更方便。用这 2 种方法也可以间接求出物质的分子质量。若对物质纯度进行测定，则需要一个已知浓度的内标。待测物的纯度 P 如下式计算：

$$P_x = I_x/I_{std} \cdot N_{std}/N_x \cdot M_x/M_{std} \cdot m_{std}/m_x \cdot P_{std}$$

式中，I_{std}、N_{std}、M_{std}、m_{std} 和 P_{std} 分别是内标的信号响应、自旋核数目、摩尔质量、称量质量和纯度；I_x、N_x、M_x 和 m_x 分别是待测物的信号响应、自旋核数目、摩尔质量和称量质量。

定量分析时，一般只对该化合物中某一指定基团上质子引起的峰面积或峰高与参比标准化合物中某一指定基团上质子引起的峰面积进行比较，即可求出其绝对含量。当分析混合物时，也可采用其各个组分的各自指定基团上质子产生的吸收峰强度进行相对比较，然后求得相对含量。因此，在测量峰面积或峰高之前，必须了解化合物的各组成基团上质子所产生共振峰的相应位置，也就是它们的化学位移值，并选择一个合适的峰作为分析测量峰（根据灵敏度、特征性选择）。结构相似的混合物样品（如互为异构体），由于其 NMR 峰分离效果不好，用峰面积定量法不能精确测定，误差较大，此时可考虑采用峰高测量法或峰位测量法：

(1) 峰高测量法：基于峰高与样品中有关原子核的浓度成正比，各组分之间的峰高比只取决于样品的百分组成，而与样品的多少和仪器的性能无关。

(2) 峰位测量法：当样品中 2 种组分之间具有可进行质子快速交换的基团时，经质子快速交换后，原来 2 种组分基团的信号合并，在 NMR 光谱上得到单一信号，此峰的化学位移与 2 组分的摩尔分数有线性关系，因此，测出混合物的化学位移，可直接求出 2 种组分的混合比例。

四、核磁共振技术的分类

(一) 根据射频场频率的高低分类

可分为低分辨率核磁共振法和高分辨率核磁共振法。

1. 低分辨率核磁共振法

低分辨率核磁共振是指磁场强度在 0.5T 以下的核磁共振，其波谱信号的最初强度与样品中的原子核数量直接相关。在最低干扰状态下，研究人员无须对样品进行物理处理便能观察到样品内部结构的状况。该技术一般用于测定农产品中水分、脂肪、蛋白质含量。低分辨率核磁共振法具有价格低廉、快速无损、测定精准等特点，许多小型、操作简单的低分辨率核磁共振仪不断被研发出来，以满足对农产品检测等方面的实际研究需要。

2. 高分辨率核磁共振法

高分辨率核磁共振主要被应用于化合物分子结构分析，目前应用最广泛的高分辨率核磁

共振法是 ^{1}H-NMR 和 ^{13}C-NMR。此外，通过对 ^{11}B、^{17}O、^{19}F、^{31}P 等原子核的研究可以确定大分子高聚物的结构，这也有助于农药等化学品的成分分析研究。

3. 核磁共振成像法

核磁共振成像是通过所释放的能量在物质内部不同结构环境中的衰减，依据外加梯度磁场检测所发射出电磁波的不同，来分析构成这一物体原子核的位置和种类。核磁共振成像技术利用信号波在样品中的定位，为农产品和食品内部结构的直观透视研究提供了强有力的手段，能够有效研究水果和蔬菜的内部结构、水分分布及果实成熟度。将核磁共振成像技术应用在农产品检测上，不用破坏样品，可以对完整的样品进行扫描，扫描以后样品仍然可以食用。

（二）根据检测图谱分类

分为一维谱（^{1}H、^{13}C、^{14}N、^{15}N、^{19}F、^{31}PNME）、二维谱（J-分辨、^{1}H-^{1}H、^{1}H-^{13}C、DO-SY）、液相色谱-核磁共振联用法（LC-NMR）、固体 NMR 等 NMR 类型。^{1}H 谱是最常用的 qNMR 方法，方法学研究文献也最多，其他一维谱对不同化合物各有其优势。二维核磁共振法对于在一维谱图中信号严重重叠的样品定量分析非常重要。LC-NMR 联用技术将高效的分离手段与 NMR 联用，可以获得复杂样品的信息。固体 NMR 技术是一种重要的结构分析手段。它研究的是各种核周围的不同局域环境，即中短程相互作用，非常适用于研究固体材料的微观结构，能够提供非常丰富细致的结构信息，既可用于结晶度较高的固体物质的结构分析，也可用于结晶度较低的固体物质及非晶质的结构分析。固体 NMR 方法与 X 射线衍射、中子衍射、电子衍射等研究固体长程整体结构的方法互为补充，特别是研究非晶体时，由于其不存在长程有序，广泛应用于研究无机材料（分子筛、催化剂、陶瓷、玻璃等）和有机材料（如高分子聚合物、膜蛋白等）的微结构。

（三）根据检测原子核分类

1. 核磁共振氢谱（^{1}H-NMR）

核磁共振氢谱（^{1}H-NMR）是根据核磁共振仪记录氢原子在共振下化学位移的变化而绘制的图谱，它可以获取各种有机化合物和无机化合物的结构信息，是用于鉴定物质结构的重要方法之一。^{1}H-NMR 图谱中相应信号的强弱反映了混合组分中特征化学成分的相对含量，具有单一性、全面性、定量性和易辨性等特点。

2. 核磁共振碳谱（^{13}C-NMR）

核磁共振碳谱不仅可提供有机物碳核类型、核间关系、碳分布信息外，还能区分立体异构体的微细结构。并且 ^{13}C-NMR 能够测定含碳较多的有机物及不含氢的官能团，可反映出氢谱无法反映的结构，如季碳原子结构，羰基等功能基。通过对核磁共振碳谱中有机物主要碳基团化学位移的分析，有机物的碳化学位移主要分为 4 个部分：烷基碳区（0～50ppm）、烷氧基碳区（50～110ppm）、芳香碳区（110～160ppm）和羰基碳区（160～220ppm）。

3. 核磁共振磷谱（^{31}P-NMR）

核磁共振磷谱是磷原子的化学位移和与它相邻的氢原子裂分时耦合常数值随着化学环境的变化而不同，且在 ^{31}P-NMR 图谱中只对磷原子有信号响应，产生的信号强度与 ^{31}P 的数量呈正相关，因此可对样品定性定量分析，能准确迅速地检测含磷化合物。^{31}P-NMR 不受其他元素干扰，分辨率高，可以广泛应用于复杂样品中存在的多种形态的磷。

五、核磁共振技术的实验室装置

实现核磁共振可采取两种途径：一种是保持外磁场不变，而连续地改变入射电磁波频率；另一种是用一定频率的电磁波照射，而调节磁场的强弱。图 10-18 为核磁共振现象的装置示意图，主要采用调节入射电磁波频率的方法来形成核磁共振。样品装在小瓶中，并置于磁铁两极之间，瓶外绕有线圈，通有由射频振荡器输出射频电流，由线圈向样品发射电磁波。调制振荡器的作用是使射频电磁波的频率在样品共振频率附近连续变化，当频率正好与核磁共振频率吻合时，射频振荡器的输出就会出现一个吸收峰，这可以在示波器上显示出来，同时由频率计即刻读出这时的共振频率值。

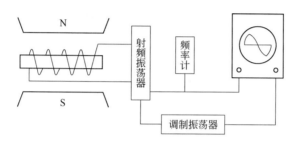

图 10-18　核磁共振实验装置示意图

六、核磁共振技术在农药分析中的应用

（一）农药有效成分的结构解析、确证的应用研究

核磁共振技术广泛应用于农药化合物的结构解析和确证，其中有机磷农药、有机氟农药的相关分析研究应用较多。由于大部分含磷、含氟有机农药中，只有 1 个磷原子或氟原子，当 ^{31}P-NMR、^{19}F-NMR 谱图上出现几个峰时，就可以认为是由不同含磷或含氟化合物组成的混合物，所以采用 ^{31}P-NMR、^{19}F-NMR 来研究有机磷、有机氟农药其独特的优势。卢爱民等以重水为溶剂、磷酸二氢钾为内标，恒温 296K，通过 tliqpg 脉冲序列测出磷酸二氢钾和草铵膦中 ^{31}P 的弛豫时间 T_1（图 10-19），作为设置脉冲延迟时间 D_1 的实验依据；采用 zgig 脉冲

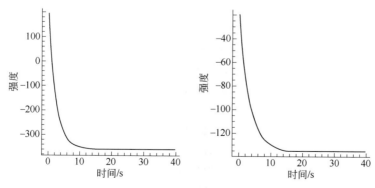

图 10-19　磷酸二氢钾（左）和草铵膦（右）中 ^{31}P 的弛豫时间 T_1

序列测定草铵膦原药与磷酸二氢钾混合物的磷谱(图10-20),以化学位移δ0.0168和δ41.8614的信号作为定量峰,并根据公式计算出草铵膦原药的有效成分含量。实验结果表明,以磷酸二氢钾与草铵膦定量峰的信号强度比(I_{std}/I_x)对磷酸二氢钾与草铵膦的质量比(m_{std}/m_x)(表10-7)进行线性回归,线性相关系数为0.9999,同一批次原药中有效成分含量平均值为98.73%,相对标准偏差为0.18%(表10-8)。

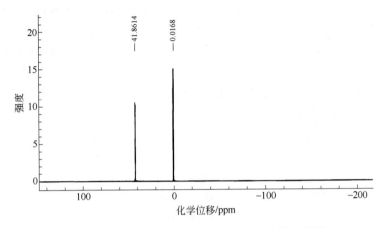

图10-20 草铵膦原药与磷酸二氢钾混合物的磷谱

表10-7 磷酸二氢钾与草铵膦的质量及信号强度比

编号	内标物质量 (m_{std})/mg	样品质量 (m_x)/mg	质量比 /(m_{std}/m_x)	信号强度比 /(I_{std}/I_x)
1	2.007	0.537	5.482	3.737
2	2.121	1.139	1.862	2.733
3	1.434	2.077	0.690	1.009
4	3.582	4.427	0.809	1.182
5	6.670	5.983	1.115	1.628
6	13.055	13.210	0.988	1.450

表10-8 草铵膦原药分析结果(n=5)

编号	内标物质量 (m_{std})/mg	样品质量 (m_x)/mg	信号强度比 /(I_{std}/I_x)	质量分数 /%	平均值 /%	相对标准偏差 /%
1	4.424	2.402	2.711	98.92		
2	7.685	4.711	2.407	98.70		
3	5.938	6.003	1.458	98.82	98.73	0.18
4	7.684	7.737	1.469	98.45		
5	13.832	9.865	2.067	98.76		

近年来核磁共振技术逐渐应用于吡唑、酰胺等更多种类农药的确证。秦博等合成了磺酰草吡唑并对目标化合物的结构进行核磁、质谱确证。朗洁等在没有标准对照品的情况下,采

用核磁共振波谱内标法，建立了快速、专属、准确测定四氯虫酰胺（结构式见图 10-21）标样含量的方法。该方法以氘代二甲基亚砜为溶剂，顺丁烯二酸为内标，在测定温度25℃、脉冲宽度8.0μs、延迟时间为5s、扫描次数8的条件下采集样品氢谱。如图 10-22 显示以化学位移 δ 分别为 10.545 和 6.271 的四氯虫酰胺和顺丁烯二酸的氢质子峰作为定量峰，其峰面积比 y（A_s/A_r）与质量比 x（m_s/m_r）进行线性回归，相关系数为 0.9999。含量测定重复性试验的 RSD 值为 0.38%（表 10-9），稳定性的 RSD 值为 0.77%，测得四氯虫酰胺标样的含量（W）为 99.8%（表 10-10）。

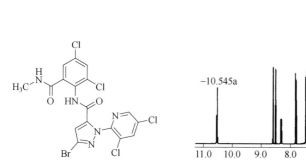

图 10-21　四氯虫酰胺的结构式

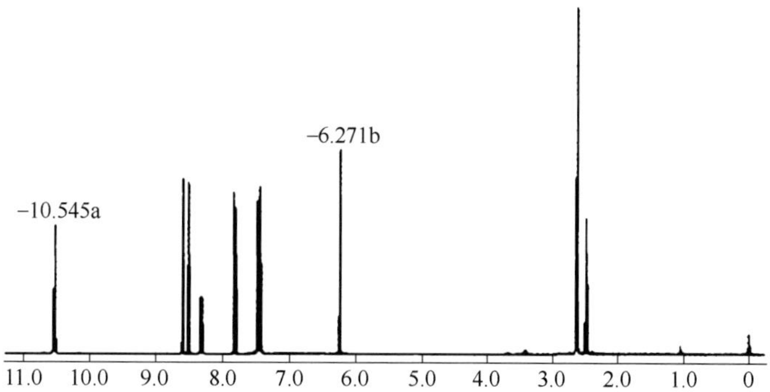

图 10-22　供试品 ^{1}H NMR 图

a. 四氯虫酰胺的定量峰；b. 顺丁烯二酸的定量峰

表 10-9　四氯虫酰胺含量重复性测定结果（n=6）

样品号	m_s/m_r	A_s/A_r	W/%	RSD/%
1	10.28	1.09	99.8	
2	10.13	1.07	99.4	
3	10.24	1.09	100.2	0.38
4	10.07	1.06	99.1	
5	10.12	1.07	99.5	
6	10.21	1.08	99.6	

表 10-10　四氯虫酰胺溶液稳定性测定结果

时间/h	A_s/A_r	W/%	平均值/%	RSD/%
0	1.08	99.6		
2	1.09	100.5		
4	1.09	100.5	99.8	0.77
8	1.08	99.6		
12	1.07	98.7		

（二）在农药杂质及其残留毒性研究中的应用

除了农药母体化合物和主要代谢物外，有时农药中含有的杂质也会产生毒性和药效下降等问题。例如，马拉硫磷产品中可能存在 15 种杂质成分，其中异马拉硫磷、二硫代磷酸三甲酯、硫代磷酸三甲酯、马拉氧磷使其毒性明显增大，同时又使药效显著下降。

利用核磁共振技术测定农药中的杂质成分具有其独特的优点。核磁共振谱峰的面积（积分高度）与相应质子数成正比，这是对化合物进行结构测定的重要参数之一，也是定量分析的重要依据。NMR 可以用于多组分混合物分析、元素的分析、有机物中活泼氢及重氢试剂的分析等。丛云波等利用高效液相色谱或气相色谱、液相色谱或气相色谱与质谱联用、制备或快速制备液相色谱以及核磁等技术，成功对 2-氯-5-氯甲基噻唑纯化工艺中的 7 个杂质进行定性分析。曹渊等通过对杂质预分析、杂质标样制备和核磁色谱法确定唑嘧磺草胺杂质的结构，推导出杂质产生的机理，控制杂质含量以提升原药质量。

(三) 在农药代谢物、衍生物、中间体及其残留毒性研究中的应用

20 世纪 60 年代以来的研究进一步发现，除了农药本身以外，其代谢物、衍生物也会出现残留毒性问题，一系列事件发生引起了对这个问题的重视。如美国 Rode 报道在美国加州农场工人进入几天前喷施过对硫磷的柑橘园后发生了中毒事件。乙酰甲胺磷喷施到植物上，会在植物体内代谢成甲胺磷，其毒性提高了 20～50 倍。乐果也是一种相对低毒的有机磷农药，但喷施到植物 1～2d 后，会氧化成为氧乐果，其急性毒性提高 10 倍以上。相类似的有涕火威农药及其在代谢过程中形成的砜和亚砜代谢物，三唑酮代谢形成烃基三唑酮，杀虫脒代谢形成 4-氯邻甲苯胺，这些代谢物的形成都明显提高了农药的急性毒性或慢性毒性。这就使得在喷施农药后，除了要进行农药母体化合物的残留测定外，还要对其主要代谢产物，特别是代谢产物使毒性提高的化合物进行残留测定。

在三氯杀螨醇加工工艺中，一些环境条件的变化会使产品中出现滴滴涕成分。对我国三氯杀螨醇产品的成分分析发现，产品中滴滴涕的含量为 3%～13%，因此在喷施三氯杀螨醇防治螨类时会出现滴滴涕的残留，1999 年农业部颁布了在茶叶生产中禁止使用三氯杀螨醇的决定。此外许多有机磷农药中的氧化物，二硫代氨基甲酸酯类农药（代森锌等）中的亚乙基硫脲都是这个问题的实例。于飞等以 5-乙基-2,3-吡啶二甲酸为原料合成咪草烟中间体 5-乙基-2,3-吡啶二甲酸二乙酯，通过气谱、核磁氢谱分析手段确定了中间体结构而且中间体收率都达到了 89%以上。杜琳等在前期十三元氮杂大环内酯化合物 Z13-5 的基础上尝试进行结构改造，保留三唑与环己甲酰胺结构，通过酰胺化及叠氮-炔烃点击反应等设计并合成了 26 个未见文献报道的目标化合物，其结构均通过核磁共振氢谱（^{1}H-NMR）、碳谱（^{13}C-NMR）及高分辨质谱（H-RMS）确证并进行了初步杀菌活性测定。

(四) 在农药降解历程研究中的应用

在一定时间内一次收集的样品，利用 NMR 法通过测定和分析就可以得到其降解物的动态变化模式。利用 NMR 可以在不做任何物理分离和化合物定性分析的条件下，可在一定温度范围内和缓冲范围内进行实验，从而得到丰富的降解产物的信息，通过所得到的各种谱图确定其反应历程。^{1}H-NMR 可以由积分曲线得到总的质子数和部分质子数，以及利用化学位移鉴定羧酸、醛、芳烃（有取代）烷基、链烷基的质子和杂原子，断定邻接不饱和键等的甲基、亚甲基和次甲基的相关氢信息，从自旋-耦合讨论邻接基团，或鉴定 C_1 至 C_4 的各种烷基结构；而 ^{13}C-NMR 则可以确定碳数，同时还可以从碳的偏共振去偶法确定键合于碳上的氢数，以及鉴别 sp^3 碳、sp^2 碳合羧基碳，并由羧基碳的化学位移等确定羧基碳的种类，还可以确定甲基、芳基取代基的种类等获得相关碳的杂化形式、碳的骨架等信息。

七、展望

核磁共振技术作为 20 世纪的一项重大发明,在未来仍然具有很大发展潜力,随着低场强、高精度、低成本、高速度的 NMR 的研制与开发,必将在农药分析检测领域起到重要作用并得到更多的推广应用。

第五节　质谱分析法

一、质谱法概述

质谱分析法是将被测物质离子化,按离子的质荷比 (m/z) 大小进行分离,记录各种离子谱峰的强度而实现分析目的的一种分析方法,得到的结果用图谱表示,即为质谱图(图 10-23)。

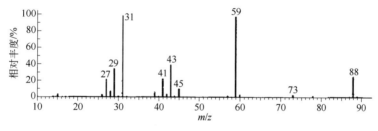

图 10-23　典型质谱图

用来测量质谱的仪器称为质谱仪,质谱仪主要分为三个部分:离子化器 (离子源)、质量分析器与检测器。其基本原理是使试样中的成分在离子化器中发生电离,生成不同质荷比的带电离子,经加速电场的作用,形成离子束,进入质量分析器。在质量分析器中,再利用电场或磁场使不同质荷比的离子在空间上或时间上分离,或是通过过滤的方式,将它们分别聚焦到检测器而得到质谱图,从而获得质量与浓度相关的图谱,以此得到样品的定性、定量信息。

第一台质谱仪是英国科学家弗朗西斯·阿斯顿于 1919 年制成的。阿斯顿用这台装置发现了多种元素同位素,研究了 53 个非放射性元素,发现了天然存在的 287 种核素中的 212 种,第一次证明原子质量亏损。阿斯顿为此荣获 1922 年诺贝尔化学奖。1910 年,英国剑桥卡文迪许实验室的汤姆逊研制出第一台现代意义上的质谱仪。这台质谱仪的诞生,标志着科学研究的一个新领域——质谱学的开创。

质谱法的特点主要包括:一是分析范围广,可对气体、液体和固体等直接进行分析;二是灵敏度和分辨率高,高分辨质谱可测定微小的质量和微小的质量差值,质量小到 10^{-24}g (1 个原子量单位) 都能分辨得相当清楚,两个粒子间的质量差值为几十万分之一克就可分辨得很好。随着质谱技术的发展,质谱技术的应用领域也越来越广,包括化学、化工、环境、能源、医药、刑事科学技术、生命科学、材料科学等各个领域。

二、质谱仪的结构

质谱仪通常情况下是由进样系统、离子源、质量分析器、检测器和记录系统等组成，也包括真空系统和自动控制数据处理等辅助设备，见图 10-24。进行质谱分析时，由进样系统将待测物在不破坏真空的情况下导入离子源，样品在离子化后由质量分析器分离并检测，最后计算机系统对数据进行采集和处理，并可将质谱图与数据库中的谱图进行比较。

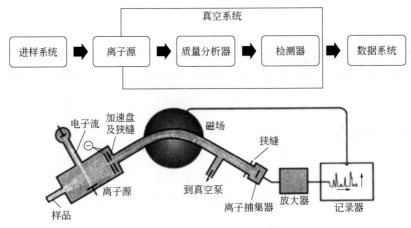

图 10-24　质谱仪的组成示意图

进样系统：按电离方式的需要，将样品送入离子源的适当部位，将样品引入；

真空系统：用于维持质量分析器至检测器部分的高真空状态，避免离子在运动途中发生碰撞，导致信号丢失或产生虚假信号；

离子源：用来使样品分子电离生成离子，并使生成的离子汇聚成有一定能量和几何形状的离子束；

质量分析器：利用电磁场的作用将不同质荷比的离子按空间位置、时间先后或运动轨道稳定与否等形式进行分离，使其逐个进入检测器，或只筛选特定质荷比的离子进入检测器；

检测器：将离子数量转化为电信号大小；

数据处理系统：处理检测器捕获到的电信号，获得质谱图，并进一步处理得到所需信息。

1. 真空系统

真空系统是质谱仪的重要组成部分，通常情况下质谱仪的离子源、质量分析器和离子检测器都需要在高真空下工作，主要装置是各种类型的真空泵，而不同类型的真空计则负责真空腔体内的真空测量。根据各类质谱仪器对真空的需求程度，可选择不同类型的真空泵、真空计、真空阀门及相应的电子学控制部件，这些部件和质谱仪的真空室组合成一个完整的真空系统，使质谱仪能够获得其所需要的真空度。

质谱的真空系统需要由两级真空泵组成，首先由前级真空泵获得预真空，再由高真空泵抽至所需要的真空，一般由机械真空泵和扩散泵（或分子涡轮泵）组成。机械真空泵能达到的极限真空度为 10^{-2}Pa。扩散泵是常用的高真空泵，其性能稳定可靠，缺点是启动慢。分子涡轮泵则相反，仪器启动快，但使用寿命不如扩散泵。由于分子涡轮泵使用方便，没有泵油扩散的污染问题，因此，近年来生产的质谱仪大多使用分子涡轮泵。

2. 进样系统

进样系统是将样品导入质谱仪的媒介，可由直接进样和通过接口两种方式实现。

（1）直接进样　在室温和常压下，气态或液态样品可通过一个可调喷口装置以中性流的形式导入离子源。吸附在固体上或溶解在液体中的挥发性物质可通过顶空分析器进行富集，利用吸附柱捕集，再采用程序升温的方式使之解吸，经毛细管导入质谱仪。

对于固体样品，常用进样杆直接导入离子源。将样品置于进样杆顶部的小坩埚中，通过在离子源附近的真空环境中加热的方式导入样品，或者在离子化室中将样品从一根可迅速加热的金属丝上解吸或者使用激光辅助解吸的方式将离子源导入样品。这种方法可与电子轰击电离、化学电离以及场电离结合，适用于热稳定性差或者难挥发物的分析。

目前质谱进样系统发展较快的是多种液相色谱-质谱联用的接口技术，用以将色谱流出物导入质谱，经离子化后供质谱分析。主要技术包括各种喷雾技术（电喷雾、热喷雾和离子喷雾）；传送装置（粒子束）和粒子诱导解吸（快原子轰击）等。

（2）电喷雾接口　带有样品的色谱流动相通过一个带有数千伏高压的针尖喷口喷出，生成带电液滴，经干燥气除去溶剂后，带电离子通过毛细管或者小孔直接进入质量分析器。传统的电喷雾接口只适用于流动相流速为 $1\sim5\mu L/min$ 的体系，因此电喷雾接口主要适用于微柱液相色谱。同时由于离子可以带多电荷，使得高分子物质的质荷比落入大多数四极杆或磁质量分析器的分析范围（质荷比小于 4000），从而可分析分子质量高达几十万道尔顿（Da）的物质。

（3）热喷雾接口　存在于挥发性缓冲液流动相（如乙酸铵溶液）中的待测物，由细径管导入离子源，同时加热，溶剂在细径管中除去，待测物进入气相。其中性分子可以通过与气相中的缓冲液离子（如 NH_4^+）反应，以化学电离的方式离子化，再被导入质量分析器。热喷雾接口适用的液体流量可达 2mL/min，并适合于含有大量水的流动相，可用于测定各种极性化合物。由于在溶剂挥发时需要利用较高温度加热，因此待测物有可能受热分解。

（4）离子喷雾接口　在电喷雾接口基础上，利用气体辅助进行喷雾，可提高流动相流速达到 1mL/min。电喷雾和离子喷雾技术中使用的流动相体系含有的缓冲盐必须是挥发性的。

（5）粒子束接口　将色谱流出物转化为气溶胶，于脱溶剂室脱去溶剂，得到的中性待测物分子导入离子源，使用电子轰击或者化学电离的方式将其离子化，获得的质谱为经典的电子轰击电离或者化学电离质谱图，其中前者含有丰富的样品分子结构信息。但粒子束接口对样品的极性，热稳定性和分子质量有一定限制，最适用于分子质量在 1000Da 以下的有机小分子测定。

（6）解吸附技术　将微柱液相色谱与粒子诱导解吸技术（快原子轰击，液相二次粒子质谱）结合，一般使用的流速在 $1\sim10\mu L/min$ 之间，流动相须加入微量难挥发液体（如甘油）。混合液体通过一根毛细管流到置于离子源中的金属靶上，经溶剂挥发后形成的液膜被高能原子或者离子轰击而离子化。得到的质谱图与快原子轰击或者液相二次离子质谱的质谱图类似，但是本底却大大降低。

3. 离子源

离子源能够将导入的样品成分转化为离子，并使其具有一定能量。离子源的性能决定了离子化效率，很大程度上决定了质谱仪的灵敏度。常见的离子化方式有两种：一种是样品在离子源中以气体的形式被离子化，另一种为从固体表面或溶液中溅射出带电离子。在很多情况下进样和离子化同时进行。实际应用中比较常用的离子源有与气相色谱（GC）串联的电子轰击电离源（EI）和化学电离源（CI），与液相色谱（LC）串联常用的电喷雾电离（ESI）、大气压化学电离（APCI）、大气压光电离（APPI），以及基质辅助激光解吸电离（MALDI）等。采用哪种离子源取决于样品的状态、挥发性和热稳定性，以及被测物分子结构或序列分析。

（1）电子轰击电离（EI）　气化后的样品分子进入离子化室后，受到由钨或铼灯丝发射并加速的电子流的轰击产生正离子。离子化室压力保持在 $10^{-6}\sim10^{-4}$mmHg。轰击电子的能量大于样品分子的电离能，使样品分子电离或碎裂。电子轰击质谱能提供有机化合物最丰富的结构信息，有较好的重现性，其裂解规律的研究也最为完善，已经建立了数万种有机化合物的标准谱图库可供检索。其缺点在于不适用于难挥发和热稳定性差的样品。

（2）化学电离源（CI）　电子轰击的缺陷是分子离子信号变得很弱，甚至检测不到。化学电离可以引入一定压力的反应气进入离子化室，反应气在具有一定能量的电子流的作用下电离或者裂解，生成的离子与反应气分子进一步反应或与样品分子发生反应，通过质子交换使样品分子电离。化学电离通常得到准分子离子，如果样品分子的质子亲和势大于反应气的质子亲和势，则生成 [M+H]$^+$，反之则生成 [M–H]$^+$。由于样品分子与电离离子不直接作用，而是利用活性反应离子实现电离，其反应热效应较低，分子离子的碎裂少于电子轰击电离。根据反应气压力不同，化学电离源可分为大气压、中气压（0.1～10mmHg）和低气压（10^{-6}mmHg）三种。大气压化学电离源适合于色谱和质谱联用，检测灵敏度较一般的化学电离源要高 2～3 个数量级，低气压化学电离源可以在较低的温度下分析难挥发的样品，并可以使用难挥发的反应试剂，但是只能用于傅里叶变换质谱仪。

（3）电喷雾电离（ESI）　电喷雾电离是一种常见的软电离技术，通常与液相色谱串联，是热不稳定、极性和半极性化合物进行质谱分析的首选。该方法是在较高的雾化气压力和强静电场（3～5kV）中，使目标化合物形成雾状小液滴后，经过反复的溶剂挥发-液滴裂分后，产生单个多电荷离子，电离过程中，产生多重质子化离子。

（4）快速原子轰击离子源（FAB）　FAB 是一种早期的软电离方式，将样品分散于基质（常用甘油等高沸点溶剂）制成溶液，涂布于金属靶上送入 FAB 离子源中。将经强电场加速后的惰性气体中性原子束（如氩）对准靶上样品轰击。基质中存在的缔合离子及经快原子轰击产生的样品离子一起被溅射进入气相，并在电场作用下进入质量分析器。如用惰性气体离子束（如铯或氙）来取代中性原子束进行轰击，所得质谱称为液相二次离子质谱（LC-SIMS）。

此法优点在于离子化能力强，可用于强极性、挥发性低、热稳定性差和分子量大的样品及 EI 和 CI 难于得到有意义的质谱的样品。FAB 比 EI 容易得到比较强的分子离子或准分子离子；不同于 CI 的一个优势在于其所得质谱有较多的碎片离子峰信息，有助于结构解析。其缺点是对非极性样品灵敏度下降，而且基质在低质量数区（400 以下）产生较多干扰峰。FAB 是一种表面分析技术，需注意优化表面状况的样品处理过程。样品分子与碱金属离子加合，如 [M+Na] 和 [M+K]，有助于形成离子。这种现象有助于生物分子的离子化。因此，使用氯化钠溶液对样品表面进行处理有助于提高加合离子的产率。在分析过程中加热样品也有助于提高离子化效率。

在 FAB 离子化过程中，可同时生成正负离子，这两种离子都可以用质谱进行分析。样品分子如带有强电子捕获结构，特别是带有卤原子，可以产生大量的负离子。负离子质谱已成功用于农药残留物的分析。

（5）场电离（FI）和场解吸（FD）　FI 离子源由距离很近的阳极和阴极组成，两极间加上高电压后，阳极附近产生高达 $10^{+7}\sim10^{+8}$V/cm 的强电场。接近阳极的气态样品分子产生电离形成正分子离子，然后加速进入质量分析器。对于液体样品（固体样品先溶于溶剂）可用 FD 来实现离子化。将金属丝浸入样品液，待溶剂挥发后把金属丝作为发射体送入离子源，通过弱电流提供样品解吸附所需能量，样品分子即向高场强的发射区扩散并实现离子化。FD 适用于难气化、热稳定性差的化合物。FI 和 FD 均易得到分子离子峰。

（6）大气压电离（API） API 是液相色谱/质谱联用仪最常用的离子化方式。常见的大气压电离源有三种：大气压电喷雾（APESI）、大气压化学电离（APCI）和大气压光电离（APPI）。电喷雾电离是从去除溶剂后的带电液滴形成离子的过程，适用于容易在溶液中形成离子的样品或极性化合物。因具有多电荷能力，所以其分析的分子量范围很大，既可用于小分子分析，又可用于多肽、蛋白质和寡聚核苷酸分析。APCI 是在大气压下利用电晕放电来使气相样品和流动相电离的一种离子化技术，要求样品有一定的挥发性，适用于非极性或低、中等极性的化合物。由于极少形成多电荷离子，分析的分子量范围受到质量分析器质量范围的限制。APPI 是用紫外灯取代 APCI 的电晕放电，利用光化作用将气相中的样品电离的离子化技术，适用于非极性化合物。由于大气压电离源是独立于高真空状态的质量分析器之外的，故不同大气压电离源之间的切换非常方便。

（7）基质辅助激光解吸电离（MALDI） 将溶于适当基质中的样品涂布于金属靶上，用高强度的紫外或红外脉冲激光照射可实现样品的离子化。此方式主要用于可达 100000Da 质量的大分子分析，包括完整蛋白、肽和大多数其他生物分子（寡核苷酸、碳水化合物、天然产物和脂），以及异质样品的分析（如蛋白水解消化物）。MALDI 仅限于作为飞行时间分析器的离子源使用，是一种软电离技术。

（8）电感耦合等离子体离子化（ICP） 等离子体是由自由电子、离子和中性原子或分子组成，总体上为电中性的气体，其内部温度高达几千至一万摄氏度。样品由载气携带从等离子体焰炬中央穿过，迅速被蒸发电离并通过离子引出接口导入到质量分析器。样品在极高温度下完全蒸发和解离，电离的百分比高，因此几乎对所有元素均有较高的检测灵敏度。由于该条件下化合物分子结构已经被破坏，所以 ICP 仅适用于元素分析。

4. 质量分析器

质量分析器将带电离子根据其质荷比加以分离，用于记录各种离子的质量数和丰度。质量分析器的两个主要技术参数是所能测定的质荷比范围（质量范围）和分辨率。

（1）扇形磁分析器 离子源中生成的离子通过扇形磁场和狭缝聚焦形成离子束。离子离开离子源后，进入垂直于其前进方向的磁场。不同质荷比的离子在磁场的作用下，前进方向产生不同的偏转，从而使离子束发散。由于不同质荷比的离子在扇形磁场中有其特有的运动曲率半径，通过改变磁场强度，检测依次通过狭缝出口的离子，从而实现离子的空间分离，形成质谱。单聚焦磁质量分析器具有结构简单、操作方便的优点，但分辨率较低。

（2）四极杆质量分析器 四极杆质量分析器因其由四根平行的棒状电极组成而得名。离子束在与棒状电极平行的轴上聚焦，一个直流固定电压（DC）和一个射频电压（RF）作用在棒状电极上，两对电极之间的电位相反。对于给定的直流和射频电压，特定质荷比的离子在轴向稳定运动，其他质荷比的离子则与电极碰撞湮灭。将 DC 和 RF 以固定的斜率变化，可以实现质谱扫描功能。带电粒子被引入四极杆滤质器后，只有与四极杆上所加射频电场发生共振的特定质荷比的离子可以通过，然后使各种质荷比的离子分离。四极杆分析器对选择离子分析具有较高的灵敏度，是目前最成熟、应用最广泛的小型质谱计之一，在气相色谱-质谱和液相色谱-质谱联用仪中，四极杆是最常用的质量分析器。

（3）离子阱质量分析器 离子阱质量分析器由两个端盖电极和位于它们之间的类似四极杆的环电极构成。端盖电极施加直流电压或接地，环电极施加射频电压（RF），通过施加适当电压就可以形成一个势能阱（离子阱）。根据 RF 电压的大小，离子阱就可捕获某一质量范围的离子。离子阱可以储存离子，待离子累积到一定数量后，升高环电极上的 RF 电压，离子按质量从高到低的次序依次离开离子阱，被电子倍增监测器检测。目前离子阱分析器已发展到可以分析质荷比高达数千的离子。离子阱在全扫描模式下仍然具有较高灵敏度，而且单个离子阱通过时间序列的设定就可以实现多级质谱（MS_n）的功能，在物理学、分析化学、医学、环境科学、生命科学等领域中获得了广泛的应用。

（4）飞行时间质量分析器（TOF）　飞行时间质量分析器是利用具有相同动能、不同质量的离子飞行速度不同而分离。如果固定离子飞行距离，则不同质量离子的飞行时间不同，质量小的离子飞行时间短而首先到达检测器。各种离子的飞行时间与质荷比的平方根成正比。离子以离散包的形式引入质谱仪，这样可以统一飞行的起点，依次测量飞行时间。离子包通过一个脉冲或者一个栅系统连续产生，但只在特定的时间引入飞行管。新发展的飞行时间质量分析器具有大的质量分析范围和较高的质量分辨率，尤其适合蛋白等生物大分子分析。

（5）傅里叶变换质量分析器　在一定强度的磁场中，离子做圆周运动，离子运行轨道受共振变换电场限制。当变换电场频率和回旋频率相同时，离子稳定加速，运动轨道半径越来越大，动能也越来越大。当电场消失时，沿轨道飞行的离子在电极上产生交变电流。对信号频率进行分析可得出离子质量。将时间与相应的频率谱利用计算机经过傅里叶变换形成质谱。其优点为分辨率很高，质荷比可以精确到千分之一道尔顿。

5. 检测器

离子检测器的功能是接收由质量分析器分离的离子，进行离子计数并转换成电压信号放大输出，输出的信号经过计算机采集和处理，最终得到按不同质荷比 m/z 排列和对应离子丰度的质谱图。因为各种化合物受到电子轰击后其碎裂有一定的规律性，根据对所得质谱图进行计算机检索和谱图解析的结果，便可以对化合物进行定性、定量分析。

检测器通常为光电倍增器或电子倍增器，所采集的信号经放大并转化为数字信号，计算机进行处理后得到质谱图。质谱离子的多少用丰度（abundance）表示，即具有某质荷比离子的数量。由于某个具体离子的"数量"无法测定，故一般用相对丰度表示其强度，即最强的峰作为基峰（base peak），其他离子的丰度用相对于基峰的百分数表示。在质谱仪测定的质量范围内，由离子的质荷比和其相对丰度构成质谱图。在 LC/MS 和 GC/MS 中，常用各分析物质的色谱保留时间和由质谱得到其离子的相对强度组成色谱总离子流图。也可确定某固定的质荷比，对整个色谱流出物进行选择离子监测（selected ion monitoring，SIM），得到选择离子流图。质谱仪分离离子的能力称为分辨率，通常定义为高度相同的相邻两峰，当两峰的峰谷高度为峰高的 10% 时，两峰质量的平均值与它们的质量差的比值。对于低、中、高分辨率的质谱，分别是指其分辨率在 100～2000、2000～10000 和 10000 以上。

三、质谱分析应用

质谱分析是现代物理、化学与生物领域内使用的一个极为重要的工具。早期的质谱仪器主要用于测定原子质量、同位素的相对丰度，以及研究电子碰撞过程。近三十年来，质谱仪实现了飞速发展，新的离子化方法如场解吸电离（FD）、化学电离（CI）、激光离子化、等离子体法等不断出现，离子探针质谱仪、磁场型的串联质谱仪、离子回旋共振-傅里叶变换质谱仪等复杂的、高性能的商品仪器不断推出，质谱分析法广泛应用于生命科学、化学、地球科学、地质学、刑侦科学、航空航天等领域。质谱分析不仅能够实现化合物结构定性，还能与色谱联用，实现定量分析。

1. 质谱定性分析

一张化合物的质谱图包含着有关化合物的很丰富的信息。在很多情况下，仅依靠质谱就可以确定化合物的分子量、分子式和分子结构。而且，质谱分析的样品用量极微，因此，质谱法是进行有机物鉴定的有力工具。当然，对于复杂的有机化合物的定性，还要借助于红外光谱、紫外光谱、核磁共振等分析方法。

（1）分子量的测定　根据分子离子的质荷比就可以确定化合物的分子量。因此，在解释质谱时首先要确定分子离子峰，在判断分子离子峰时要综合考虑样品来源、性质等其他因素。如果经判断没有分子离子峰或分子离子峰不能确定，则需要采取其他方法得到分子离子峰。

（2）化学式的确定　利用一般的 EI 质谱很难确定分子式。在早期，曾经有人利用分子离子峰的同位素峰来确定分子组成式。有机化合物分子都是由 C、H、O、N 等元素组成的，这些元素大多具有同位素，由于同位素的贡献，质谱中除了有分子量为 M 的分子离子峰外，还有质量为 $M+1$，$M+2$ 的同位素峰。由于不同分子的元素组成不同，不同化合物的同位素丰度也不同，贝农（Beynon）将各种化合物（包括 C、H、O、N 的各种组合）的 M、$M+1$、$M+2$ 的强度值编成质量与丰度表，如果知道了化合物的分子量和 M、$M+1$、$M+2$ 的强度比，即可查表确定分子式。例如，某化合物分子量为 $M=150$（丰度 100%）。$M+1$ 的丰度为 9.9%，$M+2$ 的丰度为 0.88%，求化合物的分子。根据 Beynon 表可知，$M=150$ 化合物有 29 个，其中与所给同位素数据相符的为 $C_9H_{10}O_2$。这种确定分子式的方法要求同位素峰的测定十分准确，而且只适用于分子量较小、分子离子峰较强的化合物。此外，如果是这样的质谱图，利用计算机进行库检索得到的结果一般都比较好，不需再计算同位素峰和查表。

利用高分辨质谱仪可以提供分子组成式，因为碳、氢、氧、氮的原子量分别为 12.000000，10.07825，15.994914，14.003074，如果能精确测定化合物的分子量，可以由计算机轻而易举的计算出所含不同元素的个数。目前傅里叶变换质谱仪、双聚焦质谱仪、飞行时间质谱仪等都能给出化合物的元素组成。

（3）结构鉴定　纯物质结构鉴定是质谱最成功的应用领域，通过对谱图中各碎片离子、亚稳离子、分子离子的化学式、m/z 相对峰高等信息进行分析，根据各类化合物的分裂规律，找出各碎片离子产生的途径，从而拼凑出整个分子结构。根据质谱图拼出来的结构，对照其他分析方法，得出可靠的结果。此外，也可以通过与相同条件下获得的已知物质标准图谱比较来确认样品分子的结构。

2. 质谱定量分析

（1）同位素测量　分子的同位素标记对有机化学和生命化学领域中化学机理和动力学研究十分重要，而进行这一研究前必须测定标记同位素的量，质谱法是常用的方法之一。如确定氘代苯 C_6D_6 的纯度，通常可用 $C_6D_6^+$ 与 $C_6D_5H^+$、$C_6D_6H_2^+$ 等分子离子峰的相对强度来进行。对其他涉及标记同位素探针、同位素稀释及同位素年代测定工作都可以用同位素离子峰来进行。

（2）无机痕量分析　火花源的发展使质谱法可应用于无机固体分析，成为金属合金、矿物等分析的重要方法，它能分析周期表中几乎所有元素，灵敏度极高，可检出或半定量测定 10^{-9} 范围内浓度。由于其谱图简单且各元素谱线强度大致相当，应用十分方便。

电感耦合等离子光源引入质谱后（ICP-MS），有效地克服了火花源的不稳定、重现性差、离子流随时间变化等缺点，使其在无机痕量分析中得到了广泛的应用，ICP-MS 是国际公认的物质量的准确测量方法之一，尤其对于复杂基体样品中痕量成分的准确测量。

与此同时，二次离子质谱和同位素稀释质谱在研究和应用过程中，采用了多种新技术和新工艺，方法的灵敏度、精密度有了显著改善。这些新、老方法的结合，形成了比较完善的分析方法和测试体系。

（3）混合物的定量分析　利用质谱峰可进行各种混合物组分分析，在进行分析的过程中，保持通过质谱仪的总离子流恒定，获得样品中各组分的色谱图，选择混合物中每个组分的一个共有的峰，样品的峰高假设为各组分这个特定 m/z 峰峰高之和，从各组分标样中测得这个组分的峰高，解数个联立方程，以求得各组分浓度。

用上述方法进行多组分分析时费时费力且易引入计算及测量误差，故现在一般采用将复杂组分分离后再引入质谱仪中进行分析，常用的分离方法是色谱法。

① 气相色谱-质谱联用（GC-MS）　由 GC-MS 得到的总离子色谱图或质量色谱图，其色谱峰面积与相应组分的含量成正比，若对某一组分进行定量测定，可以采用色谱分析法中的归一化法、外标法、内标法等不同方法进行。这时，GC-MS 法可以理解为将质谱仪作为色谱仪的检测器，其余均与色谱法相同。与色谱法定量不同的是，GC-MS 法可以利用总离子色谱图进行定量之外，还可以利用质量色谱图进行定量。这样可以最大限度地去除其他组分干扰。

为了提高检测灵敏度和减少其他组分的干扰，在 GC-MS 定量分析中质谱仪经常采用选择离子扫描方式。对于待测组分，可以选择一个或几个特征离子，而相邻组分不存在这些离子。这样得到的色谱图，待测组分就不存在干扰，同时有很高的灵敏度。用选择离子得到的色谱图进行定量分析，具体分析方法与质量色谱图类似。但其灵敏度比利用质量色谱图会高一些，这是 GC-MS 定量分析中常采用的方法。

② 液相色谱-质谱联用（LC-MS）　LC-MS 分析得到的质谱相对简单，结构信息少，直接进行定性分析比较困难，主要依靠标准样品定性。除少数同分异构体外，多数样品可通过保留时间和子离子实现定性。

用 LC-MS 进行定量分析，其基本方法与普通液相色谱法相同，即通过色谱峰面积和校正因子（或标样）进行定量。但由于色谱分离方面的问题，一个色谱峰可能包含几种不同的组分，给定量分析造成误差。因此，对于 LC-MS 定量分析，不采用总离子色谱图，而是采用与待测组分相对应的特征离子得到的质量色谱图或多离子监测色谱图，此时，不相关的组分将不出峰，这样可以减少组分间的互相干扰。LC-MS 所分析的经常是体系十分复杂的样品，样品中有大量的保留时间相同、分子量也相同的干扰组分存在。为了消除其干扰，LC-MS 定量的最好办法是采用串联质谱的多反应监测（MRM）技术。即对质量为 m_1 的待测组分做子离子谱，从子离子谱中选择一个特征离子 m_2。正式分析样品时，第一级质谱选定 m_1，经碰撞活化后，第二级质谱选定 m_2。只有同时具有 m_1 和 m_2 特征质量的离子才被记录。这样得到的色谱图就进行了三次选择：LC 选择了组分的保留时间，第一级 MS 选择了 m_1，第二级 MS 选择了 m_2，这样得到的色谱峰可以认为不再有任何干扰。然后，根据色谱峰面积，采用外标法或内标法进行定量分析。此方法适用于待测组分含量低、体系组分复杂且干扰严重的样品分析。

第六节 色谱-质谱联用

质谱法可以进行有效的定性分析，但对复杂的有机混合物体系的定性准确性差，在进行有机定量分析时样品要经过分离纯化。色谱法是一种有效的分离分析方法，特别适合进行有机混合物的分离。色谱与质谱的结合为科研工作者提供了一个进行混合有机物体系高效分离并进行定性定量分析的有力工具。在农药分析中，常用的色谱-质谱联用技术包括气相色谱-质谱（GC-MS）、液相色谱-质谱（LC-MS）、色谱与串联质谱（MS/MS）的联用等。近年来，色谱与多级质谱、高分辨质谱的联用技术在农药分析中的应用也逐步广泛，在市场监测等领域发挥了重要作用。

一、气相色谱-质谱联用

气相色谱与质谱联用技术（gas chromatography-mass spectrometry，GC-MS）是利用气相色谱对混合物的高效分离能力和质谱对纯物质的准确鉴定能力而发展成的一种技术，其仪器称为气相色谱-质谱联用仪。GC-MS 的发展经历半个多世纪，是非常成熟且应用广泛的分离分析技术，从环境污染物分析、食品香味分析鉴定到医疗诊断、药物代谢研究等，而且 GC-MS 还是国际奥林匹克委员会进行兴奋剂检测的有力工具之一。

（一）气相色谱-质谱联用工作原理

气相色谱-质谱联用仪的装置示意图见图 10-25，主要由四部分组成：气相色谱仪、接口（GC 和 MS 之间的连接装置）、质谱仪和计算机。气相色谱仪是样品中各组分的分离器；接口是组分的传输器并保证 GC 和 MS 两者气压的匹配；质谱仪是组分的鉴定器；计算机是整机工作的控制器、数据处理器和分析结果输出器。

气相色谱部分和一般的气相色谱仪基本相同，包括进样系统、色谱柱系统和气路系统等，一般不再有前面章节中所介绍的色谱检测器，而是利用质谱仪作为色谱的检测器。气相色谱仪与质谱仪的结构、配置前面章节中已作了详细的介绍，在此仅介绍气质联机中使用的气相色谱的一些特殊性。

1. 气相色谱-质谱接口

气相色谱-质谱联用技术的最大困难是气相色谱和质谱仪是有着巨大压力差的两个系统。气相色谱的操作通常是在 1～3 个大气压（760～2250 Torr），而质谱仪需要高真空，操作压力要求大约 1×10^{-5} Torr。接口是解决气相色谱仪和质谱仪联用的关键部件，顺利完成压力转换，好的接口可以使气相色谱和质谱都达到或接近最佳的操作条件，同时，还要保证被测组分可以从气相色谱传输到质谱而没有任何不良现象如灵敏度的损失、二次反应、峰形的改变等发生。图 10-26 为气相色谱-质谱联用的接口示意图。

气相色谱-质谱接口分为直接插入接口和分子分离器两种。分子分离器主要是因为所配的真空泵抽速有限，不能满足气相色谱使用大孔径或填充柱大流量进样或其他特殊进样需要所设计，它具有除载气、浓缩样品及分离分子的能力。由于高分辨细径毛细管色谱柱的广泛应用，载气流量大为降低，现在多数 GC-MS 联用仪器已经采用将色谱柱直接插入质谱的离子源的直接连接方式，接口仅仅是一段传输线，其结构相当简单，如图 10-27 所示。

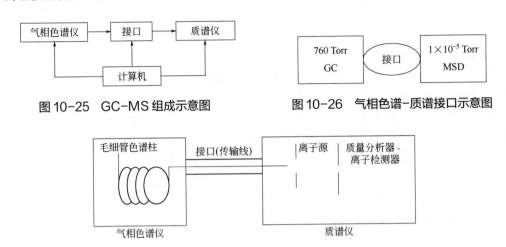

图 10-25　GC-MS 组成示意图　　　图 10-26　气相色谱-质谱接口示意图

图 10-27　直接插入接口示意图

直接插入接口主要由一根金属导管和加热套，以及温度控制和测温元件组成。这种接口仅起控温作用，以防止由气相色谱仪插入质谱仪的毛细管柱被冷却，一般接口的温度稍高于柱温。色谱柱通过传输线直接插入到离子源距离子盒入口约 2mm 处，色谱柱流出的所有流出物全部导入质谱仪的离子源内，绝大部分载气被离子源高真空泵抽出，达到离子源真空度的要求。

直接插入接口的优点是：死体积小；无催化分解效应；无吸附；不存在与化合物的分子量、溶解度、蒸气压等有关的歧视效应；结构简单，减少了漏气部位；色谱柱易安装，操作方便；与分子分离器比较，样品几乎没有损失，可增加检测的灵敏度。

直接插入接口的缺点是：不适用于大流量进样和大口径毛细管柱；不能在抽真空状态下更换柱子，更换色谱柱时系统必须放空到常压；色谱柱固定液流失随样品全部进入离子源，污染离子源，影响灵敏度。

2. 气质联机中气相色谱的特殊性

由于质谱仪在高真空状态下工作，对进样量和进样方式有较高的要求，常用的样品导入离子源的方法有三种：可控漏孔进样（又称储罐进样）、插入式直接进样杆（探头）和色谱法进样。进样方法的选择取决于样品的物理化学性质，如熔点、蒸气压、纯度及所采用的离子化方式等。通过与色谱联用的进样方法是最重要最常用的进样方式之一。将色谱柱分离的组分直接导入质谱，使混合物的直接质谱分析成为可能。气相色谱-质谱联用（GC-MS）已成为常规分析仪器，连接在质谱仪前面的气相色谱有一定的特殊性。

（1）载气　GC-MS 比 GC 对载气的要求更为严格，GC 使用化学惰性好的气体即可，通常是氮气、氢气或氦气，而 GC-MS 只能使用氦气，其余两种都不可以，原因在于 GC-MS 的载气除化学惰性外，还要求不干扰质谱图，不干扰总离子流的检测，氮气电离能为 15.6 eV，氢气为 15.4 eV，和一般有机物电离能（10eV 左右）接近，载气电离效率较高，对总离子流有干扰，氮气分子离子 m/z 28 较强，和某些化合物的特征离子重叠，且有 m/z 14 离子，接近通常质谱扫描起始质量，会产生较高的本底，干扰低质量范围质谱图。而氦气分子量小，容易被真空泵抽掉，且其电离能 24.6 eV 远高于一般有机物的电离能，其电离效率很低，对总离子流干扰小，其分子离子仅为 m/z 4，远低于通常质谱扫描起始质量。所以 GC-MS 使用的载气是纯度为 99.999%以上的高纯氦气。

（2）隔垫　进样口隔垫要求质地柔韧、耐高温、低流失，否则，隔垫被注射器穿过时容易脱落碎屑，样品溶剂将其中的甲基硅氧烷溶解，通过色谱柱进入离子源，产生 m/z 73、m/z 207、m/z 281 等特征碎片，这些峰干扰正常分析。

（3）衬管　当使用分流进样模式时，衬管中可加适量去活化处理的玻璃毛，有助于高沸点化合物快速气化和混合均匀，如果使用不分流进样模式，尽量不使用玻璃毛，以免其对样品造成吸附。农药残留分析多采用不分流进样。

（4）色谱柱　气质联用多使用口径窄的毛细管柱，避免使用大孔径、厚液膜的色谱柱。由于 GC-MS 色谱柱固定相流失进入离子源，离子化产生的各种离子形成质谱的本底，降低信噪比，干扰质谱的定性、定量分析，最好选用热稳定性好的专用 MS 柱。但毛细管色谱柱一般都有流失现象，柱流失会随着温度的升高而加剧。

安装色谱柱要格外避免插入离子源一头的污染，一般伸出传输线套管外 1～2mm，和离子源入口相距 1mm 左右，距离过大，样品会损失，伸进离子源太长会导致灵敏度下降甚至不出峰。连接进样口一端的柱头可使用石墨垫，进入离子源的一头尽量不使用，以防石墨碎屑被吸入质谱。

（5）柱流量　由于质谱部分要求高真空工作环境，所以气质联用不可设置过大的柱流量，一般使用的内径不超过 0.25mm 的毛细管柱，流量不超过 1.5mL/min，0.32mm 内径的柱子柱流量可以达到 2.0mL/min。

（6）计算机系统　对于 GC-MS 联用系统，GC 和 MS 的数据处理系统是一体的，工作站具有控制仪器运行和数据采集处理的全部功能，包括硬件、软件两部分。硬件主要包括计算机主机、显示器、键盘、打印机等，一般都是通用的计算机。软件部分主要包括运行仪器的操作系统和各种应用程序，还有各种用途的质谱数据库。

（二）气质联用分析技术的应用

气质联用仪用于农药分析检测具有气相色谱不可比拟的优越性。主要表现在以下几个方面：①定性能力强。用化合物分子的指纹质谱图鉴定组分，可靠性大大优于色谱保留时间定性，定性准确。②色谱未能分离的组分，可以采用质谱的提取离子色谱法、选择离子监测法等技术将总离子流色谱图上尚未分离或被噪声掩盖的色谱峰分离。③选择离子监测和多级质谱技术提高了复杂基质中痕量组分检测的准确性和灵敏度。近几年来，气质联用仪在农药常量分析（原药和制剂）和残留分析方面得到广泛应用。

1. 农药常量分析中的应用

对农药原药和制剂进行分析，利用气相色谱将待测样品中不同成分进行有效分离，使用质谱检测器检测，采用 EI 电离源，全扫描模式扫描，得到待测样品的总离子色谱图。经对总离子色谱图中每个峰进行分析，得到不同的质谱图。对这些待测成分的质谱图，结合农药标准谱库中质谱图进行相似性比对分析，经 GC-MS 特征离子抽提确证待测成分。该方法可同时利用保留时间和质谱图两种手段对未知成分进行确认。适用于具有一定蒸气压，能够在高温条件下迅速气化且热稳定性较好的农药鉴别测定。贾科玲等人使用气-质联用技术分析了苯氰菊酯原药及其杂质，对苯氰菊酯原药中含量 0.1%以上的 11 个杂质进行了定性分析，并确定了结构。张大伟等人用气相色谱-质谱法对质量分数为 99.00%的避蚊胺标样进行测定，测定结果为 99.16%，误差为 0.16%，具有较高的准确度，符合分析要求。

2. 农药残留分析中的应用

农药残留分析具有农药种类多、含量低、样品基质复杂等特点，当进行农药多残留样品检测时，针对单独使用气相色谱不能将部分化合物分离或者在测定时出现"假阳性"的情况，可以使用 GC-MS 对未知化合物进行定性确证。对于未知的农药残留结构解析，通常采用 GC-MS 全扫描方式对未知物进行定性分析。全扫描质谱图可看作被测组分结构的指纹图，用计算机检索定性，也可通过谱图解析定性。然后采用选择离子监测模式进行定量检测，在农药残留和痕量环境污染物的检测中可大大提高仪器的选择性和检测灵敏度。庞国芳等人采用气相色谱与单级四极杆质谱联用配电子轰击电离源对蜂蜜、果汁和果酒中 497 种农药和粮谷中 475 种农药及相关化学品的多残留进行了测定，方法的检出限分别在 0.001～0.3mg/kg 和 0.005～0.8mg/kg 之间；Steven 等采用气相色谱-离子阱质谱对水果和蔬菜中的 144 种农药残留量进行了分析；Martijn 等建立了动物饲料中 100 种以上农药的气相色谱-飞行时间质谱分析方法。

二、液相色谱-质谱联用

（一）液相色谱-质谱联用技术的特点和概况

色谱-质谱联用法将高分离能力、使用范围极广的色谱分离技术与高灵敏、高专属性的质谱技术结合，成为一种对复杂样品进行定性、定量分析的有力工具。气相色谱-质谱联用技术发展较早，已广泛用于化合物的定性和定量分析。极性较大、热稳定性差、难挥发性的目标物常适合使用液相色谱-质谱联用（LC-MS）技术进行分析。

高效液相色谱是以液体溶剂作为流动相的色谱技术，一般在室温下操作。质谱（MS）是强有力的结构解析工具，能为结构定性提供较多的信息，是理想的色谱检测器。液相色谱-质谱联用技术的研究开始于 20 世纪 70 年代，与气相色谱-质谱（GC-MS）联用技术不同的是液质联用技术似乎经历了一个更长的实践、研究过程，其中的主要关键技术就是要解决液相色谱与质谱的接口问题。直到 90 年代方出现了被广泛接受的商品接口及成套仪器。质谱的工作真空一般是 $1×10^{-5}$Pa 左右，为与在常压下工作的液质接口相匹配并维持足够的真空，现有商品来满足接口和质谱正常工作的需求。大气压电离（atmospheric pressure ionization，API）是目前商品化 LC-MS 仪中主要的接口技术。该技术不仅有效地解决了 LC 流动相为液体，流速一般为 0.5～1.0mL/min，而 MS 需要在高真空条件下操作的矛盾，同时还实现了样品分子在大气压条件下的离子化。大气压电离接口包括：①大气压区域，其作用为雾化 HPLC 流动相、去除溶剂和有机改性剂、形成待测物气态离子；②真空接口，其作用是将待测物离子从大气压传输到高真空的质谱仪内部，再由质量分析器将待测物离子按质荷比（m/z）不同逐一分离，由离子检测器测定。电喷雾电离（electrospray ionization，ESI）和大气压化学电离（atmospheric pressure chemical ionization，APCI）是目前液质联用仪常采用的大气压离子化方法，相应的仪器部件分别称为 ESI 源和 APCI 源。从 20 世纪 90 年代开始，随着 ESI 源和 APCI 源等大气压电离技术的应用，成功解决了液相色谱与质谱间的接口问题，液相色谱质谱联用技术在世界范围内飞速发展，21 世纪以来，在食品、环境、医药等领域科研检测应用越来越广泛。John Fenn 因应用电喷雾液相色谱质谱联用技术在生物大分子研究中的贡献，而获得 2002 年度诺贝尔化学奖。

LC-MS 主要的特点如下：①可以分析易热裂解或热不稳定的物质（如蛋白质、多糖等大分子物质），弥补 GC-MS 的不足，解决了 GC-MS 难以解决的问题。②增强液相色谱的分离能力，进一步提高解决液相色谱分离组分的定性定量能力。③质谱是通用型检测器，具有很高的灵敏度，通过选择离子 SIM 或者多级反应监测 MRM 模式，可进一步提高检测限，但是要注意基质效应影响。

（二）液相色谱-质谱联用的原理与结构

液质联用仪一般由液相色谱、接口、离子源、质量分析器、离子检测器、数据处理系统以及真空系统等组成。分析样品在液相色谱部分经流动相和色谱柱分离后，进入离子源被离子化后，经质谱的质量分析器将离子碎片按质荷比分开，经检测器检测，数据系统记录处理分析得到质谱图，从而对化合物进行定性定量分析。液相色谱质谱联用一般采用直接进样、流动注射和液相色谱进样三种进样方式。LC-MS 主要组成部分如图 10-28。

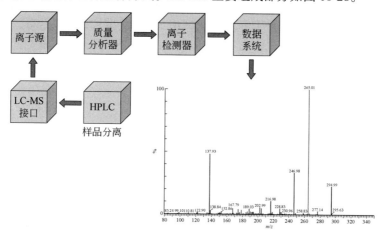

图 10-28　液相色谱-质谱联用的组成基本流程图

1. 真空系统

质谱离子产生及分析检测系统必须处于真空状态，而真空系统就是为这些提供高真空状态。质谱仪采用机械泵预抽初级真空，再用高效率分子涡轮泵获得更高的真空，连续运行以保持真空。若真空度过低，则会影响离子飞行、干扰离子源的调节、加速极放电等问题，同时易造成质谱元器件损坏、本底背景增高、图谱复杂化等。

2. 接口技术

液相色谱中的流动相是液体，而质谱检测的是气体离子，所以"接口"技术必须要解决液体离子化难题。接口同时兼作了质谱仪的电力部分，接口和色谱仪共同组成了质谱的进样系统。在接口技术方面发展了多种接口，如直接液体导入接口（DLI）、传送带接口（MBI）、粒子束接口（PBI）、热喷雾接口（TSI）、电喷雾接口（ESI）、超声喷雾接口（SSI）、动态快速原子轰击接口（FAB）、等离子体喷雾接口（PSP）、激光解吸离子化接口（LD）和基质辅助激光解吸离子化接口（MALDI）等，由于有些技术存在限制和缺陷，某些接口现在已经很少采用了。目前在农药分析方面广泛使用的接口技术有电喷雾（ESI）、大气压化学电离（APCI）、大气压光电离（APPI）等，也有使用组合源的商品仪器。

大气压离子化（API）技术是一种常压电力技术，不需要真空，使用方便，因而近年来得到了迅速的发展。API 主要包括电喷雾电离（ESI）和大气压化学离子化（APCI）等模式。它们的共同点是样品的离子化是在处于大气压下的离子化室内完成，离子化效率高，增强了分析的灵敏度和稳定性。

API 是一种很温和的离子化技术，多用于极性、不挥发性、质量数较大、热不稳定的化合物。ESI 尤其适用于生物分子聚合物的分析。ESI/MS 测定具有较高的分辨率，测量精密度可达 0.005%，从而可对经液相色谱纯化的生物分子等直接进行质谱分析。APCI 对分子量不大的弱极性化合物的定性、定量比较准确。这种离子源进行的分析不易形成多电荷分子碎片，谱图相对比较简单。Thurman 等评价了 75 种农药在 ESI 和 APCI 两种方式不同的响应，中性和碱性农药如苯脲类、三嗪类和氨基甲酸酯类在大气压化学电离时更加灵敏，而液相色谱的流动相也会对电离效果有一定的影响，首先非挥发性的盐不能使用，因为非挥发性的盐可能会附着在离子源上，从而污染离子源。其次，流动相的组成和 pH 值也要仔细优化，因为流动相有时也会影响离子化的效果。一般来说，碱性流动相会增强酸性化合物的响应值（一般在负离子模式下）；酸性流动相会增强碱性化合物的响应（一般在正离子模式下）。要注意的是有时这种规律也不是通用的，最佳的色谱条件和质谱条件要通过实验获得。

近年来，很多商品化仪器均配备了组合源，即在不更换接口硬件的条件下同时配备多个离子化源，如 ESI/APPI，APCI/APPI。其目的是在不换源的条件下，扩大可以分析的化合物范围，实现在一张色谱质谱采集中源的自动切换。

3. LC-MS 离子源

离子源的作用是将分析样品电离，得到带有样品信息的离子。液相色谱质谱联用常用的离子源有电喷雾电离（ESI）源、大气压化学电离（APCI）源等，以及近年来还有基于这两种离子源基础上的复合离子源等。

（1）电喷雾电离　工作原理：电喷雾电离（ESI）是在液滴变成蒸气、产生粒子发射的过程中形成的。溶剂由液相泵输送到 ESI 探针，经其内的不锈钢毛细管流出，这时给毛细管加 2～4kV 的高压，由于高压和雾化气的作用，流动相从毛细管顶端流出时，会形成扇状喷雾，使液滴生成含样品和溶剂离子的气溶胶。

电喷雾离子化可分为三个过程：

① 形成带点小液滴。由于毛细管两端存在高压，可产生氧化还原反应，形成带电液滴。

② 溶剂蒸发和小液滴碎裂。溶剂蒸发，离子向液滴表面移动，液滴表面的离子密度越来越大，当达到瑞利（Rayleigh）极限时，即液滴表面电荷产生的库仑排斥力与液滴表面的张力大致相等时，液滴会非均匀破裂，分裂成更小的液滴，在质量和电荷重新分配后，更小的液滴进入稳态，然后再重复蒸发、电荷过剩和液滴分裂这一系列过程。

③ 形成气相离子。对于半径<10nm 的液滴，液滴表面形成的电场足够强，电荷的排斥作用最终导致部分离子从液滴表面蒸发出来，而不是液滴的分裂，最终样品以单电荷或多电荷离子的形式从溶液中转移至气相，形成了气相离子。

ESI 的特点：ESI 是软电离技术，产生的是准分子离子。ESI 对多数化合物都有很高的灵敏度；分子量高的生物大分子和聚合物产生多电荷离子；分子量低的化合物一般产生单电荷离子（丢失或得到一个质子）；其灵敏度取决于化合物本身和基质。

待测溶液（如液相色谱流出物）通过一终端加有几千伏高压的毛细管进入离子源，气体辅助雾化，产生的微小液滴去溶剂，形成单电荷或多电荷的气态离子，如$[M+H]^+$、$[M+Na]^+$、

$[M+K]^+$、$[M+NH_4]^+$、$[M-H]^-$以及$[M+nH]^{n+}$、$[M+nNa]^{n+}$、$[M-nH]^{n-}$。这些离子再经逐步减压区域，从大气压状态传送到质谱仪的高真空中。电喷雾离子化可在 $1\mu L/min \sim 1mL/min$ 流速下进行，适合极性化合物和分子量高达 10000 的生物大分子研究，是液相色谱-质谱联用、高效毛细管电泳-质谱联用最成功的接口技术。

通常，反相高效液相色谱常用的溶剂如水、甲醇和乙腈等都十分有利于电喷雾离子化，但纯水或纯有机溶剂作为流动相不利于去溶剂或形成离子；在高流速情况下，流动相含有少量水或至少20%～30%的有机溶剂有助于获得较高的分析灵敏度。其他适用的溶剂还包括四氢呋喃、丙酮、分子较大的醇类（如异丙醇、丁醇）、二氯甲烷、二氯甲烷-甲醇混合物、二甲亚砜及 N,N二甲基甲酰胺（DMF），但需要注意二氯甲烷、二甲亚砜及 DMF 等有机溶剂对 PEEK 材料管道的作用。烃类（如正己烷）、芳香族化合物（如苯）以及四氯化碳等溶剂不适合 ESI。

液相色谱常使用缓冲盐和添加剂来控制流动相 pH，以保证色谱峰适宜的分离度、保留时间及色谱峰形。但目前还没有一个真正的 LC-MS 接口可以完全兼容不挥发性缓冲盐和添加剂的流动相，因此硫酸盐和磷酸盐应避免在 LC-MS 分析中使用。挥发性酸、碱、缓冲盐，如甲酸、乙酸、氨水、醋酸铵、甲酸铵等，常常用于 LC-MS 分析。为减少污染，避免化学噪声和电离抑制，这些缓冲盐或添加剂的量都有一定的限制，如甲酸、乙酸、氨水的浓度应控制在 0.01%～1%（V/V）；醋酸铵、甲酸铵的浓度最好保持在 20mmol/L 以下；强离子对试剂三氟乙酸会降低 ESI 信号，若流动相中含有 0.1%（V/V），可以通过柱后加入含 50%丙酸的异丙醇溶液来提高分析灵敏度。虽然在通常情况下有必要除去多余的 Na^+、K^+，但 ESI 偶尔也需要加入一些阳离子，以帮助待测物生成$[M+Na]^+$、$[M+K]^+$等加和离子，浓度为 10～50μmol/L 的钠、钾溶液是常用的添加剂。

（2）大气压化学电离　大气压化学电离（APCI）是在大气压条件下利用尖端高压（电晕）放电促使溶剂和其他反应物电离、碰撞，及电荷转移等方式，形成反应气等离子区，样品分子通过等离子区时，发生质子转移，形成了（M+H）或（M-H）离子或加和离子。

大气压化学电离可分为以下两个步骤：①快速蒸发。液流被强迫通过一根窄的管路使其得到较高的线速度，给毛细管高温加热及雾化气的作用使液流在脱离管路的时候蒸发成气体。②气相化学电离（电晕放电）。通过电晕放电，达到气相化学电离。

APCI 的特点：APCI 是软电离技术，产生准分子离子。APCI 主要产生单电荷离子，几乎没有碎片离子，由于是纯气相离子化过程，只产生极少的添加离子。相比于 ESI，APCI 受基质影响较小，质谱图不受缓冲盐及其缓冲力变化的影响，适于极性较小的化合物。APCI 一般适合分析挥发性化合物，有时也分析从中性到极性的化合物。APCI 电离下，热不稳定化合物可能会发生降解。APCI 可能生成加和物和（或）多聚体；APCI 适合的流速范围大，可为 0.2～2.0mL/min。

流动相在热及氮气流的作用下雾化成气态，经由带有几千伏高压的放电电极时离子化，产生的气态离子与待测化合物分子发生离子-分子反应，形成单电荷离子如$[M+H]^+$、$[M+Na]^+$、$[M+K]^+$、$[M+NH_4]^+$、$[M-H]^-$。大气压化学电离能够在流速高达 2mL/min 下进行，是液相色谱-质谱联用的重要接口之一。

商业化的设计中，电喷雾电离与大气压化学电离常共用一个真空接口，很容易相互更换。选择电喷雾离子化还是大气压化学离子化，分析者不仅要考虑溶液（如液相色谱流动相）的性质、组成和流速，待测化合物的化学性质也至关重要。ESI 更适合于在溶液中容易电离的极性化合物。碱性化合物很容易加和质子形成$[M+H]^+$，而酸性化合物则容易丢失质子形成$[M-H]^-$；季铵盐和硫酸盐等已经是离子性的化合物很容易被 ESI 检测到相应离子；含有杂原子的聚醚类化合物以及糖类化合物也常常以阳离子加和物出现；容易形成多电荷离子的化合物、生物大分子（如蛋白质、多肽、糖蛋白、核酸等）均可以考虑使用 ESI 离子源。APCI 常用于分析质量小于 1500Da 的小分子或非极性、弱极性化合物（如甾族化合物类固醇和雌激素等），主要产生的是单电荷离子。相对而言，电喷雾电离更适合于热不稳定的样品，而大气压化学电离易与正相液相色谱联用，如果特别需要使用 ESI 作正相 LC-MS 分析，可以采用在色谱柱后添加适当的溶剂来实现。许多中性化合物同时适合于电喷雾离子化及大气压化学离子化，且均具有相当高的灵敏度。无论是电喷雾离子化还是大气压化学离子化，选择正离子或负离子电离模式，主要取决于待测化合物自身性质。离子源的性能决定了离子化效率，因此很大程度上决定了质谱检测的灵敏度。

4. LC-MS 质量分析器

在高真空状态下，质量分析器将离子按质荷比分离。根据作用原理不同，常用的质量分析器有扇形磁场分析器、四级杆分析器、离子阱分析器、飞行时间分析器和傅里叶变换分析器（又称傅里叶变换离子回旋共振质谱分析器，FT-ICR）。

质量范围、分辨率是质量分析器的两个主要性能指标，其他常用指标还有分析速度、离子传输效率、质量准确度，其中质量准确度与质量分析器的分辨率及稳定性密切相关。质量范围指质谱仪所能测定的质荷比的上限。分辨率（R）表示质谱仪分辨相邻的、质量差异很小的峰的能力。以 m 及 $m+\Delta m$ 分别表示两相邻峰的质量，则分辨率 $R=m/\Delta m$。分辨率也常通过测定某独立峰（m）在峰高 50% 处的峰宽作为 Δm 来计算，这种分辨率称为半峰宽（FWHM）。通常，以 FWHM 计算的分辨率 ≥10000 时，称高分辨，分辨率 ≤10000 为低分辨率，高分辨率质量分析器可以提供待测物分子的准确质量，有利于推测该物质的元素组成。值得注意的是：不同分辨率的确切计算方法迄今为止在质谱领域仍存在争议，因此出现不同类型的质量分析器使用不同内涵的分辨率定义，如扇形磁场分析器、傅里叶变换分析器规定分辨率是能够使两个相邻的、质量差异很小的峰之间形成 10% 峰谷的能力；而四级杆分析器、离子阱分析器、飞行时间分析器等多采用 FWHM 测量分辨率。

四级杆分析器、离子阱分析器、飞行时间分析器是三种各具特色且应用广泛的质量分析器。根据拟获取信息类型的不同，质量分析器还可以实现时间上或空间上两级以上质量分析的结合，即串联质谱（MS/MS），多级质量分析的结合常表示为 MS^n。

与 LC 联用的质量分析器主要有：四级杆、离子阱、飞行时间质谱等。为了提高定性的准确度，常与多重四级杆串联使用，如两重、三重等，有时也用四级杆与离子阱串联使用。飞行时间质量分析器（TOF）可以增加定性的准确性。由于采用单四级杆质谱分析存在较大基体干扰及共流出等问题，实际应用中多使用多级质谱，如三重四级（QQQ）、四级杆-离子阱（QIT）及四级杆-飞行时间质谱（Q-TOF）等。

5. 离子检测器

通常为光电倍增器或电子倍增器。电子倍增器首先将离子流转化为电流，再将信号多级放大后转化为数字信号，计算机处理获得质谱图。

6. 数据系统

化合物的质谱是以测得离子的质荷比（m/z）为横坐标，以离子强度为纵坐标的谱图。采用全扫描（scan）方式，色谱-质谱联用分析可以获得不同组分的质谱图；以色谱保留时间为横坐标，以各时间点测得的总离子强度为纵坐标，可以测得待测混合物的总离子流色谱图

(total ion chromatogram, TIC)。当固定监测某离子或某些的质荷比,对整个色谱流出物进行选择性监测时,将得到选择离子监测色谱图。

(三) 液相色谱-质谱联用的应用

LC-MS在分析中应用很广,如研究环境样品、初级农产品和食品中的抗生素、多环芳烃、多氯联苯、酚类化合物、农药残留、农药代谢、农药原药组成等。由于目前低浓度、难挥发、热不稳定和强极性农药分析方法并不是十分理想,因此发展高灵敏度的多残留可靠分析方法已成为环境分析化学及农业化学家的重要战略目标。高效液相色谱法弥补了气相色谱法不宜分析难挥发、热稳定性差的物质的缺陷,可以直接测定那些难以用GC分析的农药。但是常规检测器如紫外(UV)及二极管阵列器(DAD)等定性能力有限,因而在复杂环境样品痕量分析时化学干扰也常影响痕量测定时的准确性,从而限定了他们在多残留超痕量分析中的应用。自20世纪80年代末大气压电离质谱成功地与HPLC联用以来,LC-MS已经在农药分析中占据重要地位,成为农药残留分析最有力的工具之一,也是目前发达国家进行农药残留定性定量分析的重要手段。

例如,有机磷和氨基甲酸酯类农药在农业生产上得到广泛应用,Li等使用LC-MS定量检测烟草中11种有机磷和氨基甲酸酯类农药残留。烟草样品中加入乙腈,经涡旋提取,d-SPE净化,用高效液相色谱分离,四级杆质谱检测。所分析目标化合物如下:甲硫威亚砜、乐果、抗蚜威、噁霜灵、速灭威、硫双灭多威、恶虫威、乙硫苯威、甲霜灵、异丙威、甲嘧硫磷。

结果表明,此方法在线性范围内相关系数 r 在0.99以上。烟草中11种农药的方法检出限为0.1~5.0μg/L。11种农药的回收率在71.5%~118.7%之间,5次测定结果的相对标准偏差<10%。

方法采用的色谱条件如下。色谱柱:Shim-pack XR-ODS Ⅱ,150mm×2.0mm id,2.2μm;柱温:35℃;流动相:0.05%乙酸/乙腈+0.05%乙酸/水;流速:0.4mL/min;进样量:3μL。梯度洗脱方案见表10-11。

表10-11 11种农药LC-MS方法梯度洗脱方案

时间/min	流速/(mL/min)	A(0.05%乙酸/水)	B(0.05%乙酸/乙腈)
0.00	0.4	90	10
15.00	0.4	10	90
15.01	0.4	90	10
20.00	0.4	90	10

质谱条件为:电喷雾电离(ESI);正离子扫描(positive);选择反应监测(SIM);加热块温度350℃;脱溶剂气温度250℃;雾化气流速1.5 L/min;干燥气流速15 L/min。11种农药的监测离子(m/z)分别是:241.90(甲硫威亚砜);229.75(乐果);238.90(抗蚜威);278.90(噁霜灵);165.85(速灭威);354.80(硫双灭多威);223.85(恶虫威);225.80(乙硫苯威);279.95(甲霜灵);193.85(异丙威);305.90(甲嘧硫磷)。

Okihashi等采用LC-MS检测农作物(水稻、柑橘和马铃薯)中17种农药(7种杀虫剂、5种除草剂、4种杀真菌剂和1种植物生长调节剂)残留量。样品中的农药用乙腈萃取,萃取物用PSA SPE净化,用丙酮+正己烷(1:1)进行洗脱。定容后,用液相色谱分离,Platform-Ⅱ质谱仪检测。所分析目标化合物如下:噻唑隆、抗倒胺、哒菌清、烯酰吗啉、苄草隆、苯并噻二唑、莎扑隆、除虫脲、虫酰肼、乙氧苯草胺、氟铃脲、戊菌隆、氟苯脲、虱螨脲、环戊噁草酮、氟虫脲、氟啶脲。

结果表明，此方法在线性范围内相关系数 r 在 0.994 之上；稻米、柑橘和马铃薯中的农药回收率在 70%～97%之间，相对标准偏差＜10%。

方法采用的色谱条件如下。色谱柱：Wakosil-Ⅱ 3C$_{18}$ HG，150mm×2.0mm，id，3μm；柱温：50℃；流动相：乙腈+0.1mol/L 乙酸；流速：0.2mL/min；进样量：5μL。梯度洗脱方案见表 10-12。

表10-12 17种农药LC-MS方法梯度洗脱方案

时间/min	流速/（mL/min）	A（乙腈）	B（0.1mol/L 乙酸）
0.00	0.2	50	50
3.00	0.2	50	50
8.00	0.2	80	20
18.00	0.2	80	20
20.00	0.2	50	50
25.00	0.2	50	50

质谱条件为：大气压化学电离（APCI）；正负模式都用于化合物的测定；离子源温度140℃；APCI 探针温度550℃；锥孔电压30V。农药的采集时间和监测离子如表 10-13 所示。

表10-13 17种农药的质谱测定条件

农药	监测离子/（m/z）	采集时间/min	离子源模式	保留时间/min
噻唑隆	165	5.0～7.0	APCI+	6.22
抗倒胺	321	6.5～8.5	APCI+	7.01
哒菌清	255	6.5～8.5	APCI+	7.34
烯酰吗啉	388	6.5～8.5	APCI+	7.46
苄草隆	185	6.5～8.5	APCI+	7.91
苯并噻二唑	211	6.5～8.5	APCI+	7.98
莎扑隆	151	6.5～8.5	APCI+	8.02
除虫脲	289	8.0～9.4	APCI−	8.41
虫酰肼	351	8.0～9.4	APCI−	9.09
乙氧苯草胺	340	9.4～10.5	APCI+	9.79
氟铃脲	439	9.4～10.5	APCI−	9.84
戊菌隆	329	9.4～10.5	APCI+	10.05
氟苯脲	339	9.4～12.4	APCI−	10.14
虱螨脲	339	9.4～12.4	APCI−	10.82
环戊噁草酮	284	10.5～12.4	APCI−	11.01
氟虫脲	467	10.5～12.4	APCI−	11.34
氟啶脲	520	10.5～12.4	APCI−	11.91

第七节 多级/串联质谱

多级/串联质谱（tandem mass spectrometry，MS^n）是质谱法重要的联用技术之一，其是通过对一级或上级质谱产生离子的进一步裂解产生次级质谱，并对次级质谱进行质量分析的技术。依据实现方式，多级质谱可分为两类：一类是时间串联质谱（tandem in time），它是利用某些质量分析器能够储存离子的特性，在同一个质量分析器上，通过时间序贯实现多级质谱分析；另一类是空间串联质谱（tandem in space），它是利用多个质量分析器在空间上串联从而实现多级质谱功能。

时间串联质谱需要质量分析器具有捕获并驻留离子的特性，如离子阱、傅里叶变换离子回旋共振就是这类质量分析器，它们通过将不检测离子喷射出质谱质量分析器的分析区，孤立待分析的离子做进一步的裂解，从而获得次级质谱，这一过程再重复，这样可以观测几代子代离子的碎片，因此时间型质谱可进行多级子离子实验。它的局限性在于不能实现多级质谱的另外一些重要性能如母离子扫描或中性丢失实验等。

空间串联质谱是利用多个质量分析器在空间上串联，来实现多级质谱功能。实际应用中，空间质谱仪可以通过产物离子扫描（product-ion scan）、前体离子（母离子）扫描（precursor-ion scan）、中性丢失扫描（neutral-loss scan）及选择反应监测（selected-reaction monitoring, SRM）等方式获取待测化合物的结构信息和定量数据。目前，空间串联质谱分析器的主要模式有：磁式质谱质量分析器串联（EB、BE、EBE，其中 E 代表电场，B 代表磁场）；三重四级杆质量分析器（QQQ）；飞行时间质量分析器串联（TOF-TOF）；混合串联[Q-TOF、EBE-TOF、IT-（QIT）ICR]等。

一、多级/串联质谱工作原理

多级/串联质谱法是将两台或多台质谱仪串联起来代替 GC-MS 或 LC-MS：第一台质谱仪类似于 GC 或 LC 的作用，用于分离复杂样品中各组分的分子离子；这些离子依次导入第二台质谱仪中，从而产生这些分子离子的碎片质谱。一般第一台质谱仪采用软离子化技术（如使用化学离子化源）使产生的离子大部分为分子离子或质子化分子离子$(M+H)^+$。为了获得这些分子离子的质谱，将它们导入碰撞室（field free collision chamber）中，使其与泵入的 He 分子在 $1.33 \times (10^{-2} \sim 10^{-1})$ Pa（相当于 $10^{-4} \sim 10^{-3}$ Torr）压力下碰撞活化而产生类似于电子轰击源产生的碎片，再用质谱仪 II 进行扫描。这种应用称为子离子串联质谱分析（daughter ion tandem mass spectrometry）。

另一种 MS^n 方法可相应称为母离子串联质谱分析（parent ion tandem mass spectrometry）。此方法中质谱仪 II 设定在指定的子离子进行监测，而质谱仪 I 进行母离子扫描。这种方法可用于分析鉴定产生相同子离子的一类化合物，如分析精制煤样中烷基酚组分时，将质谱仪 II 设在子离子（$m/z=107$）上，而在质谱仪 I 上进行母离子扫描。

二、多级/串联质谱的质量分析器

各式质量分析器都可用于串联/多级质谱中，如三重四级杆 QqQ（或 QQQ）模式、四级杆-离子阱（Q-Trap）、四级杆-飞行时间质谱（Q-TOF）等。质量分析器的选择主要取决于分析的选择性、灵敏度和目的性、实验条件等。如分析已知的目标化合物时，三重四级杆是最佳的选择，如果是分析未知化合物，四级杆-飞行时间质谱联用仪（Q-TOF）可能是较好的选择。

1. 三重四级杆（QQQ）

三重四级杆为三级四级式构造（图 10-29），其中一个四级杆用于质量分离，另一个四级杆用于质谱检测，两个四级杆之间设计为碰撞室。与单级四级杆（详见本章第五节）相比，三重四级杆的主要优点是操作方式的灵活性、高选择性和灵敏度，QQQ 可以有几种不同的 MS/MS 扫描方式：母离子扫描、产物离子扫描、恒定中性丢失和多反应监测模式（MRM），其中多反应监测模式常用于农药残留分析。MRM 可以提供很高的选择性和灵敏度，与离子阱质谱相比，QQQ 的另一个优点是它的扫描速度快，QQQ 可以用作单级四级质谱还可以用作串联质谱。三重四级杆质谱在许多标准的定量分析中常作为最重要的确证方法，多配置电喷雾电离（ESI）和大气压化学电离（APCI）源。

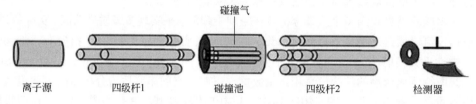

图 10-29　三重四级杆质谱示意图

2. 四级杆-离子阱（Q-Trap）

离子阱利用加在环电极上的射频电场捕获离子，属于"动态"离子阱。四极杆-离子阱串联质谱原理图如图 10-30 所示。经过 Q1 四极杆筛选的母离子进入 CID 区域中，目标母离子在碰撞气体氛围中加速和减速，随之产生碎片离子，然后在离子阱中进行选择富集，也可选择目标子离子再次打碎，进行多级质谱分析。因此，在离子阱中进行的串联质谱分析方法备受关注。目标离子被离子阱捕获并存储，以轴向不稳定扫描方式进行检测。扫描时，离子质量数从小到大依次从离子阱中推出，通过仪器端盖上的小孔，进入电子倍增管进行检测。由于捕获离子的积累以及电子倍增管检测，离子阱质谱仪具有较高的灵敏度。离子阱的动力学范围取决于捕获的最多离子数以及检测的最少离子数。离子阱质谱的局限在于随着捕获离子数的增加，空间效应相应地增加，从而引起质量数坐标的偏移，所以应控制离子阱中导入离子的总数。相比较其他类型的质量分析器，离子阱质量分析器的一个重要优点是多级碎裂谱分析能力，也称为多级 MS/MS 能力。一般情况下，质量分析器中的串级质谱分析均需要采用多个设备串联的方式进行，离子阱是唯一可以在单一设备中进行多级质谱分析的质量分析器。

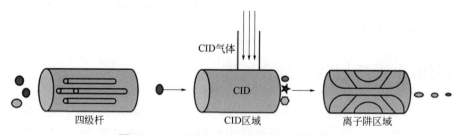

图 10-30　四级杆-离子阱串联质谱示意图

3. 四级杆-飞行时间（Q-TOF）

四级杆-飞行时间质谱仪（Q-TOF-MS）是采用四级杆质量分析器和 TOF 串联的质谱仪，

可以看作是将三重四级杆质谱的第三重四级杆换为 TOF 分析器。它采用四级杆作为质量过滤器，以 TOF 作为质量分析器，分辨率和质量精度明显优于三重四级杆质谱，是一类能够同时定性定量的质谱。

Q-TOF 主要是由真空系统、离子源加速区、漂移区、检测器和数据处理系统 5 部分组成。Q-TOF 的基本原理是由离子源产生的带电粒子经过加速电场的作用后，进入无场漂移区，并以恒定速度飞向离子接收器。由于质荷比不同，受到的电场力的大小不同，飞行时间不同，根据到达检测器的时间不同，可以把不同质量的离子按 m/z 值大小进行分离。不同离子到达检测器的时间与其质荷比（m/z）的平方根成正比，样本分子根据其 m/z 的大小先后到达检测器，通过信号转换形成可见的质谱峰值系列（谱图）。飞行时间距离越长，仪器的分辨能力越好，故现在多使用反射式飞行时间质谱，就是让带电离子先飞一段时间后，再经反射区的相应作用，离子掉头飞行，这样就可以在相同体积下对仪器性能产生大幅度提高。Q-TOF-MS 有单级质谱和串联质谱 MS/MS 的操作模式，在单级质谱模式下，离子通过四级杆后直接到 TOF 质谱分析器。在 MS/MS 模式，一个前体离子在第一个四级杆被选择，第二个四级杆产生碰撞诱导解离（CID），产生的碎片被 TOF 分析。通过这种方式可以得到很好的信噪比。

Q-TOF 的优势在于：①可在宽质量范围内实现高分辨，得到物质准确分子量；②能够获得真实的同位素峰形分布，得到未知物的分子式；③具有高灵敏度的 MS/MS 功能，能实现母离子和子离子的精确质量测定；④质量范围宽，既可用于小分子化合物的精确定性与定量，也可用于蛋白组学和多肽的研究。

三、多级/串联质谱的特点

串联质谱技术在未知化合物的结构解析、复杂混合物中待测化合物的鉴定、碎片裂解途径的阐明以及低浓度生物样品的定量分析方面具有很大的优势。采用前体离子扫描方式，可以在固定某质荷比产物离子的情况下，搜索出待测物样品中能够产生该质谱碎片离子的所有结构类似物；通过产物离子扫描，可以获得药物、杂质或污染物的前体离子的结构信息，有助于未知化合物的鉴定；产物离子扫描还可用于肽和蛋白质碎片的氨基酸序列检测。由于代谢物可能包含作为中性碎片丢失的相同基团（如羧酸类均易丢失中性二氧化碳分子），采用中性丢失扫描，串联质谱技术可用于寻找具有相同结构特征的代谢物分子。若丢失的相同碎片是离子，则前体离子扫描方式可帮助找到所有丢失碎片离子的前体离子。

当质谱与色谱联用时，若色谱仪未能将化合物完全分离，串联质谱法可以通过选择性测定某组分的特征性离子，获取该组分的结构和质量的信息，而不会受到共存组分的干扰。如在药物代谢动力学研究中，待测药物的某离子信号可能被基质汇总其他化合物的离子信号掩盖，采用多反应监测（MRM），通过 MS-1 和 MS-2，选择性监测一定的前体离子和产物离子，可实现复杂生物样品中待测化合物的专属、灵敏的定量测定。当同时监测两对及以上的前体离子-产物离子时，选择反应监测（SRM）可以同时、专属、灵敏地定量测定供试样品中的多个组分。

四、多级/串联质谱的应用

多级/串联质谱法可以起到 GC-MS、LC-MS 类似的作用且工作效率更高，在药物生产与研究中经常会面对复杂天然药物的多组分结构归属与鉴定，或者药物代谢产物和药物杂质，或混合的微量成分分析等结构测定或含量测定等方面的挑战，传统的单一质谱功能不能满足分析要求，利用串联质谱仪多级质谱的测定应对挑战，已经越来越发挥着重要的作用。

王天山等人采用电喷雾多级质谱技术对 11 种苯甲酸型芳香小分子化合物进行正离子和负离子检测模式扫描，取[M+H]⁺和[M−H]⁻准分子离子峰进行多级碰撞诱导裂解，通过分析母离子和碎片离子的关系来确定这些化合物的裂解途径。该研究可为该类化合物的结构分析和快速鉴定提供数据依据，也为研究其他同源的拥有相似结构单元的木脂素类和黄酮类化合物质谱裂解提供数据参考。图 10-31 和图 10-32 分别为其中两种羧酸类化合物没食子酸三甲醚和丁香酸在[M+H]⁺和[M−H]⁺模式下的多级质谱裂解。

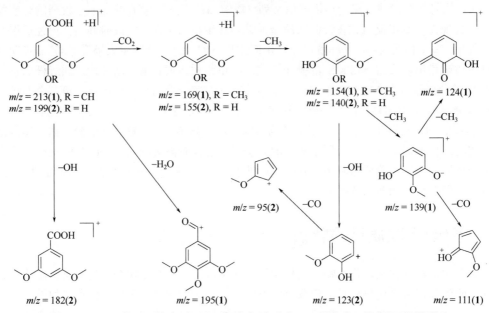

图 10-31　没食子甲酸（**1**）和丁香酸（**2**）在[M+H]⁺模式下的多级质谱裂解

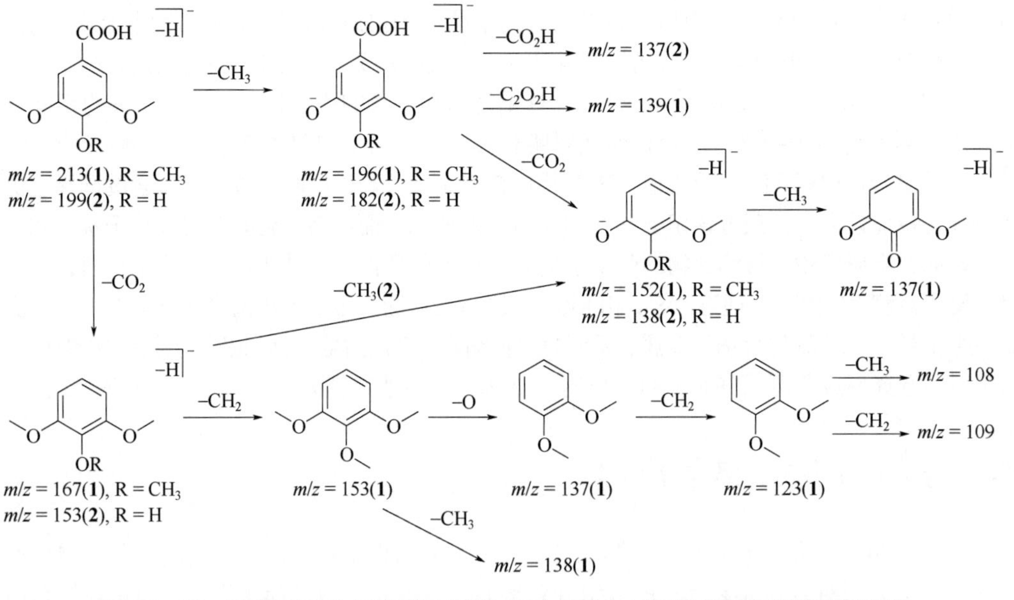

图 10-32　没食子甲酸（**1**）和丁香酸（**2**）在[M−H]⁻ 模式下的多级质谱裂解

谢颖等采用电喷雾离子源多级质谱，极性检出模式为正/负离子模式（+/−MS），研究了苯安莎类抗生素（格尔德霉素、除莠霉素 A）和萘安莎类抗生素（利福平、利福喷丁）的电喷雾多级质谱裂解规律。研究发现安莎类抗生素中苯安莎类抗生素和萘安莎类抗生素（结构式见表 10-14）的 ESI 质谱裂解方式不同。对于苯安莎类抗生素，正离子模式下一级质谱特征信号为$[M+Na]^+$，该分子离子在二级质谱中裂解主要生成碎片离子：$[M+Na-HOCONH_2]^+$、$[M+NaCO_2]^+$、$[M+Na-HOCONH_2-CH_3OH]^+$和$[M+Na-CO_2-CH_3OH]^+$；负离子模式下一级质谱的特征信号为$[M–H]^-$，该分子离子在二级质谱中氨甲酰键断裂，生成碎片离子$[M−CONH_2]^-$，该碎片离子在三级质谱中进一步裂解，以 CH_3OH 形式分别脱去安莎链上的甲氧基。因此，在对未知苯安莎类抗生素结构定性时，可以根据负离子模式下的三级质谱辅助确认安莎链上甲氧基的个数。对于萘安莎类抗生素，正离子模式下一级质谱的特征信号为$[M+H]^+$和$[M+Na]^+$，其中$[M+H]^+$在二级质谱中裂解生成碎片离子$[M+H-CH_3OH]^+$；负离子模式下一级质谱的特征信号为$[M–H]^-$，该分子离子在二级质谱中碎片离子丰富，归纳起来主要有两种裂解方式，其中一种是脱去中性碎片 CH_3OH、CH_3COOH 和 (CH_3OH+CH_3COOH)，以及从 $C_1\sim C_{15}$ 脱掉的碎片形成，另一种以脱去 R^3 结构为主，并在此基础上进一步裂解。所获得的安莎类抗生素的质谱裂解规律可以应用于大多数安莎类化合物的质谱分析，对安莎类化合物的快速筛选鉴别、定量分析和药代动力学研究起到一定的参考作用。

表 10-14 利福平、利福喷丁、格尔德霉素和除莠毒素 A 的结构式

取代基	利福平	利福喷丁	取代基	格尔德霉素	除莠霉素 A
R^1	CH_3	H	R^4	OCH_3	H
R^2	H	CH_3	R^5	H	OCH_3
R^3	HN⌒N−	HN⌒N−环戊基	R^6	OH	OCH_3

目前多级质谱应用更多的是与 GC 或 LC 相连，进行 GC-MS^n 或 LC-MS^n 联用，在生命科学、环境科学领域中很有前途。

例如，杨松等基于 QuEChERS 法，以自组装的新型介孔材料（SBA-15-C_{18}）为净化剂，结合超高效液相色谱-串联质谱法（UPLC-MS/MS），建立了茶叶基质中 10 种农药（双氟磺草胺、噻虫嗪、吡虫啉、甲基二磺隆、扑草净、戊唑醇、炔草酯、苯醚甲环唑、高效氯氰菊酯和哒螨灵）残留的分析方法。10 种农药在 0.0025～0.5mg/L 浓度范围内线性关系良好，决定系数 R^2 在 0.9978～0.9999 之间。在 0.01mg/kg、0.1mg/kg 和 20mg/kg 添加水平下，平均回收率在 72%～111%之间，相对标准偏差在 1.0%～6.9%之间。茶叶基质中 10 种农药的检出限为 0.1～0.3μg/kg，定量限为 0.2～0.9μg/kg。将本方法应用于实际茶叶样品的检测，该方法具有灵敏度高、通用性强、准确度高、稳定性好、操作简便等优点，适用于茶叶中农药多残留的检测。

黄科等采用改良的 QuEChERS 法，结合液相色谱-串联质谱法，建立了蔬菜中 2,4-滴、二

氯吡啶酸、精吡氟禾草灵等20种酸性除草剂的残留分析方法。样品用0.5%甲酸乙腈提取，以无水硫酸镁和石墨化碳黑（GCB）作为基质提取液的净化剂。实验结果表明，20种酸性除草剂在一定范围内线性关系良好，决定系数在0.9939~0.9998之间。方法的平均回收率和相对标准偏差为70.3%~107%和0.2%~8.3%。

方法采用的色谱条件如下。色谱柱:Poroshell 120 EC-C$_{18}$柱（100mm×2.1mm，2.7μm）；柱温40℃；流动相：甲醇+0.01%甲酸水溶液；流速：0.3mL/min；进样量：5μL；梯度洗脱方案见表10-15。

表10-15 20种酸性除草剂LC-MS/MS方法梯度洗脱方案

时间/min	A（0.01%甲酸水）	B（甲醇）	时间/min	A（0.01%甲酸水）	B（甲醇）
0.0	95	5	6.0	0	100
1.0	95	5	6.1	95	5
2.0	50	50	9.0	95	5

质谱条件为：电喷雾电离（ESI）；扫描方式：正负离子扫描；离子源温度：300℃；雾化气流速：3.0L/min；干燥气流速：10.0L/min；脱溶剂管温度：200℃；加热模块温度：400℃；加热气流速：10.0L/min；离子源电压：4.0kV；采用多反应监测（MRM）模式监测；驻留时间：30ms。20种酸性除草剂质谱测定条件如表10-16。由于麦草畏、4-氯苯氧乙酸、2甲4氯、2,4-滴丙酸、2甲4氯丙酸、2,4,5-涕、2,4-滴丁酸、2甲4氯丁酸、2,4,5-涕丙酸、三氯吡氧乙酸等农药的二级碎片离子除了[M–RCOOH]⁻响应都偏低，故选氯的同位素准分子离子[M^{+2}–H]⁻和[M^{+2}–RCOOH]⁻作为另外一对监测离子对。

表10-16 20种酸性除草剂质谱测定条件

农药	MRM		Q$_1$ Pre Bias/V	Q$_3$ Pre Bias /V	碰撞能/eV	扫描模式
二氯吡啶酸	定量离子对	192.0→146.0	−17	−13	−22	+
	定性离子对	192.0→110.1	−15	−18	−33	+
氯氟吡氧乙酸	定量离子对	255.0→208.9	−27	−22	−13	+
	定性离子对	255.0→180.9	−27	−19	−21	+
二氯喹啉酸	定量离子对	242.0→223.9	−26	−24	−14	+
	定性离子对	242.0→160.9	−26	−30	−38	+
精吡氟禾草灵	定量离子对	328.1→282.1	−19	−30	−21	+
	定性离子对	328.1→255.1	−19	−23	−17	+
双草醚	定量离子对	431.1→275.1	−30	−30	−15	+
	定性离子对	431.1→413.1	−30	−30	−17	+
氟吡甲禾灵	定量离子对	362.0→287.9	−19	−23	−17	+
	定性离子对	362.0→271.8	−19	−30	−21	+
高效氟吡甲禾灵	定量离子对	376.1→315.9	−26	−22	−18	+
	定性离子对	376.1→91.1	−26	−17	−33	+
精喹禾灵	定量离子对	373.1→299.0	−19	−21	−19	+
	定性离子对	373.1→91.0	−19	−16	−32	+
麦草畏	定量离子对	219.0→175.1	25	30	7	−
	定性离子对	221.0→177.0	35	35	10	−
4-氯苯氧乙酸	定量离子对	184.8→126.7	19	12	13	−
	定性离子对	187.0→129.0	19	12	13	−

农药	MRM		Q₁ Pre Bias /V	Q₃ Pre Bias /V	碰撞能/eV	扫描模式
溴苯腈	定量离子对	275.9→81.05	19	27	33	—
	定性离子对	275.9→79.05	19	27	45	—
2,4-滴	定量离子对	219.0→161.0	15	22	26	—
	定性离子对	219.0→125.0	15	22	26	—
2甲4氯	定量离子对	201.0→143.0	15	27	14	—
	定性离子对	199.0→141.0	15	10	28	—
2,4-滴丙酸	定量离子对	235.0→163.0	16	29	11	—
	定性离子对	233.0→161.0	16	20	28	—
2甲4氯丙酸	定量离子对	215.0→143.0	15	27	14	—
	定性离子对	213.0→141.0	15	10	28	—
三氯吡氧乙酸	定量离子对	255.9→198.0	15	27	14	—
	定性离子对	257.9→200.0	15	27	14	—
2,4,5-涕	定量离子对	252.9→194.9	15	27	14	—
	定性离子对	254.9→196.9	15	18	28	—
2,4-滴丁酯	定量离子对	249.0→163.0	17	29	11	—
	定性离子对	247.0→161.0	17	21	28	—
2甲4氯丁酸	定量离子对	227.0→141.0	15	10	14	—
	定性离子对	229.0→143.0	15	18	28	—
2,4,5-涕丙酸	定量离子对	266.9→194.9	15	27	14	—
	定性离子对	268.9→196.9	15	18	28	—

第八节　农药残留分析中的定性与定量分析

　　农药是农业生产中必不可少的生产资料，在生物灾害防治和粮食增产中发挥着重要的作用。然而，农药的使用必然会导致农药残留的产生，滥用和过量使用农药更会造成环境污染与农药残留超标问题。农产品中农药残留超标可能会对人类产生急性或慢性的毒害作用，也会对环境生态系统造成不良影响。

　　为了保证农产品的安全性，世界各国和组织都制定了严格的农药最大残留限量（MRL）标准。中国 2021 年发布的新版农药残留限量标准《食品安全国家标准　食品中农药最大残留限量》（GB 2763—2021）规定了 564 种农药的 10092 项最大残留限量标准。欧盟最大残留限量数据库中共有 635 种农药，大部分农药的 MRL 设定分析方法定量限；对于没有残留限量的农药，欧盟执行 0.01mg/kg 的默认 MRL（default MRL）。日本于 2006 年 5 月 29 日实施农药残留肯定列表（positive list system），除已经制定 MRL 或有豁免残留限量的农药外，其他实施一律限量（Uniform Limit，0.01mg/kg）。各国农药 MRL 的设定使得农药残留成为了影响农产品进出口的技术贸易壁垒之一。因此，灵敏、高效、准确的农药残留定性定量分析技术不仅能为农产品质量安全监测提供方法，而且在打破技术贸易壁垒，促进农产品国际贸易中具有重要意义。

一、农药残留分析中的定性与定量分析概述

在残留分析过程中，对目标化合物的定性和定量分析往往是同步进行的，例如本章前几节介绍的色谱质谱联用以及色谱与多级质谱的联用技术，将色谱技术的分离能力与质谱技术的鉴别能力集于一体，在农药残留分析中得到了广泛的应用，其中三重四级杆（QQQ）质谱技术在农药残留检测分析相关国家标准中应用最多。在欧盟的标准分析方法中常将QuEChERS 和 QuPPe（quick polar pesticides extraction）前处理技术与串联质谱技术相结合，用于检测农药及其代谢物。在美国 AOAC 官方分析方法中也采用了色谱与质谱联用技术对农药进行检测，除了四极杆质谱，也涉及了离子阱和飞行时间质谱。在中国的国家标准中，多采用固相萃取法与 QQQ 检测技术结合实现对多种农药残留的同时检测。高分辨质谱可快速实现对农药的高通量定性筛查，但其价格昂贵、普及度低、与 QQQ 相比定量性能略差，目前在农药残留分析标准检测技术中应用较少。

农药残留分析中的定量分析方法原则与常规色谱分析的定量分析方法相同，一般都采用外标法（标准曲线法或单点对照法）或内标法。在基质效应较强的情况下，需采用基质匹配标准曲线进行定量。在采用色谱质谱联用或色谱-多级质谱联用技术进行分析时，不同类型和型号的质谱检测器可提供的选择性不同，不同扫描模式也会有一定的差异，因此无法设置通用的定性分析判定标准。国际食品法典委员会的 CAC/GL 90-2017 号文件和欧盟文件SANTE/12682/2019 提供了采用色谱质谱联用技术进行农药残留定性鉴定的指导标准，列于表10-17 供参考使用。一般的定性确认要求包括但不限于以下几个方面：

（1）定性离子应该具有一定的特异性，避免采用质量数过低的离子进行定性。特征同位素离子有助于鉴定，但选定的离子不应完全来自分析物分子的同一部分。此外，确证离子的选择可能会因背景干扰而改变。

（2）样品提取物的提取离子色谱图应具有与在同一批次中以可比浓度分析的标准溶液得到的色谱峰相似的保留时间、峰形和响应比，分析物的不同选择离子的色谱峰必须完全重叠。

（3）用于鉴定的选择性离子的相对强度或比率（离子比，一般表示为各离子相对于最强离子的响应比）应与参考离子比（相同的序列和相同的条件下，从溶剂标准中获得的平均离子比）相匹配。

（4）只要对这两种离子都有足够的灵敏度和选择性，并且响应在线性范围内，离子比与参考值的相对偏差不应超过 30%。

（5）对于可提供精确质量数的高分辨率质谱，离子比率的变化不仅受提取离子色谱峰的S/N 的影响，而且还可能受碎片离子产生方式和基质的影响。因此，无法给出离子比的一般指导值。由于精确质量测量的附加值，不需要匹配离子比率。但是，它可为化合物识别提供额外的支持。

（6）全扫描谱图、同位素模式、加合离子、额外的精确质量碎片离子、额外的产物离子，或精确质量的离子以及离子分析物同分异构体的色谱图等也可为分析物的确认提供依据。

在农药残留分析中涉及的样品种类繁多，根据其来源可以分为植物源产品、动物源产品以及环境样本等几大类。无论是哪种样品，农药残留分析的主要分析步骤是相似的，都是包括样品采集与制备、样品前处理、样品检测及定性定量分析等步骤。本节以下将针对植物源

产品、动物源产品以及环境样本，对这三类样品中的农药残留分析方法分别进行实例讨论。

表 10-17　不同质谱技术的确认要求

质谱检测器/特征	典型系统（示例）	EU SANTE/12682/2019			CAC-GL 90-2017		
		扫描方式	确认要求		扫描方式	确认要求	
			最少离子数	其他		最少离子数	其他
单位分辨率质谱	单极质谱：四极杆、离子阱、飞行时间	全扫、限定 m/z 范围、选择离子监测	3 个离子	信噪比 S/N≥3[e]　在分析物的提取离子色谱图中两种碎片离子的色谱峰必须完全重叠。样品提取物的离子比率应在同一序列标准平均值的±30%以内	全扫、限定 m/z 范围、选择离子监测	3 个离子	信噪比 S/N≥3[e]　在分析物的提取离子色谱图中两种碎片离子的色谱峰必须完全重叠。样品提取物的离子比率应在同一序列标准平均值的±30%以内[f]
	二极质谱：三重四极杆、离子阱、四极杆-离子阱、四极杆-飞行时间、四极杆-轨道阱	选择离子或多反应监测（SRM、MRM），前体离子的质量分辨率等于或优于单位质量分辨率	2 个子离子		选择离子或多反应监测（SRM、MRM），前体离子的质量分辨率等于或优于单位质量分辨率	2 个子离子	
精确质量质谱	高分辨质谱：（四极杆）-飞行时间、（四极杆）-轨道阱、傅里叶变换回旋共振、磁质谱	全扫、限定 m/z 范围、选择离子监测、具或不具有前体离子选择的碎片或其组合	2 个离子，质量精确度≤5ppm[a,b,c]	信噪比 S/N≥3 提取离子色谱图中前体离子和/或产物离子的峰必须完全重叠。离子比率：无通用指导值	全扫、限定 m/z 范围、选择离子监测、具或不具有前体离子选择的碎片或其组合	2 个离子，质量精确度≤5ppm[a,b,c]	
					组合单极质谱和质谱/质谱，前体离子的质量分辨率等于或优于单位质量分辨率	2 个离子：1 个分子离子、（去）质子化分子或加合离子质量精度≤5ppm[a,c]　1 个 MS/MS 子离子[d]	

a. 最好包括分子离子，（去）质子化分子或加合离子。
b. 包括至少一个碎片离子。
c. <1mDa，m/z<200。
d. ≤5ppm。
e. 如果没有噪声，则至少 5 次后续扫描中应显示信号。
f. 如果前体离子及子离子的质量精度小于 5ppm，则离子比率偏差是可选的。

二、植物源产品的农药残留分析实例

植物源产品是指以植物的种子、果实或组织部分为原料，直接或加工以后为人类提供能量或物质来源的食品及农产品，主要有水果、蔬菜、谷物、豆类以及茶叶等。植物在生长过程中会受到不同种类、不同程度病虫草害的侵扰，农药的正确使用能有效防治病虫草害，从而保证农产品的产量和质量。不仅如此，农药还可用于果蔬的采后保鲜，以及粮食作物储存过程中仓储害虫的防治。为促进农产品进出口贸易，确保人类的饮食健康，农药残留的检测必不可少。不同作物类别中残留农药的种类和含量各有不同，采用的检测技术也不同。下面分别以不同植物源食品中氨基甲酸酯类农药的多残留测定及茶叶中 448 种农药的多残留测定方法为例。

（一）植物源性产品中氨基甲酸酯类农药及代谢物残留量的测定

该方法参考了国家标准《食品安全国家标准 植物源食品中9种氨基甲酸酯类农药及其代谢物残留量的测定 液相色谱-柱后衍生法》（GB 23200.112—2018），方法首先将不同的植物源产品分为五类：①蔬菜、水果和食用菌；②谷物；③茶叶和香辛料；④油料和坚果；⑤植物油，然后根据其含水量、含淀粉量、含油脂量等性质，进行了不同的样品前处理。样品首先经乙腈匀浆提取，然后采用固相萃取柱富集净化。对于氨基甲酸酯类农药的检测，为了获得高选择性和高灵敏度，采用带荧光检测器和柱后衍生系统的高效液相色谱仪检测，外标法定量。

1. 样品前处理

（1）蔬菜、水果和食用菌 称取20g试样（精确至0.01g）于150mL烧杯中，加入40mL乙腈，在高速组织捣碎机中以15000r/min匀浆提取2min，提取液过滤至装有5～7g氯化钠的100mL具塞量筒中，盖上塞子，剧烈振荡1min，在室温下静置30min。准确吸取10mL，于4200r/min离心5min，上清液移入鸡心瓶中。残渣加30mL乙腈，匀浆1min，再次离心5min。合并上清液，80℃条件下旋转蒸发至近干，加入2mL甲醇溶解残余物，待净化。

将氨基固相萃取柱（500mg，6mL）用4mL甲醇-二氯甲烷溶液预淋洗，当液面到达柱筛板顶部时，立刻加入上述净化液，收集洗脱液，50℃条件下旋转蒸发至近干，加入2.5mL甲醇，涡旋混匀，用微孔滤膜过滤后待测。

（2）谷物 称取10g试样（精确至0.01g）于250mL具塞锥形瓶中，加入20mL水，混匀后静置30min，再加入50mL乙腈，用振荡器200r/min振荡提取30min，提取液过滤至装有5～7g氯化钠的100mL具塞量筒中，盖上塞子，剧烈振荡1min，在室温下静置30min。准确吸取10mL于4200r/min离心5min，上清液移入鸡心瓶中。残渣加30mL乙腈，匀浆1min，再次离心5min，合并上清液，80℃条件下旋转蒸发至近干，加入2mL甲醇溶解残余物，待净化。

将氨基固相萃取柱（500mg，6mL）用4mL甲醇-二氯甲烷溶液预淋洗，当液面到达柱筛板顶部时，立刻加入上述净化液，收集洗脱液，50℃条件下旋转蒸发至近干，加入2.5mL甲醇，涡旋混匀，用微孔滤膜过滤后待测。

（3）茶叶和香辛料 称取5g试样（精确至0.01g）于150mL具塞锥形瓶中，加入20mL水，混匀后静置30min，再加入50mL乙腈，用高速匀浆机以15000r/min匀浆提取2min，提取液过滤至装有5～7g氯化钠的100mL具塞量筒中，盖上塞子，剧烈振荡1min，在室温下静置30min。准确吸取10mL于4200r/min离心5min，上清液移入鸡心瓶中。残渣加30mL乙腈，匀浆1min，再次离心5min，合并上清液，80℃条件下旋转蒸发至近干，加入2mL甲醇溶解残余物，待净化。

将氨基固相萃取柱（6mL），含石墨化碳黑填料（GCB）500mg和氨基填料（NH_2）500mg，用5mL乙腈甲苯溶液（体积比3∶1）预淋洗，当液面到达柱筛板顶部时，立刻加入上述待净化液，收集洗脱液，再用25mL乙腈甲苯溶液（体积比3∶1）洗脱柱子，收集的洗脱液于40℃水浴中旋转蒸发至近干，加入1.0mL甲醇，涡旋混匀，用微孔滤膜过滤后待测。

（4）油料和坚果 称取10g试样（精确至0.01g）于150mL具塞锥形瓶中，加入20mL水，混匀后静置30min，再加入50mL乙腈，用高速匀浆机以15000r/min匀浆提取2min，提取液过滤至装有5～7g氯化钠的100mL具塞量筒中，盖上塞子，剧烈振荡1min，在室温下静置 30min。准确吸取 8mL 上清液于内含 1200mg 无水硫酸镁、400mg PSA 和 400mg C$_{18}$ 的塑料离心管中，涡旋混匀 1min，然后于 4200r/min 离心 5min，吸取 5mL 上清液，在 50℃条件下旋转蒸发至近干，加入 2mL 甲醇溶解残余物，用微孔滤膜过滤后待测。

（5）植物油　称取 3g 试样（精确至 0.01g）于 50mL 塑料离心管中，加入 5mL 水和 15mL 乙腈，并加入 6g 无水硫酸镁、1.5g 醋酸钠和 1 颗陶瓷均质子，剧烈振荡 1min，于 4200r/min 离心 5min。准确吸取 8mL 上清液于内含 1200mg 无水硫酸镁、400mg PSA 和 400mg C$_{18}$ 的塑料离心管中，涡旋混匀 1min，然后于 4200r/min 离心 5min，吸取 5mL 上清液，在 50℃条件下旋转蒸发至近干，加入 1mL 甲醇溶解残余物，用微孔滤膜过滤后待测。

2. 测定方法

（1）液相色谱条件　色谱柱：C$_8$ 柱，250mm×4.6mm×5μm，或性能相当者；柱温：42℃；荧光检测器 λ_{ex}=330nm，λ_{em}=465nm；进样体积：10μL；流动相梯度洗脱条件见表 10-18。

表 10-18　梯度相及梯度洗脱条件（V_A+V_B）

时间/min	流速/（mL/min）	流动相水（V_A）/%	流动相甲醇（V_B）/%
0.00	1.0	85	15
2.00	1.0	75	25
6.50	1.0	75	25
10.50	1.0	60	40
28.00	1.0	60	40
33.00	1.0	20	80
35.00	1.0	20	80
35.10	1.0	0	100
37.00	1.0	0	100
37.10	1.0	85	15

（2）柱后衍生条件　0.05mol/L 氢氧化钠溶液，流速 0.3mL/min；OPA 溶液流速 0.3mL/min；水解温度 100℃；衍生温度为室温。

3. 定性与定量

（1）定性测定　将混合标准工作溶液和样品溶液依次注入液相色谱仪中，以目标农药的保留时间定性。当样品中色谱峰的保留时间与相应标准溶液中目标农药色谱峰的保留时间相比，相差在±0.05min 之内，则认为样品中含有该目标化合物。

（2）定量测定　采用外标-校准标准曲线法定量测定，并按照下式进行计算。

样品中目标农药的残留量以质量分数 w 计，单位以毫克每千克（mg/kg）表示，按下式计算：

$$w=\frac{V_1\times A\times V_3}{V_2\times A_S\times m}\times\rho$$

式中　w——样品中被测组分含量，mg/kg；

　　　ρ——标准溶液中被测组分质量浓度，mg/L；

　　　V_1——提取溶液总体积，mL；

　　　V_2——提取溶液分取体积，mL；

　　　V_3——待测溶液定容体积，mL；

　　　A——待测溶液中被测组分峰面积；

A_S——标准溶液中被测组分峰面积；

m——样品质量，g。

该方法的定量限均为 0.01mg/kg。采用高效液相色谱-柱后衍生-荧光检测器检测的方法，可较灵敏地测定氨基甲酸酯类农药在五种不同植物源产品中的残留。

(二) 茶叶中 448 种农药及相关化学品残留量的测定

茶叶是一种较为复杂的基质，内含成分丰富，含有茶多酚、咖啡碱、茶氨酸、茶多糖、茶皂素、香气成分、色素、维生素和各种矿物质等，其中多酚类和色素类化合物的含量较高，增加了茶叶中农药残留分析时的难度，容易导致检测结果不稳定、重现性差，或方法检测限过高，影响检测结果的准确性，因此对提取和净化步骤的要求均较高。本方法是现行有效的标准方法［参见《食品安全国家标准茶叶中 448 种农药及相关化学品残留量的测定 液相色谱-质谱法》（GB 23200.13—2016）］，将样品经乙腈匀浆提取后，采用固相萃取柱富集净化，用乙腈-甲苯洗脱，液相色谱-串联质谱仪检测，外标法定量。

1. 样品前处理

（1）提取 称取 10g 茶叶试样（精确至 0.01g）于 50mL 具塞离心管中，加入 30mL 乙腈，在高速组织捣碎机上以 15000r/min 匀浆提取 1min，4200r/min 离心 5min，上清液移入鸡心瓶中。残渣加 30mL 乙腈，匀浆 1min，4200r/min 离心 5min，上清液并入鸡心瓶中，残渣再加 20mL 乙腈，重复提取一次，上清液并入鸡心瓶中，45℃条件下旋转蒸发至近干，N_2 吹干后加入 5mL 乙腈溶解残余物，取其中 1mL 待净化。

（2）固相萃取柱富集净化 向 Cleanert TPT 固相萃取柱中加入约 2cm 高无水硫酸钠，加入 5mL 乙腈-甲苯溶液（$V_{乙腈}:V_{甲苯}$=3:1）活化，弃去流出液。将全部待净化液上柱，在柱上加上 50mL 贮液器，用 25mL 乙腈-甲苯溶液上柱洗脱，收集全部洗脱液于鸡心瓶，45℃条件下旋转蒸发至约 0.5mL，35℃条件下 N_2 吹干后以 1mL 乙腈水溶液（$V_{乙腈}:V_{水}$=3:2）定容，过 0.22μm 滤膜，待液相色谱-串联质谱（LC-MS/MS）测定。

2. 测定方法

液相色谱串联质谱仪（LC-MS/MS），配 ESI 电离源；ZORBAX SB-C_{18} 色谱柱（2.1mm× 100mm，3.5μm）；柱温 40℃；雾化气压力 0.28MPa；离子源电压 4000V；干燥气温度 350℃，流速 10L/min。流动相及梯度洗脱条件见表 10-19。质谱采集模式为 MRM 模式，测定过程中，448 种农药被分为 A、B、C、D、E、F、G 共七组分别测定，每个化合物选择两对定性离子对进行定性，其中响应较高的离子对用于定量。其他测定条件参见 GB 23200.13—2016。

表 10-19 流动相及梯度洗脱条件

步骤	总时间/min	流速/（mL/min）	流动相 A（0.1%甲酸水）/%	流动相 B（乙腈）/%
0	0.00	0.4	99.0	1.0
1	3.00	0.4	70.0	30.0
2	6.00	0.4	60.0	40.0
3	9.00	0.4	60.0	40.0
4	15.00	0.4	40.0	60.0
5	19.00	0.4	1.0	99.0
6	23.00	0.4	1.0	99.0
7	23.01	0.4	99.0	1.0

3. 定性与定量

（1）定性测定　在相同实验条件下进行样品测定时，如果检出的色谱峰保留时间与标准样品一致，并且在扣除背景后的样品质谱图中，所选择的离子均出现，并且所选择的离子丰度比与标准样品的离子丰度比相一致（相对丰度＞50%，允许±20%偏差；相对丰度＞20%～50%，允许±25%偏差；相对丰度＞10%～20%，允许±30%偏差；相对丰度≤10%，允许±50%偏差），则可判断样品中存在这种农药或相关化学品。

（2）定量测定　采用外标-校准标准曲线法定量测定，为减少基质度定量测定的影响，定量用标准溶液应采用基质混合标准工作溶液绘制标准曲线，并保证所测定样品中农药及相关化学品的响应值均在仪器线性范围内。本方法的定量限 LOQ 及红茶、绿茶、乌龙茶、普洱茶中的回收率参见标准 GB 23200.1—2016。

三、动物源性产品的农药残留分析实例

动物源性产品是指全部可食用的动物组织以及蛋和奶，包括肉类及其制品(动物内脏等)、蛋及其制品、奶及其制品、水生动物产品和脂肪（如猪油、黄油）等。动物源产品中农药的来源主要有两个途径：一是摄入了有残留农药的饲料或水；二是在饲养过程中，在家畜的生存环境或者身上喷洒农药来抵抗害虫和真菌等，可能会被动物食用或者通过皮肤吸收。下面以动物源食品中敌百虫、敌敌畏、蝇毒磷的残留量测定为例加以说明（GB 23200.94—2016）。

（一）方法概述

本方法适用于动物源食品，包括畜、禽分割肉、盐渍肠衣和蜂蜜等基质中敌百虫、敌敌畏、蝇毒磷残留量的测定，由于蜂蜜基质有所不同，其前处理方法也存在一定差异。试样中的敌百虫、敌敌畏、蝇毒磷用二氯甲烷溶液提取，经均质、浓缩、定容后，用液相色谱-质谱仪检测和确证，外标法定量。

（二）样品前处理

1. 肉类基质

准确称取 5g 均匀试样（精确到 0.01g）于 50mL 具塞试管中，加入 5g 无水硫酸钠混匀，再加入 15mL 二氯甲烷，用均质器（10000r/min）均质 2min，4000r/min 离心 3min，将有机相转移至 100mL 梨形蒸馏瓶中，残渣再用 2×10mL 二氯甲烷均质提取二次。离心合并有机相，于 40℃旋转蒸发至 2mL，将样液转移至 5mL 刻度试管中，并用少量二氯甲烷洗涤梨形蒸馏瓶，合并洗涤液到刻度试管中，室温通氮气浓缩至干。定量加入 1.0mL 乙腈溶解残渣，加入 2mL 环己烷涡旋混匀 2min 后，2500r/min 离心 3min，将下层乙腈相过 0.45μm 微孔滤膜后，供液相色谱-质谱/质谱仪测定。

2. 肠衣基质

准确称取 5g 试样（精确到 0.01g）于 50mL 具塞离心瓶中，加入 2g 无水硫酸钠混匀，再加入 15mL 二氯甲烷，盖上盖混匀，置于超声波清洗器中超声 30min，冷却后将有机相过滤转移至 100mL 梨形蒸馏瓶中，残渣再用 2×10mL 二氯甲烷混匀超声提取二次，离心合并有机相。于 40℃旋转蒸发至 2mL，将浓缩液转移至 5mL 刻度试管中，并用少量二氯甲烷洗涤梨形蒸馏瓶，合并洗涤液到刻度试管中，室温通氮气浓缩至干。定量加入 1.0mL 乙腈溶解残渣，加入 2mL 环己烷涡旋混匀 2min 后，2500r/min 离心 3min，将下层乙腈相过 0.45μm 微孔滤膜后，供液相色谱-质谱/质谱仪测定。

3. 蜂蜜基质

称取 5g 试样（精确到 0.01g）置于 50mL 具塞离心管中，加 10mL 水，加 25mL 乙酸乙酯，于涡旋混合器上混匀 1min，以 3000r/min 离心 5min，将上层乙酸乙酯提取液收集于浓缩瓶中，残渣再加入 20mL 乙酸乙酯，重复上述操作，合并乙酸乙酯提取溶液。在 50℃ 以下减压浓缩至约 3mL 后转移至 10mL 离心管中，用 5mL 乙酸乙酯分两次洗涤浓缩瓶，合并洗涤液于离心管中，用氮气吹干。加 1.0mL 乙腈溶解残渣，并过 0.45μm 微孔滤膜后，供液相色谱-质谱/质谱仪测定。

（三）样品检测

1. 液相色谱条件

色谱柱：柱填料为十八烷基硅烷键合相的色谱柱，4.6mm×150mm，5μm 或性能相当者；柱温：40℃；流速：0.5mL/min；进样量：10μL。

流动相：A 为 50mmol/L 乙酸铵溶液；B 为甲醇，梯度洗脱条件见表 10-20。

表 10-20　梯度洗脱程序表

序号	时间/min	A 的比例/%	B 的比例/%	序号	时间/min	A 的比例/%	B 的比例/%
1	0.00	90.0	10.0	4	18.00	5.0	95.0
2	5.00	90.0	10.0	5	18.01	90.0	10.0
3	10.00	5.0	95.0	6	25.00	90.0	10.0

2. 质谱条件

API 4000 QTrap 质谱仪。离子化模式及扫描方式：电喷雾正离子扫描（ESI⁺）；检测方式：多反应监测（MRM）；气帘气压力（CUR）：15.00psi（1psi=6894.757Pa）（氮气）；电喷雾电压（IS）：5000V；离子源温度（TEM）：550℃；雾化气压力：40 psi（氮气）；辅助加热气：45L/min（氮气）；其他质谱参数表 10-21。

表 10-21　主要质谱参数

待测物	母离子/(m/z)	子离子/(m/z)	去簇电压/V	碰撞能量/V	碰撞室出口电压/V
敌百虫	259.0*	109.2	63.0	26.5	19.0
	256.9	221.2	63.0	16.0	13.0
敌敌畏	221.3*	109.2	63.0	25.5	19.0
	223.3	109.2	63.0	25.0	18.0
蝇毒磷	363.3*	307.0	96.0	25.0	20.0
	363.3	227.0	96.0	36.0	13.0

*为定量离子对。

（四）定性与定量

1. 定性测定

在相同实验条件下进行样品测定时，样品与标准工作液中待测物质的质量色谱峰相对保留时间在 2.5% 以内，并且在扣除背景后的样品质谱图中，所选择的离子均出现，并且所选择的离子丰度比与标准样品的离子丰度比相一致（相对丰度＞50%，允许±20%偏差；相对丰度＞20%～50%，允许±25%偏差；相对丰度＞10%～20%，允许±30%偏差；相对丰度≤10%，允许±50%偏差），则可判断样品中存在这种农药或相关化学品。

2. 定量测定

采用外标-校准标准曲线法定量测定，为减少基质对定量测定的影响，定量用标准溶液应采用基质混合标准工作溶液绘制标准曲线，并保证所测定样品中农药及相关化学品的响应值均在仪器线性范围内。本方法中敌百虫、敌敌畏、蝇毒磷的定量限均为 0.010mg/kg。在 0.01～0.04mg/kg 的添加范围内，分割肉、肠衣、蜂蜜中敌百虫的回收率在 70.0%～115.0%，敌敌畏的回收率为 70.0%～110.0%，蝇毒磷的回收率为 71.0%～110.0%。

四、环境样品中的农药残留分析实例

随着农药使用量和使用年限的增加，环境中的农药残留逐渐加重，水体、土壤以及空气等都可能含有农药残留。其主要来源于农药的直接施用、农药生产企业排出的废气废水、农药在施用时的飘移扩散、大气介质的环流和沉降等。环境中的农药会通过食物链、体表以及呼吸系统进入人和环境生物的体内，从而对人和环境生物的健康造成危害。下面以水、土中有机磷农药的测定为例（GB/T 14552—2003）说明。

1. 方法概述

水、土样品中有机磷农药残留量采用有机溶剂提取，再经液-液分配和凝结净化步骤除去干扰物，即可进行测定。有机磷农药采用气相色谱氮磷检测器(NPD)或火焰光度检测器(FPD)检测，可以得到很高的选择性和灵敏度，根据色谱峰的保留时间定性，外标法定量。

2. 样品前处理

（1）水样提取及净化　取 100.0mL 水样于分液漏斗中，加入 50mL 丙酮振摇 30 次，取出 100mL 移入 500mL 分液漏斗中，加入 10～15mL 凝结液 [用 c(KOH)=0.5mol/L 的氢氧化钾溶液调至 pH 值为 4.5～5.0] 和 1g 助滤剂，振摇 20 次，静置 3min，过滤至分液漏斗中，加 3g 氯化钠，用 50mL、50mL、30mL 二氯甲烷萃取三次，合并有机相，经一装有 1g 无水硫酸钠和 1g 助滤剂的筒形漏斗过滤，收集于 250mL 平底烧瓶中，加入 0.5mL 乙酸乙酯，旋转蒸发至近干，用 5mL 丙酮定容，供气相色谱测定。

（2）土壤提取及净化　准确称取已测定含水量的土壤样品 20.0g 于 300mL 具塞锥形瓶中，加水，使加水量与 20.0g 样品中水分含量之和为 20mL，摇匀后静置 10min，加 100mL 丙酮水的混合液（丙酮/水=1/5，V/V），浸泡 6～8h 后振荡 1h，将提取液倒入铺有两层滤纸及一层助滤剂的布氏漏斗减压抽滤，取 80mL 滤液移入 500mL 分液漏斗中，加入 10～15mL 凝结液 [用 c（KOH）=0.5mol/L 的氢氧化钾溶液调至 pH 值为 4.5～5.0] 和 1g 助滤剂，振摇 20 次，静置 3min，过滤至分液漏斗中，加 3g 氯化钠，用 50mL、50mL、30mL 二氯甲烷萃取三次，合并有机相，经一装有 1g 无水硫酸钠和 1g 助滤剂的筒形漏斗过滤，收集于 250mL 平底烧瓶中，加入 0.5mL 乙酸乙酯，旋转蒸发至近干，用 5mL 丙酮定容，供气相色谱测定。

3．样品检测

色谱柱：石英弹性毛细管柱 DB-17，30m×0.53mm（i.d.）。程序升温条件：起始温度 150℃（保持 3min），以 8℃/min 升温至 250℃（保持 10min）；进样口温度 220℃；FPD 检测器温度 300℃。气体流速：氮气 9.8mL/min；氢气 75mL/min；空气 100mL/min；尾吹（氮气）10mL/min。

4．测定结果

目标化合物按照速灭磷、甲拌磷、二嗪磷、异稻瘟净、甲基对硫磷、杀螟硫磷、水胺硫磷、溴硫磷、稻丰散、杀扑磷的顺序从色谱柱中流出。与玻璃填充柱相比［1.0m×2mm（i.d.），填充涂有 5% OV-17 的 Chrom Q，80～100 目担体］，采用 DB-17 毛细管柱可显著改善目标化合物色谱峰的对称性和尖锐程度，提高分析的灵敏度；与 HP-5［30m×0.32mm（i.d.）］毛细管柱相比，DB-17 毛细管柱可显著改善色谱峰的分离度。在最优的条件下，10 种有机磷在水和土壤基质中的加标回收率在 86.5%～98.4%，变异系数在 2.5%～11.3%（表 10-22，表 10-23），定量限为 $0.86×10^{-4}～0.29×10^{-2}$mg/kg。

表 10-22　10 种农药在水中的添加回收率和变异系数

农药名称	添加浓度/（mg/L）	回收率/%	变异系数（CV）/%		允许差/%	
			室内	室间	室内	室间
速灭磷	0.0560	92.5	5.0	7.7	19.4	24.3
	0.0056	94.6	3.8	3.8	14.6	6.5
	0.0011	90.9	10.0	10.0	38.6	17.3
甲拌磷	0.0920	92.4	5.1	6.6	19.5	18.5
	0.0092	90.2	4.8	6.0	18.6	16.2
	0.0018	88.9	6.3	6.3	24.1	10.8
二嗪磷	0.0920	95.0	4.5	4.7	17.2	19.5
	0.0092	95.7	4.6	4.6	17.6	17.9
	0.0010	94.4	5.9	5.9	12.7	10.2
异稻瘟净	0.1260	96.2	5.2	5.0	20.1	7.4
	0.0126	98.4	5.7	7.3	21.8	20.1
	0.0026	92.3	4.2	4.2	16.1	7.2
甲基对硫磷	0.1420	96.3	5.0	5.0	19.2	9.2
	0.0142	96.5	5.1	6.6	19.7	18.2
	0.0028	92.9	3.9	3.9	14.9	6.6
杀螟硫磷	0.1660	95.8	4.7	4.8	18.2	8.7
	0.0166	95.2	4.4	6.3	17.1	19.1
	0.0034	91.2	6.5	6.5	24.9	11.1
溴硫磷	0.2000	94.6	5.3	5.6	20.4	11.2
	0.0200	94.5	5.3	7.4	20.4	22.0
	0.0040	92.5	5.4	5.4	20.1	9.3
水胺硫磷	0.2860	93.0	4.9	4.7	18.9	17.1
	0.0286	92.3	5.3	7.5	20.5	22.8
	0.0058	91.4	3.8	3.8	14.6	6.5

农药名称	添加浓度 /（mg/L）	回收率 /%	变异系数（CV）/%		允许差/%	
			室内	室间	室内	室间
稻丰散	0.2860	96.1	4.9	4.8	18.8	7.8
	0.0286	92.7	5.3	7.2	20.4	20.8
	0.0058	93.1	3.7	5.6	14.3	17.2
杀扑磷	0.5720	96.7	4.7	5.0	18.0	10.5
	0.0572	93.4	5.6	6.6	21.7	16.2
	0.0114	93.9	4.7	5.6	18.0	4.4

注：协作实验室为5个；每个实验室对每个添加浓度做重复5次试验。

表10-23 10种农药在土壤中的添加回收率和变异系数

农药名称	添加浓度 /（mg/kg）	回收率 /%	变异系数（CV）/%		允许差/%	
			室内	室间	室内	室间
速灭磷	0.2800	90.9	5.7	8.4	22.0	26.0
	0.0280	92.5	5.8	6.6	22.3	15.5
	0.0056	88.9	4.0	8.0	15.4	27.6
甲拌磷	0.4600	90.6	4.3	7.5	16.5	25.0
	0.0460	89.8	4.1	8.0	15.9	27.4
	0.0092	86.5	3.8	5.0	14.5	14.3
二嗪磷	0.4600	93.1	2.7	7.3	10.5	26.5
	0.0460	92.8	4.7	7.02	18.1	21.8
	0.0092	90.6	4.8	6.0	18.6	16.3
异稻瘟净	0.6250	97.6	2.9	4.5	11.1	14.4
	0.0625	96.3	2.5	11.3	9.6	42.7
	0.0125	92.9	3.4	6.8	13.2	23.6
甲基对硫磷	0.7100	95.7	4.6	5.9	17.9	16.3
	0.0710	92.4	4.3	5.6	16.5	16.0
	0.0142	90.8	4.7	7.0	17.9	21.6
杀螟硫磷	0.8300	96.4	4.5	5.1	17.2	12.6
	0.0830	92.4	6.1	7.2	23.5	18.3
	0.0166	91.6	5.3	9.2	20.3	30.6
溴硫磷	1.0000	92.3	4.1	7.7	16.0	26.1
	0.1000	93.5	4.6	6.8	17.8	21.1
	0.0200	90.5	5.5	7.2	21.3	20.1
水胺硫磷	1.4300	92.9	4.0	7.0	15.6	23.0
	0.1430	88.5	3.3	5.5	12.8	18.0
	0.0286	89.9	4.7	7.8	18.0	25.8
稻丰散	1.4300	95.2	4.4	4.9	17.1	11.3
	0.1430	89.1	4.9	6.3	19.1	15.7
	0.0286	92.3	4.5	8.3	17.5	20.1
杀扑磷	2.8600	96.8	2.8	3.9	10.9	11.6
	0.2860	95.5	4.0	4.8	15.2	12.7
	0.0572	94.2	5.2	7.3	20.1	21.8

注：协作实验室为5个；每个实验室对每个添加浓度做重复5次试验。

随着科学技术的发展和对农药残留分析方法研究的深入，农药残留的标准检测方法逐步从耗时、步骤烦琐、有机溶剂用量大等的提取净化手段转变为简单方便、省时环保的操作方法；检测手段逐步由光谱、色谱等分析手段转变为色谱、质谱或联用等高精密分析手段，目前以四极杆、三重四极杆与色谱结合的技术手段最为常见。随着人们对消费品高质量安全水平的要求，农药残留检测技术和设备的要求也将日益提高，高选择性、高分辨率、扫描速度更快以及具有非靶向筛查分析优势的高分辨质谱与三重四级杆质谱相结合将是未来农药检测的发展趋势。

五、水产品中农兽共用药物残留的分析与案例

水产品是人类摄取动物性蛋白的重要来源之一，具有高蛋白低脂肪、营养均衡性好的特点，在餐桌上的地位不断提高。但随着现代工业的迅速发展，渔业养殖生态环境恶化，渔药、饲料及添加剂在渔业生产、加工过程滥用现象严重，同时，长期过量及不合理地使用农药，导致大量农药从土壤迁移到养殖或捕捞水域中，导致兽药、农药在水产生物体内富集积累残留，严重污染了水生生物，影响了水产品的品质，也严重威胁了人们的身体健康。目前，水产品中残留化学物质的问题已引起多国的重视。随着社会进步、人们生活水平的不断提高，世界各国对农产品质量安全的要求也越来越高，要求检测的农药种类也越来越多，农兽药最大残留限量（MRL）标准越来越低。

影响水产品安全的因素除了常规监测的抗生素污染外，最大的风险就是农药残留、兽药残留，目前，农兽药共用药物的概念规定并不统一，此处仅把既能在农药方面也能在兽药方面使用到的药物归类于农兽药共用药物。下面以五氯酚钠和阿维菌素两种农兽共用药为例，介绍其在水产品中的特点及检测方法。

（一）五氯酚钠残留分析

五氯酚钠属于有机氯农药，是氯代烃类杀虫剂和杀真菌剂，同时，也可以消灭钉螺、蚂蟥等有害生物。《食品动物中禁止使用的药品及其他化合物清单》中规定，五氯酚钠为禁止使用的药物，在动物性食品中不得检出。五氯酚钠能抑制生物代谢过程中氧化磷酸化作用，会造成人体的肝、肾及中枢神经系统的损害。

（1）五氯酚钠在各类样品中检出信息　根据北京市市场监督管理局网站发布《关于2020年食品安全监督抽检信息的公告》，个别单位经营的清江鱼，经检测，其五氯酚酸钠（以五氯酚计）含量为4.9μg/kg，不符合该指标不得检出的规定（来源：北京市市场监督管理局）。

另外，2020年6月，根据国家市场监督管理总局网站发布的《市场监管总局关于17批次食品不合格情况的通告》（2020年第12号），个别经营部门销售的鲫鱼检出五氯酚钠（以五氯酚计），其含量为4.2μg/kg，也不符合食品安全国家标准规定。

此外，2020年11月，浙江省湖州市疾控中心在其辖区内一企业生产的实木砧板中检出五氯酚钠，含量为242mg/kg。该企业将五氯酚钠在砧板上用作防腐剂，砧板上的五氯酚钠会在食物切割等操作过程中对食材造成污染，导致间接的食品安全问题。

（2）水产品中五氯酚的残留量测定-液相色谱质谱法　本方法来自GB 23200.92—2016《食品安全国家标准　动物源性食品中五氯酚残留量的测定　液相色谱-质谱法》。

试样中的五氯酚残留用碱性乙腈水溶液提取，经MAX固相萃取柱净化、浓缩、定容后，

用液相色谱-质谱仪检测和确证，外标法定量。适用于鱼肉、虾、蟹等动物源食品中五氯酚残留的测定。

① 提取　称取鱼肉、虾和蟹的均质试样 2g（精确到 0.01g），置于 10mL 具螺旋盖聚丙烯离心管中，加入 6mL 5%三乙胺的乙腈-水溶液。鱼肉样品均质提取 2min；虾和蟹样品涡旋混合 1min，超声提取 5min。于 3000r/min 离心 5min，收集上清液于一具刻度离心管中。离心后的残渣用约 6mL 5%三乙胺的乙腈-水溶液重复上述提取步骤 1 次，合并上清液，混匀，待净化。

② 固相萃取净化　将提取所得提取溶液转入经过预处理的 MAX 固相萃取柱中，以约 1 滴/s 流速使样品溶液全部通过固相萃取柱，弃去流出液。依次用 5mL 5%氨水溶液、5mL 甲醇、5mL 含 2%甲酸的甲醇-水溶液淋洗，淋洗液完全通过小柱后，弃去流出液，用真空泵抽干固相萃取柱 5min 以上。以 4mL 4%甲酸甲醇溶液洗脱，洗脱液用干净的 15mL 刻度试管收集，40℃水浴下氮吹浓缩至 1mL，用水定容至 2mL，混匀。溶液以 0.22μm 有机滤膜过滤，供测定。

③ 液相色谱参考条件　色谱柱：ZORBAX Eclipse XDB-C$_{18}$，1.8μm，50mm×2.1mm(i.d.)，或相当者；流动相：甲醇+5mmol/L 乙酸铵溶液，梯度洗脱（梯度洗脱条件见表 10-24）；流速：250μL/min；柱温：30℃；进样量：30μL。

表 10-24　液相色谱的梯度洗脱条件

时间/min	流速/(μL/min)	5mmol/L 乙酸铵溶液/%	甲醇/%	时间/min	流速/(μL/min)	5mmol/L 乙酸铵溶液/%	甲醇/%
0.00	250	60	40	7.50	250	60	40
1.00	250	0	100	12.00	250	60	40
7.00	250	0	100				

④ 质谱参考条件　离子化模式：电喷雾电离负离子模式（ESI$^-$）；质谱扫描方式：多反应监测（MRM）；定量离子对：262.7/262.7，定性离子对：264.7/264.7、266.7/266.7、268.7/268.7。气帘气压力（CUR）：20.00psi（氮气）；电喷雾电压（IS）：−4500V；离子源温度：550℃；雾化气压力 35psi（氮气）；辅助气压力 60psi（氮气）；去簇电压（DP）：75V；射入电压（EP）：10V；碰撞电压（CE）：23eV；碰撞室射出电压（CXP）：5V。

⑤ 定性与定量　方法采用保留时间与离子对定性，外标法定量。以测得峰面积为纵坐标，对应的标准溶液浓度为横坐标，绘制标准曲线。求回归方程和相关系数。方法对五氯酚的定量限为 1.0μg/kg。当添加水平为 1.0μg/kg、2.0μg/kg、4.0μg/kg 时，鱼肉、虾、蟹中五氯酚的回收率均在 70%～110%之间。

（二）阿维菌素残留分析

阿维菌素（avermectin）属于十六元大环内酯化合物，主要从链霉菌的发酵产物中分离得到，对昆虫和螨类具有较好的触杀和胃毒作用，致毒机理独特，是高效、广谱的新型抗生素类杀虫杀螨剂。阿维菌素也可用作兽药，可用于大西洋鲑和海鲷等海水鱼鲷病的防治，国内主要用于防治青鱼、草鱼、鲢等淡水养殖鱼类的寄生虫病。阿维菌素代谢的药物主要通过粪便以原型排出，严重污染水体，未代谢的药物残留在水产品中给水生生物以及人类带来潜在的危害。阿维菌素是脂溶性化合物，其在动物体内容易蓄积且残留时间较长，增加了其使用风险。

(1) 鲢、鲫鱼阿维菌素中毒死亡的案例分析　2014 年 3 月湖南桃源一养殖户因施药不当发生一例阿维菌素中毒案例，造成大量鲢、鲫鱼死亡，通过采取外泼调节水质处理后，病情才得到控制，效果明显。

阿维菌素是大环内酯类杀虫剂，对鱼类的毒性较大，安全浓度低，用药时稀释倍数不够，会造成鱼类中毒死亡，特别是上层鱼类（白鲢）和习惯在上层摄食粉料的小杂鱼更易中毒，所以施药时一定要稀释在 2000 倍以上，且用药时，要注意全池均匀泼洒，如果泼洒不均匀会造成局部药物浓度高，导致鱼类中毒死亡。

(2) 水产品中阿维菌素残留量的测定——液相色谱法　本方法来自 GB 29695—2013《食品安全国家标准 水产品中阿维菌素和依维菌素多残留的测定 高效液相色谱法》。以下以阿维菌素为例进行介绍。

试样中残留的阿维菌素 B1a，用乙腈提取，正己烷除脂，碱性氧化铝柱净化，N-甲基咪唑和三氟乙酸酐衍生化，高效液相色谱-荧光法测定，外标法定量。该方法可用于鱼的可食性组织中阿维菌素残留量的检测。

① 提取　称取试样(5.00±0.05)g，置于 50mL 聚丙烯离心管中，加乙腈 15mL，涡旋混合 1min，超声 30min，于 4000r/min 离心 5min，取上清液于另一 50mL 聚丙烯离心管中。残渣中加入乙腈 10mL，重复提取一次，合并两次提取液。在提取液中加正己烷 10mL，充分涡旋混合 1min，于 4000r/min 离心 5min，弃上层正己烷层。提取液中再加正己烷 10mL，重复提取一次，弃正己烷层。乙腈相待净化。

② 净化　取上述提取液，依次过用乙腈 10mL 活化的无水硫酸钠柱和碱性氧化铝固相萃取柱，收集滤液。待滤液流至将尽，用乙腈 10mL 冲洗离心管，转至无水硫酸钠柱和碱性氧化铝固相萃取柱，吹干，合并滤液于茄形瓶中，于 40～50℃旋转蒸发至干。用乙腈 3mL 分 2 次溶解残余物，并转至 5mL 具塞玻璃离心管中，45～55℃水浴氮气吹干。

③ 衍生化　于上述 5mL 离心管中加衍生化试剂 A（取 N-甲基咪唑 1mL，乙腈 1mL，混匀，现配现用）100μL，盖紧塞子，涡旋混合 30s，再加衍生化试剂 B（取三氟乙酸酐 1mL、乙腈 2mL，混匀，现配现用）150μL，盖紧塞子，涡旋混合 30s，密封避光，室温下衍生反应 15min，加甲醇 750μL，涡旋混合 30s，过滤，供高效液相色谱测定。

④ 色谱条件　色谱柱：C_{18}（250mm×4.6mm，粒径 5μm），或相当者；流速：1.5mL/min；进样量：20μL；柱温：35℃；检测器：激发波长 365nm，发射波长 475nm。洗脱梯度见表 10-25。

表 10-25　洗脱梯度表

时间/min	甲醇/%	乙腈/%	0.4%乙酸/%	时间/min	甲醇/%	乙腈/%	0.4%乙酸/%
0	39	55	6	15	45	55	0
13	39	55	6	25	39	55	6

⑤ 定性与定量　取试样溶液和相应的标准溶液，作单点或多点校准，按外标法以峰面积定量，以保留时间定性。标准溶液及试样溶液中阿维菌素响应值应在仪器检测的线性范围之内。方法检测限为 2μg/kg，定量限为 4μg/kg，在 4～20μg/kg 添加浓度水平上的回收率为 70%～120%，批内相对标准偏差≤15%，批间相对标准偏差≤15%。

总之，近年来，我国农业持续稳定发展，食品安全形势总体稳定向好。但是，一些地方违规生产经营使用农药、兽药问题仍然突出，农产品质量安全事件时有发生。农产品中的农兽药残留检测和监管在保障食用农产品质量安全和食品安全中起到了重要的作用。

参考文献

[1]   Douglas A S, Donald M W. Principles of instrumental analysis. Second Edition. America: Saunders College, 1980: 377.

[2]   Fan K, Zhang M. Recent developments in the food quality detected by non -invasive nuclear magnetic resonance technology. Crit Rev Food Sci Nutr, 2018, 16: 1-12.

[3]   McLafferty F W. Tandem mass spectrometry. Science, 1981, 214: 280-287.

[4]   Hills B P, Wright K M, Gillies D G. A low-field, low-cost Hal-bach magnet array foropen-access NMR. Jounal of Magnetic Resonance, 2005, 175(2): 336-339.

[5]   Jones M, Aptaker P, Cox J, et al. A transportable magnetic resonance imaging system for in situ measurements of living trees: The Tree Hugger. Journal of Magnetic Resonance, 2012, 218: 133-140.

[6]   Kiem R, Knicker H, Krschens M, et al. Refractory organic carbon in C-depleted arable soils, as studied by ^{13}C-NMR spectroscopy and carbohydrate analysis. Organic Geochemistry, 2000, 31(7): 655-668.

[7]   Lehotay S J, Dekok A, Hiemstra M. Validation of a fast and easy method for the determination of residue from 229 pesticides in fruits and vegetables using gas and liquid chromatography and mass spectrometric detection. J AOAC Int, 2005, 88(2): 595-614.

[8]   Li M, Jin Y, Li H, et al. Rapid determination of residual pesticides in tobacco by the quick, easy, cheap, effective, rugged, and safe sample pretreatment method coupled with LC-MS. J Sep Sci, 2013, 36(15): 2522-2529.

[9]   Martijn K van der Lee, Guido van der Weg, Traag W A, et al. Qualitative screening and quantitative determination of pesticides and contaminates in animal feed using comprehensive two-dimensional gas chromatography with time-of-fight mass spectrometry. J Chromatography A, 2008, 1186(1-2): 325-339.

[10]   Maulidiani M, Mediani A, Abas F, et al. ^{1}H NMR and antioxidant profiles of polar and non-polar extracts of persimmon (Diospyros kaki L.): metabolomics study based on cultivars and origins. Talanta, 2018, 184: 277-286.

[11]   Okihashi M, Kitagawa Y, Akutsu K, et al. Determination of seventeen pesticide residues in agricultural products by LC/MS. Food Hyg Saf Sci, 2002, 43(6): 389-393.

[12]   Ruedi Aebersold, Matthias Mann. Mass spectrometry-based proteomics. Nature, 2003, 422: 198-207.

[13]   Ryan D L, Fukuto T R. The effect of isomalathion and O,S,S-trimethyl phosphorothoate on the *in vivo* metabolism of malathion in rats. Pestic. Biochem Physiol, 1984, 21: 349-357.

[14]   Wimmer M J, Smith R R, Jones J P. Analysis of diflubenzuron by gas chromatography／mass spectrometry using deuterated diflubenzuron as internal standard. Journal Agriculture Food chemistry, 1991, 39: 280-286.

[15]   蔡靖, 郑玫, 闫才青, 等. 单颗粒气溶胶飞行时间质谱仪在细颗粒物研究中的应用和进展. 分析化学, 2015, 43(5): 765-774.

[16]   曹立冬, 吴进龙, 张宏军, 等. 农药原药全组分分析杂质结构剖析. 农药科学与管理, 2018, 39(11): 33-41.

[17]   曹渊, 王伟. 核磁色谱法定性分析某农药的杂质结构. 计量与测试技术, 2020, 47(3): 9-11.

[18]   陈铁春, 李国平, 吴进龙. 农药中相关杂质分析手册. 北京: 中国农业出版社, 2016.

[19]   陈宗懋. 第一讲: 农药残留毒性及分析的特点和要求. 中国茶叶, 2006(6): 18-19.

[20]   程晓春. 核磁共振技术在化学领域的应用. 四川化工, 2008, 8(3): 30-33.

[21]   丛云波, 蒋爱忠, 左伯军, 等. 2-氯-5-氯甲基噻唑纯化工艺的杂质分析. 农药, 2020, 59(8): 576-578.

[22]   杜琳, 张斌, 宁磊, 等. 含三唑结构的环己甲酰胺衍生物的合成及杀菌活性. 农药学学报, 2020, 22(4): 595-601.

[23]   樊劲松. 浅谈核磁共振技术及其在化学领域的应用. 广州化工, 1996, 24(3): 38-41.

[24]   方向, 覃莉莉, 白岗. 四极杆质量分析器的研究现状及进展. 质谱学报, 2005(4): 234-242.

[25]   高舸. 质谱及其联用技术. 成都: 四川大学出版社, 2014.

[26] 高红梅, 王志伟, 闫慧娇, 等. 氢核磁定量分析技术的研究进展. 山东化工, 2016, 45(22): 60-62+65.

[27] GB 23200.7—2016. 食品安全国家标准 蜂蜜、果汁和果酒中 497 种农药及相关化学品残留量的测定 气相色谱-质谱法.

[28] GB 23200.9—2016. 食品安全国家标准 粮谷中 475 种农药及相关化学品残留量的测定 气相色谱-质谱法.

[29] GB 23200.13—2016. 食品安全国家标准 茶叶中 448 种农药及相关化学品残留量的测定 液相色谱-质谱法.

[30] GB 23200.92—2016. 食品安全国家标准 动物源性食品中五氯酚残留量的测定 液相色谱-质谱法。

[31] GB 23200.94—2016. 食品安全国家标准 动物源性食品中敌百虫、敌敌畏、蝇毒磷残留量的测定 液相色谱-质谱法.

[32] GB 23200.112—2018. 食品安全国家标准 植物源性食品中 9 种氨基甲酸酯类农药及其代谢物残留量的测定 液相色谱-质谱法.

[33] GB 29695—2013. 食品安全国家标准 水产品中阿维菌素和依维菌素多残留的测定 高效液相色谱法.

[34] GB/T 14552—2003. 水、土中有机磷农药测定的气相色谱法.

[35] 国家药典委员会. 中华人民共和国药典(2015 年版): 四部. 北京: 中国医药科技出版社, 2015, 52.

[36] 郭雪琰, 付大友, 周睿璐, 等. 核磁共振法鉴定中药材质量的应用前景. 应用化工, 2017, 42(2): 381-384.

[37] 韩丽君, 徐彦军, 郝向洪, 等. 2,4-滴原药中游离酚的含量测定——推荐一个农药相关杂质的紫外分光光度分析实验. 大学化学, 2021, 36(9): 2101042.

[38] 韩庆, 袁继旗. 一例鲢、鲫鱼阿维菌素中毒死亡的处理及分析. 渔业致富指南, 2014(16): 52-53.

[39] 黄科, 张建莹, 邓慧芬, 等. 液相色谱-串联质谱法测定蔬菜中 20 种酸性除草剂残留. 分析科学学报, 2019, 35(6): 824-830.

[40] 黄挺, 张伟, 全灿, 等. 定量核磁共振法研究进展. 化学试剂, 2012, 34(4): 327-332+341.

[41] 贾俊, 王兴旺. GCT Premier 质谱仪的结构、工作原理及维护. 分析仪器, 2019(3): 102-104.

[42] 贾科玲, 于峰, 王栋, 等. 气-质联用技术分析苯氰菊酯原药及其杂质. 浙江化工, 2013, 44(5): 35-38.

[43] 江洪波, 姜建辉, 田仁君, 等. 绵阳道地麦冬 ^{1}H-NMR 指纹图谱研究. 亚太传统医药, 2011, 7(4): 26-28.

[44] 揭念芹. 基础化学(无机及分析化学). 北京: 科学出版社, 2007.

[45] 郎洁, 董燕, 王嫱, 等. 核磁共振波谱内标法测定四氯虫酰胺标样的含量. 农药, 2020, 59(7): 499-501.

[46] 林涛, 邵金良, 刘兴勇, 等. QuEChERS-超高效液相色谱-串联质谱法测定蔬菜中 41 种农药残留. 色谱, 2015, 33(3): 235-241.

[47] 刘琛, 陶家洵. 以 NMR 手段为主进行结构分析一则. 波谱学杂志, 1995, 12(3): 309-314.

[48] 刘聪云, 刘丰茂, 陈铁春, 等. 农药原药中杂质的危害及其管理. 农药, 2010, 49(5): 385-389.

[49] 刘丰茂, 王素利, 韩丽君. 农药质量与残留使用检测技术. 北京: 化学工业出版社, 2011.

[50] 卢爱民, 陈敏, 徐江艳, 等. 核磁共振磷谱(^{31}P-NMR)测定草铵膦原药中的有效成分. 农药, 2018, 57(1): 26-28.

[51] 陆方. NMR 新技术的应用研究. 北京: 北京化工大学, 2004.

[52] 鲁华章, 汤京生, 潘玉玲. 核磁共振技术在环境质量检测中的应用研究. CT 理论与应用研究, 2006, 15 (3): 6-10.

[53] 罗敬. 利用核磁共振法分析几种含磷物质中磷的形态与含量. 长沙: 湖南师范大学, 2015, 19.

[54] 毛希安. NMR 前沿领域的若干新进展. 化学通报, 1997(2): 16-18.

[55] 宁永成. 有机化合物结构鉴定与有机波谱学. 北京: 科学出版社, 2000.

[56] 彭崇慧, 冯建章, 张锡瑜. 分析化学. 北京: 北京大学出版社, 2009.

[57] 钱传范. 农药残留分析原理与方法. 北京: 化学工业出版社, 2011.

[58] 钱传范. 农药分析. 北京: 北京农业大学出版社, 1991.

[59] 秦博, 英君伍, 崔东亮, 等. 磺酰草吡唑的合成与生物活性研究. 现代农药, 2020, 19(4): 19-22.

[60] 邱永红. 质量分析器新理论初探. 分析仪器, 2014(3): 81-87.

[61] 任向楠, 梁琼麟. 基于质谱分析的代谢组学进展研究. 分析测试学报, 2017, 36(2): 161-169.

[62] 宋俊华, 王以燕, 吴进龙, 等. 农药中相关杂质种类及管理要求概述. 农药科学与管理, 2019, 40(10): 10-14.

[63] 宋妮, 张秀丽, 王聪, 等. 质谱实验室大型仪器设备开放共享的实践与探索. 分析测试技术与仪器, 2018, 24(1): 57-60.

[64] 田靖, 王玲. 核磁共振技术在农业中的应用研究进展. 江苏农业科学, 2015, 43(1): 12-15.

[65] 汪聪慧. 有机质谱技术与方法. 北京: 中国轻工业出版社, 2011.

[66] 王桂友, 臧斌, 顾昭. 质谱仪技术发展与应用. 现代科学仪器, 2009(6): 124-128.

[67] 王惠, 吴文君. 农药分析与残留分析. 北京: 化学工业出版社, 2006.

[68] 王健, 朱治祥, 邓柳林, 等. 质谱仪离子导向装置的原理、应用和进展. 质谱学报, 2012, 33(3): 139-148.

[69] 王江干. 核磁共振技术的发展及其在化学中的应用. 韶关学院学报(自然科学版), 2001, 22(6): 64-68.

[70] 王磊, 董燕婕, 范丽霞, 等. 食品质量安全非靶向筛查技术研究进展. 山东农业科学, 2019, 51(10): 167-172.

[71] 王天山, 何春刚, 文俏慧, 等. 苯甲酸型芳香小分子的电喷雾多级质谱裂解规律. 海南师范大学学报, 2020, 33(1): 36-43.

[72] 韦丹, 李涛, 邹显花, 等. 核磁共振技术在植物研究中的应用进展. 福建林业科技, 2018, 45(4): 116-121+127.

[73] 杨明, 龙虎, 文勇立, 等. 四川牦牛、黄牛不同品种肌肉脂肪酸组成的气相色谱-质谱分析. 食品科学, 2008(3): 444-449.

[74] 杨伟, 渠荣遴. 固体核磁共振在高分子材料分析中的研究进展. 高分子通报, 2006, 12: 69-74.

[75] 杨晓云, 费志平, 徐汉虹. 核磁共振技术及其在农药残留分析中的应用. 农药, 2009, 48(3): 163-166+171.

[76] 叶似剑, 李明, 熊行创, 等. 质谱中气相离子/离子反应的研究进展. 质谱学报, 2018, 39(4): 492-499.

[77] 叶宪曾, 张新祥. 仪器分析教程. 北京: 北京大学出版社, 2007.

[78] 于飞, 李子亮, 林洋, 等. 咪草烟中间体5-乙基-2, 3-吡啶二甲酸二乙酯的合成. 农药, 2019, 58(12): 875-877.

[79] 张大伟, 陶波. 避蚊胺气相色谱-质谱联用分析研究. 现代农药, 2012, 11(4): 34-36+39.

[80] 张晋京, 窦森, 朱平, 等. 长期施用有机肥对黑土胡敏素结构特征的影响——固态 ^{13}C 核磁共振研究. 中国农业科学, 2009, 42(6): 2223-2228.

[81] 张兰, 陈玉红, 施燕支, 等. 高效液相色谱-电感耦合等离子体质谱联用技术测定二价汞、甲基汞、乙基汞与苯基汞. 环境化学, 2009, 28(5): 772-775.

[82] 张艺林. 核磁共振新技术及应用. 贵州化工, 1998(2): 3-7.

[83] 赵丹, 刘鹏飞, 潘超, 等. 生态代谢组学研究进展. 生态学报, 2015, 35(15): 4958-4967.

[84] 赵树凯, 林翠梧. PMR 内标绝对测定法检测 N-羟甲基丙烯酰胺的含量. 广西化工, 2002, 1(31): 33-34.

[85] 朱健, 谢颖, 陈晓霞, 等. 安莎类抗生素电喷雾多级质谱裂解规律的研究. 中国抗生素杂志, 2011, 36(2): 143-148.

1. 试说明有机化合物紫外吸收光谱产生的机制。
2. 有机化合物紫外光谱的电子跃迁有哪几种类型?
3. 在紫外-可见分光光度法测定中,引起对 Lambert-Beer 定律偏离的主要因素有哪些?
4. 有机分子产生红外吸收的条件有哪些?
5. 红外光谱分析中影响红外基团频率的因素有哪些?
6. 核磁共振定量分析的原理是什么?
7. 核磁共振在农药分析的应用有哪些?
8. 简述质谱仪的组成部分及作用,并说明评价质谱仪的主要性能指标。
9. 请比较飞行时间质谱与四级杆质谱的应用范围及区别。
10. 气质联机中对气相色谱有哪些特殊要求?
11. 液质联用中 ESI 和 APCI 离子源各有何特点?
12. 农产品中残留农药的定性和定量原则是什么?
13. 农产品中农药残留测定的常用仪器主要有哪些?
14. 动物源产品中农药残留分析与植物源产品的分析相比有哪些不同之处?

第十一章
手性农药分析

第一节 术语与命名

一、术语与名词解释

（1）手性（chirality） 手性是指物体与镜像不能重叠的特征，又被称为手征性。如我们的双手，左右手互成镜像，但不能重合，这种性质即为手性或手征性（图 11-1）。手性一词来源于希腊语"手"（cheiro），由 Cahn 等提出用"手性"表达旋光性分子和其镜像不能相叠的立体形象的关系。

（2）手性分子 指与其镜像不能互相重合的具有一定构型或构象的分子（如图 11-2）。

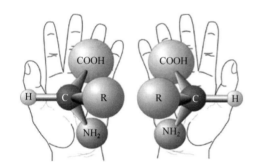

图 11-1 两个手性镜像对称化合物结构示意图　　图 11-2 手性农药甲胺磷的化学结构示意图

（3）对映异构 具有手性，实物和镜像不能叠合而引起的异构。

（4）对映异构体（enantiomer） 互为镜像关系的两个手性分子称为对映异构体，简称对映体。

（5）非对映异构体（diastereomer） 不成对映关系的构型异构体即为非对映异构体，简称非对映体。

（6）手性中心 连有 4 个不同原子或基团（包括未成键的电子对）的四面体原子即为手性中心，也称不对称中心（asymmetric center），常以*号标出。

（7）旋光性（optical activity） 旋光性指当一束平面偏振光通过旋光物质时，其振动面发生旋转的现象，其中，振动面右旋表示为"+"，左旋表示为"−"。

（8）旋光度（optical rotation） 使偏振光偏振面旋转的角度称为旋光度，用 α_λ^t 表示。

（9）比旋光度（specific rotation） 物质旋光度的大小，甚至旋光方向，不仅与物质的结构有关，也与测定的条件密切相关，如溶液的浓度、旋光管的长度、温度、光的波长以及溶剂等。当条件一定时，物质的旋光度是一常数，用比旋光度$[\alpha]_\lambda^t$表示。

$$[\alpha]_\lambda^t = \frac{\alpha_\lambda^t}{cL}$$

式中，α_λ^t为旋光度；c为溶液浓度或纯液体的密度，g/cm^3；L为旋光管的长度，dm；t为测定时的温度，℃；λ为光源的波长，nm，一般用钠光灯的 D 线，钠光的 D 双线波长有589.0nm 和 589.6nm，通常取平均值 589.3nm。

所以表示比旋光度时除注明温度、光波波长外，在数据后的括号内，要同时注明浓度和配制溶液用的溶剂，如(S)-(+)-灭菌唑的比旋光度$[\alpha]_D^{25}$=+176.2（c=0.01，$CHCl_3$）。

（10）圆二色性（circular dichroism）　由于包含发色团的分子的不对称性，而引起左旋和右旋圆偏振光具有不同的光吸收的现象。当平面偏振光通过手性物质时，该物质对平面偏振光所分解成的右旋和左旋圆偏振光吸收不同，从而产生圆二色性。

（11）外消旋体（racemate）　一种具有旋光性的手性分子与其对映体的等物质的量混合物。由旋光方向相反、旋光能力相同的分子等量混合而成，使其旋光性互相抵消，常用（±）、dl-或 rac-表示。

（12）内消旋体（mesomer）　指分子内含有不对称性的原子，但因具有对称因素而形成的无旋光性化合物。如图 11-3，除α-六六六，其他六六六异构体分子内虽然含有不对称碳原子，但由于它们具有对称因素，一半分子的右旋作用被另一半分子的左旋作用在内部所抵消，因此是无旋光性化合物。通常以 meso 或 i 表示。

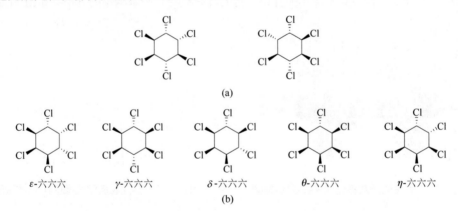

图11-3　农药六六六的α-六六六对映体（a）和内消旋体（b）

（13）外消旋化（racemization）　一种异构体转化为两个对映体的等量混合物称为外消旋化。如果转化为两个对映体但其量不相等，则称为部分消旋化。

（14）光学活性　光学活性一词用来解释手性物质与偏振光的相互作用，一个手性分子的溶液能使偏振光振动平面旋转，称其具有光学活性。

（15）手性拆分　用物理、化学或生物的方法将外消旋体拆分为纯的左旋体和右旋体的过程称为手性拆分。

（16）手性农药　其分子结构具有手性特征的农药。手性农药的手性中心主要有手性碳、手性磷及手性硫，部分手性农药含有手性轴。

（17）手性流动相添加剂法　将手性选择剂添加到流动相中，使两个对映体在非手性固定相上进行分离的方法。

（18）手性固定相法　两个对映体与手性固定相发生作用，生成暂时性复合物的稳定性不同，当流动相经过时，稳定性差的对映体被洗脱，优先流出色谱柱，从而实现对映体的分离。

二、手性化合物的命名

手性化合物对映体构型的命名有相对构型（D-L 命名法）和绝对构型（*R-S* 命名法）两种。

1. D-L 相对构型命名法

D-L 标记法是以甘油醛的构型为参照标准来进行标记的，称之为相对构型。如图 11-4 所示，右旋甘油醛的构型被定为 D-型，左旋甘油醛的构型被定为 L-型。构型与 D-甘油醛相同的化合物，都叫作 D-型，而构型与 L-甘油醛相同的，都叫作 L-型。需要说明的是，"D"和"L"只表示构型，不表示旋光方向。命名时，若既要表示构型又要表示旋光方向，则旋光方向用"（+）"和"（–）"分别表示右旋和左旋。如左旋草铵膦的构型与右旋甘油醛（即 D-甘油醛）相同，所以左旋草铵膦的名称为 D-（–）-草铵膦，相应的，右旋草铵膦就是 L-(+)-草铵膦。

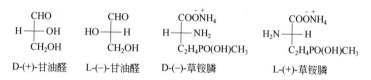

图 11-4　甘油醛及草铵膦的分子构型

D-L 命名法使用已久，表示比较方便，但只适用于含有一个手性碳原子且可以通过简单化学方法由甘油醛转换而来的分子（分子结构中至少含有一个 H 或一个 OH），但对结构复杂或含有多个手性碳原子的化合物该方法并不适用。

2. *R-S* 绝对构型命名法

根据 IUPAC 的建议，对映体中手性中心的构型采用 *R*、*S* 法的命名。判断某一指定构型是 *R* 或 *S*，要根据原子或基团的次序规则。

基团优先性次序规则的具体内容如下：

① 比较与手性中心原子直接相连的原子的原子序数，原子序数大的基团优先；对于同位素，质量大的优先。

② 若与手性中心原子直接相连的原子相同，则比较第二个原子，若第二个原子有几种，只要其中一个的原子序数最大，则优先；若第二个原子相同，则比较第三个原子，依此类推，直到排出次序为止。

③ 双键和三键可分别看作两次和三次与某元素结合。

按次序规则将手性碳原子上的四个基团排序。把排序最小的基团放在离观察者眼睛最远的位置，观察其余三个基团大→中→小的顺序，若是顺时针方向，则其构型为 *R*（*R* 是拉丁文 rectus 的字头，是右的意思），若是逆时针方向，则构型为 *S*（sinister，左的意思）。例如手性农药敌百虫和氟虫腈的绝对构型见图 11-5 和图 11-6。

需要说明的是手性化合物的绝对构型与旋光性并没有直接的对应关系。

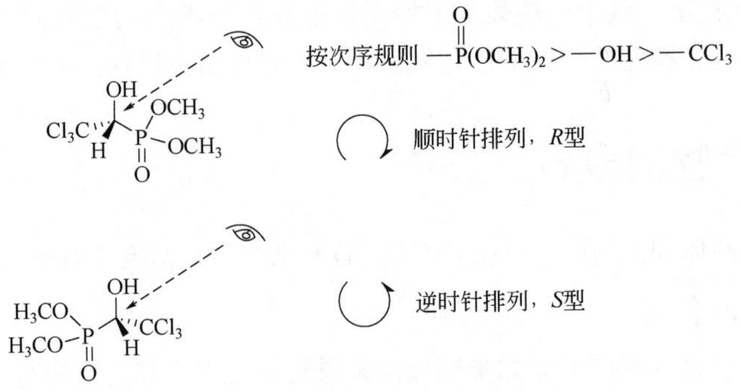

图 11-5　手性农药敌百虫的绝对构型判定示意图

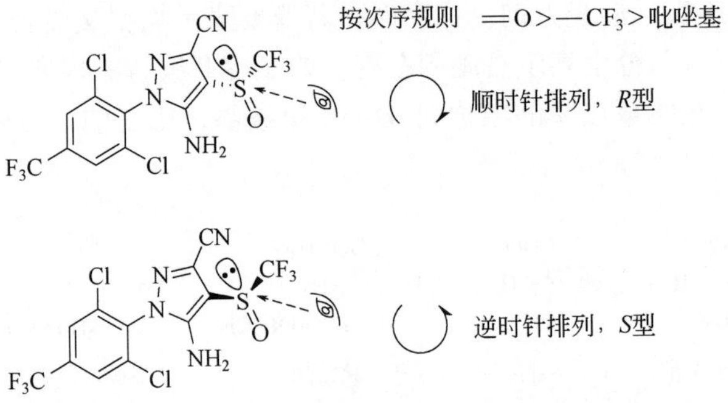

图 11-6　手性农药氟虫腈的绝对构型判定示意图

第二节　手性化合物组成与构型测定

一、手性化合物组成的测定

在研究手性化合物时，常用于评价对映体组成的指标有 ER 值（enantiomeric ratio，对映体比例）、ee 值（enantiomeric excess，对映体过剩率）和 EF 值（enantiomer fraction，对映体分数）。

ER 值可由 NMR 和色谱的峰积分值直接得到，其定义为：

$$ER = \frac{C_{(+)}}{C_{(-)}} \quad 或 \quad ER = \frac{C_1}{C_2}$$

ER 值一般都是用右旋和左旋对映体浓度的比值来表示，但是在没有光学纯对映体，也不知对映体流出顺序的情况下，ER 就定义为第一个出峰对映体与第二个出峰对映体峰面积的比值。ER=1 时即为外消旋体，ER 值在 0 到无穷大之间。

ee 值用于表示一个对映体对另一个对映体的过量，常用百分数来表示，而 c.p.则表示一个对映体在混合物所占的比例，其定义分别为：

$$ee = \frac{E_1 - E_2}{E_1 + E_2} \times 100\% ; \qquad c.p. = \frac{E_1}{E_1 + E_2} \times 100\%$$

ee =0 时为外消旋体，ee =1 时为光学纯异构体。

经过与 ER 值的对比，Geus 与 Urich 等提出在环境化学领域中使用 EF 值来描述对映体的比例更合适。EF 值表示一个对映异构体在两种对映体总和中所占的分数，即：

$$EF = \frac{E_1}{E_1 + E_2}$$

在不明确对映体流出顺序的情况下，E_1 和 E_2 分别表示为先出峰的对映异构体与后出峰的对映异构体的峰面积。由于 ER 值的变化范围是从 0 到无穷大，当 ER 值达到无穷大时，其用图形表示的形式就是相同的；而且它在大于 1 和小于 1 两个方向变化的单位值也是不相同的，因此用数学表达时可能更为复杂。而 EF 值的变化范围在 0~1.0 之间，EF=0.5 时为外消旋体，它在大于 0.5 和小于 0.5 两个方向变化的单位是相同的。鉴于此，环境中手性化合物偏离外消旋体的程度常以 EF 来描述。

二、手性化合物的绝对构型测定

目前手性化合物的绝对构型测定方法可以分成四类：有机合成法、基于手性试剂化学反应和核磁共振的 mosher 法、X 射线单晶衍射法和光谱学方法。

1. 有机合成法

将目标分子进行反合成分析，从初始已知绝对构型的化合物开始，通过手性控制的有机化学反应，将其转化为目标化合物，是一种最早使用且烦琐复杂的手性化合物分子构型确证方法。

2. 基于手性试剂化学反应和核磁共振的 mosher 法

应用核磁共振法测定绝对构型，主要是测定 R 和 S 手性试剂与待测底物反应后的产物的 ^1H 或 ^{13}C 核磁共振化学位移，得到化学位移差值（$\Delta\delta$），通过与模型比较来推测底物手性中心的绝对构型。mosher 法是最常用的一种方法，以使用手性试剂 α-甲氧基-α-三氟甲基-2-苯基乙酸（MTPA）最为常用。这种方法通过将手性醇（或胺）转化为相应的 MTPA 酯（或酰胺），然后对转化产物进行核磁共振分析，以实现对手性醇（或胺）绝对构型的测定。由于现代高场核磁和二维技术的发展，有机分子中质子化学位移的归属变得容易，因此 mosher 方法应用比较广泛。

3. X 射线单晶衍射法

在手性分子的绝对构型测定中，X 射线衍射法大概是应用得最广泛、最直观，且最容易被接受的方法。X 射线阳极靶为 Cu 靶适用于化合物分子的绝对构型测定，Mo 靶适用于化合物分子的相对构型测定，但是如果分子中含有重原子或在被测分子中引入重原子（如 Br），就可以用 Mo 靶的 X 射线衍射来测定该含有重原子手性分子的绝对构型。对于不含重原子的分子，通过引入另一个已知绝对构型的手性单元，将已知手性单元作为参照，也可以用 Mo 靶的 X 射线衍射法来测定绝对构型。

4. 光谱学方法

在光谱学方法中，应用最广泛的是旋光仪和圆二色光谱仪，这两种手段普遍已开发应用于高效液相色谱的检测器，可对微量异构体进行鉴定。旋光仪和圆二色光谱仪是依据手性化合物的旋光性和圆二色性对异构体进行分离、鉴定的手段。旋光性是指当一束平面偏振光通过旋光物质时，其振动面发生旋转的现象。平面偏振光可以分解为两束振幅、传播速度及方向均相同的右旋圆偏振光和左旋圆偏振光，当两束光通过旋光物质时，由于传播速度不再相同，叠加后导致振动面发生旋转，因此可以依据此原理对光学活性化合物的异构体进行鉴定。圆二色性是手性化合物对平面偏振光分解的右旋圆偏振光和左旋圆偏振光吸收不同的特性。根据化合物的圆二色性，以波长扫描得到的圆二色谱测量的是对右旋光、左旋光吸收的差值。

第三节　手性化合物的分离方法

由于受到合成工艺、分离、制备技术水平和经济因素的制约，目前市售的绝大多数手性医药、手性农药等是以外消旋体的形式生产和使用的。随着对手性化合物认识的不断深入，目前对单一异构体的手性物质的需求量越来越大，对其光学纯度的要求也越来越高，立体选择性合成和对映体分离已成为亟待解决的问题。建立有效的对映体分离、分析方法对研究手性化合物的生物活性、毒理，检测手性化合物的光学纯度，控制手性化合物的产品质量及其环境行为研究等具有十分重要的意义。

对映异构体的物理化学性质在非手性环境下几乎完全相同，如熔点、沸点、密度、化学反应、溶解度等，这使得对映体的分离很难实现，被认为是相关研究领域的难点问题。许多研究如单一对映体的生物活性、毒性毒理、代谢分布、残留降解、环境行为等均因无合适的分离分析方法而搁置。因此进行手性拆分并提供光学纯的手性化合物，日益成为人们关注的研究热点。

手性拆分法主要有结晶法、膜拆分法、化学拆分法、生物拆分法、萃取拆分法、色谱拆分法等。在诸多方法之中，色谱拆分法通过将对映体分离完成对微量样品的分析测定，方法简单快速，可靠性好，准确度和精确度高，应用范围广，而且为得到高纯的单一旋光手性化合物提供了一种简便快速的方法，所以得到了迅猛的发展，已在科研、质检等领域得到了广泛的应用。

一、结晶法

结晶法拆分包括直接结晶法拆分和间接结晶法拆分。

（1）直接结晶法拆分　包括：①自发结晶拆分法。当外消旋体在结晶的过程中，自发形成聚集体，两个对映体都以对映体结晶的形式等量自发析出，由于形成的聚集体结晶是对映结晶，结晶体之间也是互为镜像的关系（例如左旋与右旋的酒石酸铵钠盐的结构式见图11-7），因此可用人工的方法将两个对映体分开。先决条件是外消旋体必须能形成聚集体。②优先结晶法，也称诱导结晶法。是在饱和或过饱和的外消旋体溶液中加入被拆分的对映异构体高纯度晶种，该对映异构体稍稍过量造成不对称环境，结晶就会按非平衡过程优先结晶该对映体。③逆向结晶法。是在外消旋体的饱和溶液中加入某一种构型的可溶性异构体，添加的异构体就会吸附到外消旋溶液中的同种构型异构体结晶的表面，从而抑制了这种异构体结晶的继续生长，相反构型的异构体结晶速度就会加快形成结晶析出。

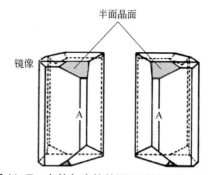

图 11-7　左旋与右旋的酒石酸铵钠盐结构式

　　(2) 间接结晶拆分法　包括：组合拆分、复合拆分、包合拆分、包结拆分等。组合拆分是采用同一结构类型的手性衍生物的拆分剂家族代替单一的手性拆分剂进行外消旋化合物的拆分。复合拆分和包合拆分是利用氢键或范德华力等而产生的性质差异达到拆分的目的。包结拆分是利用拆分剂分子选择性地与外消旋化合物中的一个异构体通过氢键、范德华力等弱的分子间作用力形成稳定的超分子配合物而析出，达到手性拆分的目的。

　　结晶法拆分具有过程简便、稳定、适于自动化操作等特点，在手性药物生产中将继续发挥重要的作用。

二、膜拆分法

　　膜拆分法是利用膜进行对映体拆分的一种方法，由于其具有低能耗、稳定性强、易于连续操作等优点，是大规模进行手性拆分中比较有潜力的方法之一。膜手性拆分法由含有外消旋混合物的流入相、膜及接收相组成，膜相与流入相及接收相不相溶。流入相中消旋化合物在渗透压或其他外力如压力、电压、pH 梯度的驱动下进入膜相，在膜相中载体选择性作用下，使其中一种对映体通过膜相进入接收相。

　　膜技术分为液膜和固膜两部分。

　　(1) 手性拆分液膜　液膜拆分技术的机理是将具有手性识别功能的物质（或称手性载体）溶解在一定溶剂中制成有机相液膜，再利用膜两侧高浓相至低浓相的浓度差为动力，外消旋体有选择地从高浓相向低浓相迁移。由于液膜选择性差异造成两种对映异构体的迁移速率不一致，即迁移较快的一种对映异构体在低浓相中相对于迁移较慢的异构体得到富集，从而达到手性分离的目的。

　　液膜传输速度快，但稳定性较差，包括支撑液膜、乳化液膜和厚体液膜。①支撑液膜。在支撑液膜中，具有手性选择能力的载体溶解于一定的液体溶剂之中，通过与某种对映体特异性的结合，将其从上相运输到下相，从而实现手性分离。在支撑液膜中，环糊精、酒石酸的衍生物、冠醚等都是常用的特异载体。但支撑液膜的稳定性较差，其工业应用一直受到很大限制。②乳化液膜。乳化液膜是一种复乳，内相和外相相溶而与膜相不溶，膜相可通过加入表面活性剂、萃取剂、溶剂或其他添加剂控制液膜的稳定性、渗透性和选择性。③厚体液膜。膜相借助不可混溶性与其他相分开。

　　(2) 手性拆分固膜　固膜拆分是利用膜内或膜外自身的手性位点对异构体的亲和能力差别，在不同推动力下造成不同异构体在膜中的选择性通过，从而达到手性拆分的效果。固膜拆分的推动力可以是压力差、浓度差和电势差。固膜稳定性好，但同时实现高选择性和高通量比较困难。手性固定膜有：①选择扩散型手性固定膜。扩散性选择形成的原因是一种对映体比另一种对映体在固定膜中更容易扩散。其形式一般有两种，一种是由带选择性并能自身支撑的高聚物组成，包括带有大型手性侧链基团的聚合物及具有手性主链的聚合物；另一种是由不能自身支撑但具有选择性的高聚物涂抹在非选择性的支持层表面组成。扩散选择性固定膜一般都不带有特殊的手性选择剂。②选择吸附型手性固定膜。主要是利用嵌在聚合物母体中的手性选择剂来进行手性拆分的。其手性拆分是基于待分离物与手性选择剂之间特殊的分子间作用。通常一种异构体被较多地选择性吸附在手性选择剂上，而另一种异构体则较多地游离在聚合物母体之中。分析分离中常用的手性选择剂，包括环糊精、冠醚等。膜拆分技术具有生产连续化、适合不同的生产规模、操作简单等特点。

　　手性膜拆分机理简化为三点相互作用理论。手性膜分离时，外消旋溶液置于装置左侧，蒸馏水置于右侧，手性分离膜置于中间。手性选择剂的手性分子和官能团在多孔膜上具有部分或全部的作用（如图 11-8）。当其作用充分时，实现三点相互作用，增加了在膜上停留的时间，限制了其扩散速率，而部分作用时，膜中的分子会沿膜孔扩散到另一侧的溶液中。在这一过程中，扩散速率的差异实现了对映体的分离。相互作用和分子扩散需要一定的驱动力。驱动力可以是浓度、pH、压力或电势的影响，所以在分离过程中，这些都是可以改变其扩散速率的因素。

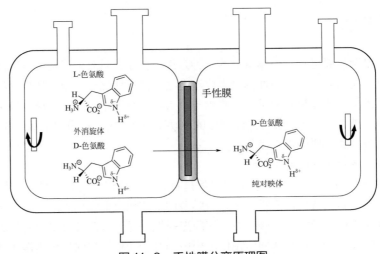

图 11-8　手性膜分离原理图

　　在膜分离过程中，膜的选择性和渗透性是评价膜质量的重要指标。选择性可评估手性膜在分离过程中是否能有效地分离物质以获得纯单一对映体。渗透性是膜通量的性能。当达到一定分离效果时，单个对映体的浓度越大，说明膜具有较高的分离效果和优良的渗透性。而渗透性是膜通量与膜厚度和浓度差的函数，是膜的固有性质。均质膜中的渗透能力是由分子在聚合膜中的吸附性和扩散性决定，可以用溶解-扩散理论来描述，即：

$$P_e = S_e \cdot D_e$$

　　式中，P 为渗透率；D 为扩散系数；S 为吸附系数；e 表示左右旋对映体（如图 11-9 所示）。

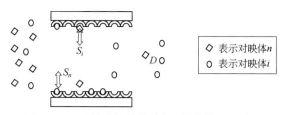

图 11-9 手性膜拆分的溶解-扩散模型示意图

S_n 和 S_i 分别为对映体 n 和 i 的吸附系数

三、化学拆分法

利用手性拆分剂将消旋体中的对映体转化为非对映体后, 依据物理、化学性质差异分离。如利用 L-(+)-赖氨酸对顺式菊酸进行拆分, 利用 L-脯氨酸乙酯使甲胺磷对映体形成非对映异构体衍生物后拆分。分子中具有碱性基团的农药可利用光学纯的有机酸来拆分。如利用 (+)-10-樟脑磺酸的水合物与多效唑对映体形成非对映体盐后分级结晶拆分得到其中两个对映体。

化学拆分法根据原理可分为两种:

(1) 生成非对映体的拆分方法　手性试剂与手性化合物的两对映体发生反应, 生成稳定的非对映体, 由于生成的非对映体的不同物理性质如溶解度、蒸气压等而实现分离。将拆分的非对映体分别复原, 就可得到光学纯的单一异构体。一般拆分碱性手性化合物用酸性的手性拆分剂, 拆分酸性对映体用碱性手性拆分剂。常用的手性拆分剂有溴化樟脑磺酸、(S)-1-苯基-2-(4-甲苯基)-乙胺、(S)-α-苯乙胺、(R)-α-苯乙胺、马钱子碱、奎尼丁、(+)-辛可宁、酒石酸等。

(2) 动力学拆分法　两对映体与一个手性试剂反应, 过渡态具有非对映体的关系, 两者的能量不同, 反应速率就有差别, 用适量的手性拆分剂与外消旋体作用, 反应速率快的对映体先反应, 剩下反应慢的对映体, 从而达到拆分的目的。

四、生物拆分法

生物拆分法主要利用一些微生物、菌类、酶等能选择性地作用于对映异构体中的某一异构体而对另一异构体则不起作用, 从而起到拆分作用。主要有两种途径: 酶催化不对称合成; 外消旋体的不对称酶拆分。

用生物酶拆解外消旋体比化学拆分法具有更明显的优越性: 酶催化反应具有高度的立体专一性, 得到的产物旋光纯度高, 适于做各种生物活性和药理实验; 副反应少, 产率高, 产品分离提纯简单; 酶催化的反应大多在温和的条件下进行, 温度通常不超过 50℃, pH 接近中性, 没有设备腐蚀问题, 生产安全性也高; 酶无毒, 易降解, 不会造成环境污染, 适于大规模生产。酶固定化技术、多相反应器等新技术的日趋成熟, 大大促进了酶拆分技术的发展, 因而被广泛应用, 如脂肪酶、酯酶、蛋白酶、转氨酶等多种酶已用于外消旋体的拆分。

但由于酶本身稳定性差、与底物的专一性强、无法重复利用, 使得该法的广泛应用受到了很大限制。

五、萃取拆分法

萃取拆分法是指利用对映体在两互不相溶相中溶解度的差异进行拆分的方法，拆分原理是萃取剂与手性化合物两对映体的亲和作用力或化学作用的差异。与传统的非手性溶剂萃取相比，两互相接触的液相至少有一相要有旋光性。根据拆分体系的不同，可以分为：

（1）亲和萃取拆分体系　在亲和萃取拆分体系中，外消旋体和拆分剂之间至少分别有两个作用点，这样一对外消旋体由于构型上的差异，与拆分剂间形成的非对映体配合物稳定性便不同，其物理性质也就有差异，对映体与拆分剂间的作用点越多，这种差异就越大，从而使对映体得以萃取拆分。

（2）配位萃取拆分体系　该法是以手性试剂为配体与中心离子（多数为过渡元素的离子）形成的配合物作手性萃取剂，可与对映体分别形成稳定性不同的配合物，导致在两相中的溶解度不同，实现对映体的分离。

（3）非对映体的萃取体系　利用手性试剂将对映体转化为非对映体，根据非对映体理化性质的差异实现对映体的拆分。

萃取拆分法的优点是操作简单、连续、高效、廉价、设备简单，并可实现大规模的对映体生产，生产过程易实现自动化，拆分体系的选择是该技术的关键。

六、色谱拆分法

色谱法具有快速、稳定性好、精确度高、应用范围广等优点，目前在科研、质量检验及化工生产等领域已经得到了广泛的应用。依据手性环境的引入方式不同，手性化合物对映体的色谱拆分方法包括手性流动相（chiral mobile phase, CMP）法、手性衍生化试剂（chiral derivatization reagent, CDR）法和手性固定相（chiral stationary phase, CSP）法。

手性流动相法是指将手性选择剂添加到流动相中，利用手性选择剂与药物消旋体中各对映体结合的稳定常数不同，以及药物与结合物在固定相上分配的差异，实现对药物对映体的分离，也称手性添加剂法。此法的优点在于不需对样品进行衍生化处理，可采用普通色谱柱，手性添加剂可流出也可更换，添加物的可变范围较宽。不足之处是易引起高柱压和高吸收本底，且系统平衡时间较长，添加剂消耗较大。有些手性添加剂过高的价格、手性添加剂的去除以及检测方式对手性添加剂选择范围的限制，都影响该方法的应用。目前常用的手性流动相添加剂有：环糊精及其衍生物、配位基手性选择剂、手性离子对添加剂、蛋白质和大分子抗生素等。如图 11-10 所示为 β-环糊精作为手性流动相添加剂的己唑醇拆分图。

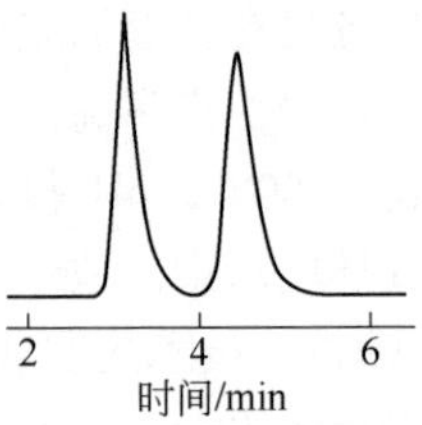

图 11-10　β-环糊精作为手性流动相添加剂的己唑醇拆分图

手性衍生化法是指将手性化合物对映体先与高光学纯度衍生化试剂反应形成非对映异构体，再进行色谱拆分。优点是手性化合物衍生化后可采用通用的非手性柱分离，且可选择衍生化试剂引入发色团提高检测灵敏度；缺点是操作复杂，易消旋化，对衍生化试剂要求高，同时要求对映体的衍生化反应迅速且反应速率一致。目前常用的手性衍生化试剂主要有：光学活性氨基酸类、羧酸衍生物类、异硫氰酸酯与异氰酸酯类、萘衍生物类及胺类等。如蒋木庚等通过直接酯化法将烯唑醇和烯效唑样品与(R)-(−)-戊菊酸反应制备成非对映衍生物。以

E-烯唑醇为例（图 11-11），先进行衍生化反应，然后在普通高效液相色谱柱上实现了(*R*)-(−)和(*S*)-(+)光学异构体的分离与测定，分离色谱图如图 11-12 所示。

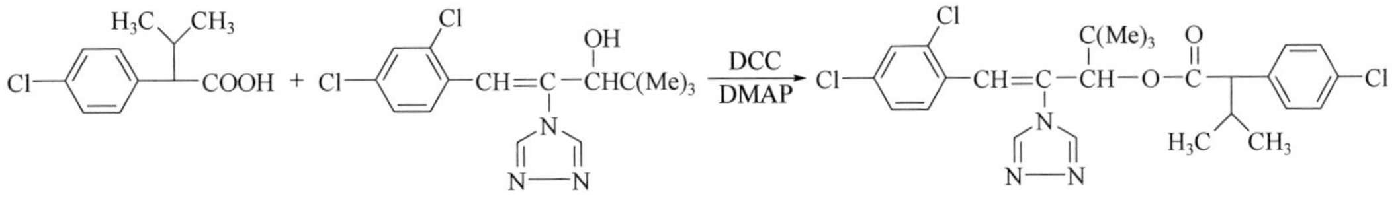

图 11-11　烯唑醇与(*R*)-(−)-戊菊酸衍生化反应

　　手性固定相法是基于样品与键合到载体表面的手性选择剂间形成暂时的非对映体复合物的能量差或稳定性不同而实现手性分离的方法。手性固定相通常由担体键合高光学纯度的手性异构体制作而成，在拆分中手性固定相直接与对映体相互作用，使其中一个生成具有不稳定的短暂的对映体复合物，造成在色谱柱内保留时间的不同，从而达到分离目的。由于手性固定相法的流动相组成简单、操作方便、重现性好、容量大、应用范围广，更适合制备级色谱的应用，因此当用高效液相色谱法对手性化合物进行拆分时，常选用手性固定相法。目前常用的手性固定相有：吸附型、电荷转移型、模拟酶、配体交换、蛋白质、冠醚类等。近年来又发展了将分子印迹聚合物（MIP）、手性无机介孔硅、手性硅胶球等用作手性固定相进行手性化合物拆分。如图 11-13 所示为 (*R,R*)-Whelk-O 1 手性固定相对噁唑禾草灵的拆分色谱图。

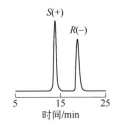

图 11-12　(*R*)-(−)-戊菊酸烯唑醇酯
手性拆分液相色谱图

图 11-13　(*R,R*)-Whelk-O 1 手性固定
相对噁唑禾草灵的拆分色谱图

　　色谱法分离手性化合物主要包括气相色谱法（GC）、高效液相色谱法（HPLC）、气相色谱-质谱联用法（GC-MS）、高效液相色谱-质谱联用法（HPLC-MS）、超临界流体色谱法（SFC）、纸色谱法（PC）、薄层色谱法（TLC）、毛细管电色谱法（CEC）等。其中气相色谱法、液相色谱法、色-质联用法是当今手性化合物分离分析的主要工具。

（一）气相色谱法

　　气相色谱法是最早用于手性分离的色谱方法，在对映体拆分领域应用十分广泛。常用于气相色谱对映体分离的三种典型的手性固定相主要为手性环糊精衍生物、手性氨基酸衍生物和光学活性金属配合物。其他手性气相色谱固定相（如手性离子液体、多糖、环肽、金属有机骨架材料、有机微孔/介空笼子材料和环果聚糖等）也在手性化合物分析领域有着一定的应用。

1. 环糊精衍生物固定相

　　环糊精（cyclodextrin，CD）衍生物固定相是目前为止使用最广泛的固定相，并且已经商品化。环糊精衍生物分离手性化合物的机理较为复杂，目前有三种解释：

（1）包合作用机理。一般认为由于环糊精特殊的笼状结构，可与对映体形成非对映的包合物而达到拆分的目的。

（2）缔合作用机理。Armstrong 等通过对热力学参数的计算证明，环糊精及其衍生物在手性拆分过程形成的包合物不是简单的包合作用，而是包含两种以上的分离机理。其中之一可能是溶质分子与环糊精的顶端和底部相缔合，形成强有力的缔合作用，而不一定进入环糊精的内腔，这种作用力源于偶极-偶极作用、氢键、范德华力等。有时强的分子作用不一定是手性分离的主要原因，一个弱的具有手性的饱和碳氢键就可以产生手性识别。

（3）构象诱导作用机理。环糊精衍生化基团有利于分子间的相互诱导作用，增强环糊精空腔的柔韧性，使被分离分子的手性中心易于与环糊精的手性部分接近，因而拆分能力增强。

环糊精分子除了常见的烷基化（图 11-14）和酰基化衍生外，很多研究在环糊精分子上引入新的功能基团，以达到更好的分离效果；另外，环糊精分子取代基的位置和类型是影响手性选择性的主要因素，采用不同的衍生化方法对环糊精分子上具有不同反应活性的羟基进行修饰，可得到性质不同、选择性各异的固定相。室温下为固体或液体的衍生化环糊精可用聚硅氧烷稀释，并涂覆在毛细管气相色谱柱上，这种方法结合了环糊精的手性选择性和聚硅氧烷的独特性能。还可以将衍生化的 CD 键合到聚硅氧烷骨架上得到环糊精型 GC 固定相，与稀释法相比，此类固定相具有以下优点：①多孔聚硅氧烷可以用作键合衍生化 CD 的骨架，极性降低可以降低极性分析物的保留时间；②聚硅氧烷主链具有很好的热稳定性并改进色谱柱寿命；③衍生化的 CD 在聚硅氧烷固定相中溶解度有限，将衍生化的 CD 键合到聚硅氧烷骨架上解决了溶解限度的问题。

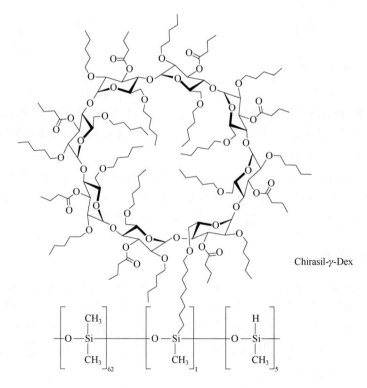

图 11-14　γ-环糊精固定相

2. 氨基酸衍生物固定相

以手性氨基酸衍生物为选择体的二酰胺（含手性聚合物固定相）、二肽酯、二酰脲等，该类固定相的氢键作用是对映体分离的主要作用力（图11-15）。此类手性固定相结构中含有酰氨基或羧酸酯基等，可以与手性化合物的活泼基团通过氢键作用缔合，形成稳定性不同的非对映异构体缔合物，由于氢键作用强度的不同，所形成的缔合物空间阻力不同，稳定性不同导致不同对映体通过色谱柱所需时间不同而分离。如Oi等使用GC手性固定液（L-缬氨酸三肽通过三嗪环连接聚氧硅烷），分离了(±)-顺式菊酸和(±)-反式菊酸。

3. 光学活性金属配合物固定相

分离机理是配位作用，是通过对映体分子中的活性部位，如双键和杂原子等，与金属配位化合物中的金属离子建立配位平衡，由于对映体的配位能力不同，经多次配位与交换以后，就可以达到对映体分离，金属离子通常包括铜、锌、锰、钴、镍等。金属配合物手性固定相只能在较低的温度范围内使用，与环糊精相比适用面较窄。但在大多数情况下，金属配合物手性固定相的对映体选择性要比在环糊精柱上的高（图11-16）。

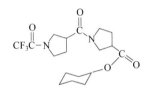

图11-15　L-脯氨酸衍生物手性固定相

图11-16　镍金属配合物手性固定相

4. 其他固定相

离子液体同时具有极性和弱极性固定相的特性，其手性识别机理是由于其阳离子或阴离子上具有手性特征。为了提高离子液体固定相的手性选择效果及色谱柱效，近年来报道了一些离子液体键合的环糊精衍生物作为手性固定相，提高了很多对映体的手性分离度。其他包括手性氨基酸和手性胺合成的手性离子液体作为手性气相色谱的固定相。

多糖类手性固定相目前报道较多的为纤维素类手性固定相，如以三醋酸纤维素、纤维素三苯基氨基甲酸酯等，手性分离机理为对映体与纤维素衍生物高分子内部所形成的螺旋形的手性空间的适应性，以及它们之间的氢键作用、偶极作用和色散力的作用。

环肽如缬氨霉素手性识别主要取决于聚合物空穴"立体配合"的包结作用，此外固定相与手性化合物的氢键、偶极作用也对手性识别有一定影响。

手性金属有机骨架（MOFs）是由含氧、氮等多齿有机配体（大多为芳香多酸和多碱）与过渡金属离子自组装而成的配位聚合物，例如由丁二酸酰胺与锌离子形成的多孔MOF材料，可通过配位作用对二吡啶类外消旋体进行手性拆分，对映体过量值达到66%。

环果聚糖是一种环状寡糖，由6～8个果糖单元组成，常见的环果聚糖分子类型为CF_6和CF_7。环果聚糖衍生物稀释于非手性基质中，该混合物可以作手性固定相。目前报道的环果聚糖衍生物作为手性选择剂如PM-CF_6、PM-CF_7和DP-CF_6、DP-TA-CF_6和DP-PN-CF_6，其手性识别过程中无包合物的形成。

（二）高效液相色谱法

高效液相色谱法（high performance liquid chromatography，HPLC）是对映体分离中最重要的一种手段，在对映体的分离和制备中广泛应用。高效液相色谱法有众多优点：操作时间较短、载药量较高、分离效率高、柱效高、选择性高、适用范围广。已商品化的各种固定相和色谱柱适用于分析非挥发性物质，极性、非极性和热不稳定化合物。液相色谱/紫外检测法（LC/UV）是早期手性农药对映体研究最实用的方法之一。HPLC 与高灵敏度的检测器（例如 MS）结合使用，使得 HPLC 成为解决复杂分析工作最强大的工具之一。

高效液相色谱法分离手性化合物分为直接法和间接法，无论何种方法都是通过引入不对称原子或创造手性环境使光学活性对映体间呈现出物理化学特异性的差异，并以此作为高效液相色谱手性拆分对映体分子的理论基础。

间接法即手性衍生化试剂（chiral derivatization reagent，CDR），分为两种方式：①用手性衍生化试剂将对映体衍生化，并用非手性固定相将其分离；②将对映体用非手性试剂衍生化后用手性固定相进行拆分。间接法在应用中较少使用，一是因为衍生化可能发生副反应，形成分解产物，引起外消旋化；二是操作烦琐，先决条件严格，手性衍生试剂必须具有高光学纯度，且分析物中存在可衍生基团。

直接法也可分为两种方式：手性流动相添加剂法（chiral mobile phase additive，CMPA）和手性固定相法（chiral stationary phase，CSP）。

手性流动相添加剂法是将手性选择子添加到流动相中，在非手性固定相上进行分离。按其添加剂类型或分离原理主要有：①形成手性包合非对映体复合物，常用的添加剂有环糊精和手性冠醚，固定相有 ODS、CN、C_8、苯基、硅胶等。②形成配体交换非对映体复合物，手性金属配合剂加入高效液相色谱流动相中，形成的三元非对映体配合物由于结构稳定性和能量的差异，与固定相发生立体选择性吸引或排斥反应，从而使对映体得以分离。常用的手性配合试剂为 L-脯氨酸、L-苯丙氨酸等氨基酸及其衍生物，配位金属通常有 Cu^{2+}、Zn^{2+}、Ni^{2+}、Cd^{2+}等。③依靠离子对作用形成非对映体，在低极性的有机流动相中，对映体分子与手性离子对试剂之间产生的静电、氢键或疏水性作用是拆分的主要作用力，常用的手性反离子有奎宁、奎尼丁、10-樟脑磺酸等。④形成动态液体手性固定相，将手性选择子如甲基化环糊精、（$2R$，$3R$）-双-正丁基酒石酸等吸附于固体载体表面上，使固定相表面手性化，形成动态的手性固定相。或者将表面活性剂如胆酸盐加到流动相中，形成由非胶束溶剂化手性固定相和胶束吸附于 ODS 等固定相上组成的非均态手性固定相。⑤蛋白质复合物、手性氢键试剂、手性诱导吸附等。手性流动相添加剂法虽然具有操作简便、添加剂选择范围广、产物易回收、拆分过程很少发生消旋化等优点，但是也具有系统平衡时间较长、手性添加剂消耗较大、检出限有限、流动相无法循环使用等缺点。

手性固定相法是目前高效液相色谱手性拆分方法中最广泛使用的方法，具有简单、快速、可用于分析也可用于制备等优点。高效液相色谱手性固定相法的分离机理是：两个对映体与手性固定相发生作用，生成暂时复合物的稳定性不同，当流动相经过时，稳定性差的对映体被洗脱，优先流出色谱柱，从而实现对映体的分离。目前商品化的手性固定相已有 200 多种。根据手性选择剂将手性固定相分为环糊精、多糖、大环抗生素、合成手性大环化合物（冠醚，其他合成大环化合物）、手性合成聚合物、手性印迹聚合物、蛋白质、配体和离子交换等。其中多糖和环糊精手性固定相依旧在 HPLC 手性分离中占主导地位。

目前关于手性化合物对映体在高效液相色谱中手性固定相上的分离机理主要根据"三点

作用"模式（图 11-17）。手性固定相与溶质之间可能存在偶极-偶极作用、氢键作用、π-π 作用、空间位阻作用及分子间范德华作用等，此外固定相本身结构所形成的手性空腔与对映体间还存在"立体配位"包结作用，这些作用的共同作用导致一对对映体与固定相之间形成的非对映体络合物的稳定性产生差异，从而得到分离。这种差异性越大，实现手性分离的可能性越大。

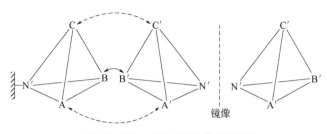

图 11-17　"三点作用"模型图

1. 多糖类手性固定相

多糖类如纤维素和淀粉及其衍生物是应用最多的 CSP 之一（如图 11-18）。通过在多糖的羟基上引入各种取代基可以提高其选择性，其中具有苯甲酸酯和苯基氨基甲酸酯取代基多糖衍生物是最常用的 CSP。据报道，95%的手性化合物在多糖类 CSP 上完成拆分。

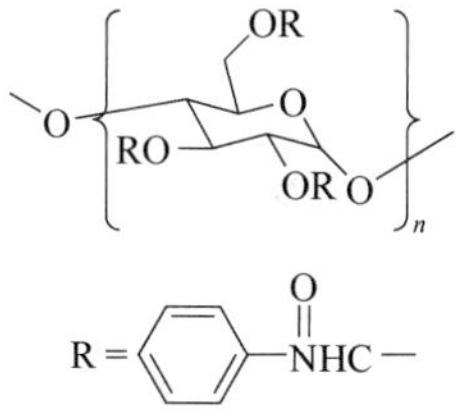

根据制备方法不同，多糖类 CSP 可分为涂覆型 CSP 及键合型 CSP。

涂覆型的多糖衍生物 CSP 是将多糖衍生物涂覆在多孔硅胶基质上。此类 CSP 对流动相的种类有着严格的要求，在流动相中使用如二氯甲烷、氯仿、甲苯或丙酮等会导致吸附的聚合物溶解。常用的正相模式下的涂覆型的手性色谱柱有

图 11-18　支链淀粉-三（苯基氨基甲酸酯）手性固定相

CHIRALPAK AD-H、CHIRALPAK AS-H 直链淀粉型手性色谱柱，CHIRALPAK OD-H、CHIRALPAK OJ-H 纤维素型手性色谱柱。反相模式下使用的有 CHIRALPAK AD-RH、CHIRALPAK OD-RH、CHIRALPAK OJ-RH、CHIRALPAK AS-RH 等。

键合型 CSP 通过多糖衍生物共价键合到色谱柱固定相硅胶基质上，允许使用更多的溶剂作为流动相，但由于键合过程中可能发生的立体特异性构象的修饰，键合型 CSP 的手性识别潜力要低于涂覆型 CSP。常用的键合型的手性色谱柱如 IA、IB、IC、ID、IE、IF、IG 等。多糖类 CSP 的最新发展包括引入新的多糖衍生物（主要是新的几丁质和壳聚糖衍生物，以及纤维素衍生物），混合选择剂（在色谱柱固定相基质上键合两种不同的多糖衍生物）和不同的色谱载体（如核壳、微球等），以及采用涂覆或键合程序。

多糖类 CSP 优异的手性识别特性来自多种因素：吡喃葡萄糖单元存在几个立体异构中心导致的分子手性；由于聚合物主链的螺旋扭曲而引起的构象手性；相邻聚合物链排列形成有序区域而产生的超分子手性。决定多糖手性选择剂的手性能力的另一个因素是它们的取代模式，即极性官能团的类型（通常是酯或氨基甲酸酯）和芳族取代基。这种取代模式沿着碳水化合物主链形成了规则的凹槽排列，为对映选择性结合口袋，提供 π-π 和氢键等相互作用位点。取代基在芳环中的位置会影响手性选择剂的对映体分离性能。同时侧链的类型也可能对主链的螺旋结构有一些影响。溶剂效应会改变主链构象，温度变化导致 CSP 分离性能的改变。

2. 环糊精类手性固定相

环糊精由环状寡糖组成，由于含有较多手性碳原子，环糊精具有很好的不对称性，分子内部犹如一个空腔，这种特殊的分子结构能与多种有机分子形成包容配合物，具备良好的手性识别能力，应用比较广泛。此外，手性识别机制还包括手性化合物可以与分子外部形成不同类型的相互作用，包括偶极-偶极、氢键、离子、π-π 或色散力。由于天然环糊精手性选择性较差，因此此类手性固定相的研究主要集中在对其表面羟基的衍生化上，羟基可以被各种极性或非极性取代基衍生化。至今，手性拆分效果较好的取代基有：二甲基苯胺甲酰酯基、二甲基苯甲酰酯基、萘甲酰酯基、乙酰酯基和羟丙基等。由羟丙基取代的环糊精手性固定相被认为是迄今具有最强分离能力的环糊精手性固定相之一。同未被衍生化的环糊精 CSP 相比，衍生后的环糊精 CSP 具有更强的手性分离能力，而且在正相和反相的条件下均可实现对映体分离。环糊精衍生物可通过物理涂覆或与色谱载体共价键合制备，其中环糊精衍生物的共价键合是最常用的方法。常见的液相环糊精及其衍生物手性色谱

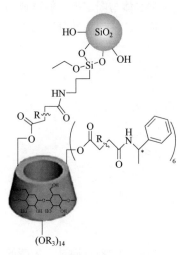

图 11-19 酸酐连接 β-环糊精手性固定相

柱如 Cyclobond 系列：Cyclobond Ⅰ 2000、Cyclobond Ⅰ 2000 AC、Cyclobond Ⅰ 2000 DM、Cyclobond Ⅱ、Cyclobond Ⅱ AC 等；以及 Chiral CD-Ph 反相手性色谱柱等。如图 11-19 所示为酸酐连接 β-环糊精的手性固定相。

3. 蛋白质类手性固定相

蛋白质分子具有大表面积的复杂结构，包括各种立体异构中心和不同的结合位点，从而存在与小分子发生分子间相互作用的多种可能性。

在高效液相色谱中以蛋白质作手性固定相进行药物拆分已被广泛采用，按其来源可分为：①白蛋白（albumin）类。包括人血清白蛋白（HSA）和牛血清白蛋白（BSA）。②糖蛋白（glycoprotein）类。包括 α_1-酸糖蛋白（α-AGP）、卵类黏蛋白（OVM）和抗生物素蛋白（avidin）。③酶（emzyme）类。包括纤维素酶（cellulase）、胰蛋白酶（trypsin）、α-胰凝乳蛋白酶（α-chymo trypsin）及溶菌酶（lysozyme）等。以蛋白质作 CSP 的色谱属于亲和色谱，蛋白质分子结构中氨基酸的离子结构提供手性作用位点，利用手性药物对映体与这些作用位点间产生不同的氢键结合效应、疏水效应、

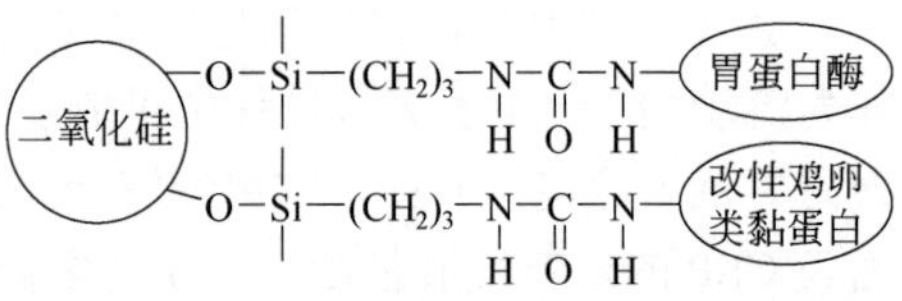

图 11-20 胃蛋白酶Ⅱ手性固定相

静电作用等而达到拆分的目的。不同类型的蛋白质 CSP 对拆分物质的选择性也有所不同。商品化的蛋白质 CSP 如 Chiral AGP、Ultron ES-OVM、Chiral HAS 等。如图 11-20 所示为胃蛋白酶Ⅱ手性固定相。

4. 大环抗生素类手性固定相

大环抗生素是具有芳香基团、氨基和羟基等活性基团，有多个手性中心的物质分子。因其具有疏水作用、氢键、范德华相互作用等多种手性识别作用，可通过不同连接方式键合到硅胶上。此类手性固定相在正相和反相色谱中均可使用，具有拆分范围广、适应性强等优点。

大环抗生素分为四类：安莎霉素、多肽、糖肽和氨基糖苷。安莎霉素类用作 CSP 最常见的是利福霉素 B 和利福霉素 SV。多肽类如硫链丝菌素，氨基糖苷类如弗氏霉素、卡那霉素和链霉素。糖肽类是应用最为广泛的大环抗生素类的 CSP，这一类抗生素包括阿伏帕星（avoparcin）、瑞斯托菌素 A（ristocetin A）（图 11-21）、替考拉宁（teicoplanin）、万古霉素（vancomycin）及其衍生物。

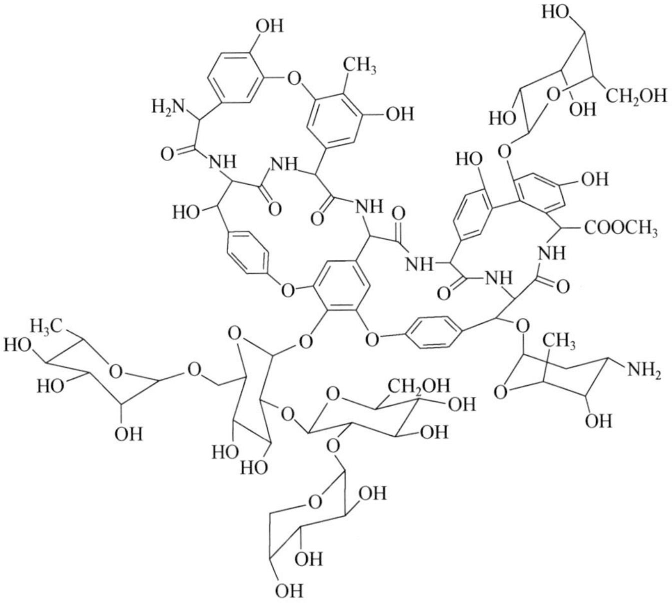

图 11-21 瑞斯托菌素 A 结构

5. Pirkle 型手性固定相

Pirkle 型 CSP 又称作"刷型"CSP。它是通过连接臂将单分子层的手性有机分子键合到硅胶载体上制成（图 11-22）。Pirkle 型 CSP 的特点是具有多样性和多功能性，可以使用各种不同的小分子作为手性选择剂，并引入可以提高对映选择性的不同取代基。此外，它们对于某些类型的手性化合物可能具有高度特异性。Pirkle 型 CSP 的特点是其手性中心附近至少含有下列功能团之一：①π-酸性或 π-碱性的芳香基团，手性识别过程发生 π-π 相互作用。②发生偶极-偶极叠合相互作用的极性键或基团。③可形成氢键的原子或基团。④可提供立体位阻排斥、范德华力作用或构型控制的较大非极性基团。如 Pirkle 等研制的 ULMO 和 WHELK-O1 手性固定相适用范围较广，同时具有 π-酸性和 π-碱性。该类型的手性色谱柱比较适合于分离含有苯环或者其他杂环类型的手性化合物。

6. 冠醚类手性固定相

手性冠醚是具有一定大小空腔的大环聚醚类化合物，环的外侧具有亲脂性基团，内侧为富电子的氧原子（图 11-23）。冠醚类 CSP 手性固定相的拆分机理主要是基于对映体分子与固定相内腔络合所形成的络合物稳定性差异。其中广泛应用的为：基于手性联萘单元的冠醚 CSP、基于酒石酸单元的冠醚 CSP 和基于酚类化合物的伪冠醚 CSP。

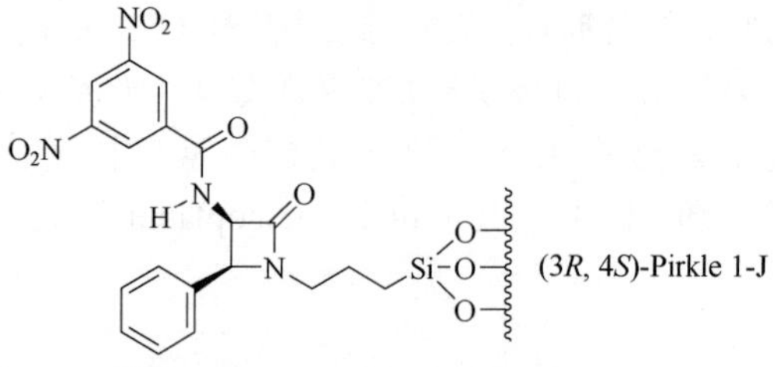

图 11-22　Pirkle 型手性固定相

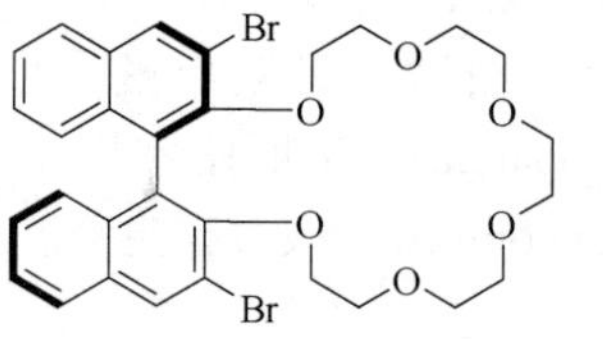

图 11-23　冠醚类手性固定相

7. 分子印迹手性固定相

分子印迹技术通过断裂的键将烙印分子链接在交联聚合物内，经水解反应后，烙印分子从聚合物中移去，在聚合物上留下与烙印分子形状和官能团位置结构有互补性的识别点。分子印迹空腔可识别与烙印分子具有相同或相似结构的外消旋化合物。这类 CSP 解决了针对具有手性分子的对映体分离问题，对目标分子的识别具有专一性，具有较强的化学和机械稳定性，在 HPLC 手性分离和制备方面受到人们的广泛关注；但也存在柱效低、柱容量较小等缺点。

8. 离子交换手性固定相

离子交换选择剂可分为三类：阴离子型、阳离子型或两性离子型。手性选择剂中最常见的是阴离子型交换选择剂如金鸡纳生物碱。奎宁和奎尼丁是广泛应用于手性拆分的两种最常见的金鸡纳生物碱。阳离子型交换选择剂主要为手性磺酸或羧酸化合物。两性离子交换选择剂则是将关键的阳离子和阴离子基团合并入一个手性选择剂中，克服了阴离子和阳离子交换 CSP 仅分离带相反电荷的对映异构体的主要缺点，其手性识别机制主要为离子相互作用、氢键以及 π-π 相互作用。

9. 其他类型的手性固定相

其他类型的 CSP 主要有环果聚糖及其衍生物类 CSP 和合成聚合物类 CSP 等。环果聚糖及其衍生物类 CSP 的主要优点是高负载能力和多功能性，能够手性分离碱性、酸性和中性分析物，并且可以在不同的洗脱模式下使用。合成聚合物类 CSP，如聚丙烯酰胺聚合物和聚甲基丙酰胺聚合物，光学活性的酰胺类聚合物如聚 α-氨基酸也常被用来作为手性选择剂。

（三）色谱-质谱联用法

质谱法可以进行有效的定性分析，但无法直接对复杂的有机化合物进行分析，且常需要经过一系列复杂的分离纯化，操作十分烦琐。而色谱法对有机化合物是一种有效的分离和分析方法，特别适合进行有机化合物的定量分析，但定性分析则比较困难，因此两者的有效结合必将为化学家及生物化学家提供一个进行复杂化合物高效定性定量分析的工具。这种将两种或多种方法结合起来的技术称为联用技术，利用联用技术的有气相色谱-质谱（GC-MS）、液相色谱-质谱（LC-MS）、毛细管电泳-质谱（CE-MS）及串联质谱（MS^2）等。

常规液相和气相色谱法的手性分离检测往往只针对浓度较高的化合物，很难用于痕量手性化合物的分离和检测。GC-MS 和 LC-MS 具有高灵敏度等优点可以满足对痕量水平手性化合物的分离检测。LC-MS 主要应用于极性大、难挥发、热稳定性强的手性化合物的分离检测，其中最常用的 LC-MS 配备电喷雾电离（ESI）和三重四级杆质量分离器。GC-MS 主要应用于低沸点、易气化、热稳定性好的手性化合物的分离检测，其中最常用的 GC-MS 配备电子轰击离子源（EI）和三重四级杆质量分离器。由于 LC-ESI-MS 对较多手性农药具有分离检测能力，因此使用最为广泛。GC-EI-MS 对特定类型手性农药具有较好的适用性，如拟除虫菊酯类、有机氯类和有机磷类杀虫。

（四）毛细管电泳法

Jorgeson 和 Lukacs 将色谱理论和电泳技术相结合，于 20 世纪 80 年代初发展了高效毛细管电泳技术（HPCE）。毛细管电泳（CE）是以毛细管为分离通道，以高压直流电场为驱动力的液相分离技术，利用由液体介质中被分析物的分子质量、电荷和淌度差异引起的电场作用下不同的迁移速度而得以分离。毛细管区带电泳（CZE）和胶束电动色谱法（MEKC）是 CE 技术进行手性拆分最常用的分离模式，只需在背景电解质中添加手性选择剂，构建手性环境，即可进行手性拆分。和气相色谱和高效液相色谱相比，毛细管电泳具有超高效、快速、简便、分离体系易更换、介质和样品用量极小、分离条件易优化等特点，在手性对映体拆分领域得到了广泛的应用，拆分了大量的手性化合物。由于毛细管电泳的高效性，手性化合物即使在很低的选择性下也能得到很好的分离。毛细管电泳的手性拆分的机理包括主-客体作用、配位作用、相分配、离子交换等，常用的手性选择子有环糊精及其衍生物、大环抗生素、氨基酸-金属络合物、手性冠醚、蛋白质、手性杯芳烃、非环寡糖和多糖、表面活性剂等。

（五）超临界流体色谱法

超临界流体色谱（SFC）是以超临界流体为流动相的色谱过程，超临界流体既具有类似气体的低黏度，也具有液体的高密度，扩散系数介于气液之间。正是由于流动相的这些特性使得 SFC 成为一种快速、高效、操作条件易于变换的分离手段，可分析高沸点、低挥发性样品。超临界流体色谱法是手性拆分的一个重要方法，在手性分离方面与 HPLC 和 GC 相互补充，并具有独特的优越性，几乎所有的 GC、LC 所用的手性选择子都可用于 SFC，具有简便、快速、高效、拆分范围广的优点，适用于拆分与制备，并且扩大了温度的使用范围。由于 SFC 结合了 GC 和 HPLC 两者的特长，因而在食品、药物、农药、香料和聚合物等的手性分离方面有良好的应用前景和巨大潜力。广泛使用的 SFC 流动相为二氧化碳（CO_2），CO_2 与多种有机溶解相比对环境更加安全，黏度小、流速快，增加了被分析物的分散系数，洗脱液的强度可通过控制流动相的压力和流速来调节，可通过加入有机的改性剂来调节极性，通常使用二元或三元的流动相体系。SFC 正处于迅速发展的阶段，各种参数（温度、压力、流动相及其组成）对立体选择性及分离效率的影响机制尚不完全清楚，而且需要在高压下操作，对设备和技术上的要求较高，限制了在手性分离上的应用。随着 SFC 理论和技术的完善，以及研制出适合 SFC 的手性固定相，它将在手性物质分离、分析和制备等方面发挥重大作用。

（六）纸色谱和薄层色谱法

纸色谱（PC）和薄层色谱（TLC）在常规色谱分析中是一个很常见的方法，设备简单，操作方便，所以在早期的手性拆分中已有应用。Amstrong 等在 β-CD 为固定相的 TLC 上成功地拆分几种丹磺酸基氨基酸。黄慕斌等在聚酰胺薄膜上，用 β-CD 分离了 DNP-Trp 对映体和辛可宁、辛可尼丁以及硝基苯胺的位置异构体。李高兰等采用普通硅胶板，在低温下以不同配比的二氯甲烷-甲醇混合液为流动相，以 D-10-樟脑磺酸铵为手性离子对试剂，有效分离了芳香醇胺类药物对映体拉贝洛尔及美托洛尔（倍他乐克）。但是这两种方法的分离效率低，应用范围有限，所以在现代的手性拆分中很少用到。

（七）模拟移动床色谱

为了克服通常液相制备色谱不能连续操作以及大量溶剂浪费等弱点，Broughton 于 19 世纪 60 年代提出了模拟移动床色谱（SMB）技术。所谓模拟移动床色谱就是在色谱分离中模拟出固定相和流动相对于进样口的循环流动，这样两种具有不同保留值的组分就会被固定相和流动相分别带向进样口两边，从而得到分离。为达到这一目的，模拟移动床色谱由许多较短的色谱柱首尾相连而成。在手性制备领域中，模拟移动床色谱显示了它的应用前景。

（八）高效膜色谱

高效膜色谱（HPMC）是在高效液相色谱和膜分离技术的基础上，对分离单元的材料和结构进行改进的色谱分离方法。它结合了高效液相色谱选择性高、分离速度快和膜分离技术样品容量大、操作压力低的优点，已经发展成为色谱分离的一个重要分支。但是膜分离技术用于对映体的手性拆分的研究工作才刚刚起步，主要应用于疏水性氨基酸，如苯丙氨酸、色氨酸等的超滤或渗透手性拆分上。

第四节　手性农药分析应用实例

由于受到分离、制备技术水平和经济因素的制约，目前仅约 7%的手性农药以光学纯异构体的形式销售。随着研究和监管的日益严格，单一手性物质需求量越来越大，手性农药的分离成为关键科学问题。手性拆分法主要有结晶法、膜拆分法、化学拆分法、生物拆分法、萃取拆分法、色谱拆分法等。目前手性化合物最广泛使用的分离方法是色谱法，尤其在手性农药的分离方面应用更加普遍。

一、气相色谱法分离手性农药

气相色谱法是较早用来进行对映体分离的一种色谱技术。它具有高效、灵敏度高、精确度高、重复性好、识别能力强、无液相流动相等优点，在分离可挥发的热稳定性手性分子等方面表现出明显的优势，如分离有机氯、有机磷和拟除虫菊酯类农药。此外，二维气相色谱、固相微萃取及质谱联用等辅助技术使手性气相色谱成为复杂样品分析的常用技术。

1. 有机氯类农药的手性分离

有机氯手性农药主要包括 α-六六六（α-HCH）、顺式氯丹、反式氯丹、七氯、环氧七氯、氯化氯丹、o,p'-DDT、o,p'-滴滴滴（o,p'-DDD）、毒杀芬等。有机氯类手性农药对映体分离方法主要为使用环糊精衍生物 CSP 的气相色谱法。Oehme 等使用 β-环糊精衍生物 CSP（TBDMS-CD）通过气相色谱拆分了 α-HCH、环氧七氯、顺式氯丹、反式氯丹对映体。Baycan 等利用 β-环糊精衍生物 CSP 通过气相色谱拆分了毒杀芬、顺/反式氯丹、七氯、环氧七氯对映体。

2. 拟除虫菊酯类农药的手性分离

拟除虫菊酯类手性农药常含有 1～3 个手性碳原子（2～8 个对映体），同时由于分子结构中大多含有三元环和双键而存在顺反异构，其立体异构体的数目理论上可多达 16～32 个，但由于空间位阻导致稳定存在的异构体少很多。到目前为止，只含高效体的拟除虫菊酯化合物在一些环糊精气相色谱固定相上能得到较好分离，而含有 8 个立体异构体的拟除虫菊酯化合物使用一根手性色谱柱往往只能得到部分分离，采用两根手性柱串联可以实现其拆分。Hardt 等使用环糊精衍生物 CSP 的气相色谱法检测丙烯菊酯时得到了 7 个峰。Kutter 等运用气相色谱，通过 CDX-B 手性柱与非手性柱 DB-1701 的结合，对丙烯菊酯实现了反式异构体的拆分，并在非极性 DB-5 柱上分离了氯氰菊酯的非对映体。申刚义等以吡啶类 β-环糊精衍生物为毛细管气相色谱固定相，对 3 种含 2 个手性中心的拟除虫菊酸衍生物 2, 2-二甲基-3-甲酰基-环丙烷羧酸甲酯、菊酸甲酯和二氯菊酸甲酯，进行了手性拆分。

行业标准 NY/T 3572—2020《右旋苯醚菊酯原药》中规定了苯醚菊酯的总酯含量≥95%，右旋体比例≥95%，顺式体/反式体比例在(20±5)/(80±5)之间。

3. 三唑类农药的手性分离

三唑类手性农药分子一般含有一个手性中心（2 个对映体），如戊唑醇、己唑醇、烯唑醇等；或含有 2 个手性中心（2 对对映体），如三唑醇、多效唑、丙环唑等。目前手性气相色谱法拆分三唑类手性农药的报道较少。Kenneke 等利用 GC-MS 结合 β-环糊精类型的 BGB-172 手性柱同时拆分了三唑酮和三唑醇，实现了三唑酮两个对映体的部分分离，三唑醇的四个对映体的基线分离。Li 等采用 BGB-172 手性气相色谱柱实现了硅氟唑对映体的分离。

4. 苯氧羧酸类农药的手性分离

苯氧羧酸类除草剂一般含有一个或两个手性中心，包括两类：①苯氧羧酸除草剂，如 2,4-滴（2,4-D）、2,4-滴丙酸、2 甲 4 氯丙酸、2,4-D 异辛酯等；②芳氧苯氧基羧酸类除草剂，如禾草灵、噁唑禾草灵和喹禾灵等。Sanchez 等通过使用 Per-O-pentylated Per-O-methylated-β-CD 混合 CSP 的气相色谱法成功使 2,4-滴丙酸甲酯和 2 甲 4 氯丙酸甲酯等苯氧羧酸类手性除草剂对映体基线分离。Lewis 等利用气相色谱，以 Chirasil Dex CB 为 CSP 实现对 2,4-滴丙酸甲酯对映体的基线分离。文岳中等使用 β-环糊精 BGB-172 毛细管色谱柱利用气相色谱建立 2,4-滴丙酸对映体的分离方法。

5. 不足

GC 在分析一些不易挥发或热稳定较差的物质时，需要先对该物质进行衍生化处理，以提高其挥发性、热稳定性或可检性。常用的衍生剂有五氟乙酸酐、光气、异氰酸酯等。尽管气相色谱是开发较早的一种分离对映体的色谱手段，而且仍然在许多方面保持着继续发展的势头，但是它也存在一些固有的局限性。GC 目前还无法满足对各种手性物质进行分析的要求，同时要实现制备比较困难。操作温度相对比较高，因此使非对映异构体之间的相互作用能差别变小，对映体分离困难。另外，柱温太高会引起手性固定相的消旋化，导致对映体选择性降低。

二、液相色谱法分离手性农药

1. 有机磷农药的手性分离

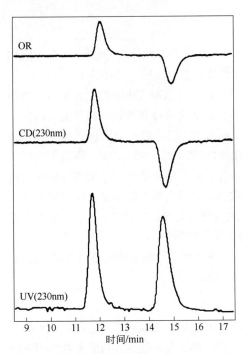

图 11-24　甲胺磷对映体在 Chiralcel OD 柱上的紫外吸收（UV）、圆二色（CD）和旋光（OR）色谱图

手性有机磷农药（OPs）可分为三类：①手性中心在磷原子上；②手性中心在碳原子上；③同时具有碳和磷手性中心。因此手性 OPs 多数含有一对对映体或者两对对映体。

Yen 等通过 Whelk-O1 色谱柱分离溴苯磷对映体。Wang 等通过 Whelk-O1 手性色谱柱分离了苯线磷对映体。Ellington 等拆分了 12 种手性 OPs，其中手性 Chiralcel OD 可拆分甲胺磷、育畜磷和毒壤磷，Chiralcel OJ 可拆分丁烯磷、氯乙亚胺磷、地虫硫磷、马拉硫磷、丙硫磷和毒壤磷，Chiralcel OG 可拆分甲基异柳磷，Chiralcel AD 可拆分苯线磷、丰索磷、丙溴磷和育畜磷，Chiralcel AS 可拆分苯线磷。Wang 等报道了在正相条件下在合成的纤维素三（3,5-二甲基苯基氨基甲酸酯）（CDMPC-CSP）上可手性分离水胺硫磷。Liu 等在 Chiralcel OJ 色谱柱上实现了毒壤磷对映体的基线拆分。丁烯磷在 Chiralcel OJ 上也可以被良好拆分。Lin 等报道甲胺磷对映体可以在 Chiralcel OD 色谱柱上成功分离（见图 11-24）。水胺硫磷对映体可以在 Chiralcel OD 色谱柱上分离。Kientz 等通过 Chiralcel OD 柱拆分了甲胺磷、乙酰甲胺磷、乙基-对硝基苯基磷酰胺酯等，而用聚合三苯基甲基异丁烯酸 CSP 可拆分苯硫磷、苯氰磷对映体。

2. 有机氯农药的手性分离

有机氯手性农药主要包括 α-六六六（α-HCH）、顺式氯丹、反式氯丹、七氯、环氧七氯、氯化氯丹、o,p'-DDT、o,p'-滴滴滴（o,p'-DDD）、毒杀芬等。

Champion 等在正相条件下使用 Chiralcel OD 拆分了顺式氯丹和反式氯丹对映体，使用 Chiralcel OJ 拆分了 α-HCH 对映体；使用 Chiralcel AD 和甲醇流动相实现了环氧七氯对映体拆分。Imran-Ali 等在反相色谱条件下 Chiralcel OD、Chiralcel OJ 和 Chiralcel AD 柱实现了 o,p'-DDT 及其代谢物 o,p'-滴滴滴（o,p'-DDD）对映体的拆分。

3. 三唑类农药手性分离

三唑类手性农药分子一般含有一个手性中心（2 个对映体），如戊唑醇、己唑醇、烯唑醇等；或含有 2 个手性中心（2 对对映体），如三唑醇、多效唑、丙环唑等。

Spitzer 等使用 Chiralcel OD、Chiralcel OJ、Chiralcel AD、Chiralcel AS 手性柱对己唑醇、三唑醇对映体进行了拆分，发现在正己烷/异丙醇（90/10，V/V）的流动相条件下，Chiralcel OD 柱对己唑醇拆分效果明显优于其他几种手性柱。Zhou 等采用手性液相色谱，在正相模式下考察比较了 Chiralcel OD 和 Chiralcel OJ 两种手性柱对丙环唑等 7 种手性三唑类杀菌剂的拆分效果，丙环唑、戊唑醇、烯唑醇和粉唑醇在 Chiralcel OD 柱上均得到基线分离。武彤等通过正相高效液相色谱研究发现在 Chiralcel OD-H 手性柱上，三唑酮、烯唑醇、粉唑醇（图 11-25）、多效唑、双苯三唑醇 5 种手性农药对映体可达到基线分离；Chiralcel OJ-H 手性柱则基线拆分了三唑酮、烯唑醇、腈菌唑（图 11-26）、多效唑、双苯三唑醇 5 种农药对映体。金丽霞利用高效液相色谱法在多糖类固定相上对手性三唑类杀菌剂进行了对映体分离的研究，发现在多糖手性固定相 Chiralpak AD-H 大部分的三唑类化合物得到了完全的基线分离。田芹等采用自制的纤维素-三（3,5-二甲基苯基氨基甲酸酯）手性固定相（CDMPC-CSP）和直链淀粉-三（3,5-二甲基苯基氨基甲酸酯）手性固定相（ADMPC-CSP），在反相色谱条件下成功地拆分了己唑醇、烯唑醇、烯效唑、粉唑醇、三唑酮和戊唑醇对映异构体。Zhang 等通过 Phenomenex 手性柱包括 Lux Cellulose-1、Lux Cellulose-2、Lux Cellulose-3、Lux Amylose-1、Lux Amylose-2 成功拆分了 21 种手性三唑类手性杀菌剂对映体。李晶通过 Chiralcel OJ-H 柱在正相条件下实现了苯醚甲环唑及其代谢物 CGA205375 对映体的同时基线分离（图 11-27）。

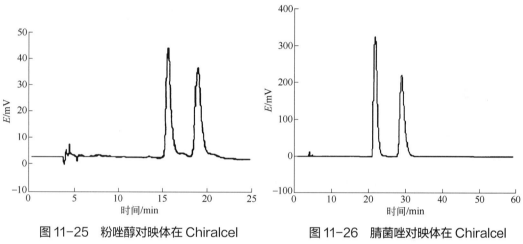

图 11-25　粉唑醇对映体在 Chiralcel
OD-H 柱上的分离色谱图

图 11-26　腈菌唑对映体在 Chiralcel
OJ-H 柱上的分离色谱图

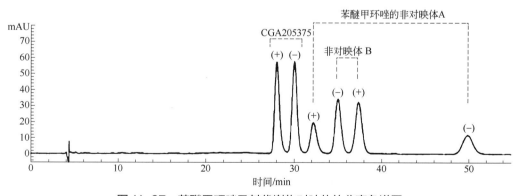

图 11-27　苯醚甲环唑及其代谢物对映体的分离色谱图

4. 苯氧羧酸类农药的手性分离

苯氧羧酸类除草剂一般含有一个或两个手性中心，如 2,4-滴（2,4-D）、2,4-滴丙酸、2 甲

4 氯丙酸、2,4-D 异辛酯等。

Padiglioni 等使用特麦角脲基手性柱在高效液相色谱上分离了禾草灵酸、噁唑禾草灵、喹禾灵、2,4-滴丙酸、2,4,5-涕丙酸、2 甲 4 氯丙酸。Riering 等发现通过高效液相色谱 2 甲 4 氯丙酸只能在 NUCLEODEX α-PM 柱上分离，而 2 甲 4 氯丙酸甲酯可以在 NUCLEODEX α-PM 柱和 NUCLEODEX β-PM 柱上被分离。Schurig 等以涂敷有 Chirasil-Dex 聚合物的 Nucleosil 柱为手性固定相在液相色谱反相条件下，实现了 2 甲 4 氯丙酸甲酯的基线分离。林坤德等采用手性高效液相色谱法，在 Chiralcel OJ-H 柱上同时完成了禾草灵和禾草酸对映体的拆分。潘春秀等发现利用高效液相色谱噁唑禾草灵对映体在 Pirkle 型 (S,S) - Whelk-O 1 手性柱上获得较好分离，禾草灵、吡氟禾草灵和喹禾灵在自制的涂敷型纤维素-三（3,5-二甲基苯基氨基甲酸酯）（CDMPC）手性柱上获得了较好分离。吡氟禾草灵、喹禾灵、2,4-滴丙酸甲酯、2,4,5-涕丙酸甲酯和 2 甲 4 氯丙酸甲酯在 Sino-Chiral OJ 手性柱上实现基线分离；禾草灵和噁唑禾草灵在 Chiralcel OD-H 手性柱上得到基线分离。

5. 酰胺类农药的手性分离

酰胺类手性农药具有共同的酰胺基团，杀菌剂包括甲霜灵、苯霜灵、呋霜灵等；除草剂包括甲草胺、乙草胺、丙草胺、丁草胺、敌草胺等。

Polcaro 等使用 Chiracel OD-H 柱基于 HPLC 拆分了异丙甲草胺的 4 个异构体。王美云在反相色谱条件下，利用 HPLC 结合手性固定相（Lux Cellulose-2）法，通过对波长、流动相组成和流速等手性分离因素的优化，实现了甲霜灵对映体的基线分离。周瑛等利用高效色谱在直链淀粉三-（3,5-二甲基苯基氨基甲酸酯）手性固定相（AD-RH 柱）和纤维素三-（3,5-二甲基苯基氨基甲酸酯）手性固定相（OD-RH 柱）上都实现了敌草胺对映体基线分离。

6. 其他农药的手性分离

Tan 等采用手性柱 Chiralcel OD-H 在正相色谱条件下基线分离了氟虫腈对映体。Sun 等采用 Phenomenex Lux Cellulose-1 手性柱，在 HPLC 上完全分离了茚虫威两个对映体。张青等在反相 HPLC 条件下，建立了乙虫腈对映体的手性拆分方法，分离度达到 2.52。

三、气相色谱-质谱联用技术分析手性农药

1. 有机磷农药

Wang 等选用 BGB-176 SE 柱分离，建立了卷心菜、小白菜中乙酰甲胺磷及其代谢物甲胺磷残留的 GC-MS/MS 分析方法，(+)-甲胺磷、(−)-甲胺磷、(+)-乙酰甲胺磷和(−)-乙酰甲胺磷保留时间分别为 12.76min、12.87min、14.84min 和 14.93min，回收率为 71.9%～81.4%，相对标准偏差（RSD）小于 8.8%，乙酰甲胺磷及甲胺磷对映体的 LOD 分别为 0.008mg/kg 和 0.005mg/kg。

2. 拟除虫菊酯类农药

Khazri 等利用 GC-MS 实现了氯氰菊酯的对映体分离。Fiance 在优化条件下，仅顺式结构可以完成基线分离，洗脱顺序依次为：$(1R)$-$(3R)$-(αR)-CYM（第 1 峰）、$(1S)$-$(3S)$-(αS)-CYM（第 2 峰）、$(1R)$-$(3R)$-(αS)-CYM（第 5 峰）、$(1S)$-$(3S)$-(αR)-CYM（第 6 峰）。第 3 和第 4 对峰 $[(1S)$-$(3R)$-(αS)-CYM/$(1R)$-$(3S)$-(αR)-CYM]及第 7 和第 8 对峰$[(1R)$-$(3S)$-(αS)-CYM/$(1S)$-$(3R)$-(αR)-CYM]对应反式结构的非对映异构体，但对映异构体之间无法区分。Corcellas 等使用

GC-MS 进行检测，并优化了温度梯度程序，可以在 75min 内完成 6 种拟除虫菊酯对映体的多组分测定，分离度值高于 0.58。Feng 等人采用(R)-（−)-3,5-二硝基苯甲酰-苯基甘氨酸和长链烃的硅胶微粒手性柱，用 GC-MS 成功分离了氟胺氰菊酯的 2 种旋光异构体。

3. 三唑类农药

Li 等采用 BGB-172 柱分离，GC-MS/MS 测定，建立了蔬菜（黄瓜、番茄）、水果（苹果、梨）和谷物（小麦、大米）中硅氟唑对映体残留分析方法；Kenneke 等利用 GC-MS 结合 BGB-172（20%三-丁基二甲基硅烷基-β-环糊精）手性毛细管气相色谱柱实现了三唑醇四个对映异构体的完全基线分离。

四、液相色谱-质谱联用技术分析手性农药

1. 有机磷农药

Wang 等使用超高效液相色谱串联质谱法（UPLC-MS/MS）和液相色谱串联飞行时间质谱法（LC-TOF/MS/MS）结合手性色谱柱研究了土壤和水生生态系统中噻唑膦的立体选择性。Jia 利用冠醚手性固定相在超高效液相色谱串联高分辨质谱仪（UHPLC-HRMS）上建立检测土壤和水样中的草铵膦对映体及两种代谢物的残留分析方法。

2. 拟除虫菊酯类农药

Lara 等利用手性液相色谱-串联质谱（LC-MS/MS）实现了苄氯菊酯对映体的分离和检测，其洗脱顺序为（1S）-反式、（1R）-反式、（1S）-顺式和（1R）-顺式。

3. 三唑类农药

Zhao 等通过 Chiralpak IG 色谱柱结合反相液相色谱-串联质谱联用建立了黄瓜、番茄、卷心菜、葡萄、桑树、苹果和梨中的 22 种手性农药对映体的分析方法，成功地用于监测不同水果和蔬菜中农药的发生和对映体组成。万凯等利用手性色谱柱 CHIRALCEL OD-RH 结合超高效液相色谱-串联质谱（UPLC-MS/MS）实现了多效唑、腈菌唑、甲霜灵、三唑酮和唑菌酮对映体的分离，并建立了这 5 种手性农药在菜心、油麦菜 2 种叶菜中的分析方法。刘宏程课题组利用手性色谱柱 Chiralpak-IG 结合 UPLC-MS/MS 建立了茶中 3 种手性杀菌剂（三唑酮、苯霜灵、丙环唑）对映体的分析方法。常维霞通过手性色谱柱 Chiralpak AD-3R 结合 UPLC-MS/MS 建立了乙螨唑对映体的分离方法。Li 等以低成本、高稳定性为特征的自制桥联双（β-环糊精）键合手性色谱柱（BCDP）为基础，采用 LC-MS/MS 检测了 6 种不同水果和蔬菜中的三唑类杀菌剂对映体。

五、手性农药在农药管理中的分析要求

1. 农药质量检测中手性农药的分析要求

在大部分手性农药中，通常只有一种或两种对映体具有活性，在生产农药产品时不具有活性的其他异构体即被认为是杂质。在手性农药质量分析时，对映体比例和比旋光度为重要评估指标。例如国家现行标准 GB/T 34153—2017《右旋烯丙菊酯原药》中规定了右旋烯丙菊酯原药的技术条件[烯丙菊酯质量分数≥95.0%，右旋体比例≥95.0%，酸部分顺式异构体/反式

异构体：（20±5）/（80±5），水分≤0.3%，酸度（以 H_2SO_4 计）≤0.3%]和试验方法（气相色谱法）；现行登记标准中《农药理化性质测定实验导则 第 18 部分：比旋光度》（NY/T 1860.18—2016）中也详细规定了比旋光度的检测方法。

2. 残留分析中手性农药的分析要求

目前获得登记和生产的商品化农药品种中，有近 40%为手性农药。市面上常见的以单体形式销售的农药有精吡氟禾草灵、精噁唑禾草灵、精喹禾灵、精异丙甲草胺、精草铵膦、高效氯氟氰菊酯、精甲霜灵等。根据手性农药在动植物中的代谢试验结果，在手性农药登记残留试验中，手性农药的待测残留物通常定义为其外消旋体。

以精甲霜灵残留分析为例介绍手性农药的残留分析过程。精甲霜灵被登记用于防治水果、坚果、蔬菜和作物中的各种真菌疾病，如疫霉病、腐霉病等，适用于对树叶、土壤或种子处理，也可用于收获后的水果处理。JMPR 报告明确指出，由于精甲霜灵占甲霜灵外消旋体的50%，因此精甲霜灵的代谢和归趋行为可用甲霜灵代谢和归趋行为表示，为了便于执行，最好保持单一的残留定义，当农药制剂中有效成分含有精甲霜灵时，待测残留物定义为甲霜灵。因此在残留分析中并未要求对手性农药的单一对映体检测，即使采用单一对映体防治，也以外消旋体形式进行检测。

3.风险评估中手性农药的分析要求

欧盟 SANTE/12278/2020 文件中给出了欧洲食品安全局（EFSA）对产品中含有手性成分、杂质或转化产物含有手性成分的风险评估指南。根据 EFSA 的规定，对于主成分或杂质中含有立体异构体的植物保护活性物质的风险评估中，需要将立体异构体视为不同的化学成分；在风险评估中，有必要关注相关异构体的组成和可能发生的代谢转化。对于活性成分，应该指出每种异构体在生物活性和毒性方面的相对差异。

在评估时，含有立体异构体的活性物质存在以下两种主要的可能性：

——在物质分子形成的活性成分中，只有一种立体异构体发挥活性作用，在这种情况下环境中的其他立体异构体可以作为其他代谢物来评价。

——活性成分是立体异构体组成的混合物时，如果他们在环境中存在优先降解或相互转换时，则将他们分别作为独立成分进行评估。

在关于最大残留限量（MRL）设定或修改的合理意见中指出：从 2021 年 8 月 1 日起，MRL 值的设定遵循审批/再审批流程，需要进一步了解植物、动物、环境中的立体异构体的行为及其对非靶标生物的影响。在对立体异构体的活性成分进行审批时，申请人需要对异构体相关的风险进行再评估。

参考文献

[1] Baycan-Keller R, Oehme M. Optimization of tandem columns for the isomer and enantiomer selective separation of toxaphenes. Journal of Chromatography A, 1999, 837:201-210.

[2] Bicker W, Lammerhofer M, Lindner W. Direct high-performance liquid chromatographic method for enantioselective and diastereoselective determination of selected pyrethroic acids. Journal of Chromatography A, 2004, 1035(1): 37-46.

[3] Bura L, Friel A, Magrans J O, et al. European Food Safety, A., Guidance of EFSA on risk assessments for

active substances of plant protection products that have stereoisomers as components or impurities and for transformation products of active substances that may have stereoisomers. EFSA Journal 2019, 17: 8-11.

[4] Buser H R, Muller M D. Environmental behavior of acetamide pesticide stereoisomers. 1. Stereo- and enantioselective determination using chiral high-resolution gas chromatography and chiral high-performance liquid chromatography. Environ Sci Technol, 1995, 29: 2023-2030.

[5] Champion Jr W L, Lee J, Garrison A W, et al. Liquid chromatographic separation of the enantiomers of *trans*-chlordane, *cis*-chlordane, heptachlor, heptachlor epoxide and *α*-hexachlorocyclohexane with application to small-scale preparative separation. Journal of Chromatography A, 2004, 1024: 55-62.

[6] Edwards D P, Ford M G. Separation and analysis of the diastereomers and enantiomers of cypermethrin and related compouns. Journal of Chromatography A, 1997, 777: 363-369.

[7] Ellington J J, Evans J J, Prickett K B, et al. High-performance liquid chromatographic separation of the enantiomers of organophosphorus pesticides on polysaccharide chiral stationary phases. J Chromatogr A, 2001, 928: 145-154.

[8] Faraoni M, Messina A, Polcaro C M, et al. Chiral separation of pesticides by coupled-column liquid chromatography application to the stereoselective degradation of fenvalerate in soil. Journal of Liquid Chromatography and Related Technologies, 2004, 27(6):995-1012.

[9] Guillaume Y C, Truong T T, Millet J, et al. Chiral discrimination of phenoxypropionic acid herbicides on teicoplanin phase: effect of mobile phase modifier. Chromatographia, 2002,55（3-4）: 143-148.

[10] Hou S C, Zhou Z Q, Qiao Z, et al. Enantiomer separation of tebuconazole and its potential impurities by high performance liquid chromatography using cellulose derivative-based chiral stationary phase. Chromatographia, 2003, 57: 177-180.

[11] Hutta M,Rybár I,Chalányová M. Liquid chromatographic method development for determination of fungicide epoxiconazole enantiomers by achiral and chiral column switching technique in water and soil. Journal of Chromatography A, 2002, 959: 143-152.

［12］ Imran A, Aboul-Enein H Y. Determination of chiral ratio of *o*, *p*-DDT and *o*, *p*-DDD pesticides on polysaccharides chiral stationary phases by HPLC under reversed-phase mode. Environ Toxicol, 2002, 17: 329-333.

[13] Kientz C E, Langenberg J P, De Jong G J, et al. Microcolumn liquid chromatography of the enantiomers of organophosphorus pesticides with thermionic and ultraviolet detection. Journal of High Resolution Chromatography, 1991, 14(7): 460-464.

[14] Lewis D L, Garrison A W, Wommack K E, et al. Influence of environmental changes on degradation of chiral pollutants in soils. Nature, 1999, 401（6756）: 898-901.

[15] Li Z Y, Zhang Z C, Zhou Q, et al. Stereo- and enantioselective determination of pesticides in soil by using achiral and chiral liquid chromatography in combination with matrix solid-phase dispersion. Journal of AOAC International, 2003, 86（3）:521-528.

[16] Müller M D, Poiger T, Buser H R. Isolation and identification of the metolachlor stereoisomers using high-performance liquid chromatography, polarimetric measurements, and Enantioselective gas chromatography. J Agric Food Chem, 2001, 49: 42-49.

[17] Oehme M, Muller L, Karlsson H. High-resolution gas chromatographic test for the characterization of enantioselective separation of organochlorine compounds application to tert-butyldimethylsilyl *β*-cyclodextrin. Journal of Chromatography A, 1997, 775: 275-285.

[18] Okamoto Y, Honda S, Hatada K, et al. Chromatographic resolution of racemic compounds containing phosphorus or sulfur atom as chiral center. Bull Chem Soc Jpn, 1984, 57: 1681-1682.

[19] Padiglioni P, Polcaro C M, Marchese S, et al. Enantiomeric separations of halogen-substitured 2-aryloxypropionic acids by high-performance liquid chromatography on a terguride-based chiral stationary phase. Journal of Chromatography A, 1996, 756: 119-127.

[20] Polcaro C M, Berti A, Mannina L, et al. Chiral HPLC resolution of neutral pesticides. J Liq Chrom & Rel Technol, 2004, 27: 49-61.

[21] Sanchez F G,Diaz A N, Pareja A G. Enantiomeric resolution of pyrethroids by high-performance liquid chromatography with diode-laser polarimetric detection. Journal of Chromatography A, 1996, 754: 97-102.

[22] Schurig V, Negura S, Mayer S, et al. Enantiomer separation on a chiralsil-dex-polymer- coated stationary phase by conventional and micro-packed high-performance liquid chromatography. Journal of Chromatography A, 1996, 755: 299-307.

[23] Spitzer T, Yashima E, Okamoto Y. Enantiomer separation of fungicidal triazolyl alcohols by nomal phase HPLC on polysaccharide-based chiral stationary phases. Chirality, 1999, 11: 195-200.

[24] Vetter W, Klobes U, Luckas B, et al. Use of 6-*O-tert*-butyldimethylsilylated β-cyclodextrins for the enantioseparation of chiral organochlorine compounds. Journal of Chromatography A, 1999, 846: 375-381.

[25] Wang X, Li Z, Zhang H, et al. Environmental behavior of the chiral organophosphorus insecticide acephate and its chiral metabolite methamidophos: enantioselective transformation and degradation in soils. Environmental Science & Technology, 2013, 47(16): 9233-9240.

[26] Welch C J, Szczerba T. HPLC separation of the enantiomers of commercial agricultural compounds using Whelk-CSP. Enantiomer, 1998, 3: 37-43.

[27] Yang G S, Parrilla V P, Garrido F A, et al. Separation and simultaneous determination of enantiomers of tau-fluvalinate and permethrin in drinking water. Chromatographia, 2004, 60(9/10): 523-526.

[28] Yang L, Liao Y, Wang P, et al. Direct optical resolution of chiral pesticides by high performance liquid chromatography on cellulose tris-3，5-dimethylphenyl carbamate stationary phase under reversed phase conditions. J Liq Chrom & Rel Technol, 2004, 27: 2935-2944.

[29] Zhou Z Q, Wang P, Jiang S R, et al. The preparation of polysaccharide-based chiral stationary phases and the direct separation of five chiral pesticides and related intermediates. J Liq Chrom & Rel Technol, 2003, 26: 2873-2880.

[30] 常维霞. 手性农药乙螨唑对映体的果园环境行为及毒性研究. 北京: 中国农业科学院, 2020.

[31] 陈平, 纳鹏君, 韩小茜, 等. 禾草灵对映异构体在高效液相色谱手性固定相上的拆分. 分析测试学报, 2003, 22(3): 39-41.

[32] 高如瑜, 王笛, 杨华铮, 等. 手性有机磷农药对映体在纤维素类手性固定相上的分离. 农药学学报, 1999, 1(1): 87-89.

[33] 高如瑜, 祝凌燕, 陈志远. 手性菊酯类农药甲氰菊酯、氟胺氰菊酯光学异构体在 HPLC 上的分离. 农药, 1998, 37(9): 22-24.

[34] 高如瑜, 祝凌燕. 手性农药对映体的色谱分离. 农药译丛, 1998, 22(6): 47-50.

[35] 韩小茜, 周志强, 柳春辉, 等. 制备分离农药甲霜灵对映体的高效液相色谱法. 分析测试学报, 2002, 21(5): 40-42.

[36] 侯经国, 孟晓荣, 何天稀, 等. 农药甲霜灵对映体的高效液相色谱分离及手性拆分热力学研究. 分析化学, 2003, 31(3): 307-310.

[37] 侯士聪, 王敏, 乔振, 等. 涂敷型手性固定相的制备及对麦草伏甲酯对映体的高效液相色谱分离. 应用化学, 2003, 5: 505.

[38] 侯士聪, 王敏, 周志强. 拟除虫菊酯类农药在高压液相色谱手性固定相上的分离研究进展. 农药, 2001, 40(12): 7-11.

[39] 侯士聪, 王敏, 周志强, 等. 苯并咪唑衍生物对映体的高效液相色谱手性分离. 农药学学报, 2004, 4: 71-74.

[40] 侯士聪, 王敏, 周志强, 等. 涂敷型手性固定相的制备及氯氟草醚乙酯对映体的高效液相色谱分离. 色谱, 2002, 20: 537-539.

[41] 贾贵飞. 手性农药草铵在水和土壤环境中立体选择行为研究. 贵阳: 贵州大学, 2019.

[42] 李朝阳, 张智超, 刘怡姗, 等. 在对映体水平上测定土壤中烯效唑的方法. 高等学校化学学报, 2003, 24(5): 840-842.

[43] 李秀娟, 翟宗德, 明永飞, 等. 禾草灵对映体在纤维素-三(3,5 二甲基苯基氨甲酸酯)手性固定相上的拆分. 化学研究, 2005, 16(3): 71-74.

[44] 凌云, 傅若农. 环糊精(CDs)衍生物作为色谱固定相在农药光学异构体分离中的应用. 农药科学与管理, 1997, 1: 3-5.

[45] 刘丰茂, 潘灿平, 钱传范. 农药残留分析原理与方法. 第 2 版. 北京: 化学工业出版社, 2021.

[46] 刘绍仁, 叶纪明, 宗伏霖. 手性毛细管气相色谱法分离农药光学异构体的研究.农药科学与管理, 1998, 1: 8-10.

[47] 卢航, 马云, 刘惠君, 等. 手性污染物的色谱分离与分析. 浙江大学学报, 2002, 28(5): 585-590.

[48] 骆冲, 黄聪灵, 朱富伟, 等. 两种叶菜中 5 种典型手性农药对映体的超高效液相色谱-串联质谱（UPLC-MSIMS）分析方法研究. 分析测试学报, 2018, 37(3): 294-299.

[49] 王鹏, 江树人, 刘晶, 等. 纤维素-三(3, 5-二甲基苯基氨基甲酸酯)对烯唑醇对映体的直接拆分. 农药, 2004, 43: 34-35.

[50] 王鹏, 江树人, 邱静, 等. 纤维素衍生物手性固定相的制备及对戊唑醇对映体的拆分. 色谱, 2004, 22: 181.

[51] 杨国生, 高如瑜, 沈含熙, 等. 在色谱极限条件下菊酯类化合物的手性分离. 山东大学学报, 1998, 33(2): 206-208.

[52] 张高华, 吴晓芳. 用手性液谱柱法拆分及骠马农药旋光对映体含量的测定. 现代商检科技, 1998, 8(1): 22-25.

? 思考题

1.手性化合物的命名原则有哪些?

2.手性化合物的分离方法有哪些?

3.常用于评价对映体组成的指标有哪些?

4.如何测定手性化合物的绝对构型?

5.气相色谱法用于手性分离的优缺点主要有什么?

6.环糊精衍生物用于手性农药分离的机理是什么?

7.常用的气相色谱手性固定相和液相色谱手性固定相有哪些?

8.液相色谱手性固定相对手性化合物的分离原理是什么?

9.简述涂覆型和键和型手性色谱柱在正相色谱与反相色谱分离中的注意事项。

10.气质联用和液质联用技术分离手性化合物有哪些优缺点?

第十二章
农药残留快速与现场分析技术

农药作为现代农业生产的必要生产资料，是防治作物病虫草害，保障农业稳产增产、提高劳动生产率的重要措施。然而，农药是"双刃剑"，过量和不合理的使用将产生环境污染、食品安全、人畜中毒、农作物药害等问题，影响农业产业的可持续发展。我国单位面积的农药施用量比发达国家高，农药使用技术水平相对较低，导致农药残留水平较高。此外，中国的膳食结构中75%是粮食、蔬菜和水果等植物性食品，其质量和安全与农药的使用直接相关。总体上来说，我国的农药膳食风险和环境风险比较突出。为了保护农业的可持续发展，需要能够满足不同场景、不同层次使用者的农药残留分析技术，提升对农药残留的监控能力，特别是基层的监控能力。

气相色谱法、高效液相色谱法和色谱-质谱联用法等仪器分析方法是农药残留分析的标准方法。虽然仪器分析方法的灵敏度、准确性和精密度较好，分析结果可靠、稳定，但是该方法需要昂贵的仪器设备及专业的操作人员、较为烦琐的前处理步骤，无法实现快速、低成本的现场分析。农药残留快速分析技术主要包括酶抑制法、免疫分析技术和传感器技术等，具有操作简单、快速、经济、现场检测等优势，可作为仪器分析技术的补充，完善农药残留分析技术体系，提升对农药残留的监控能力，保障农产品质量与环境安全。目前，我国已制定酶抑制法的农药残留快速分析方法标准，《农产品质量安全法》和《食品安全法》也明确了农药残留快速分析的合法地位。

第一节　酶抑制法

有机磷和氨基甲酸酯类农药具有杀虫谱广、活性高等特点，其杀虫机理是抑制机体内的胆碱酯酶，使其失去活性，从而丧失分解乙酰胆碱的能力，使乙酰胆碱在昆虫体内蓄积增多，影响正常的神经传导，引起中毒和死亡。由于有机磷和氨基甲酸酯类农药对非靶标生物的毒性高，一些品种已被禁止在我国生产、销售和使用，如甲胺磷、甲基对硫磷、对硫磷、久效磷等；另一些品种则被限制使用，如甲拌磷、甲基异柳磷、克百威、水胺硫磷、氧乐果、灭多威、涕灭威等，但由有机磷及氨基甲酸酯类农药残留超标引起的中毒事件仍有发生，如"毒韭菜""毒豇豆"等。因此，开发和推广适合现场检测农产品中有机磷和氨基甲酸酯类农药的快速分析方法和装置，扩大农产品的筛查，对保障农产品质量安全具有重要的意义。

酶抑制法是检测有机磷和氨基甲酸酯类农药的常用快速分析方法，具有操作简便、快速、低成本，适用于现场检测及大量样品筛选等优点。该方法于20世纪50年代初期被用于检测农药，20世纪80年代被用于检测农产品中的有机磷和氨基甲酸酯类农药。21世纪初，基于酶抑制法的检测产品在我国基层推广应用，如速测箱、速测仪、速测卡等，并制定了系列标准，包括《蔬菜上有机磷和氨基甲酸酯类农药残毒快速检测方法》（NY/T 448—2001）、《蔬菜中有机磷及氨基甲酸酯农药残留量的简易检验方法 酶抑制法》（GB/T 18630—2002）、《蔬菜中有机磷和氨基甲酸酯类农药残留量的快速检测》（GB/T 5009.199—2003）等。然而，随着有机磷和氨基甲酸酯类农药使用的减少，及对农药残留监管力度的加强，酶抑制法只能检测有机磷和氨基甲酸酯类农药，检测灵敏度和准确性较低的缺点也被凸显。

一、原理

酶抑制法是根据有机磷和氨基甲酸酯类农药的杀虫机制，即抑制胆碱酯酶活性这一毒理学原理，应用到有机磷和氨基甲酸酯类农药的检测。有机磷和氨基甲酸酯类农药对胆碱酯酶的抑制率与其浓度呈正相关，可通过显色反应计算胆碱酯酶的抑制率，对农药残留进行定性或定量分析。样品中没有农药残留或残留量低于检测限，胆碱酯酶的活性不被抑制，酶催化底物水解，通过显色反应等检测产物；反之，如果样品中的农药含量高于检测限，酶的活性被抑制，底物不被水解或水解速度较慢，可根据显色反应等结果计算出抑制率，判定样品中是否含有有机磷或氨基甲酸酯类农药或其含量。

1. 酶

酶抑制法使用的酶主要是从动植物中分离纯化的天然酶，包括乙酰胆碱酯酶、丁酰胆碱酯酶、羧酸酯酶、酪氨酸酶等。其中，乙酰胆碱酯酶和丁酰胆碱酯酶应用最多，其催化胆碱酯类物质的活性均可被有机磷和氨基甲酸酯类农药抑制，但对不同底物的催化效率存在差异，乙酰胆碱酯酶催化底物水解的速率是：乙酰胆碱＞丙酰胆碱＞丁酰胆碱；而丁酰胆碱酯酶水解丁酰胆碱的速率则远远大于水解乙酰胆碱的速率。根据酯酶的来源不同，可将其分为昆虫胆碱酯酶、动物血清酯酶、动物肝酯酶、植物酯酶、微生物酯酶等。

（1）昆虫胆碱酯酶 昆虫体内仅有乙酰胆碱酯酶，主要分布在头部和胸部。由于家蝇生活史短（16～18d），容易饲养，通常以敏感家蝇作为试材，从其头部提取酯酶。此外，蜜蜂、麦二叉蚜、黄猩猩果蝇、尖音库蚊、黄粉甲、马铃薯叶甲、骚扰角蝇、棉铃虫、赤拟谷盗、二化螟等昆虫胆碱酯酶的分离和纯化也有报道。

（2）动物血清酯酶 动物血液中的乙酰胆碱酯酶和丁酰胆碱酯酶含量较高，且来源广泛，廉价易得，如鸭血清、马血清和牛血清都已经成功地提取纯化出较高比活性的胆碱酯酶。

（3）动物肝酯酶 肝脏组织是提取乙酰胆碱酯酶和丁酰胆碱酯酶的酶原材料，通常为猪、兔、鼠、鸡、牛等动物的肝脏。

（4）植物酯酶 在植物中普遍含有酯酶，用于酶抑制法的植物酯酶属于羧酸酯水解酶类，催化羧酸酯水解为对应的醇和羧酸。此外，部分植物中也含有乙酰胆碱酯酶，以小麦中含量最高。虽然植物酯酶活性较动物酯酶低，但其来源丰富、价廉易得、取材和制备方便。

（5）微生物酯酶 微生物种类繁多，生长条件简单且繁殖快，是良好的酯酶来源，如青霉菌、黄曲霉菌、根霉菌、酵母菌等真核微生物；假单胞菌、无色杆菌、葡萄球菌等原核微生物。部分微生物酯酶为胞外酯酶，分布在发酵液中，易于分离纯化。

2. 显色反应

酶抑制法检测有机磷和氨基甲酸酯类农药时，需要将酶的活性转变成可供读取的信号。目前，主要使用显色反应产生吸光度值或颜色的变化。酶抑制法可以使用的底物包括乙酰胆碱（acetylcholine, ACh）、乙酸萘酯等羧酸酯类物质，根据底物被水解后产生的乙酸和另一水解产物选择显色剂。显色反应原理主要分以下几种类型：

（1）乙酰胆碱-溴百里酚蓝显色法　酶催化底物水解，产物引起酸碱性变化，以 pH 指示剂溴百里酚蓝显色，pH<6.2 时呈黄色，pH>7.6 时呈蓝色：

$$乙酰胆碱（ACh）+ H_2O \xrightarrow{酶} 胆碱 + 乙酸$$

（2）硫代乙酰胆碱-二硫双对硝基苯甲酸（DTNB）显色法　酶催化硫代乙酰胆碱水解，产物硫代胆碱与显色剂 DTNB 反应生成 5-巯基-2-硝基苯甲酸（TNB）衍生物，呈黄色：

$$硫代乙酰胆碱 + H_2O \xrightarrow{酶} 硫代胆碱 + 乙酸$$

$$硫代胆碱 + DTNB \longrightarrow TNB 衍生物（呈黄色）$$

（3）乙酸-β-萘酯-固蓝 B 盐显色法　酶催化底物乙酸-β-萘酯水解，产物 β-萘酯与显色剂固蓝 B 盐作用形成紫红色偶氮化合物：

$$乙酸-\beta-萘酯 + H_2O \xrightarrow{酶} \beta-萘酯 + 乙酸$$

$$\beta-萘酯 + 固蓝 B 盐 \longrightarrow 偶氮化合物（呈紫红色）$$

（4）乙酸羟基吲哚显色法　酶催化底物乙酸羟基吲哚水解，产物吲哚酚氧化成靛蓝而显蓝色：

$$乙酸羟基吲哚 + H_2O \xrightarrow{酶} 吲哚酚 + 乙酸$$

$$吲哚酚 + O_2 \longrightarrow 靛蓝（呈蓝色）$$

（5）乙酸靛酚酯显色法　酶催化底物乙酸靛酚酯水解，产物靛酚蓝显蓝色：

$$乙酸靛酚酯 + H_2O \xrightarrow{酶} 靛酚蓝（蓝色）+ 乙酸$$

二、速测仪

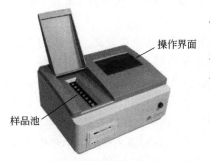

样品池　操作界面

图 12-1　速测仪示意图

速测仪通常指用于测定酶抑制法显色反应的分光光度计（图 12-1）。速测仪在我国基层已广泛应用，并制定了行业标准《蔬菜上有机磷和氨基甲酸酯类农药残毒快速检测方法》（NY/T 448—2001），及国家标准《蔬菜中有机磷及氨基甲酸酯农药残留量的简易检验方法　酶抑制法》（GB/T 18630—2002）。两种标准方法均基于有机磷和氨基甲酸酯类农药对胆碱酯酶的抑制，但显色方法不同。

1. 硫代乙酰胆碱为底物的速测仪法

（1）方法原理　有机磷和氨基甲酸酯类农药抑制胆碱酯酶的活性，且在一定农药浓度范围内，胆碱酯酶的抑制率与其浓度呈正相关。酶抑制反应后，加入显色试剂，并用分光光度计测定吸光值随时间的变化值，计算出抑制率，判断蔬菜中含有机磷或氨基甲酸酯类农药的残留情况。

显色方法为硫代乙酰胆碱-DTNB（二硫双对硝基苯甲酸）显色法。硫代乙酰胆碱为底物，在乙酰胆碱酯酶的作用下硫代乙酰胆碱被水解成硫代胆碱和乙酸，硫代胆碱与显色剂 DTNB 产生显色反应，使反应液呈黄色，在分光光度计 410nm 处有最大吸收峰，用分光光度计可测得酶活性被抑制程度（用抑制率表示）。

（2）操作步骤

① 取样　用不锈钢管取样器取来自不同植株叶片（至少 8～10 片叶子）的样本；果菜从表皮至果肉 1～1.5cm 处取样。

② 提取　取 2g 切碎的样本（非叶菜类取 4g），放入提取瓶内，加入 20mL 缓冲液，振荡 1～2min，倒出提取液，静止 3～5min。

③ 检测　于小试管内分别加入 50μL 酶、3mL 样本提取液、50μL 显色剂，于 37～38℃ 下放置 30min 后再分别加入 50μL 底物，倒入比色杯中，用仪器进行测定。

④ 检测结果的计算　抑制率计算公式如下：

$$抑制率（\%）= (\Delta A_c - \Delta A_s)/\Delta A_c$$

式中　ΔA_c——对照组 3min 后与 3min 前吸光值之差；

ΔA_s——样本 3min 后与 3min 前吸光值之差。

⑤ 判定　抑制率≥70%时，表示蔬菜中含有某种有机磷或氨基甲酸酯类农药残留。

2. 碘化硫代乙酰胆碱为底物的速测仪法

（1）方法原理　有机磷和氨基甲酸酯类农药对胆碱酯酶的活性有抑制作用，在一定条件下，其抑制率取决于农药含量。

在 pH 7～8 的溶液中，碘化硫代乙酰胆碱被胆碱酯酶水解，生成硫代胆碱。硫代胆碱具有还原性，能使蓝色的 2,6-二氯靛酚褪色，褪色程度与胆碱酯酶活性呈正相关，可在 600nm 比色测定，酶活性越高，吸光度值越低。当样品提取液中有一定量的有机磷或氨基甲酸酯类农药存在时，酶活性受到抑制，吸光度值则较高。据此，可判断样品中有机磷或氨基甲酸酯类农药的残留情况。样品提取液用氧化剂氧化，可提高某些有机磷农药的抑制率，因而可提高其测定灵敏度，过量的氧化剂再用还原剂还原，以免干扰测定。

（2）操作步骤

① 试样的制备　蔬菜样品擦去表面泥水，取代表性可食部分，剪碎，取 2 g 置于 10mL 烧杯中，加 5mL 丙酮浸泡 5min，不时振摇，加 0.2 g 碳酸钙（对于番茄等酸性较强的样品可加 0.3～0.4 g）。若颜色较深，可加 0.2 g 活性炭，摇匀，过滤。

② 氧化　取 0.5mL 丙酮滤液于 5mL 烧杯中，吹干丙酮后，加 0.3mL 缓冲液溶解。加入氧化剂 0.1mL，摇匀后放置 10min。再加还原剂 0.3mL，摇匀。

③ 酶解　加入酶液 0.2mL，摇匀，放置 10min，再加入底物溶液 0.2mL，显色剂 0.1mL，放置 5min 后测定。

④ 测定　分光光度计波长调至 600nm，其他按常规操作，读取测定值。

⑤ 判定　当测定值在 0.7 以下时，为未检出。

当测定值在 0.7～0.9 之间时，为可能检出，但残留量低。

当测定值在 0.9 以上时，为检出。

测定值与农药残留量呈正相关，测定值越高，说明农药残留量越高。

三、速测卡

检测有机磷和氨基甲酸酯类农药的速测卡是将酶、底物及显色剂等固定在纸基上而设计的检测试纸，具有操作简便、快速、无需检测设备、方便贮存和便于携带等优点，适合现场检测。速测卡是使用最广泛的酶抑制法，我国已制定该方法的国家标准《蔬菜中有机磷和氨基甲酸酯类农药残留量的快速检测》（GB/T 5009.199—2003）。

1. 方法原理

速测卡由白色药片（含有胆碱酯酶）和红色药片（含有乙酸靛酚）组成，胆碱酯酶可催化乙酸靛酯（红色）水解为乙酸和靛酚（蓝色），有机磷或氨基甲酸酯类农药对胆碱酯酶有抑制作用，使催化、水解、变色的过程发生改变，由此根据白色药片的颜色判定样品中是否含有有机磷或氨基甲酸酯类农药（图 12-2）。

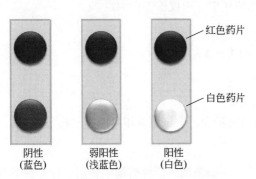

阴性（蓝色）　弱阳性（浅蓝色）　阳性（白色）

图 12-2　速测卡组成及判定示意图

红色药片
白色药片

2. 操作步骤

（1）样品制备　选取有代表性的蔬菜样品，擦去表面泥土，剪成 1cm 左右见方碎片，取 5g 放入带盖瓶中，加入 10mL 缓冲液，振摇 50 次，静置 2min 以上。

（2）检测　取一片速测卡，用白色药片蘸取提取液，放置 10min 以上进行预反应，有条件时在 37℃恒温装置中放置 10min，预反应后的药片表面必须保持湿润；将速测卡对折，用手捏 3min 或用恒温装置恒温 3min，使红色药片与白色药片叠合发生反应；每批测定设一个缓冲液的空白对照。

（3）判定　与空白对照比较，白色药片不变色或略有浅蓝色均为阳性结果；白色药片变为天蓝色或者与空白对照相同，为阴性结果。

第二节　免疫分析法

免疫分析是以抗原与抗体的特异性识别和可逆性结合反应为基础，把抗体作为生物化学检测器对化合物、酶或蛋白质等物质进行定性和定量分析的一门技术。免疫分析法具有灵敏度高、特异性强、方便快捷、检测成本低、高通量等优点。此外，免疫分析无需贵重的检测仪器及专业的操作人员，样品的前处理简单，可进行现场检测。

一、抗原

抗原（antigen）是指可被 T 淋巴细胞、B 淋巴细胞识别，能够刺激机体免疫系统，并诱导免疫应答产生相应的抗体和/或致敏淋巴细胞等免疫物质，同时又能在体外与抗体或致敏淋巴细胞发生特异性结合的物质。

抗原的基本特性为免疫原性（immunogenicity）和反应原性（immunoreactivity）。抗原的免疫原性是指抗原被 T 细胞表面特异性抗原受体（T cell receptor, TCR）及 B 细胞表面特异性抗原受体（B cell receptor, BCR）识别及结合，诱导机体产生适应性的免疫应答效应物质（活化的 T/B 细胞或抗体）的能力；抗原的反应原性是指抗原与其所诱导产生的免疫应答物质（活化的 T/B 细胞或抗体）特异性结合的能力。

具有免疫原性的物质分子质量通常在 10kDa 以上，低于 4kDa 的物质一般不具备刺激动物机体产生相应抗体的能力，这是因为复杂的大分子物质表面抗原决定簇较多、化学性质相对稳定、在动物体内降解和排除速率较慢，有利于持续刺激机体免疫系统产生免疫应答。抗原的免疫原性还取决于抗原分子表面的抗原决定簇（又称抗原表位，是位于抗原物质分子表面或其他部位的具有一定组成和特殊结构的化学基团）的性质，如数目、电荷、立体构型和空间构象等，而抗原决定簇的结构特征又与整个蛋白质的立体结构密切相关。此外，抗原与机体的种属关系越远，免疫原性越强。

抗原反应原性的强弱与抗原分子的大小、化学成分、抗原决定簇的结构等有密切关系，通常认为分子量越大、化学组成越复杂、立体结构越完整的抗原物质，其免疫反应性越强。

1. 半抗原

同时具备免疫原性和免疫反应性的物质称为完全抗原（complete antigen）；而一些小分子物质，单独不能诱导免疫应答，即不具有免疫原性，但当其与某些大分子蛋白质或非抗原性的多聚物等载体（carrier）偶联或结合后可获得免疫原性，诱导免疫应答。这类能与免疫应答效应产物结合而获得免疫原性的小分子物质称为半抗原（hapten），又称为不完全抗原。

建立农药免疫分析方法的关键是制备出对农药具有高度亲和力和高选择性的抗体。由于化学农药属于小分子化合物，结构相对简单，通常不具有免疫原性；再者，并非所有的农药分子都能以半抗原的形式与载体蛋白质共价偶联生成大分子免疫抗原。因此，建立农药残留酶联免疫分析方法的第一步是设计合成能够与载体蛋白共价偶联的半抗原，同时这也是至关重要的步骤。

理想半抗原的分子结构应具备三方面的特征：①半抗原在分子结构、立体化学、电子分布和疏水性方面与待测物分子尽可能相似，以便机体对特征结构进行精准识别；②半抗原与载体蛋白之间的连接臂应具有一定长度，以保证最大限度地将特征结构暴露给免疫活性细胞，且连接臂应不易诱导机体产生"臂抗体"，通常 3~6 个碳链组成的间隔臂是理想的间隔臂结构；③经过化学修饰后的半抗原分子末端应具备与载体蛋白偶联的活性基团，以便于和载体蛋白上的残基共价偶联，且活性基团的存在对待测物分子的电子分布应没有影响。

半抗原的合成路径或方法需要根据所设计半抗原的结构来决定，根据半抗原制备时所用原料可以将半抗原的合成方法分为 2 类：①以农药作为反应原料，合成具有活性末端基团的半抗原；②以农药生产的原材料或中间体作为反应物，合成具有活性末端基团的农药类似结构，作为半抗原。

2. 人工抗原

半抗原与载体的偶联物兼具免疫原性和反应原性，即完全抗原，也称为人工抗原。人工抗原的制备包括载体的选择及其与半抗原的偶联反应。

（1）载体蛋白　人工抗原制备中的载体通常为大分子蛋白。载体蛋白不仅增加半抗原分子量，还起到运载作用，而且可依靠本身的结构特异性和免疫原性，诱导机体产生免疫应答反应，继而诱导对半抗原分子的识别。蛋白质是一类结构复杂的胶体两性物质，具有较高的溶解度、免疫原性强和取材方便等特点，是一种常用的半抗原载体。制备完全抗原常用的载体蛋白主要有牛血清白蛋白（bovine serum albumin, BSA）、鸡卵清白蛋白（ovalbumin, OVA）、钥孔血蓝蛋白（keyhole limpet hemocyanin, KLH）、兔血清白蛋白（rabbit serum albumin, RSA）和人血清白蛋白（human serum albumin, HAS）等。其中，牛血清白蛋白和鸡卵清白蛋白价廉易得、理化性质稳定、不易变性，在不同的 pH 值和离子强度下均有较大的溶解度，被认为是优先选择的载体；钥孔血蓝蛋白因其与脊椎动物免疫系统具有很好的异源性也被优先选择作为载体，但其价格相对昂贵。近年来，也有报道用人工合成多聚肽（常用多聚赖氨酸）为载体，分子量可达十万到几千万，可增加半抗原的免疫原性，可有效地刺激动物产生高效价和高亲和力抗体。

人工抗原合成过程中，载体蛋白的选用应遵循以下原则：首先，载体表面应具有化学活性基团，这些基团可以直接与农药半抗原相偶联，这是化学偶联制备完全抗原的前提；其次，载体应具有一定的容量，可以偶联足够多的农药半抗原分子；再次，载体还应该是惰性的，不应干扰偶联分子的功能；最后，载体应具有足够的稳定性，且价廉易得。

（2）半抗原与载体蛋白的偶联方式　根据半抗原修饰物所含活性基团，选择不同的方式与载体蛋白进行偶联。如含羧基的半抗原，可通过碳二亚胺法、混合酸酐法、活性酯法等与载体蛋白进行偶联；含氨基的半抗原，可通过戊二醛法和重氮化法等与载体蛋白进行偶联；含羟基的半抗原，可通过琥珀酸酐法或一氯醋酸钠法等生成含羧基的中间体衍生物，再用碳二亚胺法与载体蛋白进行偶联；含羰基的半抗原，可通过 O-(羧甲基)羟胺法和对-肼基苯甲酸法等合成带有羧基的中间体，再通过羧基与蛋白质的氨基结合；含巯基的半抗原，可通过与马来酰亚胺活化的载体蛋白与含巯基的半抗原偶联。常见的半抗原衍生物和蛋白质的偶联方法列于表 12-1。

表 12-1　常用的半抗原修饰物与载体蛋白的偶联方法

偶联方法	活性基团	反应原理
碳二亚胺法	—COOH	$RCOOH + R-N=C=N-R \longrightarrow R-\overset{O}{\overset{\|}{C}}-O-\overset{NHR}{\underset{NR}{C}} \xrightarrow{H_2N-Pr} R-\overset{O}{\overset{\|}{C}}-\overset{H}{N}-Pr + RNHCONHR$
活性酯法	—COOH	$RCOOH + HO-N \overset{O}{\underset{O}{}} \xrightarrow{DCC} ROOC-N \overset{O}{\underset{O}{}} \xrightarrow{H_2N-Pr} RCONHPr$
混合酸酐法	—COOH	$RCOOH + ClCOOCH_2CH(CH_3)_2 \xrightarrow{(n\text{-}C_4H_9)_3N} RCOOCOOCH_2CH(CH_3)_2 \xrightarrow{HO-\bigcirc-Pr} RCONHPr$
重氮化法	Ar—NH₂	$Ar-NH_2 + NaNO_2 \xrightarrow{HCl} Ar-N=N-Cl \xrightarrow{HO-\bigcirc-Pr} HO-\bigcirc \overset{Ar-N=N}{-Pr}$

偶联方法	活性基团	反应原理
戊二醛法	—NH₂	$R-NH_2 + HC-C-C-C-CH + H_2N-Pr \longrightarrow R-N=CH(CH_2)_3CH=N-Pr$
琥珀酸酐法	R—OH	$R-CH_2OH + \longrightarrow R-CH_2O-OCCH_2CH_2COOH$ （生成的琥珀酸半酯再用碳二亚胺法等与载体蛋白偶联）
一氯醋酸钠法	Ph—OH	$Ph-OH + ClCH_2COOH \longrightarrow Ph-OCH_2COOH$ （生成的含羧基衍生物再用碳二亚胺法等与载体蛋白偶联）
O—(羧甲基)羟胺法	C=O	$R^1R^2C=O + H_2NOCH_2COOH \longrightarrow R^1R^2C=NOCH_2COOH$ （生成的含羧基衍生物再用碳二亚胺法等与载体蛋白偶联）
对肼基苯甲酸法	C=O	$R^1R^2C=O + H_2NHN-\!\!\!\!\bigcirc\!\!\!\!-COOH \longrightarrow R^1R^2C=NNH-\!\!\!\!\bigcirc\!\!\!\!-COOH$ （生成的含羧基衍生物再用碳二亚胺法等与载体蛋白偶联）
马来酰亚胺法	—SH	$N(CH_2)_3COON + Pr-NH_2 \longrightarrow Pr-NHCO(CH_2)_3COON$ $\xrightarrow{X-HS} Pr-NHCO(CH_2)_3N-S-X$

人工抗原中半抗原与载体蛋白的摩尔分子比称为偶联率。除半抗原的结构特征外，偶联率也是影响人工抗原免疫效果的重要因素，适宜的偶联率有助于提高抗体的亲和力和检测特异性。但大量的研究发现，偶联率对产生抗体的影响方面并不是一个可具体量化的指标，所以应根据具体情况选择适宜的偶联率。

二、抗体

抗体（antibody）是指机体的免疫系统在抗原物质刺激下，由 B 细胞分化成的细胞液产生的、可与相应抗原发生特异性结合反应的免疫球蛋白（immunoglobulin, Ig）。抗体分子是由浆细胞合成和分泌的，主要分布在血清中，而每一种浆细胞克隆可以产生一种特异的抗体分子，所以血清中的抗体是多种抗体分子的混合物，它们的化学结构并不完全一致。

抗体分子是机体内最复杂的分子之一，它可以特异性地识别各种不同的抗原，此特征决定了其一级结构具有无限的多样性。抗体分子的基本结构是由 2 条相同的分子量较大的重链（H 链）和 2 条相同的分子量较小的轻链（L 链）通过二

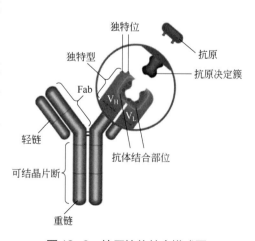

图 12-3　抗原抗体结合模式图

硫键连接组成的四聚体（免疫球蛋白的结构见图 12-3），一个抗体分子上的两个抗原结合部位是相同的，位于两链末端，称为抗原结合片段（fragment of antigen binding, Fab）。识别并特异结合抗原是抗体分子的主要功能，执行该功能的结构是抗体的可变区（V 区），其中免疫球蛋白的互补决定区（独特位）对识别和结合抗原分子起决定作用。

1964 年，世界卫生组织（WHO）举行专门会议，将具有抗体活性与及抗体相关的球蛋白统称为免疫球蛋白。根据抗体的理化性质和生物学功能，可将血清中发现的抗体分为 IgG、IgA、IgM、IgD 和 IgE 五类，与免疫测定有关的主要是 IgG 和 IgM。

按抗体制备方法、产生途径和特点，可将抗体分为多克隆抗体、单克隆抗体和基因工程抗体三类。

（1）多克隆抗体（polyclonal antibody, PcAb） 由多种抗原决定簇刺激机体，并由多株 B 细胞产生的、针对不同抗原决定簇（antigenic determinant）的抗体混合物，其含有抗某种抗原不同表位的多种抗体。制备方法是用抗原直接免疫兔、羊等动物制备抗血清，再从抗血清中分离抗体。多克隆抗体与抗原的亲和性强、稳定性好，但抗体的均一性和特异性较差，并且存在批间差异。多克隆抗体被称为第一代抗体。

（2）单克隆抗体（monoclonal antibody, McAb） 由一个抗原决定簇刺激机体，由单株 B 细胞所产生的、针对某一个抗原决定簇的抗体，通常使用杂交瘤技术制备获得。1975 年英国科学家 Kohler 和 Milstein 将小鼠骨髓瘤细胞与浆细胞在体外进行融合，创建了杂交瘤技术，所产生的杂交瘤细胞既可分泌特异性抗体又有无限增殖的能力，该项技术的提出及发展是 20 世纪以来生物分析化学领域所取得的最伟大成就之一，极大地促进了免疫分析方法的发展和应用。单克隆抗体的均质性好、特异性强，可在体外培养液中批量培养增殖，不存在批间差异。1995 年 Katherine Knight 博士在美国芝加哥洛约拉大学成功地从转基因兔中获得了骨髓瘤细胞，开创了兔单克隆抗体技术，并且证实了兔源单克隆抗体无论在亲和力、特异性和制备难度方面均优于鼠源单克隆抗体。这种应用杂交瘤技术制备的单克隆抗体被称为第二代抗体，其与多克隆抗体相比存在多方面的差异（见表 12-2）。

表12-2 多克隆抗体与单克隆抗体的比较

差别点	多克隆抗体	单克隆抗体
产生抗体的细胞	多株 B 细胞及其子代细胞产生	单株 B 细胞及其子代细胞产生
来源	动物免疫血清	B 细胞杂交瘤
有效抗体含量	0.1~1.0mg/mL（血清）	0.5~5.0mg/mL（小鼠腹水）
抗体成分及性质	能识别多种抗原决定簇的各类及各亚类免疫球蛋白	只识别一种抗原决定簇的同一亚类免疫球蛋白，其分子结构一致，重链、轻链、独特型完全相同
用途	用于常规多价抗原免疫学检测，易出现交叉反应	作为一抗，用于 ELISA，可避免交叉反应

（3）基因工程抗体（genetic engineering antibody, GEAb） 利用重组 DNA 及蛋白质工程技术对编码抗体的基因按不同需要进行加工改造和重新装配，转染适当的受体细胞后表达的特异性多肽分子。基因工程抗体制备的基本过程是首先从杂交瘤或免疫脾细胞、外周血淋巴细胞、肿瘤浸润淋巴细胞中提取总 RNA，逆转录成 cDNA，再经 PCR 分别扩增出抗体的重链和轻链可变区（V_H 和 V_L）基因，按一定的方式再将 V_H 和 V_L 基因克隆到表达载体中，在宿主细胞中表达并折叠成功能性的抗体分子，并筛选出高表达的细胞株，最后再用亲和色谱等手段纯化其表达产物。基因工程抗体被称为第三代抗体，该技术的发展使人工设计和制备

具有特殊性质、特殊功能的抗体成为可能。

三、抗体制备

（一）多克隆抗体制备程序

高等脊椎动物的防御机能是由吞噬细胞、淋巴细胞、抗体等在内的完善的体液免疫系统和细胞免疫系统实现的。作为免疫实验动物，一般应从比爬行类分类地位高的动物中选择，常用的实验动物有兔和羊等，近年来兴起的纳米抗体则使用羊驼或者骆驼进行免疫。免疫用的实验动物的年龄、体重和性别也是需要考虑的因素。由于可溶性抗原的免疫原性相对较弱，为确保抗原在注射部位缓慢释放，延长抗原在机体内的停留时间，增强免疫刺激效果，往往需要在完全抗原中加入等体积量的免疫佐剂，将其与抗原充分混匀、乳化，制备成免疫抗原，注射到实验动物体内。常用的免疫佐剂分为弗氏完全佐剂（CFA）和弗氏不完全佐剂（IFA）两种。一般初次免疫使用弗氏完全佐剂，再次免疫则使用弗氏不完全佐剂。免疫剂量的确定应考虑抗原性的强弱、抗原分子量、动物大小和免疫周期等因素。常用的免疫注射途径主要有皮下、耳/尾静脉和腹腔等，其中采取先静脉注射和皮下多点注射方式交替进行，有利于产生高效价的特异性抗体。动物免疫系统受到抗原刺激后，产生免疫应答反应，由机体的浆细胞合成并分泌能与该抗原发生特异性结合的具有免疫功能的免疫球蛋白（主要包括 IgG、IgM、IgA、IgE 和 IgD，且以 IgM 和 IgG 为主），主要分布于血清中，血液或血浆凝固后，析出的黄色液体即为抗血清。

以下分别介绍抗血清分离、纯化及检测性能参数。

（1）抗血清分离　分离抗血清的第一步工作就是动物采血，采血方式主要有颈动脉采血法、心脏采血法、静脉采血法。收集的血液置于室温下 1h 左右，凝固后，置 4℃下过夜，以 4000r/min 离心 10min，取离心上清液，即免疫抗血清。

（2）抗血清纯化　对抗血清进行纯化的目的是除去不相关成分，防止血清中抗体以外的其他成分干扰试验结果。常用的抗体纯化方法有盐析法、辛酸-硫酸铵沉淀法和亲和色谱法等。

① 盐析法　盐析法是传统的抗体纯化方法。由于抗体在水溶液中的溶解度是由其亲水基团与水形成的水化程度及抗体分子所带电荷决定的，因此，在溶液中存在较高浓度中性盐的情况下，中性盐将会占据抗体分子表面的水化膜，降低其溶解度；同时较高浓度的中性盐也会改变溶液的离子强度，中和掉抗体表面的大量电荷，而进一步降低抗体的溶解度。在以上两种因素综合作用下，抗体发生凝集而沉淀析出，这便是盐析法纯化抗体的基本原理。盐析法使用的中性盐主要有硫酸铵、硫酸钠、硫酸镁、氯化钠或磷酸盐等。由于硫酸铵有溶解度高、受温度影响小、溶解于水中时几乎不产生热量、对蛋白质具有较好的保护作用、在高浓度时还可以抑制微生物和蛋白酶的活性、价廉易得等优点，最为常用。盐析法可获得较纯的抗体制品，要获得更高纯度的 IgG，还需要采用其他方法进一步纯化。

② 辛酸-硫酸铵沉淀法　辛酸-硫酸铵沉淀法是在硫酸铵沉淀法的基础上结合有机溶剂沉淀法发展而来的。辛酸-硫酸铵沉淀法是在酸性条件下（pH 4.5）向血清中加入一定量的短链脂肪酸——辛酸，使血浆蛋白中的清蛋白、α-球蛋白及 β-球蛋白成分沉淀，取 IgG 成分为主的上清液，再经硫酸铵沉淀。该法仅需两步沉淀分离，操作简便、周期短、成本低、不需要复杂的仪器设备，不仅适用于小量抗体的纯化，也适用于大批量抗体的纯化制备。

③ 亲和色谱法　在生物分子中有些分子的特定结构能同其他分子相互识别并通过二者

间的亲和力相结合，如酶与底物、受体与配体、抗体与抗原等，这种结合既是特异的，又是可逆的，改变条件可以解除这种结合。亲和色谱就是根据这样的原理设计的蛋白质分离纯化方法，其最大优点在于利用它从粗提液中经过一次简单的处理过程，便可得到所需的高纯度活性物质。该纯化方法对设备要求不高、操作简便、适用范围广、特异性强、分离速度快、分离效果好、分离条件温和，但该方法的通用性较差，几乎每分离一种物质都要重新制备专用的吸附剂，此外，还需要较好地控制洗脱条件，以避免生物活性物质的变性失活。

经纯化的血清，于-20℃下可冻存 3~5 年，抗体冻干粉于-20℃下可冻存 5~10 年甚至更长的时间。

（3）抗体检测性能参数　抗体效价是衡量血清中抗体水平的一项检测指标，它是指在给定的条件下，能与定量的抗原反应的抗体最大稀释倍数。效价显示了抗血清中特异性抗体的浓度或含量，通常使用间接酶联免疫吸附分析进行测定。

亲和力表示抗体与相应抗原的结合强度，体现了抗体分子和半抗原分子或抗原分子的决定簇起反应的能力，常用亲和常数"K_D"表示，可通过间接酶联免疫吸附分析、表面等离子共振、等温滴定量热等方法进行测定。

抗体是具有特异性的，表现为它只与相应的抗原发生免疫学反应，但由于抗原纯度等因素，经过动物免疫，制备的抗体往往存在一定的非特异性反应。一般而言，由于多组分抗原，甚至不同的抗原之间可能存在共同的抗原决定簇，或者两个结构类似的抗原决定簇能与同一抗体结合等，均可能出现抗体与异源抗原的交叉反应。抗体的特异性可通过间接竞争酶联免疫吸附分析测定。

（二）单克隆抗体制备程序

单克隆抗体的制备程序包括：小鼠的免疫，脾细胞和骨髓瘤细胞的融合及杂交瘤细胞株的筛选，杂交瘤细胞的扩大培养及单克隆抗体的纯化（图 12-4）。

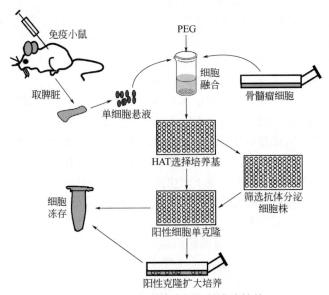

图 12-4　杂交瘤技术制备单克隆抗体

1. 小鼠免疫

用人工抗原免疫 6～8 周龄的 BALB/c 小白鼠。首次免疫隔三周后，进行加强免疫，以后每隔两周，加强免疫一次，共免疫 4 次，融合前 3d 对小鼠注射与首次免疫等剂量的免疫原（不含任何佐剂）。第三次免疫开始，每免疫 7～10 天后，小鼠尾静脉采血，37℃放置 45min 后于 4℃冰箱放置 30min，3500r/min 离心 10min，上清液即为抗血清。抗血清的性能参数检测方法同多克隆抗体。

2. 细胞融合与阳性杂交瘤细胞株的筛选

（1）骨髓瘤细胞的准备　常用的骨髓瘤细胞包括 NS0、SP2/0 等。从液氮中取出冻存的 NS0 细胞，水浴融化后加入细胞培养液培养使 NS0 骨髓瘤细胞复苏。在该过程中，及时用显微镜计数，细胞融合应取用的 NS0 细胞数为每视野中 $2 \times 10^7 \sim 5 \times 10^7$ 个。

（2）饲养细胞的制备　于细胞融合前 1 d 制备饲养细胞。一般方法是将 5mL 预热至 37℃ 的 HAT（H—hypoxanthine 次黄嘌呤，A—aminopterin 氨基蝶呤，T—thymidine 胸腺嘧啶核苷）培养基小心注射入小鼠腹腔，重新吸出注入的液体，收集小鼠腹腔巨噬细胞并培养。

（3）脾细胞的制备　最后一次加强免疫 3d 后，小鼠眼眶下窦采血，分离血清，作为后续检测过程中的阳性对照血清。同时取小鼠脾脏，经研磨过滤并测定细胞活性，收集细胞活性大于 80% 的免疫脾细胞。

（4）细胞融合　将脾细胞与 NS0 细胞按 10∶1 的数量比混合后加至 50mL 的细胞融合管中，进行细胞融合操作

（5）融合细胞的培养　细胞融合后 24h，加入 3 倍量的 HAT 进行培养，培养过程中定期检查细胞培养板上有无微生物污染情况，若出现污染孔，及时用 1moL/L 的 NaOH 溶液处理，防止污染扩大化。培养至第 10d，对已长出杂交瘤细胞孔的上清液采用间接 ELISA 和间接竞争 ELISA 进行阳性孔筛选，第 12d 再次确认阳性孔。融合后的第 14d，将筛选出的阳性杂交瘤细胞转移至 24 孔细胞培养板继续扩大培养，准备进行融合细胞的亚克隆。

（6）阳性杂交瘤细胞的筛选　待 24 孔细胞培养板上扩大培养的阳性杂交瘤细胞基本铺满孔底时，用间接 ELISA 和间接竞争 ELISA 进行第二次确认试验，最终确定细胞生长状态良好、强阳性、抑制效果好的杂交瘤细胞进行克隆化培养。

（7）阳性杂交瘤细胞的克隆　对所筛选出的高效价、抑制效果好和细胞生长旺盛的强阳性杂交瘤细胞共进行 3 次有限稀释法亚克隆，直至克隆化培养的细胞阳性率达 100%。

3. 单克隆抗体的纯化

以体外培养的方式，将单克隆抗体细胞株扩大培养，当细胞数量达 5×10^5 个/mL 时停止换液，收集强阳性杂交瘤细胞株培养液，再对其采用体内诱生腹水法继续扩大培养，取腹腔液离心处理，得到淡黄色清亮液体层，经饱和硫酸钠盐析法提纯，即为单克隆抗体，-20℃ 保存，备用。

四、抗原抗体反应

抗原与抗体的特异性结合称为抗原抗体反应。在免疫化学中一般用亲和性和亲和力两个术语来表示抗原抗体结合能力的大小。亲和性是指抗体分子上一个抗原结合位点与对应的抗原决定簇之间相适应而存在的结合力，亲和性越强，与抗原结合就越牢固；亲和力是指抗体

结合部位与抗原决定簇结合的强度，与抗体的结合价、抗体的亲和性、抗原决定簇数目等相关。一个复杂抗原与相应抗体的亲和力是多克隆抗体系统中多个亲和性之和，而在单克隆抗体反应系统中则只有某一个抗原决定簇起作用，因此，单克隆抗体与相应抗原的亲和力一般比多克隆抗体要弱。

（一）抗原抗体反应的特点

抗原抗体反应的特点主要体现在以下四个方面：

（1）特异性　是由抗原决定簇和抗体分子超变区在空间构型上的互补性决定的。同一抗原分子可具有多种不同的抗原决定簇，若两种不同的抗原分子具有一个或多个相同或相似的抗原决定簇，则与抗体反应时就会出现交叉反应。

（2）比例性　是指抗原与抗体发生可见反应遵循质量作用定律，只有当抗原与抗体浓度比例适当时才出现可见反应。在抗原抗体比例相当或抗原稍过剩的情况下，反应最彻底，形成的免疫复合物最多也最大；而在抗原抗体比例超过此范围情况下，反应速度和沉淀物量都会迅速降低甚至不出现抗原抗体反应。

（3）可逆性　是指抗原抗体结合形成复合物后，在一定条件下又可解离恢复为抗原与抗体的特性。由于抗原抗体反应是分子表面的非共价键结合，所形成的复合物并不牢固，所以可能随时解离，解离后的抗原抗体仍保持原来的理化特征和生物学活性。

（4）阶段性　抗原抗体反应可分为两个阶段，第一个阶段为抗原抗体的特异性结合阶段，此阶段是抗原与抗体间互补的非共价结合，反应迅速，可在数秒至数分钟内完成，一般不出现肉眼可见的反应现象；第二个阶段为可见反应阶段，是小的抗原抗体复合物间靠正、负电荷吸引形成较大复合物的过程，该阶段反应慢，往往需要从数分钟、数小时至数日不等，且易受多种因素和反应条件的影响。

（二）影响抗原抗体反应的主要因素

抗原抗体发生结合反应的物质基础是抗原分子表面的抗原决定簇和抗体分子表面的抗原结合部位之间结构的互补性，但以此来衡量抗原抗体的结合反应是不全面的，抗原抗体的结合反应还受到反应物自身因素和反应环境因素的影响。

1. 反应物自身的因素

（1）抗体的来源和类型　抗体的特异性和亲和力是抗原抗体反应中的两个关键因素，来自不同免疫动物及个体的抗体其免疫反应性通常都存在一定的差异。免疫动物早期产生的抗体特异性较高，但亲和力较低；免疫后期产生的抗体亲和力较高，但长期免疫使得抗体类型及反应性变得复杂。单克隆抗体的反应特异性高，但其较低的亲和力一般不适用于沉淀反应或凝聚反应。为提高试验结果的可靠性，应选择高特异性和强亲和力的抗体作为检测试剂。

（2）抗原和抗体的浓度　抗原抗体反应中，抗体的浓度与抗原是对应的，为得到最佳的实验结果，通常采用方阵测定法筛选抗原与抗体反应的最佳浓度组合。

（3）抗原特性　抗原的理化性质、分子量、抗原决定簇的种类及数目均会影响反应结果。如可溶性抗原与相应抗体的反应类型是沉淀，而颗粒性抗原则出现凝集，然而单价抗原与相应抗体结合不易出现可见反应。

2. 反应环境条件

（1）反应介质中的电解质　电解质是抗原抗体反应系统中必不可少的成分，它可使免疫复合物出现可见的沉淀或凝聚现象。如果反应系统中电解质浓度很低，抗原抗体反应不易出现可见的沉淀物或凝聚物，但过多的电解质会出现非特异性蛋白质沉淀。在抗原抗体反应中，常用 8.5 g/L 的 NaCl 溶液或各种缓冲液作为抗原及抗体的稀释液，通过提供适当浓度的电解质，促成沉淀物或凝聚物的形成。

（2）反应介质的酸碱度　适当的反应介质 pH 值是获得正确的抗原抗体反应实验结果的重要因素。抗原抗体反应一般在 pH 6～9 的反应介质中进行，pH 值过高或过低都将影响抗原与抗体反应，进而影响试验结果的可靠性。

（3）反应温度　在一定范围内，温度升高可加速分子运动，增加抗原与抗体分子碰撞的机会，加速反应进程。抗原抗体最适宜的反应温度为 37℃，如果温度高于 56℃，会导致已形成的抗原抗体复合物解离，甚至使抗原或抗体变性失活，影响试验结果。

五、酶联免疫吸附分析

酶联免疫分析法是以生物酶为标记物的标记免疫分析方法，它将抗原-抗体免疫反应的特异性与酶的高效放大作用相结合，对目标分析物进行定性、定量分析。酶联免疫分析方法灵活，即可以利用已知抗原来识别和测定抗体，也可以利用已知抗体来识别和测定抗原。

20 世纪 70 年代初，瑞典学者 Engvall 和 Perlmann、荷兰学者 Van Weerman 和 Schuurs 先后报道了应用于医学研究领域的体液中微量免疫球蛋白（IgG）的固相免疫定量检测方法，即酶联免疫吸附分析（enzyme linked immunosorbent assay, ELISA），该方法利用了酶标记物同抗原抗体复合物的免疫反应与酶的催化放大作用，既保持了酶催化反应的敏感性，又保持了抗原抗体反应的特异性，因而极大地提高了检测灵敏度。

酶联免疫吸附分析是一种可广泛应用于液体样品中微量物质检测的方法。该方法具有准确性好、灵敏度高、特异性强、操作简便、分析速度快、检测成本低、样本分析容量大、易于实现自动化等优点，该类方法不需要贵重的检测仪器，可简化甚至省去理化检测过程中的样品前处理程序，对使用人员的操作技术要求不高，便于推广和普及，已成为最广泛应用的检测技术之一。

（一）酶联免疫吸附分析的基本原理

酶联免疫吸附分析是将抗原与抗体的免疫反应和酶的高效催化作用有机结合而发展起来的一种新型液体样品中微量物质的测定技术，其基本原理是在不影响免疫活性的条件下，将已知抗原或抗体吸附在固相载体表面（常为聚苯乙烯酶标反应板），按照一定的程序加入待测抗体或抗原，以及酶标记抗体或抗原，使抗原抗体反应在固相表面进行，通过洗涤的方法将固相上吸附的抗原抗体复合物与液相中的游离成分分开，加入酶底物之后，通过酶对底物催化的显色反应程度，对样品中的抗原或抗体进行定性或定量检测。由于酶的高效催化活性，可极大地放大反应信号，因此，测定方法可以达到很高的敏感度。

酶联免疫吸附分析是目前食品质量安全检测领域小分子污染物残留检测常用的非均相免疫测定方法。该测定方法涉及 3 种必要的试剂：①包被的固相抗原或抗体，即免疫吸附剂；②酶标记的抗原或抗体，称为酶结合物；③酶反应底物和显色剂。应用酶联免疫吸附分析既可以测抗原，也可以测抗体。根据酶联免疫实验原理可知，酶联免疫吸附分析包括三个过程：一是免疫反应过程，包括抗原、抗体和酶标记物之间的反应；二是酶和底物之间的反应过程，可使用不同的酶/底物系统；三是检测方法的建立，即利用已存在的检测手段（如分光光度法、荧光分析法、化学发光分析法和电化学分析法等），对酶催化反应产物进行定量分析。本部分主要基于分光光度法的酶联免疫吸附分析进行介绍。

（二）酶联免疫吸附分析的主要类型

固相酶联免疫吸附分析属于非均相酶免疫反应技术体系，可用于测定抗原也可用于测定抗体，根据试剂来源及检测条件，可以设计出多种类型的检测方法。

酶联免疫反应中普遍采用的载体是以聚苯乙烯材料制成的透明微孔酶标反应板（8×12 的 96 孔酶标反应板是国际通用的标准板型），其中的每个小孔相当于一个单独的反应容器，聚苯乙烯对蛋白质具有较强的吸附能力，抗体或蛋白质抗原吸附在其上后仍保留原有的免疫学活性。

目前，已开发并在检测实际中广泛应用的酶联免疫吸附分析主要包括双抗夹心 ELISA（sandwich ELISA）、直接 ELISA、间接 ELISA、竞争 ELISA 和基于细胞法 ELISA（cell-based ELISA）等。农药残留酶联免疫吸附测定主要涉及两类 ELISA 方法，即间接 ELISA 和间接竞争 ELISA，其中间接 ELISA 主要用于测试抗体效价，间接竞争 ELISA 主要用于验证所开发 ELISA 的性能指标（如线性、灵敏度、回收率、交叉反应性和基质效应等）及应用所制备抗体进行样品中残留农药的检测。

1. 间接 ELISA

间接 ELISA 是检测抗体效价最常用的方法，其原理是利用酶标记的第二抗体来检测与固相抗原结合的第一抗体（待检抗体），故称为间接法。间接 ELISA 的基本反应原理见图 12-5 所示，具体操作步骤如下：

（1）将包被抗原吸附于固相载体，经洗涤后封板，形成固相抗原；

（2）加入待测抗体，待测抗体与抗原特异性结合，形成固相抗原抗体复合物，经洗板除去未被结合的游离态物质，固相载体上只留下特异性抗体；

（3）定量加入酶标记二抗，固相免疫复合物中的抗体与酶标记二抗特异性结合，从而使待测抗体间接性地标记上了酶，经洗板除去未结合的游离态物质，固相载体上的酶量就代表了待测抗体的量；

（4）加入酶底物溶液，生成显色物质，显色深浅与样品中待检抗体量呈正相关。

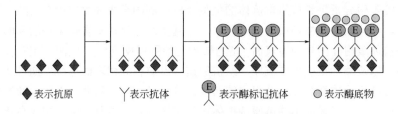

◆表示抗原　　Y表示抗体　　Ⓔ表示酶标记抗体　　○表示酶底物

图 12-5　间接 ELISA 测抗体原理示意图

2. 间接竞争 ELISA

间接竞争抑制 ELISA 可以看作是待测抗原干扰预先设计好的间接 ELISA 反应体系，最终的显色结果与待测抗原的干扰程度呈负相关。间接竞争 ELISA 的基本反应原理如图 12-6 所示，具体操作步骤如下：

（1）将包被抗原吸附于固相载体，经洗涤去除游离物后封板，形成固相抗原；

（2）将第一抗体（待测抗原的抗体）和待测含残留农药样品（其中的残留农药为自由抗原）依次加入微孔反应板，样品中的待测残留农药与固相抗原竞争结合第一抗体，由于抗体与待测抗原和固相抗原竞争结合抗体的机会不均等，只有与待测抗原结合剩余的抗体才会与固相抗原结合，样品中所含的自由抗原越多，与固相抗原结合的抗体就较少，反应后经洗板除去自由抗原和抗体的复合物，只留下固相抗原和抗体复合物，在一定范围内，固相抗原和抗体复合物中的抗体量与目标分析物的量呈反比；

（3）加入酶标记二抗（以第一抗体为抗原的酶标记抗体），反应达到平衡后，经洗板除去未被结合的游离态物质，固相上结合的酶标记二抗量与固相上结合的第一抗体量成正比，与步骤（2）中加入的待测残留农药含量呈反比；

（4）加入酶底物溶液，生成有色产物，显色深浅程度与样品中待测抗原量呈反比。

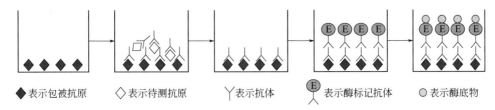

◆表示包被抗原 ◇表示待测抗原 Ｙ表示抗体 Ｅ表示酶标记抗体 ●表示酶底物

图 12-6　间接竞争 ELISA 测抗原原理示意图

（三）免疫检测试剂盒的研发与应用

到目前为止，国内外已经建立了百余种农药的酶联免疫吸附分析，其中部分已经开发出了商品化的免疫检测试剂盒，并成功应用于农药残留检测。

（1）分析方法、分析条件和试剂的标准化　开发农药免疫检测试剂盒的前提条件是免疫检测方法、检测条件和试剂的标准化。试剂盒中应装配实际检测所需的标准化试剂；明确抗原、抗体、标记物及相关试剂的使用浓度和使用方法；在确保检测结果准确可靠的前提下，采用简便、快捷的样品前处理方法和标准化的检测方法；试剂盒中应附有详细的使用说明书；试剂盒包装及标志应符合相关规范，且便于运输和保存。

为简化样品检测程序，农药残留免疫检测试剂盒的应用多采用直接竞争 ELISA 或间接竞争 ELISA 模式，同时简化残留样品前处理程序。为了缩短免疫反应时间，加快检测速度，研制具有自主知识产权的反应促进剂是免疫检测试剂盒研发的重要任务之一。

（2）试剂盒稳定剂的开发　为充分发挥免疫学检测方法在食品农药残留检测中现场、实时和适于大规模筛查的优势，所研发的检测试剂盒中的相关试剂必须在常温下具有一定的稳定期，一般来说所研发试剂盒在常温或 4℃左右的保存温度下，质量保证期应能达到 6 个月以上。但由于抗体和酶等生物活性物质在常温或 4℃下稳定性有限，相关试剂的稳定性是试剂盒推广应用和市场化的重要制约因素。因此，研发的试剂盒中往往需要加入一定的具有防腐、抗氧化、稳定结构等功能的稳定剂。ELISA 试剂盒中需要的稳定剂主要包括抗体稳定剂、酶标记物稳定剂、样品稀释剂稳定剂、酶底物稳定剂和显色剂稳定剂等，各种稳定剂成分的组成、配比和浓度等都需要通过相关的试验进行优化和选择。目前，已有相关的商品化稳定剂和标准化试剂，但这些试剂一般价格都较高，且有专利保护，导致试剂盒的开发成本非常高。因此，具有自主知识产权、高性价比的试剂盒稳定剂和标准化试剂的研发方面还需要继续探索。

（3）多组分免疫分析在检测试剂盒中的应用　由于抗原-抗体结合具有高度的特异性，因此免疫检测试剂盒基本上都是针对某一种农药而设计和开发的。然而，实际样品分析过程中，多种化合物的同时测定总是具有重要意义和吸引力，能够同时对多种化合物进行定性和定量检测的免疫分析技术也是当前的研究热点。多组分免疫分析技术是以通用结构抗原的设计和类特异性抗体的制备为基础的，其基本思想是摒弃传统免疫学方法追求抗体高度特异性的思路，利用抗体针对某些含有共有结构或官能团的农药会产生交叉反应的原理，开发具有广泛识别力的广谱性抗体，并将其整合至酶联免疫检测试剂盒，这样就可以满足批量样品快速筛查的需要。通用型免疫检测方法目前正处于探索阶段，其潜在优势还有待进一步挖掘。

六、胶体金免疫试纸条技术

20世纪70年代初期，美国微生物学家 Faulk 和 Taylor 始创胶体金标记抗体技术。目前，胶体金标记抗体技术已经在免疫学快速检测试纸研发领域得到了广泛应用。当前的主流胶体金标记检测试纸结构模式如图 12-7 所示。

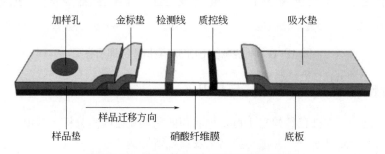

图 12-7　胶体金免疫试纸条结构示意图

（一）胶体金免疫试纸条的检测原理

适用于小分子抗原检测的胶体金免疫试纸条通常是基于间接竞争 ELISA 原理，将包被抗原和二抗以条带状固定在包被于硝酸纤维素膜的检测线（T线）和质控线（C线）位置，样品检测时，样品中的待测抗原与固定在硝酸纤维素膜上的包被抗原竞争结合金标抗体。具体反应过程如下：

将样品滴加至检测试纸一端的加样孔，样品中的目标分析物在金标垫的毛细作用下向右侧移动，溶解结合垫上的金标抗体并一同迁移至检测线位置，在该位置包埋的包被抗原与待测抗原一同竞争结合有限的金标抗体，在该过程中，抗原-抗体复合物不断积累。而未与包埋在检测线位置的包被抗原结合的金标抗体继续向右迁移至质控线，并被固定在质控线位置的二抗特异性地结合，滞留于质控线并显色。检测线颜色的深浅与待测抗原的浓度呈负相关，待测物浓度很低甚至没有时，固定在硝酸纤维素膜上的包被抗原结合的金标抗体就越多，则检测线的颜色就越接近于空白样品的颜色；当待测抗原浓度增大时，待测抗原占据金标抗体上有限的结合位点增多，从而固定在硝酸纤维素膜上的包被抗原结合的抗体的量就越少，检测线的颜色随之变浅。当待测抗原达到一定浓度时，待测抗原完全占据金标抗体上的结合位点，固定在硝酸纤维素膜上的包被抗原没有竞争结合到金标抗体，此时检测线不显颜色，呈现阳性检测结果。无论是阳性结果还是阴性结果，质控线均显红色条带，若质控线红色条带消失，则表明试纸条检测失效。

(二) 胶体金免疫试纸条的特点

胶体金免疫试纸条是基于免疫色谱技术的一种免疫学检测方法，具有传统免疫分析方法不具有的优越性，其优势主要表现在以下几方面：

(1) 不依赖复杂贵重的专门检测仪器，使用方便，操作简单，仅凭肉眼观察试纸颜色变化即可快速读出检测结果，实现现场、实时、批量样品的快速筛测；

(2) 样品只需要做简单的前处理，就可以满足检测的需要，节约了传统分析方法所需的大量前处理溶剂及一些特殊试剂，经济环保；

(3) 胶体金不属于生物活性物质，干扰检测结果的因素少，且制备好的检测试纸和检测结果均可长期保存；

(4) 适用范围广，具有巨大的发展潜力和广阔的应用前景。

(三) 胶体金免疫试纸条的研发程序

1. 胶体金的制备

胶体金的制备方法主要有柠檬酸三钠还原法、鞣酸-柠檬酸三钠还原法和白磷还原法，其基本原理都是通过向一定浓度的氯金酸（$HAuCl_4 \cdot 4H_2O$）溶液中加入一定量的还原剂使金离子还原为金原子，并聚合成一定粒径的带负电荷的胶体金颗粒。需要注意的是，使用不同种类、不同剂量的还原剂，制得的胶体金粒径会有一定差异。一般认为胶体金颗粒由一个基础金核（原子金）及包围在外的双离子层构成，紧连在金核表面的是内层负离子（$AuCl_2^-$），外层离子层的 H^+ 则分散于胶体溶液中，以维持胶体金游离于溶胶间的悬浮状态。

2. 胶体金标记抗体免疫检测试纸的制备

(1) 胶体金溶液的 pH 值调整　　胶体金与所制备检测抗体的结合成功与否，主要取决于胶体金溶液的 pH 值，一般来说，只有在蛋白质等电点略偏碱的条件下二者才能牢固结合，因此，标记之前须将胶体金溶液的 pH 值调至待标记蛋白质的等电点略偏碱。

(2) 抗体最小用量的确定　　比色法是确定抗体最小用量的常用方法。具体操作步骤如下：配制系列浓度的等体积（1mL）的抗体溶液，分别加至 5mL 的胶体金中，迅速混匀；加入 10% 的 NaCl 溶液 1mL，摇匀，静置 5min，根据胶体金颗粒的大小，在 520～580nm 下测各管的吸光度值；以测得的吸光度值为纵坐标，抗体浓度为横坐标作曲线，取曲线最先与横轴相接近处的单克隆抗体用量为最适稳定量。

(3) 抗体的胶体金标记　　抗体的胶体金标记实质上是将抗体分子吸附到胶体金颗粒表面的包被过程。由于胶体金是氯金酸在还原剂作用下聚合形成的具有一定粒径的、带负电的疏水性金溶胶，因而它能迅速而稳定地吸附带正电荷的高分子物质（如抗体分子、植物凝集素和蛋白质等），而其生物活性不被破坏。胶体金标记抗体属于物理作用，其中标记体系的 pH 值、离子浓度及二者的比例均会影响标记效果。一般情况下，当胶体金的 pH 值接近或大于抗体蛋白的等电点时，胶体金对抗体的吸附力最强，二者容易形成牢固的结合物。影响胶体金标记抗体的另一个重要因素是胶体金与抗体的比例，通常抗体的用量多少取决于胶体金的粒径大小，胶体金的粒径越小，其比表面就越大，可吸附抗体的量也就越大。抗体胶体金标记的具体方法为：首先，将 100mL 胶体金溶液的 pH 值调整至 8.2（适用于单克隆抗体），调整滤过和离心的抗体溶液的 pH 值为 8.2；在快速搅拌下向胶体金溶液中逐滴加入定量的抗体（实验得到的单克隆抗体最小浓度加 10%的浓度，即为单克隆抗体的稳定浓度），大约 5min 内加完，在金标溶液中加入 10%的 BSA 溶液 10mL，至最终浓度为 1%，缓慢搅拌 10min。

（4）胶体金标记抗体的纯化

① 超速离心法　用 BSA 作稳定剂的胶体金抗体结合物可先低速离心（20nm 金胶粒用 250g，5nm 金胶粒用 4800 g）20min，弃沉淀，然后将 5nm 胶体金结合物在 60000g、4℃下离心 1h；20～40nm 粒径的胶体金结合物在 14000g、4℃下离心 1h，弃上清，沉淀用含 1% BSA 的 0.02%的 NaN$_3$ 溶液重新悬浮为原体积的 1/10，于 4℃下保存。为了得到粒径均一的免疫胶体金标记抗体，可将上述初步纯化的结合物再进一步用 10%～30%的蔗糖或甘油进行密度梯度离心，分带收集不同梯度的胶体金与蛋白的结合物。

② 凝胶过滤法　将胶体金蛋白结合物装入透析袋，在硅胶中脱水浓缩至原体积的 1/10～1/5。再经 1500r/min 离心 20min，将上清液加至丙烯葡聚糖凝胶 S-400 层析柱，用 0.02 moL/L 的 PBS（内含 0.1% BSA、0.05% NaN$_3$）洗脱。按红色深浅分管收集洗脱液。一般先滤出的液体为微黄色，有时略带混浊，内含大颗粒聚合物等杂质，继之为纯化的胶体金单克隆抗体结合物，最后洗脱出的略带黄色的为标记的单克隆抗体组分。将纯化的胶体金单克隆抗体结合物过滤除菌、分装，于 4℃条件下保存备用。

3. 金标免疫检测试纸的组成与装配

金标免疫检测试纸由多个部件组成，通常包括样品垫、金标垫、包被了捕获试剂的硝酸纤维膜和吸水垫。

（1）样品垫　样品垫可选用玻璃纤维、聚酯膜、纤维素滤纸和无纺布等材质，使用前需先用化学物质进行浸泡处理，以减少样品检测差异，提高检测的灵敏度。样品垫的作用主要是减缓样品渗透速率，确保样品在结合垫上均匀分布；去除样品中的杂质颗粒；调节样品液 pH 值或黏度等。

（2）金标垫　金标垫一般用玻璃纤维、聚酯膜、无纺布等材质，其作用是吸附一定量的金标结合物，并持续不断地将样品转移至硝酸纤维膜上，保持金标结合物的稳定性，保证金标结合物定量释放等。一般通过专用的喷金仪器将胶体金标记抗体均匀、一致地喷涂于玻璃纤维膜上形成金标垫。

（3）吸水垫　一般采用能够提供高吸收率、高容量以及相对稳定吸收率的吸收纸，主要作用是控制样品流速，促进虹吸作用以及使试剂跨过膜而不是仅仅迁移到膜上。

（4）硝酸纤维素膜　主要作用是在检测线和对照线条带区域固定抗体，使样品在膜上迁移并与试剂发生免疫反应，在膜上发生显色反应并读取检测结果。硝酸纤维素膜的孔径决定了样品的通过速度，通过得越快，与包被在检测线的物质反应时间也就越短，读数快，灵敏度就会降低；反之，反应时间长，读数慢，灵敏度高。特别需要注意的是，反应时间过长的情况下，发生非特异性结合的可能性大，所以过长时间的反应不一定就能够真正地提升灵敏度。

（5）底板　一般选用不干胶塑料作底板，底板的质量很大程度上影响了产品的货架期。

试纸条装配时首先要确定检测线及质控线的位置，在线上吸附一定量的抗体和抗原一段时间后进行封闭处理，封闭材料可以选择蛋白质溶液（如明胶、BSA、脱脂牛奶等），也可以采用高分子材料（如聚氯乙烯等）；封闭处理液阴干后，以玻璃纤维膜作金标垫，将一定量的金标抗体均匀喷涂于金标垫；最后，将喷涂金标抗体的玻璃纤维膜、固定有包被抗原和二抗的硝酸纤维膜、吸水纸依次固定于不干胶底板上，即成检测试纸条。检测试纸条与干燥剂一起封装于铝箔袋内，室温下，试纸条有效期一般在 6～18 个月。

第三节　其他快速检测技术

一、拉曼光谱法

表面增强拉曼光谱技术是反映分子特征结构和探测分子间相互作用的一种高灵敏度的分析检测技术。拉曼光谱利用光散射效应，根据不同的物质能产生不同的散射光谱，通过产生特征光谱可对物质进行快速的定性定量分析。表面增强拉曼光谱在此基础上，通过目标物与活性基底相互作用，放大目标物分子的拉曼信号，增强对目标物的灵敏度。目前，表面增强拉曼光谱技术已在化学、工业、生物医学、食品质量安全、农产品安全和环境保护等领域发挥着重要作用。

1. 拉曼光谱的原理

拉曼散射（Raman scattering, RS），又称拉曼光谱（Raman spectroscopy, RS），是一种基于物质对光的非弹性散射效应，最早是 1928 年由印度科学家 Raman 和 Krishman 发现的。当光照射到物质上时，入射光与样品分子之间的 106 次碰撞中，约有 1 次属于非弹性碰撞，此时光子与分子间发生了能量交换，使光子不仅改变了方向，且其能量也发生变化，频率也随之改变。这种散射称为拉曼散射，相应的谱线称为拉曼散射线（图 12-8）。研究拉曼散射线的频率与分子结构之间关系的方法，称为拉曼光谱法。

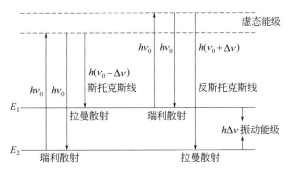

图12-8　拉曼散射原理图

在分子处于基态振动能级或激发态振动能级的状态下，接受入射光子的能量后，从基态或激发态跃迁到受激虚态，而分子处于受激虚态时很不稳定，若分子返回到原基态振动能级或激发态振动能级，其吸收的能量全部以光子形式释放，光子的能量不变（即瑞利散射）；如果处于受激虚态的分子不返回基态，而返回至振动激发态能级（能量高于基态），则分子保留了一部分能量，此时散射光子的能量减少（即拉曼散射），频率降低，由此产生的拉曼散射线称为斯托克斯线，强度大而频率低于入射光频率。若处于振动激发态的分子跃迁到受激虚态后，再返回到基态振动能级，此时散射光子得到了来自振动激发态分子的能量，使能量增加，频率提高，所产生的拉曼线称为反斯托克斯线，强度弱，其频率高于入射光频。常温条件下，根据玻耳兹曼分布，处于振动激发态的分子率不足 1%，因此斯托克斯线远强于反斯托克斯线。

光子在与分子发生碰撞后，拉曼散射光频率与入射光频率之间的差值，称为拉曼位移。拉曼位移与入射光频率无关，仅与分子振动能级有关。而不同分子具有不同的振动能级，因此具有不同的拉曼位移，即每种分子的拉曼位移都是独特的，使每种不同类型的分子都能产生不同的散射光谱，可用于分子的识别。对这种散射光谱进行分析可以得到分子振动、转动等信息。因此，拉曼光谱能对物质进行结构分析、定性和定量分析。

2. 表面增强拉曼光谱

拉曼散射线强度一般很低，其光强约为入射光强度的 10^{-10}，且受限于拉曼散射截面，以至于获取的光谱信号强度弱，难以达到对微量和痕量物质的检测要求，使得拉曼散射物质检测的进一步研究受到了限制。因此要实现对微量物质的识别，需要设法对拉曼信号进行增强。1974 年，Feischmann 等发现吸附在粗糙银电极表面的吡啶分子具有巨大的拉曼信号响应，其拉曼信号强度相比溶液中的吡啶分子强约 10^6 倍。这种在粗糙表面的拉曼信号增强效应，被称为表面增强拉曼光谱（surface enhanced Raman spectroscopy, SERS）效应。SERS 的发现使得拉曼光谱的信噪比得到了明显提升，可轻松获得分子的高质量拉曼光谱信息，使拉曼光谱可用于微量甚至痕量物质的定性定量检测，拓宽了拉曼光谱在分析检测领域的应用。

SERS 增强效应主要是由于吸附在基底上的分子与基底表面等离子体发生共振所引起的增强现象。活性基底是增强 SERS 信号的重要手段，制备出活性高、稳定强、重复性好的 SERS 基底一直是 SERS 发展的关键。随着纳米技术的迅速发展，光子学和纳米科学的融合加速了 SERS 基底的发展。表面增强基底主要的制备方法包括电化学氧化还原法/沉积法、化学刻蚀法、金属溶胶法、平板印刷法、金属/氧化物核壳法等。粗糙的金属电极是最早的 SERS 基底，但是整个电极过程是不可控的。金属胶体基底，例如金（Au）和银（Ag）胶体，由于其成本低，制备简单以及与其他基底相比具有良好的增强性而被广泛用使用。然而，这些贵金属胶体通过静电排斥作用得以稳定，一旦打破这种稳定状态，胶体就不再具有 SERS 增强活性。固体基底，如纳米点阵列、纳米针阵列、纳米棒阵列等，是将纳米粗糙结构整合到表面，进而到达拉曼增强的效果，其增强效果更好，且重现性高，性质稳定，在实际应用中得到了更多青睐。随着 SERS 的发展，具有 SERS 活性的基底材料已从贵金属和过渡金属扩展到半导体材料，与金属相比，半导体材料特性更可控，例如带间隙、光致发光、稳定性和抗降解性。此外，研究人员发现金-半导体杂化纳米材料比纯半导体具有更高的增强作用。近年来，SERS 柔性基底材料，如高分子聚合物、纤维、胶带等，因其具有能够与复杂表面接触的特殊能力受到了人们的广泛关注，这类柔性 SERS 基底能够快速从复杂表面提取分析物，然后直接进行 SERS 原位检测，极大提高了分析速度。

3. 拉曼光谱法在农药残留检测中的应用

农药分子中可能含多种元素（碳、氧、氮、磷、硫等）与不同种类的化学键，通过合成适当的增强基底（金、银等），可增强农药分子的拉曼响应信号。通过识别特定农药分子的拉曼信号，可判定农药分子的拉曼响应特征，即测得拉曼光谱上的特征峰，实现农药残留的定性识别。而进一步测定拉曼特征峰的强度，可实现农药残留的定量检测。

目前，贵金属纳米材料因其优异的拉曼信号增强能力，被广泛用于拉曼光谱法检测农药残留上，可检测的农药包括二硫代氨基甲酸酯类农药、有机磷类农药等。Wang 等将纳米银粒子沉积在三维聚二甲基硅氧烷触须阵列表面，制备了一种触须结构的拉曼信号增强基底用于农药残留检测。高密度的触须状结构提高了基底与样品表面的结合能力以及吸附痕量农药的能力。该方法对苹果表皮福美双残留的检测限为 1.6ng/cm²。

将拉曼信号增强试剂与其他功能材料相结合，可制备多功能基底。Liu 等制备了一种四氧化三铁-氧化石墨烯-纳米银粒子复合结构多功能拉曼信号增强基底用于检测果皮上的农药残留。该复合结构基底具有更高的信号增强性能与稳定性，且磁性粒子的存在使该基底能在吸附样品中的待测农药分子后被方便地分离出来。使用该基底检测农药残留所需时间不到 20min，且福美双检测限可达 0.48ng/cm²。Li 等开发了一种具有固相微萃取能力与自清洁能力的氧化锌-纳米金拉曼信号增强基底，可在吸附样品中残留农药后直接进行拉曼光谱检测，该方法对孔雀石绿的检测限为 0.241nmol/L。同时，氧化锌作为半导体具有一定的光催化能力，因此该氧化锌-纳米金复合材料在紫外线照射下可光催化氧化降解吸附的孔雀石绿，实现自清洁与重复使用。

拉曼光谱与其他检测技术相结合可进一步提升检测能力。Alami 等将拉曼光谱与酶抑制法结合，使用纳米金粒子作为拉曼信号增强基底，同时增强待测农药与乙酰胆碱酯酶催化反应底物乙酰胆碱的拉曼光谱响应，实现了对有机磷农药的超高灵敏检测，对氧磷的检测限可达 0.04pmol/L。

应用 SERS 技术对复杂基质如农产品中的农药残留进行检测，基质效应对检测结果灵敏度和可重复性有着直接的影响。液态基质（例如牛奶、果汁等）或者固体基质（例如肉类、水果、蔬菜、谷物等）对 SERS 信号的干扰可能会差异很大。由于 SERS 可以检测到靠近基底的大部分化合物，因此非目标物质可能会产生明显的干扰峰，从而降低目标分析物的灵敏度。另外，有些干扰物可能会产生与目标相似的强 SERS 峰，干扰对目标物进行定性和定量分析。因此，可以采取以下措施来降低基质效应：

一方面是对样品基质进行一定的净化和浓缩处理，例如液液萃取、固相萃取、固相微萃取、QuEChERS 净化等，降低干扰物浓度，提高目标物浓度；但是，基于 SERS 检测的最大优势是快速、简便、能实现现场检测，而样品前处理过程耗时、耗费溶剂、难以现场化，因此，开发简便、高效、适于与 SERS 联用的前处理技术是亟需解决的难题。

另一方面，对样品基质表面的农药残留进行检测，此技术一般采用两种方式：一种是利用一定技术将基质表面的农药擦拭下来，然后利用 SERS 快速、高灵敏检测的优势，对果蔬表面的农药残留进行快速筛查。另一种方式是原位采样原位分析，即将活性基底液体材料滴到样品表面，或者直接在样品表面制备活性基底纳米膜，然后选择一个映射区域用于 SERS 测试和数据分析。基质表面农药残留 SERS 检测技术简单、快速、便携，几乎不需要样品制备过程，且能避免基质内部的干扰组分，提高对目标物的灵敏度，非常适合现场筛选。但是，该技术在实际应用中无法准确评估农药提取量，而且实际农药在水果上的残留并不均匀，导致出现假阳性或假阴性结果，制备与基质表面相互作用的活性基底也是该技术的难点和重点，且该技术不适合内吸性农药的测定。目前，开发一种可用于现场样品中农药残留高效捕获并快速原位检测的 SERS 分析方法是表面增强拉曼光谱领域研究的热点。

二、离子迁移谱分析

离子迁移谱（ion mobility spectrometry, IMS）是 20 世纪 70 年代由 Cohen 和 Karasek 提出并逐步发展起来的一种微量化学物质快速检测技术，其原理是被电离的气态目标物在弱电场的迁移管中迁移，基于迁移速率的差异而对目标物进行分离和表征，适合于一些挥发性和半挥发性化合物的痕量检测。IMS 对高质子亲和力或高电负性的化合物灵敏度很高，最初是作为军事和国防机构分析爆炸物、毒品和化学战剂的专用设备。因其商业化装置构造简单、体积小、分析时间快、检出限低并具备现场快速检测能力，IMS 在农药残留分析、环境监测、食品品质鉴定、临床等领域也逐步发挥着重要作用。

1. 离子迁移谱基本原理

离子迁移谱主要由进样系统、离子源、迁移管、信号收集及放大系统、气路系统和温控系统等部分组成，如图 12-9 所示。待测化合物在进样口加热装置中气化，随载气进入离子源的电离区中，通过质子或电子转移反应生成产物离子。这些产物离子通过周期性开关的离子栅门进入到迁移管中，在迁移管弱电场与逆向吹扫的漂气的共同作用下，向信号收集区的法拉第盘运动。与此同时，逆向吹扫的漂气还可将未能电离的干扰物质吹离迁移区，减少干扰。离子到达法拉第盘后，通过信号转换器进行信号放大和转换，将化学信号转换成电信号，最终形成相应的离子迁移谱图。带电离子在电场作用下的漂移时间与电场强度、迁移气阻力、离子所带电荷数、化合物质量和横截面积及空间构型等有关，而离子的空间构型是由其固有物理、化学特征决定。根据迁移时间的不同，不同目标物就可得到分离和鉴定，并可进行定量分析。

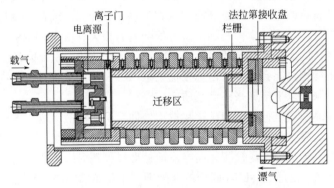

图 12-9　离子迁移谱工作原理图

2. 离子迁移谱离子源及分离技术

离子源是离子迁移谱仪的核心部件之一，是待测物实现电离并进行进一步分离检测的基本保障。目前文献报道的并且应用较多的离子源主要有四大类：放射性离子源、电离离子源、电喷雾离子源及基质辅助激光解析离子源等。各类电离源均存在一定的优缺点，如放射性电离源电离性能稳定可靠、构造简单且不需后期维护，但在高温条件下易氧化成不稳定的镍氧化物或镍盐，对环境和使用者造成潜在危害；电离离子源可控性强、灵敏度高、具有较大的动态范围，但价格昂贵，而且寿命有限；电喷雾离子源，最大的优势是使 IMS 能够直接分析液态化合物和高分子质量化合物，突破了传统 IMS 不能分析非挥发性化合物的限制，但造成被测物在迁移管中有较强的记忆效应，且被电离的溶剂会降低仪器的分辨率；基质辅助激光解析离子源，适合对混合物及生物大分子的测定，但激光器构造复杂、价格昂贵。为弥补单一离子源的缺陷，多通道复合离子源 IMS 系统展示了较好的应用前景，能够满足对不同类型目标物的检测。但是多通道复合离子源结构复杂，能否在保持各离子源性能的前提下尽可能地设计出更小体积、更智能化的装置，是多通道复合离子源 IMS 面临的主要挑战。

IMS 迁移管中离子门的开启大多采用脉冲式信号控制，开启时间较短，仅为微秒级，在开启的时间内通过的离子很少，电离区内产生的大部分离子被浪费掉。为了提高离子利用率，在传统技术基础上发展起来三种新的离子分离技术，分别是差分离子迁移谱（differential mobility spectrometry, DMS）、行波离子迁移谱（travelling wave ion mobility spectrometry, TWIMS）和高场不对称波形离子迁移谱（high field asymmetric waveform ion mobility spectrometry, FAIMS）。DMS 主要根据在高电场（$E_{max} \geqslant 20000$ V/cm）和低电场（$E_{min} \leqslant 1000$ V/cm）条件下气相离子迁移率系数的差异对离子进行分离和识别，其设备小巧，易于制造，可用作现场可移动快速检测设备；TWIMS 可以对迁移管中的叠环离子导向器施加两种电压，即瞬间直流电压和反相射频电压，能够缩短传输时间，有助于提高分辨率和减小交叉干扰；FAIMS 最大特点是通过交变的高电场和低电场作用形成一个离子过滤器，能将干扰组分与目标组分分离开来，提高了检测的选择性。

3. 离子迁移谱与其他仪器联用技术

IMS 存在一些严重的弱点，例如非线性响应、有限的选择性以及反应物离子与样品组分的潜在相互作用。为了克服 IMS 的劣势，常常将 IMS 与其他仪器联用，如气相色谱-离子迁移谱（gas chromatography-IMS, GC-IMS）、液相色谱-离子迁移谱（liquid chromatography-IMS, LC-IMS）、离子迁移谱-质谱（IMS-mass spectrometry, IMS-MS）等。GC 与 IMS 联用，IMS 作为检测器增强了 GC 对物质的鉴别能力，GC 作为预分离装置提高了 IMS 的分辨率，且 GC 和 IMS 的分析对象均为气态分子，都是在大气压下工作，不需要真空环境，因此二者联用最为简单和便捷；与普通 GC 色谱柱相比，多束毛细管柱（multi-capillary column, MCC）具有柱容量大、分离时间短及在高流速下依然保持较高柱效等优点，与 IMS 联用，可提高流速和分离效率；HPLC 与 IMS 联用，ESI 电离源是二者联用的关键电离源，HPLC 可以对混合物进行分离，减少电喷雾时的离子竞争现象，ESI 电离源可将样品分子直接电离形成气相离子；IMS 与 MS 联用，既发挥了传统上 MS 的优点，高灵敏度、高质量精度、区分具有相同质量的离子的能力，如立体异构体，又结合了 IMS 的高分辨力的优势，使得 IM-MS 可用于分析具有最小结构差异的异构体，包括顺式-反式异构体和非对映异构体等。另外，已有研究人员研究了多级联用技术，如将 IMS 与差分离子迁移谱（DMS）设备串联使用（IMS-DMS）；开发多维 IMS 仪器，如 IMS-IMS-MS 技术；将 GC、LC、MS 与 IMS 组合使用，如 GC-IM-MS、LC-IM-MS 及 LC-TWIMS-MS 等。

4. 离子迁移谱在农药残留检测中的应用

IMS 具有灵敏度高、操作简单、分析快、仪器便携等优势，近年来，越来越多的文献报道使用 IMS 进行农药残留分析，且 IMS 技术被认为是可在现场进行的农药筛选测定的快速检测技术。

基于 IMS 的农药残留检测方法主要是在 20 世纪初开发的，旨在对简单基质（例如水样）中的农药进行直接检测。该方法简单、快速，无需前处理过程，能够对环境基质中的农药残留进行快速监控，且减少或避免了样品制备时间和成本。对于农产品中的农药残留，IMS 基本可以实现农产品表面的农药残留实时检测。王建凤等以蒸馏丙酮萃取圣女果表面的敌敌畏和马拉硫磷进行 IMS 检测，敌敌畏和马拉硫磷的检出限分别为 1ng 和 5ng，RSD 分别为 8.4%和 7.2%。Zou 等开发了棉签棒擦拭的方法提取果蔬表面的农药残留，然后采用 IMS 进行测试，啶虫脒等 7 种农药的检测限（LOD）和定量限（LOQ）分别为 1～3μg/kg 和 3～10μg/kg。

为了克服 IMS 选择性差的问题，研究人员提出和优化了一系列适用于 IMS 的样品前处理方法，如分散液液微萃取、固相微萃取、搅拌棒吸附萃取等。程浩等以预富集进样方式结合 IMS 对水中的有机磷进行了检测，其中马拉硫磷的 LOD 为 3.9μg/L。Mohammad 等将填充式注射器微萃取技术与 IMS 联用，检测水样品中的除草剂残留，其中 2,4-D、三氯苯氧丙酸、吡氟氯禾灵的 LOD 可以分别达到 60ng/L、70ng/L 和 90ng/L，方法回收率在 73%～102%，RSD <10%。Zou 等用自制的搅拌棒富集水体和土壤中的三嗪类除草剂，并且将搅拌棒吸附萃取与 IMS 联用，实现解吸附和测试过程同时进行，三种三嗪类除草剂的 LOD 和 LOQ 分别为 0.006～0.015μg/kg 和 0.02～0.05μg/kg。这些方法所使用的提取溶剂可以直接注入 IMS 系统，基本不会产生信号干扰，与 IMS 联用具有较好的兼容性；方法避免了浓缩过程，耗时少，操作简单，最大程度地减少样品制备时间。为了减少基质干扰，降低基质效应，可以采用特殊的样品分离过程，如使用免疫亲和色谱柱对样品中的目标物进行分离。虽然此过程耗时较长，但 IMS 的快速检测可以适当弥补这一劣势。

为了增强 IMS 的分离和鉴定能力，将 IMS 与其他分离或鉴定技术（如 LC、GC 或 MS）联合使用，可显著提高方法的分辨率，扩展 IMS 在农药分析领域的适用性。IMS 与 LC-MS 联用能够实现对目标农药的定性和定量分析，Regueiro 等利用色谱保留时间、精确质量数和迁移时间作为鉴定参数，成功鉴定了 100 种农药。DMS 与 LC-MS 的结合对于降低背景噪声和去除基质共洗脱峰非常有效，降低了假阳性的风险。

目前，IMS 作为爆炸物、毒品和化学战剂的快速探测设备已经在军事和国防领域有了较为成熟的应用。虽然前期研究证明 IMS 在农药快速检测中具有巨大的应用潜力，但是，在农药残留分析领域，IMS 仍然没有实现广泛应用。相对于爆炸物和毒品来说，农药种类繁多，基质种类多且干扰程度大，因此，农药残留分析是一项复杂而又巨大的痕量组分分析工作。IMS 的显著优势是灵敏度高、测试快速、操作简单、仪器便携、能够实现现场检测，但是也存在明显劣势，即分辨率低和分离度较差。IMS 与其他仪器联用，是克服 IMS 劣势的重要解决方案，但是也会在一定程度上削弱 IMS 的快速和便携的优势。如何实现这一平衡，开发出最优的解决方案，使 IMS 真正成熟并广泛应用于现场快速检测，研究人员们仍然任重道远。

三、实时直接分析质谱法

实时直接分析（direct analysis in real time, DART）是一种在大气压环境下，通过非表面接触型热解析，对化合物进行离子化的新型软电离技术，其由美国的 Cody 等人于 2003 年首次提出，并于 2005 年商品化。这一技术，是继电喷雾离子源的出现克服了传统质谱电离源不能对生物大分子进行解析的困难之后，又一个具有革命性的质谱离子化技术。DART 离子化技术简化了分析步骤、缩短了检测周期、减少了溶剂浪费，且待分析物可以是任意物态形式，对样品可以进行直接、无损、快速、原位分析。自发明以来，该技术已被快速广泛地应用于药物研发、食品及药品安全检测与控制、司法鉴定、临床检验、天然产物品质鉴定、合成化学、材料分析及相关化学和生物化学分析等领域。

1. DART 工作原理与特点

DART 离子源的结构如图 12-10 所示，其电离过程可分为两步：气体等离子体的制备和待测物的电离。首先，离子化试剂（Ar、N_2 或 He）进入放电室，与带 1~5kV 电压的放电针接触，形成辉光放电，使氦气、氮气或氩气变为电子激发态和振动激发态，在腔室内形成离子、电子和激发态气体分子，随后流动到第二个气体加热腔室中，然后经格栅电极过滤，最后从离子源中喷出。从 DART 离子源喷出的等离子体进一步与环境中的介质作用或直接与待测物作用，将待测物进行解吸附离子化，离子化的目标物最终进入质谱检测。

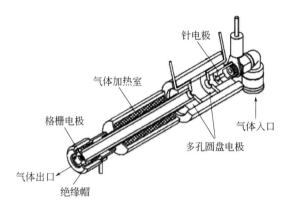

图 12-10 DART 离子源剖面示意图

相比于现行通用的液质联用技术，DART 与质谱连用（DART-MS）具备诸多优势：①极性和非极性化合物均能在 DART 条件下产生灵敏的离子信号，即使有高浓度的盐（如饱和 NaCl、磷酸盐和硼酸盐等）或难挥发的溶剂（如四氢呋喃、二甲基亚砜等）存在，离子信号也极少能被抑制；②不需要繁杂的样品制备，不需要消耗化学溶剂，无需耗时的色谱分离，样品分析时间很短，满足了现代社会对高通量样品快速分析的需求；③DART 操作简单，研究人员仅需要调节 DART 源的温度和正负极，不必花费太多时间和精力去优化其他操作参数；④可在常压下分析固体、液体、气体样品，或任何形状的样品（比如药片、叶子、粉末、食用油、植物的根等），利用分析结果寻找确定代表该物质的指纹或标志物，实现了对样品无损耗定性和定量分析；⑤DART 可以和众多主流质谱厂商（如 AB SCIEX、Agilent、ThermoFisher、Waters 等）各种类型的质谱仪如飞行时间、离子阱、四极杆及各类串联质谱联用。

2. DART-MS 技术在农药残留检测中的应用

环境及农产品中农药残留分析对灵敏度、重现性与选择性的要求非常高，甚至需要检测到低浓度水平的痕量残留物质。为达到上述目标，常需要良好的样品前处理手段来净化复杂的样品本底，浓缩目标组分，同时需要选择高性能和高灵敏度的色谱质谱系统进行检测分析。

DART-MS 作为一种高性能的敞开式直接离子化质谱技术，能够满足对样品无损、快速、灵敏、环保、原位分析的高通量需求，既可以对原始或者经简单处理的样品直接检测分析，也可以与复杂的前处理过程相结合。目前，DART-MS 已经逐渐成为农药残留分析的热点研究技术。

（1）DART-MS 结合无前处理或者简单的样品处理 由于 DART 能够直接检测样品而几乎不要任何前处理，所以 DART-MS 被认为是一种理想的高通量检测方法。一些低黏度的液体（如水和饮料）和固体样品（粮食、水果）可以用于直接分析检测。简单样品处理方法主要包括表皮擦拭、简单的溶剂萃取、调整酸性饮料 pH 值、混合物过滤、样品稀释等。Wei 等利用 DART-MS/MS 法建立了红葡萄酒和白葡萄酒中 31 种农药的快速直接检测方法，无需样品制备和色谱分离，在多反应监测模式下，分析物在 10～1000ng/mL 范围内线性良好，定量限在 25～500ng/mL 之间，所有化合物在 3min 内检出，比飞行时间质谱（time-of-flight MS, TOF MS）的检测速度提高了 2 倍。Marinella 等采用实时直接分析-高分辨质谱（DART-Orbitrap）建立柑橘和苹果果皮上的农药实时检测方法，利用镊子夹住 1cm×3cm 果皮直线低速通过 DART 对果皮上的农药进行直接分析，其精密度良好，此方法与样品通过溶剂萃取进行 UPLC-Orbitrap 检测结果一致。Edison 等利用 DART-Exactive Orbitrap 开发出一种苹果、猕猴桃、桃子和番茄表面 240、140、132 和 60 种农药残留的快速筛查方法。通过向水果表面添加一定浓度的混合标样，采用蘸有混合溶剂的海绵片擦拭水果表面，并将擦拭后的海绵片置于 DART 源口实现检测。

（2）DART-MS 结合常规前处理方法　对于较为复杂的基质，由于基质干扰、目标农药浓度过低等因素会对 DART 的质谱信号造成影响。而样品前处理技术往往能够改善 DART 的信号强度。与 DART 结合的前处理方法主要有快速极性农药提取法（quick polar pesticides extraction, QuPPe）、QuEChERS、固相微萃取等。Francisco 等利用实时直接分析串联高分辨质谱（DART coupled to high-resolution MS, DART-HRMS）结合 QuPPe 的前处理方法，建立了生菜和芹菜中 7 种极性农药的残留分析方法，该方法解决了气相色谱仪难以分析高极性农药以及液质联用法 ESI 源中的电离抑制干扰的问题，方法的线性范围为 20～60μg/kg，回收率在 71%～115% 之间，相对标准偏差<18%。Tomas 等比较了水果中福美双和福美锌直接检测和经 QuEChERS 前处理后 DART-MS 检测的信号差异，结果发现基质对 DART-MS 直接检测信号有明显的抑制作用，而经 QuEChERS 前处理后 DART-MS 的信号提高了 15 倍。宫小明等建立了 DART-MS/MS 检测茶叶中烯酰吗啉、噻虫嗪等 9 种常见农药残留的分析方法，样品采用 QuEChERS 方法进行前处理，用玻璃棒蘸取上清液经 DART-MS/MS 检测，9 种农药平均回收率为 70.1%～109.8%，相对标准偏差为 15.5%～22.4%，定量限为 5μg/kg。Schurek 等建立了 DART-TOF MS 用于小麦中 6 种杀菌剂残留的检测方法，乙酸乙酯作为提取液，咪鲜胺作为内标，在 0.05mg/kg 的添加水平下，方法回收率范围为 78%～92%，RSD 为 8%～15%，线性的相关系数为 0.9900～0.9978，DART-TOF MS 的试验结果与 LC-MS/MS 的验证结果一致。Cajka 等使用 DART-TOF MS 和 DART-Orbitrap MS 来半定量检测水果中的福美双和福美锌的残留量，采用整果乙腈提取和浆果 QuEChERS 提取两种方法，优化了氦气温度、氦气流速以及热解析时间三个参数。结果表明，福美双在 DART-TOF MS 和 DART-Orbitrap MS 上的 LOQ 分别为 1mg/kg 和 0.1mg/kg，福美锌的 LOQ 分别为 0.5mg/kg 和 1mg/kg。Wang 等将固相微萃取技术与 DART-MS 串联，建立了 6 种三嗪类除草剂在湖水和果汁中的残留分析方法，回收率在 85%～106% 之间，RSD 在 3.1%～10.9% 之间，与方法灵敏度和重现性均优于常规的 DART-MS 方法。

DART-MS 可以快速、高效地对果蔬表面、酒水和食品中的农药残留进行检测，并获得较高响应；该技术不需要对待测物进行前处理或者只需要简单处理，符合当代检测技术的发展理念。目前，DART-MS 在农药残留检测方面发展迅速，已经在直接分析方面展现了巨大的优势，是一种高效的实时无损分析方法。随着 DART-MS 的逐步发展，它将在农药残留分析领域发挥更重要的作用。如何实现样品内部化学成分的直接、快速准确定量分析将是未来发展的重要方向。

四、生物传感器技术

用固定化生物成分或生物体作为敏感元件的传感器称为生物传感器（biosensor）。自从20世纪60年代酶电极问世以来，生物传感器获得了巨大的发展，已成为酶分析法的一个重要的组成部分。生物传感器是生物学、医学、电化学、热学、光学及电子技术等多门学科相互交叉渗透的产物，具有选择性高、分析速度快、操作简单、价格低廉等特点，是发展生物技术必不可少的一种先进的检测方法与监控方法，也是物质分子水平的快速、微量分析方法，在工农业生产、环保、食品工业、医疗诊断等领域得到了广泛的应用。

（一）生物传感器的原理及特点

生物传感器是一种以固定化的生物成分（酶、蛋白质、DNA、抗体、抗原、生物膜等）或生物体本身（细胞、微生物、组织等）作为识别元件，与适当的物理、化学转换器相结合，将样品中被测物的浓度转化成数字化可测量的物理、化学信号的分析检测装置。其工作原理是待测物质经扩散作用接近生物膜敏感层，被识别分子捕获而发生一定生物、物理、化学作用，从而引起一定的信号变化，经仪器测定以相应信号输出，从而实现对目标分子的检测。

各种生物传感器有以下共同的结构：包括一种或数种相关生物活性材料（生物膜）及能把生物活性表达的信号转换为电信号的物理或化学换能器（传感器），二者组合在一起，用现代微电子和自动化仪表技术进行生物信号的再加工，构成各种可以使用的生物传感器分析装置、仪器和系统。

生物传感器具有如下特点：

（1）专一性强，只对特定的底物起反应，而且不受颜色、浊度的影响；

（2）分析速度快，可以在1~30min得到结果；

（3）准确度高，一般相对误差可以达到1%；

（4）操作系统比较简单，容易实现自动分析；

（5）检测成本低，价格昂贵的试剂可以重复多次使用，克服了仪器法、酶法分析试剂费用高和化学分析烦琐复杂的缺点。

（二）生物传感器分类

根据生物传感器的概念，其主要包括特异性、选择性识别目标待测物的生物敏感元件和信号转换元件两部分。生物传感器根据分类标准不同分为多种类型：根据敏感元件不同可以分为酶传感器、免疫传感器、细胞传感器、适配体传感器、微生物传感器、组织传感器以及分子印迹生物传感器等；根据信号转换方式不同可以分为电化学生物传感器、光学生物传感器、压电生物传感器以及场效应晶体管生物传感器等；根据输出信号方式不同可以分为生物亲和型生物传感器、代谢型生物传感器以及催化型生物传感器。

以上几种分类方法之间可以互相交叉。在农药残留快速检测中采用最多的是酶传感器和免疫传感器。

1. 酶传感器

为了克服传统酶抑制法检测农药残留的缺陷，研究者将酶抑制检测技术与生物传感器技术相结合，开发了基于酶的生物传感器（enzymatic biosensor）技术。酶传感器是发展最早，也是目前最成熟的一类生物传感器。它是在固定化酶的催化作用下，生物分子发生化学变化后，通过换能器记录变化从而间接测定出待测物浓度。酶生物传感器作为一种快速、简单、灵敏的检测方法，已经广泛应用于农药的检测。目前用于农药残留检测的酶生物传感器主要分为两种，一种是抑制型生物传感器，属于间接检测法；另一种是催化型生物传感器，属于直接方法。

（1）抑制型酶传感器　有机磷类和氨基甲酸酯类农药的检测主要是基于农药对胆碱酯酶的抑制（图 12-11）。胆碱酯酶分为乙酰胆碱酯酶（AChE）和丁酰胆碱酯酶（BChE）两种，目前用于农药检测最多的是 AChE，但是需要注意的是重金属、氟化物、神经毒气、尼古丁等也能对胆碱酯酶的活性产生抑制，因此会对农药检测的特异性造成干扰。将酶反应与电化学信号结合制备电化学酶生物传感器是最常见的一种酶生物传感器。而纳米材料具有生物相容性、与酶的结合能力以及传递电子的能力，是制备电化学酶传感器的理想材料。Liu 等开发了一种纳米复合材料电化学酶传感器，将 AChE 固定在 3-羧基苯硼酸-还原氧化石墨烯-纳米金复合纳米结构修饰的玻璃碳电极上，用于检测标准溶液中的有机磷和氨基甲酸酯类农药，该方法对克百威的检测限为 0.01μg/L，毒死蜱检测限为 0.1μg/L。Dutta 等使用导电聚合物聚吡咯固定 AChE 于铂电极上，采用计时电流法检测标准溶液中的有机磷和氨基甲酸酯类农药，对克百威的检测限为 0.1μg/L，对氧磷检测限为 1.1μg/L。另外，有研究者制备了基于荧光检测的胆碱酯酶生物传感器。Meng 等制备了一种由酶（AChE 和胆碱氧化酶）、量子点和乙酰胆碱组成的抑制性生物传感器检测苹果样本中的敌敌畏，其原理是敌敌畏抑制 AChE 和胆碱氧化酶，引起过氧化氢的产量减少，导致量子点荧光猝灭减弱，该方法对敌敌畏的最低检测限为 4.49nmol/L。Long 等制备了一种基于上转换纳米材料的荧光共振能量转移传感器，对甲基对硫磷、久效磷和乐果的检测限分别为 0.67ng/L、23ng/L 和 67ng/L，检测甲基对硫磷添加样品（苹果、辣椒和黄瓜）的结果显示该方法准确、可靠。

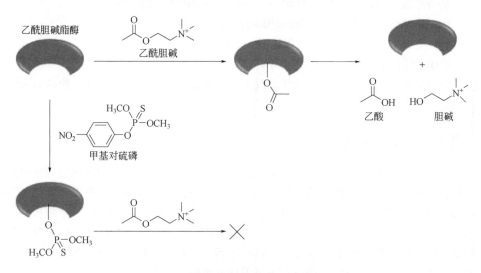

图 12-11　农药对酶催化活性抑制的示意图

另外，基于过氧化物酶、酸性/碱性磷酸酶等抑制作用的生物传感器也被用于农药检测。Moccelini 等通过方波伏安法，利用苣荬芽中的过氧化物酶检测蔬菜样本中的硫双威，其中过氧化物酶在金电极上的固定是通过 L-半胱氨酸的自组装作用形成的。硫双威的线性曲线的浓度范围为 $2.27×10^{-6}$～$4.40×10^{-5}$ mol/L，检测限为 $5.75×10^{-7}$ mol/L。Mazzei 等制备了 2 种不同类型的电流型酸性磷酸酶/葡萄糖氧化酶双酶生物传感器，定量检测标准溶液中的有机磷类和氨基甲酸酯类农药。这两种生物传感器对葡萄糖-6-磷酸的检测限为 $5.0\times10^{-5}\sim1.2\times10^{-3}$ mol/L，对有机磷农药（马拉硫磷、甲基对硫磷和对氧磷）的检测限达到 1μg/L。Sánchez 等制备了一种基于碱性磷酸酶的荧光生物传感器，用于检测标准溶液中的有机氯（四氯杀螨砜）、氨基甲酸酯（威百亩）和有机磷（杀螟硫磷）农药。

（2）催化型酶传感器　催化型酶传感器的构建主要基于有机磷水解酶（organophosphorus hydrolase, OPH），这种生物传感器是以农药作为酶的底物，而不是酶的抑制剂。OPH 是一种典型的细菌酶，被称为磷酸三酯酶。OPH 具有一定的底物专一性，能够水解有机磷农药。基于 OPH 的生物传感器，被认为是一种更好的用于有机磷农药检测的生物传感器，主要原因是催化型生物传感器可以被重复使用，可用于样本的连续检测。目前，已经开发了基于 OPH 的电流型、电势型和光学型生物传感器。Tang 等制备了一种新型的电化学微生物传感器，用于快速检测对硝基苯酚取代的有机磷化合物（对氧磷、对硫磷和甲基对硫磷），研发者在玻碳电极上修饰了一种表面可以表达 OPH 的基因工程细胞，并且将有序的中孔碳与 OPH 进行组合，所建立的方法中对氧磷、对硫磷和甲基对硫磷的最低检测限分别为 9.0×10^{-9}mol/L、1.0×10^{-8} mol/L 和 1.5×10^{-8} mol/L。

2. 免疫传感器

免疫传感器（immunosensor）利用抗原和抗体之间的高度特异性，将抗原（或抗体）结合在生物敏感膜上，来测定样品中相应抗体（或抗原）的浓度。

（1）免疫传感器原理　免疫传感器是将免疫测定法与传感技术相结合而构建的一类新型的微型化、便携式生物传感器，能实时监测抗原抗体反应，从而使农药残留免疫检测手段朝着自动化、简便快速的方向发展。它的基本原理是利用"抗体-抗原"反应的高亲和性和特异性分子识别的特点，将抗原（或抗体）固定在传感器基体上，通过传感技术使吸附发生时产生物理、化学、电学或光学上的变化，转变成可检测的信号来测定环境中待测分子的浓度（图12-12）。在农药检测中与免疫化学技术相结合的换能器（信号转换器）有光学转换器（如折射仪或反射仪、频道波导干涉仪、波导表面胞质团共振仪等）、电化学转换器（包括电阻、电流、电频率、电位等）、声波转换器和压力转换器等。因此，免疫传感器的检测效果常取决于换能器的精确度和稳定性。

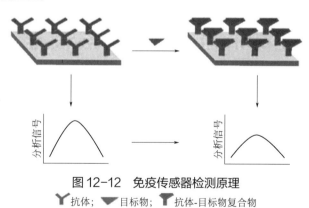

图 12-12　免疫传感器检测原理
Ｙ抗体；▼目标物；Ｔ抗体-目标物复合物

（2）免疫传感器的分类及应用　由于分类依据不同，免疫传感器有多种的分类方法，可以根据换能器的不同来划分，也可以根据被检测物质（抗体或抗原）是否有被标识来划分。

① 根据被检测物质（抗体或抗原）是否有被标识来划分　免疫传感器从测定原理上可分

为非标记型免疫传感器和标记型免疫传感器。标记型免疫传感器是利用待测的抗原或抗体能够与固定在传感器表面的识别元件发生特异性结合并形成稳定的复合物来实现对待测物进行定量检测的，该过程是通过换能器将免疫反应的变化转化为光电信号，光电信号经过记录和处理之后即可实现检测目的。非标记型免疫传感器是采用酶、荧光试剂、同位素、核糖体、金属标记物等本身可使免疫反应产生信号的标记物来实现定量检测待测物的，这些标记物很容易产生测定信号，因此这类传感器也十分灵敏可靠。

② 根据换能器的不同来划分　免疫传感器根据换能器的不同可分为电化学免疫传感器、光学免疫传感器、压电免疫传感器、表面等离子体共振免疫传感器和机械免疫传感器-微悬臂梁传感器等几种常见类型。

a.电化学免疫传感器　电化学免疫传感器是基于抗原和抗体反应产生的化学信号，利用转换元件将化学信号转化为电信号，通过显示的电化学信号与待测物浓度之间的对应关系进行反应物含量的计算，进而实现检测的目的。

多种类型的电化学免疫传感器已经被广泛应用于农药残留检测。韩恩等构建了一种用于农药残留高灵敏检测的免标记电化学免疫传感器，利用层层自组装技术，通过在天然聚合物海藻酸钠修饰的玻碳电极上利用电化学方法原位聚合金纳米粒子，然后借助金纳米粒子与蛋白质抗体之间的较强吸附作用进一步原位组装农药抗体，该传感器对克百威农药的线性检测范围为 $1\sim10^5\mu g/L$，检测限为 $1\mu g/L$。Liu 等制备了一种非标记型电化学免疫传感器检测莠去津，在金电极表面上修饰的金纳米颗粒（gold nanoparticles, AuNPs）具有较好的电化学活性，同时可以增加莠去津单克隆抗体的固载量，提高传感系统的检测灵敏度，莠去津的最低检测限为 $0.016ng/mL$，线性范围为 $0.05\sim0.5ng/mL$。Mehta 等使用石墨烯修饰丝网印刷碳电极，制备了基于阻抗滴定法的对硫磷电化学免疫传感器，对硫磷检测限可达 $0.052ng/L$，且能在 $50d$ 内保持稳定。Mosiello 等制备了一种基于单克隆抗体的电位型生物传感器，用于检测水样中的农药特丁津。这种生物传感器的传感元件是光寻址电位传感器，特丁津的线性检测范围为 $1.5\sim10\mu g/L$。

b. 光学免疫传感器　光学免疫传感器的检测主要是基于抗原抗体结合产生的光学信号的改变。光学免疫传感器可以高灵敏地检测免疫反应，并进行精细免疫化学分析。其中发展最迅速的是光纤免疫传感器，其灵敏度高、尺寸小、制作使用方便，并且在检测中不受外界电磁场的干扰，具有非常好的应用前景。Zhao 等用多克隆抗多氯联苯抗体制作光纤免疫传感器对多氯联苯测定，检出限为 $10mg/L$。

c. 压电免疫传感器　压电式免疫传感器主要是基于固定有抗原或抗体的石英晶体等材料制备而成，目前主要用到的是石英晶体微天平（QCM）传感器，这种传感器具有非常高的检测灵敏度。March 等制备了一种 QCM 免疫传感器用于检测果汁中的杀虫剂甲萘威和三氯吡啶酚（TCP）残留。通过自组装，硫辛酸在石英晶体表面的金电极上形成自组装单层膜，半抗原复合物被共价结合到自组装膜上。甲萘威和 TCP 的检测限分别为 $11\mu g/L$ 和 $7\mu g/L$；线性检测范围分别为 $15\sim53\mu g/L$ 和 $13\sim83\mu g/L$。

d. 表面等离子体共振免疫传感器　表面等离子共振（SPR）是因入射光在金属表面发生反射生成的消失波与金属的表面等离子体发生共振而引起的反射光能量明显下降的效应。SPR 技术能直接检测生物物质的相互作用而不需要进行标记，且具有高灵敏度和低背景干扰特点，在免疫传感器检测农药残留领域有着较为广泛的应用。Guo 等将三唑磷抗体固定在感应芯片上，制备了基于 SPR 的免疫传感器，用于检测三唑磷。三唑磷检测限为 $0.096ng/mL$，且适用于检测农产品样品中的三唑磷，添加回收率为 $84\%\sim109\%$。Kim 等将牛血清白蛋白

（BSA）与 2,4-D 共价结合形成的 2,4-D-BSA 复合物固定到金电极的表面由巯基丙酸层层自组装形成的膜层上，制备了一个基于 SPR 的非标记型间接竞争免疫传感器，可用于高灵敏、高选择性地检测水中的 2,4-D，2,4-D 的最低检测限为 10pg/mL。

　　e. 机械免疫传感器-微悬臂梁传感器　微悬臂梁传感器以表面应力或是质量的改变作为响应。固定的抗体和分析物之间的相互作用能使悬臂的表面应力改变，这种传感器能检测到由于抗原抗体作用而发生的悬臂偏转。Kaur 等在金电极的表面固定 2,4-D 和莠去津两种农药抗体，制备了活性免疫传感器界面；农药与抗体之间的黏附力利用半抗原装载的蛋白功能化的原子力显微镜悬臂进行测量。

五、手机辅助识别快速检测技术

　　近年来，随着智能手机的广泛普及以及其功能的不断强大，基于智能手机的现场快速检测技术引起了广泛关注。2008 年，Martinez 等就以智能手机作为检测平台，通过手机检测色彩强度，并以彩信或电子邮件的方式将图片上传，进行深度比色检测分析。目前，已有越来越多的检测技术，如电化学技术、免疫技术、比色技术等，与智能手机结合，实现了农药定量检测。

　　Ding 等开发了一种生物发光免疫色谱试纸条，利用 3D 打印技术制备了智能手机的检测配件，实现了智能手机对检测结果的读取及定量分析。由于该试纸条的检测信号由纳米荧光素酶催化底物产生，一方面无需激发光源，另一方面使试纸条处于受控的光学环境中（检测配件中的暗盒），非常有利于智能手机的定量分析。该方法对氯噻啉的最低检测限为 0.2ng/mL。

　　王继楠等提出了一种手持设备和丝网印刷电极芯片，用于快速、准确、一步式检测有机磷农药残留。手持设备与智能手机通过蓝牙进行数据传输，利用三电极传感芯片与乙酰胆碱酯酶的抑制反应，对敌百虫农药的检出限为 1ng/mL，检测时间小于 5min，单次检测成本低于 1 元。

　　杨文韬等开发了一种基于浓差电池原理的新型电化学检测纸质芯片，通过智能手机的辅助实现了农药的检测。检测芯片由色谱纸喷蜡打印制作而成。加入样品与芯片上的预加试剂反应 5min，然后将丝网印刷的电极层置于芯片上，利用模具的重力作用使电极层与纸芯片的两极紧密接触，再通过智能手机的 USB 读取装置获取芯片的电位，并由电位-农药浓度关系得到检测结果。使用此芯片实现了农药敌百虫的快速、简便、可自供电的电化学定量检测，检出限为 0.89μmol/L。

　　杨冬冬等开发了基于智能手机数字比色法的有机磷农残快速检测技术，利用 LED 面光源解决了因照明条件的变化所引起的采集图片颜色不均匀的问题，提高了检测的准确度。将 LED 面光源垂直放置于样品上方，智能手机置于样品正前方对检测结果进行数字图片采集，检测结果与紫外可见分光光度计所测结果一致，二者具有良好的线性相关度。

　　郭娟等开发了基于智能手机可读条形码式样的有机磷农残比色快速定量检测方法。反应原理基于不可逆的酶抑制法，检测过程中检测液最终呈现的黄色的强度与有机磷农残浓度成反比关系。基于智能手机可读条形码式样的甲基对硫磷快速检测方法是利用 39 码（39 码是一种一维条形码，可表示数字、字母等信息）"+""−"结构的特殊性，将显色结束后的检测液加入设计好的聚二甲硅氧烷（polydimethylsiloxane, PDMS）通道内并与打印的同色（黄色）

的 39 码"+"组成"生物条形码",使得该生物条形码可以被智能手机条形码扫描 APP 读取。对于阳性结果,再对其扫描软件工作区域的数字图片进行比色分析,实现定量检测。

王静等基于免疫色谱试纸条技术,集成图像识别、人工智能、大数据和物联网技术,开发了手机辅助快速识别农药技术。研发人员将检测结果呈现于托盘中 6 或 8 通道试纸条中,消费者在使用时可以通过下载微信小程序,对托盘上显色之后的试纸条进行拍照,大约 5min 就可以完成多种残留农药的快速检测,检测的结果直接显示在手机上,检测数据可实时上传分享。该技术检测速度快,多种目标物能同时检测,智能化程度高,数据收集方便,系统兼容性好,适合政府相关部门对农产品质量进行快速筛查及生产者自查、消费者自检等。科研人员已研制出吡虫啉、啶虫脒、毒死蜱等农药的快速检测试纸条,以及可用于图像识别的多通道试纸条搭载平台。科研人员还开发了一套人工智能图像识别算法系统,可同时进行图像识别、截取、纠偏、分析和结果判定。这套系统能兼容所有胶体金试纸条的定性和半定量判读,除农药残留检测外,还可广泛应用于兽药残留、真菌毒素、违禁添加物、环境污染物检测,以及过敏原检测、病毒和疾病靶标筛查诊断等方面。

参考文献

[1]   Alami A, Lagarde F, Tamer U, et al. Enhanced Raman spectroscopy coupled to chemometrics for identification and quantification of acetylcholinesterase inhibitors. Vib Spectrosc, 2016, 87: 27-33.

[2]   Borsdorf H, Eiceman G A. Ion mobility spectrometry: principles and applications. Appl Spectrosc Rev, 2006, 41(4): 323-375.

[3]   Cajka T, Riddellova K, Zomer P, et al. Direct analysis of dithiocarbamate fungicides in fruit by ambient mass spectrometry. Food Addit Contam A, 2011, 28: 1372-1382.

[4]   Cody R B, Laramée J A, Durst H D. Versatile new ion source for the analysis of materials in open air under ambient conditions. Anal Chem, 2005, 77(8): 2297-2302.

[5]   Ding Y, Hua X D, Chen H, et al. Recombinant peptidomimetic-nano luciferase tracers for sensitive single-step immunodetection of small molecules. Anal Chem, 2018, 90: 2230-2237.

[6]   Dutta R R, Puzari P. Amperometric biosensing of organophosphate and organocarbamate pesticides utilizing polypyrrole entrapped acetylcholinesterase electrode. Biosens Bioelectron, 2014, 52: 166-172.

[7]   Edison S E, Lin L A, Parrales L. Practical considerations for the rapid screening for pesticides using ambient pressure desorption ionisation with high-resolution mass spectrometry. Food Addit Contam, 2011, 28(10): 1393-1404.

[8]   Engvall E, Perlmann P. Enzyme-linked immunosorbent assay (ELISA) quantitative assay of immune-globulin G. Immunochem, 1971, 8(9): 871-874.

[9]   Giang P A, Hall S A. Enzymatic determination of organic phosphorus insecticides. Anal Chem, 1951, 23(12): 1830-1834.

[10] Guo Y R, Liu R, Liu Y, et al. A non-competitive surface plasmon resonance immunosensor for rapid detection of triazophos residue in environmental and agricultural samples. Sci Total Environ, 2018, 613: 783-791.

[11] Hernández-Mesa M, Escourrou A, Monteau F, et al. Current applications and perspectives of ion mobility spectrometry to answer chemical food safety issues. TrAC-Trend Anal Chem, 2017, 94: 39-53.

[12] Hua X D, Yang J F, Wang L M, et al. Development of an enzyme linked immunosorbent assay and an immunochromatographic assay for detection of organophosphorus pesticides in different agricultural products. PLoS One, 2012, 7: e53099.

[13] Kanu A B, Dwivedi P, Tam M, et al. Ion mobility–mass spectrometry. J Mass Spectrom, 2008, 43(1): 1-22.

[14] Kaur J, Singh K V, Schmid A H, et al. Atomic force spectroscopy-basedscopy of antibody pesticide interactions for characterization of immunosensor surface. Biosensor Bioelectron, 2004, 20(2): 284-293.

[15] Kim S J, Gobi K V, Tanaka H, et al. A simple and versatile self-assembled monolayer based surface plasmon resonance immunosensor for highly sensitive detection of 2,4-D from natural water resources. Sensor Actuat B: Chem, 2008, 130(1): 281-289.

[16] Langer J, Jimenez de Aberasturi D, Aizpurua J, et al. Present and future of surface-enhanced Raman scattering. ACS nano, 2020, 14(1): 28-117.

[17] Li B, Shi Y, Cui J, et al. Au-coated ZnO nanorods on stainless steel fiber for self-cleaning solid phase microextraction-surface enhanced Raman spectroscopy. Anal Chim Acta, 2016, 923: 66-73.

[18] Liu R, Liu J F, Zhou X X, et al. Applications of Raman-based techniques to on-site and in-vivo analysis. TrAC-Trend Anal Chem, 2011, 30(9): 1462-1476.

[19] Liu T, Su H C, Qu X J, et al. Acetylcholinesterase biosensor based on 3-carboxyphenylboronic acid/reduced graphene oxide-gold nanocomposites modified electrode for amperometric detection of organophosphorus and carbamate pesticides. Sensor Actuat B-Chem, 2011, 160(1): 1255-1261.

[20] Liu X, Li W J, Li L, et al. A label-frce clecrocemial immunosensor based on gold nanoparticles for direct detection of atrazine. Sensor Actuat B: Chem, 2014, 191: 408-414.

[21] Liu Z, Wang Y, Deng R, et al. Fe_3O_4@graphene oxide@Ag particles for surface magnet solid-phase extraction surface-enhanced Raman scattering (SMSPE-SERS): From sample pretreatment to detection all-in-one. ACS Appl Mater Interfaces, 2016, 8(22): 14160-14168.

[22] Long Q, Li H, Zhang Y, et al. Upconvesion nanoparticle-based fluorescence resonance energy transfer assay for organophosphorus pesticides. Biosensor Bioelectron, 2015, 68: 168-174.

[23] March C, Manclus J, Jimenez Y, et al. A piezoelectric immunosensor for the determination of pesticide residues and metabolites in fruit juices. Talanta, 2009, 78(3): 827- 833.

[24] Martinez A W, Phillips S T, Carrilho E, et al. Simple telemedicine for developing regions: camera phones and paper-based microfluidic devices for real-time, off-site diagnosis. Anal Chem, 2008, 80(10): 3699-3707.

[25] Mazzei F, Botrè F, Botrè C. Acid phosphatase/glucose oxidase-based biosensors for the determination of pesticides. Anal Chim Acta, 1996, 336(1): 67-75.

[26] Mehta J, Vinayak P, Tuteja S K, et al. Graphene modified screen printed immunosensor for highly sensitive detection of parathion. Biosens Bioelectron, 2016, 83: 339-346.

[27] Moccelini S K, Vieira I C, De-Lima F, et al. Determination of thiodicarb using a biosensor based on alfalfa sprout peroxidase immobilized inself-assembled monolayers. Talanta, 2010, 82(1): 164-170.

[28] Mohammad T J, Mohammad S, Shila Y. Negative electrospray ionization ion mobility spectrometry combined with microextraction in packed syringe for direct analysis of phenoxyacid herbicides in environmental waters. J Chromatogr A, 2012, 1249(3): 41-47.

[29] Mosiello L, Laconi C,Del-Gallo M, et al. Development of a monoclonal antibody based potentiometric biosensor for terbuthylazine detection. Sensor Actuat B-Chem, 2003, 95(1): 315-320.

[30] Pang S, Yang T, He L. Review of surface enhanced Raman spectroscopic (SERS) detection of synthetic chemical pesticides. TrAC-Trend Anal Chem, 2016, 85: 73-82.

[31] Regueiro J, Negreira N, Berntssen M H. Ion-mobility-derived collision cross section as an additional identification point for multiresidue screening of pesticides in fish feed. Anal Chem, 2016, 88(22): 11169-11177.

[32] Rogers K, Williams L. Biosensors for environmental monitoring: a regulatory perspective. TrAC-Trend Anal Chem, 1995, 14(7): 289-294.

[33] Sánchez F G, Dlaz A N, Peinado M R, et al. Free and sol-gel immobilized alkaline phosphatase-based biosensor for the determination of pesticides and inorganic compounds. Anal Chim Acta, 2003, 484(1): 45-51.

[34] Schurek J, Vaclavik L, Hooijerink H, et al. Control of strobilurin fungicides in wheat using direct analysis in real time accurate time-of-flight and desorption electrospray ionization linear ion trap mass spectrometry. Anal Chem, 2008, 80(24): 9567-9575.

[35] St. Louis R H, Hill Jr H H, Eiceman G A. Ion mobility spectrometry in analytical chemistry. Critical Reviews in Anal Chem, 1990, 21(5): 321-355.

[36] Tang X, Zhang T, Liang B, et al. Sensitive electocecical microbial biosensor for p-nitophenylorgan-ophosphates based on eletrode modified with cell suface-displayed organophosphorus hydrolase and ordered mesopore carbons. Biosensor Bioelectron, 2014, 60: 137-142.

[37] Wang P, Wu L, Lu Z, et al. Gecko-inspired nanotentacle surface-enhanced Raman spectroscopy substrate for sampling and reliable detection of pesticide residues in fruits and vegetables. Anal Chem, 2017, 89(4): 2424-2431.

[38] Wang X, Li X J, Li Z, et al. Online coupling of in-tube solid-phase microextraction with direct analysis in real time mass spectrometry for rapid determination of triazine herbicides in water using carbon-nanotubes incorporated polymer monolith. Anal Chem, 2014, 86: 4739-4747.

[39] Wei Y, Guo T Y, Fang P P, et al. Direct determination of multi-pesticides in wine by ambient mass spectrometry. Int J Mass Spectrom, 2017, 417: 53-57.

[40] Xu M L, Gao Y, Han X X, et al. Detection of pesticide residues in food using surface-enhanced Raman spectroscopy: A review. J Agr Food Chem, 2017, 65(32): 6719-6726.

[41] Zhao C Q, Anis N A, Rogers K R, et al. Fiber optic immunosensor for polychlorinated biphenyls. J Agric Food Chem, 1995, 43(8): 2308-2315.

[42] Zou N, Yuan C, Chen R, et al. Study on mobility, distribution and rapid ion mobility spectrometry detection of seven pesticide residues in cucumber, apple, and cherry tomato. J Agr Food Chem, 2017, 65(1): 182-189.

[43] Zou N, Yuan C, Liu S, et al. Coupling of multi-walled carbon nanotubes/ polydimethylsiloxane coated stir bar sorptive extraction with pulse glow discharge-ion mobility spectrometry for analysis of triazine herbicides in water and soil samples. J Chromatogr A, 2016, 1457: 14-21.

[44] GB/T 18630—2002.蔬菜中有机磷及氨基甲酸酯农药残留量的简易检验方法 酶抑制法. 中华人民共和国国家质量监督检验检疫总局发布, 2002.

[45] GB/T 5009.199—2003.蔬菜中有机磷和氨基甲酸酯类农药残留量的快速检测. 中华人民共和国卫生部, 中国国家标准化管理委员会发布, 2003.

[46] 宫小明, 孔彩霞, 王炳军, 等. QuEChERS 结合实时直接分析串联质谱法检测茶叶中的农药残留. 食品安全质量检测学报, 2020, 11(23): 8775-8783.

[47] 郭娟. 智能手机可读条形码式样的有机磷农残定量检测. 太原: 太原理工大学, 2015.

[48] 韩恩, 周立娜, 闫景坤, 等. 基于免标记电化学免疫传感的蔬菜中农药残留检测研究. 现代食品科技, 2014, 30(10): 268-273.

[49] 洪孝庄, 孙曼霁. 蛋白质连接技术. 北京: 中国医药科技出版社, 1993.

[50] 华修德. 有机磷农药单残留及多残留免疫分析方法的建立与应用. 南京: 南京农业大学, 2012.

[51] 季佳华, 张瑛, 王继芬, 等. 实时直接分析质谱在农药检测中的应用. 分析测试学报, 2021, 40(2): 232-237.

[52] 焦奎, 张书圣. 酶联免疫分析技术及应用. 北京: 化学工业出版社, 2004.

[53] 孔君, 刘箐, 韩跃武, 等. 单克隆抗体制备技术的最新进展及应用前景. 免疫学杂志, 2011, 27(2): 170-173.

[54] 李丹, 邱静, 钱永忠, 等. 离子迁移谱在农产品质量安全检测中的应用. 农产品质量与安全, 2012(5): 41-45.

[55] 李广领. 吡虫啉残留免疫学快速检测技术研究. 新乡: 河南科技学院, 2010.

[56] 刘丽. 胶体金免疫层析技术. 郑州: 河南科学技术出版社, 2017.

[57] 满燕, 梁刚, 靳欣欣, 等. 生物传感技术在食品农药残留检测中的应用. 食品安全质量检测学报, 2016, 7(9): 3431-3441.

[58] NY/T 1157—2006. 农药残留检测专用丁酰胆碱酯酶. 中华人民共和国农业部发布, 2006.

[59] 潘兴鲁, 董丰收, 吴小虎, 等. 农药残留分析实时分析新技术研究进展. 植物保护, 2018, 44(5): 146-151.

[60] 王冬伟, 刘畅, 周志强, 等. 新型农药残留快速检测技术研究进展. 农药学学报, 2019, 21(Z1): 852-864.

[61] 王继楠, 夏中良, 苏岩, 等. 智能手机联用的有机磷农残速测设备及芯片. 国外电子测量技术, 2017, 36(9): 131-134.

[62] 王建凤, 张仲夏, 杜振霞, 等. 离子迁移谱法检测圣女果中的敌敌畏和马拉硫磷. 分析实验室, 2011, 30(4): 30-33.

[63] 杨冬冬, 张校亮, 崔彩娥, 等. 基于智能手机数字比色法的有机磷农残快速检测技术研究. 分析测试学报, 2015, 34(10): 1179-1184.

[64] 杨文韬, 张琳, 刘宏, 等. 基于智能手机的纸微流控电化学农药检测芯片的研究. 分析化学, 2016, 44(4): 586-590.

[65] 姚学鹏, 刘绍琴. 生物传感器用于农药残留检测的研究进展: 现状, 挑战及未来展望. 食品安全质量检测学报, 2013, 4(1): 54-60.

[66] 于善谦, 王洪梅, 朱乃硕, 等. 免疫学导论. 第 2 版. 北京: 高等教育出版社, 2008.

[67] 朱国念. 农药残留快速检测技术. 北京: 化学工业出版社, 2008.

[68] 朱小钿, 张燕, 彭宏威, 等. 免疫传感器在食品安全检测中的应用. 食品安全质量检测学报, 2019, 10(3): 626-632.

? 思考题

1. 酶抑制法的优点和局限性是什么?
2. 农药半抗原的设计应遵循哪些原则?
3. 农药单克隆抗体的制备包括哪些程序?
4. 免疫分析法相对于酶抑制法的优点是什么?
5. 简述拉曼光谱测试的基本原理与优点。
6. 简述拉曼光谱、离子迁移谱、实时直接分析 DART、传感器等几种快速检测技术的优缺点。
7. 简述生物传感器技术的原理和分类。

第十三章
农药理化性质及质量控制指标分析

第一节　概述

一、农药原药和制剂理化性质分析的意义

随着农业科学技术的发展，农用化学品的使用量越来越大，要求也越来越高。同时，世界各国政府和相关国际组织均致力于最大限度消除农用化学品的风险和危害，不断出台法律、法规和国际条约规范农用化学品的安全管理。科学实施化学品安全管理的基础是根据化学品危险性进行科学地分类和标识，进而制定适当的安全防范措施，从而保障化学农药的生产、运输、使用、贮存及废弃物处理的安全和高效运行。

农药理化性质测定及农药产品各项物化参数、毒性和生态毒力数据，是农药安全管理的重要依据。根据"联合国可持续发展世界首脑会议（World Summit on Sustainable Development, WSSD）"要求，2010 年全球均采用全球化学品统一分类和标签制度（Globally Harmonized System of Classification and Labelling of Chemicals, GHS）。GHS 是用于定义和分类化学品而制定的一种常规、连贯的方法，通过标签和产品安全数据单向各环节传递信息的制度。GHS 的目的是通过提供一种能共识理解的国际制度来表述化学品的危害，提高对人类和环境的保护；为没有相关制度的国家提供一种公认的制度框架；减少对化学品的测试和评估；为国际化学品贸易提供方便。我国是 WSSD 赞同国，在农药方面，我国农业农村部修订的《农药登记管理资料规定》中要求提供《农药产品安全数据单（Material Safety Data Sheet, MSDS)》。因此，在农药原药和制剂登记时，企业不仅需要提供"农药理化性质"检测报告，在农药生产运输尤其出口农药产品须符合国际 GHS 要求。这标志着我国农药的安全性管理已逐步趋向于国际规范化。

二、农药理化性质的基本内容

农药原药的理化性质相对固定，通常可用理化参数的熔点、沸点等来鉴别是否为该物质，而农药制剂产品的理化性质相对不固定，它与制剂配方有很大关系。农药制剂的理化性质除与制剂中使用的原药有关外，主要与添加物如溶剂、助剂等有着密切关系。

农药理化性质的测定是农药登记的证实性资料，根据农药理化性质可将农药分成原药类和制剂产品类。按照物理形态又可分为固、液、气三类。其中影响较大的理化性质主要有：闪点、爆炸性、腐蚀性、易燃性、蒸气压、水溶性、分配系数、化学稳定性等。农药有效成

分、原药和母药之间的最大差异为农药纯度，一般对高纯度产品要求提供其蒸气压、分配系数和水解性等参数。对微生物和植物源性农药，大多数是经发酵、培养和提取等工艺生产的母药及部分特殊用途（卫生和杀鼠用等）的母药，则按一般制剂要求其物化参数。根据农药制剂的物理状态、产品组成等要素，对固体产品可按成形、不成形、可燃或易挥发性类的剂型细分类，对液体产品则按水基类和油基/有机溶剂类剂型分类，气体产品较少。通过农药外观、气味可以帮助简单辨别产品的类型和纯度；通过了解农药的熔点、沸点、溶解度可有助于选择加工剂型和间接判断原药纯度；农药的分配系数、溶解度可用于产品的安全性评价，可以帮助推断农药在环境中的分布情况及其生物富集能力；了解农药的爆炸点、闪点、可燃性可以引导在生产、运输和使用中建立安全措施，选择安全的储运条件，可以对产品物理危害级别进行分类，从而满足 GHS 的要求，或满足联合国有关安全运输方面的规定，对加工农药产品剂型的选择和生产、贮运等具有尤为重要的指导意义。

农药环境和食品安全性与其理化性质密不可分，利用农药理化性质可对其环境行为进行预测，可辅助评估农药登记资料的科学性与合理性。农药进入环境后在大气、水、土各介质间迁移、扩散与再分配特征受农药蒸气压影响，蒸气压越大，农药越容易从土壤或水环境向大气空间移动，可进一步引起农药的光降解作用；农药在土壤中的移动性，也受到农药蒸气压的影响。农药的水溶性对农药在环境中的吸附、富集、农药迁移及毒性都有很大影响。水溶性大的农药容易从农田流向水体，或通过渗透进入地下水中，被生物吸收，导致对生物的急性危害；脂溶性强的农药，容易在生物体内积累，引起对生物的慢性危害。分配系数是指农药在互不相溶的两种极性与非极性溶剂中的分配能力，分配系数大的农药容易在非生物物质与生物体内富集，分配系数小的农药，容易在环境中扩散，从而扩大农药污染范围。农药的稳定性是指农药进入环境后遭受物理、化学因子影响时分解难易程度的指标，这是评价农药在环境中稳定性的基础资料。此外，杂质也会影响农药的安全性，如氟乐灵中的亚硝胺，甲胺磷中的不纯物等，因此农药的纯度和不纯物的成分均需要准确提供。农药制剂产品的理化性质可以根据需要，在一定范围进行调整，达到所需要的目的。可通过提高农药制剂中的溶剂、助剂、乳化剂等的安全性，从而提升农药产品的安全性。

下面对常见的农药理化性质及其测定方法做简要说明：

1. 酸碱度/pH 值

酸碱度/pH 值是影响化学农药性质的条件之一，不但影响农药的稳定性，还影响农药的水解速度和方式。大多数农药制剂呈中性或弱酸性，即在 pH≤7 的条件下稳定，遇碱性物质或在碱性条件下易分解而降低活性。Hay 和 Armbrust 研究得出，土壤中磺酰脲类除草剂的降解速率与 pH 值明显呈负相关。磺酰脲类除草剂在 pH 为 5.2～6.2 的土壤悬浊液和缓冲水溶液中的水解远比中性或 pH 为 8.2～9.4 时快。当 pH 超过 10.2 时，水解速度也会加快。Braschi 等研究得出，在 pH 在 2～9 范围内时醚苯磺隆的水解符合假一级反应方程，pH 为酸性时水解快，pH 为中性或碱性时水解则较慢。因此，pH 是影响农药药效的重要因素。然而，有些农药在酸性条件下稳定性差，如喹硫磷、二嗪磷、福美双、石硫合剂等。

农药的酸碱度/pH 值指标应根据农药的性质而设定，但应注意：

（1）不要把范围设定过宽；

（2）多数农药在中性和微酸性条件下较稳定；

（3）原药多以酸碱度表示（多以 H_2SO_4 计）。

2．外观 （appearance）

农药外观，包括颜色、物理状态和气味，是通过感官对农药的颜色、物理状态和气味进行定性评价。通过农药的外观，可以初步判断农药质量好坏。如硫酸铜为天蓝色晶体，无味；多菌灵白色或灰白色粉末，略有异味；乳油是稳定均匀的液体，不分层，上无浮油，下无沉淀；可湿性粉剂呈粉末状，不结块。

3．热稳定性 （thermal stability）

了解农药的稳定性，有助于选择合适的贮藏温度、湿度和包装材料，判断贮存后相关杂质或毒理杂质是否显著增加，从安全角度分析增加量是否可接受；储存过程中是否产生了新杂质（如降解产物），从安全角度分析新杂质是否可接受；活性成分对外界因素（酸、碱、氧化、还原、光、热、接触金属或金属盐）的稳定性。通常加速贮存试验中熔点（或其他特性）维持稳定或有效成分的含量损失不超过 5%认为被试物在室温下是稳定的。差热分析 （DTA）或差示扫描量热分析 （DSC）、热重分析 （TGA）试验中，有效成分 150℃以下未发生分解或化学变化，也认为被试物在室温下是稳定的。

4．爆炸性 （explodability）

爆炸性是指在极短时间内，产生高温，放出大量气体，并释放出大量能量，在周围形成高压的化学反应或状态变化的现象。爆炸性可以用来确定固态或半固态农药产品在明火加热、撞击或摩擦作用时是否存在发生爆炸的风险，以及液体农药产品在明火加热或撞击时是否存在爆炸的风险。

在 2008 年，《农药登记资料规定》中强化了对产品安全性方面的试验数据要求，明确提出对爆炸性、可燃性、腐蚀性等与物理危险性相关的试验要求，启动了对化学品安全性以联合国的最新国际标准进行管理。按照国家标准《化学品分类和标签规范第 2 部分：爆炸物》（GB 30000.2—2013） 的要求，爆炸物的分类和进一步分项是一项非常复杂的程序。但是对于农药登记，目前没有要求分项，只要求判定是否存在爆炸风险。

对于农药原药或制剂等产品，如果分解热低于 500J/g，放热的起始温度低于 500℃，可判定被试物不具有潜在爆炸性，不需要进行进一步试验；如果分解热高于 500J/g，说明被试物具有一定潜在的爆炸性，对固体样品，还需要进行热敏感试验、机械敏感性 （摩擦）试验和机械敏感性 （撞击）试验，对液体样品，还需要进行机械敏感性 （撞击）试验和热敏感试验。

5．水中光解 （photo-transformation in water）

农药或其他物质可吸收适当波长的光能呈激发态分子，吸收光子的能量正好处于分子中的一些键的离解能范围内，导致键的断裂发生降解。该指标适用于农药登记试验中农药纯品（有效成分≥98%） 或农药原药水中光解性质的测定。

6．正辛醇/水分配系数 （octanol/water partition coefficient）

正辛醇/水分配系数 （K_{ow}）是指受试样品在正辛醇-水两相介质中达到平衡时的浓度之比。正辛醇/水分配系数是表征化合物生物活性的一个重要参数，直接反映化合物的疏水性和环境归趋，广泛应用于农药、化工产品分离与提纯环保等许多领域。例如，根据化合物的 K_{ow} 可以预测农药对害虫的杀伤力和对环境的影响；根据化合物的 K_{ow} 可选择分离提纯所用的最佳萃取剂；根据 K_{ow} 和其他有机物/水分配系数的关系，可估算其油/水分配系数；以及用 K_{ow} 与其他性质之间的关系来估算土壤、沉积物/水分配系数，生物富集因子以及水溶解度等多种物化性能。例如，某化合物的 K_{ow} 为 3.5，说明该化合物具有较好脂溶性。K_{ow} 可作为一种筛选指标，决定是否需要进行额外的试验以满足安全、药效和贸易标准要求。正辛醇/水分配系数的测定方法可分为直接测定法和间接测定法。直接测定法是将被测物质溶解在正辛醇与水的饱和溶液中，当被测物质在两相中达到液液平衡时，分别测定其在正辛醇相和水相中的浓度，从而计算出该物质的正辛醇/水分配系数，具体测定方法包括摇瓶法、两相滴定法和萃取法。间接测定法是指通过测定与正辛醇/水分配系数有关的数值（如停留指数或容量因子）来计算正辛醇/水分配系数，主要包括产生柱法和色谱法。

7. 水解（hydrolysis）

农药水解是农药在水中产生的化学分解现象。通常用一级动力学速率常数和水解半衰期来表示水解的难易程度。农药的化学水解速率主要取决于农药本身的化学结构和水体性质，如 pH、温度、离子强度及其他化合物，其中尤以 pH 和温度影响较为明显。温度升高可以增加农药的水解程度，影响程度因农药品种和介质 pH 条件而异。例如，温度对百菌清的水解速率影响较为显著，温度升高，水解加快；温度升高可以增大三唑酮在酸性条件下（pH = 5）的水解速率，而在碱性条件下（pH = 9），温度对其水解速率影响不明显。该项指标对于理解农药在农产品和环境、食品加工等过程或介质中的稳定性有参考价值。

8. 氧化/还原：化学不相容性（oxidation/reduction: chemical incompatibility）

化学不相容性是指化合物在与其他物质接触后发生剧烈的氧化还原反应的可能性。通过被试农药与常见氧化剂、还原剂、常见灭火剂和常见溶剂接触时是否发生危险性反应，对农药的化学不相容性进行判定。

9. 闪点（flash point）

闪点又称闪燃点，即在一个稳定的特定空气环境中，可燃性液体或固体表面产生的蒸气在试验火焰作用下初次发生闪光时的温度，也就是可燃液体或固体能放出足量的蒸气并在所用容器内的液体或固体表面处与空气组成可燃混合物的最低温度。闪点是衡量有机化合物可燃性的重要物理和化学参数，通常用于测定可燃液体挥发性，也可以被用于提供可燃液体储存、运输和使用安全指标，即闪点越低，其挥发性越高，越容易着火并且安全性越差。测定过程中，若温度升至 93℃还未见闪点，则可终止试验，判定样品为非易燃液体。

10. 燃点（fire point）

燃点又称燃烧点，即在标准大气压和稳定的空气环境中，可燃性液体或固体表面产生的蒸气在试验火焰作用下被点燃，并持续燃烧（至少 5s）的最低温度。

11. 与非极性有机溶剂混溶性（miscibility with hydrocarbon oil）

混溶性（miscibility）指被试物与溶剂以任何比例形成均一溶液的能力。将被试物与使用的非极性有机溶剂混合，在特定温度下静置一定时间后，观察是否保持均一状态，是否有未溶解或析出的固体，是否有分层，与所用的非极性溶剂是混溶或是不混溶。

12. 饱和蒸气压（saturated vapor pressure）

饱和蒸气压是指在一定外界条件下，液体中的液态分子蒸发成气态分子，同时气态分子也会撞击液面回归液体，一定时间后这种变化达到平衡，平衡后气态分子对液面产生的压强即为饱和蒸气压。固态或液态物质的饱和蒸气压，是指在特定温度下固体或液体上的饱和蒸气压力。有机化合物的蒸气压越高，挥发性越强。

13. 固体可燃性 (flammability of solids)

《农药登记资料规定》要求，农药登记时需提交产品可燃性检测报告。对于粉末状、颗粒状或膏状样品可按照《农药理化性质测定试验导则第15部分：固体可燃性》（NY/T 1860.15—2016）的规定，先进行预试验，如果预试验的结果显示为非易燃物，则终止试验。否则，应测定样品的燃烧时间，点燃后燃烧特定 100mm 距离所用的时间少于 45s 的样品为极易燃。除此标准方法外，还可用差示扫描量热仪法测定样品分解时释放的热量，当测试结果低于 300 J/g 时，判定样品为非易燃固体。蚊香、电热蚊香片等加工成特殊形状使用的特殊样品，可参照《百菌清烟粉粒剂》（GB 18172.1—2000）中的 4.9 条，测定样品的自燃温度。

14. 对包装材料腐蚀性 (corrosion characteristics to packaging material)

指被试物与包装材料发生电化学或化学反应，造成包装材料破坏或其性能下降的性质。《农药登记资料规定》中要求的腐蚀性是指对包装材料的腐蚀性。试验方法和评价标准参照农业行业标准《农药理化性质测定试验导则 第16部分：对包装材料腐蚀性》（NY/T 1860.16—2016）。非气雾剂产品试验可结合加速贮存稳定性或常温贮存稳定性试验进行。将被试物与其商业包装材料相接触，在选定的温度条件下贮存一定时间，测定试验前后包装材料的性状差异，计算包装物质量变化率。

15. 密度 (density)

密度指某种物质在规定温度下单位体积物质的质量。包括相对密度（relative density）和堆密度（bulk density）。

堆密度是颗粒或粉末状材料的表观密度，其体积包含空气等孔隙，其值受敲击、挤压和压力的影响，分为松密度和实密度。

松密度（pour density）指在标准条件下，在标准尺寸容器中形成的粉末层或颗粒层的表观密度。

实密度（tap density）指在标准条件下，振动或轻击一定数量粉末或颗粒后，在标准尺寸容器中形成的粉末层或颗粒层的密度。

农药产品的密度测定应采用适当的方法进行：密度在 1.0～1.1g/mL 之间、黏度不大于 5mPa·s 的液体宜采用比重计法；液体宜采用窄口比重瓶法，挥发性低但黏度很大的液体、半固体和固体宜采用广口比重瓶法；固体制剂宜采用堆密度法。

16. 比旋光度 (specific rotation)

比旋光度指分子结构中含有不对称的原子的化合物具有光学活性，能使偏振光旋转一定角度。从起偏镜透射出的平面偏振光经过具有旋光作用的样品时，其振动方向会改变一定的角度 α，将检偏器旋转一定角度，使透过的光强与入射光强相等，该角度即为样品的旋光度。

17. 沸点 (boiling point)

沸点是指液体的饱和蒸气压等于其环境气压时的温度。沸点越高，挥发性越差。

18. 熔点/熔程 (melting point/melting rang)

熔点是指在环境大气压下，物质的物态由固态转变为液态的温度。熔程为物质从固相转变为液相的温度范围。

19. 黏度（viscosity）

黏度指流体物质在发生形变时对应力的吸收特性。单位为 mPa·s。

20. 有机溶剂中溶解度（solubility in organic solvents）

指在特定温度和压力下，物质以分子或离子形式均匀分散在有机溶剂中形成平衡均相混合体系时，该均相体系所能够包含的该物质的最大量，单位为 g/L。适用于农药登记试验中非挥发性农药纯品和原药在有机溶剂中溶解度的测定。

21. 水中溶解度（water solubility）

指在特定温度和压力下，物质以分子或离子形式均匀分散在水中形成平衡均相混合体系时，该均相体系所能够包含的该物质的最大量。单位为 g/L。

22. 固体的相对自燃温度（relative self-ignition temperature for solids）

相对自燃温度是在指定条件下，一定体积的产品发生燃烧现象时的最低温度，以摄氏度（℃）表示。适用于农药登记试验中固体农药纯品、原药和制剂相对自燃温度的测定。不适用于易爆产品、在常温下与空气发生自燃的产品以及在本方法试验条件下熔化的固体产品（例如表面活性剂等）。

23. 自燃温度（auto-ignition temperature）

指在规定的测试条件下，被试物发生自燃的最低温度。适用于农药登记试验中液体和气体的自燃温度测定。

24. 氧化性（oxidation）

氧化性是一种固态物质在与某一种可燃物质完全混合时增加该可燃物质的燃烧速度或燃烧强度的潜力。适用于农药登记试验中农药原药和制剂氧化性的测定。

25. 遇水可燃性（flammability contact with water）

适用于农药登记试验中对固体或液体农药产品是否会遇水或潮湿空气反应放出危险数量的，可燃烧的气体而进行的测定。对于发火物质（自燃物质）、生产或加工过程表明不与水反应的产品、溶于水后形成稳定混合物（溶液、胶体、悬浮液等）的产品不需要进行遇水可燃性测定。

26. 水溶液表面张力（surface tension of aqueous solutions）

表面张力就是单位表面积的自由焓，可用垂直作用于单位长度相界面上的力表示。在 SI 单位制中，表面张力的单位为 N/m 或 mN/m。

27. 粒径分布（particle size distribution）

指定粒径范围（小于上限粒径至大于等于下限粒径）内被试物颗粒占全部被试物颗粒百分数。粒径在 20μm 以上，宜使用筛分法；粒径在 0.05～2000μm 之间，宜使用激光粒度法。（参见 NY/T 1860.32—2016。）

第二节　农药原药和制剂的理化性质登记资料要求

一、农药原药理化性质登记资料要求

农药原药有效成分的物理化学特性包括其相关物理和化学性质数据，如颜色、物理状态和气味、热稳定性、紫外/可见光吸收、爆炸性、水中光解、正辛醇/水的分配系数、水解、化学不相容性、与非极性有机溶剂混溶性、饱和蒸气压、密度、比旋光度（具有光学活性的农药纯品和农药原药）、沸点、熔点/熔程、黏度、有机溶剂中溶解度（非挥发性农药纯品和原药）、水中溶解度（非挥发性农药纯品和原药）、固体的相对自燃温度、水中解离常数、水溶液表面张力、粒径分布、吸附/解吸附、水中形成络合物的能力、自热物质试验等；安全性质数据，包括闪点、燃点、固体可燃性、对包装材料腐蚀性、气体可燃性、自燃温度（液体与气体）、氧化性、遇水可燃性、自动点火温度等。

目前我国农药登记资料要求有效成分理化性质包括：外观（颜色、物态、气味）、熔点/熔程、沸点、水中溶解度、有机溶剂（极性、非极性、芳香族）中溶解度、密度、正辛醇/水分配系数（适用非极性有机物）、饱和蒸气压（不适用盐类化合物）、水中电离常数（适用弱酸、弱碱化合物）、水解、水中光解、紫外/可见光吸收、比旋光度等。

化学农药原药（母药）理化性质包括外观（颜色、物态、气味）、熔点/熔程、沸点、稳定性（热、金属和金属离子）、爆炸性、燃烧性、氧化/还原性、对包装材料腐蚀性、比旋光度等。

二、农药制剂理化性质登记资料要求

化学农药制剂的理化性质要求包括：外观（颜色、物理状态、气味）、密度、黏度、氧化/还原性、对包装材料的腐蚀性、与非极性有机溶剂混溶性（适用于用有机溶剂稀释使用的剂型）、爆炸性、燃烧性等，不同剂型要求不同，具体见表 13-1～表 13-4。

表 13-1　固体制剂产品理化性质项目

剂型	外观	密度	氧化/还原性	对包装材料的腐蚀性	爆炸性	固体可燃性
粉剂	+	+	+	+	+	+
可分散片剂	+	+	+	+	+	+
颗粒剂	+	+	+	+	+	+
可溶粉剂	+	+	+	+	+	+
可溶粒剂	+	+	+	+	+	+
可溶片剂	+	+	+	+	+	+
可湿性粉剂	+	+	+	+	+	+
片剂	+	+	+	+	+	+
乳粉剂	+	+	+	+	+	+
乳粒剂	+	+	+	+	+	+
水分散粒剂	+	+	+	+	+	+

注："+"表示需要测定该指标。

表 13-2 液体制剂产品理化性质项目

剂型	外观	密度	黏度	氧化/还原性	对包装材料的腐蚀性	与非极性有机溶剂混溶性	爆炸性	闪点
超低容量液剂	+	+	+	+	+	—	+	+
可分散液剂	+	+	+	+	+	—	+	+
可分散油悬浮剂	+	+	+	+	+	—	+	+
可溶胶剂	+	+	+	+	+	—	+	+
可溶液剂	+	+	+	+	+	—	+	+
乳油	+	+	+	+	+	—	+	+
水乳剂	+	+	+	+	+	—	+	+
微囊悬浮剂	+	+	+	+	+	—	+	+
微囊悬浮-水乳剂	+	+	+	+	+	—	+	+
微囊悬浮-悬浮剂	+	+	+	+	+	—	+	+
微囊悬浮-悬乳剂	+	+	+	+	+	—	+	+
微乳剂	+	+	+	+	+	—	+	+
悬浮剂	+	+	+	+	+	—	+	+
悬乳剂	+	+	+	+	+	—	+	+
油剂	+	+	+	+	+	+	+	+

注:"+"表示需要测定该指标,"—"表示不需要测定该指标。

表 13-3 种子处理制剂产品理化性质项目

剂型	外观	密度	黏度	氧化/还原性	对包装材料的腐蚀性	爆炸性	闪点	固体可燃性
种子处理干粉剂	+	+	—	+	+	+	—	+
种子处理可分散粉剂	+	+	—	+	+	+	—	+
种子处理乳剂	+	+	+	+	+	+	+	—
种子处理悬浮剂	+	+	+	+	+	+	—	—
种子处理液剂	+	+	+	+	+	+	+	—

注:"+"表示需要测定该指标,"—"表示不需要测定该指标。

表 13-4 其他制剂产品理化性质项目

剂型	外观(颜色、物态、气味)	对包装材料的腐蚀性	固体可燃性(按纺织品要求)	固体的相对自燃温度	爆炸性	闪点	密度	燃烧性	气体可燃性	氧化/还原性
长效防蚊帐	+	+	+	—	—	—	—	—	—	—
电热蚊香片	+	+	—	+	—	—	—	—	—	—
电热蚊香液	+	+	—	—	+	+	+	—	—	—
饵剂	+	+	—	—	—	—	—	+	—	—
浓饵剂	+	+	—	—	—	—	—	+	—	—
气体制剂	+	+	—	—	+	—	—	—	+	—
驱蚊花露水	+	+	—	—	+	+	+	—	—	—
气雾剂	+	+	—	—	—	—	—	—	+	—
驱蚊液	+	+	—	—	+	—	—	—	—	—
蚊香	+	+	—	—	+	—	—	—	—	—
烟剂	+	+	—	—	+	—	—	—	—	+

注:"+"表示需要测定该指标,"—"表示不需要测定该指标。

第三节 主要理化性质的检测方法

我国制定的 NY/T 1860—2016（农药理化性质测定试验导则），给出了 38 项具体参数的测定方法。表 13-5 列出了这些参数以及相关测定方法。

表 13-5 理化参数测定方法列表

NY/T 1860 系列标准	理化参数	我国其他方法	国外方法
NY/T 1860.1—2016	pH 值	GB/T 1601—1993	CIPAC MT 75 OPPTS 830.7000
NY/T 1860.2—2016	酸碱度		CIPAC MT 31、CIPAC MT 191
NY/T 1860.3—2016	外观		ASTM D1535、ASTM D1544 OPPTS 830.6302、OPPTS 830.6303、OPPTS 830.6304
NY/T 1860.4—2016	热稳定性	GB/T 13464—2008	OECD 113 OPPTS 830.6313
NY/T 1860.5—2016	紫外/可见光吸收		OECD 101 OPPTS 830.7050
NY/T 1860.6—2016	爆炸性	GB/T 21566—2008 GB/T 21567—2008 GB/T 21578—2008	ASTM 537 EC Regulations No 440/2008 A.14 OPPTS 830.6316 UN ST/SG/AC.10/11/Rev.5
NY/T 1860.7—2016	水中光解		OECD 316 OPPTS 835.2210、OPPTS 835.2310
NY/T 1860.8—2016	正辛醇/水分配系数	GB/T 21852—2008 GB/T 21853—2008	EC Regulations No 440/2008 A.8 OECD 107、OECD 117、OECD 123 OPPTS 830.7550、OPPTS 830.7560、OPPTS 830.7570
NY/T 1860.9—2016	水解		OECD 111
NY/T 1860.10—2016	氧化/还原：化学不相容性		OPPTS 830.6314
NY/T 1860.11—2016	闪点	GB/T 261—2021 GB/T 3536—2008 GB/T 21775—2008 GB/T 21789—2008 GB/T 5208—2008 GB/T 21929—2008	ASTM D3828、ASTM D56、ASTM D3278、ASTM D93、ASTM D1310 CIPAC MT 12 EC Regulations No 440/2008 A.9 ISO 1516、ISO 1523、ISO 2592、ISO 2719、ISO 13736、ISO 3679、ISO 3680 UN ST/SG/AC.10/11/Rev.5
NY/T 1860.12—2016	燃点	GB/T 3536—2008	ASTM D92、ASTM D1310 ISO 2592 OPPTS 830.6315
NY/T 1860.13—2016	与非极性有机溶剂混溶性		CIPAC MT23 OPPTS 830.6319
NY/T 1860.14—2016	饱和蒸气压	GB/T 22228—2008 GB/T 22052—2008 GB/T 22229—2008	ASTM D2879、ASTM D6377、ASTM D6378、ASTM D5191、ASTM E1194 EC Regulations No 440/2008 A.4 OECD 104 OPPTS 830.7950
NY/T 1860.15—2016	固体可燃性	GB/T 21846—2008	EC Regulations No 440/2008 A.10 UN ST/SG/AC.10/11/Rev.5
NY/T 1860.16—2016	对包装材料腐蚀性	GB/T 21621—2008	ASTM G31 OPPTS 830.6320 UN ST/SG/AC.10/11/Rev.5

NY/T 1860 系列标准	理化参数	我国其他方法	国外方法
NY/T 1860.17—2016	密度	GB/T 22230—2008 GB/T 4472—1984 GB/T 13556.1—2008	ASTM D1070、ASTM D792、ASTM D891、 ASTM D153、ASTM C135 CIPAC MT3、CIPAC MT33、CIPAC MT58、 CIPAC MT159、CIPAC MT169、CIPAC MT186 EC Regulations No 440/2008 A.3 ISO 3944 OECD 109 OPPTS 830.7300
NY/T 1860.18—2016	比旋光度	GB/T 613—2007 中国药典附录ⅥE 旋光度测定法	European Pharmacopeia Method 2.2.7 ISO 6353—1:1982
NY/T 1860.19—2016	沸点	GB/T 615—2006 GB/T 616—2006	ASTM D1120、ASTM E537 EC Regulations No 440/2008 A.2 ISO 918 OECD 103 OPPTS 830.7220
NY/T 1860.20—2016	熔点/熔程	GB/T 1602—2001 GB/T 21781—2008	CIPAC MT2 EC Regulations No 440/2008 A.1 OECD 102 OPPTS 830.7200
NY/T 1860.21—2016	黏度	GB/T 10247—2008 GB/T 21623—2008 GB/T 22235—2008	CIPAC MT22、CIPAC MT192 ISO 3104/3105 OECD 114 OPPTS 830.7100
NY/T 1860.22—2016	有机溶剂中溶解度		CIPAC MT 181
NY/T 1860.23—2016	水中溶解度	GB/T 21845—2008	OPPTS 830.7840、OPPTS 830.7860 CIPAC MT157 OECD 105 EC Regulations No 440/2008 A.6
NY/T 1860.24—2016	固体的相对自燃温度	GB/T 18172.2—2000 GB/T 21756—2008	EC Regulations No 440/2008 A.16
NY/T 1860.25—2016	气体可燃性	GB/T 21844—2008 GB/T 12474—2008 GB/T 27862—2011	EC Regulations No 440/2008 A.11 ASTM E681 ISO 10156
NY/T 1860.26—2016	自燃温度（液体与气体）	GB/T 5332—2007	EC Regulations No 440/2008 A.15 IEC 79—4
NY/T 1860.27—2016	气雾剂的可燃性	GB/T 21630—2008 GB/T 21614—2008 GB/T 21631—2008	UN ST/SG/AC.10/11/Rev.5
NY/T 1860.28—2016	氧化性		EEC directive 92/69 EEC, part A,A.17 EEC directive 92/69 EEC, part A,A.21
NY/T 1860.29—2016	遇水可燃性	GB/T 21619—2008	EC Regulations No 440/2008 A.12 UN ST/SG/AC.10/11/Rev.5 UN ST/SG/AC.10/11/Rev.4
NY/T 1860.30—2016	水中解离常数		OECD 112 OPPTS 830.7370
NY/T 1860.31—2016	水溶液表面张力	GB/T 22237—2008 GB/T 6541—86 GB/T 5549—2010	ISO 304 DIN 53914 ASTM D1590、ASTM D1331 ISO 304、ISO 1409、ISO 6295
NY/T 1860.32—2016	粒径分布	GB/T 16150—1995	CIPAC MT 187 ISO 2926
NY/T 1860.33—2016	吸附/解吸附	GB/T 31270.4—2014 GB/T 21851—2008	OECD 106 ISO 10381-6
NY/T 1860.34—2016	水中形成络合物的能力		OECD 108

NY/T 1860 系列标准	理化参数	我国其他方法	国外方法
NY/T 1860.35—2016	聚合物分子量和分子量分布测定（凝胶渗透色谱法）	GB/T 21864—2008	OECD 118
NY/T 1860.36—2016	聚合物低分子量组分含量测定（凝胶渗透色谱法）	GB/T 27843—2011	OECD 119
NY/T 1860.37—2016	自热物质试验	GB/T 21612—2008	UN ST/SG/AC.10/11/Rev.5 UN ST/SG/AC.10/1/Rev.18 UN ST/SG/AC.10/30/Rev.4
NY/T 1860.38—2016	对金属和金属离子的稳定性		OPPTS 830.6313

本节主要介绍农药的 pH 值、热稳定性、闪点、燃点、正辛醇/水分配系数、黏度、饱和蒸气压、爆炸性等理化指标的测定方法。

一、pH 值

采用 pH 计和玻璃电极测定样品水溶液或不稀释水基制剂的 pH。

分别配制 0.05mol/L 的四硼酸二钠和邻苯二甲酸氢钾缓冲溶液，并对 pH 计和电极进行至少两点校正。称取 1.0g 样品（对于黏度不大的液体样品如乳油，需 1mL 或是更多样品）于盛有 50mL CIPAC 标准水 D 的具塞量筒中，再用水补足至 100mL 刻度，剧烈摇晃至样品充分混合或分散。将电极没入溶液放置 1min，保证与校准缓冲溶液的温度平衡，读取 pH。经过 1min 平衡，如果 pH 变化大于 0.1，则 10min 以后读取 pH。至少平行测定三次，平行测定结果之差应小于 0.1，取其算数平均值作为该试样的 pH。

二、热稳定性

农药热稳定性的测定主要有三种方法：差热分析（differential thermal analysis，DTA）、差示扫描量热分析（differential scanning calorimetry，DSC）和热重分析（thermogravimetric analysis，TGA）。

1. DTA（或 DSC）法

将 5～50mg 的样品密封在样品容器中，加热速率控制在 2～20℃/min 范围内。记录该物质在正常气压下的 DTA（或 DSC）图。如果在室温和 150℃之间发生热效应，即有一个吸收峰或放热峰，按以下程序进行：当该峰是由放热反应所引起，则确定为分解反应；当该峰是由吸热反应所引起，则将与峰对应的温度与该物质的熔点进行比较，如果该峰源于与该物质熔点无关的吸热反应，按照下面操作进行。具体操作为：在较高压力（1×10^6～5×10^6 Pa）下或密封的样品容器内重复进行 DTA（或 DSC）试验。如果该峰偏移至较高温度则是蒸发过程所致。如果吸热效应不是源于融化或蒸发，则用 TGA 法测定。围绕峰温度重复循环加热，如果峰消失，则确定发生了化学反应。

2. TGA 法

将 10~500mg 的样品置于氮气和空气中加热，加热速率控制在 2~20℃/min 范围内，将样品由室温加热至 150℃，并记录质量损失。如果质量损失并非被试物挥发所致，则确定试验样品存在分解反应；如果在低于 150℃时观察到分解作用，则可由等温测定确定分解速率。

三、闪点

（一）闪点范围

根据被试物的性质和闪点范围，选择适当的方法：

（1）闪点低于 93℃，且 25℃时黏度低于 $9.5×10^{-6}$ m^2/s，可使用泰格闭口杯法测定；

（2）闪点大于 40℃的液体，包括可燃液体、带悬浮颗粒的液体及试验条件下表面趋于成膜的液体，可使用宾斯基-马丁闭口杯法测定；

（3）闪点在-30~70℃范围内的液体或混合物（液体、黏性物质或固体），可使用阿贝尔闭口杯法测定；

（4）闪点在-18~165℃之间，可使用泰格开口杯法测定；

（5）闪点在 79~400℃之间，可使用克利夫兰开口杯法测定。

（二）测定方法

1. 泰格闭口杯法

采用泰格闭口闪点仪测定。将油杯放入水浴，用带刻度的量筒量取（50±0.5）mL 的试样，倒入测试杯中，然后将插有温度计的盖子盖上。点燃试验火焰，调节火焰直径，使之与盖子上火焰尺寸球大小一致。点燃加热灯，置于水浴容器的下面正中位置。调整火焰大小，使试样的升温速度为 1℃/min（预估闪点在 60℃以下）或 3℃/min（预估闪点不小于 60℃时）。记录气压计读数，记录试样的起始温度。当试样温度比预计闪点低 5℃时，转动杯盖上的旋钮，将试焰引入杯内气化空间，并立即将杯盖旋回，整个过程操作时间为 1s，每次引入和提起火焰的时间应一致。若在开始操作时试样就出现闪焰，终止试验，重新冷却一个新试样，使其温度比原装入试样温度低 10℃。温度每上升 0.5℃测定一次，直至获得闪焰，记录此时的温度为闪点。观察和记录实验时的室温和大气压。

大气压不在 101.3kPa（760mmHg），用式（13-1）或式（13-2）修正闪点值。

$$修正闪点值 = C+0.25×(101.3-K) \tag{13-1}$$

或

$$修正闪点值 = C+0.033×(760-P) \tag{13-2}$$

式中　C——观察到的闪点，℃；

　　　P——室内大气压，mmHg；

　　　K——室内大气压，kPa。

修正大气压后，结果报告精确到 0.5℃。

2. 宾斯基-马丁闭口杯法

采用宾斯基-马丁闭口杯闪点仪测定。

（1）非表面趋于成膜的液体、不带悬浮颗粒的液体或低黏度材料的试样测定　将试样小心倒入测试杯中至刻度线，避免润湿液面以上的杯壁。将测试杯放在加热器上，用定位器正确固定好。插入适当温度计。点燃试焰，调整火焰直径为4mm。开始加热，升温速率在5~6℃/min范围内，搅拌速率在90~120r/min范围内。如果试样的预期闪点不高于110℃，从预期闪点以下（23±5）℃开始点火，试样每升高1℃重复点火一次。点火时停止搅拌，用试验杯盖上的滑板操作旋钮和点火装置点火，要求火焰在0.5s内下降至试验杯的蒸气空间内，并停留1s，然后迅速升高回至原位置。如果试样的预期闪点是110℃以上，从预期闪点以下（23±5）℃开始点火，试样每升高2℃重复点火一次，其余操作一致。当试样的闪点未知时，在（15±5）℃开始测试。当闪焰出现时，记录测试杯温度计的读数，就是闪点。如果所记录的观察闪点温度与最初的点火温度的差值少于18℃或高于28℃，则认为此结果是个大约值。应用新试样重复试验，调整最初的点火温度，直到获得有效的测试结果，即观察到的闪点与最初点火温度的差值应在18~28℃范围之内。

（2）表面趋于成膜的液体、带悬浮颗粒的液体或高黏度材料的试样测定　将试样倒入测试杯中至刻度线，盖上试验杯盖，放入加热室，插入温度计。点燃试焰，调整火焰直径为3.2~4.8mm。试验期间，试样以1~1.5℃/min的速率升温，且搅拌速率为（250±10）r/min。其余操作按照（1）的步骤进行测定。闪点值的修正计算与前述泰格闭口杯法一致。

3. 阿贝尔闭口杯法

采用阿贝尔闪点仪测定。将阿贝尔闪点仪放在平稳的桌面上。

（1）液体闪点在-30~18.5℃范围内的测定　在测试过程中，通过气压计记录实验室环境压力，记录气压计周围的环境温度。从容器中取出试样前，应在-35℃或低于预期闪点至少17℃的任一较高温度环境下的冷却浴或冰箱中冷却置于容器中的试样。用附有低温温度计或适合的热电偶、气密性好的盖子取代试样容器原有的盖子检查试样温度，达到要求的温度后以原先的盖子取代有温度计的盖子进行密封。把加热浴放置在稳固平面上，把测试杯放在仪器内并用测试杯温度计取代低温温度计，移开盖子加注未经摇动的试样至标记线位置，避免形成气泡。将盖子放到测试杯上并按下至合适位置。点燃试焰，调整火焰直径为3.8mm。移开加热浴上的低温温度计并插入加热浴温度计。升温加热浴，使试样以1℃/min的速率升温。向下戳进试样，以约0.5r/s（30r/min）或试样黏度所允许的最接近的速率顺时针搅动试样。当测试试样的温度达到-35℃或低于预期闪点9℃时启动计时器，在计时器敲打三次时间内缓慢匀速地打开滑盖，使用测试火焰，在第四次敲打时关闭滑盖。如果发生闪燃则中断测试。以每升高0.5℃使用一次测试火焰的方式直到测试杯内有明显的闪燃出现，或直到温度达到18.5℃的修正温度。若闪燃发生，记录发生闪燃时试样的温度。在测试火焰引起测试杯内出现明显火焰时，记录此时温度计读数为观察闪点。

（2）液体闪点在19~70℃范围内的测定　从容器中取出试样前，应在2℃或低于预期闪点至少17℃的任一较高温度环境下的冷却浴或冰箱中冷却置于容器中的试样。把加热浴放置在稳固平面上，把测试杯放在仪器内并用测试杯温度计取代低温温度计，移开盖子加注未经摇动的试样至标记线位置，避免形成气泡。将盖子放到测试杯上并按下至合适位置。点燃试焰，调整火焰直径为3.8mm。升温加热浴，使试样以1℃/min的速率升温。向下戳进试样，以约0.5r/s（30r/min）或试样黏度所允许的最接近的速率顺时针搅动试样。当测试试样的温度达到10℃或低于预期闪点9℃时启动计时器，在计时器敲打三次时间内缓慢匀速地打开滑盖，使用测试火焰，在第四次敲打时关闭滑盖。如果发生闪燃则中断测试。以每升高0.5℃使用一次测试火焰的方式直到测试杯内有明显的闪燃出现，或直到温度达到 70℃的修正温度。若闪燃发生，记录发生闪燃时试样的温度。在测试火焰引起测试杯内有明显火焰出现时，记录此时温度计读数为观察闪点。

读取获得闪点时的气压计读数，进行结果修正。如果上述气压计的读数单位不是千帕（kPa），使用下列方式进行换算：

以千帕（kPa）为单位的气压计读数等于以百帕（hPa）为单位的气压计读数乘以 0.1；

以千帕（kPa）为单位的气压计读数等于以毫巴（mbar）为单位的气压计读数乘以 0.1；

以千帕（kPa）为单位的气压计读数等于以毫米汞柱（mmHg）为单位的气压计读数乘以 0.133322。

计算修正闪点（T），用式（13-3）修正闪点值。

$$修正闪点值 = T_0 + 0.25 \times (101.3 - P') \tag{13-3}$$

式中　T_0——观察到的闪点，℃；

　　　P'——0℃时的气压，kPa。

修正大气压后，结果报告精确到 0.5℃。

4. 泰格开口杯法

采用泰格开口杯闪点仪，针对不同闪点范围进行闪点测定。

（1）闪点在-18～16℃范围内　用干冰-丙酮混合物将 1：1 水-乙二醇混合液冷却至-30℃，把混合液倒入浴槽，至液面比测试杯上缘低 3.2mm 处。将冷却的试样小心倒入测试杯中，至液面比测试杯上缘低 3.2mm。点燃试焰，调整火焰直径为 4mm。当温度到预计闪点以下 10℃时，调整试样液面高度到比测试杯上缘低 3.2mm。可能需要进行 2 次预试验才能确定正确的调整液面的温度。开始升温时不要加热，任其自然升温。到升温速度低于 1℃/min 后，点燃加热灯，置于水浴容器的下面正中位置。调节灯焰大小，使测试杯中试样的升温速度为（1±0.25）℃/min。在调整液面后立即开始第一次测试，让试焰在 1s 内扫过测试杯上空，以确定预计闪点。以后每隔 1℃试点一次。试点时试焰只能单向行进，从一端扫向另一端，且经过测试杯的圆心。当试焰位于行程两端时，应置于"关闭"位置，只有在试点时才置于"开通"位置。当被试物为黏稠或表面起膜的液体时，应在试点前 15s，用搅拌棒垂直插入到液面下 15mm 处，按照试焰的运动轨迹往返搅动 3～4 次。然后取出搅拌棒，进行试点。如果在测到闪点前，被试物已经沸腾，则停止加热和测试。记录"沸点前无闪点"。

（2）闪点在 16～93℃范围内　把冷浴液（水或水-乙二醇混合液）倒入浴槽，至液面比测试杯上缘低 3.2mm 处，应至少比预期闪点低 17℃。将冷却的试样小心倒入测试杯中，至液面比测试杯上缘低 3.2mm。试样温度应至少比预期闪点低 10℃。点燃试焰，调整火焰直径为 4mm。点燃加热灯，置于水浴容器的下面正中位置。调节灯焰大小，使测试杯中试样的升温速度为（1±0.25）℃/min。当温度到预计闪点以下 10℃时，调整试样液面高度。在调整液面后立即开始第一次测试，让试焰在 1s 内扫过测试杯上空，以确定预计闪点。以后每隔 1℃试点一次。试点时试焰只能单向行进，从一端扫向另一端，且经过测试杯的圆心。当试焰位于行程两端时，应置于"关闭"位置，只有在试点时才置于"开通"位置。当被试物为黏稠或表面起膜的液体时，应在试点前 15s，用搅拌棒垂直插入到液面下 15mm 处，按照试焰的运动轨迹往返搅动 3～4 次。然后取出搅拌棒，进行试点。如果在测到闪点前，被试物已经沸腾，则停止加热和测试。记录"沸点前无闪点"。

（3）闪点在 93～165℃范围内　将高沸点硅油浴液倒入浴槽，至液面比测试杯上缘低 3.2mm 处，将室温试样小心倒入测试杯中，至液面比测试杯上缘略大于 3.2mm。点燃试焰，调整火焰直径为 4mm。点燃加热灯，置于水浴容器的下面正中位置。用最大火力加热，至试样升至 90℃时，调节灯焰大小，使测试杯中试样的升温速度为（1±0.25）℃/min。当温度到预计闪点以下 10℃时，调整试样液面高度。在调整液面后立即开始第一次测试，让试焰在 1s 内扫过测试杯上空，以确定预计闪点。以后每隔 1℃试点一次。试点时试焰只能单向行进，从一端扫向另一端，且经过测试杯的圆心。当试焰位于行程两端时，应置于"关闭"位置，只有在试点时才置于"开通"位置。当被试物为黏稠或表面起膜的液体时，应在试点前 15s，用搅拌棒垂直插入到液面下 15mm 处，按照试焰的运动轨迹往返搅动 3～4 次。然后取出搅拌棒，进行试点。如果在测到闪点前，被试物已经沸腾，则停止加热和测试。记录"沸点前无闪点"。

当 3 次测定结果中最大值和最小值间差异不大于 4℃时，结果才是有效的，可用于计算均值。按式（13-4）将测定结果修正到标准大气压下的闪点。

$$修正闪点值 = T' + 0.25 \times (101.3 - P) \tag{13-4}$$

式中　T'——测定得到的闪点值，℃；

　　　P——测定时的气压，kPa。

结果修约到 0.5℃。

5. 克利夫兰开口杯法

采用克利夫兰开口杯闪点仪测定。观察气压计，记录试验期间仪器附近环境大气压。将室温或已升过温的试样装入试验杯，点燃试焰，调整火焰直径为 3.2～4.8mm。开始加热时，试样的升温速度为 14～17℃/min。当试样温度达到预期闪点前约 56℃时减慢加热速度，使试样在达到闪点前的最后（23±5）℃时升温速度为 5～6℃/min。在预期闪点前至少（23±5）℃，开始用试验火焰扫划，温度每升高 2℃扫划一次。用平滑、连续的动作扫划，试验火焰每次通过试验杯所需时间约为 1s。当在试样液面上的任何一点出现闪火时，立即记录温度计的温度读数，作为观察闪点。3 次合格的连续测定结果的平均值作为测定的结果。按式（13-4）将测定结果修正到标准大气压下的闪点。

四、燃点

（一）燃点范围

根据被试物的性质和燃点范围，选择适当的方法：
（1）燃点在-18～165℃之间，可使用泰格开口杯法测定；
（2）燃点在 79～400℃之间，可使用克利夫兰开口杯法测定。

（二）测定方法

1. 泰格开口杯法

采用泰格开口杯闪点仪，针对不同燃点范围进行燃点测定。
（1）燃点在-18～16℃范围内　用干冰-丙酮混合物将 1∶1 水-乙二醇混合液冷却至-30℃，

把混合液倒入浴槽，至液面比测试杯上缘低 3.2mm 处。将冷却的试样小心倒入测试杯中，至液面比测试杯上缘低 3.2mm 处。点燃试焰，调整火焰直径为 4mm。当温度到预计燃点以下 10℃时，调整试样液面高度比测试杯上缘低 3.2mm。可能需要进行 2 次预试验才能确定正确的调整液面温度。开始升温时不要加热，任其自然升温。到升温速度低于 1℃/min 后，点燃加热灯，置于水浴容器的下面正中位置。调节灯焰大小，使测试杯中试样的升温速度为 （1±0.25）℃/min。在调整液面后立即开始第一次测试，让试焰在 1s 内扫过测试杯上空，以确定预计燃点。以后每隔 1℃试点一次。试点时试焰只能单向行进，从一端扫向另一端，且经过测试杯的圆心。当试焰位于行程两端时，应置于"关闭"位置，只有在试点时才置于"开通"位置。当被试物为黏稠或表面起膜的液体时，应在试点前 15s，用搅拌棒垂直插入到液面下 15mm 处，按照试焰的运动轨迹往返搅动 3～4 次。然后取出搅拌棒，进行试点。如果在测到燃点前，被试物已经沸腾，则停止加热和测试，记录"沸点前无燃点"。

（2）燃点在 16～93℃范围内　把冷浴液（水或水-乙二醇混合液）倒入浴槽，至液面比测试杯上缘低 3.2mm 处，应至少比预期燃点低 17℃。将冷却的试样小心倒入测试杯中，至液面比测试杯上缘低 3.2mm 处。试样温度应至少比预期燃点低 10℃。点燃试焰，调整火焰直径为 4mm。点燃加热灯，置于水浴容器的下面正中位置。调节灯焰大小，使测试杯中试样的升温速度为 （1±0.25）℃/min。当温度到预计燃点以下 10℃时，调整试样液面高度。在调整液面后立即开始第一次测试，让试焰在 1s 扫过测试杯上空，以确定预计燃点。以后每隔 1℃试点一次。试点时试焰只能单向行进，从一端扫向另一端，且经过测试杯的圆心。当试焰位于行程两端时，应置于"关闭"位置，只有在试点时才置于"开通"位置。当被试物为黏稠或表面起膜的液体时，应在试点前 15s，用搅拌棒垂直插入到液面下 15mm 处，按照试焰的运动轨迹往返搅动 3～4 次。然后取出搅拌棒，进行试点。如果在测到燃点前，被试物已经沸腾，则停止加热和测试，记录"沸点前无燃点"。

（3）燃点在 93～165℃范围内　将高沸点硅油浴液倒入浴槽，至液面比测试杯上缘低 3.2mm 处，将室温试样小心倒入测试杯中，至液面比测试杯上缘略大于 3.2mm 处。点燃试焰，调整火焰直径为 4mm。点燃加热灯，置于水浴容器的下面正中位置。用最大火力加热，至试样升至 90℃时，调节灯焰大小，使测试杯中试样的升温速度为 （1±0.25）℃/min。当温度到预计燃点以下 10℃时，调整试样液面高度。在调整液面后立即开始第一次测试，让试焰在 1s 内扫过测试杯上空，以确定预计燃点。以后每隔 1℃试点一次。试点时试焰只能单向行进，从一端扫向另一端，且经过测试杯的圆心。当试焰位于行程两端时，应置于"关闭"位置，只有在试点时才置于"开通"位置。当被试物为黏稠或表面起膜的液体时，应在试点前 15s，用搅拌棒垂直插入到液面下 15mm 处，按照试焰的运动轨迹往返搅动 3～4 次。然后取出搅拌棒，进行试点。如果在测到燃点前，被试物已经沸腾，则停止加热和测试，记录"沸点前无燃点"。当 3 次测定结果中最大值和最小值间差异不大于 4℃时，结果才是有效的，可用于计算均值。按式（13-5）将测定结果修正到标准大气压下的燃点。

$$修正燃点值 = T' + 0.25 \times (101.3 - P) \tag{13-5}$$

式中　T'——测定得到的燃点值，℃；

　　　P——测定时的气压，kPa。

结果修约到 0.5℃。

2. 克利夫兰开口杯法

采用克利夫兰开口杯仪测定。观察气压计，记录试验期间仪器附近环境大气压。将室温或已升过温的试样装入试验杯，点燃试焰，调整火焰直径为 3.2～4.8mm。开始加热时，试样的升温速度为 14～17℃/min。当试样温度达到预期燃点前约 56℃时减慢加热速度，使试样在达到燃点前的最后（23±5）℃时升温速度为 5～6℃/min。在预期燃点前至少（23±5）℃，开始用试验火焰扫划，温度每升高 2℃扫划一次。用平滑、连续的动作扫划，试验火焰每次通过试验杯所需时间约为 1s。当在试样液面上的任何一点出现闪火时，立即记录温度计的温度读数，作为观察燃点。3 次合格的连续测定结果的平均值作为测定的结果。按式（13-5）将测定结果修正到标准大气压下的燃点。

五、正辛醇/水分配系数

正辛醇/水分配系数指的是受试样品在正辛醇-水两相介质中达到平衡时的浓度之比。无量纲量，通常以 10 为底的对数形式（lg K_{ow}）表示。被试物 lg K_{ow} 值在-2～4 之间，适用摇瓶法进行测定；被试物 lg K_{ow} 值在 0～6 之间，适用液相色谱法进行测定。测定方法如下。

1. 摇瓶法

称取一定量的样品在离心管中用饱和的正辛醇充分溶解，用三种不同正辛醇与水的体积比（0.5、1、2）进行试验，每个比例设置 2 个平行。浓度设置使样品最低浓度能满足分析最低检测要求，且最高浓度在 0.01mol/L 以内。将离心管在 5min 内上下颠倒 100 次，达到平衡后使用离心进行分离。用经验证的气相色谱法、液相色谱法或光度法等分析方法对两相中被试物的浓度进行测定。必须计算两相中供试物的总量，与原来的加入量进行比较。

被试物在正辛醇/水中的分配系数 K_{ow}，按式（13-6）进行计算。

$$K_{ow} = C_{正辛醇}/C_{水} \tag{13-6}$$

式中　$C_{正辛醇}$——被试物在正辛醇中的浓度，mol/L；

　　　$C_{水}$——被试物在水中的浓度，mol/L。

计算结果保留三位有效数字。

2.高效液相色谱法

采用以 ODS C_8 或 C_{18} 作固定相，甲醇（乙腈）和水为流动相的反相液相色谱法，测定被试物和 6 种参照物质的容量因子 k。选择的 6 种参照物质用流动相［甲醇：水（缓冲液）=75：25］配成适宜浓度的参照物混合液，这 6 个参照物中应分别至少有一个参照物的保留时间小于和大于被试物的保留时间。将测得的参照物的保留时间 t_r，带入容量因子的计算公式求得参照物容量因子 k 值及其对数值 lg$k$。参照物保留时间需重复测定 2 次，以参照物已知的 lgK_{ow} 为横坐标，相应的 lg$k$ 值为纵坐标，绘制标准曲线并导出线性回归方程。用流动相配制一定浓度的样品溶液，在与参照物相同的操作条件下，重复测定 2 次。计算试验的 k 值，通过线性回归方程计算样品的 lg K_{ow} 值。

容量因子 k 用式（13-7）计算。

$$k = \frac{t_r - t_r^0}{t} \tag{13-7}$$

式中　k——容量因子；

　　　t_r——样品及参照物的保留时间，min；

　　　t_r^0——死时间，min。

被试物 $\lg K_{ow}$ 用线性回归方程式（13-8）计算。

$$\lg k = a \times \lg K_{ow} + b \tag{13-8}$$

式中　a——校正曲线的斜率；

　　　b——校正曲线的截距。

计算结果，保留三位有效数字。

六、黏度

使恒温水浴达到所需温度，测定液体通过毛细管黏度计刻度线的时间以得到黏度，或使用旋转黏度计自动测量被试物的黏度。测定方法如下。

1. 毛细管黏度计法

将毛细管黏度计竖直固定于预先设置所需温度的恒温水浴锅中，使其上下基准刻度线在水面以下并清晰可见。在上下通气管上接上乳胶软管，并用夹子夹住下通气管上的乳胶管使其不通大气。取适当体积被试物，经被试物加入管加入毛细管黏度计中。当被试物温度与水浴温度平衡后，用洗耳球在上通气管的乳胶软管吸气，将液面提高，直至上储液球半充满。此时放开下通气管上端夹子，使毛细管内液体同分离球内液体分开。松开洗耳球，使液体回流，液面降低。测定新月形液面从上刻度线下降至下刻度线的时间。

被试物动力黏度 η（mPa·s）按式（13-9）计算。

$$\eta = ct\rho \tag{13-9}$$

式中　c——毛细管黏度计常数，mm^2/s^2；

　　　t——新月形液面从上刻度线将至下刻度线的时间，s；

　　　ρ——被试物的密度，g/mL。

每个温度至少重复测定 2 次，结果的相对差值应小于 1%，取其算术平均值作为测定值。

2. 旋转黏度计法

开启旋转黏度计，选择转速，仪器自动测量被试物的黏度。每次更换转子，均应关停旋转电机，并恒温 15min 以上。

被试物动力黏度 η（mPa·s）按式（13-10）计算。

$$\eta = k\alpha \tag{13-10}$$

式中　k——旋转黏度计系数表中转子的系数；

　　　α——旋转黏度计刻度表盘中的读数。

计算结果保留至小数点后 1 位。每个温度至少重复测定 2 次，结果的相对差值应小于 1%，取其算术平均值作为测定值。

七、饱和蒸气压

固态或液态物质的饱和蒸气压，是指在特定温度下固体或液体上的饱和蒸气压力。在一定温度范围内，纯物质蒸气压的对数在动态热平衡条件下和温度的倒数呈线性相关。如简化的克拉佩龙-克劳修斯方程所示，见式（13-11）。

$$\lg P = \frac{\Delta Hv}{2.3RT} + C \qquad (13-11)$$

式中　P——蒸气压，kPa;

　　　ΔHv——蒸发热，J/mol;

　　　　T——试验温度，K;

　　　　R——摩尔气体常数，其值为 8.314J/(mol·K);

　　　　C——常数。

测定方法如下。

根据被试物性质和纯度、预计的蒸气压范围和实验条件，参考表 13-6 并选用适当测定方法。对于标准沸点低于 30℃的物质，无需测定其蒸气压。

表 13-6　蒸气压测定方法及其适用范围和准确性

测定方法	物质		蒸气压范围/Pa	平行测定结果间的标准偏差/%	不适用于
	固体	液体			
动态法	低熔点固体	适用	$10^3 \sim 2 \times 10^3$	<25	发泡物质
			$2 \times 10^3 \sim 10^5$	$1 \sim 5$	
静态法	适用	适用	$10 \sim 10^5$	$5 \sim 10$	发泡物质
蒸气压计法	适用	适用	$10^2 \sim 10^5$	$5 \sim 10$	发泡物质
扩散法（蒸气压天平法）	适用	适用	$10^{-3} \sim 1$	$5 \sim 20$	
扩散法（努森法）	适用	适用	$10^{-10} \sim 1$	$10 \sim 30$	
扩散法（等温热重分析法）	适用	适用	$10^{-10} \sim 1$	$5 \sim 30$	
饱和气流法	适用	适用	$10^{-5} \sim 10^3$	$10 \sim 30$	
旋转马达法	适用	适用	$10^{-4} \sim 0.5$	$10 \sim 20$	

1. 动态法（dynamic method）（考特利尔法）

采用考特利尔装置，通过测定不同压力（$10^3 \sim 10^5$ Pa 之间）下液体沸点，得到不同温度下蒸气压值对数与温度倒数的函数曲线，推算出 20℃时的饱和蒸气压。测定温度最高可达 327℃（600 K）。

2. 静态法（static method）

在特定温度下，测定动态热力学平衡时的蒸气压。绘制不同温度下蒸气压值对数与温度倒数的函数曲线。

3. 蒸气压计法（isoteniscope method）

采用蒸气压计进行测定，调整恒温浴温度，每隔 25℃记录温度和压力，直至压力超过 101kPa 或温度达到恒温浴的最高温度。用蒸气压的对数对绝对温度的倒数作图。

假定在最低温度点 K_1 的测定值 P_{a1} 基本是由固定气体造成的，由于气体体积是固定的，那么可以根据式（13-12）计算在下一个温度点 K_2 这部分气体的压力 P_{a2}:

$$P_{a2} = P_{a1} \times K_2 / K_1 \qquad (13-12)$$

式中　K_1——测定的最低温度，K;

　　　K_2——除最低温度外的其他温度，K;

　　　P_{a1}——温度 K_1 时的蒸气压测定值，Pa;

P_{a2}——温度 K_2 时的固定气体的压力，Pa。

对每一个数据点进行计算，然后用测定值 P_e 减去固定气体的压力 P_a 即得该数据校准后的蒸气压 P_c，见式（13-13）。

$$P_c = P_e - P_a \tag{13-13}$$

式中　P_c——除测定的最低温度外的某温度点的校准后蒸气压，Pa；

$\quad\quad\quad P_e$——该温度的蒸气压测定值，Pa；

$\quad\quad\quad P_a$——该温度时的固定气体的压力，Pa。

使用修正后的蒸气压值的对数对温度倒数重新作图。

4. 扩散法（蒸气压天平法）

在一定温度下，采用蒸气压天平称量一定时间内蒸发后凝结在天平称量盘上的被试物的量，按照汉兹-努森公式计算蒸气压。见式（13-14）。

$$P = G\sqrt{\frac{2\pi \mathrm{R} T \times 10^3}{M}} \tag{13-14}$$

式中　G——蒸发速率，kg/(s·m)；

$\quad\quad\quad M$——分子量，g/mol；

$\quad\quad\quad T$——温度，K；

$\quad\quad\quad \mathrm{R}$——摩尔气体常数，其值为 8.314J/(mol·K)；

$\quad\quad\quad P$——蒸气压，Pa。

5. 扩散法（努森法）

本方法是基于在超真空条件下对每单位时间内从努森室中通过微孔以蒸气形式逸出的供试物量的估算。逸出的蒸气量可以通过测定样品槽中物质的减少量而得到，也可以在低温下将蒸气冷凝，再利用色谱法测定挥发物质的量。应用汉兹-努森公式，并使用由装置参数决定的修正系数来计算蒸气压。具体的操作方法为：将参比物和被试物分别装入扩散室，带扩散孔的金属箔片通过螺纹盖固定在扩散室，称量每个扩散室的质量，精确到 0.1mg。扩散室置于恒温装置中，然后抽真空至 1/10 个大气压。在规定的时间范围（5～30h）内，装置进气到常压，并重新称重扩散室，计算其质量差。至少重复进行两次平行测定。

扩散室的蒸气压 P 通过式（13-15）获得。

$$P = \frac{m}{KAt}\sqrt{\frac{2\pi \mathrm{R} T}{M}} \tag{13-15}$$

式中　P——蒸气压，Pa；

$\quad\quad\quad m$——在时间 t 内被试物溢出扩散室的质量，kg；

$\quad\quad\quad t$——时间，s；

$\quad\quad\quad A$——孔面积，m^2；

$\quad\quad\quad K$——修正因子；

$\quad\quad\quad \mathrm{R}$——摩尔气体常数，其值为 8.314J/(mol·K)；

$\quad\quad\quad T$——温度，K；

$\quad\quad\quad M$——分子量，g/mol。

式（13-15）可写成：

$$P = E\frac{m}{t}\sqrt{\frac{T}{M}} \tag{13-16}$$

式中 E —— $\frac{1}{KA}\sqrt{2\pi R}$ 为扩散室常数。

扩散室常数 E 可以通过参比物质来测定，按式（13-17）计算。

$$E = \frac{P(r)t}{m}\sqrt{\frac{M(r)}{T}} \tag{13-17}$$

式中 $P(r)$ —— 参比物质蒸气压，Pa；

$M(r)$ —— 参比物质摩尔质量，g/mol。

6. 扩散法（等温热重分析法）

在较高温度和室内压力下，使用热重仪测定一定时间内被试物的蒸发速度。在温度 T（单位为 K）下的缓慢惰性气体流中，测定被试物在一定时间内的质量损失，得到其蒸发速度 v_T。利用蒸气压对数和蒸发速度对数间的线性关系，从 v_T 计算出温度 T 的蒸气压 P_T。必要时通过 $\lg P_T$ 与 $1/T$ 间的回归外推到 20℃和 25℃下的蒸气压。对于蒸气压较高的物质可以采取连续升温的方法，升温速度根据蒸气压设定。对于蒸气压低的物质，应采取阶梯升温方式，现在测定温度范围的最低点恒温一定时间，获得满足测定精度所需的质量损失值后，升温到下一温度进行测定，直至所需的最高温度，一般至少设 6 个温度点。

在温度 T 下，蒸发速度 v_T 用式（13-18）计算。

$$v_T = \frac{\Delta m}{Ft} \tag{13-18}$$

式中 v_T —— 蒸发速度，g/（cm^2·h）；

F —— 样品的涂布面积，一般等于玻璃皿的表面积，cm^2；

t —— 重量减少 Δm 需要的时间，h；

Δm —— 样品盘减少的质量，g。

温度 T 时的蒸气压 P_T 可以根据其和蒸发速度 v_T 间的关系计算得到，见式（13-19）。

$$\lg P_T = C + D\lg v_T \tag{13-19}$$

式中，C、D 为常数，不同试验条件下的值不同，主要依赖于恒温腔的直径和气体流速，需通过测定一系列已知蒸气压的化合物的 $\lg P_T$ 和 $\lg v_T$ 间的回归关系来确定。

蒸气压 P_T 和温度 T（K）间的关系用式（13-20）计算。

$$\lg P_T = A + B/T \tag{13-20}$$

式中，A、B 为常数，通过 $\lg P_T$ 和 $1/T$ 回归计算得到。式（13-20）可以计算任意温度下的蒸气压。

7. 饱和气流法（gas saturation method）

惰性气体如氮气等在恒温下以一定已知速度通过饱和柱中被试物表面，经过吸附物质或吸收阱，测定被吸附或吸收的被试物量，从而计算被试物蒸气压。该方法假定测试体系遵循理想气体法，并且混合气体的总压力等于各组分压力之和，见式（13-21）。

$$P = \frac{W}{V} \times \frac{RT}{M} \tag{13-21}$$

式中 P —— 蒸气压，Pa；

W —— 检测到的被试物吸附或吸收量，g；

V ——饱和气体的体积，m^2；

R ——摩尔气体常数，其值为 8.314J/(mol·K)；

T ——温度，K。

8. 旋转马达法（spinning rotor method）

旋转马达黏度计的核心部分是一个悬浮在磁场中的小钢珠，钢珠可以随磁场旋转。感应线圈可以测定钢珠的旋转速度。当暴露在供试物饱和蒸气中的钢珠转速达到一定值（通常为 400 r/s），切断电流，钢珠由于气体阻力而减速。测定转速随时间的下降值，可以计算出供试物的蒸气压。

八、爆炸性

爆炸性指的是在极短时间内，释放出大量能量，产生高温，并放出大量气体，在周围形成高压的化学反应或状态变化的现象。测定物质的爆炸性以用于确定固体或半固体农药产品在明火加热、撞击或摩擦作用时是否有发生爆炸的危险，以及液体农药产品在明火加热或撞击时是否有发生爆炸的危险。测定方法如下。

1. 爆炸性初步筛选

对于农药原药或制剂等产品，需先用 DSC 测定仪对其分解热进行测定，如果分解热低于 500J/g，放热的起始温度低于 500℃，可判定被试物不具有潜在爆炸性，无需进一步试验；如果分解热高于 500J/g，说明被试物具有一定潜在的爆炸性，对固体样品，还需进行热敏感试验、机械敏感性（摩擦）试验和机械敏感性（撞击）试验。对液体样品，还需进行机械敏感性（撞击）试验和热敏感试验。

2. 热敏感试验

将制备好的克南管悬挂在克南试验仪保护箱内的两根金属棒正中间，打开丙烷气体控制阀，通过遥控开关点燃丙烷，对克南管进行加热，点火后开始计时。通过监控系统观察试验现象并记录。点火时间最长为 5min，试验过程中发生爆炸时应立即切断气源，结束试验。每次试验后，如果有克南管碎片，应收集起来称量其质量。试验过程中，首先用直径 6.0mm 的孔板封住克南管，按照上述步骤重复进行 3 次试验，如果未发生爆炸，则继续用 2.0mm 孔板进行 3 次测定。

如果在两个测试系列中任一次试验发生爆炸无需进一步测试，直接判定被试物具有爆炸性。如果在两个测试系列中，未发生任何爆炸，则说明被试物不具有热敏感性。

3. 机械敏感性（撞击）

将被试物放入 BAM 落锤仪的撞击装置中待测。准备完毕后，关上保护箱门，将悬挂的质量为 10kg 的落锤从 0.4m 高处释放（撞击能为 40J），测试 6 次，如果在 6 次试验中均未发生爆炸，则结束试验；如果在任一次试验中发生爆炸，则用质量为 5kg 的落锤从 0.15m 高处落下（撞击能为 7.5J），测试 6 次。

如果在两个测试系列中任一次试验发生爆炸，说明被试物具有爆炸性。如果在两个测试系列中未发生任何爆炸，则说明被试物不具有撞击敏感性。

4. 机械敏感性（摩擦）

用取样匙插入被试物中取样，装入 BAM 摩擦仪中。在荷重臂上加上所要求的砝码，启动开关。先用 360N 荷重开始试验。每次试验结果解释为"无反应""分解"（颜色改变或有气味）和"爆炸"（爆炸声、噼啪声、火花或火焰）。用 360N 荷重共测试 6 次，如果在 6 次试验中未发生爆炸，则结束试验；如果在任一次试验中发生爆炸，则用 120N 荷重测试 6 次。

如果在两个测试系列中任一次试验发生爆炸，说明被试物具有爆炸性。如果在两个测试系列中未发生任何爆炸，则说明被试物不具有摩擦敏感性。

第四节　农药制剂质量控制指标的测定

农药制剂的质量控制指标中，除了通用的理化性质，还有一些与剂型有关的指标，不同剂型有不同的质量控制指标。本节主要介绍水分、乳液稳定性、悬浮率、润湿性、细度、分散稳定性、成烟率、持久起泡性、水不溶物等质量控制指标的测定方法。

一、水分

水分含量既是原药又是制剂的质量控制指标，农药中水分含量通常用所含水分的质量与农药的质量之比的百分数表示。控制农药原药及其制剂中水分含量的目的是降低有效成分的水解作用，保持化学稳定性。比如乳油、粉剂、可湿性粉剂，适当的水分含量可使制剂保持较好的分散性和稳定性，喷洒时能很好地分散到叶面上，以达到应有的药效。

农药水分含量测定有卡尔·费休法、共沸蒸馏法和干燥减量法 3 种。共沸蒸馏法和干燥减量法适用于热稳定性好且不含挥发性或低沸点成分的农药样品的水分测定，尤其适用于水分含量较高的情况；而卡尔·费休法几乎适用于所有农药样品的水分测定，尤其是微量水分的测定。卡尔·费休法又包括卡尔·费休化学滴定法和卡尔·费休-库仑滴定仪器测定法。

1. 卡尔·费休法

适用于许多无机化合物和有机化合物中含水量的测定，可快速、专一、准确测定液体、固体、气体中的水分含量，为世界通用的测定物质水分含量的行业标准分析方法。该方法分为化学滴定法与库仑滴定仪器法两种。化学滴定法是将样品分散在甲醇中，再用标准卡尔·费休试剂滴定；库仑滴定仪器法则是利用微量水分测定仪，在卡尔·费休试剂与水的反应基础上，结合库仑滴定原理进行测定。通过卡尔·费休试剂在电解池的阳极上被氧化形成碘，碘又与水反应生成氢碘酸，直至水全部反应完毕为止。二氧化硫消耗的物质的量与水的物质的量相等。依据法拉第电解定律，在阳极上析出的 I_2 的量与通过的电量成正比。经仪器换算，直接显示出被测试样中水的含量。

2. 共沸蒸馏法

试样中的水与甲苯形成共沸二元混合物，一起被蒸馏出来，根据蒸馏出水的体积计算水的含量。

3. 干燥减量法

又叫加热减量法，是指在规定温度和时间条件下，加热后所损失的水分质量分数，通常以质量百分数表示试样的干燥减量。GB/T 6284—2006《化工产品中水分测定的通用方法　干燥减量法》将干燥减量法作为固体化工产品中水分测定的通用方法。但是，在干燥或加热过程中，除了水分含量的丢失外，也会有一些原药产品中残存的溶剂、副产物等低沸点杂质的挥发丢失，因此干燥减量反映的是原药产品中水分和低沸点杂质的量的总和。

二、乳液稳定性

用以衡量乳油、水乳剂、微乳剂等剂型加水稀释后形成的乳状液中农药液珠在水中分散状态的均匀性和稳定性的技术指标。一般以一定浓度的农药制剂加水形成的乳状液，在规定贮存条件下乳液分离情况（如浮油、沉油或沉淀析出）进行判定。

测定方法为，在 250mL 烧杯中，加入 100mL 的（30 ± 2）℃的标准硬水（硬度以碳酸钙计为 0.342g/L），用移液管吸取适量制剂试样，在不断搅拌的情况下慢慢加入硬水中（按各产品规定的稀释浓度），使其配成 100mL 乳状液。样品全部加入后，继续用 2～3r/s 的速度搅拌 30s，立即将乳状液移至清洁干燥的 100mL 量筒中，并将量筒置于恒温水浴内，在（30 ± 2）℃静置 1h，取出，观察乳状液分离情况。如量筒中无浮油（膏）、沉油和沉淀析出，则判定乳液稳定性合格。

三、悬浮率

悬浮率是可湿性粉剂、悬浮剂、微囊悬浮剂、水分散粒剂和水分散片剂等加水稀释后使用农药剂型质量控制技术指标之一。将这些剂型的农药用水稀释配成悬浮液，在特定温度下静置一定时间后，以仍处于悬浮状态的有效成分的量占原样品中有效成分量的百分率表示。悬浮率高，有效成分的颗粒在悬浮液中可在较长时间内保持悬浮状态，使药剂浓度在喷洒过程中前后保持一致，均匀覆盖靶标，较好地发挥药效。FAO 规定可湿性粉剂、悬浮剂、微囊悬浮剂和水分散颗粒这些剂型悬浮率至少应在 60％以上。

测定方法为，称取一定量的试样，用规定的（30±2）℃的标准硬水按一定倍数稀释，放入 250mL 具塞量筒中，将量筒上下颠倒 30 次，垂直放入无振动的（30 ± 2）℃恒温水浴中，静置 30min 后，用吸管在 10～15s 内将量筒内上部 9/10（225mL）的悬浮液抽出。用以下方法中的一种测出量筒中留下的 1/10（25mL）悬浮液及沉淀物的质量：

（1）化学法　用与测定制剂有效成分相同的方法；

（2）重量法　将剩余物蒸干，或用离心法或过滤法将固体分离出来，干燥称重；

（3）溶剂萃取法　采用与重量法相同的方法分离固体，将可溶在某一溶剂中的组分提取出来，将所得溶液蒸干，称重。

悬浮率按式（13-22）计算：

$$悬浮率(\%) = \frac{10}{9} \times \frac{100 \times (a \times b - Q)}{a \times b} \tag{13-22}$$

式中　a ——试样中有效成分的质量分数，％；

b ——量筒中加入的试样质量，g；

Q ——留在量筒底部 25mL 悬浮液中有效成分的质量，g；

10/9 ——量筒中悬浮液的校正系数。

化学法是唯一可靠的测定悬浮液中有效成分质量分数的方法。但是，简单的重量法和溶剂萃取法也可以用于日常分析，只要这些方法能给出与化学法一致的结果。在出现争议的时候，使用化学法进行仲裁。

四、润湿性

以一定量被测试样从规定的高度倒入水面至完全润湿的时间来表示，是水分散粒剂、可湿性粉剂、可溶粒剂等加水使用农药剂型质量控制技术指标之一。FAO 规定一般不大于 1min，个别剂型不大于 2min，我国采用 FAO 农药产品规格。限制润湿时间的目的是确保制剂施用前加水稀释时，能迅速被水润湿，分散为均匀的悬浮液体。测定方法如下。

（1）不旋摇法　称取 5g 样品从与烧杯口齐平的位置一次性均匀地倾倒入盛有 100mL 标准硬水（340mg/L，pH 6.0～7.0，钙离子：镁离子=4：1）的 250mL 烧杯中，不要过度地搅动液面，用秒表记录从倒入样品直至全部润湿的时间。

（2）旋摇法　倒入样品后以 120r/min 旋摇烧杯，其他操作同不旋摇法。

我国制定的《农药可湿性粉剂润湿性测定方法》（GB/T 5451—2001）采用了不旋摇法，此外还规定了标准硬水的温度为（25±1）℃，重复测定 5 次，取平均值作为测定结果。

五、细度

以能通过一定筛目的百分率表示，是农药多种剂型（如粉剂、可湿性粉剂、水分散粒剂、可溶片剂、悬浮剂、可分散油悬浮剂等）的质量指标之一。在一定范围内，药效与粒径成反比，触杀性杀虫剂的粉粒愈小，则每单位重量的药剂与虫体接触面愈大，触杀效果也就越好。在胃毒性农药中，药粒愈小，愈易为病虫害吞食，食后亦较易被肠道吸收而发挥毒效。但药粒过细，有效成分挥发加快，药效期缩短，喷药时飘移严重，反而会降低药效，并对环境不利。因此，在确定粉粒细度时，应根据原药特性、加工设备条件和施药机械水平，确定合适的粒径。测定方法如下。

1. 干筛法

将烘箱中干燥至恒重的样品，自然冷却至室温，并在样品与大气达到湿度平衡后，称取试样，用适当孔径的试验筛筛分至终点，称量筛中残余物，计算细度（如所干燥的样品易吸潮，须将样品置于干燥器中冷却，并尽量减少样品与大气环境接触，完成筛分）。此方法适用于直接使用的粉剂、颗粒剂和种子处理干粉剂，其目的是限制尺寸不合适的颗粒物的量。

2. 湿筛法

将称好的试样置于烧杯中润湿、稀释，倒入润湿的试验筛中，用平缓的自来水流直接冲洗，再将试验筛置于盛水的盆中继续洗涤，将筛中残余物转移至烧杯中，干燥残余物，称重，计算细度。此方法适用于可湿性粉剂、悬浮剂、种子处理悬浮剂、可分散油悬浮剂、水分散粒剂、种子处理可分散粉剂、微囊悬浮剂、可分散液剂、悬乳剂、可溶片剂、可分散片剂、乳粉剂或乳粒剂。其目的是限制不溶颗粒物的量以防止喷雾时堵塞喷嘴或过滤网。

六、分散稳定性

分散液在不搅动静置时，可能出现相分离，即在顶部呈现乳膏，在底部呈现絮积油相和有效成分的晶体析出。这种分离体系的再分散性，对悬浮乳液产品的实际使用是一个很重要的技术指标。控制分散稳定性指标可保证足够比例的有效成分均匀地分散在悬浮乳液中，在施药时喷雾药液是一个充分而有效的混合液。测定方法如下。

1. CIPAC MT 180 法

室温下（23℃ ± 2℃），分别向两个250mL刻度量筒中加标准硬水至240mL刻度线，用移液管向每个量筒滴加试样5 g。滴加时移液管尖端尽量贴近水面，但不要在水面之下。最后加标准硬水至刻度。在一端用一只手握住量筒，用一块布绝缘，并将其旋转180°，通过手之间的假象固定点再次返回，来回颠倒30次。确保不发生反冲。每次倒置都需要2s。用一个量筒做沉淀和乳膏试验，另一个量筒做再分散试验。

（1）最初分散性。观察分散液，记录乳膏或浮油的大致体积。

（2）放置一定时间后分散性。沉淀体积的测定：在形成分散液之后立即将100mL等分试样从第一个刻度量筒转移到乳化管中，盖上塞子，在室温下（假如室温超出要求温度范围需要在报告中说明）静置30min。用灯照亮乳化管。调整光的位置和角度，以便观察到边界（如果存在）（通常反射光比透射光更容易观察到沉淀）。记录沉淀体积（精确至±0.05mL）。

顶部乳膏（或浮油）体积的测定：在形成分散液后，立即将其倒入乳化管中，至离管顶端1mm。戴好保护手套，塞上带有排气管的橡胶塞，排出乳化管中所有空气。小心地去掉溢出的分散液，将乳化管倒置，在室温下保持30min。没有液体从乳化管中溢出就不需要密封玻璃管的开口端。记录已形成的乳膏或浮油的体积，确定乳化管的总体积，并按式（13-23）校正测出的乳膏或浮油的体积：

$$F = 100/V_0 \qquad\qquad (13\text{-}23)$$

式中　F——用于测量的乳膏或油的校正因子；

　　　V_0——乳化管总体积，mL。

（3）再分散性。最初分散后，将第二个刻度量筒在室温下静置24h。如上所述，颠倒量筒30次，记录没有完全重新分散的沉淀。将分散液加到另外的乳化管中，静置30min后，按式（13-23）计算沉淀体积和乳膏或浮油的体积。

2. HG/T 2467.11—2003 法

佩戴布手套，以量筒中部为轴心，上下颠倒30次，确保量筒中液体温和地流动，不发生反冲，每次颠倒需2s，用其中一个量筒做沉淀和乳膏试验，另一个量筒做再分散试验。

七、成烟率

以烟剂燃烧时有效成分在烟雾中的数量与燃烧前烟剂中有效成分的数量之百分比来表示，是农药烟剂产品（烟片剂、烟粉粒剂、蚊香等）的质量指标之一。烟剂在燃烧发烟过程中，其有效成分受热力作用，只有挥发或升华成烟的部分才有防治效果，其余受热分解或残留在渣中。一般情况下，烟片剂、烟粉粒剂的成烟率指标要求在80%以上，蚊香的成烟率要求在60%以上。不同农药在同一温度下，或同一农药在不同温度下，其成烟率是不同的，而温度则取决于农药配方。

采用农药成烟及有效成分吸收装置，用吸收液充分吸收燃烧后烟中的有效成分，测定并计算吸收液中有效成分与燃烧前试样中的有效成分的比例，即为成烟率。

吸收液应选择对烟剂中有效成分溶解度大而又不影响下一步测定的溶剂。吸收液中有效成分的测定方法应根据有效成分的品种而定，并且必要时在测定前还需将吸收液进行浓缩，因此吸收液的挥发性既不能太大（影响有效成分吸收），也不能太小（影响后续的浓缩）。

八、持久起泡性

以农药制剂的持久泡沫量表示，是农药制剂质量指标之一，不同农药制剂有不同的指标。FAO 规定为制剂配成后 1min 观察其泡沫的体积（mL），以 1min 后泡沫量最大体积表示。

测定方法为，向 250mL 具塞量筒内加标准硬水（15～25℃）至 180mL 刻度线处，置量筒于天平上，加入一定量的制剂样品，添加标准硬水至距量筒塞底部（9±0.1）cm 处，盖上塞子，双手隔着布拿住具塞量筒的两端，以量筒中部为中心，旋转量筒上端使其以下端为轴心翻转 180° 后回到原位置。此旋转动作控制在 2s 内完成 1 次且不应发生上下晃动。颠倒 30次，将量筒直立放在实验台上，立刻开始计时。记录 1min±10s 时的泡沫体积（精确至 2mL）。反复操作 3 次，取算数平均值，作为测定结果。

九、水不溶物

水不溶物指农药原药中不溶于水的机械杂质，其含量以固体不溶物占样品的质量分数来表示，是农药质量指标之一。限制农药原药中不溶物含量的目的是不溶物可能对产品质量产生影响，包括对后续制剂加工和使用的影响，如不溶颗粒物可能堵塞喷头。测定方法如下。

（1）热水不溶物　将玻璃砂芯漏斗于 105℃烘干约 1h 至恒重（精确至 0.0002g），放入干燥器中冷却待用。称取规定质量的试样（精确至 0.01g）于烧杯中，加入水 100mL，加热至沸腾，不断搅拌至所有可溶物溶解。趁热用玻璃砂芯漏斗过滤，用 75mL 热水分 3 次洗涤残渣，然后将漏斗于 105℃下干燥至恒重（精确至 0.0002g）。热水不溶物质量分数按式（13-24）计算：

$$质量分数 = \frac{m_1 - m_0}{m_2} \times 100\% \tag{13-24}$$

式中　m_1——水不溶物与玻璃砂芯漏斗的质量，g；

　　　m_0——玻璃砂芯漏斗的质量，g；

　　　m_2——试样的质量，g。

（2）冷水不溶物　将玻璃砂芯漏斗于 105℃烘干约 1h 至恒重（精确至 0.0002g），放入玻璃干燥器中冷却待用。称取规定质量的试样或称取试样20g（精确至0.01g）于烧杯中，用200mL水转到量筒中，盖上塞子猛烈振摇至可溶物溶解，通过玻璃砂芯漏斗过滤。用 75mL 水分 3次洗涤残渣，然后将漏斗于 105℃下干燥至恒重（精确至 0.0002g）。冷水不溶物质量分数按式（13-24）计算。

参考文献

[1] CIPAC. Handbook F. 国际农药分析协作委员会, MT 10, 1995, 27-30.

[2] Hay J V. Chemistry of sulfonylurea herbicides. Pesticide Science, 1990, 29: 247-254.

[3] Armbrust K L. Pesticide hydroxyl radical rate constants: measurements and estimates of their importance in aquatic environments. Environmental Toxicology and Chemistry, 2000, 19(9): 2175-2180.

[4] Braschi I, Calamai L, Cremonini M A, et al. Kinetics and hydrolysis mechanism of triasulfuron. Journal of Agricultural and Food Chemistry, 1997, 45: 4495-4499.

[5] Sarmah A K, Kookana R S, Duffy M J, et al. Hydrolysis of triasulfuron, metsulfuron-methyl and chlorsulfuron in alkaline soil and aqueous solutions. Pest Management Science, 2000, 56(5): 463-471.

[6] 陈红萍, 刘永新, 梁英华. 正辛醇/水分配系数的测定及估算方法. 安全与环境学报, 2004, 4: 82-86.

[7] 丁超. 低压特殊环境下可燃液体闪点、沸点及其应用研究. 安徽: 中国科学技术大学, 2016.

[8] 高继跃, 崔蕊蕊, 刘钰, 等. 农药理化性质与农药产品的安全性. 今日农药, 2014(4): 20-21.

[9] GB/T 1600—2001. 农药水分测定方法.

[10] GB/T 1603—2001. 农药乳液稳定性测定方法.

[11] GB/T 5451—2001. 农药可湿性粉剂润湿性测定方法.

[12] GB/T 6284—2006. 化工产品中水分测定的通用方法 干燥减量法.

[13] GB/T 14825—2006. 农药悬浮率测定方法.

[14] GB/T 16150—1995. 农药粉剂、可湿性粉剂细度测定方法.

[15] GB/T 28137—2011. 农药持久起泡性测定方法.

[16] 国家药典委员会. 中国药典 (2020 年版). 北京: 中国医药科技出版社, 2020.

[17] HG/T 2467.11—2003. 农药悬乳剂产品标准编写规范.

[18] HG/T 2467.18—2003. 农药烟粉粒剂产品标准编写规范.

[19] HG/T 2467.19—2003. 农药烟片剂产品标准编写规范.

[20] 滑海宁, 陈明星, 李阳阳. 甲醇汽油腐蚀性与挥发性的实验研究. 贵州大学学报(自然科学版), 2013, 30(3): 65-68.

[21] 黄清臻, 周广平, 徐之明, 等. 影响农药药效的一些因素. 农药科学与管理, 1995, 3: 31-33.

[22] 李国平, 陈铁春, 赵永辉, 等. 化学品危险性分类(续). 农药科学与管理, 2011, 32(6): 14-16.

[23] 李国平, 宋俊华, 薄瑞. 化学品危险性分类. 农药科学与管理, 2011, 32 (4): 20-22.

[24] 李学德, 花日茂, 岳永德, 等. 百菌清水解的影响因素研究. 安徽农业大学学报, 2004, 31(2): 131-134.

[25] 凌世海. 农药剂型加工丛书: 固体制剂. 第 3 版. 北京: 化学工业出版社, 2003.

[26] 刘丰茂. 农药质量与残留实用检测技术. 北京: 化学工业出版社, 2011.

[27] 刘毅华, 郭正元, 杨仁斌, 等. 三唑酮的酸性、中性和碱性水解动力学研究. 农村生态环境, 2005, 21(1): 67-68+71.

[28] 刘莹, 孙德兴, 叶欢, 等. 正辛醇-水分配系数的测定和估算方法. 化学工程与装备, 2016, 9: 277-279.

[29] 农业部. 农药登记资料要求. 中华人民共和国农业部公告 第 2569 号, 2017 年 9 月 13 日公布, 2017 年 11 月 1 日起施行.

[30] NY/T 1860—2016. 农药理化性质测定试验导则系列标准.

[31] 申继忠. 澳大利亚农药原药审批化学资料要求和审查要点. 世界农药, 2020, 42(11): 19-25+60.

[32] 王以燕, 范宾, 黄啟良, 等. 原药类农药的主要物化参数. 农药, 2010, 49(4): 308-310.

[33] 王以燕, 张百臻, 田秋兰. 农药登记资料中有关产品化学内容要求的意见. 农药科学与管理, 1994, 4: 5-6+37.

[34] 张继伟, 闫峻, 仲晓萍, 等. 农药安全性评价对我国助剂的发展影响. 现代农药, 2014, 13(5): 12-15+19.

[35] 张洋, 李文龙, 王玉军. 理化性质对农药降解影响的研究进展. 科技信息, 2012, 3: 8-9.

思考题

1. 农药理化性质在残留化学评估中有何辅助参考作用？请举几例说明。

2. 水分含量作为一些原药和制剂的质量控制指标有何必要性？简述三种常用水分含量测定方法的基本原理及适用范围。

3. 与农药使用和储存过程中的安全性有关的质量指标有哪些？请分别简述其定义及适用范围。

4. 估算农药的正辛醇/水分配系数（K_{ow}）有哪些应用？请举例说明。

缩写	中文全称	英文全称
AChE	乙酰胆碱酯酶	acetyl cholinesterase
ACIS	（日本农林水产省）农药检查所	Agricultural Chemicals Inspection Station, Japan
ADI	每日允许摄入量	acceptable daily intake
AE	气雾剂	aerosol
AGP	（FAO）植物生产及植物保护处	Plant Production and Protection Division, FAO
AgUV	硝酸银-紫外照射法	silver nitrate + UV exposure
amu	原子质量单位	atomic mass unit
AOAC	美国分析化学家协会	Association of Official Analytical Chemists
AOEL	可接受操作者暴露水平	acceptable operator exposure level
APCI	大气压化学电离	atmospheric pressure chemical ionization
APEC	亚洲太平洋经济合作组织	Asia-Pacific Economic Cooperation
API	大气压电离	atmospheric pressure ionization
APPI	大气压光电离	atmospheric-pressure photo-ionization
AR	分析纯试剂	analytical reagent
ARfD	急性参考剂量	acute reference dose
ASE	加速溶剂萃取	accelerated solvent extraction
BChE	丁酰胆碱酯酶	butyrylcholinesterase
BCPC	英国作物保护委员会	British CROP Protection Council
BCR	B 细胞表面特异性抗原受体	B cell receptor
BSA	牛血清白蛋白	bovine serum albumin
CAC	国际食品法典委员会	Codex Alimentarius Commission
CAS	美国化学文摘	Chemical Abstracts Service
CCPR	国际食品法典农药残留委员会	Codex Committee on Pesticide Residues
CD	环糊精	cyclodextrin
CDD	圆二色检测器	circular dichroism detector
CDFA	（美国）加州食品农业部	California Department of Food and Agriculture, USA
CDR	手性衍生化试剂	chiral derivatization reagent
CE	毛细管电泳	capillary electrophoresis
CEC	毛细管电色谱	capillary electro-chromatography
CFR	（美国）联邦法典法规	Code of Federal Regulation, USA
cGAP	最大 GAP	critical good agriculture practice
CGE	毛细管凝胶电泳	capillary gel electrophoresis
CGIA	胶体金标记免疫分析	colloidal gold immunoassay
CI	化学电离源	chemical ionization
CIPAC	国际农药分析协作委员会	Collaborative International Pesticide Analytical Council

缩写	中文全称	英文全称
CMC-Na	羧甲基纤维素钠	sodium carboxyl methyl cellulose
CMP	手性流动相	chiral mobile phase
CMPA	手性流动相添加剂	chiral mobile phase additive
CNAS	中国合格评定国家认可委员会	China National Accreditation Service For Conformity Assessment
Codex MRL	国际食品法典最大残留限量	Codex Maximum Residue Limit
CRfD	慢性毒性参考剂量	chronic reference dose
CRM	有证标准品	certified reference material
CSP	手性固定相	chiral stationary phase
CV	变异系数	coefficient of variation
CZE	毛细管区带电泳	capillary zone electrophoresis
DAD	二极管阵列检测器	diode array detector
DART	实时直接分析	direct analysis in real time
DCC	二环己基碳二亚胺	dicyclohexylcarb odiimide
DLI	直接液体导入接口	direct liquid introduction
DLLME	分散液液微萃取法	dispersive liquid-liquid micro-extraction
DMS	差分离子迁移谱	differential mobility spectrometry
DMF	*N,N*-二甲基甲酰胺	*N,N*-dimethyl formamide
DSPE	分散固相萃取	dispersive solid phase extraction
DP	粉剂	dustable powder
DT	片剂	tablet for direct application or tablet (TB)
DTNB	二硫代二硝基苯甲酸	5,5-dithiobis nitrobenzoic acid
EC	乳油	emulsifiable concentrate
ECD	电子捕获检测器	electron capture detector
EDI	每日估计慢性摄入量	estimated chronic daily intake
EDs	环境内分泌干扰物	endocrine disruptors
EFSA	欧洲食品安全局	European Food Safety Authority, USA
EG	可乳化粒剂（乳粒剂）	emulsifiable granule
EI	电子轰击离子源	electron ionization
EIA	酶免疫分析法	enzyme immunoassay
EIC	提取离子流色谱图	extracted ion chromatogram
ELISA	酶联免疫吸附法	enzyme linked immunosorbent assay
ELSD	蒸发光散射检测器	evaporative light scattering detector
EMRL	农药再残留限量	extraneous maximum residue limit
EPA	（美国）环境保护署	Environmental Protection Agency, USA
EPC	电子气路控制	electric pneumatic control
ESA	濒危物种法案	Endangered Species Act
ESI	电喷雾电离	electrospray ionization
ETU	亚乙基硫脲	ethylenethiourea
EU	欧盟	European Union
FAB	快速原子轰击离子源	fast atom bombardment
Fab	抗原结合片段	fragment of antigen binding
FAN	真菌孢子抑制法	fungi spore (*Aspergillus niger*) inhibition method

缩写	中文全称	英文全称
FAIMS	高场不对称波形离子迁移谱	high field asymmetric waveform ion mobility spectrometry
FAO	联合国粮食及农业组织（简称联合国粮农组织）	Food and Agriculture Organization of the United Nations
FDA	（美国）食品与药品管理局	Food and Drug Administration, USA
FD	场解吸	field desorption
FFDCA	联邦食品、药品和化妆品法	Federal Food, Drug and Cosmetic Act
FI	场电离	field ionization
FIA	荧光免疫分析	fluorescence immunoassay
FID	火焰离子化检测器	flame ionization detector
FIFRA	联邦杀虫剂、杀菌剂和杀鼠剂法	The Federal Insecticide, Fungicide, Rodenticide Act
FLD	荧光检测器	fluorescence detector
FPD	火焰光度检测器	flame photometric detector
FQPA	（美国）食品安全保护法	Food Quality Protection Act, USA
FS	悬浮种衣剂	flowable concentrate for seed coating
FSIS	（美国农业部）食品安全检验局	Food Safety and Inspection Service, USA
FT-ICR	傅里叶变换离子回旋共振质谱分析器	Fourier transform ion cyclotron resonance mass analyzer
FTIR	傅里叶变换红外光谱法	Fourier transform infrared spectrum
FWHM	半峰宽	full width at half maxima
GAP	良好农业规范	good agricultural practice
GATS	服务贸易总协定	General Agreement on Trade in Service
GATT	关税与贸易总协定	General Agreement on Tariffs and Trade
GC	气相色谱	gas chromatography
GCB	石墨化碳黑	graphitized carbon black
GC×GC	全二维气相色谱	comprehensive two-dimensional gas chromatography
GC-MS	气相色谱与质谱联用技术	gas chromatography-mass spectrometry
GC-MS/MS	气相色谱串联质谱联用技术	gas chromatography-tandam mass spectrometry
GEAb	基因工程抗体	genetic engineering antibody
GEMS	全球环境监测系统	global environmental monitoring system
GHS	全球统一化学品分类和标签系统	Globally Harmonized System of Classification and Labelling of Chemicals
GLP	良好实验室规范	good laboratory practice
GPC	凝胶渗透色谱	gel permeation chromatography
GUM	测量不确定度评定和表示指南	guide to the expression of uncertainty in measurement
GR	颗粒剂	granule
HAS	人血清白蛋白	human serum albumin
HCB	六氯苯	hexachlorobenzene
HHP	高危害农药	highly hazardous pesticides
HILIC	亲水作用色谱	hydrophilic interaction liquid chromatography
HPMC	高效膜色谱	high performance membrane chromatography
HPCE	高效毛细管电泳	high performance capillary electrophoresis
HPLC	高效液相色谱	high performance liquid chromatography
HPTLC	高效薄层色谱法	high performance thin-layer chromatography

缩写	中文全称	英文全称
HR	最高残留值	highest residue
HS-GC	顶空气相色谱法	head space gas chromatography
IBT	美国工业生物测试实验室	Industrial Bio-Test Laboratories
ICP	电感耦合等离子体离子化	inductive coupled plasma emission spectrometer
IC	离子色谱法	ion chromatography
IEDI	国际估算每日摄入量	international estimated daily intake
IESTI	国际估算短期摄入量	international estimated short term intake
Ig	免疫球蛋白	immunoglobulin
IL	离子液体	ionic liquid
ILO	国际劳工组织	International Labour Organization
IMS	离子迁移谱	ion mobility spectrometry
IPC	离子对色谱法	ion pair chromatography
IPPC	FAO 国际植物保护公约	International Plant Protection Convention
IS	内标	internal standard
IOMC	国际组织间化学品良效管理机制	The Inter-Organization Programme for the Sound Management of Chemicals
ITMS	离子阱质谱仪	ion trap mass spectrometer
IR	红外光谱	infrared spectroscopy
ISO	国际标准化组织	International Organization for Standardization
IUPAC	国际纯粹与应用化学联合会	International Union of Pure and Applied Chemistry
JECFA	食品添加剂联合专家委员会	FAO/WHO Joint Expert Committee on Food Additives
JMPM	FAO/WHO 农药管理联席会议	FAO/WHO Joint Meeting on Pesticide Management
JMPR	FAO/WHO 农药残留专家联席会议	FAO/WHO Joint Meeting on Pesticide Residues
JMPS	FAO/WHO 农药标准联席会议	FAO/WHO Joint Meeting on Pesticide Specifications
KLH	钥孔血蓝蛋白	keyhole limpet hemocyanin
LC-MS/MS	液相色谱-串联质谱法	liquid chromatography-tandem mass spectrometry
LIF	激光诱导荧光检测器	laser induced fluorescence detector
LLP	液液分配法	liquid-liquid partition
LOD	检出限	limit of detection
LOQ	定量限	limit of quantification
LPME	液相微萃取	liquid phase micro extraction
LTP	低温冷冻净化	low temperature purification
LVI	大体进样	large volume injection
m/z	质荷比	mass-to-charge ratio
MAD	OECD 关于化学品评价数据相互认可决议	Mutual Acceptance of Data
MAE	微波辅助萃取	microwave-assisted extraction
MAFF	（日本）农林水产省	Ministry of Agriculture Forestry and Fisheries, Japan
MALDI	基质辅助激光解吸电离	matrix assisted laser desorption ionization
MASE	微波辅助溶剂萃取	microwave assisted solvent extraction
McAb	单克隆抗体	monoclonal antibody
MCC	多束毛细管柱	multi-capillary column
MEKC	胶束电动毛细管色谱	micellar electrokinetic capillary chromatography

缩写	中文全称	英文全称
MHLW	（日本）厚生劳动省	Ministry of Health Labor and Welfare, Japan
MIA	分子印迹吸附测定法	molecularly imprinted sorbent assay
MIP	分子印迹聚合物	molecularly imprinted polymer
MI-SPE	分子印迹固相萃取	molecularly imprinted polymer solid phase extraction
MIT	分子印迹技术	molecular imprinting technique
MOE	（日本）环境省	Ministry of Environment, Japan
MOFs	金属有机骨架	metal-organic frameworks
m-PFC	快速滤过型净化法	multi-plug filtration cleanup
MRL	最大残留限量	maximum residue limit
MRM	多反应监测	multiple reaction monitoring
MRM	农药多残留分析	multi-residue method
MSD	质谱检测器	mass spectrometric detector
MS^n	多级/串联质谱	tandem mass spectrometry
MSDS	产品安全数据单	Material Safety Data Sheet
MSPD	基质固相分散	matrix solid phase dispersion
NAFTA	北美自由贸易协议	North American Free Trade Agreement
NBFB	对硝基苯-氟硼酸盐法	*p*-nitrobenzene-fluoroborate
NEDI	国家估算每日摄入量	national estimated daily intake
NESTI	国家估算短期摄入量	national estimated short term intake
NMR	核磁共振波谱	nuclear magnetic resonance spectroscopy
NOAEL	无可见不良作用水平	no observed adverse effect level
NOEL	无可见作用水平	no observed effect level
NPD	氮磷检测器	nitrogen-phosphorus detector
OD	油分散制剂	oil dispersion
OECD	经济合作与发展组织	Organization for Economic Cooperation and Development
OL	油剂	oil miscible liquid
OPH	有机磷水解酶	organophosphorus hydrolase
OPs	有机磷类	organophosphorus pesticides
ORD	旋光检测器	optical rotatory detector
OIE	国际兽医局或世界动物卫生组织	Office International Des Epizooties（法语）or World Organization for Animal Health （英语）
o-TKI	邻联甲苯胺-碘化钾法	*o*-tolidine + potassium iodide
OVA	鸡卵清白蛋白	ovalbumin
P&T	吹扫-捕集	purge & trap
PAC	加工农产品	processed agricultural commodities
PAHs	多环芳烃	polycyclic aromatic hydrocarbons
PC	纸色谱法	paper chromatography
PcAb	多克隆抗体	polyclonal antibody
PCBs	多氯代联苯	polychorinated biphenyls
PDAD	光电二极管阵列检测器	photo-diode array detector
PDB	对二甲氨基苯甲醛	*p*-dimethylamino-benzaldehyde
PEC	预测环境浓度	predicted environmental concentration
Pf	加工因子	processing factor

缩写	中文全称	英文全称
PFBBr	五氟苄基溴	pentafluorobenzyl bromide
PFPD	脉冲火焰光度检测器	pulsed FPD
PHI	安全间隔期	pre-harvest interval
PIC	鹿特丹公约,关于在国际贸易中对某些危险化学品和农药采用事先知情同意程序的鹿特丹公约	Convention on International Prior Informed Consent Procedure for Certain Trade Hazardous Chemicals and Pesticides in International Trade Rotterdam(The Rotterdam Convention)
PLA	加压液体萃取	pressurized liquid extraction
PLS	农药肯定列表制度	Pesticide Positive List System
POP	持久性有机污染物	persistent organic pollutant
PRIA	美国《农药登记改进法案》	Pesticide Registration Improvement Act
PSA	N-丙基乙二胺	primary secondary amine
psi	压强单位: 磅每平方英寸,磅力每平方英寸	pounds per square inch 或 pound-force per square inch
PTU	丙烯硫脲	propylene thiourea
PT	能力验证试验	proficiency test
PTFE	聚四氟乙烯	poly tetra fluoroethylene
PTV	程序升温气化	programmed temperature vaporization
Q	四极杆分析器	quadrupole mass analyzer
QA	质量保证	quality assurance
QAU	质量控制部门	quality assurance unit
QC	质量控制	quality control
QSAR	定量结构-活性关系	quantitative structure-activity relationship
QQQ	三重四极杆质量分析器	triple quadrupole analyzer
Q-TOF	四极杆飞行时间质量分析器	quadrupole-time of flight analyzer
Q-Trap	四极离子阱质量分析器	quadrupole ion-trap analyzer
QuEChERS	快速、简便、经济、有效、耐用、安全	quick, easy, cheap, effective, rugged and safe
QuPPe	快速极性农药提取法	quick polar pesticides extraction
R^2	决定系数	coefficient of determination
RAC	初级农产品	raw agricultural commodities
REI	重返间隔期	restricted-entry interval; re-entry interval
R_f值	比移值	retardation factor value
RIA	放射免疫分析	radioimmunoassay
RS	拉曼散射/拉曼光谱	Raman scattering/spectroscopy
RSA	兔血清白蛋白	rabbit serum albumin
RSD	相对标准偏差	relative standard deviation
RTILs	室温离子液体	room temperature ionic liquids
S/N	信噪比	signal-to-noise
SC	悬浮剂	aqueous suspension concentration
SCD	吹扫共蒸馏	sweep-codistillation
SE	悬乳剂	aqueous suspoemulsion
SERS	表面增强拉曼光谱	surface enhanced Raman spectroscopy
SF	安全因子	safety factor

缩写	中文全称	英文全称
SFDA	国家食品药品监督管理局	State Food and Drug Administration
SFE	超临界流体萃取	supercritical fluid extraction
SG	可溶粒剂	water soluble granule
SHE	标准氢	standard hydrogen electrode
SIM	选择离子监测	selected ion monitoring
SL	可溶液剂	soluble concentrate
SMB	模拟移动床色谱	simulated moving bed chromatography
SOP	标准操作规程	standard operation procedure
SP	可溶粉剂	water soluble powder
SPE	固相萃取	solid phase extraction
SPME	固相微萃取	solid phase micro- extraction
SPS	卫生与植物卫生措施协定	Agreement on the Application of Sanitary and Phytosanitary Measures
SRM	农药单残留分析方法	single residue method
SRM	选择反应监测	selected reaction monitoring
SS	种子处理可溶粉剂	water soluble powder for seed treatment
ST	种子处理剂	seed treatment
STMR	规范残留试验中值	supervised trials median residue
STMR-P	食品加工后的残留中值	supervised trials median residue after processing
TBT	技术性贸易壁垒协定	Trade Barrier Technical Agreement
TC	原药	technical material
TCD	热导检测器	thermal conductivity detector
TCR	T细胞表面特异性抗原受体	T cell receptor
TIC	总离子流色谱图	total ion chromatogram
TLC	薄层色谱法	thin layer chromatography
TLC-EI	薄层酶抑制技术	thin layer chromatography-enzyme inhibition
TMDI	理论日最大摄入量	theoretical maximum daily intake
TMS	三甲基硅重氮甲烷	(trimethylsilyl)diazomethane
TOF	飞行时间质量分析器	time of flight mass analyzer
Trap-TOF	离子阱-飞行时间质谱	ion trap-time of flight
TRIPS	与贸易有关的知识产权协定	Agreement on Trade-Related Aspects of Intellectual Property Rights
TSCA	有毒物质控制法	Toxic Substances Control Act
TWIMS	行波离子迁移谱	travelling wave ion mobility spectrometry
UL	超低容量液剂	ultra low volume concentrate
UNCTAD	联合国贸易和发展会议	United Nations Conference on Trade and Development
UNDP	联合国开发计划署	United Nations Development Programme
UNEP	联合国环境规划署	United Nations Environment Programme
UNIDO	联合国工业发展组织	United Nations Industrial Development Organization
UPLC	超高效液相色谱	ultra performance liquid chromatography
USDA	美国农业部	United States Environmental Protection Agency
UVD	紫外检测器	ultraviolet detector
V_H	抗体的重链可变区	heavy chain variable region

缩写	中文全称	英文全称
V_L	抗体的轻链可变区	light chain variable region
WG	水分散粒剂	water dispersible granule
WHO	世界卫生组织	World Health Organization
WP	可湿性粉剂	wettable powder
WS	种子处理可分散粉剂	water dispersible powder for slurry seed treatment
WSSD	联合国可持续发展世界首脑会议	World Summit on Sustainable Development
WT	可分散片剂	water dispersible tablet
WTO	世界贸易组织	World Trade Organization